T0216241

Bionik

Welf Wawers

Bionik

Bionisches Konstruieren verstehen und anwenden

2., überarbeitete und aktualisierte Auflage

 Springer Vieweg

Welf Wawers
FB 03 Elektrotechnik Maschinenbau
Technikjournalismus
HBRS
Sankt Augustin, Deutschland

ISBN 978-3-658-39349-6   ISBN 978-3-658-39350-2   (eBook)
https://doi.org/10.1007/978-3-658-39350-2

Die Deutsche Nationalbibliothek verzeichnet diese Publikation in der Deutschen Nationalbibliografie; detaillierte
bibliografische Daten sind im Internet über http://dnb.d-nb.de abrufbar.

Planung/Lektorat: Ellen Klabunde
Springer Vieweg ist ein Imprint der eingetragenen Gesellschaft Springer Fachmedien Wiesbaden GmbH und ist
ein Teil von Springer Nature.
Die Anschrift der Gesellschaft ist: Abraham-Lincoln-Str. 46, 65189 Wiesbaden, Germany

Otto Lilienthal in einem seiner Gleitflugapparate, überlagert von einem Storch, dem von Lilienthal für seine Studien bevorzugtem biologischen Vorbild.

Für Kristian

Vorwort zur 2. Auflage

Die Bionik verbindet Biologie und Technik. Wer sich für die Bionik zu interessieren beginnt, wird bei einer Literaturrecherche schnell Ergebnisse dieser Verbindung in Form von Übertragungen biologischer Prinzipien in technische Anwendungen finden.

Die Bionik ist aber nicht nur eine faszinierende Wissenschaft, die tief in das Gebiet der Biologie eindringt und dort erstaunliche Prinzipien aufzeigt. Sie ist auch eine Ergänzung konventioneller Konstruktionsmethoden der Ingenieurwissenschaften. Die Fragen, denen der Autor als Ingenieur und Konstrukteur in den Kernthemen des vorliegenden Buches nachgeht, drehen sich dementsprechend darum, wie die Verbindung der beiden Wissensgebiete vonstattengeht. Woher stammen die Ideen, bestimmte biologische Prinzipien auf gewisse technische Anwendungen zu übertragen? Welche Regeln sind bei der Übertragung bzw. der Anwendung der Bionik an sich zu beachten, über welches Hintergrundwissen (biologisch und technisch) sollte ein Anwender* verfügen, und welche Faktoren entscheiden letztlich über den Erfolg einer gelungenen Übertragung?

Einige Antworten finden sich verstreut in unterschiedlichsten Literaturquellen. Diese für einen breiten Leserkreis zusammenzufassen und die noch vorhandenen Lücken zu füllen, ist eine der Kernaufgaben, denen sich der Autor widmet. Die andere besteht darin, auf Grundlage der konventionellen Konstruktionstechnik und unter Berücksichtigung der Besonderheiten der Bionik eine Methodik des bionischen Konstruierens aufzustellen, und den Leser letztlich zur Durchführung bionischer Projekte zu befähigen. Weitere Themen runden den Blick des Anwenders auf das Wissens- und Arbeitsgebiet der Bionik ab. Wie erfolgt die Ausbildung zum Bioniker, wie ist diese Wissenschaft entstanden und wie sehen ihre Zukunftsaussichten aus, und wie fügt sich die Bionik in die heute einen immer größeren Stellenwert einnehmende Nachhaltigkeit ein.

Dieses Fach- und Lehrbuch ist begleitend zur neu eingeführten Veranstaltung „Bionik" an der Hochschule Bonn-Rhein-Sieg entstanden. Gegenüber der 2020 erschienen ersten Auflage wurden in der 2. Auflage Fehler und Ungenauigkeiten korrigiert sowie aktuelle Forschungserkenntnisse und Entwicklungen ergänzt. So wurde die Überarbeitung z. B. im Einklang mit der im Juni 2022 als Entwurf erschienenen Richtline VDI 6220 Blatt 2 zur bionischen Entwicklungsmethodik durchgeführt.

Ein großer Dank für die sehr gute und hilfreiche Unterstützung bei der Erstellung dieses Fach- und Lehrbuchs geht an das Lektorat Maschinenbau des Springer Vieweg Verlags und hier insbesondere an Herrn Thomas Zipsner und Frau Ellen-Susanne Klabunde. Ebenso danke ich meinen Kollegen der Hochschule Bonn-Rhein-Sieg für die Unterstützung bei fachübergreifenden Fragestellungen. Nicht zuletzt gebührt mein besonderer Dank auch meiner Familie.

Dormagen, August 2022

Welf Wawers

---

* Aus Gründen der besseren Lesbarkeit wird das generische Maskulinum verwendet. Gemeint sind jedoch immer alle Geschlechter.

Inhalt

1 Einleitung und Motivation

Kaum ein anderer Wissenschaftszweig hat in der Öffentlichkeit ein derartig positives Image wie die Bionik. Steht sie doch für eine erfolgreiche Verbindung von Biologie – also der Natur – und Technik. Wobei die Natur den Ton angibt, „von der Natur lernen" ist wahrscheinlich der häufigste Satz, der in diesem Zusammenhang fällt. Für die Wissenschaft ist und bleibt die Bionik ein faszinierendes Forschungsgebiet. Aufgestellt wurden die Gleichungen der Physik von Menschen, aber es gibt Tiere, die sich anscheinend nicht daran halten wollen. Und so lautet in Anbetracht eines kopfüber an einer Glasplatte laufenden, das newtonsche Gravitationsgesetz scheinbar ignorierenden Geckos ein weiterer häufig zu hörender Satz „Wie machen die das?" Die Bionik versucht sogar noch über die Beantwortung dieser Frage hinaus zu gehen, „und wie kann man das nachmachen?"

Abb. 1-1 Wieso fällt er nicht? Gecko an einer Felswand

In vielen wissenschaftlichen und auch populärwissenschaftlichen Büchern und Abhandlungen wird die Bionik ausführlich einem breiten Publikum erklärt. Zumeist wird anschaulich an vielen Beispielen, insbesondere an allgemein bekannten Erfolgsgeschichten wie dem Lotus-Effekt®[1] oder dem Klettverschluss, der Ablauf von der „Naturentdeckung" bis zur fertigen technischen Anwendung dargestellt. Kletten haften hartnäckig an Kleidung, Fell und Haaren, und das auch immer wieder, wie der Entfernungsversuch schnell zeigt. Eine technische Anwendung, wiederverschließbare Verschlüsse, ist schnell gefunden, das biologische Prinzip, flexible Widerhaken, mit einem einfachen Mikroskop schnell aufgeklärt. Die mit dem patentierten Prinzip gegründete Firma soll in der Anfangszeit einen Gewinn von 30 Millionen Dollar/Jahr erzielt haben [Nac13a], ist nach wie vor Weltmarktführer für Klettverschlüsse und setzt mit 3.000 Mitarbeitern rund 250 Millionen Dollar jährlich um [Bio14-2].

---

[1] Lotus-Effekt ist ein eingetragener Markenname der Sto SE & Co. KGaA

© Springer Fachmedien Wiesbaden GmbH, ein Teil von Springer Nature 2022
W. Wawers, *Bionik*, https://doi.org/10.1007/978-3-658-39350-2_1

Bionik verstehen heißt nicht, Bionik anwenden zu können

So unkompliziert und erfolgreich kann Bionik funktionieren – doch leider ist der Klettverschluss eine sehr große Ausnahme. Allein für die beiden Grundschritte, ein biologisches Prinzip finden und mit einer technischen Anwendung verknüpfen (Ideenfindung), sowie das biologische Prinzip verstehen (Analyse), sind in der Regel enorme und sehr langwierige Anstrengungen notwendig, die auch nicht immer von Erfolg gekrönt sind. Nur selten wird dies in den die Bionik beschreibenden Büchern erwähnt. Auch Ratschläge oder Anweisungen zum wissenschaftlich-systematischen Vorgehen bei der Bearbeitung dieser Schritte fehlen häufig, oder besitzen nicht die notwendige Tiefe. Eine zu nennende Ausnahme findet sich in der im Juni 2022 vom Verein Deutscher Ingenieure e.V. (VDI) herausgebrachten Richtlinie VDI 6220 Blatt 2[2] [VDI6220-2]. Die dort in gestraffter Form aufgeführte Methodik steht allerdings weitgehend im Einklang mit der hier bereits 2020 aufgestellten Systematik. Abweichungen von der Richtlinie VDI werden bewusst beibehalten und sind entsprechend gekennzeichnet.

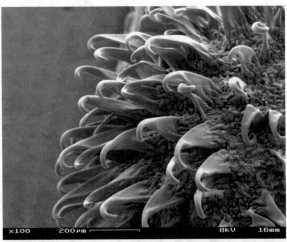

Abb. 1-2 REM-Aufnahme der Frucht des Kletten-Labkrauts, 100-fach vergrößert

Abb. 1-3 Klettverschlussvariante, Widerhaken 10-fach vergrößert

---

[2] Entwurfsfassung vom Juni 2022

In der Literatur finden sich zuweilen auch Hinweise, dass die Umsetzung der Bionik das Know-how und die enge Zusammenarbeit von Biologen und Ingenieuren benötigt. Wie diese Zusammenarbeit im Detail aussieht, und wie die in der Entwicklung hauptsächlich Ingenieure beschäftigenden Unternehmen des produzierenden Gewerbes auf Biologen zugreifen können, wird aber in den meisten Fällen offengelassen. Und das bionische Projekt endet nicht bei der Verknüpfung eines biologischen Prinzips mit einer technischen Anwendung. Auch eher selten erwähnt wird die Tatsache, dass es von der Idee bis zur Marktreife des Klettverschlusses über 10 Jahre dauerte, obwohl das Prinzip sehr einfach erscheint, siehe Abb. 1-2 und Abb. 1-3. Wie der Autor aus eigener Erfahrung als Konstrukteur weiß, kann nicht alles, was sich konstruieren lässt, auch mit den aktuellen Fertigungstechnologien hergestellt werden.

Diese oft schwer einzuschätzenden Fragestellungen in Anwendung und Umsetzung sind Hemmnisse bei der Aufnahme der Bionik in die Unternehmensstrategie, die mitverantwortlich für das bislang nicht voll genutzte Potential dieses Wissenschaftszweigs sind. Dies gilt vor allem für Klein- und Mittelständische Unternehmen (KMU), die eher kurzfristig planen, relativ schnell auf Ergebnisse aus Forschungsinvestitionen angewiesen sind und meist keine Abteilungen mit interdisziplinären Teams aus Biologen, Ingenieuren, Physikern usw. unterhalten können.

In Fachkreisen sind diese Hindernisse für die industrielle Nutzung der Bionik durchaus bekannt. In letzter Zeit werden vermehrt Anstrengungen seitens der Wissenschaften, Hochschulen und auch der Industrie unternommen, um dieses fachlich wie methodisch noch etwas weitverzweigte Forschungsgebiet Bionik zu kanalisieren und den Unternehmen zugänglicher zu machen. Wissenschaftliche Abhandlungen, z. B. Dissertationen, widmen sich zunehmend den „Problemgebieten" Ideenfindung und Analyse. Seit 2012 wurden vom VDI verschiedene Richtlinien zur Bionik ausgegeben, im Juni 2018 folgte die – nach zwei Normen in 2016 – dritte DIN ISO Norm. An immer mehr Hochschulen werden Fächer oder ganze Studiengänge zur Bionik eingerichtet.

Dieses Fach- und Lehrbuch soll einen Beitrag für die Anwendung der Bionik leisten, indem die dargestellten Hemmnisse als Kernthemen aufgegriffen werden. Betrachtet wird die Bionik aus der Sicht des Konstrukteurs, dessen vorrangige Fragen es sind, wie sich biologische Prinzipien finden, erkennen und analysieren lassen und wie diese in innovative technische Anwendungen umgesetzt werden können. Aufbauend auf den Grundlagen des derzeitigen Stands der bionischen Forschung und der gültigen Normen und Richtlinien wird eine in der Praxis anwendbare Systematik zum Ablauf des bionischen Projekts vorgestellt. Gemäß der Richtlinie VDI 6220 Blatt 1 soll die Bionik dabei die traditionelle Konstruktionstechnik nicht ersetzen, sondern ergänzen. Dementsprechend wird neben dem bionischen Konstruieren auch die traditionelle Konstruktionstechnik beschrieben und wie sich die Bionik hier einfügen kann.

Da viele biologische Prinzipien in der Mikro- oder auch Nanowelt vorzufinden sind, die daraus resultierenden technischen Anwendungen aber zumeist in die Makrowelt gehören, werden auch die Herausforderungen bei der physikalisch-technischen Vergleichbarkeit der unterschiedlichen Größenordnungen (Skalierungsproblem) aufgezeigt, siehe auch Abb. 1-4. Für die Herstellung des bionisch entwickelten Produkts werden, als eine für die Bionik besonders geeignete Fertigungsmöglichkeit, die Grundlagen der additiven Fertigung beschrieben. Durch die nahezu unbegrenzte

Geometriefreiheit der additiven Fertigung (häufig auch 3D-Druck genannt), können die geometrischen Grenzen der konventionellen Fertigungstechnik überwunden werden, was in manchen Fällen die Herstellung von Bauteilen nach den „Konstruktionsplänen der Natur" erst möglich macht. In diesem Zusammenhang werden auch die Grundlagen des Reverse Engineering als Basis des methodischen Nachbauens vorgestellt.

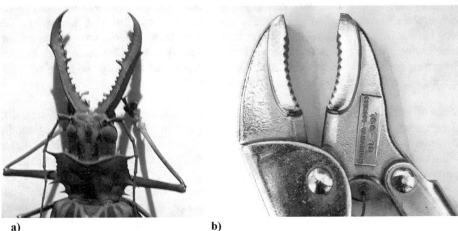

a)   **b)**

Abb. 1-4 So einfach ist es nicht immer. Beispiel für eine direkte Übertragung eines biologischen Prinzips ohne Skalierungsproblem: **a)** Mundwerkzeug des bis zu 17,5 cm langen tropischen Bockkäfers Macrodontia cervicornis (Abdruck mit freundlicher Genehmigung des Senckenberg Naturmuseum, Frankfurt a. M.), **b)** geöffnete Sperrzange, ungefähr gleicher Größenmaßstab

Gerichtet ist das Buch an Unternehmen des produzierenden Gewerbes bzw. der Industrie, an Studierende der Ingenieurwissenschaften, der Biologie und daran angrenzender Bereiche und auch an generell an der Bionik Interessierte. Mit einer Vielzahl an Beispielen erstaunlicher Fähigkeiten der Tier- und Pflanzenwelt, untermauert mit zahlreichen daraus entstandenen technischen Anwendungen, soll insbesondere auch bei jungen Lesern Begeisterung für die Verbindung von Biologie und Technik geweckt werden. Daher werden, neben der Entstehung und Definition der Bionik, auch die Ausbildungsmöglichkeiten und das Berufsbild des Bionikers betrachtet.

Ein biologisches Hintergrundwissen wird nicht vorausgesetzt. Um den vielfältigen Beispielen bionischer Anwendungen folgen zu können, und um das grundsätzliche Potential der Natur aufzuzeigen, widmet sich aber ein längeres Kapitel ausgewählten biologischen Basisinformationen, auch hier wieder versehen mit zahlreichen Übertragungsmöglichkeiten in die Technik. Die Option der Konsultation oder Hinzuziehung von Biologen zur Lösung biologischer Fragestellungen wird zwar aufgezeigt, die als Kernthema vorzustellende Systematik des bionischen Projekts verzichtet jedoch, im Sinne der direkten Zugänglichmachung der Bionik auch für „Nicht-Biologen", bewusst darauf.

Blicke auf Potential und Zukunftsfähigkeit der Bionik, die auch schon mal in angrenzende Fachgebiete reichen, runden zusammen mit peripheren Themen wie biologische Optimierungsstrategien, Fragen zur Patentierung bionischer Produkte und der Rolle der Nachhaltigkeit in der Bionik die möglichst gesamtheitliche Betrachtung dieser faszinierenden Wissenschaft ab.

2 Bionik als Wissenschafts- und Arbeitsgebiet

Irgendwo zwischen der Biologie und der Technik liegt die Bionik, da sind sich grundsätzlich alle, die zu einer Verortung dieses Wissenschaftsgebietes befragt werden, einig. Bei der Frage, was die genauen Aufgaben und Inhalte der Bionik sind, differenzieren sich die Antworten bereits etwas. Einfacher, wenn nicht unbedingt richtiger fällt die Beantwortung, wenn auch nach Beispielen gefragt wird. Genannt werden hierbei meist die „üblichen Verdächtigen" Lotus-Effekt®, Klettband, Flugzeug, oft auch die Geckohaftung, und nicht selten auch künstliche Körperteile oder ganze menschen- oder tierähnliche Roboter, Abb. 2-1. Was die Frage aufwirft, wie sich die Bionik von Medizintechnik, der Robotik oder der Biotechnologie abgrenzt.

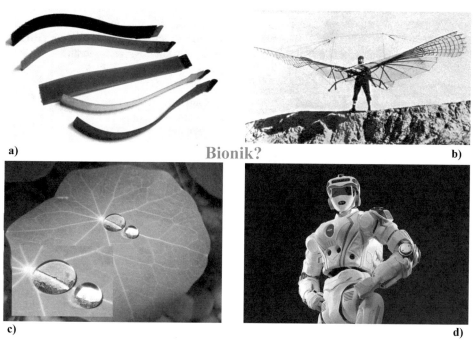

Abb. 2-1 Ein Suchbild für bionische Anwendungen: **a)** Klettverschluss, **b)** Otto Lilienthal 1894 in einem seiner Flugapparate, **c)** Lotus-Effekt® am Beispiel der großen Kapuzinerkresse, **d)** humanoider Roboter

Interessant sind auch die Fragen, wo die Bionik eigentlich ihren Ursprung hat und wo sie hingeht, also wie ihre Zukunftsaussichten aussehen. Und da die Bionik nicht nur ein Wissenschafts- sondern auch Arbeitsgebiet ist, kann auch die Frage gestellt werden, wie man überhaupt Bioniker wird.

Die folgenden Unterkapitel, die auch mit „Grundlagen der Bionik" hätten überschrieben werden können, geben Antworten auf diese Fragen. Begonnen werden soll aber nicht mit der Herkunft oder den grundsätzlichen Aufgaben, sondern mit der weiteren Frage, was die Bionik so interessant, wenn nicht gar einzigartig, für die Technik macht.

© Springer Fachmedien Wiesbaden GmbH, ein Teil von Springer Nature 2022
W. Wawers, *Bionik*, https://doi.org/10.1007/978-3-658-39350-2_2

2.1 Die Natur – Pool für die Lösungsfindung technischer Anwendungen

Zur Lösungsfindung von Konstruktionsprinzipien für technische Anwendungen können in den Ingenieurwissenschaften drei klassische Ansätze aufgestellt werden. Zum einen die **diskursive Methode**, in der die Lösungen systematisch aus einem „Baukasten" bekannter physikalischer Effekte entwickelt werden, die hintereinander oder parallel geschaltet die Gesamtlösung ergeben. So können für das Fügen von Stoffen z. B. die Effekte Adhäsion, Kohäsion, Gravitation, Impuls, magnetische Kräfte, usw. verwendet werden. Die zu lösende Gesamtaufgabe wird zunächst abstrahiert und in ihre Teilfunktionen zerlegt, bis jede nicht weiter zerlegbare Funktion durch physikalische Effekte beschrieben werden kann. Wie in Abb. 2-2 beispielhaft an einer Pumpanlage für ein Wasserspeicherbecken dargestellt, ergibt sich daraus die Funktionsstruktur der Gesamtlösung. Anschließend werden für die ausgesuchten physikalischen Effekte konstruktive Lösungen erarbeitet oder aus Konstruktionskatalogen ausgewählt.

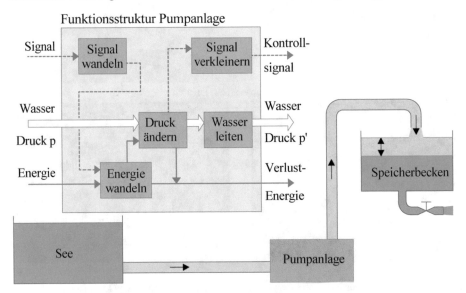

Abb. 2-2 Beispiel für die Funktionsstruktur einer Pumpanlage: Die Pumpanlage soll Wasser aus einem See in ein höher gelegenes Speicherbecken pumpen, sobald dessen Füllstand unter eine Minimalmarke abgesunken ist.

Zum anderen gibt es die **heuristische Methode**, bei der die Lösung, vereinfacht ausgedrückt, durch Intuition und spontane Idee gefunden wird, wobei die Konstrukteure weitgehend auf ihren persönlichen Wissensschatz, und damit auf Altbekanntes zurückgreifen. Obwohl diese Art der Lösungsfindung den Lösungsraum gegenüber der diskursiven Methode i. d. R. einschränkt, und daher wenig Platz für Innovationen lässt, wird sie doch immer noch angewandt.

Der dritte Ansatz ist die **Analogie-Methode**, die sich bekannter Lösungen bedient und diese auf die vorliegende Fragestellung überträgt. Häufig findet auch hier, wie in der diskursiven Methode, eine Abstrahierung der Fragestellung statt. Darin, und auch in den Schritten des Lösungsauswahlverfahrens und beim Auskonstruieren ähneln und überschneiden sich insbesondere die diskursive und die Analogie-Methode. Die für den

Ablauf des bionischen Projekts Vorbild gebenden Ansätze werden im Kapitel Konstruktionsmethodik (Kap. 4.1.2) noch näher erläutert. Abb. 2-3 zeigt die drei Lösungsansätze, weiter betrachtet wird hier zunächst der Lösungsraum der Analogie-Methode.

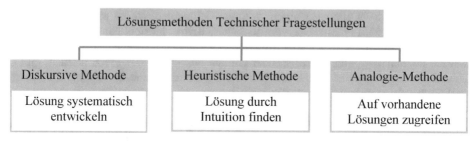

Abb. 2-3 Lösungsmethoden der Konstruktionstechnik

Grundlage des Lösungsraums der Analogie-Methode können Sammlungen bewährter Lösungen oder Konstruktionskataloge sein, siehe z. B. [Rot01]. Grundsätzlich kann aber auch jede andere zur Verfügung stehende Quelle als Lösungspool genutzt werden, solange sich dort bewährte und funktionierende Lösungen finden lassen.
Besteht die Aufgabe beispielsweise darin, zwei Bauteile miteinander zu verbinden, bieten die Lösungssammlungen des klassischen Maschinenbaus die Verbindungslösungen stoffschlüssig (z. B. Löten), formschlüssig (z. B. Schnapphaken) oder kraftschlüssig (z. B. Schrauben) an. Soll die Verbindung schnell und zerstörungsfrei wieder lösbar sein, bleiben im Bereich der kraftschlüssigen Verbindungen je nach Umfang der Lösungssammlung einige Dutzend bekannte Lösungsprinzipien übrig. Erweitert werden kann die Lösungsmenge durch eine Marktrecherche. Hier finden sich zuweilen unkonventionelle, aber bereits fertig auskonstruierte und offensichtlich am Markt erfolgreiche Lösungen. Nicht selten finden diese Lösungen mit zunehmendem Bekanntheitsgrad später auch Eingang in die Konstruktionskataloge oder Lösungssammlungen.
Oft sind aber solche, zumeist recht neuartige Lösungen mit einem Patent oder Gebrauchsmuster geschützt. Will man dieses Prinzip dennoch nutzen, müssen vom Rechtehalter Lizenzen erworben oder Lizenzgebühren an diesen gezahlt werden. Vielleicht gehen aber von dieser geschützten Lösung neue Impulse aus, es werden neue Denkrichtungen eröffnet, die sich ansonsten nicht ohne Weiteres erschlossen hätten. Durch Abstraktion der Patentlösung und Übertragung auf die eigene Fragestellung kann dann eventuell auch eine nicht mehr vom Patent geschützte, neue Lösung entstehen. Nebenbei bemerkt ist dies auch mit ein Grund dafür, dass manche Firmen eine Patentanmeldung für bestimmte Bereiche möglichst vermeiden, wird doch in der zu veröffentlichenden Patentschrift sehr detailliert die technische Lösung erklärt. Siehe hierzu auch die Kap. 4.3 (Reverse Engineering) und 7 (Bionische Patente).
Manch eines der zum Thema gefundenen Patente kann vielleicht auch bereits ungenutzt erloschen sein, die Laufzeit eines in Deutschland angemeldeten Patents beträgt 20 Jahre ab dem Tag nach der Anmeldung (§ 16 PatG, Art. 63 (1) EPÜ). Ein Grund, warum ein Patent innerhalb seiner Laufzeit ungenutzt bleibt, ist häufig, dass es seiner Zeit zu weit voraus und eine Umsetzung technologisch noch nicht möglich war. Da die Fertigungstechnologien und die Entwicklung neuer Materialien stetig voranschreiten, kann sich das Durchsehen solcher „veralteter" – weil paradoxerweise zu moderner –

Patente durchaus lohnen. Aus den genannten Gründen gehört eine Patentrecherche grundsätzlich auch zu den Quellen der Analogie-Methode, umso mehr, als es sich hier um eine Sammlung innovativer, weil patentwürdiger, Ideen handelt. Erwähnt werden soll hier auch noch eine weitere, zuweilen hochinnovative wenn auch für manche etwas „dubiose" Inspirationsquelle: Science-Fiction Romane und Filme. Im Prinzip sind diese – oft von wissenschaftlich versierten Autoren – erdachten Werke ein einziges langes Brainstorming, völlig losgelöst von jeglicher Kritik hinsichtlich einer machbaren Realisierung. Beispiele, dass dabei trotzdem, oder gerade deswegen, Ideen beschrieben werden können, die Jahre später so oder ähnlich tatsächlich umgesetzt werden, gibt es zuhauf. Paradebeispiel ist der in den 1960er Jahren in der Serie *Raumschiff Enterprise*[3] vorkommende „Kommunikator", der nicht nur wie ein Mobiltelefon aussieht, sondern den Erfinder des Mobiltelefons, Martin Cooper, auch zu seiner Erfindung inspirierte [Moo14]. Ebenfalls erstmalig lange vor der Erfindung im Weltall im Einsatz: Ein Tablet-ähnlicher Computer (2001: Odyssee im Weltraum[4]) oder Replikatoren (Raumschiff Enterprise), als die man die heutigen 3D-Drucker durchaus auch bezeichnen könnte. Diese sich ständig erweiternde Liste, welche die Werke eines Jules Vernes genauso umfasst wie den 2. Teil von *Zurück in die Zukunft*[5], würde in ihrer Gänze komplette Bände technischer Lösungen füllen, die der Analogie-Methode als Inspirationsquelle dienen könnten. Lediglich die allgemeine Definition des Lösungsraums müsste dann erweitert werden, von „Auf vorhandene Lösungen zugreifen" um „Auf beschriebene Lösungen zugreifen".

Zurückkommend auf die Analyse von Patentschriften zur Findung von Lösungen kann die Sicht schließlich auf eine weitere, noch umfangreichere, realere und darüber hinaus sehr ausgiebig erprobte Lösungssammlung gelenkt werden, den „Patenten der Natur".

Lösungssammlung mit 3,8 Milliarden Jahren Entwicklungszeit

In der Natur liegen häufig die gleichen oder doch zumindest sehr ähnliche Fragestellungen vor, mit denen auch die Technik konfrontiert wird:

Wie kann Wasser gegen die Schwerkraft transportiert werden?

Wie können chemische Stoffe in der Luft detektiert werden?

Wie kann eine statische Konstruktion gleichzeitig leicht und stabil sein?

Wie kann die Intelligenz von Individuen zur kollektiven Intelligenz eines ganzen Schwarms verknüpft werden?

Dies ist nur eine kleine Auswahl an Fragen, die aber das Spektrum aufzeigen, für das die Natur in Milliarden Jahren Evolutionsgeschichte immer besser optimierte Lösungen gefunden hat, aus denen biologische Prinzipien entstanden sind.

---

[3] Raumschiff Enterprise (Originaltitel Star Trek) ist eine Science-Fiction-Fernsehserie, die von dem Drehbuchautor Gene Roddenberry konzipiert wurde und zwischen 1966 bis 1969 erstmalig im Fernsehen lief. Es folgten mehrere Kinofilme und zwei weitere Fortsetzungen der Serie.

[4] 2001: Odyssee im Weltraum (Originaltitel: 2001: A Space Odyssey) ist ein Science-Fiction-Film des Regisseurs Stanley Kubrick aus dem Jahr 1968.

[5] Zurück in die Zukunft II (Originaltitel: *Back to the Future Part II*) ist eine Science-Fiction-Filmkomödie des Regisseurs Robert Zemeckis aus dem Jahr 1989.

a) **b)** **c)**

Abb. 2-4 **a)** Der Kopf einer trinkenden Giraffe muss einen Höhenunterschied von bis zu 5 m bewältigen, **b)** die männlichen Schwammspinner (Nachfalter) detektieren mit ihren großen, kammartigen Fühlern die Duftstoffe der Weibchen und orten sie damit, **c)** der Moso-Bambus erreicht eine Wuchshöhe von ca. 20 m bei einem Stammdurchmesser von ca. 15 cm. Das entspricht einem Aspektverhältnis (Höhe zu Durchmesser) von 130. Zum Vergleich, der Berliner Fernsehturm mit seiner 16 m breiten Basis wäre bei gleichem Aspektverhältnis rund 2 km hoch.

Wie und wo aber sind diese biologischen Lösungen zu finden? Eine Marktrecherche nach technischen Lösungen kann mittels Suchmaschinen wie Google oder Yahoo über die Webseiten der Unternehmen durchgeführt werden. Möglich sind auch Recherchen in Fachzeitschriften oder der Besuch von Fachmessen. Für die Patentrecherche stehen verschiedene Suchmaschinen wie Freepatentsonline (www.freepatentsonline.com) oder auch die Datenbanken bzw. Suchmaschinen der Patent- und Markenämter weltweit zur Verfügung. Beispiele sind DEPATISnet, die online Datenbank des Deutschen Patent- und Markenamts (DPMA), oder Espacenet, eine online Datenbank des europäischen Patentamts (EPO).

Eine „Naturpatent"-Recherche nach biologischen Prinzipien ist ungleich komplizierter. Zwar gibt es mittlerweile in der Literatur zahlreiche Beschreibungen biologischer Prinzipien [Hil99;Nac05;Nac13a;Ben16], diese sind in der Regel jedoch bei weitem nicht so umfangreich wie z.B. eine Patentschrift, und natürlich sind auch keine Montageanleitungen, Zusammenbau- oder Einzelteilzeichnungen verfügbar. Und anders als bei einer Marktrecherche kann ein biologisches System, für dessen Funktionsprinzip man sich interessiert, oft nicht ohne Weiteres beschafft und analysiert werden. Wer detailliert das biologische Prinzip von z.B. dem lautlosen Flug der Eulen studieren möchte, kann sich nicht einfach irgendwo eine Eule bestellen und liefern lassen. Und selbst wenn das biologische System tatsächlich verfügbar wäre und sich auch anstandslos analysieren lassen würde, sind dessen Prinzipien oft nicht durch bloßes studieren mit dem unbewaffneten Auge erkennbar. Wie eine Katze es mit ihren Krallen schafft, der Schwerkraft zum Trotz einen senkrechten Baum zu erklimmen, wird dem Betrachter schnell klar. Zur Beantwortung der bereits von Aristoteles im 4. Jh. v. Chr. gestellten Frage, wieso der Gecko selbst an überhängenden, vollkommen glatten Flächen mühelos in jede Richtung laufen kann, bedurfte es rund 2.300 Jahre Zeit und eines Rasterelektronenmikroskops. Dieses offenbarte an den Geckofüßen Millionen feiner Haare (Setae), deren Spitzen (Spatula) sich in mehr als 1.000 Enden aufspalten und nur noch einen Durchmesser von circa 10–15 nm haben, Abb. 2-5. Diese Nano-Strukturen kommen der Untergrundoberfläche derartig nahe, dass sich zwischen diesen sowohl elektrostatische Kräfte als auch Van-der-Waals-Kräfte[6] aufbauen können, welche den Gecko an der Oberfläche „festkleben" lassen [Had14].

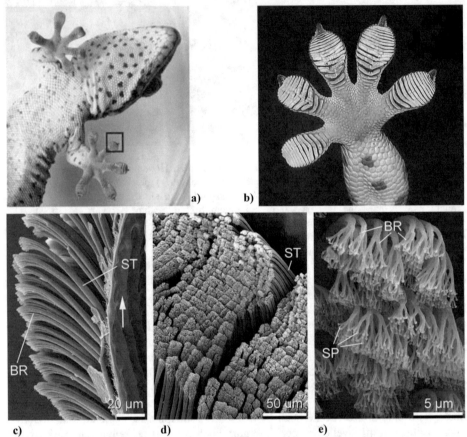

Abb. 2-5 Makro-, Meso-, Mikro- und Nanostruktur des Geckofußes: Die feinen Lamellen bestehen aus Millionen von Haaren (Setae), die sich an ihrem Ende in Hafthärchen (Spatulae) aufspalten. **a)** Tokeh-Gecko, **b)** Vergrößerung des Fußes, **c)** und **d)** REM-Aufnahmen der Setae in verschiedenen Vergrößerungen, **e)** REM-Aufnahme der Spatulae als feinste Verästelung der Haare (a, c, d, e aus [Gao05]; mit freundlicher Genehmigung von © Elsevier 2005. All Rights Reserved)

Die je nach Quellenangabe circa 50–200 g schweren Tiere können dabei eine Haftkraft von bis zu 140 kg erreichen [Löf02]. Das würde dem über 700-fachen ihres Körpergewichts entsprechen und scheint aus Konstrukteurssicht vollkommen überdimensioniert. Zum Vergleich, ein 80 kg schwerer Mensch könnte sich entsprechend mit einer Haftkraft von 56 t festhalten, ein absurd hoher Wert.

Die außergewöhnlichen Fähigkeiten des Geckos sind auch ein Beispiel für zuweilen vorkommende Fehlinterpretationen eines biologischen Effekts. Vor der Entdeckung der Härchen wurde die feine Lamellenstruktur der Füße dafür verantwortlich gemacht, auch in den kleinsten Unebenheiten einer vermeintlich glatten Felsenfläche Halt zu finden.

---

[6] Benannt nach dem Physiker Johannes Diderik van der Waals (1837-1923)

Was allerdings nicht erklären konnte, wieso ein Gecko kopfüber unter einer (tatsächlich glatten) Glasscheibe hängen, geschweige denn laufen kann. Im Zusammenhang mit den feinen Härchen wurden dann im Jahr 2002 experimentell zunächst die zwischenmolekularen Van-der-Waals-Kräfte als alleinige „Klebekraft" ermittelt [Aut02], während 2014 ein kanadisches Forscherteam in einer Veröffentlichung in erster Linie elektrostatische Kräfte für den Effekt verantwortlich machte und den Van-der-Waals-Kräften nur eine untergeordnete Rolle zuschrieb [Had14].

Biologische Prinzipien müssen genau verstanden sein – oder besser nicht?

Um einen biologischen Effekt nutzen zu können, sollte dieser natürlich verstanden sein. Muss also vor der Erfindung neuartiger, die Fassade hochkletternder Fensterreinigungsroboter zunächst die Frage, warum Geckofüße haften, endgültig und unwiderlegbar geklärt sein? Nicht unbedingt, sagen manche Wissenschaftler. Wenn die Struktur des Nachbaus die gleichen Funktionen erfüllt wie das biologische Vorbild sei es letztlich unerheblich, welche dieser im Nanobereich wirksamen Kräfte für die Haftung verantwortlich sind. In der Publikation „BIONIK Aktuelle Trends und zukünftige Potenziale" von A. v. Gleich et al. heißt es hierzu: *„So zeichnen sich bspw. die meisten der erfolgreichen Innovationen aus der Bionik […] gerade dadurch aus, dass […] exakte kausale Zusammenhänge nicht verstanden sein mussten, um dennoch eine Nachahmung zu bewerkstelligen."* [Gle07] V. Gleich et al. beziehen sich dabei auf Winglets und den Lotus-Effekt® und heben hervor, dass ein hoher Abstraktionsgrad und die Herauslösung von Teilaspekten zum Erfolg geführt haben. Teilweise geht die Fachwelt aber sogar noch über die Meinung, die kausalen Zusammenhänge müssten *nicht exakt* verstanden sein, hinaus. So sieht S. Vogel beispielsweise den Erfolg bionischer Lösungen als *„umgekehrt zu unseren Kenntnissen der wissenschaftlichen Grundlage*n" an [Vog00, nach Hel16]. Diese Auffassung würde bedeuten, je weniger verstanden wurde, desto besser ist das spätere Produkt. Meistens ist ein kompletter, exakter Nachbau allerdings auch gar nicht gewünscht und eine allumfassende Kenntnis des biologischen Systems daher nicht erforderlich. Eine Haltevorrichtung für glatte Flächen auf Basis des Geckofußes muss nicht unbedingt wie ein Geckofuß aussehen. In der Regel soll nur ein bestimmter Effekt eines komplexen biologischen Systems nachgebaut, und in ein neues oder bestehendes technisches System integriert werden. Dazu muss der biologische Effekt abstrahiert werden, d. h. er muss auf das Wesentliche, in diesem Falle seine Funktion, reduziert und auf das technische System übertragen werden. Um dies zu bewerkstelligen, ist in der Regel dann aber doch das genaue Wissen um den Wirkmechanismus der Funktion im Zusammenspiel der Gesamtstruktur erforderlich. *„Dem Anwenden muss das Erkennen voraus gehen".* Diese, Max Planck zugeschriebene Aussage, bezieht Werner Nachtigall in seinem Grundlagenwerk direkt auf die Bionik [Nac02]. Ein anschauliches und an ähnlicher Stelle oft zitiertes Beispiel hierfür ist die Tatsache, dass die Hummel fliegen kann. Angeblich sollen Wissenschaftler in den 1930er Jahren berechnet haben, dass die durchschnittlich 1,2 g schweren Insekten mit einer Flügelfläche von nur 0,7 cm² den Gesetzen der Aerodynamik zufolge gar nicht fliegen können. Diese Rechnung mag im analogen Vergleich zu starren Tragflächen richtig sein, siehe auch die Größenverhältnisse Körper zu Flügel in Abb. 2-6. Betrachtet man aber die Flügelbewegungen mittels einer modernen Hochgeschwindigkeitskamera in Zeitlupe, kann das Rätsel um die Flugfähigkeit der Hummel gelöst werden. Die Aufnahmen offenbaren, dass die Tiere ihre beweglichen Flügel beim Schlagen verdrehen und dadurch Luftwirbel, ähnlich einer

Windhose oder eines „Mini-Tornados", erzeugen, welche für den benötigten zusätzlichen Auftrieb sorgen. Diese Wirbel konnten 1996 erstmalig im Windkanal an einem Nachtfalter nachgewiesen werden [Moe15].

Abb. 2-6 Ackerhummel (Bombus agrorum) auf einer Blüte: Gut zu erkennen sind die gegenüber dem Körper relativ kleinen Flügel. (Mit freundlicher Genehmigung von © Holger Gröschl)

Ohne das Wissen, wie die beweglichen Funktionen der Flügel während des Fluges richtig einzusetzen sind, wäre auch ein noch so exakter Nachbau in den 1930er Jahren am Boden geblieben. Auch eine Abstraktion wäre nicht erfolgreich gewesen, da diese essentielle Funktion der speziellen Bewegungen mangels Kenntnis nicht mitberücksichtigt worden wäre. Nach heutigem Kenntnisstand wäre eine Abstraktion allerdings möglich. Diese könnte in etwa lauten: „baue flexible Tragflächen, die durch ihre Relativbewegung zur Luft Mini-Tornados erzeugen". Auch ein Nachbau wäre damit zumindest theoretisch möglich, aber eben nur, weil die kausalen Zusammenhänge erkannt wurden.

Die Frage, ob ein biologisches Prinzip vor der technischen Umsetzung vollständig verstanden sein muss oder nicht, ist also offensichtlich nicht trivial zu beantworten. Am zutreffendsten erscheint die Aussage: „Von Fall zu Fall". Wenn die Annahme, dass der Gecko durch zwischenmolekulare Kräfte an der Decke gehalten wird, zu einer funktionierenden technischen Anwendung führt, obwohl tatsächlich elektrostatische Kräfte verantwortlich sind, war das nicht vollständige Verständnis des Effekts unerheblich. Wenn jedoch nur eine Lösung auf Grundlage elektrostatischer Kräfte zum Erfolg führt, dann war das genaue Wissen um den Effekt in diesem Falle erforderlich. In diesem Sinne geben die Autoren um v. Gleich in [Gle07] dann auch zu bedenken, dass die für den Erfolg der Winglets und des Lotus-Effekts® ausschlaggebenden fehlenden Kenntnisse nicht für alle biologischen Prinzipien gleichermaßen gelten würden. So sei bei der Nachahmung der Photosynthese durchaus ein gewisses Verständnis der chemischen und physikalischen Abläufe notwendig.

Somit ist festzuhalten, dass der Erfolg eines von der Natur inspirierten Produkts nicht von den genauen Kenntnissen über das biologische Vorbild abhängen *muss*. Ob ein Produkt bzw. dessen Entstehung aber auch bei falsch interpretiertem Vorbild noch bionisch ist, muss auf Grundlage der Definition der Bionik beantwortet werden. Deshalb wird diese Frage später in Kap. 2.3 noch einmal aufgegriffen. Zunächst wird aber der Begriff Bionik näher erläutert.

2.2 Herkunft und Definition des Begriffs Bionik

Die bisher vorgestellten Untersuchungen biologischer Prinzipien und deren Übertragung auf technische Systeme sind die Kerninhalte der bereits mehrfach erwähnten **Bionik**. Dieses (deutsche) Kunstwort vereint nach allgemeinem Verständnis der Fachliteratur die Begriffe **Bio**logie und Tech**nik**. Zahlreichen Internetquellen und Büchern zufolge soll es auf den englischen Begriff Bionics zurückgehen, der entweder aus der Verbindung von **Bio**logy and Electro**nics** oder aus dem altgriechischen Wort für „Leben" Bios (βίος) mit der Endung –ic („wie", „kommend von", „beinhaltend", …) entstanden sei.

Erste Erwähnung von bionic bereits 1901

Bereits 1901 hatte der amerikanische Geologe und Paläontologe Henry Shaler Williams den Begriff bionic in einer der Fachliteratur heute weitgehend unbekannten wissenschaftlichen Veröffentlichung für die Klassifizierung von Lebewesen verwendet [Wil01, Kni16]. Geprägt wurde der Begriff in der Schreibweise bionics jedoch von dem US-amerikanischen Luftwaffenmajor und Mediziner Dr. Jack E. Steele, der ihn 1958 als Überschrift für seine Forschungsarbeiten verwendete und ihn 1960 auf einer Fachkonferenz mit dem Titel „Living prototypes – the key to new technology" bekannt machte. Damit gilt Jack E. Steele gemeinhin als Begründer der bionics. Tatsächlich umrissen die Themen dieser Fachkonferenz mit z. B. „Analyse biologischer Prinzipien" oder „Physikalische Analogien biologischer Komponenten und Subsysteme" bereits die Kerngebiete der heutigen Bionik [vgl. Nac02]. Werner Nachtigall beschäftigt sich in seinem 1998 erstmals erschienenen Buch „Bionik Grundlagen und Beispiele für Ingenieure und Naturwissenschaftler" ausführlich mit der Herkunft der Begriffe Bionik und bionics und der als namensgebend angenommenen Fachkonferenz. Er kommt zu dem Schluss, dass weder die Entstehung des deutschen Begriffs aus dem Zusammenzug der Wörter Biologie und Technik, noch dessen Ableitung vom englischen bionics belegbar seien. Vielmehr schreibt er *„Beides ist im strengen Sinne nicht nachweisbar"*[Nac02].

Die alleinige Entstehung des Begriffs Bionik durch Übersetzung bzw. Ableitung des englischen bionics darf, wie schon Nachtigall anmerkte, tatsächlich angezweifelt werden. Insbesondere, da die Bedeutungen des Begriffs bionics im englischen Sprachraum uneinheitlich sind, und zumeist nicht der Definition der Bionik entsprechen.

Eine Fernseh-Actionserie prägt einen wissenschaftlichen Begriff

In den Anfang der 1970er Jahren erstmals ausgestrahlten Science-Fiction-Serien „The Six Million Dollar Man"[7] (dt. Titel: Der sechs-Millionen-Dollar-Mann) und „The Bionic Woman"[8] (dt. Titel: Die sieben-Millionen-Dollar-Frau) sind den Hauptdarstellern

---

[7] The Six Million Dollar Man ist eine vom Sender ABC produzierte US-amerikanische Fernsehserie, die zwischen 1973 und 1978 erstmalig ausgestrahlt wurde.

[8] The Bionic Woman ist eine vom Sender ABC produzierte US-amerikanische Fernsehserie, die zwischen 1976 und 1977 erstmalig ausgestrahlt wurde.

jeweils nach schweren Unfällen künstliche („bionische" [OV18-5]) Körperteile eingepflanzt worden, die ihnen fortan Superkräfte verleihen. Diese Serien waren im englischen Sprachraum prägend für den Begriff bionic(s), und es finden sich zahlreiche Quellen, welche bionic(s) als eine Wissenschaft umschreiben, die sich mit der Entwicklung künstlicher Gliedmaße oder Organe und deren Implantierung in den menschlichen Körper beschäftigt [Coh06, Ros03, Bet16, Wal12]. So lautet zum Beispiel auch im online-Wörterbuch der Universität Cambridge die Definition für „bionics": *„The science of creating artificial systems or devices that can work as parts of living organisms"* mit dem Zusatz *„The science of bionics has revolutionized prosthetics research."* [CamOD].

Jack E. Steele beschrieb „seine" bionics ursprünglich deutlich weiter gefasst als "*the science of systems which have some function copied from nature, or which represent characteristics of natural systems or their analogues*" [Vin01]. Interessanterweise basieren die Serien The Six Million Dollar Man und The Bionic Woman auf der Erzählung „Cyborg" von Martin Caidin, der dabei wiederum von Forschungen von Jack E. Steele inspiriert worden sein soll, die u. a. tatsächlich die Nachbildung menschlicher Organe zum Zwecke der Implantation verfolgten [Ste79]. Das würde bedeuten, dass der „Begründer der bionics" selbst durch seine Arbeiten letztlich für die heutige Fokussierung des Begriffs auf diesen Forschungsbereich verantwortlich ist, gewollt oder ungewollt.

Das heutzutage zutreffende Pendant zum Forschungsgebiet der Bionik findet sich im Englischen in der Bezeichnung biomimetics. Geprägt wurde dieser Begriff von dem amerikanischen Biophysiker Dr. Otto Schmidt, der in den 1950er Jahren ein Konzept der biomimetics erstellte. [VIN06] Die Bedeutung des Wortes lässt sich wiederum vom altgriechischen Bios für „Leben" in Verbindung mit mimesis (μίμησις) „Nachahmung" herleiten [Bar06]. Die gebräuchlichen Definitionen der biomimetics in der englischsprachigen Literatur entsprechen prinzipiell denen der Bionik des deutschen Sprachraums. Beispielsweise beschreiben Jangsun Hwang et al. die biomimetic als *„the study of nature and natural phenomena to understand the principles of underlying mechanisms, to obtain ideas from nature, and to apply concepts that may benefit science, engineering, and medicine."* [Hwa15] Etwas kürzer, aber pregnant, steht der Name biomimetic(s) den Autoren Julian F.V. Vincent et al. zufolge für *„the transfer of ideas and analogues from biology to technology"*[Vin06].

Bionik = Biomimetics ≠ Bionics

Auch die Richtlinie VDI 6220 Blatt 1 setzt den Begriff biomimetics mit Bionik gleich, ebenso die internationalen Normen zur Bionik (DIN ISO 18457–18459). Wobei in der Richtlinie darauf hingewiesen wird, dass diese Begriffsgleichheit insbesondere im asiatischen Sprachraum gelten würde, während biomimetics im angelsächsischen teilweise eine andere Bedeutung haben könnte.
Weitere Umschreibungen des Forschungsgebiets, die teilweise synonym, in anderen Quellen aber als eigenständig mit bestimmten Fokussierungen auf z. B. Medizintechnik beschrieben werden, finden sich im englischen Sprachbereich unter biomimicry, biomimesis, biognosis oder auch bionics engineering [Ste79] [Vin01] [Gle10]. Einer Studie aus 2013 zufolge, die sich intensiv mit Anzahl und Art bionischer Publikationen

über die Zeit beschäftigte, haben sich international auch die Umschreibungen bio-inspired oder biologically-inspired etabliert [Lep13].

Zusammenfassend kann die Vermutung aufgestellt werden, das im amerikanisch-englischen Sprachgebrauch populäre Wort bionic(s) habe durchaus zur Verbreitung des phonetisch und in seiner Schreibweise ähnlichen Wortes Bionik beigetragen, und dass Letzteres im weiteren Sinne von Ersterem abstammen könnte. Die Gleichsetzung Bionik = bionic(s) würde heutzutage jedoch sowohl in internationalen Fachkreisen als auch im angelsächsischen Sprachraum zu Missverständnissen führen und sollte für die Bionik nicht mehr benutzt werden. Gelegentlich kann der Begriff bionics sogar etwas Unbehagen hervorrufen, wäre doch nach so mancher Interpretation der literarische Dr. Frankenstein der erste „Bioniker" überhaupt.

Abb. 2-7 Theoretisch ein „Produkt" der bionics, aber keinesfalls der Bionik: Frankensteins Geschöpf. (Boris Karloff als „Das Monster" in dem US-amerikanischen Film *Bride of Frankenstein* (1935). CREDIT: © UNIVERSAL PICTURES / Ronald Gran / Mary Evans Picture Library / picture-alliance)

2.3 Inhalte, Aufgaben und Merkmale der Bionik

Einige Inhalte der Bionik wurden bereits erläutert. Im Folgenden sollen, auch als Abgrenzung zu anderen Wissenschaftsgebieten, die Aufgaben, Inhalte und Merkmale der Bionik bzw. bionischer Projekte und Produkte genauer dargestellt werden.

In der Definition der VDI 6220 Blatt 1 heißt es hierzu: „*Bionik verbindet in interdisziplinärer Zusammenarbeit Biologie und Technik mit dem Ziel, durch Abstraktion, Übertragung und Anwendung von Erkenntnissen, die an biologischen Vorbildern gewonnen werden, technische Fragestellungen zu lösen.*" [VD6220] Werner Nachtigall, einer der Begründer der Bionik im deutschen Sprachraum, geht in seiner Definition noch weiter, indem er auch die Betrachtung unbelebter Teile der Natur sowie die Organisation biologischer Systeme miteinschließt. „*Bionik als Wissenschaftsdisziplin befasst sich systematisch mit der technischen Umsetzung und Anwendung von Konstruktionen, Verfahren und Entwicklungsprinzipien biologischer Systeme. Dazu gehören auch Aspekte des Zusammenwirkens belebter und unbelebter Teile und Systeme*

sowie die wirtschaftlich-technische Anwendung biologischer Organisationskriterien."
[Nac13a]

Das bionische Produkt

Eine weitere Voraussetzung, um ein bionisches Produkt oder eine bionische Technologie
hervorzubringen, ist die Entwicklung und die Herstellung des Produkts, zumindest als
Prototyp. Insgesamt können aus der Definition der Bionik gemäß der Richtlinie VDI
6220 Blatt 1, und der aus dieser hervorgegangenen DIN ISO 18458 drei Kriterien
hergeleitet werden, die erfüllt sein müssen [VDI6220, DIN18458].

Kriterien des bionischen Produkts:

1. Die technische Anwendung muss ein biologisches Vorbild haben.

2. Das biologische Vorbild muss abstrahiert worden sein.

3. Die Übertragung in eine zumindest prototypische Anwendung muss erfolgt sein.

Anhand dieser drei Kriterien werden in der Richtlinie exemplarisch 14 tatsächliche oder
vermeintlich bionische Anwendungen überprüft. Demnach ist der Lotus-Effekt® eine
bionische Anwendung, das an Spinnennetze erinnernde Olympiadach des Münchner
Olympiaparks hingegen nicht, da die Gemeinsamkeiten nur optischer und nicht
funktioneller Art sind. Dies hatte auch bereits Werner Nachtigall angemerkt: *„Erst wenn
der Funktionsaspekt mitbetrachtet wird, kann i. Allg. von einem bionischen Design
gesprochen werden*"[Nac02]. Selbst wenn Spinnennetze tatsächlich Vorbild waren, wäre
das 2. Kriterium nicht erfüllt, da ohne Betrachtung der Funktion (der Spinnennetze)
keine Abstrahierung stattgefunden haben kann. Kriterium 3 wäre dann, wegen
fehlendem Kriterium 1, ebenfalls nicht erfüllt.

Die Notwendigkeit, dass eine Abstraktion stattgefunden hat (Kriterium 2), bedeutet
auch, dass bloßes Kopieren des biologischen Elements, vielleicht nur maßstäblich
verändert (skaliert), kein bionisches Produkt hervorbringen kann. Auch dies deckt sich
mit den in der Literatur vorherrschenden Ansichten, nach denen die Bionik grundsätzlich
mit „von der Natur lernen" verbunden ist. Ein unkritisches Kopieren würde dieser
Ansicht zuwiderlaufen bzw. sei sogar *„unwissenschaftlich"* [Nac02].

Ein anschauliches Beispiel hierzu ist der sogenannte „Steinhuder Hecht" des Ingenieurs
und Offiziers Jakob Chrysostomus Praetorius, Abb. 2-8 und Abb. 2-9. Dabei handelt es
sich um ein 1772 gebautes Tauchboot, das sich an der Form eines Hechts orientiert und
in seinem ersten Entwurf eine Länge von circa 30 m erreichen sollte. Die Orientierung
geht dabei so weit, dass schon fast von einer nur maßstäblich geänderten Kopie eines
Hechts gesprochen werden kann, wie die Konstruktionspläne und ein erhaltenes Modell
dokumentieren. Unter anderem besaß der Steinhuder Hecht eine bewegliche
Schwanzflosse. Der Abschrift eines (im Original verloren gegangenen) Dokuments des
Schaumburg-Lippischen Hausarchivs zufolge soll das Boot im Jahr seiner Erbauung für
12 Minuten im Steinhuder Meer, einem nur maximal 2,90 m tiefen See nordwestlich von
Hannover, getaucht sein. [Wes02]

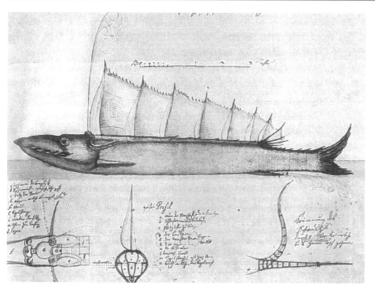

Abb. 2-8 Konstruktionszeichnung des Tauchbootes „Steinhuder Hecht"

Abb. 2-9 Modell des Tauchbootes „Steinhuder Hecht"

Aufgrund der großen Nähe zum biologischen Vorbild fehlt dem Steinhuder Hecht ein ausreichender Grad der Abstraktion. Er ist zwar biologisch inspiriert, aber kein bionisches Produkt im Sinne der VDI 6220 Blatt 1 bzw. der DIN ISO 18458.

Auch weitere in der Fach- und populärwissenschaftlichen Literatur zuweilen als bionisch beschriebene Produkte oder Erfindungen sind mit Blick auf die o. g. Definitionen der Norm- und Regelwerke nicht immer eindeutig, oder müssten manchmal sogar revidiert werden. Das Olympiadach wurde bereits genannt. Eine weitere häufig als bionisch angesehene Erfindung ist das Radar. Fledermäuse benutzen zur Orientierung im Raum die Echoortung (Biosonar), indem sie Schallwellen aussenden, die von Objekten der Umgebung reflektiert werden. Die zurückreflektierten Schallwellen werden mit dem

Gehör aufgenommen und im Gehirn zu einem dreidimensionalen Bild der Umgebung zusammengesetzt, in der die Tiere ihre eigene Position sehr genau kennen. Das Radar, häufig zurückgeführt auf „**R**adio **d**etection **a**nd **r**anging" benutzt elektromagnetische Wellen (Funkwellen), die von einem Sender ausgestrahlt werden. Von Objekten zurückreflektierte und mit dem im Radargerät integrierten Empfänger aufgenommene Wellen ermöglichen die Lokalisation des Objekts relativ zum Radargerät, Abb. 2-10.

Trotz der frappierenden Ähnlichkeit beider Systeme ist das Radar eine rein technische Erfindung, ohne Inspiration aus der Natur. Der Effekt der Reflektion elektromagnetischer Wellen wurde 1886 durch Heinrich Hertz entdeckt. Erstmalig zur Ortung (metallischer Gegenstände) patentiert wurde das Verfahren 1904 (C. Hülsmeyer), und großflächig eingesetzt ab 1935 (R. Watson-Watt). [Hol19] Das Echoortungssystem der Fledermäuse wurde dagegen erst 1938 entdeckt und nachfolgend beschrieben (D. Griffin, G. Pierce, R. Galambos) [Sal74].

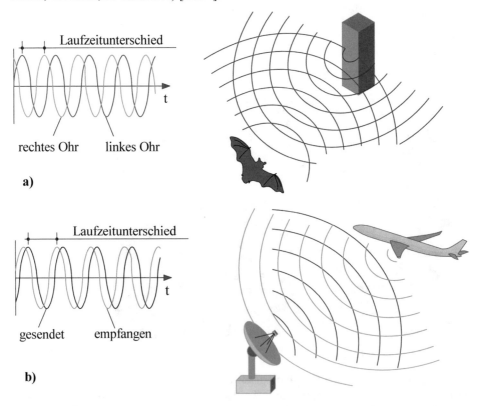

Abb. 2-10 Ähnlich, aber nicht auseinander hervorgegangen: **a)** Prinzip des Biosonars (Fledermaus), **b)** Prinzip des Radars

Die Evolutionsbiologie kennt für die Ausprägung ähnlicher Merkmale bei unterschiedlichen, nicht näher verwandten Arten den Begriff der *konvergenten Entwicklung* bzw. der *Konvergenz*. Ein Beispiel sind die enorm verlängerten oberen Eckzähne der prähistorischen Säbelzahnkatzen der Gattung Smilodon und die in gleicher Weise verlängerten Eckzähne des nur sehr entfernt verwandten prähistorischen Beuteltieres Thylacosmilus, Abb. 2-11.

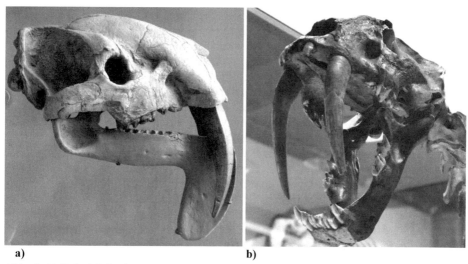

a) b)

Abb. 2-11 Beispiel für konvergente Entwicklung: **a)** Schädel des Beuteltieres Thylacosmilus (Abdruck mit freundlicher Genehmigung des American Museum of Natural History, NYC) **b)** Schädel der Säbelzahnkatze Smilodon californicus (Abdruck mit freundlicher Genehmigung des Senckenberg Naturmuseum, Frankfurt a. M.)

Beide Arten haben unabhängig voneinander die verlängerten Eckzähne entwickelt, vermutlich, da beide ähnliche Beutetiere – große und wahrscheinlich langsame Tiere mit dicker Haut – jagten. In diesem Falle ist die Ähnlichkeit nicht nur rein äußerlich, sondern betrifft auch die Funktion.

Das Biosonar des Tierreichs (Fledermäuse sind nicht die einzigen Tiere, welche die Echoortung nutzen) und das Radar könnten in diesem Sinne als konvergente Entwicklungen angesehen werden, die DIN ISO 18458 spricht hierbei auch von natürlichen und technischen „Parallelentwicklungen", zuweilen wird auch der Begriff „Analogentwicklung" verwendet [Spe04].

Wie auch die Benennung lautet, eindeutig ist in jedem Falle die Unabhängigkeit beider Prinzipien. Das Radar war bereits etliche Jahre erfolgreich im Einsatz und den Entdeckern der Echoortung auch ganz sicherlich bekannt. Ein Beispiel für eine etwas kompliziertere Einordnung als bionisches Produkt ist die des Stahlbetons. Als dessen Erfinder gilt gemeinhin Joseph Monier, ein französischer Gärtner und Unternehmer. Er stellte Pflanzenkästen aus einem Zementgemisch her, dass er mit eingelegtem Drahtgewebe verstärkte. Inspiriert worden sein soll Monier zu dieser Bauart, die auch heute noch typisch für Stahlbeton ist (siehe Abb. 2-12), durch Beobachtungen an Kakteengewächsen (Opuntien). Deren Blätter besitzen in ihrem Inneren ein Stützgewebe, dem das Drahtgewebe nachempfunden sein soll. [Nac13a]

Monier stellte seine Pflanzkästen erstmals 1867 auf der zweiten Pariser Weltausstellung auf und beantragte im gleichen Jahr sein erstes Patent für mit dem Verfahren hergestellte Gartenbehälter. Ist der Stahlbeton damit ein bionisches Produkt? Ohne Zweifel gibt es ein biologisches Vorbild und auch eine technische Anwendung. Monier hat die Stützstrukturen nicht einfach nachgebaut, sondern durch ein Drahtgewebe ersetzt, was als Abstraktion angesehen werden könnte. Dem widersprechen allerdings die Norm- und Regelwerke, die den Stahlbeton nicht als bionisches Produkt ansehen: „*Das Prinzip des Verbundbaus bei Pflanzen wurde weder abstrahiert noch zu diesem Zeitpunkt verstanden.*" [VDI6220, DIN18458] Besonders der letzte Teil des Satzes ist interessant, impliziert er doch, dass ein biologisches Bauprinzip verstanden worden sein muss, um daraus ein bionisches Produkt zu entwickeln. Darum dreht sich auch die in Kap. 2.1 gestellte Frage, ob biologische Prinzipien nun unbedingt genau verstanden worden sein müssen oder nicht, die daher noch einmal aufgegriffen werden soll. Ausgehend davon, dass eine Funktion nur dann abstrahiert werden kann, wenn sie auch verstanden wurde, *muss* das biologische Prinzip gemäß den geltenden Definitionen für ein bionisches Produkt verstanden worden sein. Allerdings ist dies kein „Naturgesetz", bei dessen Nichtbeachtung zwangsläufig das Scheitern droht. Wie bereits dargelegt, können auch nicht oder nicht vollständig verstandene biologische Prinzipien zu erfolgreichen Produkten inspirieren, siehe [Vog00; Gle07]. Und es gibt durchaus auch die bereits dargestellte Möglichkeit, dass es ausreicht zu *glauben*, ein biologisches Prinzip verstanden zu haben. Wurde auf dieser Grundlage eine Abstraktion durchgeführt, die zu einem die Erwartungen erfüllenden Produkt führt, so wird auch dieses als „bionisch" angesehen werden. Interessant ist dann die Frage, was passiert, wenn der Irrtum bemerkt oder von der Fachwelt aufgedeckt wird, siehe zum Beispiel den Haftmechanismus des Geckofußes. Bekommt das Produkt dann seinen bionischen Status aberkannt, da eine fehlerhafte Abstrahierung vorgelegen hat, oder, wie die Regelwerke sagen, das Prinzip nicht „*im Detail verstanden wurde*"? Der Autor tendiert, wie auch schon in Kap. 2.1 dargelegt, zu der Meinung, dass auch eine fehlerhafte Interpretation eines biologischen Prinzips ein bionisches Produkt hervorbringen kann, wobei allerdings schon ein gewisser Teil des Prinzips korrekt verstanden worden sein sollte.

Letztlich könnte es aber sogar sein, dass die Beantwortung der Frage nach dem Grad des Verständnisses biologischer Prinzipien und deren physikalischer Effekte einmal die Rechtsprechung beschäftigen wird. Denkbar wäre dies z. B. im Zusammenhang mit der Bewilligung von Fördergeldern oder Subventionen für „bionisch" zu entwickelnde Produkte, oder für Produkte, die mit dem Label oder Gütesiegel „bionisch" werben. Und auch patentrechtliche Aspekte könnten von der Frage, ob bionisch oder nicht, berührt sein, siehe hierzu Kap. 7.

Für den Stahlbeton gibt es allerdings noch einen weiteren Aspekt zu beachten, der geeignet ist, die Frage nach dem bionischen Charakter in diesem speziellen Falle obsolet werden zu lassen. Bereits 1848 stellte der Franzose Joseph-Louis Lambot ein mit Maschendraht verstärktes Betonboot her, dass er 1855 auf der ersten Weltausstellung in Paris ausstellte, und im gleichen Jahr patentieren ließ. Damit wäre Lambot der eigentliche Erfinder des Stahlbetons, und dieser wiederum eine rein technische (und dann konvergente) Erfindung, da keine Quelle gefunden werden konnte, die einen Bezug zu einem biologischen Vorbild herstellt. Die Erfindung Lambots geriet jedoch schnell in Vergessenheit, der Siegeszug des Stahlbetons begann erst mit Monier, der die Arbeiten Lambots nicht unbedingt gekannt haben muss, seine eigene Entwicklung aber zu vermarkten wusste. So gesehen basiert der heute verwendete Stahlbeton nach Art von Monier doch auf einem biologischen Vorbild, wenn es auch die Idee des Naturbezugs offensichtlich nicht bedurft hätte.

Abb. 2-12 Stahlbeton, bionisch oder konvergent? **a)** Stahlbetonbrückenpfeiler mit Bewehrung **b)** Wildgrashalm, Querschnitt und Außenhaut mit Fasern

Weitere, sehr prominente und vielzitierte Beispiele, die oft der Frühgeschichte der Bionik zugeordnet werden, sind die Arbeiten Leonardo da Vincis[9], der zuweilen sogar als „Vater der Bionik" bezeichnet wird [Ada71; Kre14; Lüt17; Jan19]. Wenn nur der Satz „Von der Natur lernen" herangezogen wird, war da Vinci sicherlich auch Bioniker. Einige seiner technischen Arbeiten widmen sich von der Natur inspirierten Erfindungen, wie seine „Luftschraube" (wahrscheinlich von den gedrehten Früchten des Schneckenklees inspiriert) oder die Zeichnungen seiner „Fluggeräte" (von Vögeln und Fledermäusen inspiriert). Allerdings sind nur Skizzen und Beschreibungen erhalten, die physikalische Fehler enthalten oder entscheidende Aspekte nicht mitbetrachten, wie z. B. das spezielle Profil der Vogelflügel, das für den Auftrieb verantwortlich ist [Kre14]. Auch die spärlichen Überlieferungen, wonach da Vinci seine Fluggeräte, wenn auch erfolglos, ausprobiert (und dafür natürlich auch gebaut) haben soll, sind nicht unumstritten [Eck19]. Werden die Definitionen der Regelwerke zugrunde gelegt, muss postuliert werden, dass diese „Produkte" nicht bionisch waren. Es fehlen jeweils die erfolgreichen Übertragungen in technische Anwendungen. Die Frage nach ausreichender Abstrahierung und dem Grad des Verständnisses der Naturprinzipien stellt sich damit gar nicht mehr.

Ein Positivbeispiel, mit dem sich auch die VDI 6220 Blatt 1 und die DIN ISO 18458 auseinandersetzt, sind selbstschärfende Messer nach dem Vorbild der Schneidezähne von Nagern. Die Messerklingen bestehen aus der Kombination einer an der Freifläche der Schneide angebrachten dünnen Hartstoffschicht (Nagerzähne: Zahnschmelz) die mit einer Verbindungsschicht auf einem relativ zur Hartstoffschicht weicheren Grundkörper aus Stahl (Nagerzähne: Dentin) angebracht ist. Aufgrund des Härteunterschieds wird der Grundkörper im Einsatz stärker abgerieben als die Hartstoffschicht, die stets eine stabile Schnittkante bildet. [Rec12; Bio14] Eine vom Fraunhofer Institut für Umwelt-, Sicherheits- und Energietechnik (UMSICHT) entwickelte technische Umsetzung sind

---

[9] Leonardo da Vinci (1452-1519) war einer der bekanntesten Universalgelehrten aller Zeiten.

Maschinenmesser für das Schneiden von mit abrasiven Füllstoffen versehenen thermoplastischen Kunststoffen für die Granulierung (Stranggranulation).

Bezüglich der mathematischen Formulierung der Zusammenhänge zur Bildung einer selbstschärfenden Schnittkante schreibt die VDI 6220 Blatt 1, dass eine vollständige Formulierung bis heute nicht gelungen sei. *„Dennoch bietet das abstrahierte Wissen bereits heute die Grundlage für Übertragungen in die Technik"* [VDI6220]. Neben den in jedem Falle erfüllten Kriterien biologisches Vorbild und technische Umsetzung sieht das Regelwerk damit auch das Kriterium der Abstraktion als ausreichend erfüllt an, und stuft das Produkt *selbstschärfende Messer* als bionisch ein.

Aus den obigen Beispielen kann ergänzend zu den beschriebenen drei Kriterien des bionischen Produkts festgehalten werden:

Wenn es ein biologisches Vorbild gibt, dessen Prinzip in ausreichender Tiefe analysiert und in ausreichender Höhe abstrahiert wurde, kann ein daraus entstandenes Produkt oder ein daraus entstandener Prototyp gemäß den Norm- und Regelwerken als bionisch eingestuft werden.

Was dabei als „ausreichend" angesehen werden kann, ist nicht definiert und muss für jeden Einzelfall bewertet werden, wobei auch keine Bewertungsverfahren definiert sind. Kritisch schrieben A. v. Gleich et al. 2007 hierzu: *„Diese* (Bewertungsverfahren, Anm. d. Verf.) *existieren jedoch für die Bionik (noch) nicht und es darf bezweifelt werden, ob solche Verfahren überhaupt möglich sind."*[Gle07]

Zum Ende der Diskussion bezüglich des bionischen Produktcharakters bleibt anzumerken, dass die meisten Anwender der Bionik primär an einem erfolgreichen Produkt interessiert sind und weniger daran, ob dieses dann auch das Label „bionisch" im Sinne der Normen und Regelwerke tragen darf, von den genannten Ausnahmen bei z. B. Fördermitteln usw., abgesehen.

Teil- bzw. Forschungsgebiete der Bionik

Eine allgemeingültige, allgemein akzeptierte und abschließende Einteilung der Teilgebiete der Bionik existiert nicht. Im deutschsprachigen Raum wird häufig die von W. Nachtigall 1992 definierte Einteilung herangezogen. Nachtigall hatte 17 Kategorien angelegt, die alle Aspekte rund um das Arbeits- und Lehrgebiet der Bionik umfassen sollten. Daher zählen dazu auch Kategorien wie „Definitionen und Gliederung" oder „Konzeptuelles und Zusammenfassendes". Werden aus dieser Einteilung nur die Forschungsgebiete betrachtet, verbleiben zehn Kategorien. Dem gegenüber können derzeit existierende Forschungsgebiete der Bionik gestellt werden. Diese finden sich zum Beispiel in den thematischen Fachgruppen des Bionik-Kompetenznetzes BIOKON, eines der wichtigsten Bionik-Netzwerke in Deutschland [Gle10], auf das in Kap. 2.5 noch näher eingegangen wird. Neun der zehn Fachgruppen befassen sich mit bionischen Forschungsfeldern und spiegeln die aktuellen Schwerpunkte in Forschung und Entwicklung innerhalb von BIOKON wider. Eine der Fachgruppen (FG9) behandelt die Aus- und Weiterbildung, also die Unterrichtung der Bionik, und bleibt daher in der Gegenüberstellung unberücksichtigt.

Teilgebiete nach Nachtigall 1992:	Fachgruppen BIOKON 2019:
▪ Materialien und Strukturen	**FG1** Architektur und Design
▪ Formgestaltung und Design	**FG2** Leichtbau und Materialien
▪ Konstruktion und Geräte	**FG3** Oberflächen und Grenzflächen
▪ Bau und Klimatisierung	**FG4** Fluiddynamik
▪ Robotik und Lokomotion	**FG5** Robotik und Produktionstechnik
▪ Sensoren und neuronale Steuerung	**FG6** Sensorik und Informationsverarbeitung
▪ Anthropo- und biomediz. Technik	**FG7** Bionische Optimierungsmethoden
▪ Verfahren und Abläufe	**FG8** Organisation und Management
▪ Evolution und Optimierung	**FG10** Bionische Medizintechnik
▪ Systematik und Organisation	

Eine weitere Einteilung bionischer Forschungs- oder Teilgebiete kann aus den Themen der sich mit der Bionik befassenden aktuellen Richtlinien des VDI abgeleitet werden.

Richtlinien des VDI zur Bionik

- VDI 6221: Bionische Oberflächen
- VDI 6222: Bionische Roboter
- VDI 6223: Bionische Materialien, Strukturen und Bauteile
- VDI 6224: Bionische Optimierung - Evolutionäre Algorithmen in der Anwendung
- VDI 6224: Bionische Strukturoptimierung im Rahmen eines ganzheitlichen Produktentstehungsprozesses
- VDI 6225: Bionische Informationsverarbeitung
- VDI 6226: Architektur, Ingenieurbau, Industriedesign – Grundlagen

Und auch die Anzahl und Themen der wissenschaftlichen Veröffentlichungen im Bereich der Bionik können Hinweise darauf geben, in welchen Teilgebieten geforscht wird. Eine Studie von Lepora et al. hat sich 2013 damit beschäftigt, diese Veröffentlichungen thematisch einzusortieren [Lep13]. Untersucht wurde u. a., ob sich daraus Forschungsschwerpunkte ermitteln lassen. Betrachtet wurden circa 18.000 Publikationen im Zeitraum 1995 bis 2011. Eingeschlossen wurden nur solche Veröffentlichungen, die im Titel oder durch andere Angaben einen klaren Bezug zur Bionik aufzeigen. In der Studie konnten fünf Forschungsgebiete (research fields) identifiziert werden.

Forschungsgebiete nach Lepora et al. 2013:

1) Robotics	(Traditionelle Robotik mit Schwerpunkt auf intelligente, autonome Systeme nach Vorbild d. Natur)
2) Ethology-based robotics	(Roboter, deren Verhalten und insbesondere Fortbewegung biologischen Systemen nachempfunden ist, wie z. B. Roboter-Vögel)
3) Biomimetic actuators	(Bionische Aktoren)
4) Biomaterials science	(Biologische Materialien)
5) Structural bioengineering	(Biologische Materialien mit Fokus auf deren mikrostrukturellen Aufbau)

In den Einteilungen der Richtlinien des VDI, den Teilgebieten nach Nachtigall und den Fachgruppen des BIOKON Netzwerks überlappen sich mehrere Themen, die sich bis auf die bionischen Aktoren auch in der Studie von Lepora et al. wiederfinden. Abb. 2-13 stellt die Zusammenhänge grafisch dar.

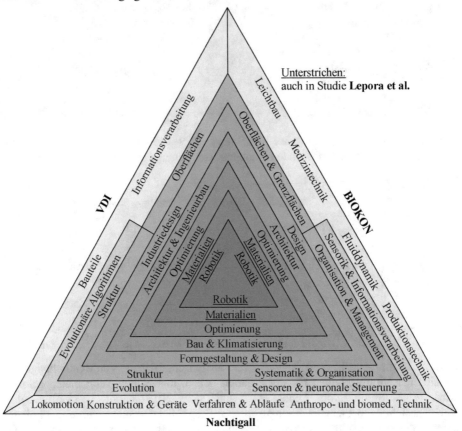

Abb. 2-13 Teil- bzw. Forschungsgebiete der Bionik nach Nachtigall, dem Bionik-Netzwerk BIOKON, den VDI-Richtlinien zur Bionik und nach Lepora et al. Darstellung als Draufsicht auf eine Pyramide. Gleiche oder ähnliche Themengebiete sind auf einem Plateau zusammengefasst.

In der Zusammenstellung der Teilgebiete ist ersichtlich, dass sich zwar bestimmte Themen in allen Einteilungen wiederfinden, und damit den „Kern" der Teil- oder Forschungsgebiete der Bionik bilden könnten. Eine klare Abgrenzung oder eine endliche Zuordnung zu etablierten wissenschaftlichen Themen kann die Zusammenstellung aber nicht darstellen, wie die weiteren, je nach Quelle unterschiedlichen Themen zeigen. Dadurch wird deutlich, dass die Bionik grundsätzlich in allen technisch-wissenschaftlichen Anwendungsgebieten eingesetzt werden kann. Y. Bar-Cohen formulierte hierzu sinngemäß, dass die Natur ein riesiges Labor sei, in dessen Experimente *alle* Bereiche der Naturwissenschaften und der Technik involviert seien. („*Nature is effectively a giant laboratory, where trial-and-error experiments are made*[…]". „*These experiments involve all fields of science and engineering*" [Bar11]). Und selbst diese Aussage muss noch nicht als abschließend angesehen werden. So grenzen z. B. die Themengebiete Organisation und Management auch an die

Wirtschaftswissenschaften. Ferdinand et al. führen hier 2012 die „Wirtschaftsbionik" als Begriff ein, die sie u. a. im Bereich der Organisationsstrukturen von Unternehmen und deren Beziehungen zu Märkten oder Branchen verortet sehen. [Fer12] Und auch die Geisteswissenschaften beschäftigen sich mit der Bionik, wie eine Abhandlung von P. Gehring über den Zusammenhang der Bionik und der Biopolitik zeigt [Geh05].

Die Betonung bei allen genannten Teilgebieten liegt in dem *Einsatz* der Bionik in diesen Bereichen. Zwar kann die Bionik durchaus als ein eigenständiger Wissenschaftsbereich angesehen werden, wie das Vorhandensein von Fachkonferenzen (z. B. „Living Machines", 2019 in Nara, Japan; „Bioinspiration, Biomimetics, and Bioreplication X", 2020 in Anaheim, Kalifornien, USA) oder auch von eigenständigen Studiengängen der Bionik (siehe Kap. 2.6) zeigt. Grundsätzlich sind der Bionik aber immer ein oder mehrere Wissenschaftsbereiche unterlegt, in denen sie eingesetzt wird, und ohne die ein bionisches Projekt nicht stattfinden könnte. Dies lässt sich auch bereits in der Definition der Bionik ablesen, die erst durch die Verbindung mit und Umsetzung in eine technische Anwendung erfüllt ist. Diese Anwendung kann, wie oben gezeigt, in unterschiedlichsten Bereichen liegen, aber eben nicht in der Bionik selbst. Eventuell wäre es daher auch konsequenter, bei der Unterteilung der Bionik weniger von Teilgebieten, als von Einsatzgebieten zu sprechen, und diese etwas allgemeiner und insbesondere offen zu fassen. Ein Ansatz hierzu findet sich in einem späteren Werk von W. Nachtigall und G. Pohl, in dem drei bionische „Grunddisziplinen" aufgestellt werden, die Konstruktionsbionik, die Verfahrensbionik und die Entwicklungs- und Evolutionsbionik. [Nac13b] In diese Disziplinen lassen sich die in Abb. 2-13 dargestellten Teil- bzw. Forschungsgebiete einordnen, wobei Nachtigall und Pohl noch weitere Gebiete definieren, die bislang nicht in den 1992 definierten Teilgebieten vertreten waren wie z. B. *Energetik, Neurophysiologie* oder auch *Dynamik im Maschinenbau*. Die Autoren geben auch zu bedenken, dass die Zuordnungen nicht streng betrachtet werden dürfen, sondern die „Unterdisziplinen" durchaus auch in mehreren Grunddisziplinen vertreten sein können. Die erwähnte „Wirtschaftsbionik" nach [Fer12] ist in dieser Auflistung keine eigene Grunddisziplin, sondern wäre als Organisation / Management in der Entwicklungs- und Evolutionsbionik enthalten.

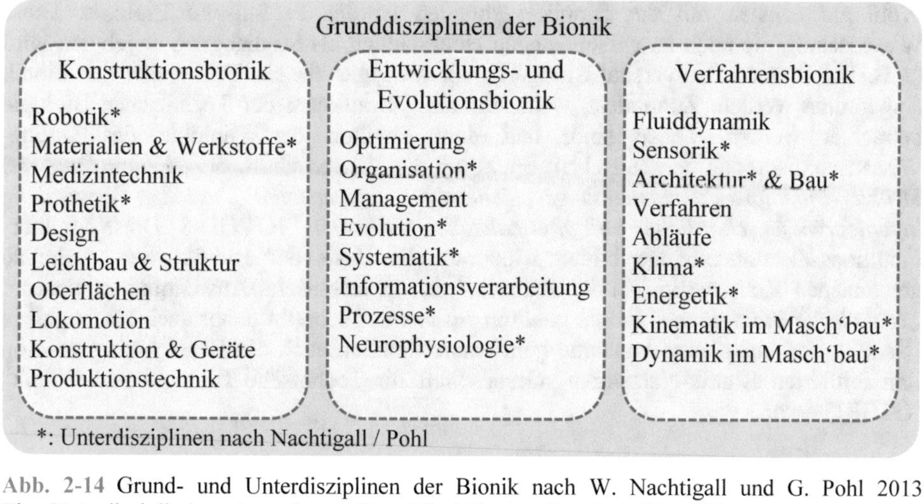

Grunddisziplinen der Bionik		
Konstruktionsbionik	**Entwicklungs- und Evolutionsbionik**	**Verfahrensbionik**
Robotik*	Optimierung	Fluiddynamik
Materialien & Werkstoffe*	Organisation*	Sensorik*
Medizintechnik	Management	Architektur* & Bau*
Prothetik*	Evolution*	Verfahren
Design	Systematik*	Abläufe
Leichtbau & Struktur	Informationsverarbeitung	Klima*
Oberflächen	Prozesse*	Energetik*
Lokomotion	Neurophysiologie*	Kinematik im Masch'bau*
Konstruktion & Geräte		Dynamik im Masch'bau*
Produktionstechnik		

*: Unterdisziplinen nach Nachtigall / Pohl

Abb. 2-14 Grund- und Unterdisziplinen der Bionik nach W. Nachtigall und G. Pohl 2013 Eine Unterdisziplin kann in mehreren Grunddisziplinen auftauchen. [Nac13b].

Die Eingrenzung der Teilgebiete der Bionik ist, wie dargelegt, schwierig wenn nicht unmöglich, eine Abgrenzung zu nahestehenden Wissenschaftsgebieten ist aber möglich, und wird im nachfolgenden Kapitel gegeben. Interessanterweise befindet sich unter diesen Nachbardisziplinen auch eines der am meisten genannten Einsatzgebiete der Bionik: die Robotik.

2.4   Abgrenzung der Bionik zu benachbarten Wissenschaftsgebieten

Die gedankliche Fusion von Biologie und Technik unter dem Begriff Bionik sowie die dazugehörigen Bezüge *lernen von der Natur und Übertragung auf technische Systeme* bzw. *die Natur nachbauen* haben sich im deutschen Sprachgebrauch mittlerweile fest etabliert, siehe auch die Interpretation der VDI 6220 Blatt 1. Damit grenzt sich die Bionik zu nahestehenden Wissenschaftsbereichen ab, die aufgrund ähnlicher Benennung oder häufig gezeigter bionischer Beispiele mit der Bionik verwechselt, oder mit ihr gleichgesetzt werden könnten, Abb. 2-15.

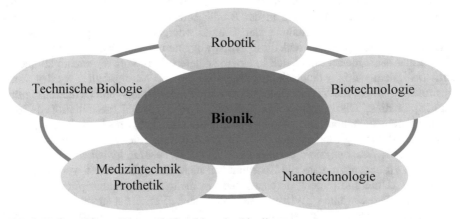

Abb. 2-15 Benachbarte Wissenschaftsgebiete der Bionik

Wohl am engsten mit der Bionik verbunden ist die **Technische Biologie**. Diese Wissenschaft, die auch an verschiedenen Hochschulen als Studiengang angeboten wird (z. B. HS Bremen, Universität Stuttgart), könnte sogar als ein Teilbereich der Bionik eingeordnet werden. Zumindest, wenn nur die Definitionen der Technischen Biologie betrachtet werden. Diese sind, laut dem Lexikon der Biologie des Online-Wissenschaftsportals der Zeitschrift Spektrum der Wissenschaft, die *„Erforschung des Struktur-Funktions-Zusammenhangs lebender Organismen unter Verwendung ingenieurwissenschaftlicher und physikalischer Methoden."* [OVOD-8] Diese Struktur-Funktions-Zusammenhänge bilden wiederum die Basis der Bionik, welche die so gewonnenen Konstruktions- oder Bauprinzipien in technische Anwendungen umsetzt. *„Technische Biologie und Bionik gehören zusammen"* schreibt daher auch Nachtigall in [Nac08], und aus dieser Annahme geht wahrscheinlich auch die Bezeichnung des von ihm initiierten Bionik-Netzwerks „Gesellschaft für Technische Biologie und Bionik" (GTBB) hervor.

Die Betrachtung der Studienganginhalte der beiden o.g. Hochschulen zeigt aber auch, dass die Technische Biologie ebenso eng mit der **Biotechnologie** (synonym:

Biotechnik) verbunden ist. In beiden Bachelorstudiengängen findet sich die Biotechnologie wieder, und beide Hochschulen bieten einen weiterführenden Master mit u. a. der Vertiefung Biotechnologie an. Der Begriff Biotechnik wurde bereits seit Anfang des 20. Jahrhunderts von dem in Wien wirkenden Philosophen und Soziologen Rudolf Goldscheid benutzt [Gou01]. Ursprünglich von Goldscheid in einem anderen Zusammenhang verwendet, steht die Biotechnik oder Biotechnologie heute für die Anwendung von Methoden der Natur- und Ingenieurwissenschaften auf lebende Organismen, Zellen oder Enzymen. Einer der ersten „Biotechnologen" war der ungarisch-österreichische Botaniker und Mikrobiologe Raoul Heinrich Francé (eigentlich Rudolf Heinrich Franzé), der zu Beginn des 20. Jahrhunderts eine ganze Reihe von Büchern zu dem Thema verfasste, u. a. das 1920 erschienene Buch „Die Pflanze als Erfinder". Eine oft zitierte Anwendung der Biotechnologie, lange bevor dieser Begriff eingeführt wurde, ist die Herstellung alkoholischer Getränke wie Bier oder Wein. Aber auch Bereiche der Forensik, wie der genetische Fingerabdruck, oder auch das therapeutische Klonen zur Gewinnung von Ersatzorganen kann der Biotechnologie zugeordnet werden. Somit ist das Schaf Dolly, das erste aus adulten Zellen geklonte Tier (1996), nicht bionisch sondern biotechnologisch.

Dass weder Frankenstein, noch der sechs-Millionen-Dollar-Mann der Bionik entspringen würden, gäbe es diese fiktiven Personen tatsächlich, wurde bereits angesprochen. Tatsächlich würden beide zum Bereich der Prothetik (im Englischen, wie schon erwähnt, häufig mit bionics überschrieben) und der Medizintechnik gehören.

Die **Prothetik** befasst sich als Wissenschaft bzw. Arbeitsgebiet mit der Herstellung künstlich erzeugter Körperteile und Organe, die verloren gegangen sind und ersetzt werden müssen, oder die nicht vorhanden waren. Der zeitgeschichtlich bereits relativ frühe Einsatz der Prothetik lässt sich durch Mumienfunde auf mehrere Tausend Jahre zurück datieren. So wurde an der knapp 3.000 Jahre alten Mumie der Tochter eines ägyptischen Priesters eine Zehenprothetik als Ersatz für einen verlorenen großen Zeh gefunden [Dön19]. Auch Zahnprothesen finden sich zuweilen an ägyptischen oder phönizischen Mumien, die allerdings primär ästhetische Zwecke erfüllten, zum Kauen waren sie eher ungeeignet.

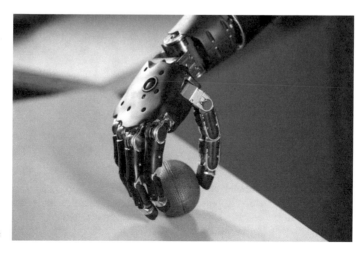

Abb. 2-16 Vom Gehirn gesteuerte Handprothese

Die Wissenschaft bzw. das Arbeitsgebiet der **Medizintechnik** befasst sich mit der Entwicklung von Geräten und Apparaten zur Diagnose, Therapie und Prävention von Krankheiten, Verletzungen oder angeborenen Anomalien, sowie zur Krankenpflege, der Rehabilitation oder auch der Steigerung der Lebensqualität. Die Medizintechnik ist ein Überschneidungsgebiet der Medizin, der Informatik und der Ingenieurwissenschaften. Der Schwerpunkt liegt zumeist im letztgenannten Gebiet, wie sich am Abschluss, Bachelor oder Master of Engineering oder Science, früher Dipl.-Ing. Medizintechnik, widerspiegelt.

Ein weiteres Wissenschafts- und Arbeitsgebiet, das sich im Schnittbereich mit der Bionik befindet, ist die **Robotik**. Da die Robotik auch zu den bedeutendsten Einsatzgebieten der Bionik zählt, werden Roboter gerne als Beispiele für die Bionik aufgezeigt. Letztlich könnte dies sogar zu der (populärwissenschaftlichen) Meinung führen, *alle* Roboter seien *irgendwie* bionisch. Tatsächlich stellt aber die Definition der Robotik, wie sie beispielhaft von der Robotic Industries Association, einer US-amerikanischen Dachorganisation der Roboterindustrie, beschrieben wird, keinen Zusammenhang zur Bionik her. Verkürzt heißt es dort, ein Roboter sei ein Mehrzweck-Handhabungsgerät für das Bewegen von Material, Werkzeugen, Teilen usw. mit frei programmierbarem Bewegungsablauf [vgl. OV19-5].

Die Verbindung von Robotik und Bionik kommt hauptsächlich durch eine Vielzahl menschen- oder tierähnlicher Roboter zustande, deren äußeres Erscheinungsbild den direkten Naturbezug herstellt (Abb. 2-17 a, b). Auch beschäftigt sich die Robotik intensiv damit, biologische Steuer- und Regelprinzipien nachzuahmen sowie mit der Erschaffung künstlicher Intelligenz nach biologischem Vorbild. Diese, zumeist noch im Forschungsstadium befindlichen Anwendungen geben aber nur einen Teil der Robotik wieder, dessen zentrales Einsatzgebiet in den Industrierobotern liegt, die für die Produktion, Handhabung oder Verpackung von Produkten und Gütern eingesetzt werden, Abb. 2-17 c).

a)   **b)**   **c)**

Abb. 2-17 a) Sechsbeiniger Laufroboter LAURON, Forschungszentrum Informatik Karlsruhe (FZI), **b)** Humanoider Roboter „Atlas", Boston Dynamics im Auftrag der US-amerikanischen Defense Advanced Research Projects Agency (DARPA), **c)** Gelenkarmroboter in der Automatisierung (Industrieroboter)

Und auch bei den als bionisch beschriebenen Robotern ist streng genommen genau zu differenzieren. Verdeutlicht werden soll dies beispielhaft anhand eines bekannten Science-Fiction-Films. Der erste „Terminator" (T-800), gespielt von Arnold Schwarzenegger in dem gleichnamigen Kinofilm[10], könnte als zumindest teilweise bionisch angesehen werden, das Nachfolgemodell der Fortsetzung[11] (T-1000) jedoch nicht. Der (fiktive) T-800 besitzt ein mechanisches Skelett mit einer dem Menschen nachempfundenen Außenhülle aus Haut, Haaren, Augen usw. Diese Außenhülle erzeugt zusammen mit dem Verhalten der „Maschine" den gewollt menschenähnlichen Eindruck. Damit wäre der T-800 per Definition ein humanoider Roboter bzw. ein Androide, ein dem Menschen in Aussehen und Verhalten ähnlicher Roboter. Da der T-800 sich selbst steuert und lernfähig ist, ist er darüber hinaus ein kybernetischer Androide[12].

Die Außenhülle und das Endoskelett sind die potenziell bionischen Elemente des T-800. Ideengeber zur Lösung der (technischen) Aufgabenstellung „menschenähnliches Aussehen und menschenähnliche Bewegungen" war die Natur. Deren biologische Prinzipien des Bewegungsapparats und der Haut wurden abstrahiert und in eine technische Anwendung übertragen. Ob dadurch tatsächlich ein bionischer Roboter entstanden ist, müsste über den Grad der Abstraktion entschieden werden (siehe *Das bionische Produkt* in Kap. 2.3), der sich an dem fiktiven T-800 natürlich nicht nachprüfen lässt.

Ganz anders ist die Aufgabenstellung im Nachfolger T-1000 gelöst. Dieser besteht ausschließlich aus flüssigem Metall, das verschiedene Formen, Farben und Festigkeitswerte annehmen kann. Dadurch ist es ihm möglich, die äußere Erscheinung beliebiger Menschen und deren Kleidung zu imitieren. Ein derartiges Prinzip kommt in der Natur nicht vor, von z. B. dem Farbwechselspiel der Chamäleons oder der Umgebungsimitation mancher Insekten abgesehen. Es handelt sich hier demzufolge um ein technisch konstruiertes System, dessen bloßes Imitieren des äußeren Erscheinungsbilds eines biologischen Systems noch keine Bionik ist. Mangels Vorbild aus der Natur liegt weder eine Abstraktion noch eine Übertragung vor, so dass keines der für ein bionisches Produkt erforderlichen Kriterien erfüllt ist.

Zusammenfassend gibt es tatsächlich eine Vielzahl an biologisch inspirierten und auch bionischen Robotern. Die intensive Zusammenarbeit der Bionik und Robotik auf beispielsweise dem Gebiet der künstlichen Intelligenz oder der Sensorik begründet auch die Nähe der beiden Arbeits- bzw. Wissenschaftsgebiete zueinander. Das alleinige Imitieren des Aussehens oder der Bewegungsabläufe biologischer Systeme bringt aber noch keine bionischen Roboter hervor.

---

[10] Terminator (Originaltitel The Terminator) ist ein Science-Fiction-Film des Regisseurs und Drehbuchautors James Cameron aus dem Jahr 1984.

[11] Terminator 2 – Tag der Abrechnung (Originaltitel: Terminator 2: Judgment Day) ist ein Science-Fiction-Film des Regisseurs und Drehbuchautors James Cameron aus dem Jahr 1991.

[12] Die Kybernetik beschäftigt sich u. a. mit Maschinen, die lernfähig sind und sich selbst steuern können.

Als eine weitere benachbarte und sich überschneidende Wissenschaft soll schließlich noch die **Nanotechnik** oder **Nanotechnologie** erwähnt werden. Wie in Kap. 4.2 beschrieben, gelten für Bauteile, deren Abmessungen im Nanobereich liegen, andere physikalische Gesetzmäßigkeiten. Die Oberflächeneigenschaften eines Bauteils werden maßgebend, während die Volumeneigenschaften vernachlässigt werden können. Der Nanobereich (ein Nanometer ist der millionste Teil eines Millimeters) umfasst dabei die Größenordnung von circa 100 nm bis hinunter zu einzelnen Atomen. Ein Teilbereich der um 1980 als Begriff eingeführten Nanotechnik widmet sich der Manipulation von Materie. Beispielsweise können Moleküle so verändert werden, dass diese Verbindungen miteinander eingehen, die in der Natur so nicht vorkommen, es entsteht ein neues Material. Oder die Moleküle werden so aneinander gelagert, dass ein rotationsfähiges System, ein „Nanomotor" entsteht. Ein anderer Bereich konzentriert sich auf die Erzeugung von Nanostrukturen, z. B. Nanopartikel oder Nanofilamente. Diese Strukturen kommen auch in der Natur vor, und hier liegt die Überschneidung der Nanotechnik mit der Bionik. Die wasserabweisende (hydrophobe) Wirkung der Lotuspflanze und vieler anderer Pflanzen wie z. B. der großen Kapuzinerkresse beruhen auf der Kombination von Mikrostrukturen (5-10 µm hohe und circa 15 µm voneinander entfernte Noppen) und Nanostrukturen (Wachskristalle auf den Noppen mit einem Durchmesser von circa 100 nm), siehe Kap. 3.3.4. Auch die bereits oft zitierte Geckohaftung beruht auf Strukturen im nm-Bereich. Das Erkennen und der Nachbau der Strukturen der beiden Beispiele ist unzweifelhaft der Bionik zuzuordnen, aber auch der Nanotechnologie. Die Literatur spricht hier von der „Nanobionik" und, aufgrund des geringen Alters der Nanotechnologien als Wissenschaft, auch von einer „Neue(n) Bionik" [vgl. Oer06, Gle06].

Wie auch in den anderen vorgestellten benachbarten Wissenschaftsgebieten gibt es nanotechnologische Forschung und Anwendung, die keinen Bezug zur Bionik hat, und als „rein nanotechnologisch" angesehen werden kann. Demgegenüber zeigen die verschiedenen Überschneidungsbeispiele erneut, dass die Bionik ohne zumindest ein Anwendungsfeld (aus der Robotik, der Nanotechnik, dem Maschinenbau, …) nicht auskommt.

2.5   Entwicklung und aktueller Stand der bionischen Forschung

Die Bionik beginnt nicht erst mit der Einführung des Begriffs und der Gründung als eigenständiges Forschungsgebiet in der Mitte des 20. Jahrhunderts. Ein Blick zurück in die Geschichte zeigt immer wieder Beispiele dafür, dass der Mensch schon früh anfing von der Natur zu lernen, und auch versuchte, das Gelernte technisch umzusetzen. Der wohl erste in der Literatur detailliert beschriebene Versuch dieser Art ist zwar nur eine Sage, die so, wie sie beschrieben wird, nicht stattgefunden haben kann. Sie zeigt aber, dass die Menschen bereits damals das Potential der Natur als Ideengeber zur Lösung technischer Aufgabenstellungen erkannten, und sei es auch nur als Autor einer phantasievollen Geschichte.

Sagenhafte Bionik der Frühgeschichte

Die Rede ist von Ikarus, dem sein mit ihm zusammen auf einer Insel festgehaltener Vater Dädalus (andere Schreibweise Daidalos) Flügel nach dem Vorbild der Vögel baute. Die Aufgabenstellung bestand aus der Entwicklung eines technischen Systems, das Vater und Sohn ermöglichen sollte, die Insel zu verlassen, ohne den versperrten Seeweg zu benutzen. Dädalus löste die Aufgabenstellung durch von Wachs zusammen gehaltene Vogelfedern. Der Rest der Geschichte ist wohlbekannt; Die beiden konnten die Insel tatsächlich auf dem Luftwege verlassen. Ikarus kam aber der Sonne zu nahe, die seine Wachsflügel schmolz, wodurch er ins Meer stürzte. Die Sage über die beiden Griechen Ikarus und Dädalus ist uns von dem römischen Dichter Ovid überliefert, der um 43 v. Chr. bis 17 n. Chr. lebte. Erwähnt wird der Erfinder, Baumeister und Künstler Dädalus aber bereits von Homer, dessen Leben zwischen dem 7. und 8. Jahrhundert v. Chr. vermutet wird. Somit wäre die Sage mindestens 2700 Jahre alt, wahrscheinlich ist sie aber noch bedeutend älter.

Abb. 2-18 Dädalus und Ikarus, Ausschnitt aus *Meyers Konversationslexikon* von 1885-1890

Dädalus war aber, zumindest den Legenden nach, nicht der einzige Mensch der es verstand, von Vögeln inspirierte Flügel zu bauen. Einer alten Sage zufolge soll der in Südtirol bei Bozen um 1000 bis 800 v. Chr. beheimatete Stamm der Fànes im Kriege Unterstützung durch das Volk der Einarmigen bekommen haben, das ihnen aus der Luft in Adlern nachempfundenen gefiederten „Kostümen" zur Hilfe kam. Sehr interessant, aber hier nicht zur weiteren Vertiefung geeignet, ist in dem Zusammenhang auch die Geschichte des ebenfalls einarmigen Tschi-kung-Volks, das um 1760 v. Chr. in gefiederten „geflügelten Wagen" weit aus dem Westen kommend dem chinesischen Kaiser seine Aufwartung machte. [Pat89]

Die Bionik der Neuzeit

Bereits an der Grenze vom Spätmittelalter zur Neuzeit angesiedelt, und damit deutlich jünger und auch deutlich weniger fiktiv, sind die bereits erwähnten Arbeiten des Universalgelehrten Leonardo da Vinci (1452-1519). Auch wenn seine Entwürfe und Skizzen von den Vögeln, Fledermäusen oder Pflanzensamen nachempfundenen Fluggeräten sich als nicht sonderlich flugtauglich erwiesen haben (Abb. 2-19), sind seine detaillierten Naturbeobachtungen doch bemerkenswert. So beschreibt er in der um 1505 verfassten Blattsammlung „Kodex über den Vogelflug" (ital. *„Codice sul volo degli uccelli"*) die unterschiedlichen Stellungen der Handschwingen des Vogelflügels beim Auf- und Abschlagen.

Abb. 2-19 Model einer Luftschraube nach Leonardo da Vinci, zu der er u. a. von Ahornsamen inspiriert worden sein soll. (Foto mit freundlicher Genehmigung von © Fachhochschule Bielefeld)

Der Anatomie von Lebewesen allgemein sehr zugetan, untersuchte er auch die Flugmuskulatur der Vögel und fand heraus, dass diese circa die Hälfte des Körpergewichts ausmacht. Zum Vergleich, beim Menschen macht die gesamte Muskulatur je nach Geschlecht etwa 39–50 % des Körpergewichts aus, die für ein vogelähnliches Flugvermögen hauptsächlich benötigte Brustmuskulatur nur circa 1 %. Leonardo erkannte diesen Missstand anscheinend, und bezog noch die Beinmuskulatur in Entwürfe seiner „Schlagflugmaschinen" mit ein. Diese Kombination, wenn auch mit einer anderen, an ein Fahrrad angelehnten Konstruktion, ermöglichte übrigens 1962 mit einer Flugstrecke von 903 m einen für 10 Jahre geltenden Rekord im Muskelflug. [Hen73] Und auch einer der vielen Entwürfe von sich durch die Luft bewegenden Geräten da Vincis hat letztlich seine Tauglichkeit gezeigt, wenn auch die Bewegung nur im freien Fall stattfand. Im Juni 2000 legte der Brite Adrian Nicholson eine „Flugstrecke" von rund 3.000 m mit einem den Entwürfen da Vincis entsprechenden, und hauptsächlich aus in der damaligen Zeit bereits verfügbaren Baumaterialien erstellten Fallschirm zurück. Nur für die Landung entkoppelte sich Nicholson in 500 m Höhe und absolvierte diese mit einem konventionellen Schirm, um nicht zu riskieren von dem 85 kg schweren *„Ungetüm bei der Landung erschlagen zu werden"* [Trag00].

Kurz nach da Vinci lebte eine weitere historische Persönlichkeit, die bestrebt war, von der Natur zu lernen. Galileo Galilei[13] beschäftigte sich neben seinen Studien zur Astronomie und Mechanik auch mit dem Aufbau von Pflanzen, und wie dieser Aufbau für technische Konstruktionen und für Bauwerke genutzt werden kann. M. Rütter bezeichnet ihn daher als *„Einer der ersten Architektur-Bioniker"* [Rüt08].

---

[13] Galileo Galilei (1564–1642) war ein Universalgelehrter, dessen Entdeckungen vor allem in der Mechanik und Astronomie als wegweisend gelten.

Das zunehmende Interesse intellektueller Gesellschaftsschichten an den Naturwissenschaften und der Technik zu Beginn der Neuzeit führte auch zu einer Zunahme schriftlich belegter „bionischer" Forschungen oder sogar Erfindungen. Dies auch vor dem Hintergrund einer stetig zunehmenden besseren Bildung der Gesamtbevölkerung. Ein Handwerker des Mittelalters musste nicht unbedingt schreiben und lesen können, und wenn er in seinem Wirken konstruktive Elemente aus der Natur übernommen hat, konnte er dies dann nur schwer für die Nachwelt dokumentieren. Dies änderte sich in der Neuzeit langsam, und als Beispiele für dokumentierte und daher bekannte Anregungen aus der Natur zur Lösung technischer Aufgabenstellungen, oder zu grundlegenden Beiträgen zur Bionik, können von Beginn der Neuzeit bis zur Jahrtausendwende genannt werden (Jahreszahlen circa):

1576   Der Schiffsbaumeister Matthew Baker entwickelt einen neuen Schiffstyp, dessen Rumpfform sich an der strömungsangepassten Form von Fischen orientiert. [Rüt08, Nac13a]

1685   Der Mathematiker J. A. Borelli stellt sein Buch über die Bewegung der Lebewesen, „De motu animalium" vor, in dem er u. a. die Wirkung des Vogelschwanzes anhand eines Models experimentell erklärt. W. Nachtigall schreibt hierzu, dieses „gilt als das erste bionische Modellexperiment" [Nac13a].

1719   Der Natur- und Materialforscher René Antoine Ferchault de Réaumur beobachtet die Papierherstellung der amerikanischen Wespe aus Holzfasern und schlägt vor, dieses Verfahren auf die Papierherstellung zu übertragen, in der bislang hauptsächlich Lumpen und sonstige Textilienreste verwendet wurden. Die Umsetzung seiner Idee hat de Réaumur nicht mehr erlebt; Es dauerte noch rund 130 Jahre bis zum Beginn der großtechnischen Papierherstellung aus Holzfasern.

1800   Der Physiker Alessandro Volta konstruiert eine elektrische Batterie, die auf seinen Beobachtungen an dem Schläferrochen basiert. [Bar16b] Das zu den Zitterrochen gehörige Tier kann mit seinen Elektroorganen im Kopfbereich Stromschläge austeilen.

1809/52 Der Ingenieur Sir George Cayley erkannte, dass sich das Flugprinzip nach Art der Vögel für große Flugobjekte nur verwirklichen lässt, wenn der bei den Vögeln in den Flügeln vereinte Vortrieb vom Auftrieb getrennt wird. [Luk14] Mit einem von Cayley konstruierten Fluggerät mit starren Tragflügeln soll 1852 der erste erfolgreiche Gleitflug der Geschichte über eine Distanz von rund 130 m stattgefunden haben. [Rüt08] Cayley entwickelte auch einen praktikablen Fallschirm nach Vorbild der Früchte des Wiesenbocksbarts. [Nac13a, Her14]

1851   Der Botaniker und Architekt Sir Joseph Paxton baut anlässlich der 1. Weltausstellung in London den „Crystal Palace", wobei er sich bei Teilen der

Tragwerkskonstruktion von den Blättern der Amazonas - Riesenseerose inspirieren lässt [Man18].

I

1867   Der Gärtner, Erfinder und Unternehmer Joseph Monier erhält ein Patent auf Pflanzkästen aus Stahlbeton, dessen Eisenbewehrung vom Stützgewebe von Kakteengewächsen (Opuntien) inspiriert wurde [Nac02]. Obwohl Monier damit weithin als Erfinder des Stahlbetons gilt, wird dieser nicht als bionisches Produkt angesehen, siehe Kap. 2.3.

I

1868   Michael Kelly erhält ein Patent auf Stacheldraht, den er dem Osagedorn (auch Milchorangenbaum) nachempfunden haben soll. Osagedorn-Hecken waren in den Great Plains der USA aufgrund ihrer robusten Stacheln die einzigen Gewächse, welche Rinder auf ihren Weidegebieten halten konnten. Der ab dem späten 19. Jahrhundert bis heute in verschiedensten Abwandlungen verwendete Stacheldraht geht auf Weiterentwicklungen zurück.

I

1889   Der Erfinder und Flugpionier Otto Lilienthal publiziert sein Buch „Der Vogelflug als Grundlage der Fliegekunst". Eingehend beschäftigt er sich darin mit dem Flugvermögen der Störche, deren gewölbte Fläche er als Vorbild für seine Gleitflugzeuge wählte. Lilienthal war nicht, wie oft unterstellt wird, der erste fliegende Mensch, aber sicher bis zu seinem frühen Tode der am häufigsten geflogene Mensch, seine Flugversuche werden auf mindestens 2.000 geschätzt. [Sch88] Auch war er der erste, der ein Gleitflugzeug zur Serienreife brachte. Und schließlich sind es auch die scharfsinnigen und bahnbrechenden Folgerungen, die er, für die Nachwelt sehr gut dokumentiert, aus seinen Naturbeobachtungen und Versuchen zog, die ihm einen Platz in der Reihe der Flugpioniere, und auch der Bioniker, sichern. Wilbur Wright hält Lilienthal daher in einer postum veröffentlichten Niederschrift z. B. auch für den „*eigentlichen Entdecker*" der gewölbten Flugfläche [Wri12].

I

1906   Der Botaniker und Mikrobiologe Raoul Heinrich Francé publiziert das achtbändige Werk „Das Leben der Pflanze". Darin, und in dem 1920 erschienenen Buch „Die Pflanze als Erfinder" greifen Francé und seine Mitautoren immer wieder den Grundgedanken „von der Natur lernen" auf. [Fra20] In diesem Sinne konstruierte Francé einen der Mohnkapsel nachempfundenen Pulver-Streuer. Das ihm 1919 dafür erteilte Gebrauchsmuster gilt als das erste deutsche bionische Patent. Francé wird heute weniger als Bioniker, sondern vielmehr als Biotechniker angesehen, da ein großer Teil seiner Arbeiten in diese Richtung gingen.

I

1929   Der Chemie-Nobelpreisträger Wilhelm Ostwald diskutiert in einer Veröffentlichung die Einbeziehung der Lösungswege der Biologie in die Technik für zukünftige technische Entwicklungen, insbesondere für die Energiebeschaffung, Steuerung und Organisation. [Oer06, Her14] In dem Vorwort des 1978 postum erschienenen Werkes „Gedanken zur Biosphäre" schreibt H. Berg „*Wilhelm Ostwald weist auf biologische Lösungswege und Organisationsprinzipien hin, wie sie heute in der Bionik und Biokybernetik erforscht werden."* [Ost78]

I

1951   Der Ingenieur Georges de Mestral erhält das Patent auf seinen nach dem Vorbild der großen Klette (Arctium lappa) entwickelten Klettverschluss. Der nach der Markteinführung 1959 rasche weltweite Erfolg des vergleichsweise einfachen Prinzips gilt bis heute als ein Paradebeispiel des wirtschaftlichen Potentials der Bionik.

I

1960   Der Luftwaffenmajor und Mediziner Jack E. Steele führt den Begriff „bionics" ein. Obwohl der Begriff heute eher für den Bereich Prothetik und Medizintechnik angewendet wird, behandelten die Arbeiten Steels auch Themen der heutigen Bionik. Dies gilt auch für die bis in die 1950er Jahren zurückreichenden Forschungen des Biophysikers Otto Schmidt, der seine Arbeiten mit dem Begriff biomimetics überschrieb, der sich im englischen Sprachraum für die Bionik weitgehend durchgesetzt hat. Schmidt und Steele können heute als die Begründer der modernen Bionik, bzw. der Bionik als Wissenschaft, angesehen werden.

I

1973   Der Ingenieur und Professor der Technischen Universität Berlin, Ingo Rechenberg, betrachtet in seinem Buch „Evolutionsstrategie, Optimierung technischer Systeme nach Prinzipien der biologischen Evolution" die Baupläne und Strategien der Natur, und wie derartige Entwicklungsstrategien technisch nutzbar sind. Seine Überlegungen bilden die Grundlage der Bionik-Gebiete Evolution und Optimierung.

I

1997   Eintragung der Wortmarke Lotus-Effekt® durch den Botaniker und Professor an der Universität Bonn, Wilhelm Barthlott, der seit den 1970er Jahren die Selbstreinigung pflanzlicher Oberflächen untersuchte. Der Lotuseffekt und seine hydrophoben, selbstreinigenden Umsetzungen als z. B. Fassadenfarbe, in Textilien oder auf Gläsern kann neben dem Klettband und der Gecko-Haftung als die bekannteste Anwendung der Bionik im 20. Jahrhundert angesehen werden.

I

1998   Der Zoologe und Professor der Universität des Saarlandes, Werner Nachtigall, fasst in seinem grundlegenden Werk „Bionik Grundlagen und Beispiele für Ingenieure und Naturwissenschaftler" die zu der Zeit bekannten bionischen Themen und Forschungsfelder zusammen, und erstellt daraus die Teilgebiete der Bionik. Mit bis heute rund 30 wissenschaftlichen und populärwissenschaftlichen Büchern und über 300 wissenschaftlichen Publikationen ist er maßgeblich an der heutigen Bekanntheit der Bionik im deutschsprachigen Raum beteiligt.

Bionik aktuell – das 21. Jahrhundert

Dass die Bionik als Forschungs- und Arbeitsgebiet, trotz der gegebenen weit zurück reichenden Beispiele, noch sehr jung ist, lässt sich daran ermessen, dass erst mit den ab 2012 erschienen VDI-Richtlinien 6220–6226 Regelwerke zu ihrer Definition und

Anwendung herausgebracht wurden. Die ersten internationalen Normen folgten 2016 mit der DIN ISO 18458 und 18459. Dementsprechend ist die Anwendung der Bionik heute noch weit von einem flächendeckenden Einsatz in der Industrie entfernt. Allerdings gibt es verschiedenste Anstrengungen, die Verbreitung der Bionik zu fördern.

So stufte der VDI die Bionik bereits 1993 als „Zukunftswissenschaft" ein [Ros05]. Erstmalig wurde 1999 der Deutsche Umweltpreis der Deutschen Bundesstiftung Umwelt (DBU) für selbstreinigende Oberflächen nach dem Lotuseffekt, und erneut 2003 für die Festigkeitsoptimierung technischer Bauteile nach dem Vorbild von Bäumen vergeben [OVOD-6;OVOD-7]. Erstmalig in 2003 und erneut 2005 schrieb das Bundesministerium für Bildung und Forschung (BMBF) Ideenwettbewerbe zum Thema Bionik aus, in denen mehrere Studien gefördert wurden. Die Fördermaßnahme „BIONA Bionische Innovationen für nachhaltige Produkte und Technologien", ebenfalls vom BMBF initiiert, unterstützte zwischen 2008–2012 Projekte zur nachhaltigen technischen Entwicklung mit bionischem Ansatz. [OV13] Im 2009 herausgegebenen Programm der Vereinten Nationen wird die Bionik („biomimicry") als ein intelligenter und kreativer Ansatz zur Energieeinsparung vorgestellt [UN09]. 2011 fand in Berlin der von den Kompetenznetzen BIOKON und BIOKON international ausgerichtete und vom BMBF unterstützte Kongress „International Industrial Convention on Biomimetics" statt, der die wirtschaftliche Nutzung der Bionik im Fokus hatte [OV11-3]. In dem Positionspapier „Zukunft der Bionik: Interdisziplinäre Forschung stärken und Innovationspotenziale nutzen", das im Dezember 2012 gemeinsam vom VDI und dem Bionik Kompetenznetz BIOKON herausgegeben wurde, wird das Potential der Bionik allgemein und insbesondere für den Forschungsstandort Deutschland hervorgehoben, und Empfehlungen an die Bundesregierung ausgesprochen, wie die Bionik in Zukunft weiter gefördert werden kann. [OV12-3] Ein aktuelles, von der Europäischen Union innerhalb des Rahmenprogramms „Horizon 2020" gefördertes bionisches Projekt beschäftigt sich mit der Reduzierung des Treibstoffverbrauchs von Schiffen. Die Forscher sollen dafür eine auf den Schiffsrumpf aufzuklebende Luftpolsterfolie nach dem Vorbild des Schwimmfarns Salvania entwickeln. Die Blätterstruktur des Schwimmfarns speichert Luftschichten, so dass sie unter Wasser atmen kann. Die durch die Folie entstehende reibungsarme Luftbarriere schirmt den Schiffsrumpf vom Wasser ab, und soll bis zu 25 % Treibstoff einsparen. Projektstart war 2018. [Sch18]

Diese Beispiele zeigen, dass sich Wissenschaft, Technik und auch die Politik im zunehmenden Maße für die Bionik interessieren. Außerdem lässt sich ein kontinuierlicher und, gemessen an anderen Themengebieten, überproportionaler Anstieg der Forschungsaktivitäten feststellen. Eine Studie des Centre for Biomimetics der University of Reading, UK hat hierzu die im Zeitraum 1985–2005 in den USA erteilten Patente betrachtet. Quelle war die Untited States Patent and Trademark Office, untersucht wurde der prozentuale Anteil der Patente, welche die Wörter „biomimetic" oder „bionic" oder „biologically inspired" beinhalten. Im Jahr 1985 lag dieser bei rund 0,006 %, in 2005 bei rund 0,062 %. Zwischen 1985 und 2005 ergibt dies einen Anstieg der „bionischen Patente" um circa einen Faktor 10. [Bon06]

In einer ähnlichen Studie von 2005 untersuchte die Universität Bremen den zeitlichen Verlauf der Anzahl wissenschaftlicher Artikel aus Deutschland, welche entweder den Begriff bionic* oder biomim*[14] beinhalten. Als Quelle wurde das „Web of Science"

---

[14] Der Asteriks * steht für eine beliebige Buchstabenkombination.

(WOS) verwendet, seit 2016 betrieben von Clarivate Analytics. Die Recherche stellt den Veröffentlichungen mit den genannten Begriffen die Gesamtzahl an Veröffentlichungen aus Deutschland gegenüber und zeigt, dass dieser Anteil von 1990 bis 2004 von unter 0,5 Promille auf knapp 4 Promille angewachsen ist, was wiederum dem Anwachsen um eine Größenordnung (Faktor 10) entspricht. [Gle07].

Eine Studie des Instituts für ökologische Wirtschaftsforschung (IÖW), Berlin, aus dem Jahr 2012 untersuchte ebenfalls im WOS die Anzahl an Publikationen die *„im weiteren Sinn bionisch inspirierte Konzepte in den Wirtschaftswissenschaften"* [Fer12] beinhalten. Die Recherche kommt zum Schluss, dass sich die Anzahl entsprechender Publikationen zwischen 1990 und 2010 verdoppelt hat. [Fer12].

Um die weitere Entwicklung zu verfolgen, wurde im Rahmen dieses Buches eine eigene Recherche für die Jahre 2010 bis 2021 durchgeführt. Suchbegriffe waren bionic, biomimetic und bioinspired, betrachtet wurden die Veröffentlichungen weltweit. Als Datenquellen wurden die frei zugängliche Suchmaschine BASE[15] der Universitätsbibliothek Bielefeld für wissenschaftliche Abhandlungen sowie die Metadatenbank für medizinische und biologische Abhandlungen PupMed.gov[16] verwendet.

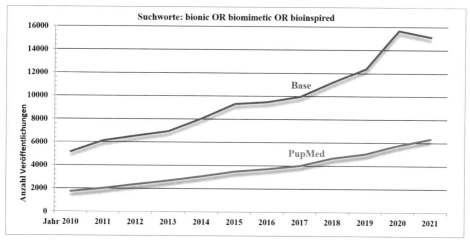

Abb. 2-20 Zeitlicher Anstieg wissenschaftlicher Veröffentlichungen mit den Begriffen bionic oder biomimetic oder bioinspired im Titel oder in der Beschreibung (Abstract). Der Einbruch in 2021 wird auf die weltweite Corona-Pandemie zurückgeführt und bleibt daher unberücksichtigt.

Die Ergebnisse zeigen eine über die Jahre ansteigende Anzahl an Veröffentlichungen. Von zusammen rund 6.900 in 2010 auf rund 21.400 in 2020, was einer Steigerung mit dem Faktor 3,0 (BASE) bzw. 3,3 (PupMed) entspricht, Abb. 2-20. Für 2021 ist vor allem in BASE ein Rückgang der Veröffentlichungen zu beobachten. Da sich dieser auch bei anderen Forschungsgebieten zu beobachtende Rückgang (siehe Abb. 2-21) mit der

---

[15] BASE (base-search.net), betrieben von der Universitätsbibliothek Bielefeld ist nach eigenem Bekunden eine der weltweit größten Suchmaschinen für wissenschaftliche Web-Dokumente. Mit Stand 07/2019 werden 150 Millionen Dokumente in 7.000 Quellen durchsucht [OVOD-5].
[16] Die Datenbank PubMed wird in Kap. 5.2.1 erläutert.

Anfang 2020 aufgekommenen weltweiten Corona-Pandemie erklären lassen könnte, bleiben die Werte für 2021 bei der Betrachtung unberücksichtigt. Spätere Recherchen in den kommenden Jahren müssen zeigen, inwieweit diese Einschätzung richtig war.

Um das Anwachsen der Veröffentlichungen aus dem Bereich der Bionik in einen Kontext mit etablierten und allgemein als zukunftsträchtig anerkannten Forschungsgebieten zu setzen, wurden in einem zweiten Suchlauf die Suchworte robot* für den Bereich der Robotik und nano* für die Nanotechnik mit aufgenommen. Betrachtet wurde die Dekade 2011 bis 2021, wobei die Anzahl der Veröffentlichungen in 2011 jeweils als Startwert angenommen wurde, auf den die Trefferanzahl der Folgejahre normiert wurden. Die Ergebnisgrafik zeigt den Multiplikator an, um den sich die Anzahl der Veröffentlichungen gegenüber 2011 geändert haben (Abb. 2-21). Als Quelle wurde BASE gewählt.

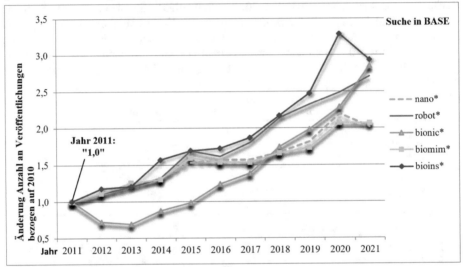

Abb. 2-21 Auf 2011 normierte Faktoren der Anzahl an Veröffentlichungen mit den Begriffen robot*, nano*, bionic*, biomim* und bioins*

Auch unter der Berücksichtigung, dass die Suchergebnisse Mehrfachnennungen ein und derselben Veröffentlichung enthalten können, und sich durch sorgfältige Filterung leicht veränderte Werte ergeben würden, lassen sich in der Auswertung Trends ablesen. Die Anzahl der Veröffentlichungen hat über den Betrachtungszeitraum für alle Suchbegriffe zugenommen, der Zeitraum 2021 bleibt wie bereits erwähnt aufgrund der Corona-Pandemie unberücksichtigt. Die größte Steigerungsrate mit rund 3,3 haben Publikationen mit den Themen bioins*, gefolgt von robot* mit 2,5. Die Steigerungsraten für die anderen Themen liegen im Bereich 2,1–2,3 dicht dahinter.

Auffällig ist außerdem ein sich ab ca. 2015 abzeichnender Trend, wonach die Steigerungsrate für Veröffentlichungen mit dem Thema bioinsp* gegenüber nano* stärker ansteigt. Mit Blick auf die absoluten Zahlen an Veröffentlichungen in 2018 wird jedoch deutlich, dass Themen mit bionischen Bezug (zusammen ca. 4.800 Veröffentlichungen) Veröffentlichungen zum Thema nano* (rund 167.000) auch auf längere Zeit nicht einholen werden, Abb. 2-22.

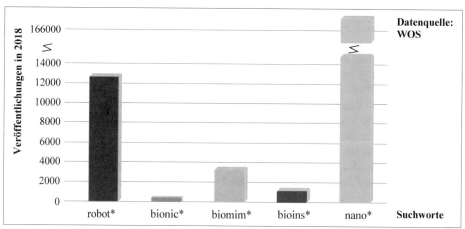

Abb. 2-22 Anzahl der Veröffentlichungen in 2018 für die Suchbegriffe robot*, nan*, bionic*, biomim* und bioins*

Insgesamt kann festgestellt werden, dass sich die in [Bon06] und [Gle07] bis zum Jahr 2005 bzw. 2004 beschriebenen Trends eines gegenüber anderen Gebieten überproportionalen Anwachsens bionischer Forschungsaktivitäten weiter fortsetzen, wenn auch nicht mehr in den damals genannten Größenordnungen. Daraus kann abgeleitet werden, dass die Attraktivität bionischer Forschung nach wie vor zunimmt. Der Blick auf die absoluten Zahlen der Veröffentlichungen in 2018 zeigt allerdings auch, dass die Bionik immer noch nur in einen kleinen Teil der Forschungsaktivitäten eingebunden ist. Als positiven Aspekt kann hier das hohe Potential interpretiert werden, dass die noch lange nicht in allen Bereichen der Forschung bzw. des nachfolgenden industriellen Einsatzes angekommene Bionik bietet.

Des Weiteren sind die vorgestellten Zahlen vor dem Hintergrund interessant, dass sich in den letzten Jahren auch kritische Stimmen zur Bionik, insbesondere in Bezug auf die technische Verwertbarkeit bzw. Anwendung zu Wort gemeldet haben, die hier nicht unerwähnt bleiben sollen.
In der bereits erwähnten Studie aus 2007 von A. v. Gleich et al. von der Universität Bremen, die im Rahmen eines vom BMBF geförderten Projekts „*Potentiale und Trends der Bionik*" entstand, äußern sich die Autoren überwiegend positiv über das Potential und die Zukunftsaussichten der Bionik. Zwar wird die Bionik nicht als Branchen oder Volkswirtschaften verändernde „Schlüsseltechnologie" angesehen, aber als „befähigende Technologielinie" [Gle07]. Rückblickend auf die „*bisherigen wirtschaftlich-technischen Erfolge*" sei jedoch „*eher Zurückhaltung geboten.*" Betrachtet wurden dafür Unternehmen mit bionischen Aktivitäten. Die Untersuchung zeigte, dass nur in einer Minderheit der Fälle bereits eine Markteinführung stattgefunden hatte, in der Mehrheit befand sich die bionische Entwicklung noch im Prototypenstadium bzw. handelte es sich um Demonstrationsverfahren. [Gle07] Zu einem ähnlichen Ergebnis kommt eine 2006 durchgeführte Studie des Büros für Technikfolgen-Abschätzung beim Deutschen Bundestag (TAB) zum Thema „*Potentiale und Anwendungsperspektiven der Bionik*". In dieser von D. Oertel et al. durchgeführten Studie wird das Anwendungspotential der Bionik als „*enorm breit*" beschrieben, wobei die Autoren gleichzeitig feststellen, dass

die *„auf dem Markt anzutreffende (bionisch inspirierte) Produktvielfalt eher überschaubar"* sei. [Oer06]

Beide Studien geben zu bedenken, dass es allerdings auch Fälle gibt, in denen Produkte zwar im bionischen Sinne entwickelt oder sogar schon vermarktet wurden, die aber nicht „bionisch" beworben werden. V. Gleich et al. nennen als Beispiel eine Isolierverglasung nach dem Vorbild des Eisbärenfells. Eisbären besitzen hohle Haare, die nach einer von Grojean et al. 1980 veröffentlichten Theorie wie Lichtleiter die Sonnenstrahlung auf die schwarze Haut der Bären führen würde, wo sie absorbiert werde [Gro80], siehe Abb. 2-23. Gleichzeitig sorge das dichte Fell dafür, dass die aufgenommene Wärme nicht wieder entweicht. Die Sonnenenergie kann demnach zwar hinein, aber dann als Wärme nicht mehr heraus. Ein ähnliches Prinzip wird auch in den Gläsern verwendet, wobei der Hersteller sein Produkt aber nicht mit der Bionik in Verbindung bringt. [vgl. Gle07]

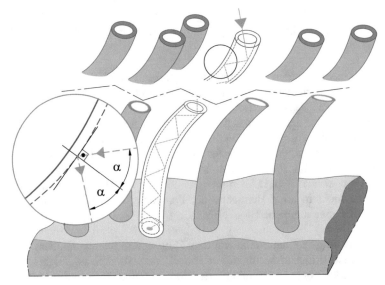

Abb. 2-23 So könnte es funktionieren: Ein mögliches Schema der nach Grojean et al. angenommenen Lichtreflektion und -leitung in einem hohlen Eisbärenhaar: Die Sonnenstrahlen treten in das Haar ein, und werden an der Innenwandung durch Reflektion auf die Haut geleitet.

Die These der lichtleitenden Eisbär- und übrigens auch Rentierhaare gilt weithin als überholt, seit sich eine Veröffentlichung von D. W. Koon aus dem Jahre 1998 durchgesetzt hat. Koon hatte experimentell bewiesen, dass der Anteil der durch ein mehrere Zentimeter langes Eisbärenhaar hindurchgeleiteten Strahlung im Promillebereich liegt [Koo98]. Der weitaus größere Anteil wird an den Reflexionsstellen vom Keratin der Haare absorbiert. Wenn allerdings, wie v. Gleich schreibt, die Idee der isolierenden Gläser auf der Annahme lichtleitender Haare basiert, ist dies ein zusätzliches Beispiel dafür, dass ein biologisches Prinzip nicht immer richtig verstanden sein muss, um daraus eine bionische Idee zu entwickeln, siehe Kapitel 2.1. Und ein funktionierendes technisches Pendant gibt es tatsächlich auch. Das Institut für Textil- und Verfahrenstechnik Denkendorf hat einen Solarkollektor entwickelt, der – sehr ähnlich zum Eisbärenfell – aus hellen Polyesterfasern auf schwarzem Untergrund aufgebaut ist und circa 85 % des Lichts durch die Fasern hindurch leitet. [Rec06] Hier wird auch tatsächlich das Eisbärenfell als Inspirationsquelle angeführt, ob mit oder ohne Kenntnis der offensichtlich falschen Grundannahme.

Oertel et al. benennen als weiteres Beispiel einer bionischen Innovation, bei der die Bionik nicht erwähnt wird, eine Nanotube-Beschichtung nach Vorbild des Geckofußes. Die Autoren merken dazu an „*das Label »nano« scheint hier attraktiver zu sein*" [Oer06].

Hemmnisse in der Anwendung der Bionik

Trotz dieser Dunkelziffer an nicht explizit erwähnter bionischer Forschung werden in beiden Studien aber in erster Linie „*Hemmnisse*" für die vergleichsweise geringe Anzahl von in den letzten Jahren entstandenen bionischen Produkten identifiziert. Diese Hemmnisse, so v. Gleich et al. sinngemäß, müssen nicht unbedingt der Bionik geschuldet sein, sondern betreffen „*jegliche Innovationen*". Geprägt sind sie u. a. von Angebot (neue technische Möglichkeiten) und Nachfrage (Bedarf an neuen technischen Möglichkeiten), staatlicher Regulierung oder auch von der Trägheit, bestehende Technologien und deren Infrastruktur zu ersetzen. Gerade der letzte Punkt war in jüngster Vergangenheit von besonderer Bedeutung, wie die zunächst nur sehr zögerlich voran gehende Elektrifizierung der Automobilindustrie zeigte. Ein anderes Beispiel ist die 2014 an der auf Kohle und Öl ausgerichteten Infrastruktur der westlichen Welt gescheiterte Einführung der künstlichen Photosynthese zur regenerativen Energieerzeugung. Es gibt bislang weder Leitungen noch Speicher für den Wasserstoff, den das von dem Harvard-Professor D. Nocera 2011 vorgestellte „künstliche Blatt" produziert, und kaum jemand war bisher bereit, hier zu investieren, solange die Infrastruktur der konventionellen Energieerzeugung funktioniert und rentabel ist. [vgl. Mey17] Allerdings hat in den letzten Jahren ein Umdenken begonnen, von dem auch die bionische Forschung betroffen ist. Die in Schweden 2018 gestartete Fridays for Future-Bewegung (schwed. „Skolstrejk för Klimatet") hat sich schnell zu einer weltweiten Protestbewegung zum Klimaschutz entwickelt, deren Einfluss bis in die Parlamente vieler Länder reicht. So rief das Europäische Parlament als Reaktion auf die Bewegung am 28.11.2019 den „Klimanotstand" für Europa aus. Diese – zwar eher symbolische – Resolution fordert Maßnahmen gegen den Klimawandel, wodurch die Suche nach alternativen Energien oder auch nachhaltigen Materialien zunehmend in den Vordergrund rückt. Dazu als Beispiel passend veröffentlichte ein britisches Unternehmen Anfang 2022 seine von den Knallkrebsen (Alpheidae) inspirierten Forschungsergebnisse zur Nutzung der Kernfusion als quasi unerschöpfliche und saubere Energiequelle. Während die in derzeitigen Atomreaktoren ablaufende Kernspaltung langlebige radioaktive Abfälle erzeugt, sollen die bei der Kernfusion entstehenden freien Neutronen noch im Reaktor absorbiert werden und dabei den Prozess unterstützen. Größtes Hindernis zur Entwicklung von Fusionsreaktoren ist die kontrollierte Erzeugung der Kernfusion. Ein mögliches Konzept soll in dem seit 2007 in Südfrankreich im Aufbau befindlichen internationalen Versuchsreaktor ITER umgesetzt werden. Dabei wird in den Plasmazustand erhitztes Gas von starken Magneten zusammengehalten und zur Fusion gebracht. Derartige Fusionsreaktoren haben einen permanent hohen Energiebedarf, der während der Plasmapulse noch sprunghaft ansteigt. So soll ITER als Versuchsreaktor ständig eine Energiemenge von ca. 110 MW benötigen, die während der Plasmapulse auf 620 MW ansteigt. Für einen wirtschaftlichen Betrieb muss eine entsprechend größere Menge an Energie erzeugt werden, was wiederum eine gewisse Mindestbaugröße voraussetzt. Der Fusionsreaktor von ITER wird voraussichtlich eine Höhe von dreißig Metern bei einem Durchmesser von vierzig Metern haben, das aktive Plasmavolumen wird mit 837 m³ angegeben. [Ite22] Die ursprünglich für 2016 vorgesehene Inbetriebnahme von ITER musste mehrmals verschoben werden und wird derzeit vollumfänglich auf 2035 terminiert. Nicht auf Größe, sondern eher auf Präzision setzt der von den Knallkrebsen angeregte Fusionsreaktor. Die (zumeist vergrößerte) Schere der Knall- oder auch Pistolenkrebse besitzt einen Zahn am Scherenfinger, der beim Zuklappen in eine Höhlung des Daumenglieds passt. Die Zuklappbewegung geschieht dank eines Sperrmechanismus schlagartig, wobei das in der Höhlung befindliche Wasser verdrängt wird und explosionsartig als Wasserstrahl aus der Schere austritt. Hierdurch entsteht eine Kavitationsblase, welche mit einem lauten Knall implodiert. Der Kollaps bewirkt im Nahbereich einen Druckimpuls von bis zu 80 bar bei einem Temperaturanstieg auf über 5.000 Kelvin und erzeugt darüber hinaus durch Sololumineszenz[17] Lichtblitze [Loh01]. Dieses Grundprinzip der Energieerhöhung durch Implosion soll laut dem britischen Unternehmen First Ligth Fusion zur Verschmelzung von Wasserstoffatomen benutzt werden. Kleine mit den Wasserstoffisotopen Tritium und Deuterium gefüllte Würfel werden senkrecht durch einen Reaktor fallen gelassen und noch im Fluge mit einem scheibenförmigen Projektil beschossen. Der folgende Kollaps des Würfels komprimiert den Wasserstoff wodurch es zur Kernfusion und Energiefreisetzung kommt. Entstehendes Plasma wird während der sehr kurzen Zeit der Energiefreisetzung im Nanosekundenbereich durch dessen eigene Massenträgheit zusammengehalten. Diese sogenannte „Trägheitsfusion" umgeht damit eines der größten Probleme der Fusionsreaktoren, die Plasmastabilität. Die freiwerdende Energie und auch die entstehenden freien Neutronen sollen von einem im Reaktor runterregnenden Vorhang aus flüssigem Lithium aufgenommen werden. [You22] Der besondere Trick dabei ist, dass sich Lithium beim Beschuss mit Neutronen in Tritium umwandelt. Zum Betrieb des Fusionsreaktors ist demnach nur eine kleine Menge des zwar radioaktiven aber gegenüber Uran bedeutend ungefährlicheren Tritiums[18] zu Beginn der Reaktion notwendig, das weiter benötigte Tritium wird im Reaktor selbst „erbrütet". Es bleibt abzuwarten, ob sich dieses vergleichsweise einfache und von der Größe her auf ihre Anforderungen skalierbare Technologie durchsetzen wird. First Ligth Fusion zufolge ist nach eigener Aussage zumindest schon mal eine erste Fusion mit dem Wasserstoff-Isotop Deuterium gelungen. [Fir22]

Aber nicht nur neue Innovationen, auch etablierte nachhaltige Technologien treten wieder vermehrt in den Fokus der Forschung, angetrieben von der Klimaschutzdebatte aber auch durch die neuen politischen Entwicklungen in Osteuropa und Asien, welche sehr deutlich die Notwendigkeit einer regionalen Energieautarkie aufzeigen. Ein limitierender Faktor bei der Aufstellung von Windrädern in dicht besiedelten Gebieten wie Mitteleuropa ist deren Geräuschemission. Eine effektive Lösung zur Geräuschreduzierung umströmter Flächen findet sich bei den „lautlos" fliegenden Eulen. Wie eine aktuelle Veröffentlichung zeigt, konnte in Versuchen mit nach dem Vorbild der

---

[17] Bei der Sololumineszenz senden unter Druckschwankungen stehende Flüssigkeiten ultrakurze, hochenergetische Lichtblitze aus.

[18] Im Gegensatz zum stabilen Deuterium ist Tritium ist ein „weicher" Betastrahler mit einer Halbwertszeit von 12,32 Jahren. Die Strahlung wird in Wasser bereits nach wenigen Mikrometern gestoppt. Gefahren für den Menschen bestehen daher nur bei direktem Kontakt, Einatmen oder Verschlucken.

Flügel von Schleiereulen geformten Rotorblattkanten eine Reduzierung von 3,68 Dezibel gegenüber bereits geräuschreduzierten Rotorblättern erreicht werden [Lei22].

Die aufgeführten Beispiele verdeutlichen, dass die von v. Gleich et al. angesprochene Innovations-Trägheit zumindest für neue Energien oder allgemein bei nachhaltigen Produkten oder Materialien zunehmend überwunden wird. Und so könnte auch das 2011 vorgestellte „künstliche Blatt" durchaus wieder Gegenstand aktueller Forschung werden.

Es lassen sich aber auch Hemmnisse benennen, die unmittelbar mit der Bionik selbst zusammenhängen. Insbesondere sind dies (vgl. auch [Oer06; Gle07]):

- **Unerwartet lange Entwicklungszeiten bionischer Produkte**

  Diese werden zum einen dadurch verursacht, dass die biologisch basierte Lösung sich nicht oder nur schwer mit der derzeitigen Fertigungstechnik herstellen lässt. Ein Beispiel ist die bereits in der Einleitung erwähnte, mit rund 10 Jahren sehr lang erscheinende Entwicklungszeit des eigentlich simplen Prinzips des Klettverschlusses. Verantwortlich sind dabei meist Probleme der Miniaturisierung oder der Formgebung, bei der die konventionelle Fertigungstechnik an ihre Grenzen stößt. Verbesserungen sind hier durch die fortlaufenden Forschungen in der Mikro- und Nanotechnik zu erwarten, wie auch in der zunehmenden Verwendung des 3D-Drucks, der eine nahezu unbegrenzte Geometriefreiheit bietet, und in Kap. 4.4.1 eingehend erläutert wird.
  Zum anderen kann auch die Entschlüsselung des biologischen Prinzips oder die Extrahierung von für die technische Anwendung essentiellen Teilaspekten eines komplexen biologischen Systems eine lange Zeit beanspruchen, wie auch wieder am Beispiel der Photosynthese gezeigt werden kann. Die Idee der Nachahmung der zur Energieerzeugung wurde bereits 1912 vorgestellt und seitdem intensiv erforscht, aber erst rund 100 Jahre später realisiert [Mey17].

- **Das Fehlen eines bionischen Lösungswegs und die daraus resultierende Unkenntnis bei potentiellen Anwendern**

  Die wissenschaftlichen und populärwissenschaftlichen Bücher zur Bionik beschäftigen sich meist ausgiebig mit der Darstellung erfolgreicher bionischer Übertragungen. Wie diese Übertragungen stattgefunden haben, oder auch ein generelles Schema, wie die Übertragung im Detail ablaufen könnte, wird i. d. R. nicht gegeben. Auch die Regelwerke machen hierzu keine detaillierten Angaben. Hier werden zwar die Grundgedanken und Rahmenbedingungen der einzelnen Phasen des bionischen Projekts erläutert. Nach welchen Schemen aber die Phasen Ideenfindung, Analyse und Abstraktion ablaufen könnten, bleibt offen.
  Betont werden in der Literatur auch oft das interdisziplinäre Wesen der Bionik und die für die Ausführung notwendigen Fachkenntnisse der Beteiligten. Diese Aussagen sind zwar im Kern zutreffend, implizieren aber, dass für die Durchführung der Bionik ein interdisziplinäres Team aus Ingenieuren, Biologen und eventuell weiteren Naturwissenschaftlern erforderlich ist. Ein solches Team ist selbst bei großen Firmen des Maschinenbaus oder der Elektrotechnik eher selten vorhanden, und noch viel weniger bei Klein- oder Mittelständischen Unternehmen. Daher könnten derartige Aussagen zu einer Zurückhaltung bei der Einbindung der Bionik in die Unternehmensstrategie führen. Dabei kann die Bionik durchaus alleine von Ingenieuren oder Technikern, oder, allgemeiner ausgedrückt, in Abwesenheit von

Biologen ausgeführt, oder zumindest bis zum Absehen eines möglichen Erfolges begonnen werden. Dieser Weg ist den potentiellen Anwendern der Bionik aber meist nicht bekannt. Da die Anwendung der Bionik das Kernthema des vorliegenden Buches ist, beschäftigt sich Kap. 5 intensiv damit, einen derartigen Weg aufzuzeigen und eine entsprechende Systematik des bionischen Projektablaufs zu erstellen.

Weitere, von Oertel et al. und v. Gleich et al. beschriebene Bionik-spezifische Hemmnisse haben sich in den letzten Jahren zwar abgebaut bzw. verbessert, sind aber teilweise noch vorhanden. Genannt werden eine zu geringe Forschungsförderung der Bionik und ein zu geringer Stellenwert dieser Wissenschaft an allgemeinbildenden Schulen oder im Handwerk [Oer06], oder auch eine zu geringe Verbreitung der Bionik in der Hochschullandschaft [Gle07]. Bei Letzterem ist ein stetiger, wenn auch langsamer Anstieg zu beobachten, wie im nächsten Kapitel gezeigt wird. Bei der Forschungsförderung war nach einem Peak um 2010 herum nachfolgend ein leichter Rückgang zu verzeichnen, der die weitere Entwicklung der Bionik verlangsamen könnte[19]. In diesem Sinne mahnen auch der VDI und BIOKON in dem bereits erwähnten Positionspapier von 2012 eine stärkere Förderung an. Angesprochen wird dabei auch die internationale Rolle Deutschlands. So heißt es dort beispielsweise: *„Deutschland ist derzeit führend bei Forschung und Entwicklung im Bereich der Bionik, läuft aber Gefahr, Potenziale ungenutzt zu lassen, um seine führende Stellung zu halten und in Zukunft auszubauen."* [VDI12]. Dies lenkt den Blick auf die weltweite Stellung der Bionik.

Bionik International

Gemessen an der Anzahl der Veröffentlichungen sind die Forschungsarbeiten zur Bionik in den USA und in China besonders intensiv. Mit einigem Abstand folgen Deutschland, England, Japan und Frankreich. In der Liste mit mindestens 1.000 Veröffentlichungen zur Bionik finden sich auch Italien, Süd-Korea, Spanien und Australien wieder. Gesucht wurde hierfür im WOS nach Veröffentlichungen aus beliebigen Zeiträumen mit den Begriffen bionic*[14] oder biomim* oder bioins*. Von den insgesamt gefundenen 37.914 Abhandlungen entfallen auf die genannten Länder mit mindestens 1.000 Veröffentlichungen 36.577 Abhandlungen, also mehr als 96 %, Abb. 2-24.

---

[19] Die Forschungsförderung der Bionik scheint derzeit (2022) auch mit Blick auf die neuen globalen Herausforderungen wieder anzuwachsen. So wurde z. B. 2020 ein vom BMBF geförderter Ideenwettbewerb zur „Biologisierung der Technik" ausgeschrieben, in dem 53 Projekte mit einer Laufzeit bis 2025 gefördert werden.

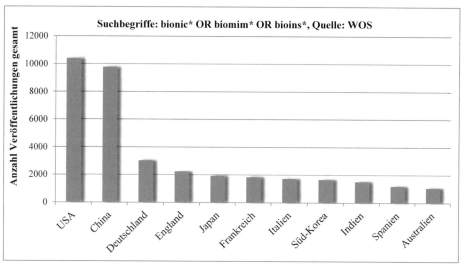

Abb. 2-24 Anzahl der Veröffentlichungen zur Bionik nach Ländern mit mindestens 1.000 Veröffentlichungen, Stand Ende 2019.

Bei der Analyse von Veröffentlichungen oder Patentanmeldungen sollte noch berücksichtigt werden, dass, wie bereits Oertel et al. bemerkten, *„viele Bionik- Projekte in der Militärforschung angesiedelt sind"* [Oer06]. Da derartige Projekte üblicherweise der Geheimhaltung unterliegen, könnten die tatsächlichen bionischen Forschungsanstrengungen in einigen Ländern noch etwas höher sein, als die Untersuchungsergebnisse zeigen. Insbesondere gilt dies für Länder mit einem hohen Militäretat wie z. B. Russland, das in der Länderstudie (Abb. Abb. 2-24) wegen einer zu geringen Anzahl an Veröffentlichungen (427) nicht berücksichtigt wurde.

Abschließend zu diesem Kapitel möchte der Autor noch eine weitere, im Verlauf der Erstellung dieses Buches gewonnene Einschätzung zum Stand der bionischen Forschung und zur Zukunftsfähigkeit der Bionik darlegen. Insbesondere während der Abfassung des 3. Kapitels, Biologische Basisinformationen, zeigte sich, dass offensichtlich nicht alle bionisch inspirierten Projekte auch in den großen Journalen veröffentlicht werden, und dadurch Beachtung in den einschlägigen Bionik-Nachschlagewerken finden. Nahezu für alle biologischen Prinzipien, die dem Autor für technische Anwendungen potentiell geeignet erscheinen, konnten auch solche Anwendungen, oder zumindest konkrete Forschungen dazu, gefunden werden. Aber nicht unbedingt in den einschlägigen Fachjournalen, sondern des Öfteren auch in kleineren Meldungen in Tageszeitungen, in allgemeinbildenden Monatszeitschriften, in den News von Forschungsgesellschaften oder Universitäten, oder auf den Webseiten von Unternehmen. Interessant ist darüber hinaus, dass auch für vermeintlich „alte Hüte", also wohlbekannte biologische Prinzipien, immer wieder neue technische Anwendungen, und damit Innovationen gefunden werden.

Ein gutes Beispiel ist die Fledermaus, die eigentlich bestens bekannt ist, könnte man meinen. Neben der „üblichen Verdächtigen" Anwendung, die einem sofort in den Sinn kommt, nämlich das Radar (das tatsächlich nicht bionisch inspiriert ist), finden sich als explizit von Fledermäusen inspiriert eine enorme Fülle anderer technischer Anwendungen. Dies sind u. a.: Einparkhilfen für Kraftfahrzeuge, Blindenstöcke mit

Ultraschallsensoren, Orientierungssysteme autonomer Roboter [Alb18], Fahrzeugnavigation in Städten [Neu14-2], Flugroboter (hier wird der Flatterflug und Körperbau der Fledermäuse nachgeahmt) [OV17-3], Flugroboter mit miniaturisierten Sensoren zur Spionage und Datenerfassung (hier wird auch die Echoortung nachgeahmt) [OV08], Toolnavigation als Datenschreiber zur überwachten korrekten Werkzeugverwendung [OV11], Ultraschall-Smartphone für Blinde [OV14-2], Kariesprävention (früchtefressende Fledermäuse bekommen erstaunlich selten Karies) [OV11-2], und dann natürlich auch noch tatsächlich die weitere Verbesserung des Radars [OV18-4]. Außerdem erwähnenswert, aber streng genommen wegen des hohen Kopierfaktors keine bionische Anwendung, sind die seit 1990 laufenden erfolgreichen Bemühungen, Menschen, in erster Linie Sehbehinderten, die Echoortung beizubringen. Dabei wird das Echo von u. a. Zungenschnalzen zur Orientierung im Raum verwendet („Klicksonar"). [Wel13] Darüber hinaus finden sich in der Grundlagenforschung weitere bemerkenswerte Erkenntnisse, die in der anwendungsorientierten Forschung sicher nicht unbeachtet bleiben werden. Fledermäuse orientieren sich bei Langstreckenflügen am Magnetfeld der Erde [Wed10] sowie an polarisiertem Licht [MPG14], und sind mit 160 km/h die schnellsten Tiere der Erde in horizontaler Fortbewegung. Gemessen wurde dies 2016 an der brasilianischen Freischwanz-Fledermaus, die damit den Mauersegler mit „nur" 110 km/h vom Thron gestoßen hat[20]. Der Wanderfalke ist mit bis zu 300 Stundenkilometer zwar noch schneller, aber nur im Sturzflug. [MPG16].

Und die Auflistung ist damit immer noch nicht beendet. Im Sinne der Negativsuche (die noch in Kap. 5, dem bionischen Konstruieren bedeutsam wird) fördern Recherchen nach der Fledermaus weitere bemerkenswerte und für die Technik bedeutsame biologische Prinzipien in ihrem Umfeld zutage. So sind bestimmte Nachtfalter aus der Familie der Bärenspinner in der Lage, das Sonar der Fledermäuse zu detektieren. Ungiftige Arten wie *Bertholdia trigona* registrieren die Sonarerfassung, und stören diese daraufhin aktiv durch eigene Ultraschalllaute [OV09], während giftige Arten wie *Cycnia tenera* eine Art „Kennung" zurück senden, die auf ihre Giftigkeit hinweist. [OV09-2] Dies ist so erfolgreich, dass sich unter dieser Kennung als eine Art Tarnkappe auch die wesentlich kleinere und weniger giftigere Gespinstmotte versteckt. Da die Gespinstmotte taub ist, kann sie die Ultraschalllaute der Fledermäuse nicht detektieren, dafür sendet sie die Signale, quasi prophylaktisch, im Fluge immer. [Mey19]

Diese – nicht abschließende – Liste zeigt die Fülle und Vielfalt potentieller und tatsächlicher Anwendungen, beschrieben in den Jahren 2008–2019, die alleine schon mit den Stichworten „Fledermaus" und „Vorbild" in einer kurzen Recherche gefunden werden können. Dies unterstreicht noch einmal deutlich, dass die Bionik ein immer noch aktuelles Thema mit enormem Potential ist.

---

[20] Manche Literaturstellen geben statt dem Mauersegler als schnellsten Vogel im Horizontalflug auch den Graukopfalbatros mit 127 km/h an [OV18].

2.6 Bionik als Studienfach und Arbeitsgebiet

Welche Ausbildung führt zum „Bioniker", und welche Tätigkeiten sind später damit verbunden? Außer, dass die Ausbildung i. d. R. über ein Hochschulstudium führt, ist diese Frage in beiderlei Hinsicht weder trivial noch schnell zu beantworten. Die Situation kann vielleicht mit der Anfangszeit des Studienfaches Informatik in Deutschland Ende der 1960er Jahre verglichen werden. Die damaligen Dozenten kamen allesamt aus anderen Fachrichtungen wie der Mathematik oder der Elektrotechnik, und hatten sich lediglich auf die, wie es im englischen Sprachraum heißt, „Computerwissenschaften" (Computer Science) spezialisiert. Im derzeitigen Studienfach Bionik ist dies ähnlich, wobei die Vielfalt und auch die inhaltliche Entfernung der Fachrichtungen der Dozenten noch größer sind, was die Lehrinhalte der Studiengänge entsprechend beeinflusst. Die Angabe eines genauen Berufsbildes ist daher nicht ohne Weiteres möglich. Beispielhaft findet sich folgende allgemeine Beschreibung bei der Agentur für Arbeit:

„Bioniker/innen erforschen Lösungen der Natur wie die Wabentechnik oder die extrem reißfeste Spinnenseide und machen sie für technische Anwendungen nutzbar oder entwickeln vergleichbare Materialien. Außer in Wissenschaft und Lehre können sie z. B. in der Produktentwicklung oder der Verfahrenstechnik tätig sein." [BfA19]

Derzeit[21] können in Deutschland zur Bionik elf eigenständige Studiengänge an sechs staatlichen und zwei privaten Hochschulen gefunden werden. In fünf dieser Studiengänge kann der Bachelor of Science erworben werden, in einem davon alternativ auch der Bachelor of Arts. Zwei Hochschulen bieten einen konsekutiven (auf den Bachelor direkt folgenden) Master of Science an, an vier Hochschulen werden nur Masterstudiengänge angeboten, einer davon führt zum Master of Engineering. Ein weiterer Bachelor-Studiengang, der bislang nur privat angeboten wurde, soll zum WS 23/24 an einer staatlichen Hochschule starten. Abb. 2-25 zeigt eine Übersicht der deutschen Hochschulen mit eigenständigen Studiengängen zu Bionik, die sich aber teilweise stark voneinander unterscheiden. In Anhang A findet sich die Übersicht mit zusätzlicher Beschreibung der Studienhalte und weiterer Informationen.

Die gesamte Darstellung der Bionik-Studiengänge oder universitärer Forschungseinrichtungen zur Bionik in anderen Ländern würde den Rahmen des Kapitels übersteigen, weshalb nur einige beispielhaft erwähnt werden sollen. So kann an der Universität von Pisa, Italien, der Master of Science im Studiengang „Bionics Engineering" erworben werden. Die Universität von Utrecht, Niederlande, bietet den Studiengang „Bio Inspired Innovation" an, der ebenfalls mit dem Master of Science abschließt. An der staatlichen Universität von Arizona, USA, kann ein „Online Master of Science in Biomimicry" belegt werden. Die Fachhochschule Kärnten, Österreich, bietet den Master-Studiengang „Bionik/Biomimetics in Energy Systems" an, und das „Bioengineering Institute" der Universität von Aukland, Neuseeland, unterhält ein „Biomimetics Laboratory".

---

[21] Stand 08/2022

Hochschule	Abschluss	Name d. Studiengangs
Westfälische Hochschule Bocholt	Bachelor of Science	Bionik
Hochschule Bremen	Bachelor of Science	Bionik (Internat. Studiengang)
Hochschule Bremen	Master of Science	Bionik: Mobile Systeme
Hochschule Rhein-Waal (Kleve)	Master of Science	Bionics/Biomimetics ab WS 19/20: Bionics
Hochschule Rhein-Waal (Kleve)	Bachelor of Arts / Bachelor of Science	Science Communication & Bionics
Hochschule Rhein-Waal (Kleve)	Bachelor of Science	Biomaterials Science
Hochschule Hamm-Lippstadt	Bachelor of Science	Materialdesign - Bionik und Photonik
Universität Bielefeld, Fahhochschule Bielefeld	Master of Science	Biomechatronik
Hochschule für Technik und Wirtschaft des Saarlandes	Master of Engineering	Konstruktionsbionik (Fernstudiengang)
Hochschule für angewandte Wissenschaften (HAWK), Standort Göttingen	Bachelor of Science*	Orthobionik*
private Hochschulen		
Private Steinbeis-Hochschule Berlin	Master of Science	Internat. Management – Bionikmanagement
Private Hochschule Göttingen	Master of Science	Medizinische Orthobionik

*: Mit Start zum WS 23/24 geplanter Studiengang

Abb. 2-25 Grundständige und weiterführende Vollstudiengänge im Bereich der Bionik, Stand 08/2022; eine Auflistung mit Beschreibung der Inhalte findet sich in Anhang A.

Wie bereits erwähnt, kann die Bionik zwar als eigenständiger Forschungsbereich angesehen werden, für die Anwendung und Umsetzung muss sich der Bioniker jedoch auch in andere Wissensgebiete hineinbegeben. Diese liegen z. B. im Maschinenbau, der Elektrotechnik oder der Mechatronik. Hier unterscheidet sich die Bionik von der eingangs erwähnten Informatik, die zwar ebenfalls interdisziplinäre Überschneidungen kennt, durchaus aber auch „alleine funktioniert". Eigenständige und alleinige Bionik-Fakultäten, die einen weitgehend ähnlichen Grundstudiengang mit unterschiedlichen Vertiefungsrichtungen anbieten, wie das in der Informatik an einer Vielzahl der Hochschulen mittlerweile der Fall ist, wird es daher auch in Zukunft wohl nicht geben. Auch die in Abb. 2-25 dargestellten Studiengänge werden entweder von „klassischen" Fakultäten angeboten, wie z. B. bei der Westfälischen Hochschule Bocholt vom Fachbereich Maschinenbau. Oder es wurden kombinierte Fakultäten geschaffen, wie die Fakultät „Natur und Technik" der Hochschule Bremen, oder „Technologie und Bionik" der Hochschule Rhein-Waal. Eine alleinige Fakultät „Bionik" war dagegen nicht zu finden.

Der Weg zum Bioniker muss allerdings auch nicht unbedingt über einen Vollstudiengang Bionik führen. So kann z. B. im Studiengang Mechatronik der Technischen Universität Ilmenau die Vertiefungsrichtung „Biomechatronik" gewählt werden. Auch bieten immer mehr Hochschulen bionische Unterrichtsfächer an, die häufig als Wahl- oder Wahlpflichtfächer von Studierenden verschiedener Studiengänge belegt werden können, Abb. 2-26 (Auswahl).

Hochschule	Studiengang/ Lehrstuhl/ Institut	Name d. Veranstaltung / Modul (Auswahl)
RWTH Aachen	Natur- und Ingenieurwissen-schaften, Archtitektur	*Bionik I*
TU München	Lehrstuhl für Zoologie	*Bionik*
Universität Freiburg	Institut für Biologie II	*Funktionelle Morphologie und Bionik*
Ruhr-Universität Bochum	Werkstoff- und Micro-Engineering	*Werkstoffe der biomedizinisch. Technik und bionische Materialforschung*
TU Braunschweig	Institut für Konstruktionstechnik	*Bionik I*
HS Ravensburg-Weingarten (RWU)	Studiengang Maschinenbau	*Smart Materials und Bionik*
Karlsruher Institut für Technologie (KIT)	Ingenieurwissenschaften, Naturwissenschaften	*Bionik für Ingenieure und Naturwissenschaftler*
Fachhochschule Münster	Elektrotechnik und Informatik	*Bionische Systeme*
Technische Universität Ilmenau	Fachgebiet Biomechatronik	*Biomechatronik, Biomechanik*
HS Bonn-Rhein-Sieg (HBRS)	Elektrotechnik, Maschinenbau, Nachhaltige Ingenieurwissenschaften	*Bionik, Grundlagen der Bionik, Nachhaltigkeit μ-bionischer Sensorsysteme*

Abb. 2-26 Ausgewählte Hochschulen mit Fächern/Modulen/Veranstaltungen zur Bionik

Hinzu kommt, dass an immer mehr Hochschulen Forschungsprojekte zur Bionik durchgeführt werden, so z. B. im Schwerpunkt „Bionik und Innovation" der Technischen Hochschule Deggendorf, im „interdisziplinären Forschungsbereich Biomechatronik" der Technischen Hochschule Ulm oder im „Labor für Biomechatronik" der FH Münster. Auch diese bieten den Studierenden unterschiedlicher Studienrichtungen Möglichkeiten zum Einstieg oder zur Vertiefung der Bionik, sei es über Bachelor- oder Masterarbeit, Projektmitarbeit oder auch Promotion.

Sollte statt der Aufnahme eines Bionik-Vollstudiengangs der Weg des Quereinstiegs über Fächerkombination oder Forschungsprojekte favorisiert werden, wäre daher neben einer gezielten Suche im Vorlesungsverzeichnis der in Frage kommenden Hochschulen nach bionischen Lehrangeboten auch eine Recherche auf den Webseiten der Hochschulinstitute nach entsprechenden Forschungsausrichtungen oder Forschungsprojekten sinnvoll.

Womit beschäftigen sich Bioniker?

Die Vielfalt der Fachgebiete der Bionik und angrenzender Wissenschaftsbereiche wurde schon vorgestellt. Diese Vielfalt findet sich auch im Berufsbild des Bionikers wieder. Dabei können, wie bei fast allen neuen Technologien, die Gegenstand umfangreicher Forschungsarbeiten sind, drei grundsätzliche Bereiche unterschieden werden. Das Arbeiten in Forschungseinrichtungen, in Industrieunternehmen/KMU und im spezialisierten Dienstleistungsbereich, Abb. 2-27.

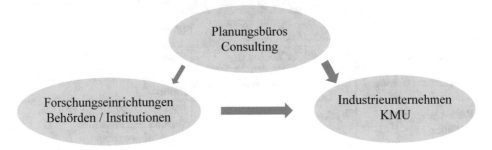

Abb. 2-27 Arbeitsgebiete der Bionik mit Darstellung des Zuarbeitens untereinander

Die hauptsächlichen Arbeitgeber der Bioniker im Forschungsbereich sind universitäre und außeruniversitäre Forschungseinrichtungen oder, oft staatliche Institutionen und Vereine. Derartige Einrichtungen, die entweder auf dem Gebiet der Bionik allgemein forschen, oder sich auf bestimmte Themen wie Materialforschung, Lokomotion usw. spezialisiert haben, sind weltweit anzutreffen.

So befassen sich bei Europas größter Organisation für anwendungsorientierte Forschung, der Fraunhofer-Gesellschaft mit Sitz in München gleich mehrere Institute mit der Bionik. Das Institut für Arbeitswirtschaft IAO, Stuttgart, beschäftigt sich mit der allgemeinen Nutzbarmachung der Bionik zur Ideenfindung und Inspiration. Das Institut für Produktionstechnologie IPT, Aachen, setzt die Bionik u. a. in der Oberflächenfunktionalisierung ein. Das Institut für Umwelt-, Sicherheits-, und Energietechnik UMSICHT, Oberhausen, entwickelt Filtersysteme zur Filterung von Mikroplastik aus den Ozeanen nach biologischem Vorbild. Am Institut für Produktionstechnik und Automatisierung IPA, Stuttgart, beschäftigt sich die Gruppe *Bionik und Medizintechnik* mit diversen bionisch inspirierten Projekten. Dies sind nur einige Beispiele, die das Spektrum der Arbeitsgebiete verdeutlichen sollen. Ebenfalls nur beispielhaft genannt werden können weitere Forschungsgesellschaften oder nationale Einrichtungen, die sich u. a. mit der Bionik beschäftigen wie die Max-Planck-Gesellschaft zur Förderung der Wissenschaften (MPG), die Helmholtz-Gemeinschaft Deutscher Forschungszentren e. V., die Wissenschaftsgemeinschaft Gottfried Wilhelm Leibniz e. V. (Deutschland), die Ludwig Boltzmann Gesellschaft und die Christian Doppler Labors (Österreich), die European Space Agency ESA (Frankreich), die National Science Foundation (USA) oder auch die Natural Sciences and Engineering Research Council NSERC (Kanada). Hinzu kommen die bereits erwähnten universitären Forschungsbereiche oder Arbeitsgruppen.

Dem Arbeiten in Forschungseinrichtungen ist gemein, dass die dortigen Stellen zumeist zeitlich befristet werden, und häufig auch mit einer Promotion verbunden sind, für die im Allgemeinen ein Master-Abschluss benötigt wird. In der Regel folgt nach einer Anstellung in einer Forschungseinrichtung der Wechsel in die Industrie. Der Weg dorthin ist natürlich auch direkt nach dem Studium möglich. Haupteinsatzgebiet der Bioniker ist auch dort die Forschung und Entwicklung (bei größeren Unternehmen) sowie die technische Umsetzung der Bionik. In den Unternehmen konkurrieren die „Voll-Bioniker", d. h. Absolventen eines Vollstudiengangs Bionik, mit anderen Fachrichtungen der Ingenieurwissenschaften, die sich auf das Gebiet der Bionik spezialisiert haben. Die Liste der Unternehmen, welche bereits die Bionik anwenden, umfasst nahezu alle Bereiche der Industrie. Hierzu gehören z. B. der Luftfahrzeugbau (Airbus), der Automobilbau (BMW, Daimler) und die Zulieferindustrie (Continental, ZF), die Sportartikelindustrie (Adidas), die Steuerungs- und Automatisierungstechnik (Festo), die Medizintechnik (Otto Bock HealthCare), die Kosmetikindustrie (Beiersdorf) oder Technologiekonzerne allgemein (Siemens).

Das dritte Arbeitsgebiet, wenn auch deutlich kleiner, ist der Dienstleistungsbereich. Unternehmen, die in die Bionik einsteigen möchten, bzw. deren Methoden in der Produktentwicklung nutzen möchten, lassen sich oft zunächst hinsichtlich dieser neuen Technologielinie von Fachleuten beraten, oder von diesen auch bei den ersten bionischen Projekten begleiten. Dies gilt insbesondere für Klein- und Mittelständische Unternehmen, welche oft nicht in der Lage, oder aufgrund eines möglichen Risikos nicht willens sind, in den Aufbau eines neuen Technologiebereichs zu investieren, der erst im Laufe der Zeit rentabel werden wird. Dementsprechend unterschiedlich können die Aufgaben eines Bionikers im Bereich der Unternehmensberatung sein. Diese umfassen die Vermittlung grundlegender Kenntnisse der Bionik, z. B. in Workshops oder Seminaren, die Analyse der Möglichkeiten, Chancen und Risiken des jeweiligen Unternehmens in Bezug auf den Einsatz der Bionik, sowie die Anwendung der Bionik selbst, d. h. die Durchführung bionischer Projekte bei den Unternehmen. Die Unternehmensberatung kann sich entweder auf die Bionik spezialisieren, oder diese in ihr Portfolio aufnehmen.

Wie ist die Bionik international vernetzt?

Teilweise ähnliche Dienstleistungen, wie sie die Unternehmensberatungen anbieten, werden auch von den Netzwerken der Bionik erbracht.

Das wohl größte Bionik-Netzwerk in Deutschland ist die Forschungsgemeinschaft Bionik-Kompetenznetz e. V. BIOKON mit Sitz in Berlin. Das Netzwerk wurde 2001 gegründet und unterteilt sich in 10 Fachgruppen, siehe auch Kap. 2.3. BIOKON unterhält zwar auch Verbindungen ins Ausland, ist aber, wie die meisten Bionik-Netzwerke, hauptsächlich national tätig. Als Dachverband länderübergreifend fungiert das 2009 auf Initiative von BIOKON gegründete Netzwerk BIOKON International, das mehr als 100 Mitglieder aus 16 Staaten hat [OVOD-4]. Weitere Kompetenznetze in Deutschland sind z. B. das Kompetenznetz Biomimetik mit Sitz in Freiburg, die Gesellschaft für technische Biologie und Bionik mit Sitz in Bremen oder das bison Innovationsnetzwerk für bionische Oberflächen und Geometrien mit Sitz in Aachen.

Die Hauptaufgaben der Netzwerke sind:

- Bekanntmachung und Verbreitung der Bionik in der Öffentlichkeit

- Unterstützung bei der Initiierung und Durchführung von Projekten zur Bionik

- Transfer von Erkenntnissen der Wissenschaften in die Industrie

- Transfer von Erkenntnissen innerhalb der Wissenschaften zum Erfahrungsaustausch und zur Förderung von Forschungskooperationen

- Unterstützung der Politik und der Normenverbände bei Fragen zur Bionik

- Trends der Bionik erkennen, verbreiten und fördern

Im europäischen Ausland gibt es die Vereinigungen Biomimicry Europa mit Sitz in Brüssel, bionikum:austria mit Sitz in Villach, Österreich, Biomimicry NL mit Sitz in Utrecht, Niederlande oder auch das csnetwork mit Sitz in Barcelona, Spanien.

International ausgerichtet ist das 2006 gegründete gemeinnützige Biomimicry Institute in Missoula, USA, das auch die derzeit umfassendste Datenbank der Bionik, AskNature.org, aufgebaut hat. Mit Mitgliedern aus 15 Staaten ist die International Society of Bionic Engineering mit Sitz in Changchun, China, ebenfalls international aufgestellt.

Im Anhang B findet sich eine Übersicht der aktuellen Netzwerke weltweit mit deren Aufgabengebieten und Zielen.

Ob der Weg zur Bionik nun über ein Vollstudium, ein Aufbaustudium oder eine Vertiefungsrichtung führt oder erst später im Berufsleben eingeschlagen wird, die Zukunftsaussichten für Bioniker sind, gemessen an der steigenden Zahl bionischer Aktivitäten, und dem vorhandenen Potential der Natur, gut. Trotzdem ist die Bionik noch weit von dem Volumen anderer Zukunftstechnologien, wie der Nanotechnik oder der Robotik, entfernt. Dies gilt sowohl für die Forschung als auch für die industrielle Anwendung. Dies kann mit der „Jugendlichkeit" der Bionik, und der Skepsis, die Unternehmen grundsätzlich neuen Technologien oder Innovationen gegenüber haben, erklärt werden. Es wurden aber auch bereits zwei Gründe benannt, die ihren Ursprung in der Bionik selbst haben. Dies sind die für die Unternehmen oft unerwartet langen Entwicklungszeiten bionischer Produkte. Hier können ggf. die verstärkte Ausbildung und der Einsatz von Bionikern zu einem besseren Verständnis der Unternehmen über Bionik beitragen, und diese langen Zeiten durch gezielte Anwendung bionischer Methoden in Planung und Entwicklung verringern. Der zweite Grund liegt in dem Fehlen einer eindeutigen und leicht anwendbaren Systematik zur Bearbeitung bionischer Projekte, insbesondere für die Ideenfindungsphase. Dafür, und für den Ablauf des bionischen Projekts allgemein wird in Kap. 5 eine entsprechende Systematik vorgestellt.

3 Biologische Basisinformationen

Ein Kapitel „Biologische Grundlagen", wie es vielleicht erwartet werden würde, kann es im Rahmen dieses Buches nicht geben. Die Biologie ist ein viel zu großes und zu weit verzweigtes Gebiet, als das alle biologischen Grundlagen hier zusammengefasst werden könnten. Hinzu kommt, dass für das Verständnis vieler biologischer und insbesondere mikrobiologischer Abläufe, Prozesse und Systeme häufig auch fundierte Chemiekenntnisse benötigt werden. Ein breites und umfassendes biologisches Hintergrundwissen ist im Sinne dieses Buches aber auch gar nicht erforderlich. Wer die Leichtbaustruktur von Knochen anwenden will, muss dafür weder die Mendelschen Regeln der Vererbung kennen, noch über das neuronale Netz des Gehirns Bescheid wissen oder die chemischen Abläufe der Photosynthese nachvollziehen können. Falls doch spezifisches Wissen erforderlich ist oder im Laufe eines bionischen Projekts erforderlich wird, stehen dafür eine Vielzahl an - auch für biologische Laien verständlich geschriebene - Fachbücher zur Verfügung. Beispielhaft genannt werden können hier die Bücher „Biologie für Ingenieure"[22], „Biologie für Einsteiger"[23] oder auch das „Kompaktlexikon der Biologie"[24], das in drei Bänden einen umfassenden Überblick über die Fachbegriffe, Disziplinen, aktuellen Forschungsgebiete und die derzeit bekannten Lebewesen bietet. Die drei genannten Werke bilden auch, zusammen mit weiteren und dann extra gekennzeichneten Quellen, die Grundlagen dieses Kapitels.

Allerdings gibt es einige essentielle und für die Anwendung der Bionik unerlässliche biologische Basisinformationen. Um diese herauszustellen, soll stichpunkthaft der Ablauf eines bionischen Projekts betrachtet werden, der in Kap. 5 eingehend beschrieben wird. Ausgegangen wird von dem Technology Pull-Ansatz, bei dem der Techniker für eine bekannte technische Anwendung nach einem biologischen Lösungsprinzip sucht, siehe Kap. 5.2.1.

Unser bionisches Projekt startet demnach mit einer vorhandenen technischen Anwendung, für die eine biologische Lösung gesucht wird. Die Anwendung kann z. B. eine mechanische Konstruktion sein, ein Sensor für die Detektion chemischer Stoffe oder ein neues Material mit bestimmten Eigenschaften. Hier stellen sich die Fragen, wo und wie diese Lösungen zu finden sind, und wie umfangreich die in der Natur angebotenen Lösungsmöglichkeiten sind. Die Lösungsfindung wird als ein zentrales Thema dieses Buches ausführlich in Kap. 5.2.2 behandelt. Die Frage nach dem Umfang führt zur Betrachtung der *Artenvielfalt*. Wurden biologische Lösungen als Vorlage für eine mechanische Konstruktion gefunden, muss geklärt werden, inwieweit der *Aufbau biologischer Systeme* in die Technik übertragen werden kann. Um den Aufbau zu verstehen, werden grundlegende Kenntnisse über die *Struktur der biologischen (organischen) Materie* benötigt, und wie diese, über *die Zelle als Grundbaustein des biologischen Bauplans* zu *biologischen Konstruktionsprinzipien* führt. Wird ein neues Material gesucht, werden Informationen über *biologische Materialien* benötigt, und im Falle des Sensors sollte die grundlegende Funktionsweise *biologischer Sensoren* bekannt sein. Einige der bekannten bionischen Anwendungen haben mit Effekten an der

[22] Görtz, H.-D. & F. Brümmer (2012): *Biologie für Ingenieure*, Springer Spektrum
[23] Fritsche, O. (2015): *Biologie für Einsteiger*, Springer Spektrum
[24] O.V. (2001): *Kompaktlexikon der Biologie*, Band 1 (A bis Fotom), Band 2 (Foton bis Repr), Band 3 (Rept bis Register) 2001, Springer Spektrum

© Springer Fachmedien Wiesbaden GmbH, ein Teil von Springer Nature 2022
W. Wawers, *Bionik*, https://doi.org/10.1007/978-3-658-39350-2_3

Oberfläche eines Körpers zu tun, so z. B. der Lotus-Effekt®, oder die Geckohaftung. Hier ist auch weiterhin mit neuen Innovationen zu rechnen, weshalb auch *biologische Oberflächen*, und deren Übertragungsmöglichkeiten in technische Anwendungen betrachtet werden sollen. In dem Zusammenhang der allgemeinen Möglichkeit oder Unmöglichkeit der Übertragung biologischer Lösungen auf technische Anwendungen muss außerdem noch die physikalisch-technische Vergleichbarkeit genannt werden. Ameisen können nicht deswegen das Vielfache ihres Köpergewichts hochheben und tragen, weil sie dafür besonders konstruiert sind, sondern weil sie ein wesentlich besseres Verhältnis von Muskelkraft zu Körpergewicht haben als wir Menschen, bedingt durch die unterschiedliche Skalierung (Größenordnung). Der maßstabsgetreue Nachbau einer 4 mm langen Ameise in einen 4 m langen „Lasttragroboter" (Skalierfaktor 1.000) wäre wahrscheinlich nicht einmal in der Lage, sein eigenes Gewicht von A nach B zu bewegen. Hier handelt es sich aber nicht um ein biologisches Phänomen, sondern um ein physikalisches, weshalb dieses in Kap. 4.2 innerhalb der ingenieurwissenschaftlichen Grundlagen diskutiert wird.

Die genannten Themengebiete der Biologie ergeben sich aus dem Einsatz der Bionik für technische Anwendungen, bzw. der Übertragung biologischer Lösungen in die Technik. Die Bionik beschäftigt sich, wie in Kap. 2.3 beschrieben, aber auch mit den Teilgebieten Evolution und Optimierung. Dafür werden Hintergrundinformationen aus dem Themengebiet der *biologischen Evolution* benötigt.

Im Folgenden werden die genannten Themengebiete, welche entweder Hintergrundinformationen für die Anwendung der Bionik enthalten, oder vom Bioniker im Rahmen bionischer Projekte betreten werden müssen, behandelt.

3.1   Artenvielfalt

Zur Diskussion der Artenvielfalt soll zunächst der Begriff der Art und die Systematik der Lebewesen erklärt werden. Der klassische Ansatz geht davon aus, dass alle Lebewesen der Erde auf einen Ursprung zurückgehen, d. h., sie sind monophyletisch [Gör12]. Aus dem Ur-Lebewesen haben sich drei sogenannte Domänen herausgebildet. Die Bakterien und die Archaeen (auch Ur-Bakterien genannt) welche beide zu den Prokaryoten (auch: Prokaryonten) zählen. Die Prokaryoten sind zelluläre Lebewesen ohne Zellkern. Näher mit den Archaeen als mit den Bakterien verwandt ist die Domäne der Eukaryoten (auch: Eukaryonten), zelluläre Lebewesen, die einen Zellkern und Abgrenzungen (Kompartimentierungen) innerhalb der Zelle aufweisen. Zu den Eukaryoten gehören die höheren Lebewesen wie die Pflanzen oder Tiere, aber auch einfachere Organismen wie die Flagellaten (Geißeltierchen) oder die Grünalgen.

Die weitere Einteilung (Taxonomie) unterhalb der Domänen erfolgt üblicherweise in Abhängigkeit der verwandtschaftlichen Nähe der Lebewesen zueinander. So können die beiden Arten gemeiner Schimpanse (*Pan troglodytes*) und moderner Mensch (*Homo sapiens*) aufgrund der verwandtschaftlichen Nähe in die gleiche Familie eingeordnet werden (Menschenaffen). Aufsteigend gehören beide auch der Ordnung der Primaten an, die in der Klasse der Säugetiere zu finden ist, welche wiederum zum Stamm der Wirbeltiere gehört, der im Reich der Tiere eingeordnet wird. Absteigend, d. h. verfeinernd, teilen sich beide in die Gattungen Menschen (*Homo*) und Schimpansen

(*Pan*) auf, die sich weiter in die „Grundeinheit" der biologischen Systematik untergliedern, den Arten *Homo sapiens* und *Pan troglodytes*, siehe Abb. 3-1.

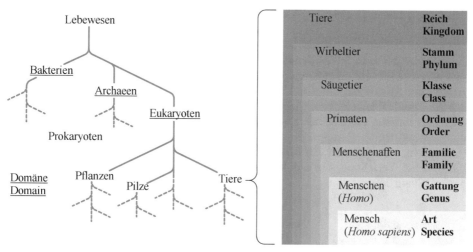

Abb. 3-1 Stammbaum der Lebewesen (Auszug) und taxonomische Einordnung des modernen Menschen Homo sapiens

In der beschriebenen Systematik erfolgen die Zuordnungen der Lebewesen zu einer Art, Gattung usw. klassischerweise nach äußeren Merkmalen, entsprechend dem Prinzip der sogenannten Phänetik. Dies ist nicht unumstritten, bzw. wird als nicht mehr zeitgemäß angesehen, da hierdurch fehlerhafte Einordnungen erfolgen können. Man denke z. B. an konvergente Merkmale wie die in Abb. 2-11 dargestellten Vergleiche des Beuteltieres *Thylacosmilus* und der Säbelzahnkatze *Smilodon californicus*, hinsichtlich ihrer Eckzähne, die zu einer verwandtschaftlichen Fehlinterpretation führen könnten. Andere Ansätze wie die Kladistik oder auch phylogenetische Systematik betrachten daher die evolutionäre Abstammungslinie eines Lebewesens, um es einordnen zu können. Ein relativ junges Verfahren, dass in eine ähnliche Richtung geht, ist die Unterscheidung und Einteilung der Lebewesen nach ihren DNA-Sequenzen, siehe hierzu das sogenannte „DNA-Barcoding", das derzeit[25] allerdings noch nicht für alle Arten eingesetzt werden kann [Gre18]. Dies führt zurück zu der Frage, wie viele Arten es auf der Erde gibt.

Die Arten – eine geschätzte Vielfalt

Die für biologische Laien oft erstaunliche Antwort auf die Frage, wie viele Tier- und Pflanzenarten es derzeit auf der Erde gibt, lautet: Wir wissen es nicht. Zumindest nicht genau. Hauptsächlich liegt dies an der enormen Vielzahl der noch unentdeckten Insekten, Mikroorganismen und Pilze, und auch an den bislang nur teilweise erforschten Ozeanen. Schätzungsweise nur 10 Prozent der Ozeane sind mittlerweile bekannt, und so wissen wir *„mehr über den Mond als über unsere Meere"* [Lin10]. Dementsprechend warten geschätzt noch einige Hunderttausend maritime Arten auf ihre Entdeckung. Auch bei den Säugetieren ist davon auszugehen, dass noch nicht alle Arten bekannt sind. Diese fallen bei der Gesamtzahl jedoch kaum ins Gewicht, machen sie mit derzeit circa 4.500

beschriebenen Arten schätzungsweise nur 0,05 % der gesamten Artenzahl aus, wenn man Forschungsergebnisse aus 2011 betrachtet. Demnach soll es rund 8,7 Millionen Arten von Organismen geben, wobei 6,5 Millionen davon an Land leben, und 2,2 Millionen im Meer [Mor11].

Nach anderen Schätzungen variiert die Gesamtzahl der Arten in einem noch breiteren Bereich, der bei circa 3,6 Millionen beginnt, häufig zwischen 13 bis 20 Millionen liegt, und bis zu 117,7 Millionen Arten reicht [Byn12]. Die Verteilung dieser – unbekannten – Anzahl der Arten kann mit den Untersuchungen von G. Lecointre und H. Le Guyader aus 2001 zu den damalig beschriebenen und daher bekannten Arten abgeschätzt werden. Demnach machen die Insekten rund 50 % der gesamten Artenvielfalt aus, gefolgt von den Bedecktsamern (Gruppe der Blütepflanzen) mit rund 13,4 %, den Weichtieren (Schnecken, Muscheln, ...) mit 6,7 % und den Pilzen mit 5,8 % [Lec01]. Abb. 3-2 zeigt die gesamte Verteilung, die auf insgesamt rund 1,75 Millionen beschriebenen Arten basiert (Stand 2001).

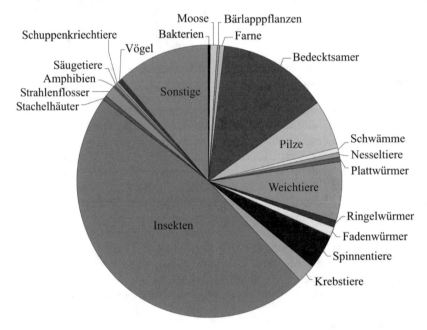

Abb. 3-2 Anteil der einzelnen Arten von Lebewesen an der Gesamtverteilung, basierend auf [Lec01]: Gruppen mit weniger als 2.000 Arten, z. B. Archaeen (Urbakterien, Zelluläre Lebewesen), diverse einzellige Eukaryoten, Nadelgehölze, Schildkröten, Krokodile usw. sind unter „Sonstige" zusammengefasst.

Mit den rund 1,75 Millionen beschriebenen Arten und den Schätzungen der gesamten Artenvielfalt von 3,6 bis 117,7 Millionen kennen wir bislang nur zwischen 1,5 bis 49 % aller Arten dieser Welt. Neu entdeckt werden derzeit etwa 18.000 Arten pro Jahr [Pod18], bei gleichbleibender Quote würde es also noch zwischen 103 bis 6440 Jahren dauern, bis alle Arten bekannt sind. Zwar gleicht sich das Äußere vieler miteinander verwandter Arten. Oft sind es aber gerade die kleinen Unterschiede in den Überlebensstrategien, die zwei Arten voneinander unterscheiden und gleichzeitig die

Wissenschaft in Erstaunen versetzt. Die Bombardierkäfer (*Brachininae*) sehen erst einmal wie ganz normale Laufkäfer aus, von denen derzeit circa 40.000 Arten bekannt sind, siehe als Beispiel Abb. 3-3b. Einzig die häufig feuerrote Färbung von Hals und Kopf verraten, dass diese Käfer eine „explosive Geheimwaffe" besitzen, Abb. 3-3a. Fühlen sich die bis zu 15 mm langen Tiere bedroht, können sie aus ihrem Hinterleib ein bis zu 100 °C heißes, reizendes und überriechendes Gasgemisch verschießen. Dafür mischen die Käfer in einer Art „Explosionskammer" Hydrochinon und Wasserstoffperoxid zusammen. Unter Zugabe von als Katalysator fungierenden Enzymen kommt es zu einer chemischen Reaktion, die letztlich zu der von einem lauten Knall begleitenden explosionsartigen Freisetzung des Gasgemisches führt. Mögliche technische Anwendungen könnten im Bereich von Abwehrwaffen liegen, aber auch bei dosierenden Einrichtungen, bei denen ein Aerosol[26] hergestellt werden soll.

a)   b)

Abb. 3-3 Bis auf die Färbung unterscheiden sich die Bombardierkäfer äußerlich nicht von „normalen" Laufkäfern. **a)** Bombardierkäfer *Brachinus sp.*, im Vergleich dazu **b)** der Laufkäfer *Dichaetochilus vagans*

Dem Bombardierkäfer sieht man seine einzigartige Fähigkeit nicht an. Wird er aber genau untersucht, fällt die Explosionskammer auf, und es können Rückschlüsse auf dessen Funktion geschlossen werden. Ein Beispiel anderer Art ist der Stirnlappenbasilisk (*Basiliscus plumifrons*), eine zu den Leguanen gehörende Echse, Abb. 3-4. Seine erstaunliche Fähigkeit würde auch bei noch so genauer Untersuchung nicht entdeckt werden können. Wer schon einmal flache Steine auf eine Wasseroberfläche geworfen hat weiß, dass diese nicht immer sofort untergehen, sondern vorher einige Male auf dem Wasser „aufditschen" können. Wie oft die Steine vom Wasser wieder hochspringen, hängt von der Form des Steines ab, von seiner Geschwindigkeit und dem Aufprallwinkel. Dieses Prinzip benutzt der Stirnlappenbasilisk. Die bis zu 80 cm langen und bis zu 200 g schweren Basilisken können bis zu 10 km/h schnell über Wasser laufen. [Hsi04] Zumindest eine gewisse Strecke lang, wie der Stein sinken die aus naheliegenden Gründen auch „Jesus-Echse" genannten Tiere doch irgendwann in das Wasser ein, die erreichbaren Strecken liegen bei circa 5 m [OVOD-9]. Die Flucht, denn dazu wird diese Fähigkeit eingesetzt, geht dann schwimmend weiter, wie die meisten Leguane schwimmt der Stirnlappenbasilisk sehr gut.

---

[26] In einem Aerosol sind feste oder flüssige Stoffe als Schwebeteilchen fein in der Luft verteilt, in Ausnahmefällen auch in anderen Gasen. Hierdurch können feste oder flüssige Stoffe an Stellen transportiert werden, die sonst nur schwer erreichbar sind, z. B. in die Lunge.

Abb. 3-4 Auch wenn der Stirnlappenbasilisk sehr eindrucksvoll aussieht, seine ganz besondere Fähigkeit ist nicht augenscheinlich.

Wie eine Untersuchung der Universität Harvard ergab, ist die Technik der Bein- und Fußbewegungen ausschlaggebend für die biblisch anmutende Fähigkeit [Hsi04], die bei einer bloßen Untersuchung des Körperbaus dieser Tiere unentdeckt bleiben würde. Angewendet werden könnte das Prinzip für Rettungskapseln zur fluchtartigen Wegbewegung von z. B. explosionsgefährdeten maritimen Objekten, man denke hierzu an den Unfall der Deepwater Horizon[27]. Allerdings könnte eingewendet werden, dass eine solche Rettungseinrichtung, sollte sie verwirklicht werden, auch von dem bekannten Phänomen der auf dem Wasser springenden Steine inspiriert worden sein könnte. Und schließlich sei noch erwähnt, dass dieses theoretisch angedachte Anwendungsbeispiel für seine zu rettende Insassen sicherlich nicht sehr komfortabel sein würde.

Die beiden Beispiele zeigen, dass einzelne Arten innerhalb einer Gattung besondere, und eventuell für die Bionik interessante Fähigkeiten herausgebildet haben können. Bei rund 18.000 neuentdeckten Arten pro Jahr erscheint die Chance, dass sich darunter auch derartige Arten befinden, durchaus realistisch.
Werden dazu die bereits genannten Zahlen zur Schätzung der noch unentdeckten Arten betrachtet, wird deutlich, dass die Natur noch einen immensen Vorrat an bislang unentdeckten biologischen Lösungen bereithält. Und natürlich bedeutet die Entdeckung einer Art noch nicht, dass diese damit auch vollständig beschrieben wäre. Das heißt, auch zu den rund 1,75 Millionen beschriebenen Arten gibt es immer wieder neue wissenschaftliche Artikel, die bislang noch nicht bekannte Eigenschaften oder Verhaltensweisen beschreiben. So kommen bei der weltweit größten wissenschaftlichen

---

[27] Die Deepwater Horizon war eine Erdölexplorationsplattform im Golf von Mexiko, die am 20.04.2010 aufgrund einer Verkettung technischer Mängel und menschlicher Versäumnisse in Brand geriet, und später unterging.

Datenbank für biologische und medizinische Abhandlungen, PubMed[28], beispielsweise jährlich 500.000 neue Artikel hinzu.

Jedes Jahr sterben allerdings auch schätzungsweise 2.000 Arten aus. [Pod18] Handelt es sich dabei um Pflanzen- oder Tierarten, die kaum fossile Spuren hinterlassen wie Mikroben oder Weichtiere, könnte das Wissen über diese Arten, sofern sie nicht schon ausführlich beschrieben wurden, für immer verloren gehen.

Streng genommen müsste die Antwort auf die Frage der *derzeitigen* Anzahl der Arten also eigentlich lauten: „Wir wissen es nicht, und werden es nie gewusst haben".
Es gibt aber auch eine Unzahl von längst ausgestorbenen Arten, von denen wir immer noch fossile Spuren finden können. Darunter befinden sich auch sehr merkwürdig anmutende Geschöpfe, bei denen die Funktionen bestimmter Körperteile die Wissenschaft vor Rätseln stellt, oder für kontroverse Diskussionen sorgt. Gute Beispiele hierfür sind die Dinosaurier, die im Laufe ihres Auftretens zwischen dem Obertrias bis zur Oberkreide immer bizarrere Formen annahmen, Abb. 3-5.

Abb. 3-5 Gibt nicht nur Wissenschaftlern Rätsel auf: Skelettrekonstruktion eines Stegosaurus aus dem Oberjura (157,3 bis 147,7 Millionen Jahre v. Chr.), Abdruck mit freundlicher Genehmigung des Senckenberg Naturmuseum, Frankfurt a. M. Weder die Funktion (Schutz vor Raubtieren, Regulierung der Körpertemperatur, Arterkennung, …) noch die genaue Lage (aufrechtstehend paarweise oder alternierend, oder flach in die Haut eingebettet) der knöchernen Platten ist bis heute unzweifelhaft geklärt. Die dargestellte Skelettrekonstruktion zeigt die verbreitetste Annahme, die Platten hätten alternierend aufrecht entlang der Dornfortsätze der Wirbelsäule gestanden, was insbesondere für die Regulierung der Körpertemperatur von Vorteil wäre.

Dank immer besser werdender Untersuchungsmethoden und –Geräten ist auch bei den nur fossil bekannten Arten fortlaufend mit neuen, und eventuell für die Bionik interessanten Erkenntnissen der Paläontologie rechnen.

---

[28] Die Datenbank PubMed.gov wird in Kap. 5.2.1 ausführlich erläutert.

3.2   Biologische Evolution

Der Blick zurück in die Urzeit und auf die sich im Laufe der Jahrmillionen verändernden Fauna und Flora führt zu den biologischen Optimierungs- und Entwicklungsstrategien. Diese basieren auf der biologischen Evolution (von lat. *evolvere* auswickeln, entwickeln). Die Evolution beschreibt die Veränderung des Genpools einer Population von Lebewesen im Laufe von Generationen, wodurch die Merkmale der Lebewesen verändert werden. Der Ablauf der Evolution kann in drei Schritte eingeteilt werden, die auf den Ansätzen von Charles Darwin[29] basieren:

1. Mutation: Veränderungen im vererbbaren genetischen Material eines fortpflanzungsfähigen mehrzelligen Individuums. Zur Abgrenzung von Veränderungen im nicht vererbbaren Gewebe eines Körpers spricht man auch von der Keimbahn-Mutation.

2. Rekombination: Die Neuordnung und zufällige Verteilung des von den Elternindividuen an ihre Nachkommen über die Gene weitergegebenen genetischen Codes. Dieser genetische Code bestimmt den Phänotypen[30] des Nachkommen-Individuums.

3. Selektion: Begünstigung bestimmter Phänotypen durch bessere Anpassung an die herrschenden äußeren Einflüsse (bessere biologische Fitness[31]), wodurch diese Phänotypen letztlich höhere Reproduktionsraten haben.

Weiterhin bessere Fitness vorausgesetzt, weisen im Laufe der Zeit immer mehr Individuen einer Population[32] den geänderten Phänotypen auf. Dies kann dazu führen, dass schließlich die gesamte Population aus dem geänderten Phänotypen besteht. Je nachdem wie sehr sich die Merkmale des geänderten Phänotypen von dem ursprünglichen Phänotyp unterscheiden, kann hierdurch eine neue Art entstehen. Die alte Art ist dann entweder ausgestorben oder lebt in einer anderen Population weiter, in welcher der geänderte Phänotyp nicht aufgetreten ist oder nicht begünstigt wurde. Ob tatsächlich eine neue Art entstanden ist, oder nur eine Variation innerhalb einer existierenden Art hängt davon ab, wie die Variationsbreite des Phänotypen innerhalb der Art angesehen wird, und ist nicht immer eindeutig abgegrenzt.

---

[29] Charles Robert Darwin (1809-1882) war ein Naturforscher, der in seinem bekanntesten Werk „On the Origin of Species" („Über die Entstehung der Arten") die Grundlagen der modernen Evolutionstheorie legte.

[30] Der Phänotyp beschreibt die Merkmale (äußere Erscheinung, Physiologie, Verhalten) eines Individuums. Ohne äußere Umwelteinflüsse sind die Gene ausschlaggebend für die Ausprägung der Merkmale.

[31] Die biologische Fitness bezeichnet den Grad, wie gut ein Individuum an äußere Einflüsse angepasst ist und darf nicht verwechselt werden mit dessen „Sportlichkeit" oder dessen „körperlicher Stärke".

[32] Unter der Population wird hier eine Gruppe von Individuen der gleichen Art gemeint, die miteinander Nachkommen erzeugen. Unterschiedliche Populationen der gleichen Art grenzen sich voneinander dahingehend ab, dass sie zwar untereinander paarungsfähig wären, durch z. B. räumliche Trennung aber nicht die Gelegenheit dazu bekommen.

Die Evolution ist gemäß Dollos Regel[33] prinzipiell unumkehrbar, ein einmal verloren gegangenes komplexes Merkmal kann nicht komplett wiederhergestellt (re-evolutioniert) werden. Außerdem gilt, dass die Evolution nicht zielgerichtet ist, und nicht von äußeren Einflüssen ausgeht (Mutationen durch chemische oder physikalische Umwelteinflüsse ausgenommen). So erzeugt z. B. eine langanhaltende Kälteperiode keine Mutationen, die zum Wachstum eines dichteren Fells o. ä. führen könnten. Entsprechende Mutationen, die zufällig (spontan) entstanden sind, würden aber in diesem Falle begünstigt werden. Aus diesem Grund hat das Habitat[34] einer Population einen entscheidenden Einfluss auf die Evolution. Ein vielzitiertes und auch kontrovers diskutiertes Beispiel hierzu liefert der Birkenspanner (*Biston betularia*), ein Nachtfalter.

Der u. a. in Mitteleuropa vorkommende Birkenspanner hat üblicherweise eine weiße Grundfärbung mit schwarzer Musterung, die der Rinde von Birken ähnelt. Es kommen aber auch fast komplett schwarz gefärbte Exemplare vor (carbonaria-Morphen[35]), was durch eine verstärkte Einlagerung dunkler Pigmente (hauptsächlich Melanin) in der Haut hervorgerufen wird, Abb. 3-6.

a)   **b)**

Abb. 3-6 Verschiedenfarbige Morphen des Birkenspanners: **a)** weiße Grundfärbung mit schwarzer Musterung, **b)** Carbonaria-Morphe mit dunkler Färbung (Fotos: © Holger Gröschl)

Zu Beginn der Industrialisierung wurde in bestimmten Gebieten Englands ein drastischer Rückgang der eigentlich wesentlich häufiger vorkommenden hell gefärbten Morphe zugunsten der dunkel gefärbten beobachtet. Zurück geführt wurde dies auf die Verschmutzung der Umwelt in der Nähe von Industrieanlagen, deren Rußemissionen die Pflanzen, insbesondere Birken, dunkel färbten. Die normalerweise auf Birken nahezu unsichtbaren hellen Birkenspanner wurden dadurch zur leichten Beute von Fressfeinden, während die dunklen Individuen mit zunehmender Verschmutzung immer besser getarnt waren. Mit der Einführung von Reinigungs- und Filteranlagen an den Fabrikschloten ging die Umweltverschmutzung wieder zurück, was auch wieder zu einer Änderung der Zahlenverhältnisse von dunklen zu hellen Morphen des Birkenspanners führte. Dieser Vorgang darf aber keinesfalls mit einer „Re-Evolution" verwechselt werden, die es laut

---

[33] Formuliert von dem Paläontologen Louis Dollo (1857–1931)

[34] Als Habitat kann der Lebensraum oder auch Aufenthaltsbereich einer bestimmten Tier- oder Pflanzenart bezeichnet werden.

[35] Als Morphen werden unterschiedliche Phänotypen einer Art bezeichnet. Häufig wird der Begriff in Zusammenhang mit genetisch bedingten unterschiedlichen äußeren Erscheinungsformen verwendet.

Dollo auch nicht geben dürfte. Das Merkmal der hellen Färbung war nicht verloren gegangen, sondern nur zahlenmäßig zurückgegangen.

Zwischenzeitlich gab es einige Kritik an der bereits 1896 vermuteten und 1955 nach Feldversuchen aufgestellten Theorie der evolutionären Anpassung der Birkenspanner. So hält sich der Birkenspanner z. B. nicht nur auf Birkenrinden auf, und es gibt auch nicht-umweltverschmutzte Gegenden, in denen die dunkle Morphe zahlenmäßig dominiert. Durch neuere und genauere Untersuchungen konnte dieser als „Industriemelanismus" bezeichnete Vorgang jedoch bestätigt werden. [OV01-2;Maj09]

Eine weitere denkbare und auch auftretende Form der evolutionären Weiterentwicklung ist die disruptive oder aufspaltende Selektion. Hier bewirken äußere Einflüsse eine Benachteiligung des für ein bestimmtes, polymorphes[36] Merkmal durchschnittlichen Phänotypen, zum Vorteil der für dieses Merkmal extremen Phänotypen. Verdeutlicht werden kann dies durch ein Gedankenexperiment:

In einer Population pflanzenfressender Tiere wird eine große Variationsbreite der Körpergröße angenommen. Die sehr kleinen Individuen sind flink und eher ängstlich. Die sehr großen Individuen sind eher behäbig und aggressiver. Der Großteil der Population ist mittelgroß und weder sehr flink, noch sehr behäbig, und auch weder besonders aggressiv noch besonders ängstlich.

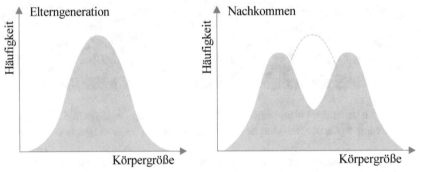

Abb. 3-7 Beispiel für die Änderung einer Population aufgrund äußerer Einflüsse, welche Nachkommen mit geringer und mit großer Körpergröße begünstigt

Nun wandern neue Raubtiere in das Habitat der Population ein, denen die besonders großen, aggressiven Individuen zu gefährlich für einen Angriff erscheinen, und die besonders kleinen zu flink sind. In der Folge werden die dem Mittel der Population entsprechenden Individuen überdurchschnittlich stark dezimiert. Dies führt zu einer Aufspaltung der Häufigkeitsverteilung für das Merkmal Körpergröße, und kann zusammen mit den im Gedankenexperiment mit der Körpergröße verknüpften weiteren Eigenschaften so weit gehen, dass sich schließlich zwei neue Arten herausbilden, Abb. 3-7. Man könnte sagen, dass die Nachkommen-Generationen für die durch die eingewanderten Raubtiere entstandenen neuen Verhältnisse „optimiert" worden sind. Diese evolutionäre Optimierung, bzw. die dahinterstehenden Abläufe Mutation, Rekombination und Selektion, werden im Sinne der Bionik auch in der Technik oder den

---

[36] Polymorph meint hier das Vorhandensein mehrerer Genvariationen für ein Merkmal, das bei den Phänotypen in Erscheinung tritt.

Wirtschaftswissenschaften unter dem Oberbegriff der biologische Optimierungs- und Entwicklungsstrategien angewendet, siehe hierzu Kap. 6.

3.3 Aufbau und Funktion biologischer Systeme

Die Beschreibung des Aufbaus biologischer Systeme beginnt ähnlich wie der wahrscheinliche Ablauf der Entstehung der Lebewesen mit der Strukturierung bzw. Anordnung der organischen Materie, welche die Zellen als Grundbausteine des Lebens bilden. Mit zunehmender Komplexität entstehen aus den Zellen die biologischen Materialien, aus denen wiederum abgegrenzte Strukturen wie biologische Oberflächen oder Sensoren entstehen. Basierend auf den Bauplänen der Biologie ergeben diese Strukturen schließlich den gesamten Organismus. Die nachfolgenden Kapitel stellen diese Zusammenhänge dar, wobei, wenn möglich, immer wieder der Bezug zur Leistungsfähigkeit biologischer Systeme hergestellt wird.

3.3.1 Die Struktur organischer Materie

Dass wir weder die genaue Anzahl der Arten angeben können, und offensichtlich bislang auch nur einen kleinen bis kleinsten Anteil der Arten unseres Planeten kennen, ist erstaunlich. Nicht ganz so erstaunlich ist die Tatsache, dass obwohl eine große Zahl an Lebewesen noch nicht bekannt ist, wir die vergleichsweise wenigen Elemente, aus denen diese aufgebaut sind, bereits weitestgehend kennen. Auch dies kann wieder durch den gemeinsamen Ursprung allen Lebens auf der Erde erklärt werden.

Wenn Materie in seine kleinsten Bestandteile zerlegt wird, gelangt man schließlich auf die atomare Ebene der chemischen Elemente. Obwohl das griechische Wort „átomos" für „unteilbar" steht, lassen sich auch Atome noch weiter zerlegen[37]. In der ersten subatomaren Ebene sind dies die im Atomkern vorhandenen, elektrisch neutralen Neutronen und die positiv geladenen Protonen, und die in der Atomhülle befindlichen, elektrisch negativ geladenen Elektronen. In einer weiteren subatomaren Ebene lassen sich Neutronen und Protonen wiederum in Quarks zerlegen, die nach derzeitigem Wissenstand zusammen mit den Leptonen und den Eichbosonen die kleinsten tatsächlich unteilbaren Elementarteilchen der Materie sind. Für den Aufbau biologischer Materialien genügt allerdings die Betrachtung der atomaren Ebene der chemischen Elemente, weshalb das Gebiet der Teilchenphysik hier nicht weiter vertieft werden soll.

Die derzeit bekannten 118 chemischen Elemente unterscheiden sich durch die Anzahl ihrer drei Bestandteile Protonen, Elektronen und Neutronen. Die Atome eines Stoffes besitzen stets die gleiche Protonenanzahl, die als Ordnungszahl auch für die Einordnung in das Periodensystem der Elemente herangezogen wird. Die Anzahl der Neutronen kann dagegen variieren. In dem Fall spricht man von Isotopen ein und desselben Elements. So sind für Sauerstoff (Ordnungszahl acht) z. B. 17 Isotope bekannt, von denen jedoch nur drei zeitlich stabil sind. Das mit großem Abstand häufigste Isotop bildet mit rd. 99,76 % ^{16}O (auch O-16), das im Atomkern aus acht Protonen und acht Neutronen besteht, und

---

[37] Zur Zeit der Namensgebung (erstmalig 5. Jhd. v.Chr., etabliert Ende des 18. Jhd.) war die Teilbarkeit der Atome nicht bekannt [Kay03].

eine Massezahl u von circa 16 aufweist. Es folgen die Isotope ^{18}O mit 0,2 % (zehn Neutronen, u ≈ 18) und ^{17}O mit 0,038 % (neun Neutronen, u ≈ 17). [Ban19; OV19-2]

Die Anzahl der Elektronen entspricht der Anzahl der Protonen, wodurch ein Atom nach außen elektrisch neutral ist. Allerdings können Atome auch Elektronen aufnehmen oder verlieren, wodurch sie zu positiv geladenen Ionen (Kationen, Elektronenabgabe) oder negativ geladenen Ionen (Anionen, Elektronenaufnahme) werden. Die Protonen und Neutronen befinden sich im Atomkern, während die Elektronen auf konzentrisch zum Atomkern angenommenen Hüllen bzw. Schalen verteilt sind.

Schließen sich mehrere Atome zusammen, entsteht ein Molekül. Sind dabei unterschiedliche Atome beteiligt, spricht man von einer (chemischen) Verbindung, wobei nicht alle chemischen Verbindungen aus einzelnen Molekülen bestehen müssen. Für die Verbindung von Atomen sind grundsätzlich vier Möglichkeiten bekannt, die Ionenbindung, die kovalente Bindung, die metallische Bindung und die komplexe Bindung.

Chemische Bindungen

- **Kovalente Bindung** (Elektronenpaarbindung): Entsteht, wenn sich Atome Elektronen teilen. Verbindungen von Atomen sind dann besonders stabil, wenn deren Atome eine mit Elektronen vollbesetzte äußere Hülle besitzen. Stabil bedeutet in diesem Zusammenhang in erster Linie, dass die Bindungspartner keine weiteren Verbindungen mehr eingehen. Die Atome der Edelgase haben bereits mit Außenelektronen vollbesetzte äußere Hüllen, weshalb diese einatomig vorkommen und unter normalen Bedingungen keine Verbindungen eingehen, man spricht hier von der Edelgaskonfiguration. Dabei besitzt das Helium (He) zwei Außenelektronen, die anderen Edelgase wie Neon (Ne), Argon (Ar) oder Xenon (Xe) acht Außenelektronen. Zwei oder mehr Nicht-Edelgasatome können die Edelgaskonfiguration erreichen, indem sie sich Elektronen teilen. Hierdurch bilden sich entweder Moleküle, wie der Wasserstoff (H_2), Sauerstoff (O_2) oder auch Kohlenstoffdioxid (CO_2), oder es werden Atomgitter gebildet, wie bei Siliziumdioxid (SiO_2), aus dem z. B. Quarzkristalle bestehen.

- **Ionenbindung** (elektrovalente Bindung): Entsteht durch die Abgabe und Aufnahme von Elektronen und den sich dadurch bildenden entgegengesetzten Ladungen der Atome. Beteiligt sind hierbei Bindungspartner, die eine möglichst große Elektronegativitäts-Differenz[38] besitzen, wie Metalle und Nichtmetalle. Klassisches Beispiel ist das Natriumchlorid (Kochsalz, NaCl), das aus dem nach Abgabe eines Elektrons positiv geladenen Natrium (Na^+) und dem durch die Aufnahme des Elektrons negativ geladenen Chlor (Cl^-) entsteht. Bei dieser Verbindungsart wird nicht von Molekülen gesprochen, da die Bindungspartner nicht als einzelne Moleküle, sondern in einem Ionengitter vorliegen.

- **Metallische Bindung**: Entsteht bei der Kristallisation (Erstarrung) von Metallen. Dabei lösen sich die in der äußersten Schale befindlichen Elektronen von den Atomen, die ein Gitter aus positiv geladenen Metallionen bilden. Die abgegebenen Elektronen können sich im Gitter mehr oder weniger frei bewegen, was die gute elektrische Leitfähigkeit der Metalle bewirkt.

---

[38] Siehe die Elektronegativitätstabellen, z. B. in [OV20_3]

■ **Komplexe Bindung**: Chemische Verbindungen, die sich nicht den drei o.g. Bindungsarten zuordnen lassen, werden als „Verbindungen höherer Ordnung", bzw. Komplexverbindungen oder Koordinationsverbindungen bezeichnet. [Sch17] Chlorophyll[39] und Hämoglobin[40] sind Beispiele für komplexe Bindungen. Zu den verschiedenen Möglichkeiten zum Zustandekommen einer komplexen Bindung siehe den Zweig der Komplexchemie.

Außer durch chemische Bindungen kann ein Zusammenhalt von Materie auch durch Wechselwirkungskräfte zwischen Atomen und Molekülen entstehen. Zu nennen sind hier insbesondere die Van-der-Waals-Kräfte, Wasserstoffbrückenbindungen und elektrostatische Kräfte.

Atomare und molekulare Wechselwirkungen

■ **(H-Brücke)**: Kommen durch den Dipolcharakter bestimmter, Wasserstoff beinhaltender Moleküle zustande. Das Wassermolekül H_2O kann sich geometrisch als ein aufrechtstehendes Dreieck vorgestellt werden, an dessen Spitze das Sauerstoffatom steht, während die beiden Wasserstoffatome die unteren Ecken ausfüllen. In dieser Anordnung stimmen die Schwerpunkte der positiven und negativen Ladungen des summenmäßig nach außen elektrisch neutralen Moleküls nicht überein. Die negativen Ladungen konzentrieren sich am Sauerstoffatom, die positiven an den Wasserstoffatomen, was einen ständigen Dipol bewirkt. Dadurch entsteht eine Anziehungskraft zwischen den gegensätzlichen Polen der Moleküle (partiell positiv geladene = positiv polarisierte H-Atome und, im Fall von Wasser, negativ polarisierte O-Atome), wodurch die sogenannten Wasserstoffbrücken entstehen. Außer bei Wasser treten Wasserstoffbrücken auch bei anderen Stoffen auf. Entscheidend sind die Anwesenheit positiv polarisierter H-Atome und der Dipolcharakter des Moleküls. Außer zwischen unterschiedlichen Molekülen können sich auch innerhalb eines (großen) Moleküls Wasserstoffbrücken aufbauen.

■ **Van-der-Waals-Kräfte**: Kommen durch die ständigen Bewegungen der Elektronen eines nach außen elektrisch neutralen Atoms oder Moleküls zustande. Durch die Bewegung kommt es zu einer asymmetrischen Ladungsverteilung, und es entsteht ein schwach ausgeprägter, temporärer Dipol. Kommen sich zwei Atome oder Moleküle genügend nahe, wird die Dipolbildung wechselseitig beeinflusst bzw. begünstigt. Die sich daraufhin aufbauende Anziehungskraft ist die Van-der-Waals-Kraft. Neben der Kontaktfläche (= Anzahl der sich anziehenden Dipole) ist die Nähe entscheidend für die Bindungskraft, die nach aktuellen Erkenntnissen eine Reichweite von circa 100 nm besitzt [Amb16].

■ **Elektrostatische Kräfte** entstehen zwischen zwei ungleich geladenen Körpern bzw. Teilchen. Nach außen eigentlich neutral, können sich verschiedene Materialien durch Reibung oder Berührung aufladen. Die dadurch entstehenden Kräfte können durch das Coulombsche Gesetz bestimmt werden.

---

[39] Chlorophyll ist eine aromatische organische Verbindung und ein Farbstoff („Blattgrün"), der von Photosynthese betreibenden Pflanzen gebildet wird und dort als Photorezeptor wirkt.

[40] Hämoglobin ist ein eisenhaltiger Proteinkomplex, der bei den Wirbeltieren zur Bindung von Sauerstoff verwendet wird, und für die Farbe des Blutes verantwortlich ist („Blutfarbstoff").

Allgemein sind die Wechselwirkungskräfte zwischen Atomen und Molekülen wesentlich geringer als chemische Bindungskräfte. Trotzdem sind die Van-der-Waals-Wechselwirkungen und die elektrostatischen Kräfte verantwortlich für einige bemerkenswerte – und insbesondere für die Bionik sehr interessante – Phänomene wie die Über-Kopf-Haftung von Geckos und auch vieler Insekten. Als Adhäsionskräfte sind sie häufig der Physik zugeordnet, und werden daher im Rahmen der physikalisch-technischen Vergleichbarkeit im Zusammenhang mit Adhäsions- und Oberflächenkräften noch weiter gehend erläutert, siehe Kap. 4.2.3. Wasserstoffbrückenbindungen finden sich in der Natur z. B. in den Fäden von Spinnen oder Seidenraupen, auf die in Kap. 3.3.3 eingegangen wird. Auch die komplexen Bindungen kommen in der Natur vor, erwähnt wurden bereits das Chlorophyll und Hämoglobin. Metalle, als eine der wichtigsten von Menschen benutzten Werkstoffgruppen, kommen in der belebten Natur zwar auch vor, so z. B. Magnesium wiederum im Chlorophyll der Pflanzen oder auch für vielfältige Aufgaben im menschlichen Körper. Als „Bauwerkstoff" spielen die Metalle jedoch keine Rolle, weshalb die metallischen Bindungen hier nicht weiterverfolgt werden. Demgegenüber gehört die Ionenbindung zum „Standardbauplan" der Natur. So enthält die Perlmuttschicht von Muschelschalen zu 95 Vol% Aragonit, ein Calciumcarbonat ($CaCo_3$), das aus den Ionen Ca^{2+} (Calcium-Salz) und CO_3^{2-} (Kohlensäure) besteht. Ein anderes Beispiel sind die Knochen und Zähnen der Säugetiere, welche die ionisch gebundene Hartsubstanz Hydroxylapatit ($Ca_{10}(OH)_2(PO_4)_6$)[41] beinhalten. Darüber hinaus spielen Ionen auch bei den Sensoren eine wichtige Rolle, siehe Kap. 3.3.6.

Die häufigste und für den Aufbau organischer Materialien wichtigste Bindungsart ist die kovalente Bindung, wobei einem bestimmten Atom eine sprichwörtlich zentrale Rolle zufällt: dem Kohlenstoffatom (C).

Kohlenstoff – Das Universallatom des Lebens

Das Kohlenstoffatom besitzt sechs Protonen und demzufolge sechs Elektronen, von denen sich vier in der äußeren Elektronenhülle befinden. Um zur Edelgaskonfiguration zu gelangen, benötigt das Kohlenstoffatom unter Eingehung kovalenter Bindungen vier zusätzliche Elektronen, das heißt, es ist vierbindig. Seine Bindungsstellen können mit weiteren Kohlenstoffatomen besetzt sein, die wiederum an Kohlenstoffatome gebunden sind, wodurch ketten- oder auch ringförmige Makromoleküle entstehen. An noch freien Bindungsstellen können sich andere Elemente wie Wasserstoff (H), Stickstoff (N) oder Sauerstoff (O) anbinden. Aus diesem Grundgerüst setzen sich je nach Bindungspartnern und Baustruktur der kohlenstoffbasierenden Makromoleküle die vier Stoffklassen zusammen, aus denen Lebewesen zum größten Teil bestehen[42]: den Proteinen, Kohlenhydraten, Nucleinsäuren und Lipiden.

Proteine (Eiweiße) (Abb. 3-8 a) werden für den strukturellen Aufbau der Zellen benötigt, und sind auch deren größter Gewichtsanteil (Strukturproteine). Weitere der vielfältigen Aufgaben von Proteinen sind u. a. der Stofftransport im Körper

---

[41] Für eine andere Schreibweise, welche die Austauschbarkeit der Hydroxygruppe –OH anzeigt, siehe den später folgenden Abschnitt „Collagen und biologischer Apatit – Strukturbaustoffe der Wirbeltiere".

[42] Eine fünfte Stoffklasse, das Lignin, nimmt eine Sonderstellung ein und wird im Rahmen des Aufbaus pflanzlicher Materie noch gesondert erklärt.

(Transportproteine), die Steuerung bei der Abwehr von Krankheiten (Immunproteine) oder auch die Unterstützung von Stoffwechselvorgängen als Katalysator[43] (Enzyme). Proteine bestehen aus „aneinandergekoppelten" Aminosäuren. (Polypeptide) Der Grundaufbau der Aminosäuren besitzt ein zentrales C-Atom (α-C-Atom), an das eine Aminogruppe (NH2), eine Carbonsäuregruppe (COOH) ein Wasserstoffatom und ein „Rest" angebunden sind. Der Rest kann wieder eine Seitenkette oder auch ein Ring von C-Atomen sein, an die verschiedene weitere Gruppen (COOH, SH, NH_2, …) angebunden sind. Die Art der Aminosäure wird durch den Rest bestimmt, von denen mehrere 100 bekannt sind, aber nur circa 20 bei den Proteinen vorkommen. Durch die verschiedenen Möglichkeiten der Hintereinanderkopplung der circa 20 Aminosäuren ergibt sich aber trotzdem bereits eine unvorstellbar große Anzahl an möglichen Proteinen, die i. d. R. aus mehreren 100 und in Ausnahmefällen aus bis circa 30.000 Aminosäuren aufgebaut sind („nur" 100 würden 20^{100} Möglichkeiten ergeben!). Zehn der circa 20 Aminosäuren kann der menschliche Körper nicht selber herstellen, weshalb er sie über die Nahrung aufnehmen muss (essentielle Aminosäuren)[44].

Kohlenhydrate (Saccharide) (Abb. 3-8 b) sind aus Kohlenstoff, Wasserstoff und Sauerstoff aufgebaut und besitzen die allgemeine Summenformel $C_n(H_2O)_n$. Sie unterscheiden sich außer in der Anzahl n, in der sich der Grundaufbau wiederholt, in der räumlichen Molekülstruktur (Ketten, Ringe, Verzweigungen). Kohlenhydrate werden als Energiequelle und als Baustoffe verwendet. So bestehen z. B. die Zellwände der Pflanzen aus Cellulose, das als Polysaccharid zu den Kohlenhydraten gehört, ebenso wie das in den Zellwänden der Pilze und in den Außenskeletten der Gliedertiere vorkommende Chitin. Erzeugt werden die Kohlenhydrate in erster Linie über die Photosynthese der Pflanzen aus Wasser und Kohlendioxid (CO_2). Über die Nahrungskette gelangen diese dann in die Tiere, Pilze und Bakterien. Auch Tiere stellen in geringerem Umfang Kohlenhydrate her, die Grundbausteine dafür stammen jedoch aus der Nahrung und nicht aus der Umgebung.

Lipide (Abb. 3-8 c) sind vielgestaltige wasserunlösliche Kohlenwasserstoffmoleküle. Für Lebewesen sind vor allem drei Gruppen von Lipiden von besonderer Bedeutung. 1. die Triglyceride, bestehend aus drei Kohlenwasserstoffketten (Fettsäuren), die an ein Glycerolmolekül (auch unter Glycerin bekannt, ein Zuckeralkohol aus $C_3H_8O_3$) angebunden sind. Sie dienen als Energiespeicher und als Schutz- bzw. Isolationsgewebe. 2. die Phospholipide, bestehend aus zwei Fettsäuren (bilden den „Schwanz" des Moleküls) und einer Phosphatgruppe (beinhaltet PO_4, bildet den „Kopf" des Moleküls), die wiederum an ein Glycerolmolekül angebunden sind. Der Kopf ist hydrophil (wasserliebend), während der Schwanz hydrophob (wasserabstoßend) ist, wodurch sich die Phospholipide als Membranbausteine eignen, ihre Hauptaufgabe im Bauplan der Lebewesen. 3. die zur Gruppe der Isoprenoide gehörenden Steroide und Carotinoide, die aus Isopren (C_5H_8) beinhaltenden Kohlenstoffringen (Steroide) oder Ketten mit oder ohne Ring (Carotinoide) aufgebaut sind. Die Steroide dienen ebenfalls als Membranbausteine, sind aber auch am Aufbau von Vitaminen und Hormonen beteiligt. So z. B. das bei den Tieren vorkommende Lipid Cholesterin als Vorstufe für die

---

[43] Ein Katalysator ist in der Biologie ein Stoff, der den Ablauf einer chemischen Reaktion begünstigt (beschleunigt), ohne dabei selber umgesetzt zu werden.
[44] Eigentlich sind für gesunde Erwachsene nur acht Aminosäuren essentiell, Arginin und Histidin werden nur im Wachstum oder bei bestimmten Krankheiten benötigt.

Hormone Testosteron und Östrogen. Auch die Carotinoide sind am Aufbau von Vitaminen beteiligt, und bei den Pflanzen auch an der Photosynthese.

Nucleinsäuren (Abb. 3-8 d) sind kettenförmige Makromoleküle, die aus Nucleotiden aufgebaut sind. Diese bestehen wiederum aus einem Kohlenstoffgrundgerüst mit 5 C-Atomen, an das eine stickstoffhaltige Base (Nucleinbasen[45]) und eine Phosphatgruppe angebunden sind. Die DesoxyriboNucleinsäure (DNS, engl. DNA) ist bei Tieren und Pflanzen der Permanentspeicher der Erbinformationen, und kommt in jeder Zelle vor. Die RiboNucleinsäure (RNS, engl. RNA) überträgt als Zwischenspeicher die Informationen der DNS bei der Proteinherstellung, und hat darüber hinaus noch weitere regulatorische oder katalytische Funktionen in der Zelle.

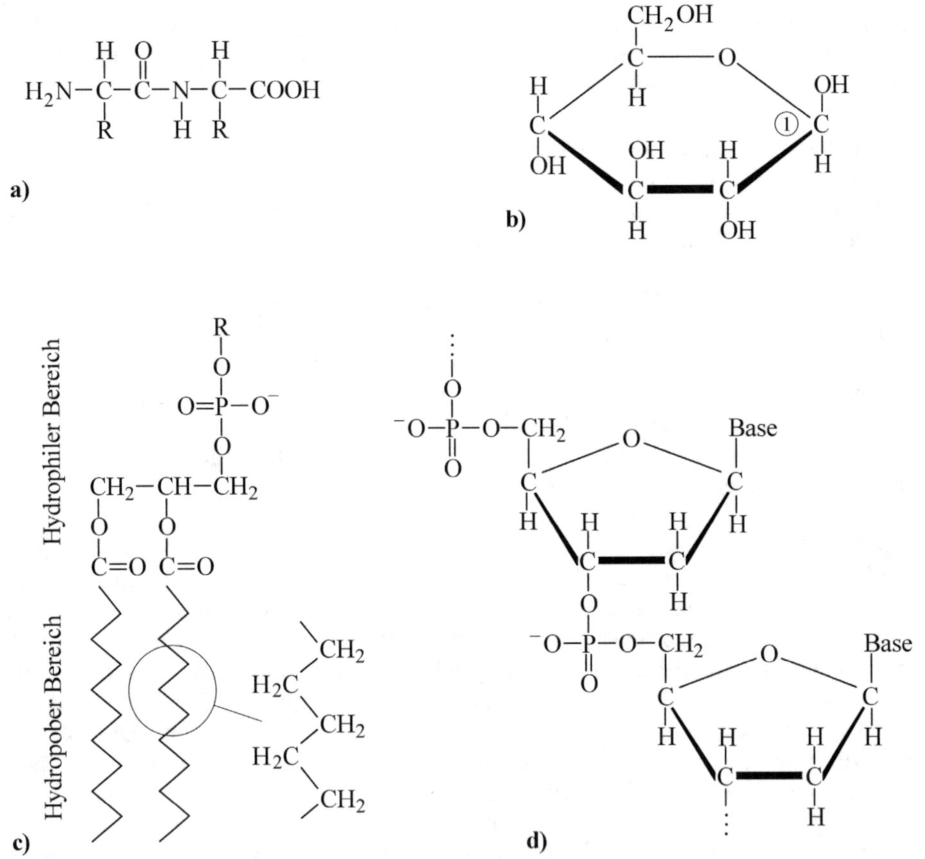

Abb. 3-8 Beispiele für den grundsätzlichen chemischen Aufbau der vier Stoffklassen: **a)** Dipeptid der Proteine, gebildet aus zwei Aminosäuren, **b)** Glucose in der β-Ringform als Beispiel für einen Kohlenhydrat, **c)** Struktur der Phospholipide, bestehend aus einem hydrophilen Kopfbereich und zwei hydrophoben Fettsäuren, **d)** grundsätzlicher Aufbau eines Nucleinsäurestrangs. Bei der DNA richtet sich ein zweiter Strang antiparallel und mit den Basen komplementär zum ersten Strang aus. Die Verbindung der zwei Stränge erfolgt an den Basen über Wasserstoffbrücken.

---

[45] Nucleinbasen sind das Adenin, Guanin, Cytosin, Thymin und das Uracil.

Außer aus den vier beschriebenen, auf Kohlenwasserstoffmolekülen basierenden Stoffklassen, bestehen Lebewesen zu einem großen Teil aus Wasser. Beim erwachsenen Menschen beträgt dieser Anteil am gesamten Körpergewicht circa 50–60 %, bei manchen Tieren wie den Quallen circa 98 %. Dies erhöht den Anteil der auch in den Kohlenwasserstoffen vorkommenden Sauerstoff- und Wasserstoffatome. Durch das in den Zähnen und Knochen vorkommende Hydroxylapatit ist bei den Vertretern des Tierreichs mit Endoskelett auch das Element Calcium in größerem Umfang vertreten, wenn auch nicht in dem Maße wie Sauerstoff, Wasserstoff und Kohlenstoff. Phosphor ist zusammen mit Sauerstoff und Wasserstoff ebenfalls im Hydroxylapatit gebunden, und findet sich außerdem in den Lipiden und den Nucleinsäuren. Der Stickstoff kommt in größerem Maße in den Proteinen und ebenfalls den Nucleinsäuren vor. Weitere Elemente der Lebewesen in nennenswerter Menge sind Kalium, Chlor, Natrium, Schwefel, Magnesium und Eisen. Abb. 3-9 zeigt die ungefähre prozentuale Verteilung der im Menschen enthaltenen zwölf häufigsten Elemente.

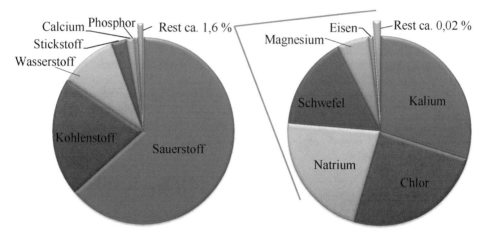

Abb. 3-9 Die Bestandteile des Menschen: ungefähre prozentuale Verteilung der zwölf häufigsten Elemente nach [OV10; Shy09; Sch09]

Neben den benannten zwölf Elementen kommen noch 46 weitere der bekannten 118 Elemente als Spuren[46] in Lebewesen vor [Zei10], in Abb. 3-9 als „Rest" bezeichnet. Teilweise haben diese weiteren Elemente wichtige (essentielle) biologische Funktionen wie das Jod (Bestandteil der Schilddrüsenhormone), bei einem großen Teil sind aber keine biologischen Funktionen bekannt wie bei Titan, Gold oder Tantal. Die Menge der tatsächlich benötigten Elemente schwankt je nach Quelle. So werden in [Sch09] 20 aufgezählt, wobei der Autor darauf hinweist, dass dies nur eine Schätzung sei. In [OV10] sind es 31 Elemente, wovon aber bei neun deren essentielle Funktion umstritten ist.

---

[46] Als Spurenelement wird ein chemisches Element bezeichnet, wenn es in einem betrachteten Raum oder Körper nur in sehr geringer Konzentration vorkommt. In der Chemie wird die Grenze meist bei 0,01 % bzw. 0,1 mg/g gezogen.

3.3.2 Die Zelle als Grundbaustein des Lebens

Die kleinste lebende Einheit, die alle Lebewesen gemein haben, ist die Zelle, die für sich betrachtet alle Eigenschaften eines lebenden Organismus aufweist. So kann die Zelle Stoffwechsel betreiben, auf Reize der Umwelt reagieren, sich reproduzieren oder auch wachsen. Zwar weisen auch die nicht aus Zellen bestehenden Viren einige Eigenschaften des Lebens auf, wie z. B. die Reproduktion. Sie können diese, wie auch den Stoffwechsel, aber nicht selbständig durchführen, sondern sind dafür auf Wirtszellen angewiesen. Daher zählen die Viren nicht zu den Lebewesen und sind per Definition auch nicht Inhalt der Bionik.

Ein Lebewesen kann aus einer einzigen Zelle bestehen (Einzeller, Bakterien) oder aus Zellverbänden (Mehrzeller). So bestehen z. B. Menschen aus circa 100 Billionen Zellen [Gör12]. Das wichtigste Merkmal einer Zelle ist die Zellmembran (auch Plasma- oder Cytoplasmamembran). Diese schließt die Zelle von der Außenwelt oder benachbarten Zellen ab, und ermöglicht gleichzeitig den Transport von Stoffen. Die Zellmembran besteht in ihrer „Grundbauweise" aus einer doppellagigen Schicht von Phospholipiden („Bilayer"), die wiederum aus einem hydrophilen Kopfteil mit einer Phosphatgruppe und aus einem hydrophoben Schwanzteil aus langkettigen Essigsäuren bestehen, siehe Abb. 3-10 und auch Abb. 3-8c. Die genaue Zusammensetzung der Essigsäuren und des an der Phosphatgruppe angelagerten Rests bestimmt die Eigenschaften der Membran, wodurch eine große Vielfalt entsteht. Darüber hinaus sind in der Membran verschiedene Strukturen aus weiteren Lipiden und Proteinen eingelagert, welche z. B. dem Stoffaustausch oder dem Energietransport dienen. Dabei können aktive und passive Strukturen unterschieden werden.

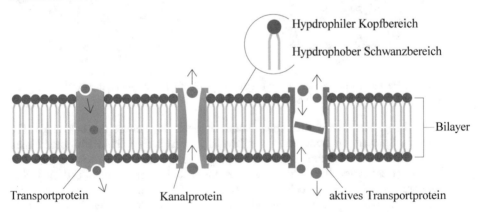

Abb. 3-10 Vereinfachtes Schema des Aufbaus einer biologischen Membran
Für weitere Informationen siehe z. B. [Fri16a]

Während alle Zellen eine Zellmembran besitzen, variiert der weitere Aufbau, wobei zwei grundlegende Zellen unterschieden werden können, mit Zellkern (Eucyte) und ohne (Protocyte, auch: Procyte). Bei den Eucyten können wiederum zwei unterschiedliche Zelltypen unterschieden werden, die pflanzlichen Zellen und die tierischen, Abb. 3-11.

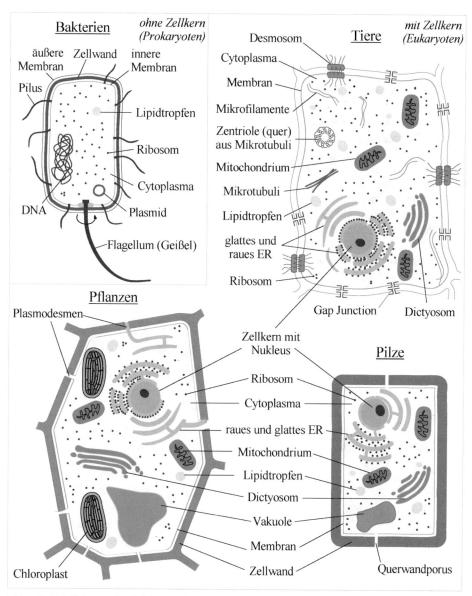

Abb. 3-11 Nicht maßstäbliche Schemazeichnungen pro- und eukaryotischer Zellen, als Grundformen mit den wichtigsten Zellorganellen; Bei den Lebewesen können vielfältige Abweichungen auftreten, so kommen bei den Bakterien die äußere Zellwand und die fadenförmigen Zellfortsätze (Pilus) nur bei bestimmten (gramnegativen) Bakterien vor, Pilzzellen haben oft mehr als nur einen Zellkern. Quellen: [Cyp06; Jos09; Gör12; Bus18a; Bus18b; Obe05]

Neben der Zellmembran gibt es weitere Gemeinsamkeiten zwischen den Zellentypen. So sind alle mit einer zähen Flüssigkeit, dem Cytosol gefüllt, das gelöste Stoffe, z. B. Nährstoffe, enthält. Im Cytosol finden sich auch bei allen Zelltypen die Ribosomen, welche für die Proteinherstellung verantwortlich sind. Die Gesamtheit des Zellinhalts außer dem Zellkern wird Cytoplasma genannt, je nach Literatur bei den Prokaryote auch

Stroma. Die peitschen- oder fadenförmigen Gebilde vieler Bakterien kommen zwar auch bei eukaryotischen Einzellern vor, die Ähnlichkeit ist aber nur rein äußerlich. Dem Rechnung tragend wird in der Literatur zuweilen zwischen den *Flagellen* der Bakterien und den *Geißeln* der Eukaryoten unterschieden, wobei diese Unterscheidung nicht bindend ist, und je nach Literatur beide Begriffe auch wechselseitig synonym verwendet werden. Die Flagellen der Bakterien bestehen aus flexiblen, aber sich nicht selbst verformenden, leicht wendelförmigen Proteinfäden, welche durch einen in der Zellmembran verankerten „Proteinmotor" in vollständige Rotation versetzt werden können. Es handelt sich hierbei um die einzige bekannte vollständige und andauernde rotatorische Relativbewegung in der Natur, und gleichzeitig um den „kleinsten Motor der Welt" [Hon06]. Der in Abb. 3-12 schematisch dargestellte Aufbau und auch die Funktion des Flagellenmotors sind, zumal im Vergleich zu den ansonsten eher schlicht konstruierten Bakterien, derartig komplex, dass der Flagellenmotor zuweilen sogar von Gegnern der Evolutionstheorie aufgegriffen wird. Dabei wird die Meinung vertreten, dass sich ein solchermaßen kompliziertes Gebilde nicht in einem evolutionären Prozess hätte entwickeln können [Sch10]. Diese, nicht unwidersprochen gebliebenen Aussagen [Neu14] sollen hier aber nicht weiter vertieft werden.

Die Rotation erzeugt eine propeller- oder schraubenförmige Bewegung der Flagellen, von denen die meisten Bakterien und auch viele der Archaeen mehrere besitzen, was eine zielgerichtete Fortbewegung in flüssigen Medien ermöglicht.

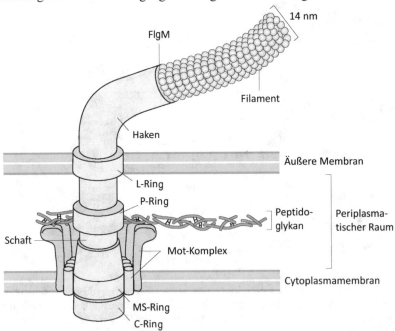

Abb. 3-12 Aufbau der bakteriellen Flagelle (Aus Munk 2000, nach [Fri16a], mit freundlicher Genehmigung von © Springer-Verlag, Berlin, Heidelberg, All Rights Reserved)

Anders sind der Aufbau und die Funktionsweise der eukaryotischen Geißeln. Diese sind von Mikrotubuli[47] durchzogene, und von der Zellmembran umgebende Ausstülpungen

---

[47] Mikrotubuli sind aus dem Protein Tubulin aufgebaute, röhrenförmige Gebilde.

der Zelle. Dabei bilden stets neun Mikrotubulipaare, konzentrisch um zwei einzelne Mikrotubuli gruppiert, das Grundgerüst der Geißel (der sogenannte 9+2-Aufbau). Die Mikrotubuli sind durch Proteinbrücken radial und tangential miteinander verbunden, Abb. 3-13.

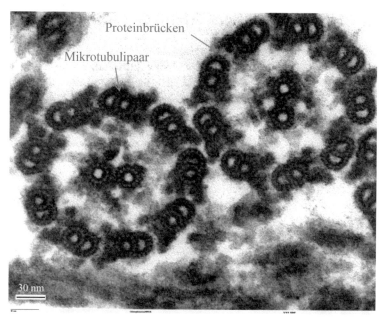

Abb. 3-13 Transmissions-Elektronenmikroskopische Aufnahme des Querschnitts zweier Geißeln der Grünalge (Chlamydomonas rheinhardtii); gut zu erkennen ist der charakteristische 9+2-Aufbau der Mikrotubuli

Durch Zusammenziehen der Proteinbrücken können die Mikrotubuli gegeneinander verspannt werden, was eine Krümmung der Geißel bewirkt. Koordiniertes Zusammenziehen versetzt die Geißel in eine hin- und hergehende Bewegung, wodurch sich die Einzeller ebenfalls zielgerichtet in einem flüssigen Medium fortbewegen können.

Mit den teilweise ähnlichen Inhaltsstoffen wie Lipide, dem Cytoplasma bzw. Stroma, den Ribosomen, der Zellmembran und der zumindest optischen Ähnlichkeit der Geißeln und Flagellen enden die hauptsächlichen Gemeinsamkeiten im Aufbau der pro- und eukaryotischen Zellen. Die auffälligsten abweichenden Merkmale der Eukaryoten ist das Vorhandensein eines Zellkerns und von Organellen. Letztere sind membranumschlossene Räume, die für bestimmte Stoffwechselvorgänge verantwortlich sind. So z. B. die Mitochondrien für die Zellatmung, oder die Lysosome für Verdauungsprozesse. Der Zellkern der Eukaryoten ist wie die Organellen durch eine eigene Membran abgegrenzt. Er enthält die Erbinformationen (DNA), die bei den Prokaryoten frei im Cytoplasma vorliegt.

Auch die beiden Grundtypen der Eukaryoten unterscheiden sich. So besitzen nur die Pflanzenzellen die für die Photosynthese notwendigen Chloroplasten. Auch die Vakuolen, mit Zellsaft gefüllte und mit einer Membran abgegrenzte Bereiche, kommen nur bei den Pflanzenzellen vor. Diese Zellorganellen nehmen in den adulten Zellen häufig den größten Platz ein. Ihre Aufgaben sind vielfältig, z. B. Speichern von Gift-, Farb-, oder Nährstoffen, Unterstützung bei der Formgebung und Stabilität der Zelle bzw. des gesamten Gewebes, oder auch die Verdauung bestimmter Moleküle. Einen weiteren Unterschied gibt es im Aufbau der Zellabgrenzung. Pflanzliche Zellen haben um die Zellmembran herum in der Regel eine Zellwand aus dem Polysacharid Cellulose. Durch diese gegenüber der innenliegenden Membran relativ starren Gebilde erhält die Pflanzenzelle ihre Form. Die einzelnen Zellen sind durch eine Mittellamelle zwischen den Zellwänden miteinander verbunden. Ein Austausch von Stoffen geschieht durch Poren in den Zellwänden. Die tierischen Zellen besitzen keine Zellwand, und werden nur von der Zellmembran begrenzt. Diese Membranen sind feine Gebilde mit einer Dicke im nm-Bereich, die weder formgebend noch stabilisierend wirken können [Gör12]. Diese Aufgaben übernimmt bei den tierischen Zellen das Cytoskelett, das aus einem die ganze Zelle durchziehenden, und auch an den Membranen anliegenden Netz bzw. Gerüst aus Proteinen besteht. Das Netz stabilisiert die Zellen gegen mechanische Einwirkungen, kann die Zellen aber auch verformen. Die Proteine bestehen hauptsächlich aus den bereits beschriebenen Mikrotubuli, sowie aus Mikrofilamenten und Intermediärfilamenten, fadenförmigen Proteinketten. Die Zellmembranen benachbarter Zellen sind direkt über Proteinstränge miteinander verbunden. Zusätzlich werden die Zellen durch Proteinbrücken, den Desmosomen, zusammengehalten. Die Desmosomen einer Zelle sind durch sehr zugfeste Keratinfilamente miteinander verbunden, so dass über die Verbindungsstellen ein Zusammenhalt des gesamten Gewebes gegeben ist. Der Stoffaustausch mit benachbarten Zellen erfolgt auch hier über Poren in der Zellmembran, den Gap Junctions. Diese sind ähnlich wie Hohlnieten in der Zellmembran verankert und liegen sich jeweils gegenüber.

Die Grundbaupläne der in Abb. 3-11 gezeigten „typischen" Pflanzen- und Tierzelle finden sich in mehr oder weniger stark abgewandelter Form bei allen bekannten Eukaryoten wieder. So z. B. bei den Pilzzellen, die wie die Pflanzenzellen Vakuolen besitzen, und auch eine Zellwand. Wobei die Zellwand häufig mit Chitin verstärkt ist, das bei manchen Tieren vorkommt, nicht aber bei Pflanzen. Anders als pflanzliche Zellen haben die Pilzzellen keine Chloroplasten und sind wie die tierischen Zellen auf organische Nahrung angewiesen. Daher, und auch aufgrund von DNA-Analysen wird davon ausgegangen, dass die Pilze näher mit den Tieren als mit den Pflanzen verwandt sind [DGFM19].

Die gegebenen grundlegenden Informationen über den zellulären Aufbau der Lebewesen sollen dem (technisch ausgerichteten) Bioniker beim Verständnis biologischer Baupläne und Materialien helfen, siehe die nachfolgenden Kapitel. Die Zellen selbst, bzw. deren Bestandteile, sind aber auch bereits Gegenstand bionischer Forschung. So wird z. B. das Nachempfinden der in den Chloroplasten ablaufenden Photosynthese zur Nutzung der Sonnenenergie schon seit längerem untersucht. Und das mit Erfolg, verschiedene Forschungseinrichtungen weltweit haben in den letzten 10 Jahren mehrere Konzepte für entsprechende technische Anwendungen vorgestellt [Bla11;Fau13;Mar14;OV19-6], wobei die großtechnische Umsetzung derzeit noch an der konventionellen Infrastruktur der energieerzeugenden Industrie und den damit verbundenen wirtschaftlichen Wagnis scheitert [Mey17]. Allerdings findet hier gerade, wie in Kap. 2,5 beschrieben, im Zuge der Klimadebatten und weltpolitischer Entwicklungen ein Umdenken statt.

Auch das Prinzip der Mitochondrien, Energiegewinnung durch Sauerstoffumsetzung, könnte als bionische Brennstoffzellen eine technische Anwendung finden. Das Potential liegt insbesondere in der Kostenreduzierung. Während die herkömmlichen technischen Brennstoffzellen in der Regel Platin als Katalysator benötigen, verwenden die Mitochondrien hierzu Eisen und Kupfer. [Tri04] Und auch eine Effizienzsteigerung der Brennstoffzellen scheint durch das Vorbild Natur möglich. Betrachtet werden hier die Zellmembranen, die wie die Membranen der Brennstoffzelle Protonen passieren lassen, dabei aber „deutlich effizienter" sind. [OV10-2] Die Zellmembranen wurden auch für eine andere Anwendung als Vorbild genommen, um ein weiteres Beispiel zu zeigen. Der Europäische Erfinderpreis in der Kategorie KMU ging 2014 an eine dänische Forschergruppe, die auf Grundlage des Wasserstransports durch die Zellmembranen eine künstliche Membran zur industriellen Gewinnung von absolut reinem Wasser („Reinstwasser") entwickelt haben. Dieses bionische Verfahren ist energieeffizienter und nachhaltiger als die herkömmliche Herstellung von Reinstwasser, das z. B. für die Halbleiter- und Photovoltaik-Industrie benötigt wird. Darüber hinaus kann das Verfahren auch für die Meerwasserentsalzung und zur Klärung von Industrieabwasser eingesetzt werden. [Epo14]

3.3.3 Biologische Materialien

Die belebte Natur hat im Laufe der Zeit eine enorme Formenvielfalt der äußeren Gestalt und ein nicht minder großes Spektrum an unterschiedlichen Funktionsanpassungen herausgebildet. Und dies mit einem Minimum an Materialien, wie bereits gezeigt wurde. Kohlenwasserstoffe, Stickstoff, eine kleine Menge Calcium und etwas Phosphor sind die Grundelemente dieser Baupläne, von Abweichungen bei z. B. Weichtieren oder Mikroorganismen abgesehen.

Biologische Materialien

- **Chitin** – Strukturbaustoff der Gliedertiere
  (Polysacharid)

- **Cellulose** und **Lignin** – Strukturbaustoffe der Pflanzen
  (Polysacharid)

- **Collagen** und biologischer **Apatit** – Strukturbaustoffe der Wirbeltiere
  (Protein und Hydroxylapatit)

- **Keratin** – Strukturbaustoff der Tiere für besondere Einsätze
  (Protein)

- **Perlmutt** – Weichtiere mauern sich ein
  (Calciumcarbonat)

- **Opal** – Kostbares Skelett der Mikroorganismen
  (Kieselgel bzw. Siliciumdioxid)

Aus diesen Materialien sind schwerlasttragende Systeme wie die Stämme der bis zu 110 m hoch werdenden Mammutbäume oder auch die Beine der Elefanten konstruiert, aber auch filigrane Leichtbausysteme wie Vogelknochen oder Spinnenseide. Zum Vergleich, die Entwicklung hin zu gewichtsoptimierten Motorblöcken für Verbrennungsmotoren führte in der Technik vom Gusseisen (hauptsächlich Eisen und Kohlenstoff) über Aluminium (hauptsächlich Aluminium und Silicium) zu Aluminium-Magnesium-Legierungen (weitere Bestandteile häufig Zinn, Mangan, Silicium). Der technische Weg zur Lösung der Aufgabenstellung „leichter bauen" geht hier über die Verwendung anderer Materialien, deren Herstellung oft neuer, und zumeist fortlaufend kostenintensiverer Technologien bedarf. So beträgt der Energiebedarf für die Herstellung einer Tonne Stahl circa 5,6 MWh, für eine Tonne Aluminium dagegen circa 15 MWh (Neugewinnung ohne Schrottanteile) [OVOD-12].

Der biologische Weg ist dagegen die Nutzung vorhandener Materialien bzw. Elemente, die lediglich aufgabenbedingt „neu angeordnet" werden, wie in Kap. 3.3.1 gezeigt wurde. Allerdings ist dies auch in der Technik bekannt. Wären statt des Motorblocks in obigem Beispiel Elemente der Fahrzeugkarosserie gewählt worden, würde die Liste der technischen Materialien auch die Kunststoffe enthalten. Kunststoffe wie CFK (Kohlefaserverstärkter Kunststoff, ein Duroplast), PA oder PC (Polyamid und Polycarbonat, Thermoplaste) bestehen grundsätzlich aus dem gleichen Basisstoff, der sich auch in den Lebewesen findet, den Kohlenwasserstoffen. Diese stammen zwar letztlich auch von organischer Materie, zum größten Teil jedoch nicht von lebenden, und somit nachwachsenden Organismen, sondern von Ablagerungen toter Organismen, wie dem Erdöl oder der Steinkohle. Diese Abhängigkeit von fossilen Rohstoffen begrenzt die zeitliche Verfügbarkeit. Auch wenn durch immer neue Fördermethoden fortlaufend neue Vorkommen erschlossen werden, ist der Vorrat an fossilen Rohstoffen eines Tages erschöpft. Außerdem haben die meisten Kunststoffe aufgrund ihrer Herkunft und der Weiterverarbeitung (Synthetisierung) eine unerwünscht lange Lebensdauer, da sie nicht biologisch abbaubar[48] und darüber hinaus, insbesondere im Falle der Duroplaste, nur bedingt recyclingfähig sind. Traurige Beispiele hierfür sind die riesigen Mengen an Plastikmüll, die nahezu unverrottbar in den Weltmeeren treiben. Und Schätzungen zufolge sollen bei einer weiteren Nutzung dieser Materialien wie bisher jährlich acht Millionen Tonnen Plastikmüll hinzukommen [Par18].

Die beiden Beispiele Metalle und Kunststoffe zeigen, dass die Nutzung biologisch abgeleiteter –bionischer– Materialien ressourcenschonender und nachhaltiger als die Verwendung konventioneller technischer Materialen wäre. Dabei darf aber nicht unerwähnt bleiben, dass es durchaus Anwendungen gibt, in denen die technischen Materialen nicht durch biologische ersetzt werden können. Man denke hier z. B. an die Turbinenschaufeln von Strahltriebwerken, die, dank ihrer speziellen Legierung, einer Keramikbeschichtung und einer Luftkühlung, Temperaturen von circa 2.200 °C aushalten. Nach derzeitigem Kenntnisstand gibt es kein biologisches Material, dass diese extremen Temperaturen ertragen würde. Trotzdem zeigen biologische Materialien immer wieder bemerkenswerte Fähigkeiten, die zu bionischen Produkten inspirieren.

Fangschreckenkrebse wie der Odontodactylus scyllarus (Abb. 3-14) haben ähnlich den Heuschrecken zusammenklappbare Fangarme, die sie bei Bedarf mit sehr großer Geschwindigkeit hervorschnellen lassen können. Mit den zu Keulen verdickten Enden

---

[48] Kunststoffe gelten nach derzeitigen Erkenntnissen als von Mikroorganismen nicht vollständig zersetzbar [UWB17].

können sie dabei die Schalen von Muscheln oder den Panzer anderer Gliederfüßer zertrümmern.

Abb. 3-14 Fangschreckenkrebs Odontodactylus scyllarus

Dass ein kräftiger Schlag mit einem harten Gegenstand einen anderen harten Gegenstand zerstören kann, ist an sich wenig erstaunlich. Als Biologen diesen Effekt genauer studierten, fanden sie jedoch Bemerkenswertes heraus; die Fangarme schnellen mit einer Geschwindigkeit von bis zu 23 m/s hervor, und die Aufprallenergie der Keulen ist vergleichbar mit der einer Pistolenkugel [Pat13]. Zum Vergleich, die an den beiden ehemaligen Boxweltmeister Vitalij und Wladimir Klitschkow gemessene Schlaggeschwindigkeit betrug jeweils 9,8 m/s [Bre08]. In der Luft, wohlgemerkt, nicht unter Wasser. Die Geschwindigkeit der hydrodynamisch tropfenförmig optimierten Keulen ist so hoch, dass dadurch im Wasser Gasbläschen entstehen, die beim Implodieren einen lauten Knall erzeugen, und der Keule als eine Art Gas-Torpedo vorangehen, der die Beute noch vor dem Aufprall betäubt [Versluis et al. 2000 und Lohse et al. 2001, nach [Pat13].

Die einem wohl zuerst in den Sinn kommende Frage lautet, wie die Keulen der bis 17 cm langen Krebstiere eine derartig hohe Geschwindigkeit erreichen können. Sie bewerkstelligen dies mit einem Schnappmechanismus ähnlich dem Sperrmechanismus der Knallkrebse (Kap. 2.5). Dadurch kann die rechnerisch eigentlich zu kleine Muskelkraft gespeichert und schlagartig freigegeben werden. Die zweite Frage ist aber vor dem Hintergrund, dass auch für Fangschreckenkrebse das dritte Newtonsche Axiom, actio = reactio, gilt, vielleicht noch interessanter. Wie können die Keulen selber die enormen Aufprallkräfte von bis zu 1.500 N unbeschadet überstehen, obwohl sie doch aus den gleichen Werkstoffen aufgebaut sind wie die Panzer der Beutetiere?

Chitin – Strukturbaustoff der Gliedertiere

Grundsätzlich besteht die Außenhaut (Cuticula) der Gliedertiere, zu denen u. a. die Insekten und die Krebse gehören, aus einem Verbund von Chitinfasern, die in eine Matrix aus Proteinen eingebettet sind. Das bereits mehrfach erwähnte Chitin (gr. Chitón für „Hülle" oder „Panzer") ist ein unverzweigtes, kettenförmiges Polysaccharid bzw.

Kohlenhydrat mit der Summenformel der Grundeinheit $C_8H_{13}NO_5$. Der Grundaufbau des (tierischen) Chitins ist ähnlich dem der (pflanzlichen) Cellulose, aufgrund einer Substitution[49] in den Molekülbausteinen allerdings mit stärker wirkenden Wasserstoffbrückenbindungen, was eine höhere Härte und Festigkeit bewirkt. Mehrere der langkettigen Chitinmoleküle lagern sich gegensätzlich parallel (α-Chitin[50]) zu einer sogenannten Fibrille aneinander, die von Proteinen umhüllt ist. Wiederum mehrere der Fibrillen schließen sich parallel zu einer Chitinfaser von circa 20 nm Dicke beim Panzer des Hummers, und circa 60 nm Dicke beim Panzer der Krabbe zusammen. Bei der Krabbe werden diese Fasern noch weiter zu etwa 1 µm dickeren Fasern gebündelt, im Folgenden zur besseren Unterscheidung „Seile" genannt. Die Fasern (Hummer) bzw. die Seile (Krabbe) werden an der äußersten Hautschicht der Gliedertiere parallel sowohl zur Oberfläche als auch zu den anderen Chitinfasern angelagert, so dass eine geschlossene Schicht entsteht. Die darunter entstehende nächste Schicht ist gleichermaßen aufgebaut, aber in der Ausrichtung der Fasern (bzw. Seile) um einige Grad gegenüber der vorigen Lage versetzt. [Vin02-2; Che08-2; Sti11]

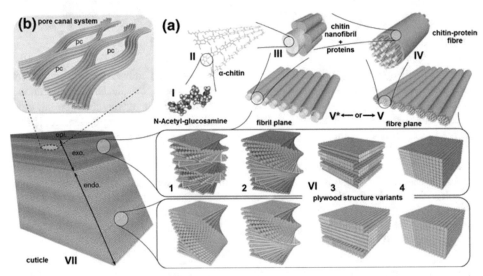

Abb. 3-15 Schematische Darstellung des hierarchischen Aufbaus des Chitins der Arthropoden-Außenhaut (Cuticula): **(a)** I-V: Aus N-Acetylglucosamine-Molekülen bilden sich antiparallel ausgerichtete Ketten (a-Chitin), die von Nanofibrillen umgeben sind, und die Chitin-Protein-Faser bilden. Parallel ausgerichtete Fasern ergeben eine Ebene, die sich je nach Anforderungen parallel oder versetzt übereinanderstapeln (VI), und die Gesamtheit der Cuticula bilden (VII). **(b)** In den äußeren Hautschichten befinden sich von den Chitin-Fasern gebildete Poren-Kanäle. (Aus [Pol19]; mit freundlicher Genehmigung von © Springer Nature Switzerland AG, All Rights Reserved)

Der hierarchische Aufbau der Cuticula, angefangen bei den Polysacharidketten, die in den Fasern gebündelt werden, die wiederum in Seilen gebündelt werden und übereinandergelegt den Gesamtaufbau ergeben, ist typisch für den Aufbau biologischer

---

[49] Die Substitution meint in der Chemie den Austausch von Atomen oder Atomgruppen innerhalb eines Moleküls.

[50] Bei β-Chitin lagern sich die Chitinmolekülketten parallel aneinander, beim γ-Chitin lagern sich zwei Molekülketten parallel und eine gegensätzlich parallel an. β- und γ-Chitin kommen bei Weichtieren (Schnecken, Tintenfische, usw.) vor.

Materialien und findet sich auch bei Cellulose oder Keratin, bzw. Holz oder Knochen, wieder. Die fortlaufend verdrehte Anordnung ist notwendig, da eine Chitinfaser- bzw. Seillage stark anisotrope Festigkeitseigenschaften aufweist. So geben Vincent und Wegst in [Vin04] für den E-Modul[51] von Heuschreckensehnen in Längsrichtung umgerechnet 11 kN/mm² an, in Querrichtung aber nur 0,15 kN/mm². Der fortlaufend verdrehte („helikoidale") Aufbau bewirkt gleiche Belastungsmöglichkeiten in allen Richtungen der Ebene, wobei sich der E-Modul der Fläche gegenüber dem der Sehne um 3/8 reduziert [Deg09], was 4,125 kN/mm² entsprechen würde. Zum Vergleich, der E-Modul von Stahl beträgt 210 kN/mm², der von Aluminiumknetlegierungen liegt bei circa 70 kN/mm². Bei den Kunststoffen variiert der E-Modul in einem breiten Bereich. Phenolharzgewebe als Duroplast liegt im Bereich von 7 kN/mm², Polycarbonat als Thermoplast liegt bei 2,8 kN/mm² (PA66). Laminate aus glasfaserverstärktem Kunststoff erreichen circa 35 kN/mm² (Glas-Rovinggewebe, 65 %) [Wit17].

Die auf Chitin basierende Außenhaut umhüllt die Tiere komplett, so sind z. B. auch die Augen von einer durchsichtigen Schicht umgeben. Demzufolge variiert die Festigkeit und Steifigkeit der Außenhaut, je nachdem, ob es sich um eine Gelenkhülle, Teile des Außenpanzers oder, bei Insekten, um die Flügel handelt. Verantwortlich für die Variation der Werte wird in erster Linie der die Wasserstoffbrückenbindungen beeinflussende Wassergehalt der Außenhaut gemacht [Vin02-2].
Im Unterschied zu den Insekten finden sich in den Schalen der Krebstiere auch Partikel von Mineralien, insbesondere Hydroxylapatit, ein Calciumcarbonat, das sich als Hartsubstanz in allen Wirbeltieren findet (Zahnschmelz besteht zu 95 % aus Hydroxylapatit). Zur näheren Erläuterung siehe auch den Abschnitt „Collagen und biologischer Apatit". Die festigkeitssteigernde Wirkung der Calciumcarbonatkristalle wird durch Magnesiumatome als Störstellen des Kristallgitters weiter erhöht, so dass die Tiere über den Magnesiumgehalt auch die Festigkeit der Cuticula in einem gewissen Bereich beeinflussen können. So finden sich z. B. in den hochbelasteten Scheren der Hummer besonders viele Mineralien. [Sti11] Angaben zum E-Modul derartig verstärkter Materialien konnten nicht gefunden werden, es ist jedoch zu vermuten, dass diese über dem von der Heuschreckensehne abgeleiteten Wert liegen.
Zurückkommend zu den Keulen der Fangschreckenkrebse und deren enormer Energieabsorptionsfähigkeit fallen hier weitere Abweichungen vom „Standardbauplan" der Cuticula auf. Zusätzlich zum normalen Aufbau sind die Keulen von weiteren α-Chitinsträngen umwickelt. Grunenfelder et al. haben diese Strukturen eingehend untersucht, und vergleichen in [Gru18] die Umwicklung mit dem Handbandagen von Boxern. Diese umlaufenden Faserstrukturen werden bei einer Ausdehnung der Keulen, z. B. bei der Verformung beim Aufprall, auf Zug belastet, also in der für die Fasern optimalen Belastungsrichtung. Sie verhindern das zu starke Ausdehnen, was ansonsten in einer plastischen Verformung, nämlich dem Bruch der Schale enden würde, wie es bei ihren Beutetieren geschieht. Außerdem findet sich im belasteten Bereich der Keulen eine äußere, ca. 70 µm dicke Schutzschicht aus Hydroxylapatit. Welchen Beitrag diese nur haardicke, spröde und damit nicht bruchfeste Schicht zur Festigkeit leistet, war lange Zeit unklar. Erst eine Veröffentlichung aus 2020 lieferte unter Zuhilfenahme von Elektronenmikroskop-Aufnahmen und Versuchen im Rasterkraftmikroskop eine

---

[51] Der Elastizitätsmodul, kurz E-Modul, charakterisiert die Festigkeit bzw. Elastizität eines Werkstoffes, und wird üblicherweise über Zugversuche mit Materialproben ermittelt. Grundsätzlich gilt, dass ein härterer Stoff einen höheren E-Modul besitzt.

erstaunliche Erklärung. Die Schicht besteht aus dicht gepackten, in einer organischen Matrix eingebetteten ca. 65 nm großen Hydroxyilapatit-Partikeln. Diese Partikel wiederum bestehen aus abgegrenzten noch kleineren Nanokristallen, deren Kanten in bestimmten Winkeln zueinander ausgerichtet sind. Erfolgt ein Schlag hoher Energie, werden die Kanten an den Berührstellen quasi „pulversisiert". [Hua20] Je kleiner ein Partikel ist, desto größer ist seine Oberfläche im Verhältnis zum Volumen. Daher verwundert es nicht, dass diese auf einer relativ großen Fläche verteilte Trennarbeit einen hohen Teil der Schlagenergie verbraucht. Nach Huang et al. wird dadurch die Eindringtiefe der Schockwelle um ca. die Hälfte reduziert. Zwar geht dabei kontinuierlich Material der Schutzschicht verloren, allerdings anscheinend nur so wenig, dass der Schutz bis zur nächsten Häutung gewährleistet bleibt.

Chitin kann vor allem aus den Schalen und Panzern der Meerestiere gewonnen werden (insbesondere aus Krill), aber auch aus Insekten und Pilzen, und kommt auch in bestimmten Mikroorganismen vor. Geschätzt werden jedes Jahr 10^9–10^{11} Tonnen des nachwachsenden Rohstoffs Chitin gebildet[52]. [Beh18]
Der technischen Anwendung von Chitin-basierten Werkstoffen stehen vor allem die Wasserstoffbrückenbindungen im Wege. Diese verhindern die Löslichkeit des Chitins in Wasser und vielen organischen Lösungsmitteln. Genutzt wird Chitin daher derzeit in erster Linie entweder in der direkt aus den Tieren gewonnenen Form, z. B. für Wundauflagen oder als Pflanzenschutzmittel, oder als Chitosan, dass aus Chitin vorwiegend durch Behandlung mit Natronlauge gewonnen werden kann. Chitosan und Chitin wirken gegen bestimmte Pilze und Bakterien, sind biologisch abbaubar, biokompatibel und ungiftig (Chitosan kann in großen Mengen toxisch wirken). Chitosan ist darüber hinaus wasserlöslich. Eingesetzt werden kann es ebenfalls für Wundauflagen, künstliche Haut, chirurgisches Nahtmaterial oder auch als Transportmittel von Wirkstoffen. Da Chitosan und Chitin Schwermetalle binden können, werden diese auch in der Wasseraufbereitung verwendet. [Pet93; Beh18] Weitere der vielfältigen Einsatzgebiete hat das Chitosan z. B. in Konservierungsmitteln, als Pflanzenschutzmittel oder als Haarpflegemittel.
Trotz der genannten Anwendungen ist die derzeitige Verwendung von Chitin in Bezug zu den Ressourcen gering, was hauptsächlich an der erwähnten Unlöslichkeit des Chitins liegt. Hier setzten Forschungsprojekte an, die auf die Nutzung der strukturbildenden Eigenschaften des Chitins als Werkstoffe für technische Anwendungen abzielen. So wurden in einem Verbundprojekt z. B. Möglichkeiten untersucht, Chitin und Cellulose mit umweltfreundlichen Mitteln zu lösen um daraus Kompositmaterialien herzustellen. Laut dem Projektabschlussbericht ist eine entsprechende Patentanmeldung in Vorbereitung [Kun16]. Ein anderes Projekt beschäftigt sich mit der thermoplastischen Verarbeitung von Chitosan für die Herstellung von Biokunststoffbauteilen im Extrusions- und Spritzgussprozess [IFA19-2].

Die genannten Anwendungen und Projekte betreffen im strengen Sinne eher die Biotechnologie. Demgegenüber muss in der Bionik weder das Chitin noch das Chitosan selber Verwendung in einer daraus abgeleiteten oder von diesen Materialien inspirierten technischen Anwendungen finden. Neben dem molekularen Aufbau ist für die Bionik daher der Verbundaufbau der Keulen von besonderem Interesse. Durch diesen Aufbau wird die Aufgabe – Keulen mit erhöhter Festigkeit – wie eingangs beschrieben nicht

---

[52] Stand 2018

durch Materialsubstitution sondern durch eine andere Anordnung bzw. andere Verbundstruktur des vorhandenen Materials gelöst. Ein Beispiel, dass dies auch bei Pflanzen zutrifft, führt zu den Baustoffen des Pflanzenreiches.

Cellulose und Lignin – Strukturbaustoffe der Pflanzen

Große, an Bäumen wachsende Früchte wie die Pomelo (ein Handelsname der Pampelmuse, Masse 0,5 bis 2 kg), oder auch die Kokosnuss (Masse 0,9 bis 2,5 kg) haben gemein, dass sie einen Aufprall aus großer Höhe unbeschadet überstehen müssen. Kokospalmen werden im Mittel 20–25 m hoch, der Pomelobaum immerhin bis zu 15 m. Die Aufprallgeschwindigkeit aus 25 m Höhe kann gemäß der Energieerhaltung und unter Vernachlässigung der Luftreibung berechnet werden, und beträgt rund 80 km/h.

$$\frac{1}{2}m \cdot v^2 = m \cdot g \cdot h \qquad \rightarrow \qquad v = \sqrt{2 \cdot g \cdot h} \qquad (3.1)$$

$$v = \sqrt{2 \cdot 9{,}81\,\mathrm{m} \cdot \mathrm{s}^{-2} \cdot 25\,\mathrm{m}} = 22{,}15\,\mathrm{m} \cdot \mathrm{s}^{-1} \,\hat{=}\, 80\,\mathrm{km} \cdot \mathrm{h}^{-1}$$

Mit:
m : Masse in kg
g : Erdbeschleunigung in m/s²   h : Fallhöhe in m

Die Fähigkeit der Früchte, die kinetische Aufprallenergie in ihren Schalen weitgehend absorbieren zu können, liegt auch hier wieder nicht an der Materialzusammensetzung der Außenhüllen, sondern an deren Aufbau. Die Zellwände von Pflanzen bestehen zu einem großen Teil aus Cellulose, das wie das Chitin hierarchisch aus langkettigen Polysachariden aufgebaut ist, die sich durch Wasserstoffbrückenbindungen aneinanderlegen, und eine mehrere µm lange Mikrofibrille bilden. Die Mikrofibrillen bündeln sich zu Makrofibrillen, die sich zu einer Cellulosefaser zusammenfinden. Der Cellulosegehalt schwankt je nach Pflanzenart. So enthält Baumwolle 93 Gewichts-% bezogen auf die Trockenmasse und Holz 40–50 %, wodurch Cellulose das häufigste Polysacharid bzw. Biopolymer ist [Beh18]. Bei nicht-verholzten Zellen sind die Cellulosefasern in der Zellwand in eine Matrix aus weiteren verzweigten Polysachariden mit unterschiedlicher Zusammensetzung (Hemicellulose, auch Polyosen), Proteinen, und oft auch einen geringen Anteils Lignin eingebettet. Bei den Ligninen (von lat. lignum = „Holz") bilden die Kohlenwasserstoffketten aromatische[53] Ringe, die sich dreidimensional vernetzen. Die Ringe bestehen aus einer Phenolgruppe (C_6H_5), bei der ein Wasserstoffatom durch eine Hydroxygruppe (-OH) ersetzt ist. Aus dieser Basis entstehen durch Anlagerung unterschiedlicher C_3-Seitenketten gegenüber der Hydroxygruppe die drei Bausteine des Lignins: Cumarylalkohol, Coniferalkohol und Sinapylalkohol. Diese Struktur ist in der Natur einzigartig, das Lignin kann damit keiner der bereits vorgestellten vier auf Kohlenstoff basierenden Stoffklassen (Proteine, Kohlenhydrate, Nucleinsäuren, Lipide) zugeordnet werden, und bildet daher eine eigene („fünfte") Stoffklasse. Die Bildung der Raumstruktur des Lignins erfolgt zufällig, weshalb es keine einheitliche Ligninstruktur gibt. Vielmehr ist die Struktur von Pflanze zu Pflanze und auch innerhalb einer Pflanze unterschiedlich. Zur weiterführenden Literatur wie auch zur Darstellung der Bausteine des Lignins siehe z. B. [Beh18].

---

[53] Aromatische Verbindungen bestehen aus Kohlenwasserstoffringen (siehe Abb. 3-8 b, d) mit genau definierten Doppelbindungssystemen, und besitzen einen aromatischen Duft. Bekanntester Vertreter ist das Benzol (C_6H_6).

Das von den unterschiedlichen Pflanzen im unterschiedlichen Maße gebildete und in die Zellwand eingelagerte Lignin führt ab einer gewissen Menge zur Verholzung, wobei die Zellen absterben. Zurück bleiben die verstärkten und versteiften Zellwände, die z. B. Bäumen ihre Festigkeit verleihen und das weitere Höhenwachstum ermöglichen, aber auch zur Leitung von Wasser dienen. Auch die circa 5 mm dicke Schale der Kokosnuss, die eigentlich keine Nuss ist, sondern zu den Steinfrüchten zählt, besteht aus verholzten Zellen. Diese bilden ein dichtes Matrixmaterial (Steinzellen), das von einem dreidimensionalen Netz von zumeist parallel zur Oberfläche verlaufenden Kanälen durchzogen ist. Die Kanäle enthalten längs der Wandung laufende langgestreckte und in ihrer Struktur an dreidimensionale Leitern erinnernde, ebenfalls verholzte Zellen (Tracheiden). Die Steinzellen der Matrix sind schichtweise von außen nach innen stark verdickt und füllen die Zelle im Extremfall nahezu vollständig aus (im Regelfall bleibt ein Hohlraum, das Lumen, bestehen), Abb. 3-16.

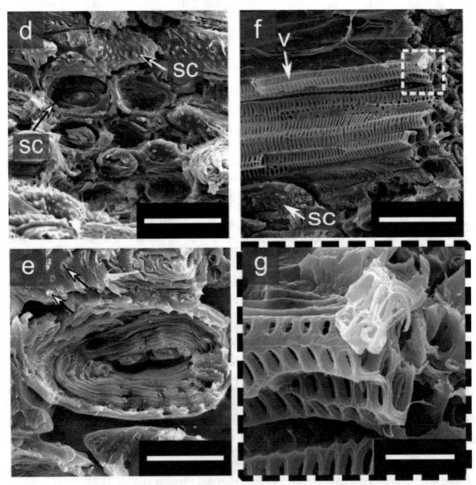

Abb. 3-16 REM-Aufnahmen eines Risses durch die Schale einer Kokosnuss: **d** Entlang des Risses zeigen sich einzelne Stein-Zellen, die einen Blick auf die geschichtete Bauweise frei geben (**e**), **f** zeigt ein heraus gezogenes Leitbündel mit starren Gefäßwänden (**g**) (Aus [Sch16]; mit freundlicher Genehmigung von © Springer International Publishing Switzerland, All Rights Reserved)

Den detaillierten Aufbau beschreiben Schmier et al. in [Sch16], und machen ihn dafür verantwortlich, dass sich Risse nicht bzw. nur schwer von außen nach innen fortsetzen können. Die senkrecht zur Oberfläche auftretende Energie eines Schlags bzw. eines Aufpralls der Kokosnuss wird über die parallel zur Oberfläche laufenden Kanäle umgelenkt, und verläuft sich in diesen und den längs dazu liegenden, leiterartigen Strukturen. Versuche an der Hochschule Bonn-Rhein-Sieg zeigen, dass bereits in Vollmaterial eingebrachte Kanäle ohne die mitlaufenden leiterartigen Strukturen die Energieabsorption positiv beeinflussen können. Hierfür wurden im 3D-Druck-Verfahren dem Endokarb nachempfundene halbkugelige Probekörper aus Kunststoff mit und ohne Kanäle hergestellt und Belastungsversuchen unterzogen. Dabei konnte auch gezeigt werden, dass sich die Ergebnisse auf plattenförmige Körper übertragen lassen [Bor20], Abb. 3-17.

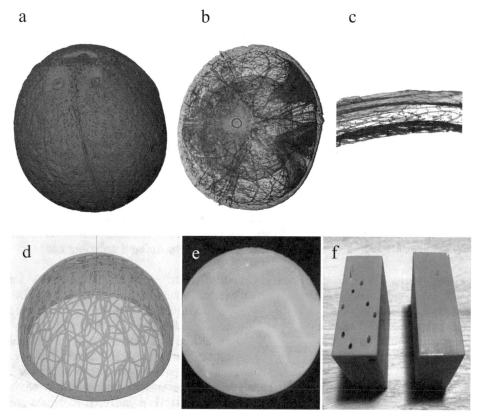

Abb. 3-17 Beeinflussung der Energieabsorption durch Kanäle in Vollmaterial: **a – c** 3D-µCT-Scans des Endokarbs, **a** Außenbereich, **b** Meridianschnitt, **c** vergrößerter Ausschnitt, **d** Modell einer Halbkugel mit der Kokosnussschale nachempfundenen Kanälen, **e** aus Kunststoff im 3D-Druck hergestellte Halbkugelschale mit Kanälen, **f** Aus Kunststoff im 3D-Druckverfahten hergestellte plattenförmige Körper mit Kanälen (links) und ohne (rechts)

Die harte Schale der „Nuss" der Kokosnuss (Endokarp) ist darüber hinaus noch von einer faserigen weichen Schicht umgeben (Mesokarp), die wiederum von einer ledrigen Außenhaut (Exokarp) umhüllt wird, Abb. 3-18.

Abb. 3-18 Aufgeschnittene Kokosnussfrucht. Das hartschalige Endokarb (die eigentliche „Nuss")
ist vom faserigen Mesokarb umgeben, das von einer dünnen Außenhaut, dem Exokarb, umhüllt ist.

Eine Komponente der bis zu ca. 5 cm dicken Mesokarp-Schicht sind die je nach
Reifegrad der Kokosnuss mehr oder weniger stark verholzte Kokosfasern. Während sich
bei unreifen Früchten der Cellulose- und Ligninanteil der Fasern ungefähr die Waage
hält, steigt letzterer bei reifen Früchten zunehmend an. Die Kokosfasern sind von einem
schwammartigen Gewebe, dem Kokosmark umgeben. Dieses besteht auch wieder aus
Cellulose und Lignin, ist aber wesentlich weicher als die Fasern und enthält
Lufteinschlüsse. Eine Untersuchung über die genaue Aufgabe der Kokosfasern beim
Aufprall konnte nicht gefunden werden. Vermutet werden kann, dass die umlaufenden
Fasern sich ähnlich verhalten wie die „Bandagen" der Keulen von
Fangschreckenkrebsen, und einer zu starken Verformung der Kokosnuss beim Aufprall
entgegenwirken. In jedem Falle wirkt aber der gesamte, mit Lufteinschlüssen versehene
Verbund aus in das Kokosmark eingebetteten Fasern beim Aufprall stoßdämpfend.

Obwohl grundsätzlich aus den gleichen Grundstoffen aufgebaut, besitzt die Pomelo im
Gegensatz zur Kokosnuss einen anderen Mechanismus der Energieabsorption. Die
Pomelofrucht würde bei einem Sturz aus 15 m Höhe gemäß Gl. 3.1 eine
Aufprallgeschwindigkeit von circa 62 km/h erreichen. Sie übersteht diesen Sturz ohne
eine harte Schale und ohne verholzte Fasern, alleine mit einer circa zwei bis drei
Zentimeter dicken, offenporigen Schaumstruktur zwischen Fruchtfleisch und der
Außenhülle. Während die Poren an der Außenhülle fein gestaltet sind, werden diese nach
innen größer und Richtung Fruchtinnerem langgestreckt. Zwar sind auch hier steife
Fasern eingebettet, diese sind aber nicht umlaufend, sondern verlaufen senkrecht zur
Außenseite. Verantwortlich für das hohe Energieabsorptionsvermögen werden dann
auch nicht die Fasern gemacht, sondern flüssigkeitsgefüllte Stege der Schaumstruktur.
Bei einem Aufprall wird die Flüssigkeit hochbelasteter Bereiche in andere Stege
verdrängt, was die dämpfende Wirkung, vermutlich ähnlich einem hydraulischen
System, erzeugt. [vgl. OVOD-11] Darüber hinaus verhält sich die Schaumstruktur bei
Anliegen einer Druckbelastung auxetisch, d. h. entgegen dem üblichen Verhalten
elastischen Materials dehnt sich dieses bei einer Streckung quer zur Streckrichtung aus,
bzw. zieht sich bei Druckbelastung quer zur Druckrichtung zusammen. [OV16-2;
BMW17]. Abb. 3-19 zeigt einen (ungefähren) Vergleich der Größe und der Strukturen
der Kokosnuss und der Pomelo-Frucht.

Abb. 3-19 Unterschiedliche biologische Strategien zum Aufprallschutz: **a)** Die Pomelo absorbiert die Aufprallenergie in einer weichen, aufpralldämpfenden und auxetischen Schaumstruktur. **b)** Bei der Kokosnuss (dargestellt ist nur das Endokarp) wird die Aufprallenergie auf der harten Schale umgelenkt und auf einen großen Bereich verteilt.

Mit dem Zusammenziehen geht eine Verdichtung des Materials einher, im Gegensatz zu der sonst üblichen Ausdünnung durch Volumenvergrößerung in die Breite. Durch die Verdichtung steigt die Festigkeit, das Material wird unter Druckbelastung härter. Vorstellen kann man sich dieses Verhalten in etwa mit einem teilweise gefalteten Blatt Papier, das sich beim auseinanderziehen vollends entfaltet bzw. beim zusammenschieben vollends zusammenfaltet, Abb. 3-20.

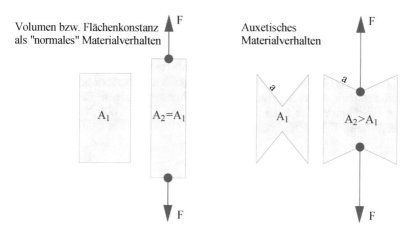

Abb. 3-20 Schema des Funktionsprinzips auxetischen Materials
Während sich „normales" Material bei Zugbelastung unter Flächen- bzw. Volumenkonstanz längt, vergrößert sich die Fläche des auxetischen Materials unter Zugbelastung.

Die Fähigkeiten der Fangschreckenkrebse als auch die der Kokosnuss oder der Pomelo haben zu einer Vielzahl an biologisch inspirierten Forschungsprojekten, und auch schon zu ersten technischen Prototypen aus dem Bereich der Schutzausrüstung geführt. So haben Forscher der TU Berlin, der RWTH Aachen und der Universität Freiburg den Aufbau der Pomeloschale analysiert und einen bionischen Metallschaum aus Aluminium entwickelt, der ähnlich stoßdämpfende Eigenschaften wie das biologische Vorbild hat. [OV16-2] Einer Pressemeldung der BMW Group zufolge hat auch ein Konsortium aus verschiedenen Firmen und Forschungseinrichtungen[54] auf Grundlage der Pomelo im Rahmen eines vom BMBF geförderten Projekts[55] neuartige Verbund-Textilien als Schutzmaterialien entwickelt. Entsprechende Prototypen sind *„um bis zu 20 Prozent leichter, widerstandsfähiger und stabiler als die heute üblichen Materialien."* [BMW17]

Die Cellulosefasern können aber auch ohne den raffinierten Verbundaufbau für Superlative sorgen. Tatsächlich beansprucht eine technisch verbesserte Cellulosefaser derzeit (Stand 2018) den Titel des *„stärksten* (biobasierten, Anm. d. Autors) *Materials der Welt"*. Die am Hamburger Teilchenbeschleuniger DESY von einer Forschergruppe aus Schweden, England und den USA[56] verbesserten Cellulosefasern basieren auf handelsüblichen Cellulose-Nanofasern, die in einem eigens entwickelten Verfahren („hyperdynamische Fokussierung") elektrisch geladen werden und sich dadurch zu einem „hoch strukturierten Faden zusammenlagern" [Sto18]. Dieser Faden soll eine Biegesteifigkeit von 86 kN/mm² und eine Zugfestigkeit von 1570 N/mm² besitzen. Bezogen auf seinen spezifischen Elastizitätsmodul[57] sei er achtmal stärker als Spinnenseide, das bis dato stärkste, biobasierte bzw. biologische Material der Welt. [Sto18; Mit18] An dieser Stelle muss angemerkt werden, dass auch bei der Spinnenseide Forschungsprojekte der jüngeren Zeit ein Material hervorgebracht haben, welches die „normalen", von Spinnen erzeugten Seidenfäden in der Festigkeit übertrifft, siehe hierzu den Abschnitt „Keratine". Allerdings handelt es sich dabei um künstlich hergestellte Spinnenseide, im Gegensatz zur nur modifizierten natürlichen Cellulose.

Und auch ganz ohne technische Verbesserungen sind die Festigkeitswerte der Cellulosefasern bereits beträchtlich und reichen an diejenigen von Stählen heran. So werden für die Zugfestigkeit von Holzfasern in Faserrichtung umgerechnet 300-400 N/mm² angegeben, für die Fasern einer Kiefernart (*Pinus merkusii*) wurden bis 692 N/mm² gemessen, wobei die Hohlräume der Faserzellen (Lumen) abgezogen wurden, der Wert sich also nur auf die von den Zellwänden gebildete Fläche bezieht. [Klauditz et al. 1947, zitiert nach Kol51]. Theoretische Berechnungen haben darüber hinaus ergeben, dass die Trennungsarbeit zum Aufbrechen der Cellulosebindungen für eine ideale, unendlich lange Fibrillenstruktur einer Zugfestigkeit von circa 8.000 N/mm² ergeben würden! [Meyer & Mark 1930, zitiert nach Kol51].

---

[54] BMW Group, adidas, ORTEMA, phoenix, uvex, Institut für Textil- und Verfahrenstechnik Denkendorf, Lehrstuhl für Polymere Werkstoffe Universität Bayreuth, Plant Biomechanics Group Universität Freiburg

[55] BMBF-Fördermaßnahme „Technische Textilien für innovative Anwendungen und Produkte – NanoMatTextil"

[56] Königlich Technische Hochschule (KTH) Stockholm, schwedisches Forschungsinstitut RISE Bioeconomy, Stanford-University, University of Michigan

[57] Der spezifische Elastizitätsmodul setzt den Elastizitätsmodul mit der Materialdichte ins Verhältnis: spez. E-Modul $\Phi = E/\rho$ [N·mm⁻²/g·cm⁻³].

Collagen und biologischer Apatit – Strukturbaustoffe der Wirbeltiere

Während die Pflanzen, Pilze und Gliedertiere Kohlenhydrate, also Zucker, verwenden, um sich in Form zu bringen, bedienen sich die Wirbeltiere einschließlich des Menschen hierzu der Proteine. Unterstützt, im wahrsten Sinne des Wortes, werden sie dabei von dem Erdalkalimetall Calcium und, in geringerem Maße, dem Nichtmetall Phosphor in Form des Minerals Hydroxylapatit $(Ca_5[OH|(PO_4)_3])$[58].

Hauptverantwortlich für die „Festigkeit" der Körper von Wirbeltieren ist das Collagen, ein wasserunlösliches, faseriges Protein. Der Aufbau ist wiederum hierarchisch angelegt und erinnert an den Aufbau von Tauen. Eine Collagenfaser als oberste Hierarchieebene (das Tau) besteht aus einem Bündel von Collagenfibrillen. Eine Collagenfibrille besteht aus einem Bündel von Mikrofibrillen, wobei jede Mikrofibrille von fünf Collagenmolekülen gebildet wird. Ein einzelnes Collagenmolekül (das Tropocollagen, auch als „Superhelix" bezeichnet) besteht aus drei rechtsgängig miteinander verdrehten Polypetidketten, die jeweils wiederum als eine linksgängige Spirale aus circa 1.000 Aminosäuren aufgebaut sind.

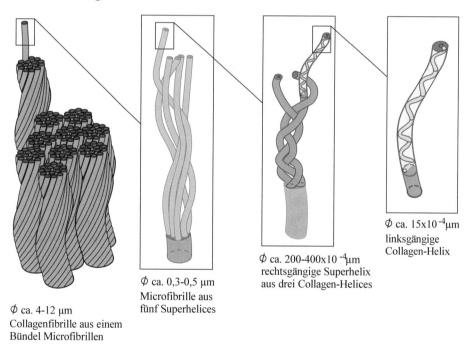

ϕ ca. 15x10^{-4}μm
linksgängige
Collagen-Helix

ϕ ca. 200-400x10^{-4}μm
rechtsgängige Superhelix
aus drei Collagen-Helices

ϕ ca. 0,3-0,5 μm
Microfibrille aus
fünf Superhelices

ϕ ca. 4-12 μm
Collagenfibrille aus einem
Bündel Microfibrillen

Abb. 3-21 Eine Collagenfibrille besteht aus einem Bündel Microfibrillen, das sich aus fünf sogenannten „Superhelices" zusammensetzt. Eine Superhelix besteht aus drei rechtsgängig miteinander verdrehten Collagen-Helices, eine Collagen-Helix besteht aus einem linksgängig verdrehtem, fadenförmigen Collagen-Molekül.

---

[58] Die Schreibweise $Ca_5[X|(PO_4)_3]$ zeigt an, dass die Hydroxygruppe –OH austauschbar ist, z. B. mit Fluor [Str01]. Der entstandene Fluorapatit ist im Gegensatz zum Hydroxylapatit säurebeständig, weshalb den Zahncremes Fluor beigemischt wird. Die äußere Schicht des hauptsächlich aus Hydroxylapatit bestehenden Zahnschmelzes kann dadurch in Fluorapatit umgewandelt werden.

Mit rund 25-30 % Gewichtsanteil ist Collagen das häufigste Protein mehrzelliger Tiere. Nahezu der ganze Körper ist von den das weiche Bindegewebe bildenden Collagenfasern umhüllt bzw. durchdrungen. Es kommt z. B. in der Haut vor, in Bändern, Sehnen, Knorpel, Knochen und Zähnen. Den unterschiedlichen Einsatzbereichen entsprechend gibt es auch unterschiedliche Collagentypen. So wird z. B. zwischen faserbildenden und netzbildenden Collagenen (Basalmembran-Collagen) unterschieden [Roh00].

Hergestellt wird das Collagen am endoplasmatischen Retikulum (siehe Abb. 3-11). Als typisches Protein ist das Collagen temperaturempfindlich und in Säuren oder Basen lösbar. Durch Kochen oder auch durch chemische Behandlung kann aus dem Collagen Gelatine gewonnen werden, eine der größten wirtschaftlichen Nutzungen. Dieses ist die Grundlage zahlreicher Lebensmittel, aber auch von z. B. biologisch abbaubaren und / oder essbaren Verpackungen von Lebensmitteln wie Wursthüllen. Geforscht wird auch an Collagenfolien für die Automobilindustrie, z. B. für leicht ablösbare Etiketten [Som11].

Die allgemeine Annahme ist, dass die Collagenfasern lediglich passive Stütz-, Formgebungs- und Straffungsaufgaben wahrnehmen. So sorgen sie als relativ starre, durchsichtige Gitterstruktur beispielsweise für die Formgebung der Hornhaut der Augen. Eine krankheits- oder genetisch bedingte Aufweichung der Collagenfasern führt hier zum sogenannten Keratokonus, einer Ausdünnung und kegelförmigen Verformung der Hornhaut. In den Sehnen und Bändern ist das Collagen in hohem Maße für deren Reißfestigkeit verantwortlich. Bei den Knochen wiederum bestimmen die Collagenfasern deren Flexibilität. Dementsprechend kann eine Störung der dortigen Collagenfasern zu der erblich bedingten „Glasknochenkrankheit" (Osteogenesis imperfecta, OI) führen, bei der die Knochen sehr spröde sind und außergewöhnlich leicht brechen[59].

Untersuchungen zeigen, dass sich die Collagenfasern in Abhängigkeit des Wassergehalts auch zusammenziehen können. Die Längenänderungen sind zwar nicht sehr groß, dafür aber die dadurch entstehenden Zugspannungen. Wissenschaftler des Max-Planck-Instituts für Kolloid- und Grenzflächenflächenforschung, Potsdam, haben bei einer Reduktion der relativen Luftfeuchte von 95 % auf 5 % eine Längenreduktion der Collagenmoleküle von 1,3 % und das Auftreten einer Zugspannung von 100 Megapascal gemessen, deutlich mehr (300x), als ein Muskel als Zugkraft erzeugen kann [MPG15]. Vor diesem Hintergrund wird vermutet, dass die Collagenfasern auch eine aktive Rolle spielen könnten, so z. B. beim Spannungsaufbau in den Knochen. Die Entstehung einer enormen Zugspannung bei einer Längenänderung der Collagenfasern wurde auch 1987 von E. Zerbst beschrieben. Demnach ziehen sich die Fasern bei Eintauchen in eine konzentrierte Salzlösung (Lithiumbromidlösung) rasch zusammen, und können dabei das 1000fache ihres Eigengewichts anheben [Zer87]. Der Effekt kann durch Auswaschen der Salzlösung mit Wasser rückgängig gemacht werden. Auf dieser Grundlage skizziert Zerbst mehrere (bionische) Systeme zur mechanischen Krafterzeugung. Noch weiter zurückreichend wird diese Entropieelastizität bereits in den 1940er Jahren von dem Physikochemiker Werner Kuhn beschrieben.

---

[59] Es werden vier unterschiedliche Typen mit unterschiedlichen Schweregraden der OI unterschieden.

Wie bereits angesprochen, ist das Collagen auch einer der Hauptbestandteile der Knochen. Diese bestehen zu circa 20-25 % aus Wasser. Das verbleibende Knochengewebe teilt sich ungefähr auf 70 % anorganisches und 30 % organisches Material auf [60], welches sich wiederum zu circa 95 % aus Collagenen und zu 5 % aus weiteren Proteinen zusammensetzt. Die anorganischen Bestandteile bestehen nahezu vollständig aus Hydroxylapatit-Kristallen, welche entlang der Längsachsen (= longitudinal) der Collagenfasern angelagert sind, siehe Abb. 3-22. Daneben kommen auch Spuren weiterer Elemente wie Magnesium, Kalium oder Natrium vor, die als Fremddionen in die Hydroxylapatit-Kristalle eingelagert sind, außerdem können Phosphatanteile $(PO_4)^{3-}$ durch Karbonanteile $[(CO_3)OH]^{3-}$ ersetzt sein. Derartig aufgebautes Hydroxylapatit wird als *biologischer Apatit* oder auch als *Dahllit* bezeichnet [Neu18]. Die Geometrie der biologischen Apatitkristalle variiert je nach Herkunft (Knochentyp, Art des Tieres). Zumeist handelt es sich um wenige nm dünne, länglich bis unregelmäßig geformte Plättchen mit mehreren Hundertstel μm Kantenlänge. [Hen06] Der Gesamtaufbau entspricht, wie so häufig bei den biologischen Materialien, einer (Nano-) Verbundstruktur. Während die Apatitkristalle für die Druckfestigkeit der Knochen verantwortlich sind, sorgen die Collagenfasern für die Zugfestigkeit (für die Festigkeitswerte siehe Abb. 3-34).

Apatitkristalle

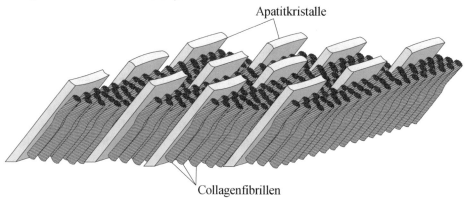

Collagenfibrillen

Abb. 3-22 Mineralisierte Collagenfibrille aus Collagenfibrillenbündeln und Apatitkristallen

Äußerlich können Knochen in Röhren- und Plattenknochen eingeteilt werden. Für die Bionik interessant (Stichwort Leichtbau) ist aber vor allem die innere Struktur. Hier wird zwischen kompakten Knochen (*Substantia compacta*)[61] und schwammartigen Knochen (*Substantia spongiosa*) unterschieden. Der Bereich des kompakten Knochens besteht aus den langgestreckten Knochenzellen (Osteozyten), welche mechanische Belastungen detektieren können, und der die Collagenfasern und Mineralien beinhaltenden Knochenmatrix. Die Knochenzellen liegen in kleinen Höhlen (Lagunen), und haben keinen direkten Kontakt zur Knochenmatrix, siehe auch Abb. 3-23.

---

[60] Der Anteil variiert in der Literatur. Während [Wid04] den Anteil organisches zu anorganisches Material mit 35:65 angibt ohne auf den Wasseranteil einzugehen, findet sich in [Fel01] die Angabe 30:70 (ohne Wasseranteil) und in [Neu18] die Angabe 30:60 mit ca. 10 % Wasseranteil. Grundsätzlich gilt, dass mit zunehmender Mineralisation der Knochen der Wassergehalt sinkt.

[61] Allgemein wird der äußere Knochenbereich als *Substantia corticalis* (von *cortex*, „Rinde") bezeichnet. Ist dieser verdickt wie am Schaft der langen Röhrenknochen wird von der *Substantia compacta* gesprochen, wobei die Begriffe auch Synonym verwendet werden.

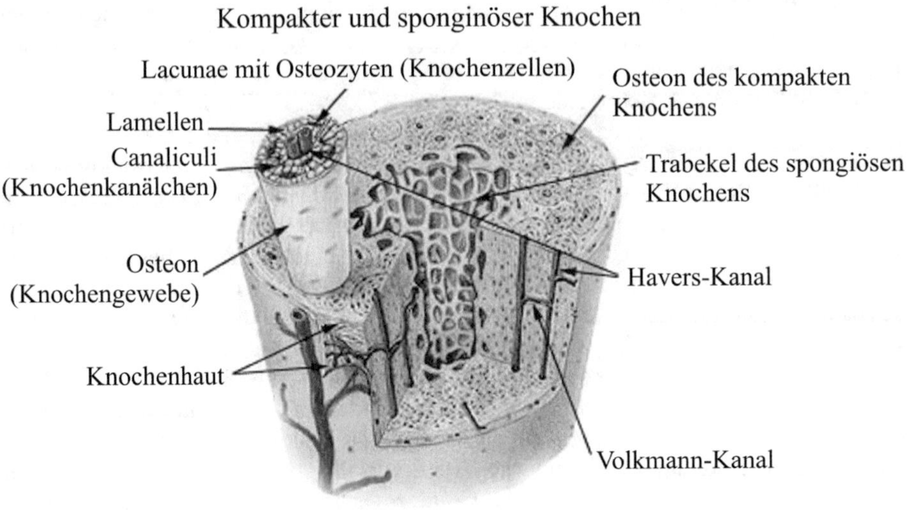

Kompakter und sponginöser Knochen

Lacunae mit Osteozyten (Knochenzellen)

Lamellen

Canaliculi
(Knochenkanälchen)

Osteon
(Knochengewebe)

Knochenhaut

Osteon des kompakten
Knochens

Trabekel des spongiösen
Knochens

Havers-Kanal

Volkmann-Kanal

Abb. 3-23 Quer und (Teil-)Längsschnitt durch einen kompakten Knochen mit spongiösen Anteilen (Schema)

Eine weitere Unterscheidung der Knochentypen kann anhand der räumlichen Anordnung der Osteozyten und Collagenfasern erfolgen. Diese Anordnung ist bei den Geflechtknochen unregelmäßig, während bei den Lamellenknochen die Collagenfasern schichtweise gleich ausgerichtet sind, wobei die gemeinsame Richtung je Schicht variiert. Die Längsrichtung der Osteozyten im kompakten Knochenbereich verläuft parallel zur Längsachse der Knochen, in deren Richtung auch die Lamellen verlaufen. Letztere gruppieren sich konzentrisch um Blutgefäße beinhaltende, längsverlaufende Kanäle (Havers-Kanäle), und bilden dabei das sogenannte Osteon. Die Gesamtheit der konzentrisch um die Knochenlängsachse liegenden Osteonen bildet schließlich das kompakte Knochengewebe.

Das schwammartige Knochengewebe besteht aus feinen Knochenbälkchen (Trabekel), siehe Abb. 3-24. Die durchschnittliche Dicke der gefäßlosen, platten- oder stabförmigen Trabekel beträgt bei allen Spezies etwa 150 μm [Zil10]. Die Lamellen der Trabekel verlaufen parallel zur Oberfläche, die Längsausrichtung der Trabekel selbst folgt den Linien der größten Zug- oder Druckbeanspruchung innerhalb des Knochens (Trajektorien).

Die Knochen sind fortlaufend im Umbau oder Neuaufbau begriffen. Ändern sich die Richtungen der Trajektorien, bauen sich die Knochenbälkchen entsprechend um. Es handelt sich hier um ein belastungsoptimiertes Leichtbauprinzip in Form eines Fachwerks. Die auf den Trajektorien liegenden Knochenbälkchen können bei einer Biegebelastung des Knochens nur auf Zug oder Druck –ihrer Hauptbelastungsrichtung– belastet werden. Die Festigkeitswerte kompakter Knochen liegen bei circa 160 N/mm² Zugfestigkeit und einem E-Modul von circa 20 kN/mm² [Gos99] Damit werden die Festigkeitswerte von z. B. Eichenholz übertroffen und die Zugfestigkeit ist höher als vieler Aluminiumwerkstoffe, siehe die tabellarische Zusammenfassung am Ende des Kapitels (Abb. 3-34).

Das Prinzip der Trajektorien-orientierten Bauweise nach Art der Trabekel ist in den Ingenieurwissenschaften bereits länger bekannt. Als „Begründer" kann hier der Ingenieur K. Culmann angesehen werden, der 1870 einen Leichtbaukran auf Basis des menschlichen Oberschenkelknochens entworfen hat, und sein Wissen als Professor der Eidgenössischen Technischen Hochschule Zürich weitergeben konnte. Zu seinen Schülern gehörte auch M. Koechlin, einer der späteren Konstrukteure des Eiffelturms. [OV02] Das zwischen 1887 bis 1889 errichtete, 324 m hohe Fachwerk aus Puddeleisen[62] ist ein sehr prominentes Beispiel für ein vom Aufbau der Knochen inspiriertes Bauwerk (Abb. 3-24).

a)   c)

Abb. 3-24 a) Der Eifelturm als Beispiel eines bionisch inspirierten Bauwerks des Stahlhochbaus, b) Nahaufnahme der Trabekel-Struktur eines Knochens, c) stark vergrößerte REM-Aufnahme der Trabekel-Struktur eines Knochens

Und der Eiffelturm ist beileibe nicht das einzige „bionische" Bauwerk. Gerade die Architektur hat bereits früh das Potential natürlicher Leichtbaustrukturen nach Knochenvorbild für sich entdeckt. Neben zahlreichen Stahl- und Eisenfachwerkkonstruktionen für Brücken oder Sendemasten findet sich der Bauplan der Natur auch in manchen Stahlbetongebäuden wieder. So z. B. in der 1968 errichteten

---

[62] Beim Puddeleisen, auch Puddelstahl oder Schmiedeeisen genannt, wird die für die Stahlerzeugung notwendige Verringerung des Kohlenstoffanteils durch ständiges Rühren (Puddeln) des schmelzflüssigen Roheisens erzeugt.

Deckenkonstruktion des –passenderweise– Zoologie-Hörsaals der Universität Freiburg, den der Architekt H.-D. Hecker der inneren Knochenstruktur nachempfunden hat [OV14-3]. Eine ähnliche Deckenkonstruktion entstand bereits 1951 in der Wollfabrik Gatti in Rom, deren Architekt P. C. Nervi das Vorbild der Knochenbälkchen auch explizit in seiner Patenschrift für vorgefertigte Betonelemente mit isostatischen Rippen erwähnt [Nac13b].

Ein Grund für die Vorreiterrolle der Architektur und des Stahlhochbaus in der Anwendung der belastungsoptimierten Knochen-Leichtbaustruktur ist sicherlich, dass sich hier die filigrane Struktur der im Original nur circa 150 μm dicken Trabekel besonders einfach in ein genietetes, verschraubtes oder verschweißtes Fachwerk aus Stahlträgern oder auch in das Tragwerk einer Stahlbetondecke übertragen lässt. Demgegenüber scheitern die Übertragungsversuche im Maschinenbau, insbesondere im Feinmaschinenbau, oftmals an den Möglichkeiten der Fertigungstechnik. Man stelle sich einen auf Biegung belasteten Metallstab mit 20 mm Durchmesser vor, welcher nach Vorbild der Knochenstruktur eine 2–3 mm dicke Wandung aufweist, und im Inneren aus in den Trajektorien ausgerichteten Verstrebungen mit einigen 100 μm Durchmesser besteht. Ein derartiges Bauteil ist mit konventionellen Methoden wie dem Gießen oder Fräsen nicht herstellbar. Erst mit Hilfe der relativ jungen Verfahren der additiven Fertigung bzw. des 3D-Drucks ist man in der Lage, solche Bauteile zu produzieren. Abb. 3-25 zeigt verschiedene additiv hergestellte Beispielbauteile aus Aluminium. Siehe hierzu auch Kap. 4.4, das die Möglichkeiten und Grenzen der additiven Fertigung insbesondere für die Bionik aufzeigt.

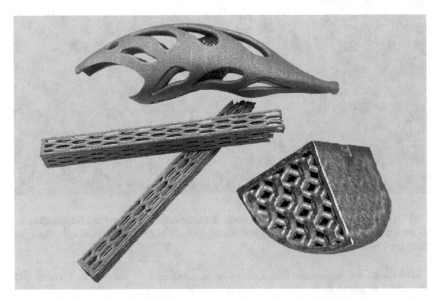

Abb. 3-25 Verschiedene Leichtbaustrukturen aus Aluminium, hergestellt mit der additiven Fertigung (3D-Druck)

Weitere „Hartbauteile" der Wirbeltiere sind deren Zähne. Diese bestehen aus dem innenliegenden Dentin oder auch Zahnbein, und dem außen an der Zahnkrone liegenden Zahnschmelz. Der Aufbau des Dentins entspricht vom Prinzip her dem Aufbau des Knochens. Es handelt sich auch hier um von Blutgefäßen durchzogenes Gewebe mit den

Hauptbestandteilen Collagen, Hydroxylapatit und Wasser, wobei der Apatit-Anteil mit circa 70 % höher ist als bei den Knochen. Der Zahnschmelz besteht dagegen aus nahezu vollständig mineralisiertem Gewebe (Hydroxylapatit-Anteil circa 95 %[63]) [Rec12; Zei13]. Damit ist der Zahnschmelz mit einer Mohs-Härte von 5-8 das härteste Material im Wirbeltierkörper [vgl. Lex08]. Interessant ist insbesondere der recht große Härteunterschied der beiden Bestandteile. Wie in Kapitel 2.3 beschrieben beruht darauf der Selbstschärfungseffekt der Nagetierzähne, welcher in der technischen Anwendung der selbstschärfenden Messer verwendet wird [Rec12; VDI6220].

Keratin – Strukturbaustoff der Tiere für besondere Einsätze

Während das Strukturprotein Collagen seine Dienste weitgehend im inneren des Körpers und damit im Verborgenen vollführt, ist das Keratin als weiterer Vertreter dieser Stoffgruppe äußerlich wesentlich präsenter. Als Hauptbestandteil bildet es die Haare, Nägel, Hufe, Stacheln, Hörner und (Wal-) Barten der Säugetiere, klassenübergreifend auch die Schuppen der Reptilien und die Schnäbel und Federn der Vögel, und sogar stammübergreifend die Seidenfäden der Insekten. Aber auch im Inneren der Lebewesen findet sich das Keratin, so z. B. im bereits erwähnten Cytoskelett mehrzelliger Tiere.

Der hierarchische Grundaufbau des Keratins ähnelt sehr stark dem des Collagen wobei zwei verschiedene Klassen, α-Keratin (z. B. Haare, Horn) und β-Keratin (z. B. Seide) unterschieden werden. Der Aufbau des α-Keratin (siehe Abb. 3-26) beginnt nach allgemeiner Auffassung[64] bei zwei oder vier jeweils rechtsgängig spiralförmig verdrehten Aminosäureketten (α-Helix), welche linksgängig verdreht eine Superhelix bilden, die durch Schwefelbrücken (Disulfidbrücken, kovalente Verbindung zweier Schwefelatome) verstärkt wird. [Mun08]

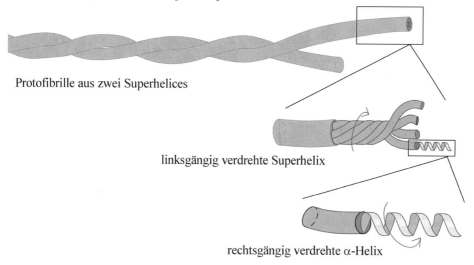

Protofibrille aus zwei Superhelices

linksgängig verdrehte Superhelix

rechtsgängig verdrehte α-Helix

Abb. 3-26 Eine Keratin-Protofibrille besteht aus zwei Superhelices, die wiederum aus zwei bis vier linksgängig verdrehten α-Helix–Keratinmolekülen bestehen. Ein α-Helix-Keratinmolekül hat die Gestalt eines rechtsgängig verdrehten Bandes.

---

[63] In der Mineral-Zusammensetzung kann es Unterschiede zwischen den Wirbeltieren geben, so bestehen beispielsweise die Zähne der Haie hauptsächlich aus Fluorapatit.

[64] In der Literatur finden sich hierzu unterschiedliche Angaben, siehe z. B. [Spe99 2].

Die Anzahl der Schwefelbrücken bestimmt die Festigkeit bzw. die Biegsamkeit der Doppelhelix, wodurch die unterschiedliche Festigkeit von z. B. Haaren und Horn zustande kommt. Zwei Doppelhelices legen sich zu einer Protofibrille zusammen, und mehrere Protofibrillen zu einer Microfibrille. Aus einem Bündel Microfibrillen entsteht schließlich eine Macrofibrille. Ein Haar setzt sich aus einer Vielzahl von Macrofibrillen, umgeben von einer Schuppenschicht, zusammen.

Beim β-Keratin bilden die Aminosäureketten eine regelmäßig gefaltete, aus vielen wellenförmigen Lagen bestehende Faltblattstruktur aus, wobei die Ketten parallel (β_b-) oder antiparallel (β_a-) verlaufen können, Abb. 3-27. Ein Vertreter des β-Keratin ist das Fibroin[65] (β_a-Struktur), das circa 80 % der von Tieren produzierten Seide ausmacht. Die Verbindung der einzelnen Ketten miteinander erfolgt über Wasserstoffbrücken.

Nicht nur Spinnen produzieren Seidenfäden. Tatsächlich ist eine ganze Reihe von Tierarten dazu in der Lage. Dies sind bei den Insekten z. B. die Raupen vieler Schmetterlinge, einige Milbenarten (Spinnmilben) oder die Weberameisen. Unter den Krebstieren bauen die Flohkrebse ihre Behausungen (Röhren) mit Hilfe von Seide, die sie aus Drüsen an ihren Füßen absondern [Kron12].

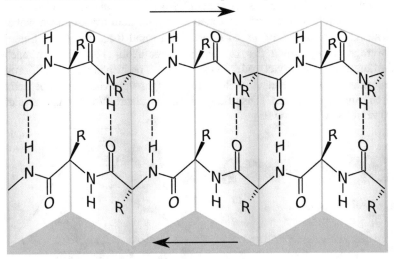

Abb. 3-27 Schema der dreidimensionalen Struktur der Aminosäuren des β-Keratins (Faltblattstruktur)

Bei den Weichtieren werden vor allem oft die Miesmuscheln angeführt, die sich mit Fäden aus Seide, den Byssusfäden, am Untergrund anheften. Tatsächlich beinhaltet der „Seidenfaden" der Miesmuschel aber auch Collagene Anteile [Ack07; Hag11] weshalb die Byssusfäden auch zu den Collagenartigen Strukturproteinen gezählt werden könnten. Verwertet werden Keratine vielseitig für z. B. Kleidung (Wolle, Seide), Dämmstoffe (Wolle), oder auch als Material für Kämme (Horn). Darüber hinaus konzentriert sich die technische Anwendung der Keratine auch in der biochemischen Herstellung biologischer Polymere für z. B umweltfreundliche Verpackungen oder Verbrauchsmaterialien

---

[65] In vielen Literaturstellen wird das Fibroin den β-Keratinen zugeordnet, so z. B. in [Koc05; Bah15; OVOD19-10], während in anderen Quellen das Fibroin nicht zu den Keratinen gezählt wird, wie in [Tür14].

[Kel08]. Ein Beispiel für eine weitere, innovative und noch in der Entwicklung begriffene Anwendung sind aus Seidenproteinen hergestellte („gebackene") Schrauben für die Chirurgie [Kre14-2]. Diese könnten statt derzeitig verwendeter Metallschrauben als besonders bioverträgliche und vor allem auch vom Körper im Laufe der Zeit abbaubare Verbindung von gebrochenen Knochen verwendet werden.

Die genannten Anwendungen nutzen das in der Natur vorhandene Keratin direkt bzw. nach Umwandlung, und sind daher der Biotechnologie oder Biochemie zuzuordnen. Es gibt aber auch Beispiele für bionische Forschungen und Projekte, die sich an den Eigenschaften der Keratine orientieren, um daraus Lösungen für technische Anwendungen zu entwickeln. Die wohl bekannteste Forschungsrichtung dieser Art ist die Erzeugung künstlicher Spinnenseide, die bereits im Abschnitt über die Cellulose angesprochen wurde. Die Motivation dahinter ist in den faszinierenden – und durch zahlreiche populärwissenschaftliche Abhandlungen auch einem breiten Publikum bekannten – Eigenschaften des biologischen Vorbildes begründet. Die Seidenfäden der Spinnen sind circa viermal so stark wie Stahl und dabei um ein Mehrfaches ihrer Länge dehnbar. Diese Aussagen sind grundsätzlich richtig, allerdings muss berücksichtigt werden, dass Spinnen bis zu sieben verschiedene Arten von Seide herstellen können, welche sich in ihren mechanischen Eigenschaften unterscheiden. Wenn von der extremen Stärke der Spinnenfäden die Rede ist, sind die Dragline-Fäden gemeint, mit der sich die Spinnen abseilen, und welche die Haltefäden der Spinnennetze bilden. Diese haben eine Zugfestigkeit R_m von umgerechnet circa 1,1 kN/mm², während sich für „hochfesten Stahl" die Angabe von 1,5 kN/mm² finden lässt [Gos99; Ome10]. Die trotz der geringeren Zugfestigkeit höhere Stärke der Spinnenseide begründet sich in der geringeren Dichte, die allerdings auch einen größeren Bauraum bewirkt. Für die Spinnenseide kann die allgemeine Dichte von Seide angenommen werden, $\rho \approx 1,3$ g/cm³ [Vin82], wohingegen Stahl eine Dichte von $\rho \approx 7,9$ g/cm³ besitzt.

Zum dichtenormierten Vergleich beider Werkstoffe soll eine kurze Berechnung angestellt werden. Angenommen wird ein stabförmiger Körper von 10 mm Durchmesser und 100 mm Länge. Dieser hat eine Querschnittfläche von 78,54 mm² und im Falle von Stahl ein Gewicht von rd. 62 g. Um bei gleichbleibender Länge auf das gleiche Gewicht zu kommen, müsste ein Stab aus Spinnenseide einen Durchmesser von rund 24,5 mm haben, was eine Querschnittfläche von 471,44 mm² ergibt. Multipliziert mit den Zugfestigkeiten könnte der Stahlstab eine Kraft von rund 118 kN halten bevor er zerreißt, der Spinnenseidenstab hingegen 519 kN. Das bedeutet, ein Stab aus Spinnenseide könnte das rund 4,4- fache Gewicht eines gleich schweren Stahlstabes tragen, womit die Aussagen bestätigt wären. Mit einer Zugfestigkeit von 1,5 kN/mm² wird allerdings ein außergewöhnlich zugfester Stahl zum Vergleich herangezogen, die Werte handelsüblicher Stähle liegen zwischen 300 bis 900 N/mm². So haben beispielsweise die Verstrebungen des aus Puddeleisen erbauten Eiffelturms nur eine Zugfestigkeit von circa 320 N/mm², demgegenüber gleich schwere Dragline-Seidenfäden das rund 20,6-fache Gewicht tragen könnten. Anders herum betrachtet hätten gleich feste Verstrebungen aus Seidenfäden einen fast um die Hälfte geminderten Querschnitt und ein um rund 95 % vermindertes Gewicht. Die Dehnung der Dragline-Fäden bis zum Zerreißen wird mit 27 % bei circa 1.100 N/mm² angegeben, wohingegen die Flagelliform-Fäden (die Fang-Fäden als z. B. Spirale des Netzes) sich mit 270 % auf nahezu ihre dreifache Länge dehnen können, dabei aber eine Zugfestigkeit von „nur" 500 N/mm² aufweisen [Gos99]. Die Aussagen vierfache Stärke und dreifache Dehnung stimmen also grundsätzlich, wenngleich sie nicht für „den einen", sondern für verschiedene Fäden der Spinnen gelten.

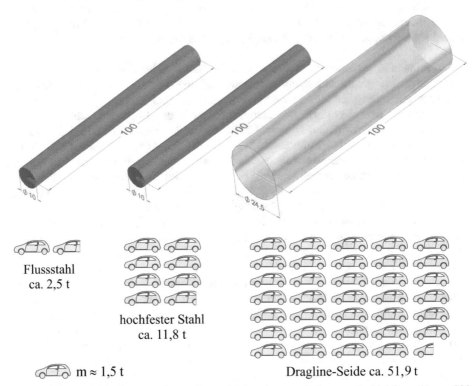

Abb. 3-28 Vergleich der ertragbaren Last gleich schwerer Stäbe aus Puddeleisen ($R_m \approx 320$ N/mm², Durchmesser 10 mm), hochfestem Stahl ($R_m \approx 1.500$ N/mm², Durchmesser 10 mm) und Dragline-Spinnenseide ($R_m \approx 1.100$ N/mm², Durchmesser ca. 24,5 mm)

Es wurden bereits zahlreiche Versuche unternommen, Spinnenseide künstlich herzustellen. Ein vielversprechender Ansatz, der nicht nur die molekulare Zusammensetzung der Fäden sondern auch deren Ausrichtung beachtet, ist die Herstellung einer von der Forschergruppe der Universität Bayreuth und der Technischen Universität München als „Biosteel" bezeichneten künstlichen Seide. Die Erzeugung der Seidenproteine erfolgt durch gentechnisch veränderte Darmbakterien (*Escherischia coli*, kurz *E. Coli*), die Anordnung als Seidenfäden durch elektrische Felder. Der Biosteel soll eine ähnliche Zugfestigkeit wie natürliche Spinnenseide besitzen, dabei aber doppelt so hoch belastbar sein. Gegenüber vergleichbaren Stahlfäden soll die Belastbarkeit sogar um das 25-fache erhöht sein. Eine erste Anwendung der biologisch abbaubaren und antibakteriellen künstlichen Spinnenseide ist das Obermaterial eines von der Adidas AG (als Prototypen) hergestellten Schuhs. [Kun16]

Ein weiteres Beispiel für ein bionisches Projekt im Zusammenhang mit den Keratinen ist die Herstellung abrasionsresistenter (kratzfester) Oberflächen nach Vorbild des Sandfisches. Diesen Beinamen trägt der in feinem Sand ähnlich wie ein Fisch im Wasser schwimmende Apothekerskink (*Scincus scincus*) aus der Ordnung der Schuppenkriechtiere. Hierfür benötigt das circa 12 cm lange Tier eine reibungsarme und kratzfeste Oberfläche. Wissenschaftler der RWTH Aachen haben gezeigt, dass diese auf der chemischen Zusammensetzung des Keratins der Sandfischschuppen beruht. Dieses weist einen hohen Schwefelgehalt auf und besitzt Anlagerungen von Kohlenhydratgruppen (Glykolisierung des Keratins). Letzteres wird hauptverantwortlich für den Effekt gemacht. Ein Ziel der Untersuchungen ist es, die Kratzfestigkeit der Sandfischschuppen auf technische Oberflächen zu übertragen. [Vih15; CorOD]. Darüber hinaus wurde auch das „Schwimmverhalten" des Sandfisches betrachtet, um hieraus Verbesserungen für die Fördertechnik abzuleiten [Che08; CorOD].

Weitere Strukturproteine

Neben Collagen und Keratin gibt es in tierischen Körpern eine ganze Reihe weiterer Strukturproteine, deren Hauptaufgabe es ist, den Zellen bzw. dem Gewebe Form und Festigkeit zu geben. Vorgestellt wurden z. B. bereits die mechanisch relativ stabilen, röhrenförmigen **Mikrotubuli** (siehe Abb. 3-13), welche Fortbewegungs- und Stabilisierungsaufgaben haben, oder auch den Transport von z. B. Motorproteinen[66] innerhalb der Zellen gewährleisten.

Ein weiteres Strukturprotein ist das **Sklerotin**, dass hauptsächlich bei den Gliedertieren vorkommt, und in Verbindung mit Chitin eine Verfestigung des Außenskeletts bewirkt. Dementsprechend ist es gehäuft in mechanisch besonders beanspruchten Bereichen zu finden, welche zu 50 – 70% aus Sklerotin bestehen. Flexible Stellen der Außenhaut, z. B. Membranen weisen kein oder nur sehr wenig Sklerotin auf und bestehen hauptsächlich aus Chitin.

Ein Beispiel dafür, dass Strukturproteine nicht immer eine mechanisch relativ feste und/oder starre Struktur aufweisen müssen, ist das **Elastin**: Dieses dem Collagen ähnliche und extrem hydrophobe Faserprotein sorgt für die Dehnfähigkeit tierischer Organe. Die Entsprechung bei den Arthropoden ist das Resilin. Während das Collagen auf hohe Zuglast bei geringer Dehnung ausgelegt ist ($R_m \approx 150$ N/mm², $\varepsilon \approx 12$ %), liegt beim Elastin die Dehnung auf Kosten der Festigkeit im Vordergrund ($R_m \approx 2$ N/mm², $\varepsilon \approx 150$ %) [vgl. Gos99]. Dementsprechend findet sich das Elastin in Bereichen, die regelmäßig einer großen Dehnung ausgesetzt sind, wie der Haut, Blutgefäße, Lunge usw. Die Dehnfähigkeit des Elastins beruht auf der „Entropieelastizität". Die Molekülketten liegen als energetisch günstiges Knäuel vor, und richten sich bei erzwungener Dehnung parallel aus (Abb. 3-29). Bei Entspannung stellt sich wieder die Knäuelform ein. [Ron98; Tür14] In elastischen Bändern wird eine mögliche Überstreckung in den plastischen, nicht mehr reversibel zurückverformbaren Bereich ($\varepsilon > 150$ %) durch in das Elastin eigebettete, gewellte Collagenfasern verhindert. [Hei01] Die Halbwertszeit[67] des Elastins entspricht in etwa der Lebensspanne eines Individuums [Kne78; Sha91], die zur Zeit der entsprechenden Veröffentlichungen beim Menschen bei circa 75 Jahren lag. Dies ist insofern interessant, da Elastin nur in den ersten Lebensjahren hergestellt und nicht fortlaufend neu gebildet wird. Zum Vergleich, Collagen hat eine Halbwertszeit von circa 360 Tagen, Hämoglobin („Blutfarbstoff", Proteinkomplex zur Sauerstoffbindung)

---

[66] Motorproteine, auch „molekulare Motoren" genannt, sind in der Lage, sich außen an einem Mikrotubuli „entlangzuhangeln" und dabei Lasten, z. B. Zellorganellen, mitzutransportieren.

[67] Unter der Halbwertszeit eines Stoffes wird in der Biologie die Zeit verstanden, nach der sein Gehalt innerhalb eines Organismus um die Hälfte gesunken ist.

nur 60 Tage [Bud78]. Da ein Mangel an Elastin nicht nur das äußere Erscheinungsbild und die Sportlichkeit beeinflusst, sondern auch die Funktion vieler Organe (man denke an die Aorta oder die Lunge), wird die Halbwertszeit des Elastins auch verantwortlich für eine biologisch begrenzte Lebensspanne des Menschen von 100–120 Jahren gemacht [Rob08; She09].

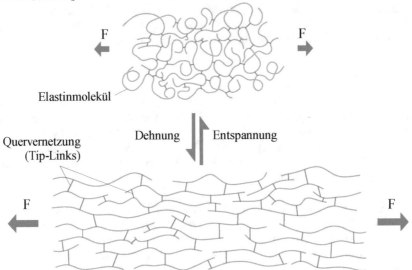

Abb. 3-29 Im entspannten Zustand liegt eine Elastinfaser als energiegünstiges Knäuel vor, das sich bei Zugbelastung dehnt.

Perlmutt – Weichtiere mauern sich ein

Die Natur kann auch Außenhüllen ohne umlaufende und zusammenhaltende Faserproteine bilden. Wie bereits in Kap. 3.3.1 erwähnt, bestehen die Schalen vieler Weichtiere (Mollusken) wie Muscheln, Schnecken oder mancher Kopffüßer wie den Nautilus zu circa 95 % aus Calciumcarbonat ($CaCo_3$), das zum größten Teil in der kristallinen Modifikation Aragonit vorliegt. Bei vielen Weichtieren ist der Aragonitschicht außen eine dünnere Calcitschicht vorgelagert. Selten und in kleinen Mengen findet sich in der Aragonitschicht auch die Modifikationsform Vaterit[68] [Gri11].

Die als Perlmutt bekannte innere Schicht der Schale besteht aus feinen, meist einkristallinen Aragonitplättchen mit einer Breite von circa 5–10 µm und einer Höhe von circa 500 bis 1000 nm [Gil95; Gri11]. Zwischen den plan aufeinander „gestapelten" Plättchen befindet sich eine circa 40 nm dicke [Gil95] organische, β-Chitin beinhaltende Schicht [Wei02; Gri11]. Der Verbundaufbau ähnelt bei Betrachtung mit dem Rasterelektronenmikroskop einer vermörtelten Bruchsteinmauer, Abb. 3-30a. Die Höhe der mehr oder weniger transparenten Aragonitplättchen liegt im Bereich der Wellenlängen des sichtbaren Lichts, die von 380 nm (violett) bis 750 nm (rot) reichen. Daraus erklärt sich das je nach Perspektive regenbogenfarbene Funkeln der

---

[68] Die Modifikationen des Calciumcarbonats unterscheiden sich in der Kristallstruktur. Aragonit besitzt eine rhombische, Calcit eine trigonale und Vaterit eine hexagonale Kristallstruktur [OV19-10].

Perlmuttschicht (irisierender Effekt). Das Licht bricht sich in den Aragonitverbund „wie in Abertausenden winziger Prismen." [MPG07]

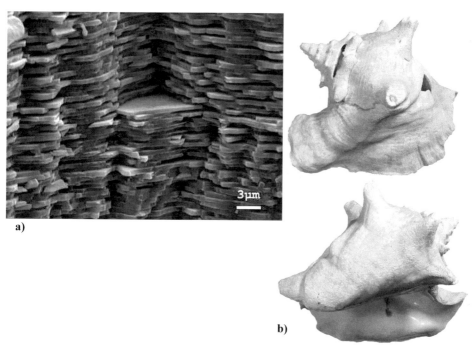

a)

b)

Abb. 3-30 a) REM-Aufnahme einer Perlmutt-Bruchfläche mit den typischen „gestapelten" Aragonitplättchen, **b)** Gehäuse der großen Fechterschnecke *Lobatus gigas*

Der organische „Mörtel" ist ausschlaggebend für die Festigkeit des Verbundes, und steigert dessen Bruchfestigkeit auf das über 3.000fache gegenüber reinen Aragonitkristallen [Cur77; Jac88]. Bedingt wird dies durch das Bremsen und Ablenken der Rissausbreitung in den organischen Schichten bei mechanischer Überbelastung.

Die Fähigkeit der Mollusken, einen an sich spröden und technisch wenig interessanten Werkstoff durch die Zugabe von 5 % organischer Materie 3.000mal bruchfester zu machen, ist ein Ansatzpunkt der Bionik. So wurde im von 2003 bis 2014 von der Deutschen Forschungsgemeinschaft geförderten Sonderforschungsbereich 599[69] u. a. die Herstellung und die Eigenschaften künstlich erzeugter perlmuttähnlicher Schichtstrukturen untersucht. Ausgangsmaterial waren Aluminiumoxid-Plättchen (Al_2O_3) in einer Matrix aus Chitosan und Polymethylmethacrylat (PMMA). Ein Ziel ist beispielsweise die Erhöhung der Bruchsicherheit von Implantaten wie künstliche Knie- oder Hüftgelenke. [Bei08; Wie13] Einen ähnlichen Ansatz, allerdings mit Titandioxid (TiO_2) als Hartschicht, verfolgen Wissenschaftler der Max-Planck-Forschungsgesellschaft. Durch den Nachbau des Perlmutt-Verbunds konnte die Bruchzähigkeit gegenüber reinen Titandioxid-Schichten bereits um „ein Mehrfaches" gesteigert werden [MPG07]. Von besonderem Interesse ist außerdem noch ein weiterer

---

[69] SFB 599: „Zukunftsfähige, bioreserbierbare und permanente Implantate aus metallischen und keramischen Werkstoffen"

Aspekt des Vorgangs der Biomineralisierung: die Tatsache, dass die Tiere ihre Schalen bei Umgebungstemperatur aufbauen. Technische Härteverfahren, oder der Aufbau verschleißfester Schichten aus z. B Keramik, laufen grundsätzlich bei hohen Temperaturen ab[70]. Eine erfolgreiche Nachahmung des biologischen Prozesses unter entsprechenden Umgebungsbedingungen würde ganz neue Möglichkeiten in z. B. der keramischen Beschichtung von Kunststoffen eröffnen, die derzeit wegen der notwendigen hohen Temperaturen kaum möglich ist [Wen07]. Aber auch schon die Verringerung der Temperaturen bei konventionellen Materialpaarungen wie Eisen und Keramik würde ein hohes Energieeinsparpotential bieten.

Die Chancen einer ausreichenden Entschlüsselung und Nachahmung des biologischen Prozesses erscheinen angesichts der Vermutung, dass die Natur die „Calciumcarbit-Mauer" gleich zweimal erfunden hat, nicht schlecht. Die Annahme einer konvergenten Entwicklung beruht zum einen auf dem großen genetischen Abstand von Muscheln und Schnecken, zum andern darauf, dass der „Mörtel" bzw. die Proteinmatrix beider Arten jeweils unterschiedlich aufgebaut ist [Jac10].

Kostbarer Leichtbau: Mikroorganismen mit Skeletten aus Opal

Zum Abschluss des kleinen Einblicks in die große Vielfalt biologischen Materials und Strukturbauplan sollen noch diesbezüglich einige extravagante und gleichermaßen faszinierende Lebewesen vorgestellt werden.
Die einzelligen und zu den Eukaryoten zählenden **Strahlentierchen** (Radiolarien) besitzen ein die Bionik und auch die Kunst vielfältig inspirierendes Skelett aus Opal. Genauer gesagt handelt es sich um Siliciumdioxid (SiO_2). Bei der Summenformel der Opale wird stets noch ein variabler Wasseranteil dazugesetzt ($SiO_2 \cdot H_2O$), der in der Regel bei 4 bis 9 % liegt und in Ausnahmefällen bis zu 20 % erreichen kann [Mat87]. Gebildet wird die Form der Strahlentierchen durch radial ausgeprägte Fortsätze oder Ausstülpungen des Cytoplasmas. Diese sind von innen mit nadelförmigen Strahlen aus Siliciumdioxid und mit Bündeln von Mikrotubuli verstärkt. Der Grundkörper, von dem die Strahlen ausgehen, ähnelt oft einer mit Fenstern durchbrochenen Hohlkugel, von denen mehrere konzentrisch angeordnet sein können. Der innerste Grundkörper, oft auch als „Kapsel" bezeichnet [Kro08; OV19-9], ist von einer Membran umgeben und enthält die für eine tierische Zelle typischen Bestandteile wie Zellkern, Organellen usw. Die Größe der Radiolarien liegt meist im Bereich von 50 µm bis 0,5 mm, wobei einige Arten auch bis mehrere mm groß werden können [Rot94; Spe00]. Als Bestandteil des Planktons kommen die Radiolarien in vor allem wärmeren Gebieten der Weltmeere vor. Ihre sich nach dem Tode auf dem Meeresboden anreichernden Skelette können dort große biogene Ablagerungen bilden. Diese wandeln sich im Laufe der Zeit unter dem Druck darüber liegender Schichten in Quarz um.

Der Formenvielfalt der Strahlentierchen scheinen kaum Grenzen gesetzt zu sein, wie die hervorragenden Zeichnungen von Ernst Haeckel[71] und auch zahlreiche Aufnahmen mikroskopierter Tiere zeigen, Abb. 3-31.

---

[70] Seltene Ausnahme ist z. B. das Kugelstrahlen, bei dem eine Härtung der Oberfläche durch mechanische Einbringung von Eigenspannungen erzeugt wird.
[71] Ernst Heinrich Philipp August Haeckel (1834-1919) war ein Mediziner, Zoologe und Philosoph, der u. a. maßgeblich zur Verbreitung der Evolutionstheorie von Charles Darwin in Deutschland

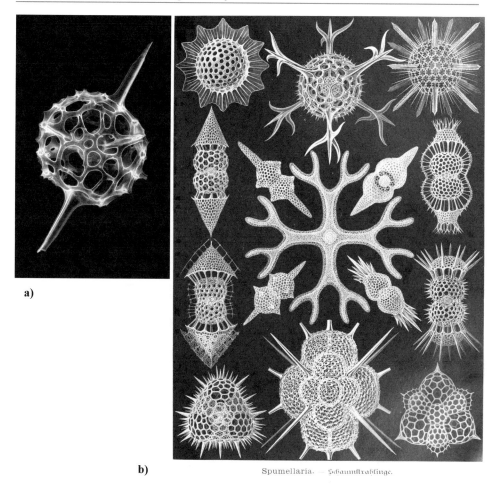

a)

b)

Spumellaria. — Schaumstrahlinge.

Abb. 3-31 **a)** Skelett der Radiolaria *Hexastylus sp*, 250fach vergrößert, **b)** kunstvolle Illustration verschiedener Radiolarien nach Ernst Haeckel

Auch wenn die Fotografien mikroskopierter Radiolarien den Eindruck eines Exoskeletts entstehen lassen, handelt es sich – wie beschrieben – tatsächlich um ein Endoskelett. Berücksichtigt werden muss dabei, dass die Abbildungen und Fotografien zumeist abgestorbene Tiere darstellen, in denen die Membranen, Organellen oder das Cytoplasma nicht mehr vorhanden sind.

So außergewöhnlich die Materialwahl auch ist, sind die Strahlentierchen trotzdem nicht die einzigen Lebewesen, die Siliciumdioxid zur Formgebung verwenden. So besitzen z. B. auch die in den Meeren bis in die Tiefsee vorkommenden **Glasschwämme** ein Opal-Skelett, und selbst im Reich der Pflanzen ist das Material bei den im Plankton lebenden einzelligen **Kieselalgen** (Diatomeen) zu finden. Letztere sind meist 20 bis 200 μm groß, in Ausnahmefällen auch bis zu 2 mm (je nach Form ist der Durchmesser

beigetragen hat. Seine realistisch-detaillierten und auch künstlerisch wertvollen Zeichnungen von Lebewesen, insbesondere von Quallen und Planktonorganismen, sind weltberühmt.

oder die Länge gemeint) [Kro08]. Das Siliciumdioxid befindet sich in der von Poren oder Schlitzen durchzogenen Zellwand bzw. Zellenhülle („Frustel"). Die Frustel besteht aus zwei ineinander greifenden Schalen, die in der Literatur mit von Gürtelbändern umschlossene Petrischalen [Kro08] oder auch wie *„die Hälften einer Käseschachtel"* [Cyp10] beschrieben werden. Unterschieden werden nach Form der Frustel zwei Klassen; Bei den zentrischen Kieselalgen (Centrales) sind die Schalen radialsymmetrisch ausgeprägt, bei den Pennales langgestreckt mit lateraler Symmetrie. Durch Abwandlungen der Grundformen entsteht ein breites Formenspektrum. So können beispielsweise Kissen-, Zylinder-, Stab-, oder auch Scheibenförmige Kieselalgen beobachtet werden, Abb. 3-32. [Kro08; Som98]

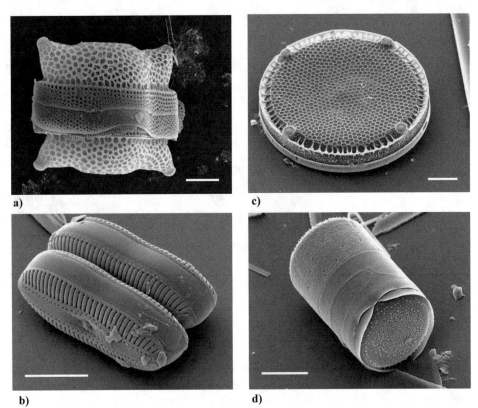

a)

c)

b)   d)

Abb. 3-32 REM-Aufnahmen verschiedene Formen von Diatomeen: **a)**: *Biddulphia reticulata*, **b)** *Diploneis sp*, **c)** *Eupodiscus radiates*, **d)** *Melosira varians*

Die Skelette der Strahlentierchen oder die Hüllen der Kieselalgen werden für vielfältige Anwendungen genutzt. Darunter sind auch sehr bekannte Produkte, die aber im Allgemeinen nicht mit den Mikroorganismen in Verbindung gebracht werden. So nutzte Alfred Nobel[72] fossile Diamtomeen (gewonnen wird daraus das Kieselgut, auch Diatomit genannt) als Bindemittel für Nitroglycerin, wodurch dieses wesentlich gefahrloser transportiert, aber immer noch zur Explosion gebracht werden kann. 1867 ließ er sich

---

[72] Alfred Bernhard Nobel (1833-1896), war ein Chemiker und Erfinder. Er ist Namensgeber und Stifter des Nobelpreises.

das Verfahren unter dem Namen Dynamit patentieren. Spätere Weiterentwicklungen wie die „Sprenggelatine" kamen allerdings ohne das die Sprengkraft herabsetzende Diatomit aus. Ebenfalls als Bindemittel, aber weniger spektakulär, wird das Diatomit auch zum Binden von Ölen oder als Katzenstreu eingesetzt. Weitere Anwendungen finden sich beispielsweise in der Filterung von Bier und Wein, oder in der Trinkwasseraufbereitung. [Ham05; Krö13; Alb17] Die Diatomeen selber entwickelten ihre harte Außenhülle vermutlich als Schutz vor Fressfeinden [Krö13]. Gleichzeitig darf das Gewicht der für die Photosynthese in den oberen Wasserschichten freischwebenden Tiere aber nicht zu groß sein. Dementsprechend kann die Hülle als eine Art gewichtsoptimierter Panzer aufgefasst werden, der relativ hohen mechanischen Anforderungen wiederstehen kann. Die Voraussetzungen dafür sind gegeben, so liegt die berechnete Festigkeit des gegenüber Stahlwerkstoffen relativ leichten ($\rho = 2{,}2\text{–}2{,}7$ g/cm³) amorphen Opal mit 2 % Wasseranteil (98 % $SiO_2 \cdot H_2O$) bei circa 560 N/mm² [Mai15]. Bionische Anwendungen zielen dann auch in den Bereich des Leichtbaus hochbeanspruchter Bauteile. Beispiel hierfür ist eine am Alfred-Wegener-Institut[73] in Bremerhaven nach dem Vorbild der Diatomee *Arachnoidiscus japonicus*[74] entwickelte Kraftfahrzeug-Felge [Ham05], siehe hierzu auch Abb. 3-33 mit der sehr ähnlich aufgebauten Diatomee *Arachnoidiscus sp.*

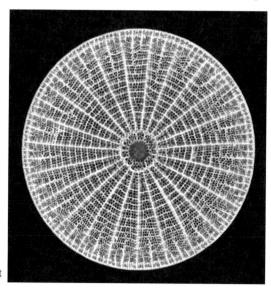

Abb. 3-33 Skelett der Kieselalge
Arachnoidiscus sp, 400fach vergrößert

Die Forschungen des Alfred-Wegener-Instituts haben auch zu einem patentierten „Verfahren zur Ermittlung von konstruktiven Erstmodelldaten für eine technische Leichtbaustruktur" geführt, dass auf den Diatomeen und Radiolarien als biologische Vorbilder basiert [Ham03]. Eine weitere, den Bauplänen der Diatomeen nachempfundene, mögliche technische Anwendung ist die Gründungsstruktur der Fundamente von Windkraftanlagen, die rund 37 % leichter als konventionelle Fundamente sein soll [Str19-3].

Zusammenfassend sind nachfolgend in Abb. 3-34 die Materialkennwerte der beschriebenen biologischen Materialien, soweit verfügbar, dargestellt.

---

[73] Alfred-Wegener-Institut Helmholtz-Zentrum für Polar- und Meeresforschung, Bremerhaven
[74] Es existieren mehrere Unterarten der Gattung Arachnoidiscus.

Material	Dichte [g/cm³]	Zugfestigkeit [N/mm²]	E-Modul [KN/mm²]	Dehnung [%] [1]
Biologische Materialien				
Chitin (Panzer)	1,3	60-200	20	K.A.
Chitin (Sehne)	1,3	K.A.	11[2]	K.A.
Keratin (Spinnenseide Haltef.)	1,3	1100	10	27
Keratin (Spinnenseide Fangf.)	1,3	500	0,003	270
Collagen (Sehne)	1,3	150	1,5	12
Collagen (Knochen, kompakt)	1,5	160	20	3
Elastin (Sehne)	1,3	2	0,001	150
Perlmutt (Aragonit)	2,95	30-167	30-70	K.A.
Opal (SiO₂ · H₂0)	2,2-2,7	560[3]	94[4]	K.A.
Holz [5] (Eiche)	0,4–0,75	110	12	K.A.
Cellulose (Fichtenholzfasern)	1,5–1,6[6]	692	16	K.A.
Technische Werkstoffe				
Snth. Gummi	1,2-1,45	50	0,001	850
Polyethylen PE-HD	0,96	20	1	12
Polyamid PA66[7]	1,13	80	2,8	5
Aramidfasern HM	1,45	2.880	100	2,8
Aramidgewebe[8]	K.A.	790-900	90-100	K.A.
Aluminium	2,7	65-700	70	25
Baustahl E295	7,9	470	210	20
Hochfester Stahl	7,9	1.500	210	8

Belastungswerte bei anisotropen Materialien parallel zur Faserausrichtung.
[1] Bruchdehnung, die Materialzerstörung setzt i. d. R. früher ein
[2] 0,15 (quer)   [3] mit 2% Wasseranteil   [4] Reines SiO2   [5] 12 % Feuchtigkeit
[6] ohne Hohlräume   [7] trocken   [8] Faseranteil 50%, Gewebe unidirektional
Quellen: [Kol51; Vin82; Las92; Gos99; OV00-2; Vin04; Che15; Mai15; OV15; Wit17]

Abb. 3-34 Materialkennwerte ausgewählter biologischer und technischer Werkstoffe

3.3.4 Biologische Oberflächen

Seit der Mensch begann technische Oberflächen herzustellen, muss er diese gegen die Natur(gewalten) schützen. Dass dies sehr aufwendig sein kann und des Öfteren auch wenig erfolgreich, bezeugen etliche Beispiele. Aus der Geschichte, aber auch aus der Jetztzeit. Die weltberühmte Cheops-Pyramide von Gizeh beeindruckt vor allem durch ihre schiere Größe, misst sie doch an ihrer Basis 230 m x 230 m. Weitgehend unbekannt ist dagegen die Pyramide Huaca Larga in Nordperu, obwohl sie mit 700 m x 280 m einen wesentlich größeren Grundriss hat. Der Grund dafür ist in den unterschiedlichen Baumaterialien, insbesondere der Oberflächen, zu suchen. Während Steinquader die Cheops-Pyramide, trotz ihrer zwischenzeitlichen Nutzung als Steinbruch, bislang mehr als 4 Jahrtausende überstehen haben lassen, sind die ungebrannten Lehmziegel von Huaca Larga im Laufe von rund 900 Jahren nahezu vollständig verwittert. Von den einstmals geschätzt 260 Pyramiden von Túcume, wie die Ansammlung nach dem nahliegenden Ort genannt wird, sind fast nur noch unscheinbare Lehmhügel übrig. Die Bauwunder unserer Ära, Wolkenkratzer aus Glas, Stahl und Beton, sind da wesentlich haltbarer – scheinbar. Man überlege sich aber, wie diese in 20, 100 oder 900 Jahren aussehen mögen, wenn nicht ständig deren Fassade gereinigt und instandgesetzt werden würde. Wahrscheinlich wäre von ihnen nicht viel mehr übrig, als von den peruanischen Pyramiden heute. In einem weiteren Beispiel denke man an die enormen Anstrengungen der Automobilindustrie, ihre Fahrzeuge korrosionssicher zu machen. Oder an die Textilindustrie, bei der Suche nach haltbaren, wasserabweisenden, aber atmungsaktiven Stoffen. Und auch an die aufwändige Behandlung von Bauholz, um dieses nicht nur vor Witterungseinflüssen, sondern auch vor Insekten oder Mikroorganismen zu schützen. Alle diese Anstrengungen zielen darauf ab, sich vor Einflüssen der Natur zu schützen. Anstatt aber gegen die Natur zu arbeiten, lohnt sich wieder einmal ein Blick darauf, wie die Lebewesen als Teil der Natur selber mit diesen Einflüssen umgehen und zurechtkommen.

Wasserabweisende und selbstreinigende Oberflächen – der Lotus- Effekt®

Die wohl bekanntesten Beispiele für funktionale biologische Oberflächen, die auch bereits als Vorbild für vielfältige technische Anwendungen dienen, sind die hydrophoben äußersten Schichten einiger Pflanzen und Insekten. Diese als Lotus-Effekt® bekannte Eigenschaft wurde in den vorigen Kapiteln schon einige Male angesprochen, und soll hier noch einmal kurz physikalisch erklärt werden. Zwischen sich nicht vermischenden Stoffen wie Wasser und Öl, oder flüssiges Lot und Festkörper bildet sich eine Grenzfläche aus. An dieser Grenzfläche wirkt durch zwischenmolekulare Wechselwirkungen eine tangential zur Grenzfläche orientierte Kraft. Um die Grenzfläche, und damit die Kraft zu vergrößern, muss Arbeit aufgebracht werden. Diese wird als Grenzflächenarbeit, Grenzflächenenergie, oder als Grenzflächenspannung in der Einheit N/m beschrieben. Umgekehrt ist eine kleinere Grenzfläche demnach energetisch günstiger. Die Form mit der geringsten Oberfläche bezogen auf das Volumen ist die Kugel bzw. Sphäre. Zum Zwecke der Oberflächenverkleinerung nehmen Öltropfen in Wasser oder Wassertropfen in der Luft daher eine möglichst kugelige Form an. Dieser Effekt ist umso stärker, je höher die Grenzflächenspannung eines Stoffes ist, wobei im Zusammenhang mit Flüssigkeiten hier von der Oberflächenspannung gesprochen wird. Ein technisches Anwendungsbeispiel des Effekts findet sich beim Löten. Hier werden Flussmittel beigefügt, welche die Oberflächenspannung des flüssigen Lotes herabsetzen, und so ein besseres Fließen des Lotes bewirken, was zu einer größeren Benetzung der zu verlötenden Bauteile führt. Wie sehr eine Flüssigkeit eine feste Oberfläche benetzt, hängt also zum einen von den Oberflächenenergien der beteiligten Stoffe ab, zum anderen aber auch von der Berührfläche der Flüssigkeit mit der Oberfläche. Letzteres kann über den Kontaktwinkel Θ zwischen Flüssigkeit und Oberfläche beeinflusst werden. Bei einem Winkel von $\Theta = 0°$ ist die Oberfläche vollständig benetzt, bei $\Theta < 90°$ ist die Oberfläche hydrophil, bei $\Theta > 90°$ hydrophob, und bei Winkeln von $\Theta \geq 160°$ spricht man von einer Superhydrophobie, Abb. 3-35.

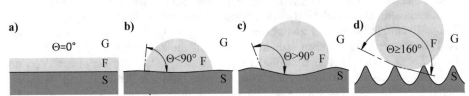

Abb. 3-35 Schematische Darstellung unterschiedlicher Kontaktwinkel Θ zwischen einem Wasserstropfen und einer Oberfläche, von **a)** nach **d)**: vollständige Benetzung, hydrophile Oberfläche, hydrophobe Oberfläche, superhydrophobe Oberfläche
G: Gas, F: Flüssigkeit, S: Festkörper (Solid)

Der Einfluss der Oberflächenenergien kann über den Spreitparameter S (Gl. 3.2) bestimmt werden [Gen04], während mit der Youngschen Gleichung[75] (Gl. 3.3) ein Zusammenhang zwischen dem Kontaktwinkel und dem Spreitparameter, bzw. mit den Oberflächenenergien hergestellt werden kann:

$$S = \sigma_{SG} - \sigma_{LG} - \sigma_{SL} \qquad (3.2)$$

$$\cos\Theta = \frac{\sigma_{SG} - \sigma_{SL}}{\sigma_{LG}} \qquad (3.3)$$

Mit:

σ_{SG} Oberflächenenergie des Substrats zur Umgebung (Festkörper-Gas)
σ_{LG} Oberflächenenergie der Flüssigkeit zur Umgebung (Flüssigkeit-Gas)
σ_{SL} Oberflächenenergie zwischen Substrat und Flüssigkeit (Festkörper-Flüssigkeit)
Θ Kontaktwinkel zwischen der Flüssigkeit und dem Substrat

Ist der Spreitparameter $S > 0$, verteilt sich die Flüssigkeit vollständig auf dem Substrat (vollständige Benetzung), ist $S < 0$, verteilt sich die Flüssigkeit nicht vollständig (teilweise Benetzung).

Pflanzen wie die Lotusblumen (*Nelumbo*, andere Schreibweise Lotos), die Kapuzinerkresse (*Topaeolum*) oder auch der Kohl (Brassica), nutzen eine Kombination aus einer mikrostrukturierten Oberfläche und den hydrophoben Eigenschaften von wachsartigen Substanzen [Bar92]. Es handelt es sich dabei um circa 5-10 µm hohe und circa 15 µm voneinander entfernte Noppen, die von Nanostrukturen (Wachskristalle auf den Noppen mit einem Durchmesser von 110 nm) überzogen sind [Bar16a]. Durch diese Struktur soll die Kontaktfläche zwischen Wassertropfen und der Blattoberfläche nur

---

[75] Thomas Young (1773-10.05.1829) war Arzt und Physiker. Die Youngsche Gleichung bezieht sich auf glatte Flächen, Abb. 3-35 zeigt zur besseren Darstellung teilweise unebene Oberflächen.

noch circa 2–3 % betragen [Ben08]. Aufgrund der durch die geringe Kontaktfläche bedingten geringen Adhäsionskräfte rollen bzw. „roll-rutschen" die Tropfen leicht über die Blätter, wobei sie kontaminierende Partikel (Schmutzteilchen, Pilzsporen, Pathogene usw.) mitnehmen, Abb. 3-36.

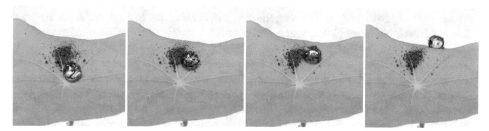

Abb. 3-36 Zeitrafferaufnahmen der Mitnahme von kontaminierenden Partikeln durch einen Wassertropfen auf der großen Kapuzinerkresse

Der Transport der Partikel ist durch die größeren Adhäsionskräfte zwischen Wasser und Partikel gegenüber Blatt und Partikel erklärbar.

Mit einem Löffel fing es an

Der bionische Lotus-Effekt® wurde, wie in Kap. 2.5 bereits erwähnt, seit den 1970er Jahren von W. Barthlott untersucht und 1997 von diesem als Wortmarke angemeldet. Der Vermarktung des Effekts gingen Versuche zur Übertragbarkeit auf technische Anwendungen voran. Als Demonstrationsobjekt diente ein von W. Barthlott mit einer genoppten Teflonoberfläche versehener Löffel, von dem „Honig ohne Rückstände abtropfte" [For09]. Dieses einfache, aber gelungene Experiment zusammen mit weiteren Untersuchungen führte schließlich zu einer ganzen Reihe von selbstreinigenden Produkten. So stellt das Unternehmen Sto SE & Co. KGaA, das auch jetziger Inhaber der Marke „Lotus-Effekt®" ist, seit 1999 u. a. die Fassadenfarbe „Lotusan®" her. Diese hat nach Angaben des Herstellers die „Fähigkeit der Selbstreinigung", welche vor Algen und Pilzen schützt, und Schmutz abperlen lässt [Sto19]. Weitere bereits am Markt vorhandene und auf dem Effekt der Lotus-Pflanze basierende Produkte sind z. B. selbstreinigende Dachziegel [OV04-3], verschiedene selbstreinigende und wasserabweisende Textilien [For09], oder auch selbstreinigende Gläser. Bei den Gläsern muss allerdings unterschieden werden, ob diese auf dem Effekt der Lotuspflanze basieren und demnach hydrophob sind, oder ob es sich um seit 2002 am Markt verfügbare superhydrophile Gläser handelt. Bei dieser Variation wird das Regenwasser flächig verteilt, und die Säuberung erfolgt mit dem abfließenden Wasserfilm. [ift07; For09]

Die Pflanzen sind übrigens nicht die einzigen Lebewesen, welche den Lotus-Effekt® – lizenzgebührenfrei – nutzen. Er findet sich auch auf den Flügeln vieler Insekten, und einige wüstenbewohnende Käfer wie der *Stenocara gracilipes* verwenden sogar sowohl superhydrophobe als auch hydrophile Effekte. Auf dem Rücken des Käfers befinden sich längs zur Körperachse ausgebildete Reihen kleiner Höcker. Die Spitzen der Höcker sind hydrophil, so dass der morgendliche Nebel in der ansonsten nahezu niederschlagsfreien Wüste an diesen kondensiert. Die schnell größer werden Tröpfchen rutschen von der Höckerspitze in die Furche zwischen zwei Höckerreihen, welche durch eine

Wachsbeschichtung superhydrophob ist. Der Käfer muss dann nur noch dafür sorgen, dass sich sein Kopf etwas tiefer als der Hinterleib befindet, und die Wassertropfen rollen direkt in die Mundwerkzeuge. [Par01; For09] Auch diese Kombination ist bereits Gegenstand bionischer Forschung, z. B. für die gerichtete Leitung von Flüssigkeiten auf planen Oberflächen als Alternative zu Mikrokanälen in der Mikrofluidik [OV17-4], und für die Wassergewinnung in Wüstengebieten, ein Thema, das in Kap. 5.2.6 als Beispiel für die Abstraktion einer biologischen Lösung noch einmal aufgegriffen werden wird.

Die Oberflächenspannung kann auch noch auf andere Art genutzt werden als zur Sauberhaltung von Oberflächen oder zur Leitung von Flüssigkeiten. Der langgestreckte Körper der Wasserläufer (Gerridae), eine Unterordnung der Wanzen, ist von feinen, wasserabweisenden Härchen überzogen. Die Tiere spannen ihre verlängerten zweiten und dritten Beinpaare schirmähnlich auf der Wasseroberfläche auf, wobei die Endglieder (Tarsen) aufgrund der Oberflächenspannung nicht einsinken, sondern weitgehend auf dem Wasser aufliegen. Die Wasseroberfläche verhält sich rund um die Beine wie ein „gespanntes Tuch", wie G. Ganterför in [Gan13] bildhaft beschreibt, Abb. 3-37a. Um diesen Effekt nachzuahmen, bedarf es nicht unbedingt eines Insekts und hydrophober Haare. Eine vorsichtig plan auf die Wasseroberfläche gelegte Büroklammer zeigt ein ähnliches Verhalten, Abb. 3-37b.

a)   b)

Abb. 3-37 Beispiele für den Oberflächeneffekt: **a)** Wasserläufer-Pärchen, **b)** auf der Wasseroberfläche aufliegende Büroklammer

Pflanzen können die Luft anhalten – der Salvinia®[76]Effekt

Auch das nächste Beispiel einer für die Bionik ebenfalls hochinteressanten biologischen Oberfläche hat hydrophobe und teilweise auch hydrophile Eigenschaften. Der Zweck ist in erster Linie aber weder die Selbstreinigung noch die Flüssigkeitszufuhr. Tatsächlich geht es darum, Flüssigkeit fernzuhalten. Bestimmte Wasserpflanzen wie der Schwimmfarn *Salvinia molesta*, auch Riesen-Schwimmfarn genannt, bilden auf der in Wasser getauchten Oberfläche ein Luftpolster, dass die Pflanzen über Wochen hinweg trocken hält. Sie bewerkstelligen dies durch feine, in das Wasser ragenden, Schneebesen ähnelnden Härchen auf den Blattoberflächen. Zwischen den Haarspitzen und der

---

[76] Salvinia ist eine von W. Barthlott eingetragene Marke.

hydrophoben, das Wasser abhaltenden Blattoberfläche wird beim Eintauchen Luft eingeschlossen. Die hydrophilen Haarspitzen „heften" sich im Wasser fest (engl.: pinning), und halten dieses als geschlossene Schicht um die Blätter fest, so dass die eingeschlossene Luft nicht entweichen kann, Abb. 3-38. [Bar10] Dieses Verhalten wurde wiederum von einem Forscherteam um W. Barthlott erstmalig ausführlich untersucht, und unter Salvinia 2009 als Wortmarke beim Deutschen Patent- und Markenamt eingetragen, hinzu kommen vier Patente aus den Jahren 2006 bis 2011 [OVOD].

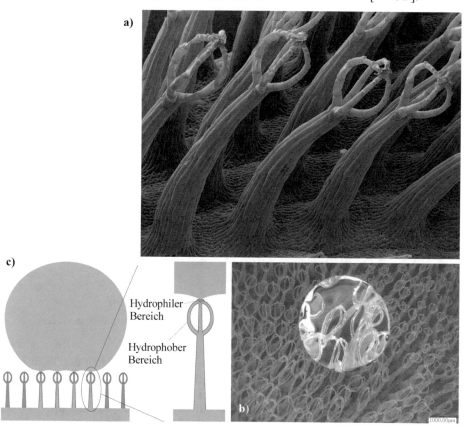

Abb. 3-38 Schwimmfarn *Salvinia molesta*: **a)** REM-Aufnahme der Härchen mit hydrophobem Anteil (der „Schneebesen"), und den hydrophilen Köpfchen, **b)** Wassertropfen auf einem Feld von Härchen, (Fotos: © Wilhelm Barthlott et al.), **c)** Schema des Salvinia® Effekts, die hydrophilen Anteile halten das Wasser fest, während die hydrophoben Anteile der Härchen verhindern, dass die Blattoberfläche benetzt wird

Neben den Schwimmfarnen besitzen eine ganze Reihe weiterer Pflanzen die Fähigkeit, eine Luftschicht beim Eintauchen in Wasser auf ihren Blattoberflächen festzuhalten, darunter auch die Lotusblume. Aber nur wenige zeigen dabei eine Langzeitstabilität über mehrere Wochen wie der Riesen-Schwimmfarn. Und auch im Tierreich gibt es Vertreter, die ein Luftpolster mit in das Wasser nehmen können. Dazu gehört die Wasserspinne (*Argyroneta aquatica*), die sich unter Wasser eine Art Taucherglocke baut, in die sie nach und nach Luft einbringt, die sie an der Oberfläche mit schnellem Eintauchen ihres Hinterleibs „einsammelt". Die Luft umschließt dabei den mit feinen Haaren besetzten

Hinterleib wie eine Hülle, die sie in ihre Taucherglocke abstreift. Auch die Wasserjagdspinne (*Ancylometes bogotensis*) besitzt eine dichte, hydrophobe, und im Wasser ein Luftpolster haltende Behaarung. Sie nutzt dieses allerdings nicht zum Atmen, sondern zur schnelleren Fortbewegung, da statt der Körperoberfläche das Luftpolster in Kontakt mit dem Wasser kommt, wodurch die Reibung reduziert wird. Der sogenannte Rückenschwimmer (*Notonectidae*), der zu den Wanzen gehört, nutzt seine Luftpolster sowohl zur Atmung als auch zur Reibungsreduzierung. An der Bauchseite bildet er ein größeres Luftpolster, das mit seinen Atmungsorganen (den Tracheen) in Verbindung steht. Dieses Polster wird zur Atmung genutzt und bei der typischen Ruhestellung des Tieres, kopfüber unter und an der Wasseroberfläche hängend, regelmäßig erneuert, Abb. 3-39. [Mai18]

Abb. 3-39 Gemeiner Rückenschwimmer in Ruhe- bzw. Lauerstellung kopfüber unter der Wasseroberfläche hängend

Auf den mit vielen feinen Härchen besetzten Deckflügeln am Rücken der Tiere bildet sich ebenfalls ein Luftpolster, das die Deckflügel einhüllt. Die Härchen teilen sich in drei Arten auf. Unterschieden werden können die im Durchmesser mehrere µm großen „clubs", welche stark gekrümmt sind und einen Bogen bilden, der mitunter bis zur Körperoberfläche reicht, und „pins", welche aufrecht stehen. Beide ragen aus einem Teppich („carpet") von Mikrohärchen hervor. Diese ungewöhnliche Struktur wird verantwortlich für die lufthaltenden Eigenschaften der Käferoberfläche gemacht, und dient vermutlich auch als Sensorsystem zur Erfassung vorbeischwimmender Beutetiere [vgl. Dit11; Mai18]. In verschiedenen Versuchen konnte eine stabile Lufthaltung an den Deckflügeln bis zwei Jahre (Versuchsabbruch) nachgewiesen werden [Mai15-2]. In einem anderen Versuch wurde gemessen, dass die von dem Rückenschwimmer aufgebauten Luftschichten einer Strömungsbelastung von über 5 m/s standhalten. [Dit11] Die größere Luftmenge an der Bauchseite gibt dieser mehr Auftrieb als die Rückenseite erfährt, wodurch die namensgebende Haltung zustande kommt; Der Auftriebsunterschied dreht die Tiere im Wasser unweigerlich auf den Rücken. Dank seiner reibungsreduzierenden Luftpolster ist der Rückenschwimmer im Wasser ein schneller Jäger – obwohl er eigentlich gar nicht richtig schwimmen kann. Wird das Luftpolster durch z. B. die Zugabe von die Oberflächenspannung verringernden Netzmitteln entfernt, gehen die hydrophoben Eigenschaften der Körperoberfläche verloren. Das Wasser verdrängt daraufhin die Luftpolster und die Wanze sinkt zu Boden. Obwohl sie sich bemüht, ist sie aus eigener Kraft nicht mehr in der Lage, an die Oberfläche zu schwimmen. Dieses „Negativ-Beispiel" unterstreicht ein weiteres Mal die Funktionalität der hydrophoben Oberflächen.

Auch die Technik nutzt bereits Luftpolster zur Reibungsreduzierung an Wasserfahrzeugen. 2010 wurde das von Mitsubishi Heavy Industries, Ltd. (MHI) entwickelte „Mitsubishi Air Lubrication Systems" (MALS) erfolgreich an zwei Modulfrachtern getestet. Bei dem System wird durch eine Gebläse Luft am Schiffsrumpf ausgeblasen, so dass eine Art „Luftteppich" entsteht, auf dem das Schiff gleitet. Bei den beiden Frachtern konnte eine Treibstoffersparnis von 13 % nachgewiesen werden. [Qua12] Mittlerweile wurde eine Reihe von großen Schiffen mit dem System ausgestattet [OV19-8], was den wachsenden Bedarf an derartigen energie- und damit ressourceneinsparenden Maßnahmen zeigt. Da das aktive System der eingebrachten Luftblasen aber auch wieder Energie sowie eine Anlagentechnik (Gebläse, Düsen, usw.) benötigt, gibt es bereits Anstrengungen, den biologischen Salvinia® Effekt als passives, bionisches System auf Schiffe anzuwenden. Hierfür wurden verschiedene, vom Bundesministerium für Bildung und Forschung (BMBF) unterstützte Projekte ins Leben gerufen. In ersten Modellversuchen konnte an künstlich erzeugten, silikonbasierten Strukturen aus lufthaltenden Mikrosäulen eine Reibungsreduktion von circa 17 % erreicht werden, wobei die Luftschichten bis zu einer Anströmgeschwindigkeit von 2 m/s gehalten werden. [Bre17] Insgesamt kann durch den Salvinia® Effekt die Reibung um bis zu 30 % reduziert werden, was eine Treibstoffersparnis von circa 3 % ausmacht. [Melskotte et al. 2013, nach Bar16b] Derzeit (Stand 2019) wird im Rahmen des EU-Projekts Aircoat ein Foliensystem entwickelt, mit dem die Schiffsbeschichtungen einfacher und im industriellen Maßstab aufgebracht werden können. [BMBF18; Lüc19]

Neben der Reibungsreduktion und Ressourcenschonung bringt eine dauerhafte Luftschicht weitere Vorteile mit sich. Durch Verhinderung des direkten Kontakts des Schiffsrumpfs mit dem Wasser wird bewirkt, dass keine schädlichen Bestandteile der Lackierung ins Meer gelangen, und – umgekehrt – dass der Schiffsrumpf vor Korrosion und dem Befall von z. B. Algen geschützt ist, dem sogenannten „Fouling". [Lüc19]. Der letztgenannte Aspekt ist nicht nur zur Reduzierung der Reinigungskosten von Schiffsrümpfen bedeutsam. Auch hierdurch kann wieder Treibstoff eingespart und die damit verbundenen Emissionen reduziert werden, da die biologischen Anhaftungen den Reibungswiderstand erhöhen. Schon kleinste Ablagerungen führen bei Frachtschiffen zu einer Erhöhung des Treibstoffverbrauchs von bis zu 25 % jährlich [DBU12]. Außerdem kann auch ein erheblicher Beitrag zum Umweltschutz geleistet werden, da die bisher verwendeten, bioziden Antifouling-Mittel wie das hochgiftige Tributylzinn (TBT, seit 2008 verboten) wenig umweltfreundlich sind. Der Umweltaspekt führt zu einer weiteren möglichen technischen Verwendung biologischer superhydrophober Oberflächen. Der Schwimmfarn Salvinia hält mit seiner „eingefangenen" Luftschicht das Wasser von der Oberfläche fern. Dies funktioniert ebenfalls mit einer Ölschicht, und hier setzen aktuelle Forschungen an. Kommt ein Salvinia-Blatt mit auf dem Wasser schwimmendem Öl in Berührung, wird dieses sofort in die Luftschicht aufgenommen, und dem Wasser damit entzogen. Wissenschaftlern ist es im Verbund mit der Industrie gelungen, eine

Textilstruktur zu entwickeln, welche diese Eigenschaft nachahmt[77]. Wie Salvinia saugt die Struktur das Öl nicht auf, sondern transportiert es nur. In Verbindung mit einem schwimmenden Behälter kann das System genutzt werden, um Ölverunreinigungen aus Gewässern zu entfernen. [vgl. Bar20; Ond20].

Auf die Anwendung kommt es an – turbulente Haihaut

Auch das nächste Beispiel einer biologischen Oberfläche dient als Vorbild für die beiden Ziele Reibungsminimierung und biologisch verträgliches Anti-Fouling-Mittel, basierend allerdings auf einem gänzlich anderen Prinzip, das recht simpel erscheint – wenn es richtig angewendet wird.

Haie können sich erstaunlich schnell durch das Wasser bewegen. So kommt der Weiße Hai z. B. auf 60 km/h [OV19-7]. Und dies, obwohl seine Haut nicht vermeintlich reibungseffektiv glatt, sondern durch eine Vielzahl zahnartiger Schuppen (Dentikel) sandpapierähnlich rau ist. Darüber hinaus besitzen die Schuppen kammartige Erhöhungen, die eine Linie in Richtung der Längsachse der Tiere bilden, wodurch sich insgesamt gesehen in der Schwimmrichtung Rinnen ergeben. Eine derartige Gesamtstruktur wird in der Technik Riblet genannt, siehe Abb. 3-40.

Abb. 3-40 Vergrößertes Modell einer Haifischhaut; die Rillenstruktur (Riblet-Struktur oder kurz Riblet) vermindert den Reibungswiderstand auf turbulent angeströmten Flächen

Da die Struktur der Haut für die Schnelligkeit der Haie verantwortlich gemacht wird, gab es bereits erfolgreiche Anstrengungen, diese Struktur zu übertragen. So wurde ein der

---

[77] Universität Bonn, RWTH Aachen, Textilhersteller Heimbach GmbH, Düren, unterstützt von der Deutschen Bundesstiftung Umwelt (DBU)

Haihaut nachempfundener Schwimmanzug kreiert, deren Träger tatsächlich für etliche Schwimmrekorde sorgten. Und das so überragend, dass der Anzug ab 2010 vom Weltverband Fina[78] verboten wurde [OV09-4]. Mindestens genauso interessant wie die Leistung des Schwimmanzugs ist die mittlerweile bewiesene Tatsache, dass er nicht ganz so funktioniert, wie man sich das vorstellt. Untersuchungen von J. Oeffner und G. Lauder von der Harvard University haben ergeben, dass der Reibungswiderstand von angeströmter starrer Haihaut mit Dentikeln höher ist, als von solcher Haut, von der die Dentikel entfernt wurden. Dass die Haie trotzdem einen strömungstechnischen Vorteil aus ihrer rauen Haut ziehen können, offenbaren weitere Versuche mit beweglichen Modellen, welche auch die Schwimmbewegungen der Haie imitieren können. Hier wird nicht nur der Reibungswiderstand durch die raue Haut tatsächlich reduziert, es bilden sich auch Wirbelschleppen aus, die einen Vortrieb in Schwimmrichtung erzeugen. Insgesamt konnte im Experiment eine Geschwindigkeitserhöhung von über 12 % für die originale Haihaut gegenüber der von Dentikeln befreiten Haut nachgewiesen werden, für eine Kunststoffoberfläche mit Längsrillen über 7 %. Keinen Effekt zeigte hingegen der Haihaut-Schwimmanzug im Testaufbau. [Oef12]

Auf die zur Struktur gehörigen Bewegungen kommt es also offenbar an. Allerdings wären Schiffe, und noch viel mehr Flugzeuge, die sich haifischähnlich hin- und herschlingernd durch ihr umgebendes Medium bewegen, nicht nur schwer vorstellbar, sondern für deren Passagiere sicher auch sehr unkomfortabel. Trotzdem wird in der Literatur von einer Vielzahl an erfolgreichen Anwendungen oder Testläufen von Haihaut-Oberflächen an den beiden genannten Fortbewegungsmitteln berichtet. Der Grund dafür findet sich, wie so oft bei strömungstechnischen Aufgabenstellungen, in der turbulenten Strömung[79]. In den turbulent angeströmten Bereichen kann die Haihaut ihren reibungsvermindernden Effekt ausspielen, in den Bereichen laminarer Strömung ist sie – in Analogie zu den o. g. Untersuchungsergebnissen – sogar hinderlich. [Fer18] Einfacher ausgedrückt: Schnellschwimmer wie die Haie profitieren von dem Effekt, bei Langsamschwimmern, wozu auch der Mensch mit seinen maximal rund 7 km/h[80] gehört, sollten der Effekt eher nicht wirken. Dass es doch funktioniert, könnte an der speziellen Schwimmbewegung der Olympiaschwimmer liegen, deren Körper sich zwar insgesamt nur mit maximal 7 km/h fortbewegt, während Arme und Beine sich deutlich schneller bewegen. Hier wäre noch Raum für weitere Untersuchungen. Mittlerweile hält der ab 2010 eigentlich verbotene Schwimmanzug mit einigen Modifikationen übrigens wieder Einzug, wobei nun zusammen mit dem Haihaut-Effekt anscheinend auch der Salvinia® Effekt genutzt wird, Barthlott et al. verweisen hier erneut auf die Möglichkeit der Reibungsreduzierung bis 30 %, gegenüber nur 3 % bei der Riblet-Struktur [Bar16b].

Eine (weitere) technische Anwendung des biologischen „Haihaut-Effekts" ist ein vom Fraunhofer-Institut für Fertigungstechnik und angewandte Materialforschung IFAM in Bremen entwickeltes Lacksystem, dass eine ribletstrukturierte Oberfläche ermöglicht, mit der „*der Treibstoffverbrauch von Flugzeugen oder Schiffen um bis zu drei Prozent gesenkt werden kann.*" [IFAM19-2] Das Lacksystem kann auch bei anderen Systemen zum Einsatz kommen, bei denen eine Reibungsreduktion zu einer merklichen Kosten-

---

[78]Der „Fédération Internationale de Natation" (FINA) ist ein Dachverband nationaler Sportverbände, der u.a. die Schwimmweltmeisterschaften ausrichtet.
[79] Die turbulente und laminare Strömung wird in Kap. 4.2.4 noch genauer erklärt.
[80] Gilt für Leistungsschwimmer, untrainierte Gelegenheitsschwimmer sind deutlich langsamer

bzw. Emissionseinsparung führt. So wurden im Rahmen eines EU-Projekts[81] die Rotorblätter einer Windkraftanlage mit dem Riblet-Lack versehen. Hierdurch wurde zum einen gezeigt, dass das Lacksystem für große Bauteile geeignet ist. Zum anderen konnte auch eine Verbesserung der Leistungscharakteristik nachgewiesen werden. [IFAM19-3]

Die Reibungsreduktion ist nicht der einzige Vorteil der strukturierten Haihaut. Die Schuppen erschweren auch die Anhaftung von Organismen, so dass Haie wesentlich seltener von den bei z. B. Walen üblichen Mitreisenden wie Seepocken, Algen oder Walläusen befallen sind. Technische Anwendung ist auch hier wieder das Anti-Fouling. So hat z. B. das Bionik-Innovations-Centrums (B-I-C) der Hochschule Bremen einen giftfreien Schutzanstrich nach Vorbild der Haihaut entwickelt. [DBU12; Kes16]

Geheimnisse unter der Haut – variable Delfine

Zum Abschluss der als biologische Vorbilder für eine schnelle Fortbewegung im Wasser dienenden Außenhüllen soll noch die Delfinhaut erwähnt werden. Im Gegensatz zur Haut der Haie ist diese glatt, und trotzdem erreichen Delfine ähnliche Geschwindigkeiten wie die rauen Raubfische. Die Angaben in der Literatur variieren hier, am häufigsten findet sich aber ein Wert um die 55 km/h [OV18-2].

Das Geheimnis der Geschwindigkeit liegt nicht auf der Haut, sondern darunter. Unter der Haut der Delfine befindet sich eine elastische Speckschicht. Durch Gegenbewegungen der Speckschicht gegen die von der Strömung kommenden Wellenbewegungen wird der Übergang von laminarer zu turbulenter Strömung hinausgezögert. [IFAM17] Im Ergebnis schwimmen die Delfine in der reibungsärmeren laminaren, statt der für die Geschwindigkeit typischen turbulenten Strömung. Damit ist die Delfinhaut quasi die Umkehrung der Haihaut, deren Riblets erst bei turbulenter Strömung funktionieren. Hinzu kommt noch die spindelähnliche, strömungsoptimierte Körperform der Delfine, und die auf den ersten Blick nicht auf schwimmerische Höchstleistungen schließen lassende, plumpe Schnauze. Tatsächlich verringert auch die Schnauze den Strömungswiderstand, und ist Vorlage für den „Wulstbug", der bei Schiffen den Treibstoffverbrauch um circa 15 % senken kann [Hil99].

a)   b)

Abb. 3-41 **a)** Vorbild Delfinnase: Der Wulstbug, **b)** das Original: ein Großer Tümmler

---

[81] EU-Projekt „Riblet4Wind"

Wissenschaftler des Fraunhofer IFAM haben in dem vom BMBF geförderten Projekt mit dem passenden Namen „FLIPPER"[82] eine künstliche, elastische Außenhaut von mehreren mm Dicke entwickelt, die auf einen Schiffsrumpf aufgetragen werden kann. Versuche an einem Schiffmodell im Strömungskanal ergaben eine Reduzierung des Treibstoffverbrauchs von mindestens 6 % [IFAM17; Kem17]

In der Natur eher unverträglich, wäre den Wissenschaftlern zufolge eine Kombination der beiden Meeresbewohner aufgrund der unterschiedlichen Strömungsverhältnisse entlang des Schiffsrumpfs optimal: Vorne am Bug eine (künstliche) Delfinhaut, und im Mittel- und Hinterschiff ein Haihautanstrich. [IFAM17; Kem17]

Schwimmen durch Sand erfordert verschleißfeste Oberflächen

Die Bewegung durch Wasser scheint mühsam zu sein, wenn man die vielgestaltigen Anstrengungen der Natur und nachfolgend auch der Technik betrachtet, die eine möglichst reibungsarme Fortbewegung zum Ziel haben. Noch viel mühsamer aber ist die Bewegung inmitten von Festkörpern. Da es Tiere gibt, die sich durch derartige Medien bewegen müssen verwundert es nicht, dass die Natur auch hier hervorragende Lösungen hervorgebracht hat, welche gerne von der Technik kopiert werden (würden). Thema ist auch hier wieder die Minimierung der Reibung, hinzu kommt aber auch die Minimierung des Verschleißes, da sich die Reibung leider nicht gänzlich vermeiden lässt, und feste Körper grundsätzlich abrasiver sind als flüssige oder gasförmige Medien. Und genau dieser letztgenannte Aspekt der verschleißfesten Oberflächen weckt das Interesse der Technik. Der im Sand „schwimmende" Sandfisch (Apothekerskink) mit möglichen Anwendungen im Bereich der Kratzfestigkeit technischer Oberflächen wurde im Abschnitt zum Keratin bereits vorgestellt. Aber auch Schlangen haben eine verschleißoptimierte Haut. Die Notwendigkeit ist auch hier wieder durch die Fortbewegung begründet, die praktisch den gesamten Schlangenkörper permanenter Reibung, zumeist gegenüber Festkörpern, aussetzt. Anders als beim Sandfisch wird nicht die Zusammensetzung der Keratinschuppen, sondern der Zellaufbau in der Haut verantwortlich für die Verschleißfestigkeit der Schlangenoberfläche gemacht. Die Zellen werden von außen nach innen weicher. Dadurch kann die bei der Bewegung wirkende äußere Kraft über eine größere Fläche verteilt werden. [Kon12] Einen Beitrag zur Reibungsminimierung und damit auch zur Verschleißminimierung leisten wahrscheinlich auch die Schuppenformen der Schlangenhaut. Dieser Effekt muss aber noch genauer untersucht werden. [Kon15] Eine bereits erfolgte technische Umsetzung der Schlangenhautstruktur ist ein nicht zurück rutschender Belag für Langlaufski. Während die Schuppenstruktur das Vorwärtsgleiten kaum beeinflusst, wird die Reibung, und damit die Rückstoßkraft, gegen die Fahrtrichtung erhöht [vgl. Nac13a].

Anhängliche Oberflächen

Die vorgestellten biologischen Oberflächen hatten bislang allesamt das Ziel, die möglichst reibungsarme Fortbewegung seiner Träger durch das sie umgebende Medium zu gewährleisten. Andere funktionelle Oberflächen der Natur verfolgen mit ihren physikalischen Prinzipien den gegenteiligen Zweck. Statt die Reibung, und damit auch Anhaftung, zu reduzieren wird hier eine möglichst hohe Verbindung mit der Umgebung

---

[82] FLIPPER: "Flow improvement through compliant hull coating for better ship performance".

angestrebt. Einige bekannte Beispiele hierfür wurden bereits des Öfteren erwähnt. Auf mikroskopischer Ebene kann die Klettenhaftung genannt werden, deren Entdeckung zum Welterfolg des Klettbandes bzw. des Klettverschlusses führte. Der Effekt beruht hier auf dem vergleichsweise simplen Prinzip der Kohäsion (Formschluss). Hunderte kleine Häkchen verhaken sich in einem faserigen Gewebe (Abb. 1-2 und Abb. 1-3). Zum Ablösen, welches in der Natur eigentlich nicht vorgesehen ist, müssen alle diese Verbindungen „aufgebrochen" werden, was zu einer plastischen Verformung der Häkchen und zum Ausreisen von Fasern führen kann, weshalb die Lebensdauer von Klettverschlüssen im Normalfall begrenzt ist.

Ein Prinzip ganz anderer Art, das von seinen Trägern insbesondere mühelos wieder gelöst werden kann, ist der Saugnapf der Schildfische (*Gobiesocidae*). Die aus der Gruppe der Barschverwandten stammenden, aber nur fingergroßen Meeresfische, saugen sich damit bevorzugt auf felsigen Untergrund fest. Der Saugnapf funktioniert auch auf anderen, zur Befestigung eher schwierigen Oberflächen, wie beispielsweise der Haut von Walen, oder auf schleimigen, mit Biofilm überzogenen Flächen, und natürlich feuchten Untergründen. Der hauptsächlich entlang der nordamerikanischen Pazifikküste vorkommende *Gobiesox maeandricus* kann mit seinem Saugnapf das bis zu 230fache seines Eigengewichts halten. [Ma19] Bei einem Gewicht dieses Fisches von bis zu 15 g und einer Haftscheibenfläche von 9 cm² entspricht dies etwa 35 N Haftkraft bzw. rund 40 mN/mm² Zugfestigkeit. Der Saugnapf ist dabei nicht glatt, wie bei herkömmlichen Saugnäpfen, sondern über den gesamten Randbereich mit hierarchisch angeordneten, haarähnlichen Mikrostrukturen unterschiedlicher Größe besetzt.

Diese Fähigkeiten und der ungewöhnliche Aufbau haben Wissenschaftler der University of Washington zur Entwicklung eines technischen Saugnapfes inspiriert, der das Original in Sachen Haftkraft noch übertrifft. Abb. 3-42. Die gemessene Zugfestigkeit eines Prototyps beträgt 70 mN/mm² bei einer Rauheit der Oberfläche von 270 µm [Dit19].

a)   b)

Abb. 3-42 a) Prototyp eines Saugnapfes nach Art des Schildfisches *Gobiesox maeandricus*, b) Demonstration der Haftkraft an einem rund 5 kg schweren Stein (Fotos © Petra Ditsche)

Der weiter entwickelte Prototyp befindet sich derzeit in der Patentierung. Anwendungsgebiete finden sich laut dem Hersteller[83] außer in maritimen Bereichen auch in der Aquaristik und dem Teichbau zur Befestigung von Messtechnik und anderen Gegenständen unter Wasser, im Bereich automatischer Prozessketten für den Transport von Gegenständen mit strukturierten Oberflächen, im Haushalts- und Sanitärbereich, oder auch in der Medizintechnik.

Ebenfalls mühelos lösbar und mit seinen Millionen von feinen Härchen im Nanobereich auch grundsätzlich ähnlich aufgebaut, funktioniert die schon vorgestellte Haftung des Geckos (Abb. 2-5). Der Effekt der Gecko-Haftung, der übrigens nicht nur auf diese Tiere beschränkt ist, sondern sich beispielsweise auch bei vielen Insekten findet, wird im Zusammenhang mit der physikalisch-technischen Vergleichbarkeit noch näher erläutert (Kap. 4.2), weshalb hier nicht weiter darauf eingegangen wird.

High-Tech der Natur – Biologische Tarnkappenflieger

Zum Schluss dieses Kapitels soll noch eine aus unserer Sicht absolute High-Tech-Oberfläche vorgestellt werden: Eine Art Tarnkappen-Vorrichtung der afrikanischen Kohlbaum-Kaisermotte (*Bunaea alcinoe*) zum Schutz vor der akustischen Ortung der Fledermäuse. Wissenschaftler der University of Bristol haben die Mikrostruktur der die Flügel dachziegelartig bedeckenden Chitinschuppen der Tiere genauer untersucht und als 3D-Modelle nachgebaut. Dabei wurde entdeckt, dass die mit Löchern und kleineren Unebenheiten übersäten Schuppen Eigenfrequenzen in den Bereichen von 28,4 bis 153,1 kHz aufweisen. Schallwellen in diesen Bereichen werden entweder absorbiert, oder durch die Löcher hindurchgelassen. Für die in dem Bereich zwischen 20 bis 150 kHz liegenden Ortungsrufen ihrer Fressfeinde, der Fledermäuse, sind sie daher quasi „unsichtbar". [She18] Ein ähnliches Prinzip nutzt die Stealth-Technik, um die Radarortung von Luft-, Wasser- oder Landfahrzeugen zu erschweren. Überhaupt sind die nur einige hundert μm großen Schuppen für verschiedene Effekte, auch im optischen Bereich, verantwortlich. So bewirken sie bei manchen Schmetterlingen oder auch Libellen den metallischen Glanz und das beobachtbare Farbwechselspiel der Körperoberfläche. Und auch die extrem wasserabweisenden Eigenschaften der Schuppen sind interessant, und könnten übertragen als mikrostrukturierte Oberfläche beispielsweise Elektronikkomponenten vor Feuchtigkeitsschäden schützen. [Yun11] Die Tarnkappeneigenschaften könnten laut [She18] nicht nur Vorbild für bionische Tarnvorrichtungen für Radar- und Sonarortung sein, sondern auch im Bereich der Gebäudeakustik liegen.

3.3.5 Biologische Konstruktionsprinzipien

Technische Systeme bestehen, wie in Kap. 4.1.1 noch genauer dargelegt wird, grundsätzlich aus einer Vielzahl von frei konstruierten Komponenten und genormten Maschinenelementen, im Folgenden gemeinsam als „Bauteile" bezeichnet. Jedes dieser Bauteile ist für sich funktionsoptimiert. Dies ist möglich und sinnvoll, da die Bauteile üblicherweise jeweils nur eine (Haupt-) Funktion zu erfüllen haben. Sind mehrere

---

[83] ClingTechBionics

Funktionen zu erfüllen, werden entsprechend mehrere unterschiedliche Bauteile hintereinander oder parallel geschaltet. Sollte ein Bauteil durch Beschädigung ausfallen oder zu sehr verschlissen sein, kann das technische System stillgelegt werden, und das Bauteil wird ausgetauscht. Entsprechend der Einteilung der Maschinenelemente nach deren Verwendungszweck fällt es dem Konstrukteur leicht, seine Suche nach einem passenden Maschinenelement für eine bestimmte Aufgabe in den Lehr-, Fach- oder Tabellenbüchern, oder den Herstellerkatalogen einzugrenzen. Diese Suche ist wichtig, da vermieden werden soll, „das Rad immer neu zu erfinden". Wenn es gute technische Lösungen für eine Aufgabenstellung gibt, und vielleicht auch passende Maschinenelemente am Markt verfügbar sind, soll auch darauf zurückgegriffen werden. Nur wenn tatsächlich keine Lösung bekannt ist, und / oder keine passenden Maschinenelemente zur Verfügung stehen, „darf" eine Komponente selber konstruiert werden[84]. Diese Regeln führen zu Baukastensystemen, die sich, obwohl für unterschiedliche Anwendungen konzipiert, im Detail ähneln oder sogar (maßstäblich variiert) entsprechen.

Biologische Systeme verfolgen einen anderen Ansatz als technische Systeme. Ihr Aufbau ist grundsätzlich auf Multifunktionalität optimiert. Ein biologisches Bauelement muss daher mehrere Aufgaben erfüllen und solange funktionsfähig bleiben wie der Organismus lebt, ein Austausch ist in der Regel nicht möglich, von Ausnahmen wie Haifischzähnen, Blätter von Bäumen oder auch Vogelfedern abgesehen. Dafür verfügen biologische Bauelemente meist über die Fähigkeit der Selbstheilung, eine Beschädigung kann dadurch mehr oder weniger gut „während des Betriebs" repariert werden.
Ein Zugriff auf bewährte Lösungen ist der Natur erklärlicherweise ebenfalls nicht möglich. Die Ähnlichkeiten vieler nicht näher miteinander verwandter Arten basieren auf konvergenter Entwicklung, siehe das Kapitel Evolution (Kap. 3.2). Steht eine differenzierte Art vor einer neuen Herausforderung, z. B. der Besiedelung neuer Lebensräume, muss hier tatsächlich das Rad jedes Mal neu erfunden werden, um in der oben gewählten Bildsprache zu bleiben. Daher finden sich in der Natur bisweilen auch überraschende Detaillösungen für vermeintlich simple „Allerweltsaufgaben". Oft sind es aber gerade diese Detaillösungen, welche die Biologie so interessant für die Technik machen.

Spinnen bewegen sich semi-hydraulisch

Der Unterschied zwischen Maschinenelementen und biologischen Bauelementen inklusive einer überraschenden Detaillösung kann im Vergleich des hydraulischen Auslegersystems eines Baggers und des semi-hydraulischen Bewegungssystems der Spinnen gezeigt werden. In Abb. 3-43 sind die beiden Systeme und deren Prinzipskizzen dargestellt.

Betrachtet wird das Gelenk zwischen dem Baggerstiel, an dem die Schaufel sitzt, und dem Ausleger, der am Drehgestell des Baggers verankert ist. Dieses Gelenk erlaubt dem Stiel eine Drehbewegung in einer Ebene. Gegenüber dem Ausleger kann der Stiel aus der gestreckten Lage und wieder zurück um circa 110° verdreht werden. Erreicht wird dies durch einen zweifach wirkenden Hydraulikzylinder, der gelenkig mit Ausleger und Stiel verbunden ist. Die Hauptelemente der Baugruppe bestehen in der dargestellten

---

[84] Eine Ausnahme wäre z. B. die angestrebte Umgehung von Patentrechten.

Prinzipskizze aus dem Hydraulikzylinder mit Stange und Dichtungen, drei Drehgelenken, den Hydraulikleitungen mit der Hydraulikflüssigkeit sowie aus dem Ausleger und dem Stiel. Jedes dieser Elemente ist für seine spezielle Funktion optimiert und kann eindeutig gegen die anderen Elemente abgegrenzt werden.

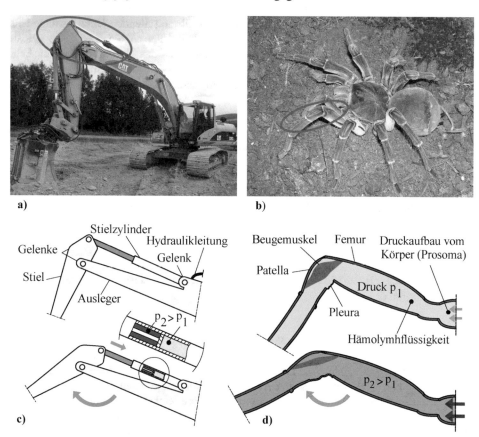

Abb. 3-43 Schematischer Funktionsvergleich zwischen hydraulischem Baggerausleger und einem Spinnenbein: **a)** Raupenbagger mit Ausleger und Stiel, **b)** weibliche Vogelspinne *Theraphosa stirmi,* **c)** Schema des hydraulischen Stiel-Bewegungssystems, **d)** Schema des semi-hydraulischen Bewegungssystems eines Spinnenbeins

Bei der Spinne wird das Gelenk zwischen Femur (Schienbein) und Patella (Kniescheibe) betrachtet, die vom Körper aus gesehen 3. und 4. Glieder des 7-gliedrigen Spinnenbeins. Diese hauptsächlich aus Chitin bestehenden röhrenförmigen Hohlkörper des Exoskeletts der Spinne beherbergen die Muskeln und Nerven zum Bewegen der Beine und die Hämolymphe, die Blutflüssigkeit. Die fluidische Abdichtung zwischen den Gliedern erfolgt durch eine flexible Membran, der Pleura. Das Femur-Patella-Gelenk erlaubt Bewegungen in einer Ebene von circa 160° und ist eines von zwei Gelenken in den Spinnenbeinen, die nur über einen Beugemuskel verfügen, der Streckmuskel fehlt. Lange Zeit war unklar, wie die Tiere dennoch ihre Beine an dieser Stelle strecken können. Inzwischen konnte nachgewiesen werden, dass dies durch eine Erhöhung des Hämolymphdrucks bei gleichzeitiger Erschlaffung des Beugemuskels ermöglicht wird. Messungen an einer Vogelspinne ergaben eine Druckdifferenz zwischen Ruhen und schnellem Laufen von rund 45 kPa (0,45 bar), an den Beinen einer Hausspinne von 70 kPa (0,7 bar). [Par59; Sch98; Bar01]

Diese biologische „Baugruppe" besteht demnach aus dem Beugemuskel mit Nervenleitung, der Hämolymphe, dem Femur und der Patella sowie der Pleura zwischen diesen. Es handelt sich hier um eine der erwähnten überraschenden Detaillösungen für die von allen tierischen und auch von einigen pflanzlichen Arten irgendwie gelöste Aufgabe der gerichteten Bewegung. Nebenbei bemerkt ist das Hydraulik-System, bzw. dessen Abschaltung, auch der Grund dafür, dass tote bzw. sterbende Spinnen die Beine anzuziehen scheinen; tatsächlich fehlt der normalerweise gegen die Muskulatur arbeitende Druck.

Die Problematik, um nicht zu sagen Unmöglichkeit, ein derartiges System auf Einzelfunktionen optimieren zu wollen, kann z. B. durch die Betrachtung der Aufgaben des Femur, und der Gegenüberstellung mit dem Armsystem des Baggers aufgezeigt werden.

▪ Der Femur darf unter der „Betriebslast", dem Eigengewicht der Spinne beim Laufen oder Springen, nicht plastisch versagen (zerbrechen) (↔ Funktion des Auslegers).

▪ Er muss dem Hämolymphdruck standhalten (↔ Funktion der Hydraulikleitungen).

▪ Er muss dem Beugemuskel Ansatzstellen bieten und dessen Zugkraft ertragen (↔ Funktion des Kolbengelenks).

▪ Er muss mit der Gelenkhaut Pleura eine druckdichte aber flexible Verbindung herstellen (↔ Funktion der Dichtungen).

Hinzu kommt, dass der Femur als Teil des Exoskeletts noch weitere Funktionen zu übernehmen hat, z. B. sind auf seiner Außenseite Haare eingebettet, und er muss auch so beschaffen sein, dass er sich bei der Häutung der Tiere leicht abwerfen lässt. Der Femur integriert also viele verschiedene Funktionen in sich, und kann daher auch nur auf diese Multifunktionalität hin optimiert sein, anders als die konventionelle Technik, in der die Optimierung von Einzelfunktionen im Vordergrund steht. Ein weiteres, sehr anschauliches Beispiel dafür, dass die Natur stets das Ganze optimiert und dabei auf eine integrative Bauweise setzt, findet sich in dem von Werner Nachtigall ausführlich beschriebenem Aufbau der Speichelpumpe einer Wanze. Bei diesem nach dem Prinzip einer Kolbenpumpe funktionierenden biologischen Mechanismus lassen sich nicht einmal die Einzelteile der Baugruppe klar voneinander unterscheiden. Wie Nachtigall schreibt, wisse man nicht, wo „[…] *die Dichtung aufhört und der Kolben beginnt; alles ist aus einem „einheitlichen Guss" eines elastischen Materials."* [Nac05]

Die nicht selten sehr anspruchsvolle Kernaufgabe der Abstraktion innerhalb des bionischen Projekts (Kap. 5.2.6) besteht dann auch darin, die für eine technische Anwendung interessanten oder nötigen Funktionselemente eines biologischen Systems zu identifizieren, diese von eventuellen anderen Aufgaben zu trennen und letztlich in eine technische Umsetzungsmöglichkeit zu abstrahieren.

3.3.6 Biologische Sensoren

Unsere heutigen Technologien sind zu erstaunlichen Leistungen fähig. Wir können Flugzeuge detektieren, lange bevor wir sie mit unseren Augen erfassen, mit Röntgenstrahlen durch Materie hindurchschauen, unter Wasser horchen oder die Temperatur der Sonne messen. Für die Gepäckkontrolle auf Drogen, Sprengstoff oder Bargeld verlassen wir uns aber nach wie vor auf die sprichwörtlichen Spürnasen von Hunden. Das verdeutlicht, dass auch die Natur enorme sensorische Fähigkeiten besitzt, deren Nachahmung für die Technik sehr von Nutzen wäre bzw. ist. Im Falle des Geruchssinns der Hunde ist eine Nachahmung dann auch bereits weit fortgeschritten. Untersuchungsergebnisse aus 2016 haben gezeigt, dass nicht nur die gegenüber dem Menschen deutlich höhere Anzahl von circa 200[85] Millionen Riechzellen in der Nase (beim Menschen im unteren 2stelligen Millionenbereich[86]) für die sensorische Leistung sorgen, sondern auch die „Schnüffeltechnik". Beim Schnüffeln atmen Hunde mehrmals pro Sekunde stoßartig aus und ein. Die so erzeugten Luftbewegungen führen dazu, dass auch weiter entfernte Geruchsstoffe zur Nase transportiert werden. Mit Hilfe des 3D-Drucks (siehe Kap. 4.4.1) und eines Ventilationssystems konnte ein Team aus Ingenieuren und Wissenschaftlern des National Institute of Standards and Technology (NIST), Gaithersburg, einen der Hundenase nachempfundenen Aufsatz für Geruchsdetektoren aufbauen, welcher die Riechstoffdetektion um den Faktor 18 (bei 20 cm Abstand zur Quelle) verbesserte. [Kef16; Vie16] Die Weiterentwicklungen technischer Geruchsstoffdetektoren haben übrigens kürzlich dazu geführt, dass zumindest für den Bereich der Sprengstoffdetektion Hunde(nasen) nicht mehr zwingend gebraucht werden. So hat der Flughafen Hamburg im Frühjahr 2019 bekannt gegeben, hierfür zukünftig maschinelle Sprengstoff-Detektoren einsetzen zu wollen [dpa19]. Ob die Hunde durch die Entschlüsselung ihres Geruchssinns und der Schnüffeltechnik womöglich selbst zu ihrem Ruhestand beigetragen haben, geht aus der Meldung allerdings nicht hervor. Verständlich, die Entwicklung und Funktion von Sprengstoffdetektoren unterliegt üblicherweise der Geheimhaltung.

Biologische Sensoren und die mit ihnen zusammenhängenden Mechanismen sind erstaunlich vielfältig, wenn man bedenkt, dass sie auf Grundlage immer gleicher Aufgabenstellungen entwickelt wurden. Diese, man könnte sagen „Kernaufgaben des Überlebens", sind die Fortpflanzung, die Zurechtfindung in der Umgebung, die Nahrungsbeschaffung, und die Verhinderung, dass man selber zur Nahrung wird, also die Verteidigung. Oftmals sind die auf physikalische oder chemische Reize reagierenden Sensoren auch für mehrere dieser Aufgaben gedacht, weshalb die Einteilung fließend ist. Die Vielfältigkeit trotz gleicher Kernaufgaben zeigt einmal mehr, dass die Natur nicht auf vorhandene Lösungen zugreifen kann, wie das in der Technik üblich ist. Stattdessen müssen diese Aufgaben wieder und immer wieder gelöst werden, was aufgrund der ungerichteten Lösungsfindungsmethode (der Evolution) letztlich für die hohe Variation der Lösungen sorgt.

---

[85] Die Angabe der Anzahl variiert in der Literatur, was an den Unterschieden zwischen den Rassen liegen könnte. So haben Schäferhunde ca. 220 Millionen Riechzellen, Dackel nur ca. 125 Millionen [OV18-3].

[86] Die Anzahl variiert in der Literatur stark. [Vie16] gibt 5 Millionen an, während in [Hat05] beim Menschen 30 Millionen Riechzellen angenommen werden

Begriffsdefinition, Funktion und Übersicht Sensoren und Sinne

Sensoren können auch als Detektoren, Rezeptor[87], Aufnehmer, Fühler oder ganz allgemein als Erkennungselement bezeichnet werden. Sie detektieren (fühlen, erkennen, …) physikalische oder chemische Reize bzw. deren Änderungen. Lebewesen nehmen derartige Reize mit ihren Sinnen auf.

Als Sinneswahrnehmung wird der gesamte Prozess der Erfassung eines Reizes, der Weiterleitung und eventuellen Verstärkung, der Verarbeitung und eventuellen Auswahl, und der Interpretation verstanden. Ohne diese gesamte Kette wären die vom Sensor ausgehenden Signale nicht verständlich. Wenn sich mehrere Menschen gleichzeitig in einer Gruppe miteinander unterhalten, gelangen sämtliche akustische Signale in das Gehirn. Erst die Auswahl der vom Gegenüber an uns gerichteten Worte machen diese Signale für uns verstehbar.

Üblicherweise wird im Zusammenhang mit Sinneswahrnehmungen des Menschen von den fünf Sinnen gesprochen, die das Hören, Sehen, Schmecken, Riechen, und Tasten umfassen. Tatsächlich kann der Mensch aber noch weitere physikalische Reize detektieren bzw. wahrnehmen. Diese sind Wärme bzw. Kälte, die Einwirkung von Beschleunigung und Schwerkraft, sowie von Drehungen. Hinzu kommt noch der Schmerzsinn, der ebenfalls physikalische Reize wie mechanischen Druck oder große Wärme, aber auch chemische Reize wahrnehmen kann. Die Reizschwelle des Schmerzsinns ist sehr hoch, die ihn auslösenden Reize werden als noxische = gewebeschädigende Reize bezeichnet. Weitere Sinne betreffen verschiedene Körperempfindungen wie die Propriozeption (auch Tiefensensibilität oder kinästhetische Wahrnehmung genannt), welche die Wahrnehmung der Stellung und der Bewegung von Körpergliedern, und die Abschätzung der von diesen aufzubringenden Kraft beschreibt. So können wir mit letzterem z. B. das Gewicht eines in die Hand genommenen Gegenstandes abschätzen, oder uns mit geschlossenen Augen zielsicher auf die eigene Nasenspitze tippen. Ebenfalls eine Körperempfindung ist die Viszerozeption oder auch das Eingeweidegefühl, welches, oft unbemerkt, die Funktion der inneren Organe überwacht. [Bir10]

Streng genommen müsste aufgrund der obigen Aufzählung von wesentlich mehr als nur von den fünf menschlichen Sinnen die Rede sein. Allerdings lassen sich einige der genannten Sinne als „haptische Wahrnehmungen" zusammenfassen [Gru09; Bra12; Küh14]. Demnach kann den haptischen Sinnen der Temperatursinn, der Tastsinn, der Schmerzsinn, die Propriozeption und die Viszerozeption zugeordnet werden, wodurch sich wieder fünf (übergeordnete) Sinne ergeben.

Manche Tiere besitzen darüber hinaus noch Sinne für die Änderung bzw. das Vorhandensein von Magnetfeldern und von elektrischen Feldern, und von Druckwellen im Wasser. In der Literatur wird zuweilen auch die Wahrnehmung von Infrarotstrahlung oder von polarisiertem Licht als weiterer Sinn aufgeführt. Hier handelt es sich aber um elektromagnetische Strahlung, die sich vom sichtbaren Licht nur durch die Wellenlänge

---

[87] Rezeptorzellen oder kurz Rezeptoren sind Zellen, die Sinnesreize aufnehmen können. In der Biochemie werden dagegen auch Proteine, an die Signalmoleküle anbinden können, als Rezeptor bezeichnet.

unterscheidet, weshalb derartige Wahrnehmungen hier zu den optischen Sensoren gezählt werden. Ansonsten müssten in logischer Konsequenz auch die Detektion der vom Menschen nicht wahrnehmbaren Ultra- und Infraschallbereiche als einzelne Sinne angesehen werden.

Die Erfassung der Reize in den Rezeptoren und die Signalweiterleitung erfolgt grundsätzlich in einem zweistufigen Prozess. Bei der Transduktion bewirkt der Reiz zunächst ein elektrisches Rezeptorpotential, auch Sensorpotential genannt, das sich in einer lokalen Änderung des Membranpotentials äußert[88]. Daraus folgt, dass man Sensoren auch definieren kann als Bereiche von Membranabschnitten von Zellen, welche die Sensorpotentiale ausbilden können. [Zim05] Die Potentialerzeugung geschieht durch Vorgänge in der Zelle bzw. deren direkter Umgebung. Grundsätzlich verantwortlich für das Vorhandensein eines Potentials – und damit einer an der Membran anliegenden Spannung – ist die ungleiche Verteilung von Ionen innerhalb und außerhalb der Zelle. Die Änderung des Potentials geschieht durch Ionentransfer über die Membran (Diffusionspotential), das zum einen vom Konzentrationsgradienten abhängig ist, und zum anderen von der Durchlässigkeit der Membran für bestimmte Ionen (selektive Permeabilität) über Ionenkanäle, siehe hierzu auch Abb. 3-44. Ein äußerer Reiz kann die Membranpermeabilität beeinflussen, wodurch sich Potential und auch Spannung ändern. Der Reiz ist dabei nur der Auslöser, aber nicht die Energiequelle, weshalb mit der Transduktion grundsätzlich auch eine (Signal-) Verstärkung verbunden ist. [Bir10] In der anschließenden Transformation wird das Potential als elektrisches Signal in das zentrale Nervensystem geleitet. Ionenpumpen in der Membranwand sorgen für einen Rücktransport der Ionen, um den Rezeptor wieder erregbar zu machen.

Obwohl die Grundfunktion – Reiz erzeugt Aktionspotential, das als Spannungsimpuls an das Gehirn geleitet wird – für alle Sensoren gleich ist, gibt es Unterschiede in der „Bauart" und den das Aktionspotential auslösenden Reaktionen. Dies gilt mitunter auch für Sensoren, die ähnliche oder sogar gleiche Reize detektieren. Bei den chemischen Sensoren ist das Auftreffen von Molekülen in Gasen oder Lösungen für die Änderung des Aktionspotentials verantwortlich, bei den elektrischen Sensoren von z. B. Haien sind es Änderungen im elektrischen Feld der Umgebung. Bei diesen Sensoren löst der zu detektierende Reiz unmittelbar die Freigabe, die Sperre oder allgemein die Änderung des Aktionspotentials aus, weshalb man hier von einem direkten Detektionsprinzip sprechen könnte. Dagegen erfolgt bei den Sensoren der optischen Wahrnehmung die Änderung des Aktionspotentials durch ein indirektes Detektionsprinzip. Auftreffende Photonen („Lichtteilchen") setzen chemische Reaktionen in Gang (Isomerisierung der Sehpigmente), die zu Änderungen des Aktionspotentials führen. Ähnlich verhält es sich bei den akustischen Sensoren. Die Schallwellen akustischer Reize führen über ein kompliziertes System zu auf die Sinneshaare des Innenohrs einwirkenden mechanischen Kräften. Detektiert wird letztlich die Auslenkung bzw. Biegung dieser Sinneshaare.

---

[88] Je nach Rezeptortyp wird bei Anliegen eines Reizes entweder ein Aktionspotential aufgebaut, oder ein vorhandenes Potential frei gegeben oder auch gesperrt. Vorteil der Freigabe eines vorhandenen Potentials ist die schnellere Reaktionsfähigkeit des Rezeptors, da nicht erst ein Potential aufgebaut werden muss. Siehe hierzu z. B. die Haarsinneszellen des Innenohrs, die im Abschnitt akustische Sensoren beschrieben werden.

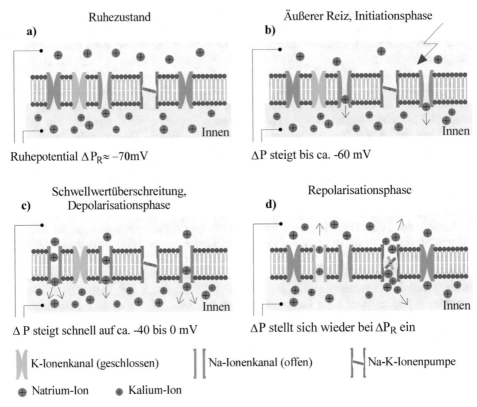

Abb. 3-44 Vereinfachtes Schema der Erzeugung eines Sensorpotentials: **a)** Im Ruhemembranpotential, bei Nervenzellen der Säugetiere ca. -70 mV, entspricht der Übertritt von Ionen etwa dem Potential der Zelle, welche dadurch ausgeglichen sind. **b)** Ein äußerer Reiz erhöht die Depolarisation der Zelle (Initiationsphase), Na-Ionenkanäle öffnen sich langsam und Na-Ionen wandern in die Zelle, bis ein Schwellwert positiv von ca. -60 mV erreicht ist. **c)** Oberhalb des Schwellenwerts öffnen in einer Art Kettenreaktion schnell immer mehr Na-Ionenkanäle, und das Aktionspotential wird erreicht (Depolarisationsphase). **d)** Mit größer werdendem Potential schließen die Na-Ionenkanäle. Die K-Ionenkanäle öffnen sich, wodurch K-Ionen nach außen wandern. Na-K-Ionenpumpen befördern die Na-Ionen aus der Zelle, und die dort nun fehlenden K-Ionen wieder in die Zelle, bis das vorherige Ruhepotential erreicht ist. Bei manchen Zellen sinkt das Potential kurzzeitig auch bis unter das Ruhepotential ab (Nachhyperpolarisation). Für weiterführende Informationen siehe z. B. [Cla09; Fak05].

Bei den Sensoren der thermischen Wahrnehmung finden sich beide Prinzipien. Die Thermorezeptoren liegen als freie Enden von Nervenzellen (Neuronen[89]) im Körper und vor allem in der Haut, und reagieren auf Temperaturänderungen (des umgebenden Gewebes) mit einer Änderung des Aktionspotentials. An der Haut kann diese Temperaturänderung z. B. über Konvektion warmer Luft oder auch durch Wärmestrahlung ausgelöst werden. Manchen Schlangen und Käfer besitzen außerdem noch besondere Rezeptoren für Wärmestrahlung (häufig als Infrarotrezeptoren bezeichnet), bei denen die Detektion über den Umweg der Volumenzunahme erwärmter Stoffe erfolgt, die sich bei behinderter Ausdehnungsmöglichkeit in einer Druckerhöhung

---

[89] Ein Neuron ist eine Nervenzelle, also eine auf Erregungsleitung spezialisierte Zelle.

äußert. Detektiert werden hierbei also letztlich mechanische Kräfte bzw. Druckunterschiede. Die Detektion von tatsächlich auf Körper einwirkenden (Druck-)Kräften erfolgt über sogenannte Mechanosensoren. Im Gegensatz zu den Thermosensoren oder den Nozisensoren münden die Nervenenden hier in „komplexen Hilfsstrukturen" [Fri19a], deren Aufbau das Reaktionsverhalten bestimmt (Reaktion nur auf statische Kraft, auf Vibrationen, auf bewegte Hautdeformation usw.). Die Nozisensoren detektieren ähnliche Reize wie die Thermo- oder Mechanosensoren, sprechen aber erst ab einer gewebsschädigenden Höhe der Temperatur oder von auf Haut, Muskeln usw. einwirkenden Kräften an.

Die nachfolgende Übersicht der Sensoren orientiert sich ungeachtet der Einteilung in fünf Sinne (beim Menschen) oder der Untergliederung der haptischen Sinne an den unterschiedlichen Sensortypen, und den von ihnen detektierten Reizen. Die gewählte Benennung ist nicht allgemeingültig, da in der Literatur nicht einheitlich. So werden z. B. die für den Geschmack verantwortlichen chemischen Sensoren auch mit „Geschmackssensoren" bezeichnet.

Sensortyp	Detektiert	Sinn
Optische Sensoren	Elektromagnetische Strahlung bzw. Photonen	Sehsinn
Akustische Sensoren	Schallwellen	Hörsinn
Chemische Sensoren	Moleküle aus Gasen oder Lösungen	Geruchssinn Geschmackssinn
Taktile Sensoren	Druck, Berührung, Dehnung, Vibration	Tastsinn
Thermosensoren[90]	Temperatur / Wärmestrahlung	Temperatursinn
Nozisensoren	Mechanische, thermische oder chemische noxische Reize	Schmerzsinn
Schweresensoren	Abweichungen von der Senkrechten, Beschleunigungen	Raumlagesinn
Trägheitssensoren	Drehungen des Körpers um die Raumachsen	Drehsinn
Magnetempfindliche Sensoren	Magnetfelder	Magnetsinn
Spannungsempfindliche Sensoren	Elektrische Felder	Elektrosinn

Abb. 3-45 Übersicht der Sensortypen des Tierreichs

---

[90] Die hier gemeinten Thermosensoren fassen Kalt- und Warmsensoren zusammen.

Die Funktionsweise und der Aufbau der Sensoren des Menschen sind gut bekannt, auch wenn lange noch nicht alle Details verstanden sind. So gibt es z. B. „niederschwellige" Mechanosensoren eines bestimmten Typs (C-Fasern), welche Reize wie Berührungen nur mit dem 50stel der Geschwindigkeit anderer Mechanosensoren weiterleiten. [McG14] Die Berührung wurde also bereits „gemeldet", wenn das Signal der niederschwelligen Mechanosensoren ankommt. Der Zweck dieser Meldung könnte, so die derzeitige Meinung, ein Beitrag zur „Behaglichkeit des Körperkontakts" sein [Zim05]. So wie dies nur eine derzeitige[91] Hypothese ist, weiß man auch über die genaue Beschaffenheit dieser Sensoren nur wenig. So heißt es beispielsweise in [McG14] „Their precise anatomical location in human hairy skin is also unknown, and we do not know anything about their receptor neurobiology."

Im Vergleich zum Menschen weiß man über die vielfältigen Sensoren des Tierreichs noch recht wenig. Zwar sind bestimmte Sensoren bereits seit längerem bekannt und recht gut erforscht, wie die Echoortung der Fledermäuse oder der Elektrosinn der Haie. Demgegenüber wurde der noch nicht ganz verstandene Elektrosinn der Delfine aber erst 2011 entdeckt [Cze11]. Während Informationen über die genaue Funktion und den Aufbau tierischer Sensoren daher eher spärlich sind, finden sich in der Literatur aber oft zumindest deren „Leistungsdaten", und Beschreibungen bestimmter, vom Grundbauplan vergleichbarer Sensoren abweichender Besonderheiten.

Da die Bionik die Sensoren nicht eins zu eins nachbauen möchte (siehe hierzu auch die Definition der Bionik), müssen auch nicht immer alle Details bekannt sein. Häufig genügen schon ein besonderes Prinzip oder Grundkenntnisse über die Bauart als Inspiration für eine technische Anwendung.

Im Folgenden werden einige für die Bionik interessante Sensoren und aus ihnen abgeleitete technische Anwendungen vorgestellt. Für eine allumfassende Beschreibung, insbesondere der bislang bekannten Funktionsdetails, muss hier auf die Fachliteratur der Biologie verwiesen werden[92].

Optische Sensoren

Der wohl bekannteste biologische optische Sensor, das Auge des Menschen bzw. der Wirbeltiere, ist ein Beispiel für das höchstentwickelte Linsenauge, das die Natur nach derzeitiger Kenntnis hervorgebracht hat. Verkürzt beschrieben besteht es aus einer flexiblen Linse, die für das Scharfsehen in unterschiedlichen Entfernungen verantwortlich ist, der vor ihr liegenden Iris, die mit ihrer Größenänderung die Lichtausbeute bestimmt, dem kugelförmigen Glaskörper, der das Auge in Form hält, und der Netzhaut, welche die Lichtrezeptoren enthält und den Glaskörper größtenteils umgibt. Die Art und Anzahl der Rezeptoren entscheidet über die Fähigkeit zum Farbensehen und der Tag- und Nachsehfähigkeit. Die sogenannten Stäbchen sind für das Hell- / Dunkelsehen verantwortlich, die Zapfen für das Farbensehen. Vor der Linse liegt die durchsichtige Hornhaut, welche das Auge schützt. Die einfachere Form ist das Lochauge (auch Lochkameraauge) vieler Weichtiere, bei der statt der Linse nur eine Öffnung (Loch) vorhanden ist, die durch eine Einstülpung der Außenhaut gebildet wird,

---

[91] Stand 2019
[92] Z. B. [Dud01; Fri19a; Sch05]

auf der auch die Rezeptoren sitzen. Der Glaskörper ist durch eine Art durchsichtigen Schleim ersetzt, die Hornhaut fehlt. Mit diesem Auge können durch das Loch mehr oder weniger scharfe Bilder erkannt werden. Einen noch einfacheren Aufbau hat das Grubenauge, bei dem die Außenhaut nicht rund, sondern grubenförmig eingebuchtet ist, hier fehlt also eine definierte Öffnung. Diese Augen können nur Helligkeitsunterschiede und die Richtung der Lichtquelle detektieren. In der noch einfacheren Variation des Flachauges von z. B Quallen gibt es keine Grube, die Rezeptoren befinden sich in einem bestimmten Bereich auf der Außenhaut. Hiermit können nur Helligkeitsunterschiede wahrgenommen werden. Abb. 3-46 zeigt den Aufbau des Wirbeltierauges und die vorangehenden Stufen.

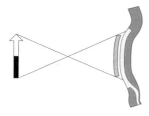

Flachauge mit Pigmentzellen
nur Hell-/Dunkelsehen

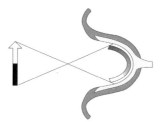

Vertiefung mit Pigmentzellen
(Gruben- bzw. Becherauge)
Hell-/Dunkel-Richtungssehen

durchsichtiger
Schleim

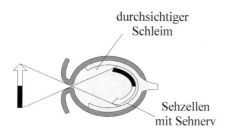

Sehzellen
mit Sehnerv

Lochkameraauge
Bildsehen mit eingeschränktem
Entfernungssehen

Linse

Glaskörper

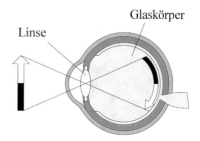

Linsenauge
Bild- und Farbensehen
mit adaptierbarem Entfernungsehen

Abb. 3-46 Aufbau der Wirbeltieraugen und Vorläuferstufen

Die modernen Digitalkameras, obwohl keine bionische Erfindung, funktionieren grundsätzlich nach dem gleichen Prinzip: Das von der verstellbaren Blende (↔ Iris) dosierte Licht fällt durch das Objektiv (↔ Linse) auf einen Bildsensor (↔ Netzhaut).
Die zunehmende Miniaturisierung auch der Kameras, z. B. für Mobiltelefone, bringt bei diesem Standardaufbau das Problem mit sich, dass sich das Objektiv bzw. die Linse nicht beliebig verkleinern lässt. Derzeitige Objektive sind circa fünf Millimeter hoch, und ragen bei flachen Mobiltelefonen über die Oberfläche raus (die sogenannte „Kamera-Beule" bzw. der „Camera-Bump" [FhG17]), siehe Abb. 3-47. Eine Lösung, um den „Bump" bei gleichzeitig noch flacherer Bauart zu vermeiden, ist die Verwendung von bei den Augen der Insekten abgeschauten Kameras.

Abb. 3-47 Der sogenannte „Camera Bump" eines Mobiltelefons: Die Kamera steht wegen der Baugröße des Objektivs über

Die Facetten- oder auch Komplexaugen von z. B. Fliegen oder Libellen setzen sich aus einer Vielzahl von Einzelaugen (Ommatidien) zusammen. Die Ommatidien bestehen aus einer Linse mit einem darunter befindlichen Kristallkörper. Durch diesen wird das Licht zu den Sehstäbchen geleitet, die vom Rhabdom umgeben sind, der aus lichtempfindlichen Zellen besteht, Abb. 3-48.

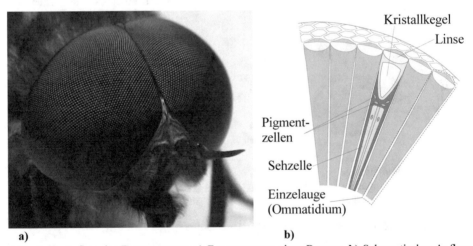

a)   b)

Abb. 3-48 Aufbau des Facettenauges: a) Facettenaugen einer Bremse, b) Schematischer Aufbau eines Einzelauges

Die Facettenaugen bauen wesentlich kleiner als die Wirbeltieraugen, was sich auch auf die von ihnen abgeleiteten Kameras übertragen lässt. Forschern des Fraunhofer-Institut für Angewandte Optik und Feinmechanik IOF, Jena, sind die Übertragung des Prinzips und der Bau derartiger Mikrooptiken gelungen. Die gesamte Kamera soll dadurch bei einer Auflösung von 4 Megapixeln nur zwei Millimeter hoch bauen. Möglich wären auch Kameras mit einer „Auflösungen von mehr als 10 Megapixel bei einer Kameradicke von nur etwa dreieinhalb Millimetern" [FhG17]. Anwendungen sieht das IOF nicht nur bei Mobiltelefonen, sondern auch in der Medizintechnik, der Robotik und der Automobilindustrie.

Eine andere technische Anwendung nutzt die Rundumsicht der Insektenaugen. Das menschliche Auge kann in Ruhelage und ohne Kopfbewegung einen Bereich von maximal 180° erkennen [Stü10], wobei die Randzonen undeutlich sind. Das Facettenauge der Fliege ermöglicht nicht nur einen größeren Gesichtsfeldbereich von circa 300°, hier sind auch die Randbereiche genauso scharf wie die Bereiche in der Mitte, da jedes Einzelauge gleich gebaut ist und auch ein gleich gutes Bild liefert. Forscher der Universität Bielefeld haben auf Basis der Augen von Bienen eine 40 Gramm leichte Minikamera mit einem Sichtbereich von 280° konzipiert. Die Sichtbarmachung der Randbereiche erfolgt über einen in einer Acrylglaskugel integrierten gewölbten Spiegel. [Stü10]

Den optischen Sensoren ist gemein, dass sie Licht, also elektromagnetische Wellen, nur in bestimmten Wellenlängenbereichen wahrnehmen können. Für das Farbensehen sind die Zapfen verantwortlich (Abb. 3-46). Die meisten Säugetiere besitzen zwei Zapfensorten (für die Farben Grün und Blau), die Menschen und manche Affen drei (für Grün, Blau und Rot), während die Insekten, Fische, Amphibien, Reptilien und Vögel vier Sorten haben (für Violett, Grün, Blau, Rot). Die Absorptionskurven der Farben sind in den verschiedenen Klassen und teilweise auch von Art zu Art mehr oder weniger stark verschoben. Abb. 3-49 stellt die Absorptionskurven des Menschen und der Vögel schematisch dar.

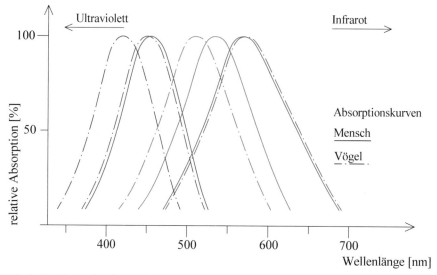

Abb. 3-49 Absorptionskurve des Menschen und der Vögel (Schema)

Jüngere Forschungsergebnisse haben gezeigt, dass Fische – im Experiment wurden Buntbarsche untersucht – auch das nahe Infrarot oberhalb 780 nm sehen können [Meu12]. Und auch weitere Tiere wie z. B. Katzen stehen im Verdacht, infrarotes Licht sehen zu können, hier werden in Zukunft sicher noch einige Erkenntnisse gewonnen werden.

In der Literatur, insbesondere der populärwissenschaftlichen, ist mitunter auch die Rede davon, dass bestimmte Schlangen- und auch Käferarten Infrarot *sehen* können, ganz im

Gegensatz zum Menschen, der infrarote Strahlung *nicht wahrnimmt*. Ohne Quellen zitieren zu wollen, müssen beide Aussagen als falsch, oder zumindest so nicht richtig beurteilt werden. Wie jeder, der schon mal einen Infrarotstrahler benutzt hat, bestätigen kann, wird die Infrarotstrahlung sehr wohl vom Menschen wahrgenommen, und zwar als Wärme(-Strahlung). Und so ähnlich verhält sich das auch bei den angeführten Tieren, die, zugegebenermaßen, infrarote Wärmestrahlung deutlich präziser als Menschen detektieren können, und diese Informationen auch anderes auswerten. So sollen manche Schlangen in der Lage sein, aufgrund der detektierten Infrarotstrahlung ein dreidimensionales „Bild" ihrer Umgebung wahrzunehmen, was vermutlich bei vielen Lesern die Assoziation „Sehen" hervorruft. Trotzdem handelt es sich hier um thermische und nicht um optische Sensoren, die daher im nächsten Abschnitt besprochen werden.

Und nebenbei bemerkt: Unter bestimmten Umständen sollen nach neueren Erkenntnissen Menschen auch in der Lage sein, infrarote Strahlung mit den Augen zu sehen. Dann nämlich, so besagt die Theorie, wenn zwei der eigentlich für unsere Rezeptoren zu schwachen infraroten Lichtteilchen (Photonen) gleichzeitig auf die Netzhaut treffen. Im Ergebnis sollen dann schwache, grünliche Lichtblitze wahrnehmbar sein [Pal14].

Thermosensoren

Über die Vielfalt der Thermosensoren im Tierreich, sowie über deren genaue Funktion, ist relativ wenig bekannt [OV12-2]. Gut dokumentiert sind die thermischen Sensoren des Menschen und einiger spezieller Tiere wie bestimmte Käfer- und Schlangenarten, auf die nachfolgend noch eingegangen wird. Beim Menschen, stellvertretend für wahrscheinlich sehr viele Lebewesen, sind die Thermosensoren zur Messung der Körpertemperatur zweigeteilt in Warm- und Kaltsensoren. Sie bestehen aus freien Nervenendigungen in der Haut, in den Schleimhäuten und wahrscheinlich auch in vielen Organen. Die Sensoren bauen bei konstanter Temperatur kontinuierlich Potentiale auf, die als Impulse konstanter, einer Temperatur zugehörigen Frequenz, in das Gehirn gesendet werden. Bei Temperaturänderungen ändert sich die Impulsfrequenz sehr stark, um sich dann auf einem neuen Frequenzniveau (=Temperaturniveau) einzupendeln. [Spe99].

Testurteil mangelhaft: Die menschlichen Temperatursensoren

Der Mechanismus der ständigen Temperaturmessung ist besonders bei endothermen („warmblütigen") Tieren inklusive des Menschen überlebenswichtig, und offensichtlich effektiv genug für eine gut funktionierende Regulierung der Körpertemperatur. Aus Sicht der Technik muss die „Messfähigkeit" unserer Thermosensoren jedoch als mangelhaft bezeichnet werden, was vor allem in der recht schnellen Adaption und Desensibilisierung liegt. Gemeint ist damit die Anpassung an eine vormals als warm oder kalt empfundene Temperatur. Bei der an der Haut gemessenen sogenannten Indifferenztemperatur, die je nach klimatischen Verhältnissen und individueller Anpassung beim erwachsenen Menschen zwischen circa 27–31 °C liegen kann[93], wird weder ein Wärme- noch ein Kälteempfinden wahrgenommen [Gun14]. Dass sich dieser Bereich in gewissen Grenzen sehr leicht verschieben lässt, beweist der „Sprung ins kalte Wasser", hier nicht als Sprichwort, sondern wörtlich gemeint. Wenn die Wassertemperatur nicht zu weit unterhalb der persönlichen Indifferenztemperatur liegt,

---

[93] In einer Luftumgebung; in Wasser liegt der Bereich zwischen ca. 34,5 bis 35 °C [Gun14].

wird es nach kurzer Zeit nicht mehr als kalt empfunden, die Sensoren haben die neue Hauttemperatur adaptiert. Dabei kann es auch leicht zu Fehlmessungen kommen, wie ein bekanntes Experiment zeigt. Dazu wird eine Hand in ein Gefäß mit kaltem, und gleichzeitig die andere Hand in ein Gefäß mit warmem Wasser gehalten. Nach einiger Zeit werden beide Hände gemeinsam in ein drittes Gefäß mit Wasser gehalten, dessen Temperatur zwischen der in den beiden anderen Gefäßen liegt. Die Hand, die vorher im kalten Wasser war, wird die Temperatur im dritten Gefäß als „warm" annehmen, während die andere Hand „kalt" empfindet.

Fische gelten gegenüber den Säugetieren allgemein als „primitiv", womit gemeint ist, dass deren Physiologie weniger weit entwickelt ist. Für etliche Merkmale mag dies zutreffen, nicht aber für den Temperatursinn. Dieser ist mit einer Unterscheidungsfähigkeit von einigen Hundertstel Grad nicht nur wesentlich feinfühliger als der des Menschen, er lässt sich auch nicht so leicht überlisten. Fische können eine bestimmte Zieltemperatur erkennen, egal, ob sie nun vorher in kälterem oder wärmerem Wasser waren. [Drö94; Reh02]

Der absolute Temperatursinn der Fische ist zwar objektiv besser, der leicht beeinflussbare des Menschen hat aber auch Vorteile. Es kann nicht ausgeschlossen werden, dass gerade die eigentlich „mangelhafte" Eigenschaft der Adaption einmal zu einer technischen Anwendung führen könnte, z. B. bei selbstlernenden Maschinen, welche sich dadurch automatisch an neue Gegebenheiten anpassen können, und den neuen Zustand als normal ansehen.

Noch empfindlicher als die Thermosensoren der Fische sind die mancher Schlangen und Käfer, welche darüber hinaus auch relativ schwache Infrarotstrahlung über gewisse Distanzen wahrnehmen können. Unterschieden werden können dabei zwei Arten von Thermorezeptoren, die an verschiedenen Stellen des Körpers lokalisiert sind. Wohl am bekanntesten ist die Infrarot-Detektionsfähigkeit der Grubenottern, einer Unterfamilie der Vipern, die ihren deutschen Familiennamen den für die Detektion der Infrarotstrahlung verantwortlichen Grubenorganen verdanken. Diese befinden sich paarig in einer grubenähnlichen Vertiefung am Kopf zwischen Auge und Nasenloch (Abb. 3-50). Der Aufbau der Gruben wird je nach Literatur mit einer Lochkamera [Ebe07; Spe99-3] oder einem Parabolspiegel verglichen [Wes10]. Die Gruben sind 1 bis 5 mm tief [Ebe07] und besitzen in ihrem Inneren eine gut durchblutete Membran, welche die Grube unterteilt (Grubenmembran). In die Membran münden Nervenendigungen des *Nervus trigeminus,* der im Zusammenspiel mit dem nur bei Infrarot wahrnehmenden Schlangen vorkommenden Protein TRPA1 den Schlangen ermöglicht, Temperaturänderungen detektieren zu können [Spe10-2]. Gemessen wird damit speziell Wärmestrahlung im Infrarotbereich von wenigen µm bis etwa 1 mm Wellenlänge, wobei das Hauptabsorptionsspektrum im Bereich 10 µm liegt [Ebe07]. Durch den paarigen Aufbau zu beiden Seiten des Kopfes und das „Lochkameraprinzip" (vergl. auch Abb. 3-46 ist eine Richtungserkennung der Infrarotstrahlung möglich. Es wird davon ausgegangen, dass die Schlangen ein dreidimensionales Bild der Wärmequelle, i. A. warmblütige Säugetiere, „sehen" können. [Wes10; Spe99-3]

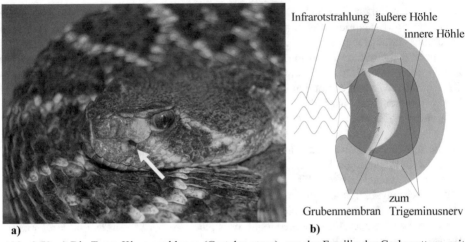

a)   b)

Abb. 3-50 **a)** Die Texas-Klapperschlange (Crotalus atrox), aus der Familie der Grubenottern, mit dem unterhalb und zwischen der Linie Auge-Nasenloch gelegenen Grubenorgan (Abdruck mit freundlicher Genehmigung des Tierpark Berlin). **b)** Schema des Grubenorgans [vgl. Newman & Hartline 1982; Fri19a])

Unabhängig von der Entwicklung der Grubenorgane haben manche andere Schlangen aus den Unterfamilien der Pythons und der Boas ähnliche, aber nicht ganz so effektive Organe entwickelt. Die sogenannten Labialgruben liegen am Ober- und/oder Unterkiefer der Tiere, und variieren in der Anzahl. Sie sind eher flächig als grubenförmig aufgebaut. Die Empfindlichkeit und die Reichweite der Labialgrubenorgane sind geringer als die der Grubenorgane. So können Klapperschlangen eine Temperaturdifferenz in einem Bereich von +/- 0,003 °C detektieren, während die Empfindlichkeit von z. B. der Königspython etwa eine Größenordnung geringer ist. Die Angaben zur Reichweite der Infrarotdetektion variieren. Während in [OV01] für Vipern eine Reichweite von circa 1,5 m angegeben wird, kann nach [Gre97] eine Grubenotter eine Maus aus 70 cm Entfernung wahrnehmen. In [Ebe07] wird für die Klapperschlange eine Reichweite von circa 100 cm angegeben, und für die Königspython, als Vertreter der Schlangen mit Labialgrube, circa 30 cm.

Käfer mit Angst vor heißen Füßen sucht Waldbrand

Auch der australische Feuer-Prachtkäfer (*Merimna atrata*) besitzt Organe zur Infraroterfassung. Deren Funktionsprinzip ähnelt denen der Schlangen. Vier an den Bauchplatten des Hinterleibs platzierte Sensoren messen die Infrarotstrahlung indirekt durch einen Anstieg der Temperatur. [Ble10; OV12]. Lange Zeit ging man davon aus, dass der Käfer mit seinen Sensoren Waldbrände ortet. Diese, bzw. das dort vorhandene frisch verbrannte Holz benötigt er zur Findung eines geeigneten Brutplatzes. Das Weibchen legt die Eier unter die Rinde der verbrannten Bäume, und die Larven ernähren sich vom verbrannten Holz [Ble10]. Neuere Untersuchungen von Wissenschaftlern der Universität Bonn haben gezeigt, dass der Käfer seine Infrarotsensoren dabei allerdings anders einsetzt als vermutet. Statt der Wärmestrahlung hin zu einem Waldbrand zu folgen, fliegen die Käfer, wenn sie denn einen Waldbrand gefunden haben, von Infrarotquellen weg und vermeiden damit, auf einem noch zu heißen Stamm zu landen. Mit anderen Worten: Die Sensoren schützen die Käfer vor Verbrennungen. Wie die

Tiere allerdings Brände orten und gezielt anfliegen können, bleibt damit offen. Die Wissenschaftler vermuten, dass hierfür der Geruchssinn eingesetzt wird. Zumindest konnte in Versuchen der Sehsinn dafür ausgeschlossen werden. [Hin18]

Laut [Ble10] und [OV12] gleicht das Funktionsprinzip der Infrarotdetektoren der Schlangen und des Feuer-Prachtkäfers dem technischen Prinzip eines Bolometers. Der bereits 1878 erfundene Bolometer[94] ist ein Sensor zur Erfassung elektromagnetischer Wellen durch Absorption der Strahlung in einem Körper mit geschwärzter Oberfläche, gemessen wird letztlich die Erwärmung des Körpers. Für eine kontinuierliche Wärmemessung muss der Körper gekühlt werden bzw. muss die aufgenommene Wärme an ein Reservoir abgeführt werden (Abb. 3-51).

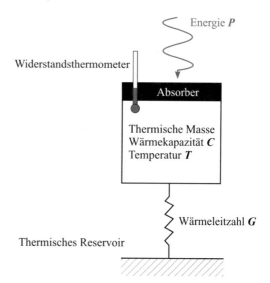

Abb. 3-51 Prinzip des Bolometers

Für die Technik ist demnach das Funktionsprinzip der Infrarotdetektoren der Schlangen und des Feuer-Prachtkäfers ein „alter Hut". Interessant wäre allerdings, wie die Käfer und Schlangen eine kontinuierliche Messung nach Art des Bolometers ohne, wie es scheint, kontinuierliche Kühlung bewerkstelligen, und auch die sehr geringe Baugröße insbesondere der Detektoren des Feuer-Prachtkäfers. Hier könnten weitere Untersuchungen Aufschluss geben, und eventuell zu neuen oder verbesserten technischen Lösungen führen.

Für die Bionik derzeit interessanter erscheinen das Leistungsvermögen und der Aufbau eines weiteren biologischen Infrarotsensors. Dieser findet sich zum einen bei einem Käfer der nördlichen Hemisphäre, der in seinem Reproduktionsverhalten ein Pendant zum australischen Feuer-Prachtkäfer sein könnte. Der schwarze Kiefernprachtkäfer (*Melanophila acuminata*) (Abb. 3-52) kann mit seinen extrem empfindlichen Sensoren Waldbrände bereits aus weiter Entfernung orten [OV04-2]. Zum anderen besitzen auch die Kiefernrindenwanzen der Gattung Aradus einen sehr ähnlich gebauten Infrarotsensor. Die Bauweise dieser Sensoren unterscheidet sich von den bisher vorgestellten Thermosensoren. Die Sensoren des Kiefernprachtkäfers und der

---

[94] Erfunden von dem US-amerikanischen Astrophysiker Samuel Pierpont Langley (1834-1906)

Rindenwanze bestehen aus kuppelförmigen Ausstülpungen der Chitin-Außenhaut (Cuticula). Bei dem Käfer finden sich je circa 70 derartiger Ausstülpungen in zwei Grubenorganen auf der Unterseite des Körpers im letzten Segment des Brustbereichs. Die im Durchmesser circa 12-15 µm großen und relativ starren Kuppeln bilden im Inneren eine hohlkugelige Kavität, die wiederum ein kugelförmiges Gebilde aus einer weicheren Chitinschicht umschließt. In der flüssigkeitsgefüllten inneren Kavität befindet sich gegenüber der Kuppelöffnung eine kleine Membran, welche Nervenzellen beinhaltet, die sich sehr wahrscheinlich aus Haarsinneszellen entwickelt haben [Klo11]. Haarsinneszellen als Mechanorezeptoren finden sich in erster Linie in den Gehörorganen vieler Tiere (siehe den Abschnitt akustische Sensoren). Aus diesem Grund ist in [Lue08] auch die Rede davon, dass die Käfer die Infrarotstrahlung gewissermaßen „hören" könnten.

Die Flüssigkeit erwärmt sich durch einfallende Infrarotstrahlung und dehnt sich aus, wobei die unterschiedlichen Hüllschichten der Kugel die Ausdehnung behindern, was zu einem Druckanstieg führt. Dieser wirkt wiederum auf die Membran, wodurch die modifizierten Haarsinneszellen gereizt werden und entsprechende Signale abgeben. Wahrscheinlich zum Druckausgleich, und damit zur Adaptierung langsamer Änderungen der Umgebungstemperatur finden sich Nanokanäle, welche die innere Hülle durchdringen und in ein Reservoir münden.

Genaue Beschreibungen des hier nur vereinfacht dargestellten Aufbaus und des Vorgangs der Detektion finden sich, auch für die ähnlichen Organe der Rindenwanze, in [Lue08; Klo11; Klo12].

Abb. 3-52 Schwarzer Kiefernprachtkäfer (Aus [Lue08] © AG Prof. Schmitz)

Auch zu diesem Sensor kann mit der Golay-Zelle[95] ein ähnliches technisches Gebilde benannt werden, wobei einige Unterschiede bestehen. Bei der Golay-Zelle fällt die Strahlung durch ein IR-durchlässiges Fenster in eine gasgefüllte Kammer, die einen IR-Absorber enthält. Der Absorber und damit das Gas der Kammer erwärmen sich, und das sich dadurch ausdehnende Gas verformt eine Membran an einer der Kammerwände. Die

---

[95] Die Golay-Zelle (auch Golay-Detektor) ist ein pneumatischer Strahlungsdetektor, der von dem Elektrotechniker Marcel J. E. Golay (1902-1989) entwickelt wurde.

Verformung der Membran wird durch aktives optisches System gemessen, und gibt nach Kalibrierung des Sensors Aufschluss über die aufgenommene Wärmeenergie. Auch bei der Golay-Zelle findet sich mit dem „compensation leak" ein den Nanokanälen entsprechendes Element zum Druckausgleich, Abb. 3-53b. Gegenüber dem prinzipiell ohne zusätzliche Energie auskommenden (passiven) Bolometer kommt die aktive Golay-Zelle ohne Kühlung aus.

Von technischem Interesse sind, wie schon angesprochen, der sehr kleine Aufbau der (ungekühlten) Detektoren, und die offensichtlich sehr hohe Empfindlichkeit. Bestätigende Untersuchungen stehen noch aus, aber Daten, die im Zusammenhang mit dem Feuer eines Öldepots im Jahre 1925 analysiert wurden, scheinen zu zeigen, dass die Käfer das Feuer aus rund 130 km Entfernung orten konnten. Damit wären die Sensoren der Käfer effektiver als die derzeit[96] am Markt verfügbaren, ungekühlten Infrarotsensoren. [Sch12-2] In [Lue08] wird auch die Reaktionszeit des biologischen Sensorsystems von *Melanophila acuminata* als etwa *„fünfmal schneller als technische Infrarot-Fühler"* angegeben.

Wissenschaftlern der Universität Bonn und des Forschungszentrums Jülich ist bereits der vereinfachte Nachbau eines Infrarotdetektors nach Vorbild des Kiefernprachtkäfers und auf Basis der Golay-Zelle gelungen (Abb. 3-53Abb. 3-51b), der in Zukunft weiter verfeinert werden soll. [Klo11]

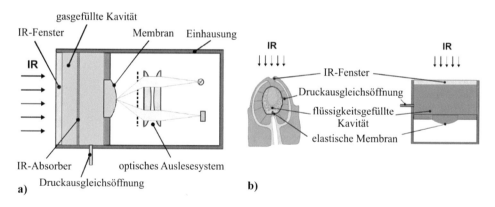

Abb. 3-53 **a)** Golay-Zelle, **b)** Modell eines IR-Sensors auf Basis der Golay-Zelle und des IR-Sensors des Kieferprachtkäfers (aus [Klo11])

Neben den erwähnten Schlangen, Käfern und Wanzen besitzen eine Reihe weiterer Tiere besondere Fähigkeiten in Bezug auf die Temperaturwahrnehmung. So kann die Vampirfledermaus, die sich ausschließlich vom Blut von Säugetieren ernährt, mit sehr empfindlichen Rezeptoren in ihrer Nase Wärmequellen in einem Abstand von 20 cm detektieren [Spe11]. Sehr wahrscheinlich nutzt sie diese Sensoren, um auf ihren Opfern, zumeist Rinder oder Pferde, gut durchblutete Regionen zu finden. Die Sensoren selber sind „neujustierte" normale Nozisensoren, wie sie die Säugetiere zur Warnung vor schädigenden hohen Temperaturen im Bereich über 43°C besitzen. Bei der Vampirfledermaus sprechen diese bereits ab 30°C an. [Spe11] Außerdem sind diese

---

[96] Stand 2012

veränderten Sensoren im Nasenbereich konzentriert und gleichzeitig ist auch die Temperaturschwelle dort sitzender Kaltrezeptoren erhöht. Die Reizweiterleitung verläuft, wie bei den Grubenottern, über den *Nervus trigeminus.*

Sicher werden durch Untersuchungen bzw. Berichte in der Zukunft noch eine Reihe weiterer Lebewesen mit bemerkenswerten, und eventuell für die Technik interessanten, Temperaturmesssystemen bekannt werden. Und es gibt durchaus auch zwar beschriebene, aber von der Wissenschaft noch nicht untersuchte derartige Messeinrichtungen. Als Beispiel soll am Schluss dieses Kapitels noch ein diesbezüglich interessantes, um nicht zu sagen wunderliches Tier vorgestellt werden, dessen deutscher Name bereits seine Fähigkeit erahnen lässt: Das Thermometerhuhn (*Leipoa ocellata,* auch Taubenwallnister), eine zu den Großfußhühnern gehörende, zumindest für kurze Strecken flugfähige, bodenbewohnende Art, die in Australien beheimatet ist. Statt einem Nest legen diese Vögel, zumeist der Hahn, Bruthügel an, indem sie zunächst eine Mulde von circa einem Meter Tiefe und circa drei Metern Breite scharren. Die Mulde wird mit Pflanzenmaterial ausgelegt, worüber eine Sandschicht kommt, so dass derartige Hügel eine Höhe bis 1,5 m und einen Durchmesser bis 4,5 m erreichen können. Zwischen der Sandschicht und dem darunter verrottenden Pflanzenmaterial befindet sich die Bruthöhle, in die das Weibchen über mehrere Tage verteilt bis über zwei Dutzend Eier legt. Das Männchen öffnet hierzu jedes Mal den Bruthügel, und verschließt ihn danach wieder. Die anschließende „Brutpflege" übernimmt ebenfalls das Männchen, indem es mehrmals täglich ein kleines Loch in seinen Hügel gräbt und darin mit seinem Schnabel die Temperatur misst. Je nach Ergebnis werden Teile des Hügels entfernt oder hinzugefügt. Das Verblüffende daran ist, dass der Hahn es dadurch schafft, die Temperatur in der Bruthöhle bei der für die Eientwicklung notwendigen Temperatur von 33,5°C[97] nahezu konstant zu halten. Nach bis zu 96 Tagen schlüpfen die Jungtiere, und arbeiten sich selbständig durch den Hügel hindurch ins Freie. [Kes15; OVOD-2]

Nicht nur der feine und bis dato noch nicht erforschte Temperatursinn des Thermometerhuhns ist sehr bemerkenswert. Auch das gesamte Brutverhalten, bei dem der bis 2 kg schwere Hahn fast 10 Monate im Jahr mit seinem Bruthügel beschäftigt ist und dabei Tonnen von Material bewegt, erscheint merkwürdig. So sehr, dass der mit seinen futuristisch-humoristischen Romanreihe „Per Anhalter durch die Galaxis" berühmt gewordene Autor Douglas Adams dem Thermometerhuhn in seinem ebenfalls humorvollen Reisebericht „Die letzten ihrer Art" einen Absatz widmet, der die offensichtliche Widersinnigkeit des enormen Aufwands beschreibt, den der Vogel betreibt, um sich die Mühe zu sparen, die Eier persönlich ausbrüten zu müssen. [vgl. Ada92]

Akustische Sensoren

Akustische Sensoren detektieren mechanische Schwingungen, die sich in einer elastischen Substanz ausbreiten. Die Substanz, in diesem Zusammenhang auch Ausbreitungsmedium oder kurz Medium genannt, kann flüssig, gasförmig oder auch fest sein. Das Fortpflanzen der Schwingungen wird unabhängig vom Medium als Schall oder auch als Schallwellen bezeichnet. In der Notwendigkeit eines Ausbreitungsmediums unterscheiden sich die Schallwellen von den elektromagnetischen Wellen des Sehsinns, die sich auch im Vakuum, also ohne eine Substanz, ausbreiten können.

---

[97] [Kes15] gibt hier 33°C an

Beim Menschen, stellvertretend für die Säugetiere, erfolgt die Detektion im Innenohr. Dieses besteht aus der 2 ½-mal gewendelten, knöchernen Schnecke (Kochlea), die sich über ihre gesamte Längsrichtung in drei Gänge (Vorhofgang, Schneckengang und Paukengang) unterteilt und mit Flüssigkeit gefüllt ist. Bei der Aufnahme von Schallwellen wird zunächst das Trommelfell, eine Membran im Mittelohr, in Schwingungen versetzt. Die Schwingungen werden mit circa 15-facher Untersetzung über die Gehörknöchelchen auf das ovale Fenster übertragen, eine Membran, die den Vorhofgang abschließt. Die Schallwellen laufen in der Flüssigkeit vom ovalen Fenster zum Ende der Schnecke, wo der Vorhofgang in den Paukengang übergeht, und über diesen zurück bis zum runden Fenster, eine weitere Membran. Das runde Fenster mündet wie das ovale Fenster in das Mittelohr. Der Paukengang ist gegen den Schneckengang durch die Basilarmembran getrennt, auf der mehrere Reihen von Haarsinneszellen sitzen, die zum Schneckengang mit der die Sinneshaare berührenden Tektorialmembran abgetrennt sind. Die von den Schallwellen verursachten Relativbewegungen der beiden letztgennannten Membranen verbiegen die Sinneshaare, die daraufhin über das Rezeptorpotential Signale in den Hörnerv senden, Abb. 3-54.

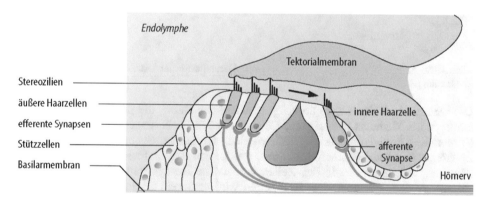

Abb. 3-54 Querschnitt durch einen Teil des Gehörgangs der Kochlea (Corti-Organ) (Aus [Zen05]; mit freundlicher Genehmigung von © Springer Medizin Verlag Heidelberg, All Rights Reserved)

In Abhängigkeit der empfangenen Tonhöhe werden unterschiedliche Stellen innerhalb der Schnecke in Schwingungen versetzt. Beim Menschen liegt der Bereich der hörbaren Töne zwischen 20 Hz (Anregung der Haarsinneszellen am Ende der Schnecke) bis circa 20 kHz (Anregung in der Nähe des ovalen Fensters). Die Schallwellen in der Schnecke können dabei sowohl über das Trommelfell erzeugt werden (Luftschall), als auch über den umgebenden Knochen (Körperschall). [vgl. Zen05; Fri19a]

Haarsinneszellen als Mechanorezeptoren bilden die Grundlage vielfältiger Sensoren im Tierreich einschließlich des Menschen. Sie kommen nahezu baugleich bei dem Gehörsinn vor, bei dem Schweresinn, dem Trägheitssinn, und auch bei den Seitenlinienorganen der Fische und wasserbewohnender Amphibien („Ferntastsinn"), von dem die Haarsinneszellen wahrscheinlich ursprünglich abstammen [Sün19]. In mehr oder weniger starken Abwandlungen finden sich Sinneshaare oder haarähnliche Strukturen auch bei den taktilen Sinnen von z. B. Säugetieren (Abb. 3-57) und auch bei Gliedertieren wie den Insekten (Abb. 3-59). Auch manche chemische Rezeptoren wie die

Antennen[98] der Insekten weisen eine haarähnliche Struktur auf, hier ist die grundlegende Funktionsweise jedoch eine andere.

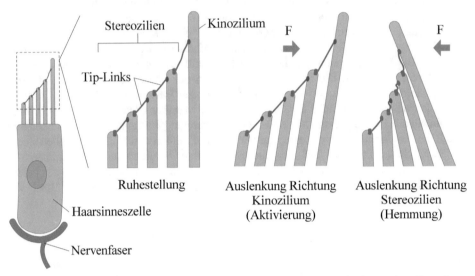

Abb. 3-55 Schema einer Haarsinneszelle mit Darstellung der Auslenkung der Sinneshaare Siehe auch [Fri19a; Zen05]

Die typische Haarsinneszelle überträgt mechanische Reize, die durch Bewegungen des umgebenden Mediums (Flüssigkeit, Gel) oder durch Berührungen (angrenzende eigene Körperteile, Fremdkörper) ausgelöst werden. Grundsätzlich besteht sie aus einem Zellkörper und haarähnlichen Strukturen, welche den Reiz aufnehmen und je nach Reiz (Biegung, Scherung) das in den Zellen vorhandene Rezeptorpotential frei geben oder sperren. Anders als in anderen Rezeptoren wird also kein Aktionspotential aufgebaut. Den Haarsinneszellen entspringen jeweils ein „Haupthaar" (Kinozilium), und bis zu 100[99] wesentlich kürzere, in der Länge abgestufte „Nebenhaaren" (Stereozilien). Der Aufbau des Kinozilium entspricht dem einer eukaryotischen Geißel, neun Mikrotubulipaare sind konzentrisch um zwei einzelne Mikrotubuli gruppiert (9+2-Aufbau, siehe Abb. 3-13). Die Stereozilien sind dagegen circa 4 bis 10 μm lange, fadenförmige Zellfortsätze (Mikrovilli) mit einem Durchmesser von 0,2 bis 0,8 μm [Bor12]. Während das Kinozilium der Haarsinneszellen der Kochlea sich beim Erwachsenen wieder zurückbildet, bleibt es bei den Schwere- und Lagesensoren, sowie beim Seitenlinienorgan vorhanden.

Verblüffend für die Wissenschaft und eine Erklärung für die zunächst rätselhaften vielfältigen Fähigkeiten der Sinneshaare ist ihre Funktionsweise. Eine ausführliche und anschauliche Beschreibung der Entschlüsselung und Funktion geben S. Frings und F. Müller in [Fri19a], die sich auf Arbeiten aus den 1980er Jahren von J. Hudspeth und D. Corey et al. beziehen. Verantwortlich für die Reizauslösung ist nicht die Basis der Haare,

---

[98] Als Antennen bezeichnet man die am Kopf vieler Gliederfüßer vorzufindenden paarweisen Fühler.

[99] Die Angaben in der Literatur schwanken. Während in [Zen05] bis zu 100 angegeben werden, wird in [Bor12] ein Bereich von 50 bis 150 genannt.

sondern ein Bereich in deren Spitzen. Dort befinden sich Proteinfäden, welche die Spitze einer Zilie mit der nächstgrößeren Zilie in Richtung des Kinoziliums verbindet (Tip-Links). Werden die Haare entlang dieser Verbindungsrichtung auf das Kinozilium hin ausgelenkt, straffen sich die Proteinfäden und es erfolgt eine Reizaktivierung. In der anderen Richtung entspannen sich die Proteinfäden, und dämpfen das vorhandene Rezeptorpotential. Bewegungen quer zur Verbindung haben keine Auswirkungen. Die extrem empfindlichen Sinneshärchen können mit dieser Konstruktion Auslenkungen bis hinunter zu 0,003° registrieren. Frings und Müller übertragen diesen Bereich zum Vergleich auf den circa 300 m hohen Eifelturm, dessen Spitze sich dann nur um circa 2 cm verschoben hätte. Geklärt werden konnte auch der Mechanismus der Adaption. Demnach können die Verbindungsstellen der Tip-Links wandern, und so bei einer bleibenden Auslenkung der Zilien wieder die Grundspannung einstellen. Eine genauere Erklärung des Mechanismus findet sich in [Fri19a].

Bei der Verbindung der Haarsinneszellen mit den Nerven (Synapse) wird unterschieden zwischen afferenten Nervenfasern, welche die detektierten Impulse in das zentrale Nervensystem leiten, und efferenten, vom Gehirn kommenden Nervenfaser, über die eine Reizverstärkung oder -verminderung bis zur vollständigen Abschaltung gesteuert werden kann. Grundsätzlich können Haarsinneszellen beide Nervenverbindungen besitzen. Während bei den Seitenlinienorganen in der Literatur die Haarsinneszellen häufig mit beiden Synapsen dargestellt und beschrieben werden (so z. B. bei [Kol91; Rei00]), ist von den gut untersuchten Haarsinneszellen der Kochlea bekannt, dass diese nur teilweise auch über efferente Synapsen verfügen. Darüber hinaus haben 90 % der afferenten Nervenfaser nur eine Synapse mit einer einzigen, inneren Haarzelle. Das bedeutet, dass hauptsächlich die inneren Haarzellen Schallinformationen an das Gehirn senden.

Als typische Mechanorezeptoren kommen Haarsinneszellen oder Abwandlungen davon auch bei den taktilen Sensoren vor. Die zahlreichen Projekte, welche sich mit der Entwicklung bionischer, auf den Haarsinneszellen basierender Sensoren beschäftigen, werden im Abschnitt taktile Sensoren besprochen. Im Folgenden werden daher Besonderheiten der akustischen Wahrnehmung und davon inspirierte technischen Anwendungen behandelt.

Die wohl bekanntesten, bei weitem aber nicht die einzigen Akustikspezialisten des Tierreichs, sind die Fledermäuse. Obwohl ihr Gehör anatomisch weitgehend dem unseren entspricht, können die Tiere Frequenzen noch bis 200 kHz wahrnehmen. Für ihre Echoortung zur Orientierung und zum Beutefang nutzen sie den Bereich um 60 kHz, für die ihr Gehör etwa 100-mal empfindlicher ist als für andere Frequenzen (Durch Absenkung der Hörschwelle um circa 40 dB) [Fri19a]. Das Prinzip der Echoortung und das vom Menschen unabhängig davon erfundene, analoge Prinzip des Radars wurden bereits erläutert (siehe Kap.2.2). Obwohl also das Biosonar gut bekannt ist und das technische Radar bereits existiert, ist das Echoortungssystem der Fledermaus nach wie vor Gegenstand bionischer Forschung und Vorbild zahlreicher technischer Anwendungen, wie in Kap. 2.5 bereits gezeigt wurde. Wenn man so möchte, könnte das Prinzip sogar der Grundstein der Bionik angesehen werden, da sich die in Kap. 2.2 erwähnte Konferenz „Living prototypes – the key to new technology", welche den Begriff bionics 1960 bekannt machte, schwerpunktmäßig um die technische Nutzung des Fledermaussonars drehte. [Nac13a]

Auch andere Tiere benutzen das Biosonar, z. B. der Fettschwalm, ein bis circa 49 cm langer Vogel, der einige Rekorde im Tierreich hält. Er ist der einzige nachtaktive, flugfähige und früchtefressende Vogel. Den Tag verbringt er in Höhlen, in denen er sich durch seine Echoortung im Bereich zwischen 1,5-10 kHz[100] orientiert. Diese Frequenzen sind vom Menschen gut wahrnehmbar, weshalb der Fettschwalm mit seinem bis 100 dB lauten „Ortungsklicken" als der lauteste Vogel der Welt gilt. Außerhalb der Höhlen verlässt er sich allerdings auf seine speziell an die Nachtsicht angepassten Augen, die mit circa 1.000.000 Stäbchenzellen / mm² die höchste Stäbchen-Dichte unter den Wirbeltieren aufweisen. [Bri13; NaG13]

Unter den Wassertieren sind vor allem die Delfine bekannt für ihr gutes Echoortungsvermögen. Hierzu musste das Gehör dieser ursprünglich landbewohnenden Säugetiere allerdings etwas ‚umgebaut' werden. Das nur bei Luftschall förderliche Trommelfell wurde durch eine Knochenplatte ersetzt, die statt mit dem Gehörgang mit dem Unterkiefer verbunden ist, der damit quasi das Außenohr der Delfine bildet. Die Weiterleitung der vom Unterkiefer aus dem Wasser aufgenommenen Schallwellen erfolgt über Körperschall auf die Knochenplatte. Der Aufbau des Mittel- und Innenohrs ist weitgehend ähnlich mit dem des Menschen, allerdings ist das Innenohr vom umgebenden Knochen abgekoppelt. Dadurch sind die Delfine durch Drehen des Kopfes zu einem Richtungshören fähig, „Richtmikrofon" ist der Unterkieferknochen, Abb. 3-56. [Fri19a]

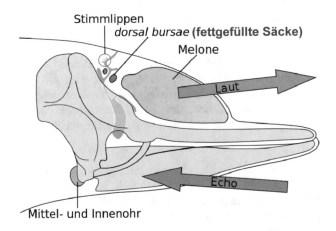

Abb. 3-56 Schematischer Aufbau des Delfinschädels mit den für die Echoortung wichtigen Organen.

Delfine können mit ihrem Biosonar nicht nur Gegenstände oder Lebewesen orten, sondern auch deren Zusammensetzung „erhorchen", wobei sie die dafür notwendigen Klicklaute mit einem speziell geformten Organ im Bereich der Stirn, der sogenannten „Melone" erzeugen. Eine technische Anwendung sind Sensoren, die bei der Kartierung

---

[100] Die Angaben variieren in der Literatur. Griffin gibt 1953 6–10 kHz an, Konishi und Knudsen 1979 1,5–2,5 kHz [Brin13].

des Meeresbodens oder für die Erkennung und Ortung von z. B Munitionsresten auf dem Meeresboden verwendet werden können. [Pla16]

Außerdem sind die Delfine auch in der Lage, sich über mehrere Kilometer hinweg zu verständigen. Technische Sonaranlagen und insbesondere Funksysteme stoßen hierbei aufgrund von Mehrfachreflexionen durch den Meeresboden und durch unterschiedliche Wasserschichten an ihre Grenzen. Delfine dagegen können die richtigen Echos raushören und interpretieren. Auch diese Möglichkeit der Langstreckenübertragung wird bereits technisch erforscht, und hat zu ersten Anwendungen geführt. Wissenschaftler der Technischen Universität Berlin haben ein Modem entwickelt, dass Daten bis zu zwei Kilometer weit im Wasser übertragen kann, Ziel sind Distanzen von sechs bis acht Kilometer, um auch Tiefseegräben kabellos erforschen zu können. [OV05-2]

Schwere- und Trägheitssensoren

Die Schwere- und Trägheitssensoren vollziehen ihren Dienst normalerweise unbemerkt. Erst bei einer gezielten Verwirrung dieser Sensoren oder, schlimmer, bei einer Störung oder Ausfall wird deren wichtiger Beitrag zur Funktionsfähigkeit eines Organismus deutlich. Die Auswirkungen einer gezielten, meist beabsichtigten Verwirrung kennen wir alle. Karussellfahrten oder langanhaltende Drehungen um die eigene Achse verwirren den Drehsinn, der uns eigentlich mitteilen soll, in welcher Richtung sich der Kopf gerade dreht. Die Folge ist ein Drehschwindel, der im schlimmsten Fall dazu führt, dass Betroffene nicht mehr in der Lage sind, geradeaus zu gehen. Daneben werden auch Beschleunigungen gemessen, wie man z. B. bei einem Flugzeugstart feststellen kann, und auch die Gravitationsbeschleunigung, bzw. die Schwerkraft.

Die dafür zuständigen Organe werden zusammengefasst als Vestibularorgan bezeichnet, und liegen wie die Gehörschnecke im Innenohr. Sie bestehen aus drei, nahezu senkrecht zueinander stehenden Bogengängen (hinterer, vorderer und horizontaler Bogengang), und den beiden Makularorganen, die zusammen das Labyrinth bilden. Die Makularorgane liegen in einer sackartigen Ausstülpung in der Nähe der Bogengänge (Macula sacculi) und im Verbindungsbereich der drei Bogengänge (Macula utriculi).

Die eigentlichen Sinneszellen in allen fünf Organen, die wie die Gehörschnecke paarweise vorkommen, sind wiederum Haarsinneszellen. Der Unterschied zu den Haarsinneszellen der Cochlea besteht in dem Vorhandensein des Kinozilium, obwohl nur die Stereozilien für die Reizweiterleitung verantwortlich sind. Kinozilium und Stereozilien ragen in eine gallertartige, organische Masse hinein, die in den Bereichen der Makularorgane mit winzigen Calciumcarbonatkristallen (Otolithen oder auch „Ohrsteine") besetzt ist. Wird das Labyrinth bewegt (Kopfdrehung, Nickbewegung, Sprint…), folgt die Gallertmasse dieser Bewegung aufgrund ihrer Trägheit nur verzögert. Dadurch werden die Zilien gebogen, was eine Änderung des elektrischen Zellpotentials verursacht und die Reizweiterleitung in das zentrale Nervensystem bewirkt.

Ergänzt werden die von den Haarsinneszellen der Vestibularorgane kommenden Informationen von den Meldungen der optischen Rezeptoren und den Propriorezeptoren (Tiefensensibilität, siehe Einleitung dieses Kapitels).

Technische Beschleunigungssensoren auf Basis der Massenträgheit gibt es schon seit etlichen Jahren in verschiedensten Ausführungen. Moderne Systeme arbeiten z. B. als Feder-Masse-System, wobei die Feder von dünnen Silizium-Stegen gebildet wird, und die Masse aus einem (Miniatur-)Siliziumblock besteht. Die durch eine Beschleunigung verursachte Auslenkung der Masse bewirkt eine Änderung der elektrischen Kapazität des in einem Stromkreis angeschlossenen Systems (**M**ikro-**E**lektro-**M**echanisches **S**ystem MEMS). Ein Hinweis, dass diese Sensoren bionisch inspiriert wurden, konnte nicht gefunden werden, weshalb hier von einer konvergenten Entwicklung in Natur und Technik auszugehen ist. Trotzdem ist nicht auszuschließen, dass vom Vestibularorgan nicht doch noch Impulse zur Weiterentwicklung entsprechender technischer Sensoren ausgehen könnten, man denke z. B. an die genaue Funktion der in technischen Sensoren unbekannten Otolithen. Hier wären weitere Forschungsarbeiten notwendig.

Die Haarsinneszellen haben dagegen bereits zur Entwicklung vielfältiger technischer Sensoren angeregt, die im nachfolgenden Abschnitt taktile Sensoren besprochen werden, siehe auch die Hinweise hierzu im Abschnitt der akustischen Sensoren.

Taktile Sensoren

Die taktilen Sensoren sind für den Tastsinn zuständig. Bisweilen wird hierfür auch von den haptischen Sensoren gesprochen. Da je nach Literaturstelle auch die Temperaturwahrnehmung zu den haptischen Sinnen gezählt wird, und diese Wahrnehmung gemäß der Einteilung in Abb. 3-45 den Thermosensoren zugeordnet wurde, werden im Folgenden nur die Bezeichnungen taktile Sensoren bzw. Tastsinn verwendet. Die taktilen Sensoren befinden sich hauptsächlich in der Haut, die beim Menschen eine Oberfläche von circa 2 m² ausmacht und damit sein größtes Organ darstellt. Detektiert werden auf die Haut einwirkende statische und dynamische Kräfte, Berührungen und Vibrationen. Daneben kommen taktile Sensoren auch an anderen Stellen des Körpers vor, z. B. in der Knochenhaut oder in einzelnen Organen. In der Haut sind die Sensoren ungleichmäßig über den Körper verteilt und konzentrieren sich an der Hand und um den Mund herum. In diesen Bereichen ist auch die Wahrnehmungsfähigkeit am höchsten. So können die Hände noch Tastreize bis hinunter zu 10^{-5} N (entspricht einer Gewichtskraft von wenigen mg) und Vibrationen mit einer Amplitude von 0,1 µm bei einer Frequenz von 200 Hz wahrnehmen [Zim05]. Es können sechs verschiedene Sensortypen unterschieden werden, wobei es sich in allen Fällen um Mechanosensoren handelt. Bei den Haarfolikelsensoren liegt die Nervenendigung spiralig gewunden um das beutelförmige Haarfolikel herum und detektiert Bewegungen des Haares. Bei den anderen Sensoren (Meissner-Körperchen, Merkel-Zelle, Pacini-Körperchen, Ruffini-Körperchen und Tastscheibe, auch Merkel-Tastscheibe genannt) enden die Nerven in den schon erwähnten komplexen Hilfsstrukturen. Diese besteht z. B. bei dem Pacini-Körperchen aus zwiebelschalenartigen Lamellen von abgeplatteten Bindegewebszellen, die von einer Bindegewebskapsel umgeben sind. Die unterschiedlichen Strukturen führen zu unterschiedlichem Reaktionsverhalten, wobei vier Typen unterschieden werden. Die SA-Sensoren (Slowly Adapating) detektieren langanhaltende Reize wie den Druck eines über die Schulter gelegten Taschenriemens, wobei die SAI-Sensoren den Druck senkrecht zur Haut erfassen (Merkel-Zelle, Tastscheibe) und die SAII-Sensoren eine Hautdehnung (Ruffini-Körperchen). Wie der Name ausdrückt, adaptieren diese Sensoren nur sehr langsam. Dagegen detektieren die schnell adaptierenden RA-Sensoren (Rapidly Adapting) mechanische Bewegungen auf der Haut (Meissner-Körperchen). Die PC-Sensoren (engl. Pacinian Corpuscle, dt. Pacini-Körperchen) adaptieren ebenfalls schnell, und detektieren Vibrationen. [vgl. Dud01; Zim05]

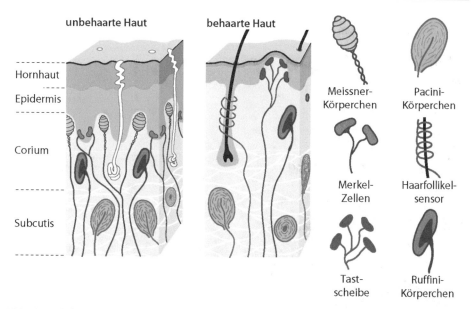

unbehaarte Haut   behaarte Haut

Hornhaut

Epidermis

Corium

Subcutis

Meissner-Körperchen

Pacini-Körperchen

Merkel-Zellen

Haarfollikel-sensor

Tast-scheibe

Ruffini-Körperchen

Abb. 3-57 Schematische Darstellung der Mechanosensoren der Haut (Adaptiert aus [Fri19b]; mit freundlicher Genehmigung von © Springer-Verlag GmbH Deutschland, All Rights Reserved)

Technische Anwendungen der Mechanosensoren könnten beispielweise im Bereich taktiler Messwerkzeuge[101] liegen, in Messfühlern für Beschleunigungen oder dynamisch einwirkende Kräfte, oder auch in Berührungssensoren bei z. B. Touchpads. So wurde 2015 ein chinesisches Patent für einen kombinierten Sensor erteilt, der auf der Struktur der menschlichen Haut basiert, und sowohl Druckkräfte als auch Berührungen messen kann [Pat15].

Geeigneter als Vorbild für technische Anwendungen ist aber grundsätzlich auch hier wieder das Tierreich, da bestimmte Tiere die Messfähigkeit mancher Mechanosensoren gegenüber denen des Menschen durch Bauartabwandlungen deutlich verbessert haben. So besitzt der Mensch an jedem Haarfolikel nur einen Sensor, während die Tasthaare sehr vieler anderer Säugetiere, [Fri19b] spricht hier sogar von „praktisch allen Säugetieren" deutlich verfeinert wurden und 100 bis über 1.000 Sensoren pro Tasthaar aufweisen. Beispielsweise können mit den als *Vibrissen* bezeichneten Tasthaaren (auch Sinus-Haare genannt) blinde Ratten Futter finden oder durch Abtastung ihre Umgebung erkennen. Meeressäuger wie Robben können mit ihren Schnurrhaaren Wirbelschleppen von vor ihnen schwimmenden Beutefischen registrieren. [Fri19b] Nicht nur in der Anzahl der Nervenzellen unterscheiden sich die Follikel der Tasthaare von denen der Menschen, auch der Aufbau ist unterschiedlich. Die Follikel der langen und relativ harten Tasthaare sitzen tiefer in der Haut, und sind von Blutgefäßen bzw. Bluträumen umgeben („Sinus"), die für gewöhnlich in der nach Außen zugewandten Seite ringförmig verlaufen (Ringsinus) und in der hautinneren Richtung von Gewebe durchbrochen werden (Kavernöser Sinus). Konzentrisch im Ringsinus befindet sich eine Gewebestruktur (Ringwulst), die wie das Gewebe des kavernösen Sinus von Nerven

---

[101] Z. B. mit einer Tastnadel, im Gegensatz zu berührungsfreien optischen Messungen

durchzogen ist. Außen ist der sogenannte Follikel-Sinus-Komplex von einer festen, bindegewebsartigen Hülle umgeben, Abb. 3-58. [GFK18; Fri19b]

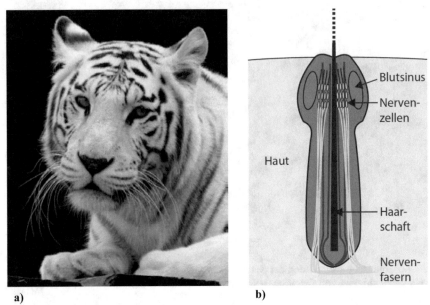

a)   b)

Abb. 3-58 **a)** Mit seinen eindrucksvollen Vibrissen im Bereich der Schnauze („Schnurrhaare") kann der Tiger seine unmittelbare Umgebung auch in vollkommener Dunkelheit abtasten, **b)** schematischer Aufbau einer Vibrisse (Abbildungen aus [Fri19b]; mit freundlicher Genehmigung von © Springer-Verlag GmbH Deutschland, All Rights Reserved)

Die Tasthaare können sich an unterschiedlichsten Stellen des Körpers befinden. Prominent sind die Schnurrhaare der Katzen oder der Barthaare der Seehunde im Kopfbereich. Die weniger bekannten Tasthaare an den Pfoten von Ratten (carpale Sinushaare) und die Tasthaare im Schnauzenbereich (mystaciale Sinushaare) haben Wissenschaftler der Technischen Universität Ilmenau zur Entwicklung eines taktilen Sensors für die mobile Robotik inspiriert. Die taktilen Sensoren sollen dabei weitere Daten über die visuell wahrnehmbare Oberflächeneigenschaften hinaus liefern. Erste Untersuchungen haben den Beweis erbracht, dass insbesondere die carpalen Sinushaare Vorbild für passive, also nicht aktive bewegte Sensorsysteme sein können. [Hel14]

Auch bei den Gliedertieren kommen Tasthaare als taktile Sensoren vor, die unterschiedliche Aufgaben erfüllen. Die sogenannten Haarsensillen (lateinisch aus *sensus* „Gefühl, Sinn") übermitteln Reize aufgrund der mechanischen Auslenkung des Haares, während die Spaltsensillen Reize in Folge von Kompressionseinwirkungen weitergeben. Ebenfalls auf Auslenkungen reagieren die Trichobothria (altgriechisch aus *trichós* „Haar" und *bothríon* „Grübchen"), die eine besondere Form der Haarsensoren darstellen. Sie sind in der Regel wesentlich größer als die Haarsensillen und reagieren außer auf mechanische Auslenkung durch z. B. ein Hindernis auch auf sehr feine Reize wie Luftbewegungen. Da sich die relativ starre Cuticula der Gliedertiere grundlegend von der weichen Haut der Wirbeltiere unterscheidet, gibt es auch Unterschiede im Aufbau der Haarsensoren. Gut untersucht sind die Trichobothria der Spinnen, die sich bei diesen hauptsächlich an den Beinen und an den Pedipalpen[102] befinden. Jedes Trichobothrium liegt in einer becherförmigen Vertiefung der Cuticula, an der es über Chitinfäden elastisch aufgehängt ist. Im Prinzip entsteht dadurch ein schwingfähiges Hebelsystem sehr großer Übersetzung mit der Aufhängung als Drehpunkt, wobei der distale, vom Körper wegzeigende Anteil des Sinneshaars wesentlich länger ist als der proximale Anteil, der von Nervenzellen umgeben ist, Abb. 3-59b.

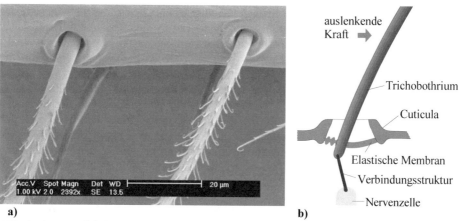

Abb. 3-59 a) Trichobothria einer Wolfsspinne, **b)** Schema der Funktionsweise eines Trichobothriums [vgl. Bar04; Han18-2; Fri19b]

Durch dieses Hebelsystem werden selbst kleinste Auslenkungen des Trichobothrium, verursacht z. B. durch Luftströmungen, wahrgenommen. 2003 durchgeführte Messungen ergaben, dass bereits mechanische Energien zwischen $1{,}5 \cdot 10^{-19}$ J bis $2{,}5 \cdot 10^{-29}$ J ausreichen, um eine Reaktion der Nerven auszulösen. [Hum03] M. E. McConney et al. schreiben hierzu, dass die Trichobothria damit zu den empfindlichsten biologischen Rezeptoren gehören würden: *„These are extremely small values indicating that trichobothria are among the most sensitive biological receptors"*. [McC08]

Wie jedes schwingende System besitzt auch jedes Trichobothrium eine Eigenfrequenz, welche bei z. B. einem physikalischen Pendel[103] von der Dämpfung, der Erdbeschleunigung, den Abstand des Schwerpunkts von der Aufhängung, und dem Trägheitsmoment abhängt. Als Beispiel für den Größenbereich der Trichobothria können stellvertretend für die Arthropoden die bei der Großen Wanderspinne[104] (*Cupiennius salei*) gemessenen Werte herangezogen werden. Ihre Sinneshaare haben an der Basis einen Durchmesser von 5 bis 15 µm, verjüngen sich bis zur Spitze und haben eine Länge von 0,1 bis 1,4 mm. [Bar04] Die Längenabstufungen sind nicht zufällig verteilt, vielmehr lassen sich Orgelpfeifen- ähnliche Reihen von in der Länge gestuften und in definiertem Abstand voneinander stehenden Trichobothria finden. Zum Grundgedanken

---

[102] Die Pedipalpen sind umgebaute Beine bzw. Extremitäten im Kopfbereich vieler Gliedertiere, die bei den Spinnen häufig zum Tasten eingesetzt werden. Sie können beinähnlich sein (Webspinnen), oder auch Scheren tragen (Skorpione).

[103] Ein physikalisches Pendel besteht aus einem starren Körper der Masse m, der außerhalb seines Schwerpunkts aufgehängt ist.

[104] Ein anderer Name ist „Wanderende Tigerspinne"

des physikalischen Pendels passend besitzt jedes Haar eine andere Eigenfrequenz, so dass eine derartige Reihe von Haaren einen Multifrequenzdetektor darstellt. Detektiert werden unterschiedlich schnelle Luftströmungen, wie sie von vorbei fliegenden Insekten verursacht werden, auf welche die Große Wanderspinne jagt macht. Mögliche gewonnene Informationen sind Geschwindigkeit, Größe und Entfernung des Objekts. Dieser ausgeklügelte, aber physikalisch einfach nachvollziehbare Aufbau alleine wäre schon Anregung genug für technische Anwendungen. Hinzu kommt jedoch noch eine technische Raffinesse, die es auch es auch bei einer technischen Umsetzung zu beachten gilt. Trifft eine Luftströmung einer Geschwindigkeit v_0 auf den Spinnenkörper, so bildet sich gemäß der Grenzschichttheorie ein Geschwindigkeitsprofil in der Nähe der Oberfläche aus. Die Strömungsgeschwindigkeit steigt darin von Null an der Körperoberfläche bis auf annähernd[105] v_0 in einem bestimmten Abstand an, der die Dicke der Grenzschicht darstellt. Die Dicke der Grenzschicht steigt mit sinkender Strömungsgeschwindigkeit v_0, die wiederum von der Erregerfrequenz der Strömung abhängt. Die Längenabstufungen der Haare durchlaufen die Grenzschichten von durch Insekten verursachten Luftströmungen, bzw. sind auf diese angepasst [Bar93]. Durch die Abstufungen können insbesondere auch Fluktuationen in diesem Bereich gemessen werden, was auch wiederum zu den häufig wechselnden Schlagfrequenzen von z. B. Fliegen passt, deren Fluktuationsgrad zwischen 25 und bis über 50 % liegt [Bar04]. In der Praxis bedeutet dies, dass die Spinnen unterscheiden können, ob detektierte Luftströmungen von Beutetieren oder vom Wind verursacht werden, Abb. 3-60.

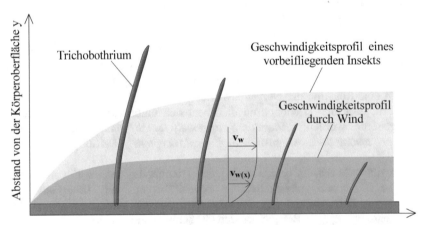

Abb. 3-60 Schema der Ausbildung fluiddynamischer Grenzschichten am Spinnenkörper

Die Detektionsreichweite eines einzelnen Trichobothrium wird von F. G. Barth mit 50 bis 70 cm angegeben, wobei Versuche zeigten, dass sich relevante Flugsignale der Fliegen bereits nach 20 bis 30 cm mit dem Hintergrundrauschen von durch Wind verursachter Strömung angleichen. [Bar04] Ausführliche Beschreibungen des Themas finden sich in [Bar93; Bar95; Bar04; McC08; Han18-2].

---

[105] Die Grenzlinienkurve zeigt bei Annäherung an v_0 einen asymptotischen Verlauf, weshalb v_0 nicht erreicht werden kann. In der Praxis wird die Dicke der Grenzschicht daher bei Erreichen von 99% von v_0 angenommen.

Die Trichobothria detektieren Bewegungen der Luft, und was in einem derart „dünnen" Medium möglich ist, sollte in dem wesentlich dichteren Wasser umso besser funktionieren. Und tatsächlich finden sich auch bei den Fischen und einigen im Wasser lebende Amphibien haarähnliche Strukturen, die Wasserbewegungen detektieren. Diese, auch als „Fern-Tastsinn" bezeichnete Wahrnehmung wird durch die Seitenlinienorgane ermöglicht. Dabei können zwei grundsätzliche Bauarten unterschieden werden. Zum einen die sogenannten *Lorenzinischen*[106] *Ampullen*, die sich äußerlich als Poren zeigen und aus gallert- bzw. gelgefüllten, tief in die Haut reichenden Kanälen bestehen, in deren proximalen Enden Nerven hinein reichen. Und zum anderen die *Neuromasten* oder auch „Fähnchen", welche aus Haarsinneszellen bestehen, die ebenfalls von einer gallertartigen Masse umgeben sind, Abb. 3-61. [OV09-3; Eck02] Die Lorenzinischen Ampullen detektieren hauptsächlich Temperaturunterschiede, Druck und elektrische Felder und werden im Absatz zu den elektrischen Sensoren näher behandelt. Mit den Neuromasten können die Fische ihre Umgebung wahrnehmen. Hierzu gehören Hindernisse ebenso wie die Erkennung von Artgenossen, von Räubern oder auch von Beute.

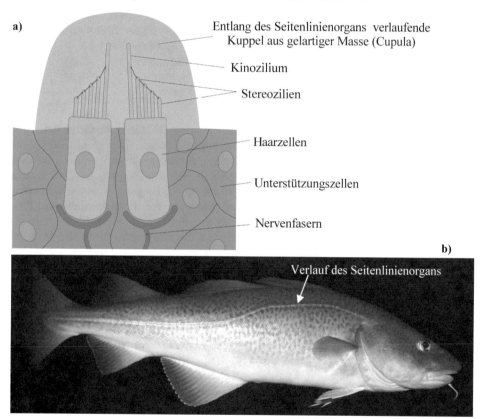

Abb. 3-61 a) Schematischer Aufbau der Neuromasten des Seitenlinienorgans, **b)** Verlauf des Seitenlinienorgans an einem Kabeljau

---

[106] Benannt nach dem Arzt Stefano Lorenzini (ca. 1652 bis nach 1700)

Ein Beispiel für die Fähigkeit der Seitenlinienorgane ist das von ihnen gesteuerte, beeindruckende „Synchronschwimmen" großer Fischschwärme. Ein anderes Beispiel findet sich bei blinden, dauerhaft in Dunkelheit lebenden Fischen wie dem mexikanischen Höhlenfisch, dem seine Seitenlinienorgane das Navigieren in seinem Habitat ermöglichen. Die Reichweite dieses Fern-Tastsinns liegt in einem Umkreis, dessen Radius in etwa der Körperlänge des Fisches entspricht [OV09-3].

Der Aufbau der Sinneshaare innerhalb der Neuromasten unterscheidet sich vom Aufbau der Trichobothria der Arthropoden und ähnelt dem in Abb. 3-55 gezeigten Aufbau der Haarsinneszellen. Wie diese besteht ein Neuromast aus Kinozilium und Stereozilien, welche paarig gespiegelt angeordnet sind.

Die Haarsensillen und die Trichobothria der Gliedertiere sowie die Haarsinneszellen der Fische sind Vorbild für die Entwicklung einer ganzen Reihe von technischen Sensoren. Han et al. haben 2018 die Forschungen der letzten Jahre hierzu unter dem Thema Artificial Hair-Like Sensors AHL (künstliche, haarähnliche Sensoren) und Artificial Lateral Line Sensors ALL (künstliche Seitenliniensensoren) zusammengefasst [Han18-2]. Beschrieben werden piezoresistive[107], piezoelektrische, kapazitive, magnetische und optische Sensoren, wobei darauf hingewiesen wird, dass dabei nicht alle in den letzten Jahren entwickelte oder erforschte AHL-Sensoren berücksichtigt wurden. Vielmehr wurden in der Auflistung nur diejenigen Sensoren behandelt, über die ausführliche Informationen verfügbar waren. Beschrieben wird beispielweise ein piezoresistiver AHL-Sensor aus haarähnlichen Strukturen aus Stahl, die auf eine dünne Membran aufgebracht sind, welche bei Biegung der Stahlhärchen elastisch verformt wird und dabei – piezoresistiv – ihren elektrischen Widerstand ändert. [Ko et al. 2015 nach Han18-2] Die dadurch entstehende Änderung des Stromflusses kann gemessen werden, was den Zusammenhang zwischen elektrischem Signal und Biegung des Stahlhaares herstellt, analog zur Ausbildung des Aktionspotentials bei Biegung biologischer Haare. Eingesetzt werden soll dieser AHL-Sensor zur Messung von Beschleunigungen. Eine andere Bauart stellt ein piezoelektrischer Sensor dar, bei dem um einen Metalldraht als Zentrum radiale Zylindersegmente angeordnet sind, die aus piezoelektrischem Material bestehen. Bei der Biegung des so entstandenen, langen und schlanken (haarähnlichen) Zylinders entstehen elektrische Spannungen in den einzelnen Segmenten. [Bian et al. 2016 nach Han18-2] Mit einem derartigen Sensor kann beispielsweise ein Luftstrom gemessen werden. Gegenüber den piezoresistiven Sensoren haben piezoelektrische den Vorteil, dass diese ohne eine Spannungsversorgung auskommen, da die Spannung durch den Effekt selber erzeugt wird. Dies führt zur interessanten weiteren möglichen Anwendung der Stromerzeugung aus sehr schwachen Windenergien. [vgl. Han18-2]

Ein Beispiel für einen auf Magnetismus basierenden, bionisch inspirierten Haarsensor ist eine Substratplatte, welche einen Riesen-Magnetoimpedanz-Effekt[108] (engl.: Giant

---

[107] Der Piezoeffekt oder auch piezoelektrischer Effekt beschreibt die Zusammenhänge zwischen der elastischen Ausdehnung von Festkörpern bei Anliegen einer Spannung, bzw. dem Auftreten einer Spannung bei elastischer Stauchung. Unter piezoresistiven Verhalten wird die Änderung des elektrischen Widerstands eines Festkörpers unter elastischer Verformung verstanden.

[108] Mit dem Riesen-Magnetoimpedanz-Effekt (GMI) wird die sehr starke Abhängigkeit der magnetischen Impedanz bestimmter Materialien oder Schichtsysteme von der Größe eines angelegten, externen Magnetfelds beschrieben. Die Änderung der Impedanz kann mehrere

Magneto Impedance GMI) besitzt, auf die PDMS[109]-Härchen von circa 500 µm Länge und 100 mm Durchmesser aufgebracht sind. In den PDMS-Härchen sind Eisen-Nanofasern eingebracht, wodurch sich um die circa 800 µm voneinander entfernt stehenden Härchen ein magnetisches Feld aufbaut. Werden die Härchen gebogen (durch Wind- oder Wasserströmung, oder auch mechanisch durch Berührung), ändert sich die Lage des Magnetfeldes, was von dem GMI-Substrat detektiert werden kann. [Alfadhel et al. 2014 nach Han18-2]

Für den Bereich der von den Seitenlinienorganen inspirierten ALL-Sensoren, die von Han et al. wegen der haarähnlichen Strukturen ebenfalls mit AHL überschrieben werden, werden in [Han18-2] sechs piezoresistive, fünf piezoelektrische, ein kapazitiver und ein optischer Sensor aufgeführt, wobei sich auf Forschungsberichte aus den Jahren 2012–2015 bezogen wird. Die biologische Inspiration des optisch basierten Sensors geht dabei allerdings auf die Lorenzinischen Ampullen und nicht auf die Neuromasten zurück, weshalb hier die Einordnung zu den AHL-Sensoren nicht ganz richtig ist. Die Autoren weisen in ihrer Zusammenfassung darauf hin, dass viele der beschriebenen Sensoren sich noch im Entwicklungsstadium befinden[110].

Propriozeptoren

Die Propriozeptoren dienen, wie bereits erwähnt, der Wahrnehmung der Stellung der Körperglieder zueinander und zur Detektion und Steuerung ihrer Bewegungen. Die Detektion erfolgt über verschiedene Sensoren, die über den Körper verteilt sind. Dazu zählen die von den taktilen Sensoren bekannten Ruffini-Körperchen (Messung von Dehnungen) und Pacini-Körperchen (Messung von Vibrationen), das Golgi-Sehnenorgan und die sogenannten Muskelspindeln. Das Golgi-Sehnenorgan misst die aktiv entstehende Muskelspannung und besteht aus einem Nervengeflecht am Übergang zwischen Muskeln und Sehnen. Die Muskelspindeln messen die Muskeldehnung. [Wie05] Eine ihrer Aufgaben ist die Verhinderung der Überdehnung der Muskeln, weshalb sie in der Lage sind, einen „Zurückziehreflex" auszulösen. Bekannt ist das Testen dieser Reflexe von ärztlichen Untersuchungen, bei denen ein leichter Schlag unterhalb der Kniescheibe zu einer Überdehnung des Oberschenkelmuskels führt, wodurch dieser sich zusammenzieht und dabei der Unterschenkel nach vorne zuckt.

Die Muskelspindeln bestehen aus mehreren parallel liegenden quergestreiften Muskelfasern, die von einer Bindegewebskapsel umgeben ist, die sich im Falle der Kernsackfaser in der Mitte spindelartig verdickt. Während sich die beiden äußeren Bereiche zusammenziehen können, kann sich der mittlere Bereich der Muskelspindeln dehnen, Abb. 3-62. Die Detektion der Längenänderung (dynamisch) erfolgt im mittleren Bereich, der von afferenten Nervenfasern (Ia-Fasern) umgeben ist, die ein Signal in Richtung des zentralen Nervensystems senden. Die Kernkettenfaser ist ähnlich aufgebaut, hat jedoch keine Verdickung im mittleren Bereich und ist vom langsameren Nervenfasertyp II umgeben, der hauptsächlich die statische Dehnung misst.

Hundert Prozent betragen, weshalb sich mit derartigen Materialien oder Systemen auch sehr kleine Änderungen im externen Magnetfeld messen lassen. [vgl. Häp07]

[109] PDMS (Polydimethylsiloxan) ist ein Polymer auf Siliciumbasis.

[110] Stand 2018

In die äußeren Bereiche reichen efferente, vom Nervensystem kommende Nervenenden, welche die Kontraktion steuern [Wie05]. Besonders hoch ist die Anzahl der Muskelspindeln in den Muskeln der Hände bzw. Finger, was zu deren guten feinmotorischen Fähigkeiten beiträgt.

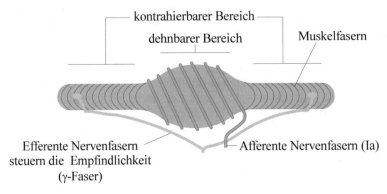

Abb. 3-62 Schematischer Aufbau einer Kernsackfaser-Muskelspindel

Die Muskelspindeln sind somit gleichzeitig Sensor und Aktor. Für die Verwendung in der Bionik wird beispielsweise in Jaax et al. eine bionische Muskelspindel als Längenänderungs- und Geschwindigkeitssensor für den Einsatz in der Robotik bzw. Prothetik beschrieben [Jaa04]. Umgesetzte technische Anwendungen, die über das Prototypenstadium hinausgehen, sind, allerdings bislang nicht bekannt.

Chemische Sensoren

Die chemischen Sensoren detektieren olfaktorische (Geruch) und gustatorische (Geschmack) Reize. Die gustatorischen Sensoren liegen zum Großteil auf der Zunge, aber auch im Inneren der Mundhöhle. Ihre übergeordnete Struktur besteht aus drei unterschiedlich geformten Geschmackspapillen[111], die als Ausstülpungen oder Falten der Mundschleimhaut beschrieben werden können. Am häufigsten sind die Pilzpapillen (circa 200–300), gefolgt von den Blätterpapillen (15–20) und den Wallpapillen (circa 7–12). Je nach Aufbau der Papille können Geschmacksstoffe kurzzeitig (Pilzpapille) oder etwas längerfristig (Wallpapille) an den Papillen anhaften, was beispielsweise ein Ansatzpunkt bei der Entwicklung technischer Analysesensoren sein könnte, Abb. 3-63. Die Papillen beinhalten die Geschmacksknospen (beim Erwachsenen circa 2000–4000), die entweder auf der Oberseite der Zunge sitzen (Pilzpapillen) oder seitlich (Wall- und Blätterpapillen). [Hat05] Eine Geschmacksknospe besteht aus länglichen Zellen, die im Kreis aneinander gelagert annähernd eine Sphäre formen. An der Oberseite befindet sich eine trichterförmige, flüssigkeitsgefüllte Vertiefung, die *Porus gustatorius*, in welcher die Nahrungsbestandteile in Kontakt mit den Zellen kommen. Innerhalb des Trichters enden die Zellen in Zellfortsätzen, den Mikrovilli, welche die Geschmacksrezeptoren beinhalten.

---

[111] Als Papillen werden bei pflanzlichen und tierischen Lebewesen allgemein kleine warzenähnliche Erhebungen oder Ausstülpungen bezeichnet.

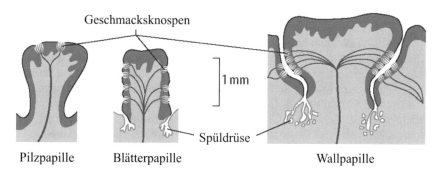

Abb. 3-63 Schematischer Aufbau der drei Geschmackspapillen-Typen des Menschen (Adaptiert aus [Hat05]; mit freundlicher Genehmigung von© Springer Medizin Verlag Heidelberg 2005, All Rights Reserved)

Die Geschmackssinneszellen besitzen als sogenannte sekundäre Sinneszellen selber keine Nervenfortsätze, sondern werden von Hirnnerven versorgt (innerviert). Bekanntermaßen wird beim Menschen von vier Grund-Geschmacksempfindungen ausgegangen (süß, sauer, salzig, bitter), wobei auch Mischungen wahrgenommen werden, z. B. süß-sauer. Daneben existieren eventuell noch weitere Geschmacksrichtungen für alkalisch, metallisch und umami (Glutamat). Lange Zeit angenommen und nach wie vor in vielen Sachbüchern zu finden ist die Annahme, dass sich die vier Grund-Geschmacksempfindungen in vier bestimmten Bereichen der Zunge lokalisieren lassen. Tatsächlich konzentriert sich die Verteilung aller Geschmackssinneszellen in der Nähe der Zungenränder von der Spitze bis zum sogenannten Zungenhintergrund in Richtung des Rachens. Abweichungen der Wahrnehmung der vier Grund-Geschmacksempfindungen liegen für die einzelnen Areale wie Spitze, Seiten oder Hintergrund nur im geringen Prozentbereich. Lediglich für den Bittergeschmack lässt sich eine nennenswert erhöhte Empfindlichkeit am Zungenhintergrund feststellen. Ebenfalls existiert auch keine Zuordnung der Geschmacksempfindung zu den einzelnen Geschmacksknospentypen, wie man vielleicht meinen könnte. Eine Geschmacksknospe kann für mehrere oder auch alle Geschmacksrichtungen empfindlich sein [Hat05]. Wie der Temperatursinn der Warmblüter adaptiert der Geschmackssinn relativ schnell.

Die olfaktorischen Sensoren sind beim Menschen bzw. den Wirbeltieren in den Nasenhöhlen lokalisiert. Diese beherbergen die an den Höhlendecken sitzende Riechschleimhaut, die aus drei Zelltypen, den Stützzellen, den Basalzellen und den Riechzellen besteht. Die Riechzellen durchziehen die Schleimhaut und Enden innerhalb der Nasenhöhlen in Sinneshaaren (Zilien), welche in die Schleimhaut eingebettet sind. Die Zilien beherbergen Rezeptorproteine, die je nach Reizaufnahme das Aktionspotential bestimmen. Das andere Ende der Riechzellen geht durch die knöcherne Siebbeinplatte hindurch in den sogenannten Riechkolben, der direkt mit dem Gehirn verbunden ist. Die Riechzellen haben nur eine Lebensdauer von circa einem Monat und werden ständig durch Ausdifferenzierung der Basalzellen (Stammzellen) neu gebildet.

Den Geruchs- und Geschmackssinnen wird vom Menschen meist eine untergeordnete Bedeutung beigemessen, verglichen mit den optischen und akustischen Sinnen.

Tatsächlich kann ein gesunder Geruchs- und Geschmackssinn aber auch überlebenswichtig sein, man denke nur an die Folgen beim Verzehr verdorbener Speisen oder giftiger Stoffe. Außerdem besitzen diese scheinbar untergeordneten Sinne auch eine gewisse „Entscheidungsbefugnis", indem bestimmte Meldungen von ihnen automatische Prozesse in Gang setzten können, denen sich das Gehirn i. A. nicht widersetzen kann. So kann das Schmecken sehr bitterer Stoffe einen Würgereflex auslösen, die Erfassung von Gerüchen oder von Geschmacksstoffen zubereiteter Nahrung löst Verdauungsreflexe aus. [Fri19a] Bei manchen Tieren, insbesondere bei Insekten ist die Wahrnehmungsfähigkeit von Geruchsstoffen sogar zur Erhaltung der Art notwendig. Die Geruchsrezeptoren der Insekten befinden sich im Gegensatz zu den Wirbeltieren nicht im Körperinneren, sondern in den außenliegenden Antennen[98]. Diese sind dem ständigen Luftstrom ausgesetzt und besitzen tausende von Riechhaaren (Sensillen), wobei jedes einzelne mehrere Geruchsrezeptoren beherbergt. Die Riechhaare sind in sich abgeschlossene Systeme, quasi vergleichbar mit einer einzelnen kleinen Nase. Die Duftmoleküle der Umgebungsluft gelangen über Mikroporen an den Sensillen in deren Inneres, und treten dort in Kontakt mit den Rezeptorneuronen[89]. Die Rezeptorneuronen liegen in einer proteinhaltigen Lösung, die mit der Nasenschleimhaut der Wirbeltiere vergleichbar ist, und enthalten die Rezeptorpoteine. Jeder Rezeptor reagiert nur mit bestimmten Molekülen, weshalb es eine Vielzahl unterschiedlicher Rezeptoren gibt. Bei Säugetieren lassen sich i. d. R. 500 bis 1500 verschiedene Rezeptoren unterscheiden, bei Insekten zwischen 50 und 150. [Han07] Da mehrere Rezeptoren an der Auslesung eines Geruchsmoleküls beteiligt sein können, ist die Anzahl unterscheidbarer Moleküle – und damit Gerüche – nicht durch die Anzahl der Rezeptoren begrenzt. Auf der anderen Seite gibt es aber auch Rezeptoren, die alleine auf bestimmte Moleküle, zumeist von Sexualduftstoffen, reagieren.

Die für die Bionik interessanten olfaktorischen Fähigkeiten der Hunde wurden bereits in der Einleitung dieses Kapitels erwähnt. Ebenfalls von großem Interesse sind die diesbezüglichen Fähigkeiten der Insekten. Diese besitzen zwar deutlich weniger Rezeptoren als Wirbeltiere, dafür sind sie in der Lage, ihren Geruchssinn um einen Faktor von circa 1.000 „zu boosten", also zu verstärken. Bei der erst in den Anfangsjahren dieses Jahrtausends begonnenen Entschlüsselung der Rezeptorzuordnungen zu Geruchsstoffen fiel auf, dass Insekten ein Rezeptorprotein besitzen, das anscheinend keine Funktion hat, bzw. nicht zuordenbar war. Dafür kommt dieses Protein aber in jeder Riechzelle zusätzlich vor, so dass sich in den Riechzellen der Insekten stets zwei Rezeptorproteine finden, während die Riechzellen der Wirbeltiere nur eins aufweisen. Forschern der Ruhr-Universität Bochum ist es gelungen, die Funktion des zweiten Rezeptorproteins zu entschlüsseln. Es arbeitet mit dem eigentlichen Rezeptorprotein als „Doppelpack" zusammen, was die Detektionsfähigkeit der Riechzelle um das Tausendfache erhöht. [OV05] Eine bereits angedachte technische Anwendung, die allerdings der Biotechnologie statt der Bionik zuzuordnen ist, wäre die gezielte Ausschaltung des „Booster-Proteins". Dies reduziert sehr drastisch die Wahrnehmungsfähigkeit aller Düfte, so dass z. B. ein Heuschreckenschwarm kaum noch in der Lage wäre, ausreichende Nahrungsquellen zu finden. [OV05]

Eine bionische Anwendung ist hingegen die Nachahmung der Insekten-Antennen zur Entwicklung von Mikrosensoren für Geruchsmoleküle. Wissenschaftler des Forschungsinstituts Saint-Louis (ISL), Elsass, haben hierzu einen 200 μm langen und 30 μm breiten Mikro-Cantilever (Mikro-Hebel bzw. Mikro-Kragarm) mit 500.000

Titandioxid-Nanoröhren bestückt. Vorbild waren die Antennen des Seidenspinners, der für seinen sehr guten Geruchssinn, insbesondere für die Partnersuche, bekannt ist. Mit der technisch nachgebauten Antenne konnten Mengen des Sprengstoffes TNT bis hinunter zu einer Konzentration von 800 ppq[112] nachgewiesen werden, was in etwa der Empfindlichkeit speziell ausgebildeter Sprengstoff-Spürhunde entspricht. [Kaufmann-Spachtholz 2012, nach Spi12]

Abb. 3-64 Seidenspinner (*Bombyx mori*) mit Kokon, gut zu erkennen sind die für die Detektion von Geruchsmolekülen verantwortlichen Antennen am Kopf des Falters

Magnetempfindliche Sensoren

Der Magnetsinn mancher Tiere ist der wohl rätselhafteste aller bislang im Tierreich beobachteten Sinne. Obwohl bereits seit längerem von verschiedenen Wissenschaftlern ausgiebig untersucht, konnte sich noch keiner der Erklärungsversuche allgemeingültig durchsetzen. Fraglich ist dabei nicht, *ob* die Tiere einen Magnetsinn haben, das ist in wissenschaftlichen Kreisen anerkannt. Vielmehr drehen sich moderne Forschungen darum, *wie* der Magnetsinn funktioniert, *was* die Tiere eigentlich wahrnehmen, und ob es womöglich *mehrere Arten* des Magnetsinns gibt.

Diese noch offenen Fragen bedeuten im Umkehrschluss, dass es auch noch keine bionisch inspirierten technischen Anwendungen hierzu geben kann. Zwar gibt es eine ganze Reihe nicht vollständig verstandener biologischer Prinzipien, aber oft ist genug Wissen vorhanden, um eine Übertragung auf technische Anwendungen durchführen zu können, siehe beispielsweise die Gecko-Haftung. Das Wissen im Bereich des Magnetsinns ist dagegen noch zu fragmentarisch. Ein besonderes Hemmnis bei der Erforschung dieses Sinnes ist, dass wir Menschen uns eine derartige Wahrnehmung nicht vorstellen können. Grundsätzlich können wir auch kein Infrarot sehen und keinen

---

[112] ppq = parts per quadrillion, 1 Billiardstel Teilchen (10^{-15})

Ultraschall hören. Aber wir können andere Frequenzen des Schalls hören oder der elektromagnetischen Wellen sehen, und uns daher vorstellen, wie sich Ultraschall anhört, und unsere Welt in Infrarot oder auch Ultraviolett aussehen könnte. Beim Magnetsinn und auch beim Elektrosinn fehlt uns ein vergleichbarer Sinneseindruck. Und dies, obwohl unsere Zellen sehr wohl in der Lage sind, mit elektrischen Feldern zu interagieren, wie eine Studie aus dem Jahr 2015 gezeigt hat. Dabei wurde festgestellt, dass sich Hautzellen bei der Wundheilung nach schwachen elektrischen Feldern ausrichten. Verantwortlich dafür sollen zum einen bestimmte Kaliumkanäle in der Zellmembran und zum anderen Polyamine[113] im Inneren der Zelle sein. Wie genau das Zellwachstum sich nach dem elektrischen Feld ausrichtet, ist aber immer noch unklar. [Nak15] Gesichert ist dagegen, dass Menschen die Anwesenheit von elektromagnetischen Feldern nicht spüren können [Kau06; Reg06], abgesehen von in starken Feldern auftretenden „Nebeneffekten" wie das bekannte Hochstellen der Haare, oder auch Schwindelempfindungen, wie sie bei Untersuchungen mit dem Magnet-Resonanz-Tomographen (MRT) auftreten können [BFS19]. Eventuell wird also das *was* nie abschließend geklärt werden können, während das *wie* in Analogie zum vergleichsweise gut erforschten Elektrosinn auch für den Magnetsinn eines Tages zweifelsfrei bekannt sein könnte.

Das offensichtliche Fehlen bekannter technischer Anwendungen hätte eigentlich im Sinne der Einleitung zu den biologischen Sensoren dazu führen müssen, den Magnetsinn nicht näher zu behandeln. Allerdings ist gerade die noch sehr weiße Wissenslandkarte rund um dieses biologische Prinzip einmal mehr ein gutes Beispiel, welches Potential die Natur nach wie vor zu bieten hat, weswegen zumindest einige Erklärungsversuche vorgestellt werden sollen.

Wie spüren Tiere Magnetismus – Erklärungsansätze

Obwohl das Vorhandensein eines Magnetsinns durch Verhaltensversuche bereits seit nun über 60 Jahre bekannt ist[114], fehlt der zweifelsfreie Nachweis eines entsprechenden Organs. Es gibt bislang lediglich Hypothesen über die Prinzipien der Wahrnehmung des Magnetismus, also der Magnetperzeption. Eine Zusammenfassung über die Forschungen zum Magnetsinn, ergänzt durch eigene Untersuchungsergebnisse, werden von G. Fleissner und B. Stahl 2005 in [Ros05] gegeben. Diskutiert werden:

- **Elektromagnetische Induktion**, die über die elektrischen Sensoren der Seitenlinienorgane erfasst und an das zentrale Nervensystem (ZNS) weitergeleitet werden.

- **Magnetfeldinduzierte Modulation chemischer Reaktionen**, die eine Änderung der Molekülstruktur der Sehpigmente in Abhängigkeit des umgebenden Magnetfeldes bewirkt. Das würde bedeuten, dass die Tiere Magnetfelder „sehen" könnten. Interessanterweise wurde experimentell festgestellt, dass nur ein Auge der

---

[113] Polyamine sind organische Verbindungen (Moleküle), die im Inneren der Zellen eine positive elektrische Ladung tragen.
[114] Der bereits seit 1859 vermutete Magnetsinn wurde in den 1960er Jahren erstmals von dem Zoologen W. Wiltschko von der Goethe-Universität Frankfurt nachgewiesen. [Sol10]

untersuchten Rotkehlchen (immer das Linke) an der magnetischen Orientierung beteiligt ist. [Pio07]

- **Biogenes Magnetit (Fe₃O₄)**, das nach Art einer Kompassnadel im Gewebe drehbar gelagert ist und sich nach den Magnetfeldlinien der Erde ausrichtet, wobei die Ausrichtung registriert wird. Möglich wäre auch, dass sich das biogene Magnetit in Form von Magnetit-Nanokristallen in Nervenendigungen befindet, die in einem Magnetfeld deformiert werden. Registriert werden könnte dies durch Mechanosensoren. Tatsächlich wurden im Oberschnabel von Tauben Felder von Nervenendigungen (Dendritenfelder) eines Asts des Trigeminusnervs gefunden, welche Magnetit und eine eisenhaltige Komponente („Eisenplättchen") enthalten.

Insbesondere die beiden letztgenannten Hypothesen wurden in den vergangenen Jahren eingehend untersucht. Wobei nicht mehr nur von einer entweder/oder-Frage ausgegangen wird. Vielmehr setzt sich zunehmend die Meinung durch, dass mehrere Sinnesorgane bei der Magnetorientierung beteiligt sein könnten, was auch schon von Fleissner und Stahl angemerkt wurde [Ros05]. I. Solov'yov et al. ordnen 2010 die Bestimmung des Inklinationswinkels der Erdmagnetfeldlinien durch Tauben lichtabhängigen, in den Sehpigmenten gelegenen Rezeptoren zu, während biogenes Magnetit im Schnabel für die Erstellung einer magnetischen Landkarte verantwortlich sei. [Sol10]

Während die Hypothese der Beteiligung von Sehpigmenten durch Entdeckung eines Proteins namens Cryptochrom, das seine chemischen Eigenschaften bei Anliegen eines Magnetfeldes ändern kann, Auftrieb erhalten hat, muss die Beteiligung des biogenen Magnetits neu überdacht werden. Es wurde nachgewiesen, dass die im Schnabel gefundenen Eisenteilchen sich in Fresszellen des Immunsystems befinden [Rat18]. Also quasi in der „Müllabfuhr" des Organismus, ein denkbar ungünstiger Ort, um Teil eines Rezeptors zu sein. I. Solov'yov äußerte in einem Interview 2018 daraufhin auch die Meinung, „*Sie* [die Fresszellen, Anm. d. Autors] *können auf keinen Fall zu einem Magnetsinn führen*" [Rat18]. Was nicht bedeuten muss, dass das im Schnabel gefundene Magnetit keinen Beitrag zur Magnetorientierung leistet. Allerdings verfügen auch viele „schnabellose" Tiere über einen Magnetsinn, z. B. Fische, Reptilien, Insekten und auch manche Säugetiere. Die Suche geht also in jedem Falle weiter, wobei sie sich lohnen könnte. Laut H. Mouritsen von der Carl von Ossietzky Universität Oldenburg könnte ein Durchbruch in den Forschungen das Verständnis biologischer Sinne „*fundamental verändern*", da quantenchemische Untersuchungen darauf hindeuten, dass der Magnetsinn der Vögel „*bis zu eine Million Mal empfindlicher ist als das, was Forscher bisher als Grenze für biologische Sinne angenommen haben*." [Dah18]. Gerade diese enorme Empfindlichkeit könnte dann Grundlage bionisch inspirierter, technischer Anwendungen sein.

Auch Haie scheinen in der Lage zu sein, sich am Magnetfeld der Erde zu orientieren. Sie machen dies nach gängiger Meinung jedoch indirekt, indem sie mit Hilfe des Erdmagnetfelds durch ihre eigene Schwimmbewegung ein elektrisches Feld induzieren. Das elektrische Feld wiederum können sie mit Hilfe ihrer Elektrorezeptoren wahrnehmen, die im folgenden Abschnitt besprochen werden. Weitere Erklärungen der Magnetfeldorientierung der Haie finden sich z. B. in [Kal74; Pau95]. Zwischenzeitlich konnte aber auch nachgewiesen werden, dass Haie Magnetfelder anscheinend auch direkt „spüren" und darauf reagieren können [Hör04].

Elektrosensoren (spannungsempfindliche Sensoren)

Im Gegensatz zu dem Magnetsinn ist der Elektrosinn zumindest bei einigen Tierarten relativ gut erforscht, aber auch hier werden noch fortlaufend neue Erkenntnisse gewonnen.

In jedem Organismus befinden sich elektrisch geladene Teilchen, deren Bewegungen ein schwaches elektrisches Feld um den Organismus herum erzeugt. Während Luft mit einer relativen Permitivität[115] ε_r von $\approx 1{,}0$ quasi ein Dielektrikum, also einen Nichtleiter darstellt, können sich elektrische Felder in Wasser ($\varepsilon_r \approx 80$ in Abhängigkeit von Temperatur und elektrischer Frequenz) wesentlich besser ausbreiten. Wasserbewohnende Tiere, die in der Lage sind, derartige Felder zu detektieren, können daher über diesen Elektrosinn die Anwesenheit anderer Tiere innerhalb einer gewissen Distanz wahrnehmen. Diese Ortungsmöglichkeit von z. B. Beutetieren ist dann von großem Vorteil, wenn sich die Beutetiere einer Detektion durch optische Sensoren entziehen, beispielsweise in trübem Wasser, oder unter einer Schlammschicht. Schon länger bekannt und gut untersucht sind der Elektrosinn der Haie, und dementsprechend auch die von ihren Beutetieren ausgehenden elektrischen Felder. Bereits 1963 gaben S. Dijkgraaf und A. Kalmijn die Reizschwelle des Katzenhais (*Scyliorhinus canicula*) mit 3 µV/cm bei einer Erregerfrequenz von 5 Hz an [Dij62]. 1972 beschrieb A. Kalmijn drei Arten von elektrischen Feldern, die von Fischen ausgehen. Ein Gleichstromfeld bis mehrere 100 µV, niederfrequente Wechselfelder (Frequenz < 20 Hz) aufgrund der Atembewegung, und hochfrequente Wechselfelder aufgrund von Muskelkontraktionen. [Kal72] Aber auch Wasserströmungen können elektrische Felder erzeugen. Durch die Strömung werden die im Wasser gelösten Stoffe wie Salze mitbewegt. Ein Liter Meerwasser enthält circa 35 g Kochsalz (NaCl), das im Wasser in die Ionen Na^+ und Cl^- dissoziiert ist. Süßwasser enthält immerhin noch circa ein Gramm Kochsalz pro Liter. Die Bewegungen dieser gegensätzlich geladenen Teilchen erzeugen das elektrische Feld. Davon ausgehend, dass charakteristische Strömungen (Meeresströmungen, Umströmungen von Felsen, Strömungen hinter einem schwimmenden Fisch) auch charakteristische elektrische Felder aufbauen, können diese zur Navigation, oder auch zur Beuteverfolgung oder Artgenossenfindung genutzt werden. Hinzu kommt noch die bereits erwähnte Navigation der Haie entlang der Erdmagnetfeldlinien durch ihr selber erzeugtes elektrisches Feld.

Die Organe zur Detektion haben sich im Falle der Haie aus dem Seitenlinienorgan entwickelt. Dieses besteht aus den Neuromasten, die als Mechanosensoren Bewegungen des Wassers wahrnehmen, und den Lorenzinischen Ampullen, die als Elektrorezeptoren für die Aufnahme der elektrischen Reize zuständig sind. Verteilt sind die Elektrorezeptoren hauptsächlich im Kopfbereich (Abb. 3-65), weshalb Fri et al. in dem Hammerhai mit seinem stark verbreiterten Kopf den „Weltmeister" im Aufspüren elektrischer Felder vermuten [Fri19a]. Tatsächlich kann sich diese Vermutung auf Untersuchungen stützen, die gezeigt haben, dass die Verbreiterung und die damit verbundene andere Anordnung der Lorenzinischen Ampullen die Beutetierortung deutlich verbessert [Bra02].

---

[115] Die Permitivität ε (aus lat. permittere, erlauben, durchlassen), häufig auch als „dielektrische Leitfähigkeit" bezeichnet, gibt die Durchlässigkeit eines Mediums für elektrische Felder an.

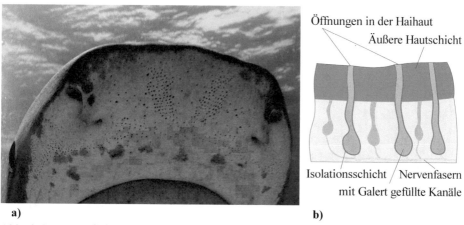

Öffnungen in der Haihaut
Äußere Hautschicht

Isolationsschicht / Nervenfasern
mit Galert gefüllte Kanäle

a)   b)

Abb. 3-65 a) Kopf eines Tigerhais mit den als Poren sichtbaren Lorenzinischen Ampullen, **b)** Querschnitt durch die Haut mit Verlauf der Lorenzinischen Ampullen (Schema)

Die Lorenzinischen Ampullen beginnen als große Poren an der Hautoberfläche und reichen als gallertgefüllte[116], röhrenförmige Kanäle bis zu mehrere cm in die Haihaut hinein, die sich am Ende aufweiten (die von Lorenzini 1678 beschriebenen „Ampullen"). Die Gallertmasse ist sehr leitfähig, während die Röhrenwandung nur einen geringen Leitwert aufweist. In der Ampulle befinden sich die eigentlichen Rezeptoren, die von Nerven innerviert werden, und somit wie die Geschmackssinneszellen sekundäre Sinne sind. Die Funktion dieser Sinnesorgane ist sehr vielfältig. Zunächst wurde 1909 festgestellt, dass sie auf Druck bzw. Berührung reagieren, 1938 gelang dann der Nachweis, dass auch Temperaturschwankungen damit wahrgenommen werden können, deren Reizschwelle bei 0,2 °K liegen [Fie07]. Das Ansprechen der Lorenzinischen Ampullen auch auf Elektroreize wurde erst Anfang der 1960er Jahre entdeckt und beschrieben [Dij62; Fie07]. Liegt ein elektrisches Feld an den Sinneszellen an, öffnen sich Ionenkanäle, über die Calciumionen (Ca^+) in die Zellen einströmen. Das dadurch geänderte Potential der Zellen verursacht den Impuls an das zentrale Nervensystem. Der Sinn der recht langen, gut leitenden und isolierten Kanäle der Lorenzinischen Ampullen kann mit einer Beschreibung von Eckert et al. erklärt werden, demnach die Sinneszellen vermehrt Impulse abgeben, wenn der Strom einer den Kanal schneidenden Feldlinie in Richtung der Ampulle verläuft, während ein Stromfluss in Gegenrichtung die Rezeptoren hemmt [Eck02]. Stellt man sich ein elektrisches Feld besitzendes Objekt seitlich eines Hais vor, verlaufen die Feldlinien auf der einen Körperseite des Hais eher in Richtung der Ampullen, während sie auf der anderen Körperseite eher von den Ampullen zur Außenhaut verlaufen. Gemäß der obigen Beschreibung würde dies dazu führen, dass die Ampullen beider Seiten Signale unterschiedlicher Intensität abgeben, wodurch die Lage des Objekts lokalisiert werden kann, Abb. 3-66.

---

[116] Als Gallert oder auch Gel werden allgemein viskoelastische Flüssigkeiten bezeichnet, die aus mindestens zwei Komponenten (Feststoff und Fluid) bestehen.

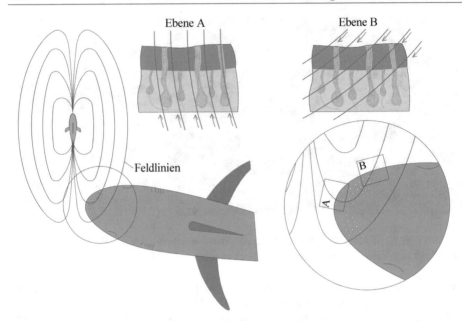

Abb. 3-66 Schema des Verlaufs der Feldlinien des elektrischen Feldes eines Fisches in Relation zur Lage der Lorenzinischen Ampullen eines Beutejägers. In Ebene A verlaufen die Feldlinien nahezu parallel zur Längsrichtung der Kanäle, in der Ebene B eher quer dazu. Die dadurch aus den Gesichtshälften kommenden unterschiedlichen Signale könnten zur Lokalisation der Quelle des elektrischen Feldes genutzt werden.

Neben den Haien sind noch weitere aquatisch lebende Tiere mit einem Elektrosinn ausgestattet, wie z. B. die Rochen oder auch bestimmte, in Flüssen lebende Süßwasserfische wie der afrikanische Elefantenrüsselfisch (*Gnathonemus petersii*) aus der Familie der Nilhechte. Dieser kann nicht nur elektrische Signale detektieren, sondern auch selber erzeugen. Er bewerkstelligt dies mit seinem Schwanz, der circa 80mal in der Sekunde kurze elektrische Pulse produziert, die der nachtaktive Fisch zur Navigation und zum Beutefang nutzt [Sei19]. In Analogie zum SONAR der Delfine (**So**und **N**avigation **a**nd **R**anging) könnte hier von einem „ELNAR" oder ähnlichem gesprochen werden (**E**lectrical **N**avigation **a**nd **R**anging). Wobei übrigens nach neueren Erkenntnissen auch Delfine in der Lage sind, elektrische Signale zu detektieren, wenn auch wohl nur passiv. Die entsprechenden Sensoren wurden in den Gruben der Tasthaare (Vibrissengrube) gefunden. Damit sind die Delfine die zweite Säugetierart, die zu einer Elektroortung befähigt ist. [Loh11] Wobei die andere Art zu den sehr seltenen eierlegenden Säugetieren gehört, und auch sonst als das wohl merkwürdigste Säugetier überhaupt bezeichnet werden kann. Die Rede ist von dem in Australien vorkommenden Schnabeltier. Zu der langen Liste der anatomischen Besonderheiten, die es von den anderen Säugetieren unterscheidet, gehören auch ihre rund 40.0000 Elektrorezeptoren am Schnabel [Row07]. Mit diesen suchen die Tiere in zumeist schlammigen Gewässern nach Nahrung. Die Empfindlichkeit ist sehr hoch, so wurde bei der Jagd nach Würmern mittels der Elektromyographie[117] (EMG) eine Amplitude von nur 3 µV/cm gemessen [Taylor et al. 1992, nach Ash13].

---

[117] Bei der Elektromyographie werden elektrische Aktivitäten eines Organismus, i. d. R. Muskelaktivitäten, mittels einer Nadelelektrode gemessen.

Zur Ergänzung sei gesagt, dass die aktive Erzeugung elektrischer Felder im Tierreich nicht nur auf die Detektion beschränkt ist. Manche Fische wie der Zitteraal, der Zitterwels aber auch bestimmte Rochen benutzen starke elektrische Entladungen von bis zu 800 V bei mehreren Ampere um Beutetiere zu lähmen oder Feinde abzuwehren. Zumindest vom Zitteraal ist bekannt, dass er auch schwache Entladungen abgeben kann, die er zur Navigation und Ortung einsetzt. [Eck02]

Für uns Menschen sind die Sinneseindrücke, welche die mit einem Elektrosinn ausgestatteten aquatisch lebenden Tiere empfangen, grundsätzlich nicht nachvollziehbar. Eine aktuelle technische Anwendung leistet aber einen Beitrag, um diese Sinneswelt besser verstehen zu können. Wissenschaftlern der Universität Bonn (um Professor Gerhard von der Emde) ist es gelungen, den Prototypen einer „bionischen elektrischen Kamera" zu entwickeln, die vollkommen ohne Licht auskommt. Basis ist das elektrische Ortungssystem des Elefantenrüsselfischs. Die Kamera erzeugt ein schwaches elektrisches Feld und erfasst die darin entstehenden „elektrischen Bilder" über mehrere Sensoren (Elektroden). Erkennbar sind nicht nur Umrisse von Objekten innerhalb des Feldses, sondern auch deren Orientierung und Entfernung. Belebte Objekte können darüber hinaus in (elektrischen) Farben dargestellt werden. Einsatzbereiche wären z. B. dort, wo optische Systeme aufgrund visueller Störungen wie Wassertrübungen oder fehlendem Licht nicht eingesetzt werden können. [Sei19]

Grundsätzlich sind noch zahlreiche weitere technische Anwendungsmöglichkeiten der biologischen Elektroortung denkbar. So ist das Wahrnehmungssystem der Haie derart empfindlich, dass sie damit eine 1,5 V-Batterie auf über 3.000 km hinweg detektieren könnten! [Pau95] Vergleichbare technische Systeme sind nicht bekannt.

4 Die Natur nachbauen – Ingenieurwissenschaftliche Grundlagen

Die Entstehungshistorie manch erfolgreicher bionischer Produkte kann etwas planlos erscheinen. Rinder gehen nicht durch stachelige Dornenhecken, also bauen wir einen Zaun mit Stacheln. Dann wird etwas herumexperimentiert, welche Arten von Stacheln wirksam sind, wie und wo sie befestigt werden können, und schließlich, wie sich das Ganze leicht industriell herstellen lässt. Und schon ist das bionische Produkt fertig. Oder auch sehr viele, gerade vom Stacheldraht gab es historisch eine unübersehbare Produktvielfalt, siehe Abb. 4-1. Tatsächlich benötigen moderne bionische Projekte genauso eine Methodik wie alle anderen technischen Projekte auch. Ein Grundrahmen des bionischen Projekts mit den einzelnen Schritten wird in Kap. 5.1 vorgestellt. Innerhalb dieser Schritte wird zunächst eine Methodik des bionischen Konstruierens benötigt. Dabei ist zu beachten, dass die Bionik Zusatz, nicht Ersatz der konventionellen Konstruktionstechnik ist, wie dies in der Fachliteratur häufig beschrieben wird und auch in den Richtlinien VDI 6220 Blatt 1 und Blatt 2[2] erwähnt ist. Dementsprechend wird in Kap. 5 für das bionische Konstruieren ein Ansatz verfolgt, der mit den Methoden der klassischen Konstruktionstechnik in Einklang steht und sich, soweit möglich, an diese anlehnt.

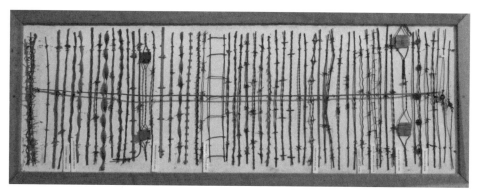

Abb. 4-1 Ein Ausschnitt der Vielfalt von Abstraktionsmöglichkeiten der Dornenbuschhecken, wobei allerdings unklar ist, welche der dargestellten Varianten tatsächlich von der Natur inspiriert wurden und welche auf anderem Wege gefunden worden sind (Abdruck mit freundlicher Genehmigung des Kauri Museums, Matakohe, New Zealand)

Voraussetzung zum Verstehen der Methodik des bionischen Konstruierens sind daher Kenntnisse der *klassischen Konstruktionstechnik*. Teilweise läuft das bionische Projekt genauso wie ein konventionelles technisches Projekt ab, es gibt aber auch Unterschiede. Wurde eine biologische Lösung für eine technische Anwendung gefunden, muss sie zunächst – zumindest bis zu einem gewissen Grad, siehe Kap. 2.1 – verstanden werden. Eine Unterstützung hierzu kann das *Reverse Engineering* bieten, dessen Aufgabe auf die Untersuchung und Reproduktion bestehender Systeme abzielt, wozu natürlich auch biologische Systeme gehören können. Allerdings sollen biologische Lösungen im Sinne der Bionik nicht direkt kopiert werden, was oftmals auch gar nicht möglich ist. Daher muss die Lösung in einem weiteren Schritt abstrahiert und auf die technische Anwendung übertragen werden. Hierbei gilt es, die *physikalisch-technische Vergleichbarkeit* zu beachten, die untersucht, ob eine Lösung der Biologie auch in der technischen Anwendung funktionieren kann. Auch in der sich anschließenden

© Springer Fachmedien Wiesbaden GmbH, ein Teil von Springer Nature 2022
W. Wawers, *Bionik*, https://doi.org/10.1007/978-3-658-39350-2_4

technischen Umsetzung, d. h. der Herstellung der bionischen Bauteile kann es Unterschiede zu konventionell konstruierten Bauteilen geben. Ein Beispiel sind mechanisch belastete biologische Strukturen, die sich grundsätzlich nach vorherrschenden Kräften ausrichten. Hierdurch entstehen Leichtbaustrukturen, die nur dort Material oder Materialverstärkungen haben, wo diese auch gebraucht werden. Konventionelle technische Bauteile sind zwar häufig auch belastungsgerecht konstruiert, müssen sich dabei aber noch an einer Reihe weiterer Restriktionen wie der Herstellbarkeit orientieren. Dies kann so weitreichend sein, dass sich das von der Biologie inspirierte, optimale Bauteil mit konventionellen Fertigungsmethoden nicht herstellen lässt. Demgegenüber unterliegt die neuartige *additive Fertigung* („3D-Druck") deutlich weniger und auch zumeist anderen Herstellungsbeschränkungen. Ein Beispiel sind die belastungsgerechten Leichtbaustrukturen nach dem Vorbild von Knochen, deren Nachbau erst mit der additiven Fertigung möglich geworden ist.

Im Folgenden werden Grundlagen der aufgeführten Themengebiete der Ingenieurwissenschaften behandelt. Ähnlich wie im Kapitel biologische Basisinformationen werden nur wenige Vorkenntnisse vorausgesetzt, um die Bionik und das bionische Konstruieren einer breiten Leserschaft, hier insbesondere auch aus dem nicht-technischen Bereich, zugänglich zu machen. Die Darstellungstiefe hängt davon ab, inwieweit ein Thema für die Bionik besonders relevant ist.

4.1 Die klassische Konstruktionstechnik

Technische Systeme, von einer Schraube über einen Küchenmixer bis zum Strahltriebwerk sind die Ergebnisse eines Konstruktionsprozesses. Die Kernaufgaben der Konstruktionstechnik behandeln dementsprechend die Schaffung neuer technischer Systeme oder die Verbesserung oder Abwandlung vorhandener Systeme. Die Ausgabedaten des Konstruktionsprozesses sind die zur Herstellung eines Systems benötigten technischen Unterlagen, die in einem Produktdatenmodell (PDM) gesammelt werden. Diese beinhalten u. a. die 3D-CAD-Modelle von Baugruppen und Einzelbauteilen und die daraus abgeleiteten 2D-Fertigungszeichnungen, Abb. 4-2.

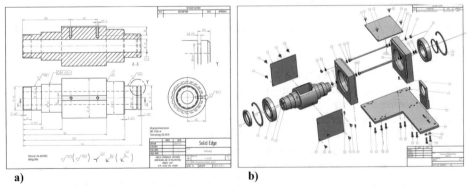

a)   b)

Abb. 4-2 Beispiele für Technische Zeichnungen als Bestandteil der Produktdokumentation: **a)** Fertigungszeichnung einer Hohlwelle, **b)** Zusammenbauzeichnung (3D-Explosionsdarstellung) einer Wellenlagerung

Mit Blick auf die spätere Entwicklung einer bionischen Konstruktionsmethodik werden im Folgenden nur die Kernpunkte der „klassischen" Konstruktionstechnik behandelt. Diese basiert auf der Richtlinie VDI 2221[118] „Methodik zum Entwickeln und Konstruieren technischer Systeme und Produkte" von 05/1993 und den Ergänzungen verschiedener, an universitären Einrichtungen entstandenen Ansätzen, insbesondere aus den 1970er Jahren.

Genannt werden können hier z. B. W. G. Rodenacker (TH München) 1970, K. Roth (TU Braunschweig) 1971, R. Koller (RWTH Aachen) 1976 sowie G. Pahl (TH Darmstadt) und W. Beitz (TU Berlin) 1976. Teilweise unter neuen Autoren weiterentwickelt, geht die Betonung der „modernen" Konstruktionstechnik mit Blick auf die wachsende digitale Technik zunehmend in Richtung virtuelle Produktentwicklung. Siehe hierzu beispielsweise das Standardwerk „Pahl/Beitz Konstruktionslehre" [Fel13].

Die Inhalte der Konstruktionstechnik bzw. der Konstruktionslehre werden in der Literatur nicht immer klar umrissen und einheitlich dargestellt. Betrachtet man jedoch die einzelnen Schritte, die ein Ingenieur bei der Entwicklung eines technischen Systems von der Idee bis zur Realisierung (Konstruktionsprozess) durchlaufen muss, können die Kernthemen der Konstruktionstechnik benannt werden.
Die *Konstruktionsmethodik* gewährleistet das systematische Konstruieren und Entwerfen zur Findung optimaler Lösungen für *technische Systeme*. Gibt es für Detaillösungen bereits genormte oder bewährte Standardbauteile, sind diese grundsätzlich eigenen Konstruktionen vorzuziehen. Eine Übersicht über die Vielfalt derartiger Standardbauteile, sowie Anleitungen und Vorschriften zu z. B. deren Auswahl und Auslegung wird in dem Gebiet der *Maschinenelemente* vermittelt. Ein weiteres Kernthema der Konstruktionstechnik ist die *Festigkeitsrechnung*. Hier werden die Grundlagen zur Berechnung bzw. Dimensionierung frei konstruierter Bauteile oder auch von Maschinenelementen in Bezug zu einer geforderten Lebensdauer oder einer Belastungsgrenze behandelt. Insbesondere bei dynamisch belasteten Bauteilen gehören hierzu häufig auch Belastungssimulationen. Die im Laufe des Konstruktionsprozesses erstellten technischen Unterlagen, wie die technischen Zeichnungen, Anleitungen zur Montage, dem Gebrauch, der Wartung und dem Recycling, können unter dem Sammelbegriff der *Technischen Dokumentation* zusammengefasst werden. Die Konstruktionstechnik bzw. der Ablauf einer Produktentwicklung werden von verschiedenen Prozessen begleitet. Neben dem Projektmanagement werden in [Fel13] hier u. a. auch das Risikomanagement, Kostenmanagement oder die Normung genannt.

Unterstützt wird die Konstruktionstechnik von weiteren technischen oder naturwissenschaftlichen Wissensgebieten, insbesondere der Mechanik, der Mathematik[119], der Fertigungstechnik und der Werkstoffkunde. Abb. 4-3 fasst die Inhalte und die hauptsächlich unterstützenden Wissensgebiete der Konstruktionstechnik zusammen.

---

[118] Während der Entstehung dieses Buches wurde die Richtlinie VDI 2221 in 11/2019 zurückgezogen und durch die Richtlinien 2221 Blatt 1 und Blatt 2 ersetzt (11/2019). In den hier für die Methodik des bionischen Konstruierens berücksichtigten Schritten, wie die Ermittlung von Funktionen und deren Struktur, haben sich aber nur geringe Änderungen in der Richtlinie ergeben.
[119] Die Mathematik wird häufig auch zwischen den Geistes- und Naturwissenschaften verortet.

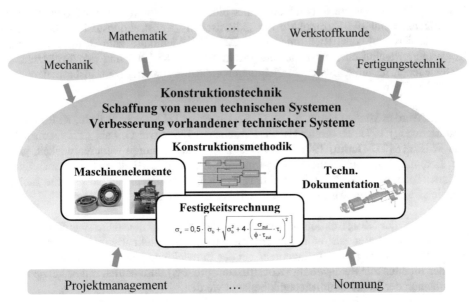

Abb. 4-3 Inhalte der Konstruktionstechnik mit begleitenden Prozessen und unterstützende Wissenschaften

Im Konstruktionsprozess werden häufig drei[120] Konstruktionsarten unterschieden, deren Übergänge fließend sein können [Pah93; Küm15]. Die Neukonstruktion, bei der ein neues Produkt in der Regel durch Anwendung eines neuen oder bisher nicht für dieses Produkt genutzten Lösungsprinzips entsteht. Ein Beispiel dafür könnte das Motorflugzeug sein. Die Anpassungskonstruktion, bei der das Lösungsprinzip beibehalten, aber die Gestalt des Produkts verändert wird, beispielsweise ein Nurflügler. Und die Variantenkonstruktion, bei der Lösungsprinzip und Gestalt beibehalten, aber z. B. die Herstellmaterialien geändert werden, beispielsweise ein Flugzeug mit Carbonflügeln, oder bei der nur die Abmessungen geändert werden, wie bei der Ableitung von Baureihen.

Allerdings ist die Neukonstruktion Motorflugzeug nicht gänzlich neu. Sowohl Flugapparate mit starren Flügeln als auch Verbrennungsmotoren waren zu dieser Zeit bereits bekannt. Daher kann den Konstruktionsarten noch eine weitere vorangestellt werden, die Basiskonstruktion oder Basisinnovation. Diese kann beschrieben werden als ein neues Produkt mit bislang unbekanntem Lösungsprinzip, das zumeist grundlegend für neue Technologiezweige oder Märkte ist oder auch gesellschaftliche oder soziale Veränderungen bewirkt [Gro01].
Die eigentliche Basisinnovation, die dem Flugzeug – mit oder ohne Motor – zugrunde liegt, ist die Nutzung einer in diesem Falle biologischen Struktur, den im Querschnitt asymmetrischen Flügeln der Vögel. Durch die Asymmetrie muss die am Flügel vorbeiströmende Luft oberhalb des Flügels schneller strömen als unterhalb, wodurch

---

[120] Feldhusen und Grote ergänzen in [Fel13] noch eine vierte Konstruktionsart, die Wiederholkonstruktion, die aber keine neuen Anforderungen an die Konstruktion stellt.

über dem Flügel ein Unterdruck entsteht, der hauptursächlich für den Auftrieb ist, siehe Abb. 4-4.

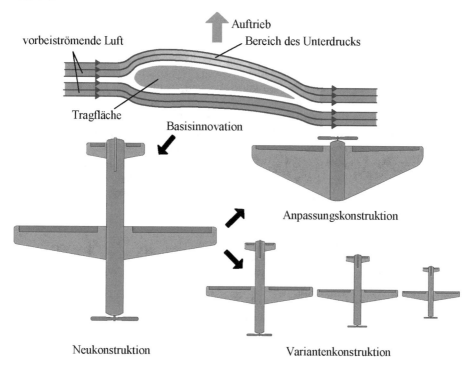

Abb. 4-4 Auftriebserzeugung an einer Tragfläche; die Entdeckung dieses (bionischen) Prinzips führte zum Flugzeugbau und kann als Basisinnovation angesehen werden, mit der große gesellschaftliche Veränderungen einhergingen.

„Echte" Basisinnovationen sind im Vergleich zu den anderen Konstruktionsarten sehr selten. Eine Umfrage des VDMA aus dem Jahr 1973 berücksichtigt in der Aufteilung auf die Konstruktionsarten dann auch nur die Neukonstruktion (25%), Anpassungskonstruktion (55%) und Variantenkonstruktion (20%) [Pah77].

Neuere Zahlen, insbesondere unter Berücksichtigung der Basisinnovationen, sind nach aktuellem Stand nicht verfügbar. Jedoch kann davon ausgegangen werden, dass durch den Aufbau der Bionik als Lehr- und Forschungsgebiet die Zahl der von der Natur inspirierten Basisinnovationen ansteigen wird. Es ist auch kein großer Zufall, dass im obigen Beispiel eine biologische Struktur die Basisinnovation initiiert hat und eine Tragfläche daher ein bionisches Produkt ist. Kaum eine andere Quelle von Lösungen als die der Natur ist mehr dazu in der Lage, innovative, bisher nicht betrachtete Lösungen für technische Anwendungen zu generieren.

Aber auch im Bereich der Variantenkonstruktion (Stichwort neue Materialien), der Anpassungskonstruktion (Stichwort Gestaltoptimierung) oder natürlich der Neukonstruktion können bionische Lösungen an unterschiedlichen Stellen des Konstruktionsprozesses zum Einsatz kommen.

In den nachfolgenden Kapiteln werden die Inhalte der Konstruktionstechnik, angefangen bei der Beschreibung und Definition technischer Systeme, behandelt.

4.1.1 Technische Systeme

Nach gängiger Definition bestehen Systeme aus Komponenten, die untereinander in Wechselbeziehungen stehen. [Bac76] Bei biologischen Systemen sind diese Komponenten die Zellen, welche die kleinste lebende Einheit, die Grundbausteine des Lebens, darstellen. Die Zellen lassen sich wiederum dadurch charakterisieren, dass sie Stoffe aufnehmen, ändern und abgeben (verstoffwechseln), Signale mit ihrer Umwelt austauschen und für diese Vorgänge Energie aufnehmen oder auch durch diese erzeugen. [Gör12] Demnach kann ein biologisches System definiert werden als eine abgegrenzte Einheit, die Stoffe, Energien und Signale aufnehmen und (geänderte) Stoffe, Energien und Signale abgeben kann. Das trifft auf die Zelle zu, die wiederum aus Komponenten besteht (Zellorganellen, Membran, …) aber auch auf den Menschen, der aus Zellen besteht.

Erstaunlich ähnlich verhält es sich mit der Definition der technischen Systeme. Gemäß der weithin anerkannten, aber nicht bindenden Definition, lassen sich auch technische Systeme in energie-, stoff- und daten- bzw. signalumsetzende[121] Systeme untergliedern [Kol98] [Fel13]. Die Darstellung eines noch unbekannten technischen Systems erfolgt über eine sogenannte *Black Box*, deren Eingangsgrößen demnach Stoffe, Energien und Signale sind, und als Ausgangsgrößen entsprechend geänderte Stoffe, geänderte Energien und geänderte Signale ausgeben (Input-Output-System) [Rod91]. Ob alle diese Größen in die Black Box hinein- oder aus ihr hinausgehen, hängt zum einen von den gewählten Systemgrenzen ab. Ein Wasserrad, einmal in Betrieb genommen, benötigt kein Signal. Die Umsetzung der kinetischen Energie des Wassers in die Rotationsenergie des Wasserrades erfolgt kontinuierlich. Die Entnahme der Rotationsenergie hingegen kann durch Kupplungen oder Ausrückgetriebe geschehen, deren Einschaltung oder Auslösung i. d. R. durch Signale erfolgt. Wird die Systemgrenze nur um die Energieerzeugung gelegt, geht demnach kein Signal in die Black Box. Beinhaltet die Systemgrenze auch die Energieentnahmestelle, wird das Signal als Eingangsgröße benötigt. Des Weiteren hängen die Ein- und Ausgangsgrößen auch von der Aufgabe des technischen Systems ab, die Feldhusen und Grote als Hauptfunktion oder auch Hauptaufgabe beschreiben [Fel13] und von Koller als Zweckbeschreibung oder Zweck definiert wird [Kol98]. Die Komponenten eines technischen Systems, welche für die Änderung der Ein- und Ausgangsgrößen verantwortlich sind, werden als Funktionen bezeichnet (Teilfunktion TF oder Elementarfunktion, siehe hierzu das Kapitel Konstruktionsmethodik). Die Gesamtheit der Funktionen innerhalb der Systemgrenzen ist die *Funktionsstruktur*, eine Black Box wird durch Einsetzen der Funktionsstruktur zur *White Box* [VDI2221]. Die Beziehung zwischen den Funktionen kann als *Relation* bezeichnet werden.

Weder die Darstellung der Black Box, noch der Aufbau der Funktionsstruktur oder die vorgenannten Benennungen sind verbindlich definiert [Fel13], allerdings finden sich grundsätzlich ähnliche Darstellungen in vielen Werken der Konstruktionstechnik, wie

---

[121] Da sich Datenübertragungen durch Signalflüsse beschreiben lassen, können beide Begriffe gleichermaßen verwendet werden, wobei sich hauptsächlich der Begriff „Signal" durchgesetzt hat.

z. B. in [Han66; Kol98; Ehr09; Fel13]. Abb. 4-5 zeigt eine sich an den genannten Quellen orientierende allgemeine Darstellung eines technischen Systems als Black Box mit noch unbekannter Funktionsstruktur und als White Box mit aufgestellter Funktionsstruktur.

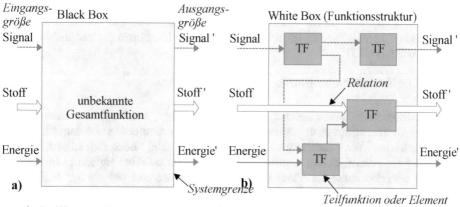

⟹ Stoffﬂuss: Material, Festkörper, Flüssigkeit, Gas, ...

⟶ Energiefluss: elektrische, chemische, mechanische, thermische, ...

----→ Signalfluss: Informationen, Daten, Messgrößen, Steuerimpulse, ...

Abb. 4-5 Funktionsstruktur eines technischen Systems: a) Black Box, b) White Box (ausgefüllte Funktionsstruktur)

Die aufgestellten Teilfunktionen können wiederum eine Black Box für eine weitere (innere) Funktionsstruktur darstellen, so dass mit diesem Abstraktionsmodell technische Systeme beliebiger Komplexität abgebildet werden können. Die Benennung der Größen Stoff, Energie und Signal ist nicht unbedingt wörtlich zu nehmen. So kann für die Energie auch eine Kraft oder ein Strom angenommen werden, für einen Stoff auch ein bestimmtes Objekt, ein Produkt oder auch allgemein ein Material. Als Signal könnten z. B. auch Messgrößen oder allgemein Daten in das technische System eingehen. Siehe hierzu auch [Fel13].

Mit diesen Definitionen können allgemein alle technischen Systeme dargestellt bzw. beschrieben werden, sei es ein Kernreaktor, dessen Hauptaufgabe die Erzeugung bzw. Umsetzung von Energie ist, oder ein Massenprodukt wie ein Straßenschuh, dessen Hauptaufgabe die Isolierung, also die Trennung von Stoffen ist.

Dass nicht alle Größen aus Energie, Signal oder Stoff in ein technisches System eingehen müssen, führt zu den allgemein verwendeten begrifflichen Unterscheidungen technischer Systeme, die allerdings nicht bindend sind und in manchen Fällen auch zu Missdeutungen führen können. Demnach können technische Systeme nach ihrer Hauptfunktion bzw. ihrem Zweck eingeteilt werden in [Kol98; Fel13]:

- Maschinen, Hauptaufgabe ist die Energieumsetzung, z. B. ein Verbrennungsmotor,
- Apparate, Hauptaufgabe ist die Stoffumsetzung, z. B. ein Wärmeübertrager,
- Geräte, Hauptaufgabe ist die Datenumsetzung, z. B. ein Computer.

Dass diese Einteilung insbesondere durch historische Benennungen nicht allgemeingültig ist, zeigt sich an Bezeichnungen wie dem signalumsetzenden Telefonapparat oder dem Stoff trennenden Rasiergerät. Hinzu kommen noch weitere, nicht näher definierte Begrifflichkeiten wie „Anlagen", die als Komposition von Maschinen, Geräten und Apparaten angesehen werden können, oder auch Bauwerke, bei deren Umschreibung wohl letztlich die von Feldhusen und Grote verwendete Bezeichnung „technische Artefakte" für künstlich vom Menschen geschaffene Bauwerke treffend wäre. [Fel13]

4.1.2 Konstruktionsmethodik

Die Konstruktionsmethodik beschäftigt sich mit der Frage, wie die Konstruktionen neuer oder angepasster Produkte, die mitunter auch zu einer Patentierung und damit Erfindung führen, entstehen. Wirft man einen Blick in die Geschichte, finden sich etliche Beispiele berühmter Erfinder. Genannt werden dabei gerne Thomas Alva Edison (1.093 Patente [Rut16]) oder Leonardo da Vinci (Anzahl tatsächlicher und potentieller Erfindungen nicht bekannt). Artur Fischer, bekannt als der Erfinder des Dübels, ist Urheber von mehr als 1.100 Patenten [EPO14-2], Alfred Nobel kam in seinem Schaffenswerk auf 335 Patente [WhooD], und auch Albert Einsteins Name findet sich mit 13 deutschen und einem US-Patent [OV05-3], u. a. für ein ärmelloses Hemd [Gro17], auf der Liste der Erfinder. Der Rekordhalter der Patentanmeldungen ist mit über 4.000 erteilten Patenten derzeit der Australier Kia Silverbrook [OV20-4]. Es muss aber nicht die Anzahl an Patenten sein, die einen Erfinder ausmacht. Mitunter reicht bereits eine einzige Erfindung, um denjenigen, dem sie zugeschrieben wird, weltberühmt zu machen. Hier handelt es sich zumeist um Wegbereiter einer neuen, bisher so nicht gekannten Technologie. Graham Bell hätte die Erfindung des Telefons vollkommen gereicht[122], und auch der „Vater des Automobils" [Hüh19], Carl Friedrich Benz, wird fast ausschließlich mit der Erfindung des dreirädrigen Motorwagens in Verbindung gebracht, weitere von ihm stammende Patentanmeldungen, wie für den Oberflächenvergaser, sind da lediglich eine Art „Add-on".

Durch die obige Auflistung könnte der Eindruck entstehen, dass in erster Linie ein einzelner genialer Geist benötigt wird, dem, wenn er sich lange genug mit einer technischen Aufgabe beschäftigt, irgendwann eine Lösung einfällt. Tatsächlich ist die Arbeit eines Konstrukteurs jedoch von einem hohen Anteil an Methodik geprägt. Gemäß den VDI–Richtlinien 2221 und 2222 kann der Ablauf eines Konstruktionsprozesses in die vier Phasen Planen – Konzipieren – Entwerfen – Ausarbeiten eingeteilt werden. Der Konstruktionsprozess ist iterativ, d. h. es ist ein Vor- und Zurückspringen zwischen den einzelnen Phasen möglich oder auch notwendig. Es existieren unterschiedliche bildliche Darstellungen des Konstruktionsprozesses. Abb. 4-6 gibt den Ablauf gemäß der Richtlinie VDI 2222 Blatt 1 wieder.

---

[122] Obwohl Johann Philip Reis das erste funktionierende Gerät zur Tonübertragung konstruierte, gilt Graham Bell allgemein als Erfinder des Telefons, dessen Name aber in der Schreibweise Telephon wiederum von Reis stammt [OV37].

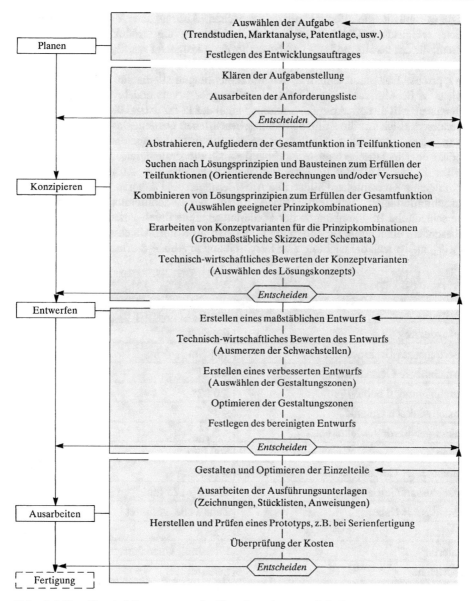

Abb. 4-6 Der Konstruktionsprozess als Vorgehensplan zur Schaffung neuer Produkte nach Richtlinie VDI 2222 Blatt 1

Nachfolgend werden die Phasen des Konstruktionsprozesses in Anlehnung an Abb. 4-6 kurz beschrieben. Für weiterführende Informationen siehe z. B. die Richtlinie VDI 2222.

Planungsphase

In der Planungsphase wird zunächst die technische Aufgabenstellung ausgearbeitet. Ein Ergebnis ist das Lastenheft, das die Anforderungen an das zu konstruierende Produkt enthält (Abb. 4-7). Das Lastenheft darf nicht mit dem Pflichtenheft verwechselt werden.

Letzteres enthält die Vereinbarungen zwischen Auftraggeber und Auftragnehmer, welche technischen Daten oder auch Anforderungen ein Produkt oder technisches System, für das bereits ein Bau- und Herstellprinzip festgelegt wurde, erfüllen muss.

Ein typisches Lastenheft enthält in den Vorbemerkungen allgemeine Informationen zum Projekt, z. B. Motivation und Zweck, Auftraggeber, verwendete Abkürzungen oder Referenzen. Mit dieser „Ausgangssituation" kann der IST-Zustand bei Projektbeginn mit besonderem Blick auf die Aufgabenstellung beschrieben werden. Das wichtigste Kapitel, das in jedem Lastenheft verbindlich ist, enthält die Anforderungen an das zu erstellende Produkt oder technische System, und häufig auch die Projektziele. Die Anforderungen werden in der Anforderungsliste festgehalten, welche die Ausgangsbasis für die nachfolgende Konzeptphase bildet. Die Anforderungen sind dabei in Fest-, Mindest- und Wunschforderungen unterteilt (F/M/W). In der Fachliteratur gibt es leicht unterschiedliche Beschreibungen der Forderungen. Eine durch zusätzliche Erklärungen insbesondere eingängige Beschreibung findet sich im Roloff/Matek Maschinenelemente [Wit17], an der sich die nachfolgende Beschreibung in Abb. 4-8 orientiert.

Anforderungsliste **Entwicklung einer Gelenkwelle**	D a t u m :	
	Zuständig:	
	N o r m :	
Anforderung	**Bereich**	**Art**
Übertragbares Drehmoment T_{max}	400 Nm	F
Aufnehmbare Querkraft F_{max}	600 N	F
Durchbiegung d bei T_{max}	$\leq 0,02°$	M
Anstellwinkel a Gelenk	$\leq 4°$	M
Zulässiger Verdrehwinkel bei T_{Max}	$\leq 0,1°$	M
Länge	600 mm	F
Durchmesser Gelenk	≤ 120 mm	M
Anschlussart Getriebe	Flansch 125 mm	F
Anschlussart Nabe	Zahnwelle, gehärtet	F
Gewicht	≤ 5 kg	M
Material	Edelstahl, korrosionsgeschützt	F
Oberfläche	gehärtet	F
Umgebungsbedingungen im Betrieb	Spritzwasser, Salzwasser	F
Temperatureinsatzbereich	-18 °C bis +65 °C	F
Welle ohne Spezialwerkzeug ausbaubar	-	W
Gelenk leicht austauschbar	-	W
Wartungsfrei	-	F
Betriebs-/ Zeitfestigkeit	≥ 20.000 Betriebsstunden	M
Herstellkosten	≤ 200 EURO	M

Abb. 4-7 Beispiel für eine Anforderungsliste

Festforderungen	- Notwendig zur Funktionserfüllung
	- Kennzeichnung durch quantitative (z. B. Übersetzung i > 10) oder beschreibende Anforderungen (z. B. korrosionsfest)
	- Müssen erfüllt werden, eine Überschreitung ändert den Wert des Produkts nicht
Mindestforderungen	- Wie Festanforderungen, eine Überschreitung zur günstigen Seite erhöht aber den Produktwert
Wunschforderungen	- Nicht erforderlich zur Funktionserfüllung
	- Berücksichtigung, wenn ohne großen technischen und finanziellen Mehraufwand möglich
	- Eine Erfüllung der Wünsche erhöht den Produktwert

Abb. 4-8 Anforderungen an ein Produkt / technisches System

Konzeptphase

In der Konzeptphase wird der funktionelle Aufbau des zu entwickelnden technischen Systems untersucht und technische Lösungen zu seiner Umsetzung gefunden. Während der Ablauf und die verwendeten Methoden der Phasen Planen, Entwerfen und Ausarbeiten des Konstruktionsprozesses nach Abb. 4-6 in der Fachliteratur weitgehend gleich beschrieben werden, gibt es in der Konzeptphase unterschiedliche Herangehensweisen, die insbesondere die Werkzeuge der Ideenfindung und Suche nach Lösungsprinzipien betreffen. Der hier vorgestellte Ablauf basiert zu einem großen Teil auf den Ansätzen nach Koller [Kol98] sowie Feldhusen und Grote [Fel13], wobei auch Methoden anderer Autoren wie Rodenacker [Rod91] oder Altschuller [Alt86] mit aufgenommen wurden. Die Konzeptphase beginnt grundsätzlich mit der Aufstellung der im vorigen Abschnitt beschriebenen Black Box. Die Black Box steht dabei für ein noch unbekanntes Lösungsprinzip eines allgemeinen technischen Systems. Die Hauptfunktion wird im nächsten Schritt in die Teilfunktionen zerlegt. Deren Aufgabe ist es, die Eingangsgrößen entsprechend den Vorgaben der Hauptfunktion zu ändern oder die Funktion anderer Teilfunktionen zu ermöglichen. Dazu wird die Hauptfunktion mittels einer Funktionsstruktursynthese in physikalische, mathematische und/oder logische Tätigkeitsbeschreibungen zerlegt [Kol98]. Dieser Schritt ist im Allgemeinen anspruchsvoll und benötigt ein gewisses physikalisch-technisches Verständnis. Zugleich ist er nicht eindeutig, da sich eine Funktionsstruktur ein und desselben technischen Systems auf unterschiedliche Weise darstellen lässt. Da die gewählten Teilfunktionen den Grundstein für die spätere Lösungsfindung legen, hängt von der geeigneten Wahl der Kombinationen und Relationen letztlich auch der Aufwand der Lösungsfindung ab.

Im nächsten Schritt der Konzeptphase werden Lösungsprinzipien zur Erfüllung der Teilfunktionen gesucht. Im „klassischen Ansatz" geschieht dies durch systematisches Vorgehen, das oft als Diskursive Methode (s. o.) bezeichnet wird. Dabei werden den einzelnen Teilfunktionen Wirkprinzipien zugeordnet, die i. d. R aus einem physikalischen (chemischen, biologischen) Effekt, dem Effektträger („wie der Effekt übertragen wird") und den Wirkflächen („wie der Effekt wirksam wird") bestehen. Das Ergebnis ist das Wirkkonzept. Alternativ oder unterstützend können auch weitere

Lösungsmethoden wie Analogiebildung oder ein intuitiv-heuristischer Ansatz zur Findung von Lösungen der Teilfunktionen eingesetzt werden, Feldhusen und Grote sprechen hier von der *„Erweiterung des Lösungsfelds"* [Fel13]. Wurden verschiedene Konzepte zur Erfüllung der Hauptfunktion gefunden, erfolgt die Festlegung der Wirkkonzepte und die Aufstellung von Konzeptvarianten, die anschließend systematisch bewertet werden. Abb. 4-9 zeigt das Vorgehen zur Lösungsfindung in der Konzeptphase.

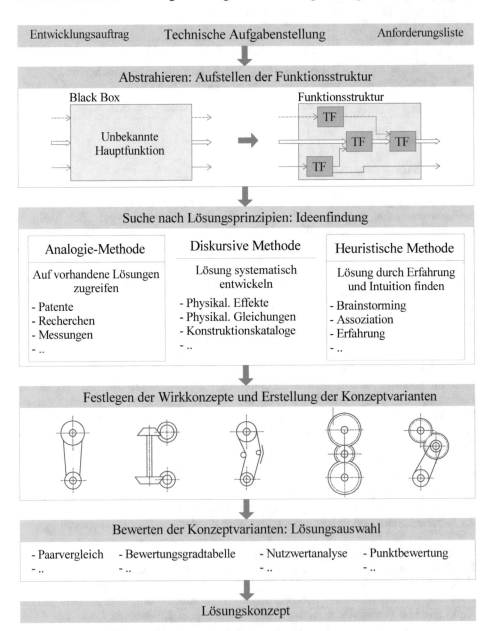

Abb. 4-9 Vorgehen zur Lösungsfindung innerhalb der Phase Konzipieren

Da die Konzeptphase des Konstruktionsprozesses auch in der in Kap. 5 entwickelten Methodik des bionischen Konstruierens Verwendung findet, wird nachfolgend ausführlicher darauf eingegangen.

Abstrahieren und Aufstellen der Funktionsstruktur

Das Vorgehen bei der Abstrahierung und dem Aufstellen der Funktionsstruktur kann anhand von Beispielen gezeigt werden. Die in Kap. 2.1 vorgestellte Pumpanlage hat als Hauptaufgabe den Transport von Wasser aus einem tiefer gelegenen See (Ort A) in ein höher gelegenes Speicherbecken (Ort B). Abb. 4-10 zeigt die Skizze und die Black Box der Pumpanlage.

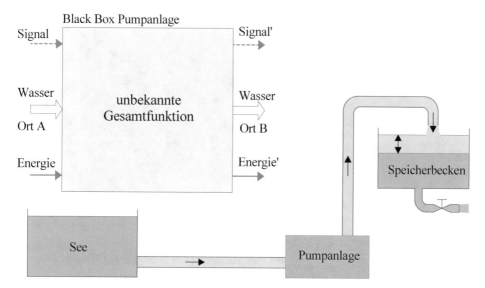

Abb. 4-10 Schema einer Pumpanlage und eine mögliche Black Box-Darstellung mit der Hauptfunktion „Wasser transportieren"

Für die Erstellung der Funktionsstruktur müssen die Anforderungen an die Pumpanlage bekannt sein, die in der Planungsphase in der Anforderungsliste festgehalten werden. Für die Pumpanlage wird in dem Beispiel angenommen:

- Automatisches Einschalten der Pumpanlage, wenn das Niveau des Speicherbeckens einen bestimmten Wert unterschreitet,

- Energieart beliebig,

- Signalausgabe, solange die Pumpanlage läuft.

Da das Wasser gegen die Schwerkraft transportiert werden soll, wird Energie benötigt. Weder die Art der benötigten, noch der am Ort der Pumpanlage vorhandenen Energie ist festgelegt, weshalb davon auszugehen ist, dass eine Energiewandlung notwendig wird. Das Wasser soll nur transportiert werden, wenn der Füllstand des Speicherbeckens auf ein bestimmtes Niveau abgesunken ist, weshalb der Prozess ein auslösendes Signal benötigt, dass eventuell gewandelt werden muss. Und schließlich soll auch ein Signal ausgegeben werden, solange die Pumpanlage läuft. Aus diesen Informationen kann eine erste Funktionsstruktur für die Pumpanlage, zerlegt in Teilfunktionen (TF), aufgestellt werden. Die Darstellung in Abb. 4-11 ist nur eine mögliche Variante. Die Benennungen der Teilfunktionen sind frei gewählt, so hätte statt „Wasser transportieren" auch „Wasser fördern" genommen werden können. In der Literatur wird lediglich vorgeschlagen, hier eine „Objekt-Verb-Form" [VDI2222] bzw. eine „Substantiv und Verb"-Form zu verwenden [Fel13]. Auch die Relationen zwischen den Teilfunktionen sind nicht festgelegt. Die VDI 2222 spricht hier von möglichen „Prinzipkombinationen". So hätte das Kontrollsignal auch an der Teilfunktion „Energie wandeln" abgegriffen werden können, und das Signal könnte nach der Wandlung auch direkt in die Funktion „Wasser transportieren" führen.

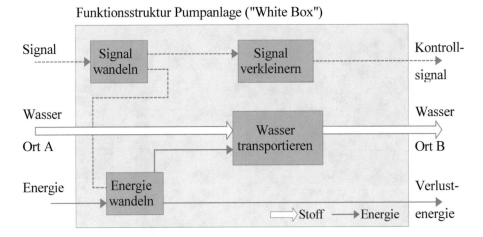

Abb. 4-11 Mögliche Funktionsstruktur der Pumpanlage für den Transport von Wasser

Einen Ansatz zu einer Vereinheitlichung zumindest der Benennung und auch der Anzahl der möglichen Teilfunktionen bietet R. Koller, indem er „Elementarfunktionen" definiert. Er betrachtet dabei die Möglichkeiten der Änderung, die ein technisches System an den Eingangsgrößen Stoff, Energie und Signal ausführen kann, und belegt diese mit nicht mehr in weitere Teilfunktionen untergliederbaren Benennungen.

Diese Elementarfunktionen sind dementsprechend davon abhängig, ob ein technisches System Stoffe oder Energien umsetzt. Der Umsatz von Daten bzw. Signalen wird dabei nicht extra berücksichtigt, da sich Datenumsätze laut Koller auf Stoff- oder Energieumsätze zurückführen lassen [Kol98]. Abb. 4-12 zeigt eine Übersicht der Elementarfunktionen in Anlehnung an Koller.

Elementarfunktion	Beschreibung für energieumsetzende Systeme	Beschreibung für stoffumsetzende Systeme
wandeln	Ändern der Art oder Form von Energie	Stoffen eine weitere Eigenschaft geben oder nehmen
Richtung ändern	Ändern der Richtung einer vektoriellen physikalischen Größe	-
vergrößern (verkleinern)	Ändern des skalaren Werts einer physikalischen Größe	Stoffeigenschaftswerte vergrößern (verkleinern)
leiten (isolieren)	Übertragen von Energie von Ort A nach Ort B (oder dies verhindern)	Einen Stoff von Ort A nach Ort B leiten (oder dies verhindern)
fügen (lösen)	-	Zusammenhaltskräfte zwischen Stoffen herstellen (aufheben)
sammeln (teilen)	Mehrere Mengen gleicher oder verschiedener Energien sammeln (teilen)	Einen Stoff der Menge nach sammeln (teilen)
mischen (trennen)	Energien verschiedener Qualität zusammenbringen (sortieren)	Stoffe nach Merkmals-unterschieden mischen (trennen)

Elementarfunktion	Beschreibung für Energie und Stoff verknüpfende Funktionen	
verbinden (trennen)	Stoffen Energie hinzufügen (entziehen), um die Stoffe zu bewegen, erwärmen usw. (abzubremsen, abzukühlen, usw.)	

Abb. 4-12 Elementarfunktionen in Anlehnung an R. Koller [Kol98]

In dem in Abb. 4-11 gezeigten Beispiel einer Funktionsstruktur sind demnach die Teilfunktionen „Signal wandeln" und „Energie wandeln" Elementarfunktionen, die sich nicht weiter zerlegen lassen. Die Teilfunktion „Wasser transportieren" kann dagegen noch weiter zerlegt werden. Erfolgt beispielsweise eine Zerlegung in die Elementarfunktionen „Druck ändern" und „Wasser leiten", so ergibt sich die in Abb. 4-13 dargestellte Funktionsstruktur für die betrachtete Pumpanlage.

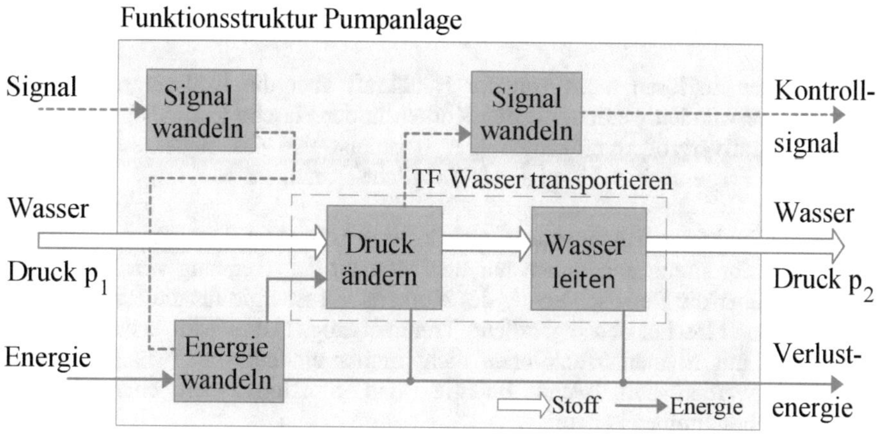

Abb. 4-13 Mögliche Funktionsstruktur einer Pumpanlage bestehend aus Elementarfunktionen

Durch die Festlegung auf Elementarfunktionen wird die einheitliche Benennung und Allgemeingültigkeit der späteren Lösung zwar erhöht, gleichzeitig steigt aber auch die Komplexität der Beschreibung eines technischen Systems an. Im „klassischen Vorgehen eines Ingenieurs" [Fel13] werden im weiteren Lösungsverlauf den Teil- oder Elementarfunktionen physikalische Effekte zugeordnet (Erstellung des Wirkkonzepts, siehe den nachfolgenden Abschnitt). Die Elementarfunktionen nach Koller sind so ausgelegt, dass zu deren Umsetzung immer nur ein Effekt benötigt wird[123]. Das erleichtert die Aufstellung des Wirkkonzepts, erhöht aber den Aufwand der Abstraktion und die Anzahl der Funktionen. Beeinflusst werden kann die Anzahl der Funktionen außerdem auch durch die prinzipiell frei vom Konstrukteur wählbaren Systemgrenzen.

Beides soll in einem einfachen Beispiel erläutert werden, bei dem das System eines Hand-Korkenziehers betrachtet wird, dessen Prinzip zur Kraftvergrößerung (Hauptfunktion) gesucht ist. Ohne Rücksicht darauf, dass der Korkenzieher zunächst in die Hand genommen werden muss (Stoff fügen), und dass der Korkenzieher auch mit dem Korken in Verbindung gebracht werden muss (Stoff fügen), wird nur den beiden Fragen nachgegangen, was mit dem Korken passieren soll (von der Flasche lösen), und wie die Energie dafür aufgebracht wird (vergrößern der Handkraft). Dadurch lässt sich eine einfache Funktionsstruktur mit nur zwei Elementarfunktionen aufstellen, Kraft vergrößern und Korken lösen, Abb. 4-14.

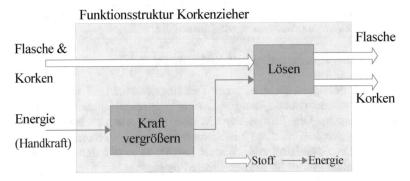

Abb. 4-14 Mögliche Funktionsstruktur des technischen Systems eines Korkenziehers

Um den Korken zu lösen muss von der Handkraft über die Kraftvergrößerung die Haftreibung überwunden werden, die den Korken in der Flasche hält. Als physikalische Effekte zur Kraftvergrößerung kämen hier beispielsweise das Hebelgesetz und die Keilwirkung in Frage. Abb. 4-15 zeigt zwei mögliche Lösungen.

Jetzt wird die Funktionsstruktur erneut, aber kritisch betrachtet. Die Elementarfunktion „lösen" beschreibt streng genommen nur den Moment der Trennung von Korken und Flasche, nicht aber die Beaufschlagung des Korkens mit Energie für die Bewegung des Korkens aus der Flasche, den eigentliche Trennvorgang. Daran wird ersichtlich, dass beim Umgang mit Elementarfunktionen nicht immer eindeutig ist, welche Funktion angenommen werden soll, wenn Energie- und Stofffunktionen einen Vorgang gleichermaßen beschreiben könnten.

---

[123] Es kommen grundsätzlich immer mehrere physikalische Effekte in Betracht, von denen aber nur einer für eine mögliche Lösung benötigt wird.

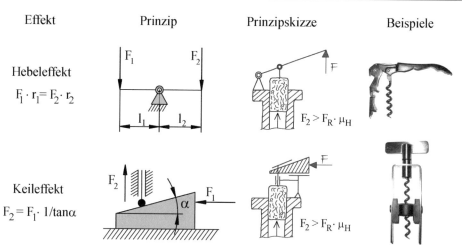

Abb. 4-15 Mögliche Prinziplösungen der Elementarfunktion „Kraft vergrößern" mit Anwendungsbeispielen

Für die vollständige Beschreibung müsste noch die Elementarfunktion „verbinden", nämlich Korken mit Energie verbinden, vorgeschaltet werden. Außerdem wird die Energie nicht direkt auf den Korken übertragen, sondern zunächst auf den Korkenzieher, der sie über den Hebeleffekt vergrößert. Daher müsste zunächst der Korkenzieher mit der Energie verbunden werden, und dann erst erfolgt das Lösen. Abb. 4-16 zeigt ein Beispiel für eine Funktionsstruktur des Systems „Korkenzieher", die deutlich komplexer ist, wobei immer noch nicht alle Abläufe berücksichtigt wurden, die beim Ziehen des Korkens aus einer Flasche durchlaufen werden. So muss der Korken (mit Korkenzieher) z. B. nach dem Lösen noch abgebremst werden, ein Vorgang, der in Abb. 4-16 außerhalb der Systemgrenzen gelegt wurde.

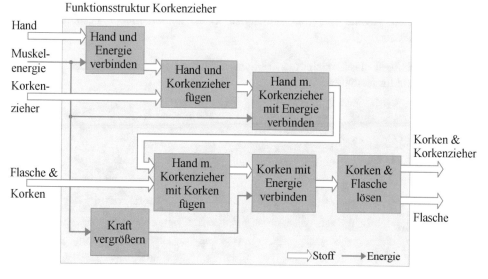

Abb. 4-16 Erweiterte Funktionsstruktur des technischen Systems eines Korkenziehers

Die Anzahl der Elementarfunktionen, für die in der Lösungssuche ein oder mehrere physikalische Effekte ausgewählt werden sollen, haben sich in dem Beispiel von zwei auf sieben erhöht, also mehr als verdreifacht. Dies läuft dem Grundgedanken, dass eine Funktionsstruktur möglichst einfach ausgelegt sein sollte, zuwider [vgl. Fel13]. Darüber hinaus führt die Erhöhung der Komplexität auch nicht zu einer Erhöhung der Lösungsmenge für die Hauptfunktion Handkraft.

Das Beispiel verdeutlicht noch einmal, dass die Komplexität der Funktionsstruktur von der Wahl der Systemgrenzen abhängt, und auch davon, ob Funktionen, die letztlich nicht direkt zur Lösung beitragen, weggelassen werden bzw. nicht mit in die Lösungssuche eingebunden werden. Im Sinne der von Feldhusen und Grote in diesem Zusammenhang angesprochenen „Nebenfunktionen", die nur unterstützenden oder ergänzenden Charakter haben, würde sich deren Lösung später aus der ausgesuchten Lösung der Hauptfunktion ergeben [Fel13]. Die Erweiterung der Funktionen in dem Beispiel ist auch durch die strenge Anwendung der Zerlegung aller Abläufe bis auf die Ebene der Elementarfunktionen bedingt. Man hätte die Funktionsstruktur durchaus auch eine oder mehrere Ebenen höher legen können. So hätte, um eine Verwechslung mit den Elementarfunktionen zu vermeiden, für die Funktion „lösen" in Abb. 4-14 auch „Korken entfernen" oder eine ähnliche Objekt-Verb-Form benutzt werden können. Diese Teilfunktion wäre dann durch eine Kombination von Stoffänderung und Energieübertragung und den dafür erforderlichen physikalischen Effekten lösbar. Feldhusen und Grote, die mit Teil- statt Elementarfunktionen in der Erstellung der Funktionsstruktur arbeiten, gehen dann auch davon aus, dass eine Teilfunktion häufig nur durch Kombination mehrerer physikalischer Effekte lösbar ist [Fel13]. Hinzu kommt, dass, wie in Abb. 4-9 dargestellt, eventuell weitere Lösungssystematiken wie die Analogie-Methode oder die heuristische Methode zur Lösungsfindung eingesetzt werden können. Hier ist die Zerlegung bis auf die Elementarfunktionsebene i. d. R. nicht notwendig oder sogar auch störend. An dieser Stelle soll auch noch mal daran erinnert werden, dass der Konstruktionsprozess iterativ ist, siehe Abb. 4-6. Sollte sich aufgrund ungeeigneter Abstraktion keine geeignete Lösung finden lassen, ist der Rückschritt zu einer erneuten Abstraktion und Aufstellen einer überarbeiteten Funktionsstruktur durchaus zulässig.

Zusammenfassend lässt sich aus obigen Überlegungen für die Erstellung der Funktionsstruktur festhalten:

- Funktionsstrukturen sollen möglichst einfach aufgebaut sein.
- Teilfunktionen können, müssen aber nicht in Elementarfunktionen zerlegt werden.
- Elementarfunktionen erleichtern die Zuordnung eines physikalischen Effekts.
- Elementarfunktionen erhöhen oft die Komplexität der Funktionsstruktur.
- Die Systemgrenzen beeinflussen die Komplexität der Funktionsstruktur.
- Untergeordnete Strukturen, die nicht zur Lösung beitragen („Nebenfunktionen") können außerhalb der Systemgrenzen gelegt, oder in der Lösungsfindung als gelöst angesehen werden. Die tatsächliche Lösung ergibt sich dann aus der Lösung der Hauptfunktion.

Suche nach Lösungsprinzipien: Erstellen des Wirkkonzepts

Die Suche nach Lösungsprinzipien hat zum Ziel, Lösungsmöglichkeiten für die einzelnen Funktionen der aufgestellten Funktionsstruktur des zu entwickelnden technischen Systems zu finden. Das Ergebnis ist das Wirkkonzept bzw. die Wirkstruktur.

Das Wirkkonzept einer Funktion besteht aus dem physikalischen (chemischen, biologischen) Effekt, dem Effektträger und den Wirkflächen (Wirkort) [vgl. Fel13].

- **Physikalischer Effekt**: Der physikalische Effekt beschreibt einen Prozess oder eine Gesetzmäßigkeit der Physik. Beispiele sind das Hebelgesetz, der Impulssatz, Wärmeleitung, die Coulombschen Gesetze, Gravitation usw. An Stelle der physikalischen Effekte können auch chemische Effekte (z. B. Verbrennung) oder biologische Effekte (z. B. Mutation) verwendet werden. Die Übergänge sind jedoch teilweise fließend. So kann der Vorgang der Mutation letztlich mit chemischen Prozessen beschrieben werden, die wiederum auf physikalischen Effekten wie elektrostatischen Wechselwirkungen basieren. Im Sinne einer übersichtlichen Darstellung wird im weiteren Verlauf des Kapitels nur von physikalischen Effekten gesprochen. Die physikalischen Effekte sind die Grundbausteine von Prinziplösungen. Koller geht davon aus, *„daß man 'Prinzipiell neue Maschinen' nur mittels neuer, bis dato in technischen Systemen noch nicht angewandten, physikalischen [...] Effekten – oder neuen Effektstrukturen (Kombinationen) – bauen kann."* [Kol98]. Daran lässt sich die Bedeutung über die Kenntnisse und die richtige Auswahl physikalischer Effekte bei der Entwicklung neuer, innovativer Produkte ermessen.

- **Effektträger**: Die Effektträger übertragen die aus den physikalischen Effekten kommenden Kräfte, Momente, elektrische Spannungen usw. Beispiele sind Hebel, Flüssigkeiten oder auch Luft, z. B. für die Übertragung von Schallwellen. Variationen der Effektträger können durch unterschiedliche Materialien oder auch unterschiedliche Aggregatzustände realisiert werden. Auch die Effektträger sind Bausteine der Prinziplösung, und auch ihre Variation kann zu neuen Lösungen und damit zu neuen Produkten führen.

- **Wirkfläche**: Physikalische Effekte werden i. d. R. an der Berührstelle zweier Körper wirksam (Zahnradgetriebe, Kupplung, Bremse, ...) bzw. an der Oberfläche eines Körpers (Glühfaden, Lautsprechermembran, ...). Vereinfacht ausgedrückt hat die Wirkfläche (oder auch der Wirkort) Einfluss darauf, „wie gut" ein Effekt wirken kann. Variationen können beispielsweise durch die Wirkgeometrie, also Punkt-, Linien- oder Flächenberührung, die Lage oder Richtung, oder auch durch die Größe, z. B. der Oberfläche, hervorgerufen werden.

Als Beispiel eines Wirkkonzepts zeigt Abb. 4-17 eine Freilaufeinrichtung zwischen einer Achse und einer Nabe, welche die Achse und Nabe in einer Drehrichtung miteinander verbindet und in der anderen Drehrichtung freigibt. Es werden zwei unterschiedliche physikalische Effekte eingesetzt, die jeweils durch die Richtungsumkehr der Wirkflächen wirksam werden.

Funktion	Physik. Effekt	Effektträger	Wirkfläche	Skizze
Laufrichtung verbinden	Reibung 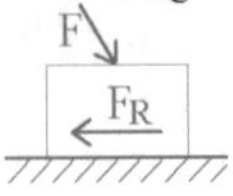 F F_R	Nabe (Gußeisen) ↕ Kugel (Stahl) ↕ Welle (Stahl)	Punktberührung	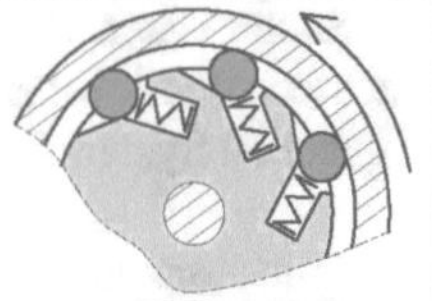
Laufrichtung freigeben	Hooksches Gesetz 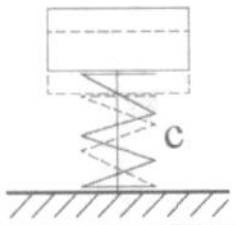 c	Kugel (Stahl) ↕ Feder (Federstahl)	Punktberührung & Linienberührung	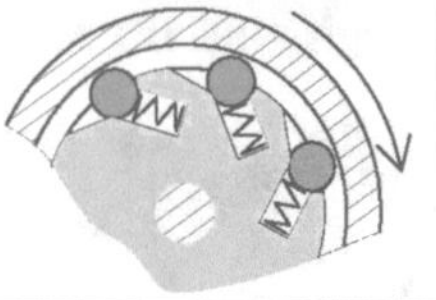

Abb. 4-17 Wirkkonzept einer Freilaufeinrichtung

Bei der Aufstellung der Wirkstruktur werden zunächst ein oder mehrere physikalische Effekte zur Erfüllung einer Teilfunktion festgelegt. Anschließend erfolgt die Auswahl möglicher Effektträger, wobei bereits auf die spätere Realisierung (Verfügbarkeit, Kosten usw.) geachtet werden sollte. Anschließend erfolgt die Festlegung der Wirkflächen, wobei auch hier auf z. B. die Herstellbarkeit geachtet werden muss.

Wie bereits in der Einleitung dieses Buchs beschrieben, können grundsätzlich drei Vorgehensweisen zur Findung eines Lösungsprinzips in Betracht kommen. Der „klassische" diskursive Ansatz, der die Lösung systematisch, z. B. aus Konstruktions- oder Effektkatalogen entwickelt. Der heuristische oder auch intuitive Ansatz, bei dem der Konstrukteur oder die mit der Konstruktion beauftragte Arbeitsgruppe weitgehend auf persönlichen Erfahrungsschatz zurückgreift und die Lösung durch Assoziation gefunden wird. Und die Analogie-Methode, welche sich zur Lösungsfindung an bereits vorhandenen Lösungen orientiert.

Neben und innerhalb dieser drei Grundmethoden gibt es noch eine Reihe weiterer Techniken zur Lösungsfindung. So z. B. die in der DIN EN 1325-1 beschriebene Wertanalyse bzw. ihre Weiterentwicklung als „Value Management", die sich mit dem Nutzen und dem Aufwand („Wert") eines Produkts befasst [DIN 1325-1]. Oder die Methode 6-3-5, bei der sechs Teilnehmer jeweils ein Blatt mit 18 Kästchen erhalten, auf das jeder drei eigene Ideen einträgt, die dann durch (fünfmaliges) Weiterreichen des Blattes von den anderen Teilnehmern in einer vorgegebenen Zeit weiterentwickelt werden [Roh69]. Im Prinzip handelt es sich hier um eine Variante der heuristischen Methode, da die Ideenfindung von der Erfahrung und den persönlichen Assoziationen der Teilnehmer ausgeht. Eine weitere, in der Konstruktionstechnik auch bedeutsame Methode ist das in der Richtlinie VDI 4521 beschriebene TRIZ-Verfahren[124]. Der Grundgedanke von TRIZ basiert auf der Aufstellung und Überwindung technischer Widersprüche bei der Verbesserung oder Konzipierung eines Produkts.

Im Folgenden werden die drei Grundmethoden sowie die Methode TRIZ behandelt, die auch in der Bionik als „BioTRIZ" eine Rolle spielt. Für weitere Lösungsmethoden siehe z. B. [Fel13].

---

[124] VDI 4521, Blatt 1, Erfinderisches Problemlösen mit TRIZ – Grundlagen und Begriffe

Lösungsfindung mit System: Die diskursive Suchmethode

Die diskursive oder auch methodische Suche beschreibt ein systematisches Vorgehen bei der Lösungsfindung und kann direkt an den Vorgang des Abstrahierens und der Aufstellung der Funktionsstruktur anschließen. Die Methode besteht darin, zur Erfüllung der Elementar- oder auch Teilfunktionen physikalische Effekte zu suchen. Sammlungen von physikalischen Effekten finden sich beispielsweise bei Rodenacker [Rod91], Koller [Kol98], v. Ardenne et al. [vAr05] oder auch in den Konstruktionskatalogen von Roth [Rot01]. In Anhang C ist eine Übersicht der Systematik physikalischer Effekte gegeben, die der Sammlung nach Koller folgt.

Die Zuordnung physikalischer Effekte soll mit dem folgenden Beispiel einer Umsetzanlage verdeutlicht werden. In einer PKW-Fertigungsanlage sollen die ankommenden Metallkarosserien von einer Sammelstelle A in den Förderkorb B eines Förderbandes umgesetzt werden, wobei eine Distanz L zu überwinden ist. Die Schemazeichnung in Abb. 4-18 zeigt die Ausgangssituation.

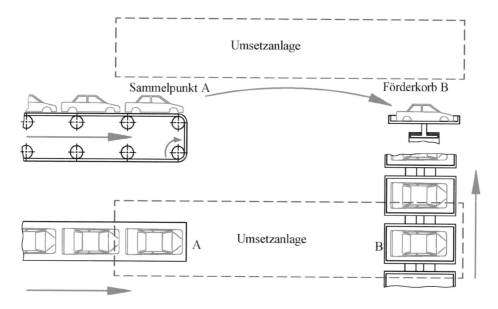

Abb. 4-18 Schema Bauraum und Lage einer Umsetzanlage für Metallkarosserien von einem Sammelpunkt A in einen Förderkorb B

Für einen Umsetzvorgang muss die Umsetzeinheit, kurz Umsetzer, mit der Karosserie an Sammelpunkt A verbunden werden. Dann verfahren Umsetzer & Karosserie um die Distanz L, wonach der Umsetzer bei dem Förderkorb B wieder von der Karosserie getrennt wird und zurück zum Sammelpunkt A verfährt. Zur Vereinfachung sollen die von den einzelnen Funktionen benötigten Energiearten in dem Beispiel für alle Funktionen gleich sein, wobei als Eingangsgröße elektrische Energie vorliegen soll. Abb. 4-19 zeigt eine mögliche Funktionsstruktur der Umsetzanlage. Für die Bewegung des Umsetzers wurde eine Funktion „bewegen" gewählt, die nach Koller in die Elementarfunktionen „Stoff und Energie verbinden" (in Bewegung versetzen), „Stoff leiten" und „Energie von Stoff trennen" (abbremsen) unterteilt werden könnte, siehe Abb. 4-12. Eine derartige Trennung ist bei bestimmten technischen Anwendungen durchaus notwendig. So wird bei einem PKW der Vorgang des Bewegens von unterschiedlichen technischen Systemen ausgeführt, dem Antriebsaggregat, dem Fahrwerk und dem Bremssystem. Im Falle des Umsetzers erscheint eine Aufspaltung des Bewegungsvorgangs jedoch zum jetzigen Zeitpunkt nicht sinnvoll, da dies von vorneherein die Komplexität des Systems erhöht und eventuell am Markt verfügbare Komplettlösungen ausschließt[125]. Sollten aus der gefundenen Lösung die Notwendigkeiten des separaten Abbremsens und Leitens entstehen, kann hierfür in einem weiteren Schritt erneut nach Lösungen gesucht werden. Wie in dem Beispiel des Korkenziehers wird also eine weniger komplexe, die Vorgänge nicht exakt abbildende Funktionsstruktur aufgestellt, wobei die Reduzierung der Komplexität in Abb. 4-19 nicht durch Weglassen, sondern durch Zusammenfassen erreicht wird.

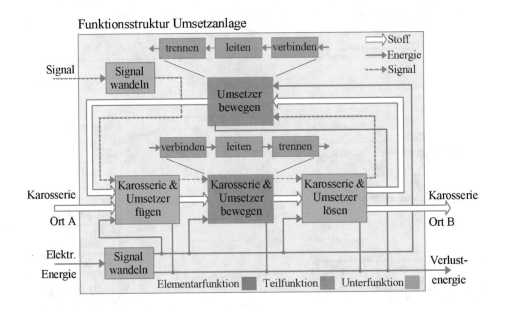

Abb. 4-19 Beispiel für die Funktionsstruktur der in Abb. 4-15 gezeigten Umsetzanlage; die mögliche weitere Zerlegung der Teilfunktionen „…. bewegen" ist mit dargestellt, aber nicht erforderlich.

Im Anschluss an die Erstellung der Funktionsstruktur werden physikalische Effekte zur Erfüllung der aufgestellten Funktionen gesucht. Für das Fügen käme z. B. Kohäsion, Adhäsion, Elektromagnetismus oder Unterdruck in Frage. Das Lösen kann durch Gravitation ausgeführt werden, aber auch durch Magnetismus oder Impuls. Für die Bewegung müssen die Effekte des Verbindens von Stoff und Energie herangezogen werden. Hier käme beispielsweise Elektromagnetismus, Reibung oder auch Hydrostatik

---

[125] Die Fachliteratur gibt an dieser Stelle (dem Abstraktionsgrad) nur selten Hilfestellung. Hier sei angemerkt, dass die Aufgabenstellung lautete, ein System zu konstruieren und nicht ein bislang so noch nie dagewesenes System. Bei Letzterem wäre tatsächlich die Abstraktion der Funktionsstruktur bis hinunter zu den Elementarfunktionen sinnvoll.

in Frage. Anzumerken ist, dass es sich hier nicht um eine Elementarfunktion handelt, eine Zuordnung physikalischer Effekte aber natürlich trotzdem möglich ist. Die elektrische Energie könnte mit dem Induktionsgesetz transformiert werden oder mit dem Biot-Savart-Gesetz in eine mechanische oder hydraulische Energie gewandelt werden. Die Wandlung des Signals könnte von mechanisch zu elektrisch sein (z. B. Piezoeffekt, Endanschlag), von optisch zu elektrisch (z. B. Photoeffekt, Lichtschranke) oder auch von einer elektrischen Größe zu einer anderen über Induktion (z. B. Näherungsschalter). Abb. 4-20 zeigt eine Übersicht der ausgewählten physikalischen Effekte.

Funktion	Lösung 1	Lösung 2	Lösung 3	Lösung 4
Stoffe fügen	Kohäsion	Elektro-magnetismus	Adhäsion	Unterdruck
Stoffe bewegen	Elektro-magnetismus	Reibung	Hydrodynamik	Hydrostatik
Stoffe lösen	Magnetismus	Impuls	Zentrifugalkraft	Gravitation
Energie wandeln	Induktion	Biot-Savart in mech. Energ.	Gasgleichung	Biot-Savart in hydraul. Energ.
Signal wandeln	Piezoeffekt	Photoeffekt	Pneumatisches Steuerventil	Induktion

Abb. 4-20 Zuordnung physikalischer Effekte zu den Funktionen der Funktionsstruktur Umsetzanlage im diskursiven Ansatz

In der Variation bei der Zuordnung der physikalischen Effekte ist die sehr hohe Innovationsfähigkeit der diskursiven Methode begründet. Voraussetzung bei der richtigen Anwendung ist dabei, die Auswahl der Effekte nicht aufgrund spontan einfallender technischer Umsetzungsmöglichkeiten zu treffen. Tatsächlich ist im diskursiven Ansatz eine bestimmte Wissenstiefe erforderlich. Zwar ist in den Effekt-katalogen zumeist eine Zuweisung zwischen Elementarfunktion und physikalischen Effekt gegeben, wodurch schnell mehrere Prinziplösungen aufgestellt werden können. Spätestens aber bei der Erstellung des Wirkkonzepts muss der Effekt nicht nur verstanden sein, sondern auch Wissen um seine Erzeugung und seine Wirkgrößen (Kräfte, Wirkgeschwindigkeit, …) bestehen. Eine gute Unterstützung bieten dabei die Konstruktionskataloge von K. Roth [Rot01], die im „Zugriffsteil" Angaben zur Größe der mit einem Effekt erzeugbaren Kräfte, dem Arbeitsvermögen der Kraft oder auch der stofflichen Bedingung für die Kraftwirkung beinhalten. Weitere Quellen hierzu finden sich über die Ingenieurwissenschaften hinausgehend insbesondere in Fachbüchern der Physik, so zum Beispiel in [Ard05]. Werden mangels derartiger Quellen bzw. aufgrund mangelnden Wissens nur Effekte ausgesucht, deren Wirkmechanismen dem Aussuchenden bekannt sind und deren Umsetzung in der vorliegenden Aufgabe einfach erscheint, steigt zwar die Realisierungswahrscheinlichkeit, die Innovationshöhe aber sinkt. Vom Prinzip her würde der diskursive Ansatz in so einem Fall letztlich zu einer

Assoziationsliste führen, was nicht im Sinne der Methode sein kann. Insgesamt kann diese „Unkenntnis" der Fülle physikalischer Effekte und deren Anwendungen ein Hemmnis bei der Verwendung der diskursiven Methode sein.

Ein weiterer Kritikpunkt des diskursiven Ansatzes kann, wie bereits erwähnt, eine zu große Komplexität sein, wenn die Systemgrenzen zu groß gewählt werden und darin auch Funktionen, die letztlich nicht zur Lösung beitragen, in ihre Elementarfunktionen zerlegt werden. So hätten in dem Beispiel der Funktionsstruktur in Abb. 4-20 die Elementarfunktionen „Signal wandeln" und „Energie wandeln" auch außerhalb der Systemgrenzen liegen können, davon ausgehend, dass die letztlich benötigte Energie und das benötigte Signal von außerhalb der Systemgrenzen bereit gestellt werden. Dies würde helfen, sich in der Lösungsfindungsphase auf das Wesentliche zu konzentrieren.

Ein in dem Zusammenhang alternativer Ansatz zur Lösungsfindung mittels physikalischer Effekte ist die Betrachtung und Zerlegung physikalischer Gleichungen. Sind die physikalischen Zusammenhänge einer Funktion bereits bekannt, schlägt Rodenacker die Betrachtung und Zerlegung der physikalischen Gleichung einer Funktion zur Findung von zu variierenden Einflussgrößen vor [Rod91]. In den Gleichungen ist direkt ersichtlich, inwiefern welche Größen Einfluss auf eine Änderung der Ausgangsgröße haben und zumeist auch, in welchen Wertebereichen bestimmte Größen variiert werden können.

Die weiteren Schritte nach der Zuordnung physikalischer Effekte zu den einzelnen Teil- oder Elementarfunktionen ist die Aufstellung der Wirkkonzepte wie eingangs zu diesem Abschnitt beschrieben.

Erfahrung macht sich bezahlt: Die heuristische Suchmethode

„Heureka!", was so viel bedeutet wie „Ich habe (es) gefunden", soll Archimedes von Syrakus ausgerufen haben, als ihm das Prinzip des statischen Auftriebs (Archimedisches Prinzip) klar wurde [Pfe93]. Auf diesen Ausspruch könnte die Benennung der heuristischen Methode der Ideenfindung zurückgehen, die auf dem persönlichen Wissensschatz der an der Lösungsfindung beteiligten Fachleute basiert. Je größer diese Gruppe ist, desto größer ist demnach auch der Wissenspool, aus dem die Lösungen entnommen werden können. Der Ansatz darf nicht mit der Floskel „Das haben wir immer schon so gemacht" verwechselt werden. Zum einen geht es darum, Erfahrungen aus bekannten Lösungsprinzipien in neue technische Anwendungen zu übertragen, womit je nach dem Grad der Unterscheidung zwischen alter und neuer technischer Anwendung durchaus auch eine Abstraktion verbunden sein kann. Zum anderen werden im heuristischen Ansatz auch verschiedene Kreativitätstechniken eingesetzt, um unterbewusstes Wissen „anzuzapfen". Dieses unterbewusste Wissen äußert sich z. B. in einer plötzlichen Eingebung (Intuition, spontane Idee) beim Betrachten einer Aufgabenstellung, ohne dass dem Betrachter zunächst klar ist, warum seine Eingebung zur Lösung geeignet ist. Die Methode findet sich daher in der Literatur zuweilen auch unter den Überschriften „Intuitive Methode" oder „Intuitiv betonte Methode" wieder [Fel13]. Beispiele für Werkzeuge bzw. Kreativitätstechniken der heuristischen Suchmethode sind in der Tabelle in Abb. 4-21 gegeben.

Kreativitätstechnik	Kurzbeschreibung
Brainstorming	Eine beliebig zusammengestellte Gruppe sucht die Lösung, indem die Teilnehmer während der Diskussion spontan Ideen äußern. Die Ideen werden ohne Reihenfolge notiert und dürfen nicht kritisiert, aber weitergedacht werden.
Brainwriting	Wie Brainstorming, aber die Teilnehmer notieren ihre Ideen, anstatt sie laut zu äußern. Die Ideen werden den anderen Teilnehmern (anonymisiert) direkt angezeigt.
Mind Map	Ähnelt dem Brainstorming, wobei die vorgebrachten Ideen hier auch diskutiert und kritisiert werden dürfen und die Notierung der Ideen nach festgelegtem Muster in einer Art Baumdiagramm erfolgt, wodurch Zusammenhänge zwischen den Ideen hergestellt werden und eine fortlaufende Detaillierung der Lösung ermöglicht wird.
Methode 6-3-5	Sechs Teilnehmer erhalten jeweils ein Blatt mit 18 Kästchen, auf das jeder drei eigene Ideen einträgt, die dann durch (fünfmaliges) Weiterreichen des Blattes von den anderen Teilnehmern in einer vorgegebenen Zeit weiterentwickelt werden.
Delphi-Methode	Eine Expertengruppe erhält einen Fragenkatalog, der in mehreren Runden von jedem einzeln bearbeitet wird, wobei ab der 2. Runde die anderen Teilnehmer anonymisiert die bislang erstellten Antworten / Lösungen mitgeteilt bekommen.
Synektik-Methode	Ähnelt dem Brainstorming, wobei die Lösungsideen aus Analogien des nichttechnischen Bereichs stammen sollen.
Collective Notebook	Ähnelt dem Brainwriting, wobei die Teilnehmer ihre Ideen über einen längeren Zeitraum (i. Allg. zwei Wochen) sammeln und notieren. Dies erhöht die Wahrscheinlichkeit spontaner Einfälle.

Abb. 4-21 Übersicht verschiedener Kreativitätstechniken [vgl. auch Roh69; Fel13; Was09]

Die Vorteile der heuristischen bzw. intuitiven Methode sind die Nutzung der menschlichen Kreativität, insbesondere bei der Herstellung von Assoziationen aus (teilweise unbewusstem) Wissen und Schlagwörtern, die relativ schnelle Findung von Ideen und die hohe Realisierungswahrscheinlichkeit der Ideen, da diese von bereits vorhandenen Lösungen abgeleitet sind. Demgegenüber steht auch eine Reihe von Nachteilen, die quasi direkt aus den Vorteilen abgeleitet werden können. Dies ist der begrenzte Lösungsraum, der nur aus dem Erfahrungsschatz der beteiligten Gruppe besteht, die frühe Festlegung auf ein Thema ohne umfassende Recherchen (je nach Kreativitätstechnik) und die geringe Innovationshöhe, da grundsätzlich auf Bekanntes zurückgegriffen wird.

Vorteile versus Nachteile der heuristischen Methode		
Vorteile		Nachteile
Nutzung der menschlichen Kreativität	↔	Begrenzter Lösungsraum
Schnelle Ideenfindung	↔	Frühe Themenfestlegung
Hohe Realisierungswahrscheinlichkeit	↔	Geringe Innovationshöhe

Der genaue Einsatzpunkt der heuristischen Methode ist nicht definiert. Soll die heuristische Methode aber innerhalb des in Richtlinien wie der VDI 2221 oder 2222 definierten Konstruktionsprozesses verwendet werden, startet auch diese, wie die diskursive und die noch zu beschreibende Analogie-Methode, nach der Erstellung der Funktionsstruktur, siehe auch den Ablaufplan in Abb. 4-6. Statt nach physikalischen Effekten zur Lösung der Teil- oder Elementarfunktionen wird mit den beschriebenen Kreativitätstechniken nach „intuitiven" Lösungen gesucht. Auch die Art dieser Lösungen ist nicht genau definiert. Dies können den Anwendern bekannte, am Markt verfügbare fertige technische Lösungen sein, aber auch physikalische Effekte. Die Zuordnungstabelle aus Abb. 4-20 könnte dann entsprechend Abb. 4-22 aussehen.

Funktion	Lösung 1	Lösung 2	Lösung 3	Lösung 4
Stoffe fügen	Elektromechan. Greifer	Elektro-magnetisch	Kleben	Unterdruck
Stoffe bewegen	Linearführung	Zahnriemen-getriebe	Hydraulik-system	Pneumatik-system
Stoffe lösen	Elektro-magnetisch	Überdruck	Zentrifugalkraft	Gravitation
Energie wandeln	Transformator	Elektromotor mit Riemenscheibe	Verbrennungs-motor	Kompressor
Signal wandeln	Endschalter	Lichtschranke	Pneumatisches Steuerventil	Näherungssensor

Abb. 4-22 Mögliche Zuordnung von Lösungen zu den Funktionen der Funktionsstruktur Umsetzanlage im heuristischen Ansatz

Wegen der geringen Innovationshöhe sollten bzw. können bei Neuentwicklungen nicht alle Funktionen durch fertige, am Markt verfügbare oder allgemein bekannte Lösungsprinzipien gelöst werden. Eine Ausnahme wäre, dass die Anwendung der Lösungsprinzipien in dieser Kombination bislang noch nicht eingesetzt wurde. Für bestimmte Teilfunktionen und insbesondere für die bereits erwähnten Nebenfunktionen kann der Einsatz der heuristischen Lösungsfindung durchaus sinnvoll sein, siehe die Zusammenfassung der Lösungsprinzipien am Schluss des Abschnitts.

Die Aufstellung des Wirkkonzepts ist in der heuristischen Methode zumeist einfacher als in der diskursiven Methode, da bekannte Lösungsprinzipien bereits das Wirkkonzept vorgeben.

Lösungsfindung mit der Analogie-Methode

Die Lösungsfindung in der Analogie-Methode geschieht auf Basis vorhandener Lösungsprinzipien statt mit physikalischen Effekten, worin sie sich von der diskursiven Methode unterscheidet. Von der heuristischen Methode unterscheidet sich die Analogie-Methode darin, dass nicht das vom Anwender abgespeicherte Wissen über vorhandene oder bewährte Lösungsprinzipien zur Ideenfindung benutzt wird, sondern gezielt nach unbekannten, womöglich verwendbaren Ideen oder Lösungsprinzipien *gesucht* wird. Möchte man unbedingt während der Lösungsfindung in der Analogie-Methode verbleiben, bedeutet dies im Umkehrschluss, dass bekannte Lösungen und Lösungen aus Effektkatalogen nicht verwendet werden dürfen, da man sich ansonsten in der heuristischen oder diskursiven Methode befinden würde. Die Suche einer unbekannten Lösung ist der interessante Aspekt der „recherchierenden Methode" wie die Analogie-Methode zuweilen auch genannt wird. Schließlich dreht sich die Recherche darum, auf ein Lösungsprinzip zu stoßen, an das der Anwender der Methode auf Basis seines Wissens nicht gedacht hätte, was bei erfahrenem Fachpersonal der Konstruktionstechnik nicht so einfach sein sollte. Als Quellen können zunächst einmal klassische Werke wie Fachbücher der Maschinenelemente, Prinzipkataloge (nicht Effektkataloge), Konstruktionskataloge oder auch Produktkataloge von Unternehmen genannt werden. Routinemäßig wird auch eine Patentrecherche durchgeführt. Hier kann auch die Suche nach älteren, bereits abgelaufenen Patenten erfolgreich sein. Eventuell zeigen diese Lösungen, die zur Zeit ihrer Patentanmeldung technologisch noch nicht verwirklicht werden konnten oder die für ein vollkommen anderes Produkt gedacht waren. Möchten noch laufende Patente genutzt werden, müssen entweder Patentgebühren gezahlt werden oder es muss eine Abstraktion und Anpassung des Lösungsprinzips stattfinden. In dem Fall könnte die Analogie-Methode auch mit Begriffen wie „Inspirations-Methode" oder „Inspirierende Methode überschrieben werden, da die Lösung der Patentschrift nur zu der Findung einer eigenen Lösung anregt. In dem Sinne kann der Lösungs- oder Suchraum noch beträchtlich erweitert werden. „Erlaubt" sind hierbei alle zur Verfügung stehenden Quellen wie beispielsweise die zahlreichen „Erfindungen" des Daniel Düsentriebs aus dem Comic „Donald Duck" oder auch Science-Fiction-Romane oder Filme, die nachweislich bereits zu innovativen Produkten inspiriert haben, man denke z. B. an das Mobiltelefon [Moo14], siehe auch die Kap. 2.1 und 7. Und natürlich kann auch die Natur Vorbild sein, deren enorme Vielfalt an Lösungsprinzipien ein zentrales Thema des vorliegenden Buches ist.

Anzumerken ist, dass die bisherigen Ausführungen zur Analogie-Methode (wie auch zur diskursiven und heuristischen Methode) für die Suche nach neuen, möglichst innovativen Lösungen im Sinne des Konstruktionsprozesses für Neukonstruktionen gelten. Demgegenüber kann es auch sein, dass nicht Innovationshöhe oder Neuartigkeit im Vordergrund einer zu erstellenden Konstruktion stehen, sondern einfach nur die schnelle Findung einer Gesamtlösung. Wenn beispielsweise ein neuer Prüfstand für ein vorhandenes Produkt konstruiert werden soll, weil für das Produkt ein neuer Belastungstest vorgeschrieben wurde, müssen nicht die beschriebenen umfangreichen Recherchen durchgeführt werden. Stattdessen kann der neue Prüfstand auch einfach nur „analog" zu den bisherigen Prüfständen konstruiert werden. Zwar empfiehlt sich auch hier die Erstellung einer Funktionsstruktur, die Elementar- oder Teilfunktionen müssen aber nicht unbedingt komplett analysiert werden. Ein Konstrukteur muss beispielsweise nicht zwingend wissen, wie ein Elektromotor funktioniert, wenn nur die Gesamtfunktion mit der Eingangsgröße (elektrischer Strom) und den Ausgangsgrößen (Drehmoment, Drehzahl) für die Lösung relevant sind. In diesem Falle wäre auch die Erstellung des Wirkkonzepts nicht notwendig bzw. obsolet, da der hinter der Lösung stehende physikalische Effekt uninteressant ist und der Effektträger, die Wirkflächen und auch die Skizze – als 3D-Modell des fertigen Motors – bereits existiert. Ob es sich dann noch um die Analogie-Methode handelt oder eher um die heuristische, weil der Konstrukteur aus Erfahrungen mit vorigen Prüfstanden schöpft, ist dann wohl nur noch eine akademische Frage.

An welcher Stelle die in der Analogie-Methode gefundenen Lösungsprinzipien in die Konzeptphase eingehen, kann variieren. Wenn die Anforderungen und sonstige Rahmenbedingungen es zulassen, ist es möglich, dass ein bekanntes Lösungsprinzip unverändert für die Lösung der Gesamtfunktion einer (neuen) technischen Aufgabe herangezogen wird. In diesem Fall würde es ausreichen, nur eine Nutzwertanalyse durchzuführen, um zu ermitteln, inwieweit das bekannte Lösungsprinzip an die Ideallösung heran reicht. Ist eine ausreichende Annäherung gegeben, kann die Konzeptphase beendet werden. Natürlich können auch wie in den beiden anderen Methoden mehrere Lösungsprinzipien miteinander verglichen werden. Hier würde sich dann die Findung der Wirkkonzepte anschließen.

Das Vorgehen der Analogie-Methode gilt gegenüber dem diskursiven Ansatz grundsätzlich als weniger innovativ, da nur bereits beschriebene Lösungsprinzipien verwendet und keine neuen generiert werden, Ansätze aus der Biologie als Lösungsquelle einmal außer Acht gelassen. Sind die Vorlagen zu nahe an der späteren Lösung, können eigene Patentanmeldungen mit dem Hinweis auf die Ursprungsquelle abgelehnt oder angefochten werden. Ein sehr gutes Beispiel ist eine gescheiterte Patentanmeldung des Unternehmens BASF, das 1964 ein gesunkenes Schiff mittels eingepumpten Styropors gehoben hatte und sich dieses Verfahren patentieren lassen wollte. Die Patentanmeldung wurde mit dem Hinweis verweigert, das Donald Duck im gleichnamigen Comic bereits 1949 auf die Idee kam, ein gesunkenes Schiff mittels eingepumpter Tischtennisbälle zu heben [OV00]. Ob BASF tatsächlich von dem Comic inspiriert wurde sei dahingestellt, das Beispiel zeigt aber die Problematik auf, die durch die Verwendung von irgendwo in irgendeiner Form schon mal beschriebenen Lösungen entstehen kann.

Ein Vorteil der Analogie-Methode ist die relativ schnelle Findung einer Gesamtlösung, insbesondere wenn die Innovationshöhe keine Rolle spielt, siehe oben. Ein anderer Vorteil ist die leichte Anwendbarkeit. Die Zuordnung von Lösungen zu den Funktionsstrukturen könnte für die Analogie-Methode sehr ähnlich wie Abb. 4-22 aussehen, nur dass die Lösungen nicht aufgrund des persönlichen Wissens der Beteiligten gefunden wurden, sondern durch eine Recherche.

Wir alle wenden die Analogie-Methode im Alltag an

Die Analogie-Methode ist gerade für technische Laien sehr interessant, da sie quasi von Jedermann vielfach im Alltag angewendet wird. Das Beratungsgespräch in einem Kaufhaus zur Findung eines Haushaltsgeräts, das aus Kundensicht bestimmte Anforderungen zu erfüllen hat, ist letztlich eine Anwendung der Analogie-Methode. Das Wissen des Verkäufers bzw. Beraters stellt dabei die Quelle der Lösungsmöglichkeiten dar, aus denen der Kunde (nach seinen Kriterien) wählt.

Und schließlich ist noch ein weiterer Aspekt der Analogie-Methode für die Konstrukteure bzw. für die Unternehmen, in deren Auftrag diese tätig sind, von großem Vorteil. Die darüber gefundenen Lösungen sind häufig bereits praktisch erprobt und am Markt etabliert. Was also einerseits ein Innovationshindernis darstellt, kann auf der anderen Seite zeit- und kostenintensive Test- und Prüfverfahren gegenüber am Markt noch nicht eingesetzten Lösungen erheblich reduzieren.

Kombinationsmethoden zur Lösungsfindung

Die Vor- und Nachteile der betrachteten Methoden der Lösungsfindung stehen sich teilweise diametral gegenüber. So führt die strenge Einhaltung der Funktionsstruktursynthese im diskursiven Ansatz mitunter zu einer unnötig großen Komplexität. Das Suchen und Bewerten physikalischer Effekte für Elementarfunktionen untergeordneter Strukturen, für die es bewährte Lösungen am Markt gibt, widerspricht auch dem Grundgedanken, „das Rad nicht immer neu zu erfinden". Demgegenüber geht die Lösungsfindung der Analogie-Methode in die genau andere Richtung. Hier wird nach bewährten, bereits auskonstruierten Lösungen gesucht. Wird die Analogie-Methode aber konsequent in der gesamten Produktentstehung verwendet, sinkt die Innovation häufig erheblich, während der diskursive Ansatz hier sein wohl größtes Potential hat. Die heuristische Methode kann mit weniger Aufwand schneller zum Ziel führen als die anderen Methoden. Dies ist allerdings von Wissen und Erfahrung der Anwender abhängig, deshalb schwankt hier die Innovationshöhe am meisten.

Aus diesen Betrachtungen kann die Kombination aller drei Methoden bei bestimmten Aufgabenstellungen sinnvoll sein. Denkbar wäre, wie bereits bei der heuristischen Methode angesprochen, die Verwendung aller Methoden zur Lösungsfindung der Teilfunktionen der Funktionsstruktur. Oder auch die gezielte Anwendung bestimmter Methoden auf bestimmte Haupt- oder Nebenfunktionen.

Die Zuordnung der Teillösungen könnte dann erneut ähnlich wie in Abb. 4-22 aussehen, wobei es offen bleibt, nach welcher Methode die Lösungen gefunden wurden.

Nachfolgend wird noch die Methode der Lösungsfindung nach TRIZ vorgestellt, welche teilweise auch in der Bionik benutzt wird („BIOTRIZ"). In der Literatur wird TRIZ entweder als Kombimethode angesehen [Sar14] oder als 4. Methode neben die anderen beschriebenen Methoden gestellt [Fel13].

TRIZ

Die Abkürzung TRIZ leitet sich aus dem russischen Namen der Methode ab, der im Deutschen mit „Theorie des erfinderischen Problemlösens" übersetzt wird [Fel13], im Englischen „Theory of Inventive Problem Solving (TIPS)". Die maßgeblich von G. S. Altschuller[126] in Russland entwickelte Methode beruht auf der Durchsicht einer großen Anzahl von Patentschriften, aus denen Altschuller Gesetzmäßigkeiten in der erfinderischen Tätigkeit ableitet. Diese besagen zum einen, dass die Entwicklung technischer Systeme bestimmten Gesetzmäßigkeiten und Mustern folgt. Zum anderen, dass die Überwindung von Widersprüchen zu neuen Innovationen führt, und drittens, dass vielen Erfindungen eine vergleichsweise geringe Anzahl an allgemeinen Lösungsprinzipien zugrunde liegt. In der praktischen Anwendung besteht TRIZ aus einer Sammlung von unterschiedlichen Kreativitätsmethoden, welche sich mit der Analyse und Abstraktion technischer Aufgabenstellungen befassen und die Findung innovativer Ideen zur Lösung der Aufgabenstellung zum Ziel haben. Besonders bekannt und auch in verschiedenen Ansätzen zur bionischen Ideenfindung verwendet (siehe Kap. 5.1) ist die sogenannte Widerspruchstabelle mit ihren 39 technischen Parametern und den 40

---

[126] Auch G. S. Altshuller geschrieben

innovativen Prinzipien. Sowohl in die erste Zeile als auch in die erste Spalte werden die 39 von Altschuller festgelegten Parameter eingetragen, die sich somit gegenüberstehen. Die Parameter der Spalte sollen verbessert werden, wobei sich die Parameter der Zeile verschlechtern werden. Darin liegt der namensgebende Widerspruch der Tabelle. Ziel ist es, die Eigenschaften (Parameter) so zu verbessern, dass sich andere Eigenschaften nicht oder nicht bedeutsam verschlechtern („die Überwindung technischer Widersprüche). Die Verbesserung soll anhand der 40 innovativen Prinzipien ausgeführt werden. Der Anwender überlegt, welche Prinzipien er in welcher Gegenüberstellung verwenden sollte und trägt diese in den sich kreuzenden Kästchen der Tabelle ein. Die Prinzipien können dabei mehrfach verwendet werden, und es kann auch sein, dass sich kein Prinzip findet. [Alt86; Kle02]

In Abb. 4-23 ist ein einfaches Beispiel der Widerspruchstabelle mit sechs ausgewählten Parametern dargestellt, die anhand von acht ausgewählten Prinzipien verbessert werden sollen. Vollständige Übersichten der Parameter sowie der innovativen Prinzipien, teilweise mit zugehörigen Beschreibungen, finden sich in der entsprechenden Literatur [Alt86; Kle02; Gad16] oder auch im Internet.

sich verschlechternde Eigenschaften / zu verbessernde Eigenschaften	1 (1) Masse des bewegl. Objekts	2 (9) Geschwindigkeit	3 (11) Spannung oder Druck	4 (19) Energieverbrauch des bewegl. Objekt	5 (32) Fertigungs-freundlichkeit	6 (39) Produktivität / Funktionalität	40 Innovative Grundprinzipien (Auswahl)
1 (1) Masse des beweglichen Objekts		8.	2. 31. 40.	2. 31. 40.	1. 7. 40.	7. 31. 40.	1. Zerlegung 2. Abtrennung 3. .. 4. Asymmetrie 5. .. 6. ..
2 (9) Geschwindigkeit	8. 9.		40.	–	4. 7. 40.	8. 9. 40.	7. Integration 8. Gegengewicht 9. Vorgezogene Gegenwirkung
3 (11) Spannung oder Druck	4. 40.	9. 40.		7. 40.	8. 40.	7. 8.	10. .. 11. .. 12. .. 13. ..
4 (19) Energieverbrauch des bewegl. Objekt	7. 8. 40.	-	-		8. 9. 40.	7. 9. 40.	:
5 (32) Fertigungs-freundlichkeit	1. 4. 7. 31. 40.	1. 4. 31. 40.	1. 31. 40.	1. 31. 40.		4. 7. 31. 40.	31. Poröse Werkstoffe verwenden
6 (39) Produktivität / Funktionalität	7.	8. 9. 31. 40.	8. 9. 31. 40.	8. 9. 31. 40.	7. 8. 31. 40.		: 40. Verbundwerkstoffe verwenden

Abb. 4-23 Anwendungsbeispiel der TRIZ-Widerspruchstabelle für sechs ausgewählte Parameter und acht ausgewählte innovative Faktoren; die Zuordnung der Grundprinzipien erfolgte willkürlich und hat nur beispielhaften Charakter.

Beschreibungen zum Einsatz und der allgemeinen Verwendungsfähigkeit von TRIZ in der Konstruktionstechnik finden sich z. B. in [Fel13]. Unter anderem heißt es dort „*Die TRIZ findet sich somit in dem Rahmenkonzept der Allgemeinen Konstruktionsmethodik wieder und ergänzt diese besonders um die Aspekte der widerspruchsorientierten Problemlösung und die Nutzung von Wissensspeichern, die aus umfangreichen Patentanalysen gewonnen wurden.*"

Zu erwähnen ist noch, dass die Widerspruchsmatrix zwar wohl das bekannteste Element von TRIZ ist, bei weitem aber nicht das einzige „Innovations-Tool" der Methodik nach Altschuller. Außerdem gibt es auch Stimmen, welche die Bedeutung und die Wirkung der Matrix anzweifeln [OV19-4].

Kombinieren von Lösungsprinzipien und Aufstellen des Lösungskonzepts

Unabhängig von der Methode sollten am Ende der Ideenfindung für die Realisierung der Teilfunktionen der Funktionsstruktur mehrere Lösungen, vorzugsweise bereits als Wirkkonzept, vorliegen. Aus diesen unterschiedlichen Lösungsmöglichkeiten werden verschiedene Lösungskonzepte erstellt, die anschließend bewertet werden. Handelt es sich, wie im Beispiel der Pumpanlage gezeigt, um eine überschaubare (kleine) Funktionsstruktur, und wurden als Lösungen für die Teilfunktionen nur eine geringe Menge an Lösungsmöglichkeiten aufgestellt (im Beispiel Pumpanlage nur drei), kann die Findung von Konzeptlösungen mit einem einfachen morphologischen Kasten[127] durchgeführt werden. Hierbei werden zueinander passende Teilfunktionslösungen zu einem Gesamtkonzept kombiniert. Zueinander passen können Teilfunktionslösungen z. B. durch gleiche benötigte Energiearten oder auch durch ähnliche Materialien oder auch, wenn die Ausgangsgrößen einer vorhergehenden Teilfunktionslösung direkt als Eingangsgrößen der nachfolgenden Teilfunktionslösung verwendet werden können. Denkbar sind aber auch andere Kriterien der Zusammengehörigkeit, beispielsweise nach Kostenaufwand einer Lösung oder nach der Einordnung Zukaufteil vs. selber herstellbar usw. Abb. 4-24 zeigt die Tabelle aus Abb. 4-22, bei der drei unterschiedliche Konzepte auf Basis der Gleichheit der Energieart aufgestellt wurden.

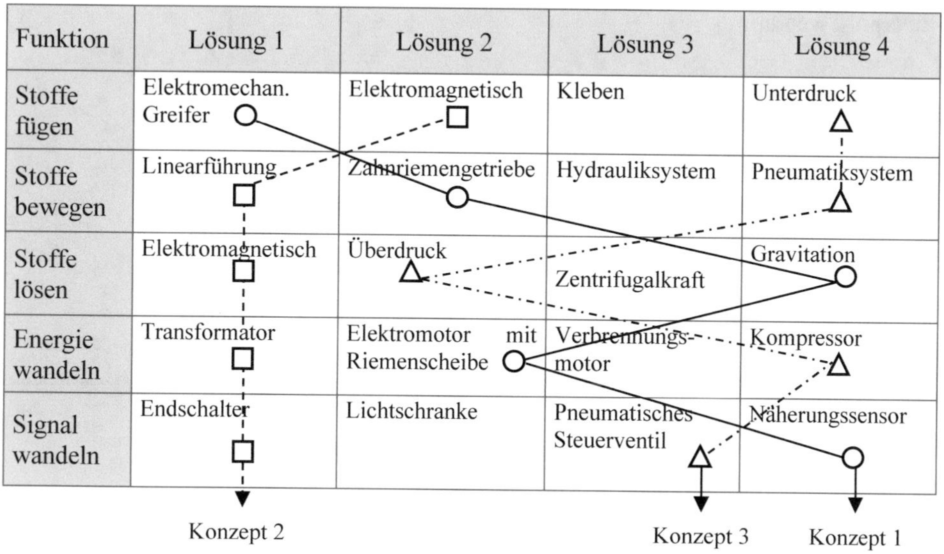

Funktion	Lösung 1	Lösung 2	Lösung 3	Lösung 4
Stoffe fügen	Elektromechan. Greifer	Elektromagnetisch	Kleben	Unterdruck
Stoffe bewegen	Linearführung	Zahnriemengetriebe	Hydrauliksystem	Pneumatiksystem
Stoffe lösen	Elektromagnetisch	Überdruck	Zentrifugalkraft	Gravitation
Energie wandeln	Transformator	Elektromotor mit Riemenscheibe	Verbrennungsmotor	Kompressor
Signal wandeln	Endschalter	Lichtschranke	Pneumatisches Steuerventil	Näherungssensor

Konzept 2   Konzept 3   Konzept 1

Abb. 4-24 Aufstellen der Konzeptvarianten aus den Teilfunktionslösungen (Morphologischer Kasten)

---

[127] Oder auch „Zwicky-Box" nach dem Astrophysiker Fritz Zwicky (1898–1974), der den morphologischen Kasten als ein Ordnungsschema eingeführt hat

Obwohl in dem Beispiel nur fünf Teilfunktionen mit jeweils vier unterschiedlichen Lösungsmöglichkeiten betrachtet wurden, wird die Tabelle in Abb. 4-24 bereits unübersichtlich. Aufgestellt wurden auch nur drei Konzepte, grundsätzlich wären durch Mehrfachnutzung von Teilfunktionslösungen durchaus mehr Konzepte möglich. Aus diesen Gründen werden die Lösungen zumeist in Ordnungsschemas eingetragen. Ein einheitliches Ordnungsschema existiert dabei nicht, diese können nach unterschiedlichen, vom Konstrukteur festgelegten Kriterien aufgebaut werden. Grundlage ist dabei jedoch stets die Ordnung der Lösungen bzw. Inhalte nach bestimmten Kriterien wie den bereits genannten möglichen Kriterien der Zusammengehörigkeit. Eine umfassende Zusammenstellung solcher Ordnungsschemas findet sich beispielsweise in [Gro99], als Anwendungsbeispiele in den Büchern der Konstruktionstechnik [Kol98; Fel13] und insbesondere auch in den Konstruktionskatalogen von Roth [Rot01].

In Abb. 4-25 ist ein Beispiel für ein einfaches Ordnungsschema gegeben, das gleichzeitig als morphologischer Kasten zur Konzeptauswahl fungiert. Die Anzahl der Teilfunktionslösungen wurde in dem Beispiel erhöht, ordnender Gesichtspunkt war die Einteilung der Teilfunktionslösung nach der benötigten Energieart. Aufgestellt werden in dem Beispiel sechs verschiedene Lösungskonzepte.

Grundsätzlich sollte bereits bei der Aufstellung der Konzepte darauf geachtet werden, solche mit hoher Realisierungswahrscheinlichkeit zuerst auszuwählen, wodurch sich eine Nummerierung mit absteigender Wertigkeit der Lösungen ergibt. Dies gewährleistet, dass in der nachfolgenden Bewertung der Lösungskonzepte nach aufsteigender Reihenfolge diejenigen mit hoher Realisierungswahrscheinlichkeit zuerst überprüft werden.

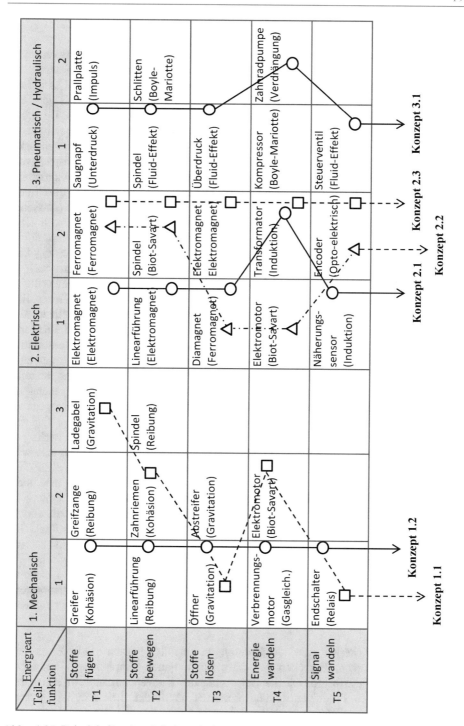

Abb. 4-25 Beispiel für ein einfaches Ordnungsschema nach der Energieart der gefundenen Teilfunktionslösungen einer Funktionsstruktur, der Lösungsraum wurde gegenüber Abb. 4-22 erweitert

Bewertungsverfahren

Für die Bewertung von Lösungskonzepten, aber auch von Produkten, Wirkkonzepten oder ähnlichen Aufstellungen in den unterschiedlichen Phasen des Konstruktionsprozesses, steht eine Reihe unterschiedlich komplexer Bewertungsverfahren zur Verfügung. Die Ziele der Bewertungsverfahren sind stets, eine objektive und nachvollziehbare Bewertung und Auswahl treffen zu können. Dazu sind möglichst vollumfängliche Betrachtungen der zu bewertenden Eigenschaften notwendig. So reicht es nicht, ein Konzept nur nach seiner Aufgabenerfüllung, der Herstellbarkeit und seinen Kosten zu bewerten. Es müssen auch Aspekte wie beispielsweise Innovationshöhe / Neuheit, Entsorgung nach Produktlebensende, Erweiterbarkeit, Sicherheit in Anwendung und Herstellung usw. betrachtet werden. Kommen quantitative Bewertungskriterien (Gewicht, Leistung, …) und qualitative Merkmale (Aussehen, Haptik, …) gleichermaßen vor, sollten diese getrennt bewertet werden. Auch K.O.-Kriterien, deren Nichterfüllung zum direkten Ausschluss eines Konzepts führt, sollten getrennt von den anderen Kriterien bewertet werden. Eine getrennte Bewertung kann auch nach technischer und wirtschaftlicher Sicht erfolgen, vergleiche hierzu auch die Richtlinie VDI 2225 Blatt 3 und [Rot01; Fel13]. Grundsätzlich stammen die zu vergleichenden Kriterien aus der in der Planungsphase erstellten Anforderungsliste, eventuell erweitert um die oben genannten Aspekte. Hier muss sichergestellt werden, dass die Kriterien auch auf alle zu prüfenden Konzepte anwendbar sind. Da die Kriterien aber häufig nicht gleichermaßen bedeutsam sind, werden diese in bestimmten Bewertungsverfahren gewichtet, wobei nur sehr unterschiedliche Kriterien gewichtet werden sollten [Kes51]. Daneben gibt es auch die Möglichkeit, nur ungefähr gleichwichtige Kriterien miteinander zu vergleichen, siehe hierzu die technisch-wirtschaftliche Bewertung der VDI 2225 Blatt 3 oder die Untersuchungen von Kesselring [Kes51]. Im Allgemeinen erweist sich aber eine Gewichtung für viele technische Anwendungen als sinnvoll [Fel13]. Dabei wird eingeschätzt, wie wichtig die Erfüllung einer Anforderung für die Funktion des zu entwickelnden Produkts sein wird. Die Wichtung (G) erfolgt auf einer Punkteskala, wobei ein hoher Punktwert für einen großen Einfluss der Anforderung auf die Funktion oder Wirtschaftlichkeit usw. steht. Die Bewertung erfolgt zumeist auch nach einer Punktskala, welche die Eignung (E) eines Kriteriums des zu bewertenden Konzepts festlegt. Das Ergebnis der Bewertung sollte eine Größe sein, die sich auch mit anderen Bewertungen vergleichen lässt. Statt Aussagen wie „gut geeignet" werden hier Maßzahlen (M) als Produkt aus der Gewichtung und der Eignung erzeugt. Um nicht nur relative Vergleiche zwischen den Konzepten durchzuführen, sollte auch das ideale Konzept mit in die Bewertung einbezogen werden. Es kann durchaus sein, dass sich bei mehreren untersuchten Konzepten ein klarer Favorit ergibt, welcher aber immer noch zu weit entfernt von einer idealen Lösung ist, als dass sich eine Realisierung lohnen könnte.

Inwieweit die Kriterien die Anforderungen erfüllen, kann auf Basis von Experteneinschätzungen, Berechnungen oder Simulationen, empirischen Daten oder auch Versuchsdaten erfolgen. Da die Bewertung der Konzeptvarianten in einem sehr frühen Stadium des Produktentstehungsprozesses stattfindet, bei dem die genauen Abmessungen, Materialien usw. i. d. R. noch nicht festgelegt sind, werden hier zumeist Expertenmeinungen herangezogen. Hierbei muss der Kreis der Experten bzw. Bewerter sorgfältig ausgewählt werden. Dieser sollte nicht nur aus den Konstrukteuren bestehen, welche die Konzeptvarianten erstellt haben, sondern durch Fachleute (auch interdisziplinäre) aus verschiedenen Bereichen eines Unternehmens ergänzt werden. Diese können aus der Fertigung kommen, aus dem Marketing oder auch aus der Kunden- bzw. Produktbetreuung. Zusammenfassend können folgende, für die meisten Bewertungsverfahren gültige Voraussetzungen festgehalten werden:

- Die Bewertung muss nachvollziehbar und überprüfbar sein.
  → Gültige bzw. bekannte Bewertungsverfahren verwenden.
  → Verwendung nachprüfbarer Bewertungskriterien (Berechnungen usw.) und / oder sorgfältige Auswahl des Kreises der Bewerter.
  → Ausgabe vergleichbarer Bewertungsergebnisse (Maßzahlen).

- Vollumfängliche Betrachtung des zu überprüfenden Konzepts / Produkts / Systems.
  → Auswahl der Bewertungskriterien aus der Anforderungsliste, eventuell ergänzt durch z. B. innerbetriebliche Anforderungen bei der Herstellung usw.
  → Einbeziehung der idealen Lösung.

- Vergleichbarkeit der Kriterien sicherstellen
  → Trennung nach qualitativen und quantitativen, technischen und wirtschaftlichen, und KO-Kriterien.
  → Allgemeingültigkeit der Kriterien für alle zu prüfenden Konzepte / Prinzipien usw. sicherstellen.
  → Gewichtung der Kriterien.

In Pahl / Beitz Konstruktionslehre wird in Anlehnung an Adunka eine Auswahl etablierter Bewertungsverfahren in drei Kategorien A-C eingeteilt, die von zeitaufwändigen, aber zuverlässigen Bewertungsverfahren (A) über umfassende (B) bis zu einfachen Bewertungsverfahren mit geringer Aussagegüte reichen (C). Demnach ergibt sich die in Abb. 4-26 dargestellte Einteilung.

Zeitaufwand und Aussagegüte		
Argumentenbilanz	Nutzwertanalyse	Abstandsberechnung nach BAUER
Bedeutungsprofil	Rangfolgeverfahren	Vorrangmethode
Paarweiser Vergleich	Präferenzmatrix	Verfahren nach BREIING
Punktbewertung	Technisch-wirtschaftliche Bewertung	Verfahren nach KNOSALA

Abb. 4-26 Überblick etablierter Bewertungsverfahren [vgl. Adunka 2000, nach Fel13]

Zur Bewertung von Lösungskonzepten eignet sich insbesondere das von Kesselring 1951 veröffentlichte Verfahren der technisch-wirtschaftlichen Bewertung [Kes51], das auch Eingang in die Richtlinie VDI 2225 gehalten hat. Weitere hier für die Bewertung verwendete Quellen sind für den technischen Teil der Roloff/Matek Maschinenelemente

[Wit17] und für den wirtschaftlichen Teil Pahl · Beitz Konstruktionslehre [Fel13], wobei das hier vorgestellte Vorgehen an einigen Stellen von den Quellen abweicht.

Verfahren der technisch-wirtschaftlichen Bewertung

Wie in Abb. 4-24 entwickelt, werden drei Konzepte betrachtet. Für die technische Bewertung ist es sehr sinnvoll, Gewichtungen einzuführen, da sich die verschiedenen technischen Anforderungen ansonsten nur schwer vergleichen lassen. Im Beispiel wird eine Gewichtung G im Bereich 1 (nicht wichtig) bis 5 gewählt (sehr wichtig). Für die Erfüllung E der Konzepte wird eine Skala von 0 bis 4 gewählt, siehe Abb. 4-27. Die Anforderungen werden hauptsächlich aus der Anforderungsliste abgeleitet. Eine strenge Vorgabe existiert dabei nicht, jedoch sollten die Vorgaben in der obigen Zusammenfassung der Voraussetzungen für die Bewertungsverfahren eingehalten werden. Wunschanforderungen werden weniger stark gewichtet als Fest- und Mindestanforderungen. Anforderungen an die Sicherheit von Mensch oder Maschine werden generell hoch gewichtet. Abb. 4-27 zeigt ein Beispiel für eine technische Bewertung. Die technische Anforderung „geringes Gewicht" soll in dem Beispiel ein späteres Alleinstellungsmerkmal gegenüber Produkten von Mitbewerbern werden, weshalb hier eine Gewichtung von 5 (sehr wichtig) vergeben wurde. Im Sinne der Nachvollziehbarkeit wurde dies in der Tabelle vermerkt. Bei der wirtschaftlichen Bewertung kann die Erfüllung auf 70 % der kalkulierten zulässigen Kosten bezogen werden. Eine Gewichtung ist hier nicht notwendig, wobei grundsätzlich auch bei der wirtschaftlichen Bewertung eine solche verwendet werden könnte. [vgl. Fel13] In Abb. 4-28 ist ein Beispiel für eine wirtschaftliche Bewertung gegeben.

Gewichtung G
1 unwichtig … 5 sehr wichtig

Grad der Erfüllung E	Punkte
sehr gut (ideal)	4
gut	3
ausreichend	2
gerade noch tragbar	1
unbefriedigend	0

technische Anforderung (Forderungsart gem. Anforderungsliste)		Konzept 1		Konzept 2		Konzept 3		Ideal	
	G	E	G × E	E	G × E	E	G × E	E	G × E
hohe Versagenssicherheit (F)	4	3	12	3	12	2	12	4	16
hohe Bediensicherheit (F)	5	3	15	3	15	3	15	4	20
einfache Bedienung (W)	1	3	3	2	2	2	2	4	4
geringes Gewicht* (M)	5	3	15	4	20	2	10	4	20
wenig Zukaufteile (M)	2	4	8	3	6	1	2	4	8
Korrosionsbeständig (F)	3	4	12	3	9	1	9	4	12
Nachrüstbar (W)	1	3	3	0	0	2	3	4	4
Summe Σ			68		64		53		84
technischer Wert x (ΣK$_i$/ΣI)			**0,81**		**0,76**		**0,50**		**1,0**

*: Soll ein Alleinstellungsmerkmal werden

Abb. 4-27 Beispiel für eine technische Bewertung dreier Konzeptvarianten

H_{zul} = zulässige Kosten			Erfüllung E von $0,7 \times H_{zul}$	Punkte
			sehr gut (ideal)	4
			gut	3
			ausreichend	2
			gerade noch tragbar	1
			unbefriedigend	0

wirtschaftliche Kriterien (Kostentreiber)	Konzept 1 E	Konzept 2 E	Konzept 3 E	Ideal E
Materialkosten -Grundkosten -Verschnitt	3	4	2	4
Werkzeugkosten -Anschaffungskosten -Verschleißkosten	3	3	3	4
Fertigungskosten Einzelteile -Lohnkosten -Energiekosten	3	4	3	4
Fertigungskosten System -Lohnkosten -Kosten Zukaufteile	2	2	3	4
Testkosten -Lohnkosten -Prototypenkosten	3	3	2	4
Summe Σ	14	16	13	20
wirtschaftlicher Wert y ($\Sigma K_i / \Sigma I$)	**0,70**	**0,80**	**0,65**	**1,0**

Abb. 4-28 Beispiel für eine wirtschaftliche Bewertung dreier Konzeptvarianten

In der Bewertung in Abb. 4-27 wäre das Konzept 1 mit einem technischen Wert von 0,81 die beste Lösung aus den drei Konzepten. Grundsätzlich sollten die Werte größer als 0,6 sein und nach Möglichkeit über 0,8 liegen. Bei der wirtschaftlichen Bewertung weist Konzept 2 den höchsten Wert auf. Um die in den beiden Verfahren ermittelten Wertigkeiten miteinander zu verknüpfen, werden in einem S-Diagramm die Konzepte als Ort mit den Koordinaten der x- und y-Wertigkeit eingetragen [Rot01; Fel13].

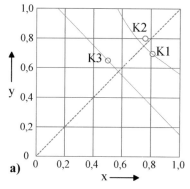

Konzepte	1	2	3
Techn. Wertigkeit x	0,81	0,76	0,50
Wirtsch.Wertigkeit y	0,70	0,80	0,65
Geradenverfahren $S_G = \dfrac{x+y}{2}$	0,76	0,78	0,58
Hyperbelverfahren $S_H = \sqrt{x \cdot y}$	0,75	0,78	0,57

a)   b)

Abb. 4-29 a) Graphische Darstellung der Lage der Konzeptbewertung unter Berücksichtigung der technischen und wirtschaftlichen Wertigkeit, b) Berechnung der Stärke S aus den Konzeptwertigkeiten

Die Gesamtwertigkeit („Stärke S") kann durch zwei Rechenverfahren bestimmt werden. Bei dem Geradenverfahren wird das arithmetische Mittel aus den x- und y-Wertigkeiten gebildet. Im Hyperbelverfahren wird S aus der Wurzel der miteinander multiplizierten

Wertigkeiten berechnet [Baatz 1971, nach Fel13], Abb. 4-29 b). Die graphische Lösung kann durch eine Gerade bzw. eine Hyperbel ermittelt werden, die jeweils durch die Ortspunkte der Konzepte geht, Abb. 4-29 a).

Zur Bestimmung der Stärke S können beide Verfahren angewandt werden. Das Geradenverfahren ist zur Erzeugung höherer Gesamtwertigkeiten eher geeignet, wenn technische und wirtschaftliche Wertigkeit relativ weit auseinander liegen [Fel13]. Allerdings kann dies dazu führen, dass ungeeignete Konzepte in der Gesamtwertigkeit zu hoch bewertet werden. So würde ein Konzept mit der x-Wertigkeit 0,3 (sehr ungeeignet) und der y-Wertigkeit 0,9 im Geradenverfahren eine Gesamtwertigkeit von noch akzeptablen 0,6 erhalten, während es im Hyperbelverfahren mit 0,52 nicht mehr geeignet erscheint.

Zur Konzeptphase ist noch anzumerken, dass die Durchführung insbesondere der Bewertung heute zunehmend rechnergestützt abläuft. Entweder werden die gezeigten Verfahren in Tabellenkalkulationen integriert, oder es werden spezielle, kommerzielle Programme eingesetzt. Da dies nicht nur für die Konzeptphase, sondern für den gesamten Produktentstehungsprozess gilt, hat sich hier in den letzten Jahren mit der „Virtuellen Produktentwicklung" ein eigener Zweig der Konstruktionstechnik gebildet. Beschreibungen und Beispiele finden sich in den neueren Auflagen des Pahl / Beitz Konstruktionslehre, der sich in mehreren Kapiteln eingehend mit dem Thema befasst [Fel13], oder auch in [Eig14].

Wurde ein für die Realisierung geeignetes Lösungskonzept gefunden, ist die Konzeptphase und damit die Lösungsfindung beendet, und es folgen die Phasen Entwerfen und Ausarbeiten.

Entwurfs- und Ausarbeitungsphase

In der Entwurfsphase wird die bislang rein theoretische Konzeptidee in ein Entwurfsmodell übertragen. Ausgehend von dem festliegenden Wirk- oder Prinzipkonzept wird zunächst ein grobmaßstäblicher Entwurf erstellt, der immer weiter verfeinert wird. Dabei müssen die festgelegten Anforderungen wie übertragbare Kraft oder Materialbelastungen berücksichtigt werden, ebenso wie Aspekte der Gestaltbestimmung, Anschlussmaße benachbarter Baugruppen, zur Verfügung stehender Bauraum usw. Begonnen wird der Entwurf mit den die Gestalt bestimmenden Hauptfunktionsträgern. Soll beispielsweise ein Getriebe entworfen werden (Hauptfunktion: Drehmoment in den Getriebestufen wandeln), beginnt der Entwurf zweckmäßigerweise mit der Auslegung der Getriebestufen, also der Zahnradpaare. Wichtige gestaltbestimmende Aspekte wären dabei der Bauraum und die Lage der Wellen. Die Wellendurchmesser und die Zahnradhauptabmessungen werden zunächst überschlägig angenommen und erst im weiteren Verlauf durch genaue Rechnungen und/oder Simulationen mit Hilfe der Festigkeitsrechnung und unter Beachtung von Normen und Richtlinien endgültig bestimmt. Für Detailaufgaben, für die es bewährte Lösungen gibt, wird auf die Maschinenelemente zurückgegriffen. Dies sind Lagerungen, Schraub- oder Nietverbindungen, Dichtungen usw., siehe Kap. 4.1.3. Mit der Detailoptimierung und Feingestaltung befindet man sich bereits in der Ausarbeitungsphase. Im Konstruktionsalltag ist der Übergang dieser beiden Phasen nicht immer klar voneinander getrennt und wird meist durch ein Review markiert. Dabei wird der Entwurf von verschiedenen Fachabteilungen technisch-wirtschaftlich begutachtet und entweder zurück in die Entwurfsphase oder weiter in die Ausarbeitungsphase gegeben. Allerdings können auch dann noch Rückschritte (Iterationen) in die Entwurfsphase nötig werden, wenn sich z. B. in der Detaillierung ein Entwurf an einer Stelle als nicht umsetzbar erweist. Das Ziel der Ausarbeitungsphase sind die technischen Zeichnungen für die Fertigung und den Zusammenbau sowie weitere Unterlagen wie Gebrauchsanleitungen oder Stücklisten. Auch die Herstellung und Prüfung von Prototypen fällt üblicherweise in die Ausarbeitungsphase. Abb. 4-30 zeigt den grundsätzlichen Ablauf des Entwurfs- und Ausarbeitungsprozesses.

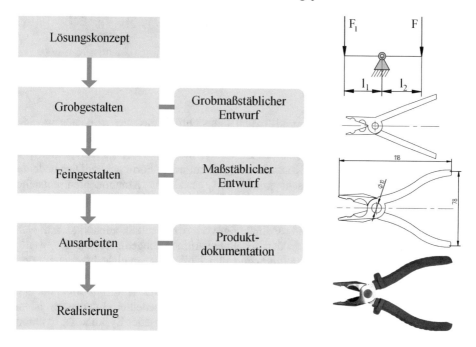

Abb. 4-30 Ablauf des Entwurfs- und Ausarbeitungsprozesses

Üblicherweise werden der Entwurf und die spätere Ausarbeitung eines technischen Systems rechnergestützt mit Hilfe von 3D-CAD-Programmen durchgeführt. Im Gegensatz zu den früher papiergebundenen Entwürfen gibt es dabei keine verschiedenen Entwürfe unterschiedlicher Feingestaltung, sondern Revisionen ein und desselben Entwurfs. Dies ermöglicht die gleichzeitige Bearbeitung des Entwurfs in unterschiedlichen Abteilungen oder auch Werken eines Unternehmens weltweit, der jeweilige Bearbeiter muss lediglich in die 3D-Zeichnungen oder Modelle ein- und auschecken und seine Revisionen vermerken, siehe auch das Kapitel zur Technischen Dokumentation (Kap. 4.1.5).

Bei der Gestaltung des technischen Systems müssen neben den Aspekten der Gestaltbestimmung, die aus den Anforderungen dieses speziellen technischen Systems und den das technische System umgebenden Systemen herrühren, weitere „Grundregeln der Gestaltung" berücksichtigt werden, die für alle Ausarbeitungen bzw. Gestaltungen gelten. Diese werden unter den Oberbegriffen *Eindeutig*, *Einfach* und *Sicher* zusammengefasst [Fel13].

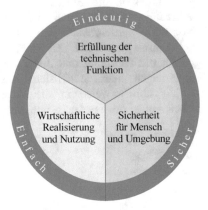

Abb. 4-31 Gestaltungsregeln der Konstruktionstechnik

Gestaltungsgrundregel Einfach

Ein technisches System sollte grundsätzlich übersichtlich gestaltet sein, aus wenigen Komponenten bestehen und mit geringem Aufwand herstellbar sein. Allerdings darf in der klassischen Konstruktionstechnik das Bestreben, möglichst wenige Komponenten zu verwenden, nicht zu Lasten von Komponenten mit einfacher Form gehen. Dies bedeutet, dass nach Möglichkeit keine sehr kompliziert gestalteten Komponenten entstehen sollten. [vgl. Leyer 1978, Niemann 2001, Pahl 1963, nach Fel13]. Diese Aussage ist für die konventionelle Fertigung zutreffend, gilt aber nicht für die additive Fertigung, bei der die Herstellbarkeit weitestgehend unabhängig von der Bauteilkomplexität ist, siehe hierzu auch Kap. 4.4. Zusätzlich zu den genannten Anforderungen *übersichtlich, wenige Komponenten* und *geringer Herstellaufwand* fügt Koller für „geniale Lösungen" noch die *Multifunktionalität* als Realisierung vieler Funktionen ohne großen Aufwand hinzu [Kol98]. Diese Hinzufügung ist grundsätzlich berechtigt, da Multifunktionalität auch wenige Bauteile und dadurch weniger Herstellaufwand bedeutet. Interessant ist sie insofern da die Multifunktionalität ein Kennzeichen biologischer Systeme ist, während bei technischen Systemen die Funktionen meist klar voneinander abgegrenzt von unterschiedlichen Bauteilen ausgeführt werden, siehe auch Kap. 3.3.5. Sollte die Multifunktionalität als eine Gestaltungsgrundregel oder, wie Koller schreibt, für geniale Lösungen angewandt werden, ergäbe sich hier einmal mehr die Gelegenheit, von der Natur zu lernen.

Die einfache Gestaltung eines technischen Systems, um zum eigentlichen Thema zurück zu kommen, beginnt bereits bei der Aufstellung der Funktionsstruktur und der Erstellung der Wirkkonzepte, die ebenfalls aus möglichst wenigen Komponenten bestehen und übersichtlich sein sollten. Bei der geometrischen Ausgestaltung von Bauteilen sollte ein symmetrischer Aufbau mit geometrisch/mathematisch leicht beschreibbaren Formen bevorzugt werden. Dies ermöglicht eine einfachere Berechenbarkeit der Bauteile und vermeidet z. B. Unwuchten oder ungleichmäßige Wärmedehnungen im Betrieb.

Gestaltungsgrundregel Eindeutig

Die Funktion eines technischen Systems oder eines Produkts muss konstruktiv eindeutig sichergestellt werden. Dies betrifft bereits die Funktionsstruktur und das Wirkkonzept.

Hier müssen die Ein- und Ausgangsgrößen vollständig und sicher erfasst sein, die Energie-, Stoff-, und/oder Signalflüsse nachvollzogen werden können und die Wirkkonzepte physikalisch klar beschreibbare Zusammenhänge zwischen Ursache und Wirkung aufweisen. Darüber hinaus existiert eine große Anzahl an Anweisungen, die bei der Gestaltung der Geometrieelemente frei konstruierter Bauteile oder bei der Auswahl und dem Einsatz der Maschinenelemente, beachtet werden müssen. Diese finden sich in Normen und Regelwerken, in Fachbüchern der Konstruktionstechnik oder auch in den Angaben der Maschinenelemente-Hersteller. Ein typisches Beispiel sind mehrfach gelagerte Wellen, bei denen eindeutig konstruktiv festgelegt sein muss, welches Lager welche Kräfte in welchen Richtungen aufzunehmen hat. Oder eine auf Querkräfte belastete Schraubverbindung, bei der sichergestellt sein muss, dass die Querkräfte alleine durch die aufgrund des Anpressdrucks entstehenden Reibkräfte aufgenommen werden und nicht etwa teilweise auch durch eine Scherbelastung der Schrauben. Eine derartige Belastungsart wäre rechnerisch nicht mehr überprüfbar, Abb. 4-32.

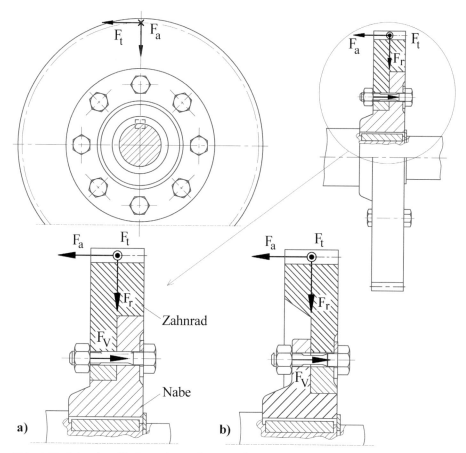

Abb. 4-32 Schraubverbindung eines schrägverzahnten Zahnrades auf einer Nabe als Beispiel für die Gestaltungsregel eindeutig: **a)** Ungünstige Gestaltung, die Vorspannkraft F_V der Schraube wird durch die axiale Kraft F_a der Verzahnung reduziert, was zu einem Rutschen des Zahnrades gegenüber der Nabe führen kann. Als Folge könnten die Schrauben (unzulässiger Weise) durch die tangentiale Kraft F_t auf Abscheren beansprucht werden. **b)** Günstigere Gestaltung, bei der F_a nur (= eindeutig) von der Nabe aufgenommen wird

Gestaltungsgrundregel Sicher

Würden die Schrauben in dem Beispiel in Abb. 4-32 konstruktiv auch bei einer Überlast der tangentialen Kraft F_t vor Scherkräften geschützt, würde dies unter die Grundregel „Sicher" fallen. Geschehen könnte dies z. B. mit einer Verzahnung zwischen Zahnrad und Nabe. Die Frage wäre hier allerdings, ob tatsächlich Überlasten zu erwarten sind, die einen derartigen konstruktiven Mehraufwand rechtfertigen. Sicher gewährleistet werden im Sinne der Regel muss dagegen in jedem Falle die Erfüllung der vorgesehenen Anforderungen. Dies gilt zwar auch für die technische Funktion, vor allem aber für die Gefahrenminimierung für den Menschen und die Umgebung. Insgesamt können fünf Stufen der Sicherheit angegeben werden [Pah93]:

- Bauteilzuverlässigkeit
- Funktionszuverlässigkeit
- Betriebssicherheit
- Arbeitssicherheit
- Umweltsicherheit

Um die Stufen der Sicherheit zu erfüllen, sollte in erster Linie eine unmittelbare Sicherheitstechnik zum Einsatz kommen, d. h, von dem technischen System selber darf keine Gefahr ausgehen [Fel13]. Dem steht die mittelbare Sicherheitstechnik gegenüber, welche die Integration von Schutzsystemen beinhaltet. Sollte beides nicht möglich sein, gibt es noch die Möglichkeit der hinweisenden Sicherheitstechnik, bei der die Benutzer durch informationstechnische und organisatorische Maßnahmen auf die Gefahren hingewiesen werden und entsprechende Vorkehrungen treffen müssen (z. B. Schutzkleidung tragen).

Die sichere Gestaltung wurde in den letzten Jahren durch eine Reihe verbindlicher Richtlinien behördlich vorgeschrieben. An erster Stelle ist hier die EG-Maschinenrichtlinie von 2006 zu nennen [OV06], aber auch die EG-Niederspannungsrichtlinie [OV06-2] oder die EG-EMV-Richtlinie [OV04].

Weitere Bereiche, die ebenfalls unter den Gesichtspunkten der drei Gestaltungsregeln betrachtet werden sollen, betreffen die Bedienung (Mensch-Maschine-Interaktion), den Transport, die Montage oder auch das Recycling technischer Systeme. Weiterführende Informationen zu den Gestaltungsregeln und insbesondere ausführliche Beispiele finden sich in [Fel13].

4.1.3 Maschinenelemente

Maschinenelemente sind Bauteile oder Baugruppen, die in gleicher oder ähnlicher Form immer wieder in technischen Systemen vorkommen und sich nicht mehr sinnvoll in kleinere Bauteile zerlegen lassen. Es handelt sich hier um bewährte Lösungen, die entweder genormt sind oder für die sich von den Herstellern geprägte Bauformen und Größenabstufungen gebildet haben. Vorkommen können die Maschinenelemente entweder als Einzelteile oder als Baugruppen (aus Einzelteilen). Eine Einteilung kann nach dem Verwendungszweck erfolgen [Wit17].

Maschinenelement	Beispiele	
Verbindungselemente	Schrauben, Nieten, Lötnähte 	
Lagerungselemente	Wälzlager, Magnetlager 	
Übertragungselemente	Getriebe, Achsen, Ketten 	
Dichtungselemente	Radialwellendichtring, Gummiring 	
Transportelemente	Rohre, Armaturen, Ventile 	
Speicherelemente	Federn, Schwungräder 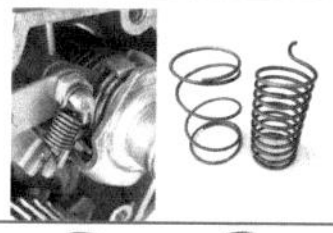	
Schmierstoffe	Öle, Fette, Festschmierstoffe 	

Abb. 4-33 Einteilung der Maschinenelemente nach dem Verwendungszweck [vgl. Wit17][128]

Ergänzend zu der Einteilung in Abb. 4-33 können Maschinenelemente auch mehrere Aufgaben erfüllen. So kann eine Schraube gleichzeitig als Verbindungselement und auch als Dichtungselement fungieren. Die Auswahl und der Einsatz der Maschinenelemente setzen Kenntnisse der Normung und der Festigkeitsrechnung voraus. Zusätzlich gibt es für die einzelnen Maschinenelemente meist noch Sondervorschriften bei der Berechnung und Auslegung, die sich erheblich voneinander unterscheiden können, was einerseits an den Besonderheiten der Elemente selber liegt, andererseits auch historische Gründe haben kann. So werden Wälzlager beispielsweise unter dem Gesichtspunkt der benötigten Lebensdauer bzw. der Gesamtanzahl der Umdrehungen ausgelegt, während bei Zahnrädern die Auswahl aufgrund der zu übertragenden Leistung erfolgt. Bei Schraubverbindungen werden die Gewinde metrisch ausgelegt, wohingegen bei Rohrverschraubungen historisch bedingt zöllige Gewinde zum Einsatz kommen.

Grundsätzlich gilt, dass die Verwendung von Maschinenelementen, wenn möglich, eigenen Lösungen vorzuziehen ist. Eine sehr umfangreiche Übersicht mit Vorschriften zur Berechnung und Auswahl findet sich beispielsweise im Roloff/Matek Maschinenelemente [Wit17].

---

[128] In [Wit17] werden die Speicherelemente nicht separat aufgeführt.

4.1.4 Festigkeitsrechnung, FEM-Simulation und Topologieoptimierung

Die Bauteile oder Verbindungen von technischen Systemen dürfen unter den im Betrieb auftretenden Belastungen nicht versagen. Als Bauteilversagen wird bereits die Beeinträchtigung der gestellten Aufgabe, z. B. durch unerwünschte Geräusche oder durch Leckagen angesehen. Man denke hier beispielsweise an einen ölverlierenden PKW-Motor. Solange regelmäßig Öl nachgefüllt wird, funktioniert der Motor bestimmungsgemäß. Der Ölverlust stellt allerdings eine Gefahr für andere Verkehrsteilnehmer dar und gefährdet überdies die Umwelt. Eine weitere Versagensart ist die eingeschränkte Gebrauchstauglichkeit. Hier kann es zu einem Leistungsabfall des technischen Systems durch z. B. übermäßigen Verschleiß, Korrosionserscheinungen oder Wirkungsgradverlusten kommen. Ein Beispiel wäre eine Stahlbrücke, die aufgrund von Korrosionsschädigungen für schwere LKW gesperrt wird, aber von kleineren Fahrzeugen noch befahrbar ist. Und schließlich kann ein Bauteil auch durch plastische Verformungen, dem Lösen von Verbindungen oder dem Bruch von Bauteilen völlig (mechanisch) versagen.

Während auch die Maßnahmen gegen die beiden erstgenannten Versagensarten teilweise in die Auslegung der Maschinenelemente fallen (z. B. richtige Auswahl von Dichtungen), soll die Festigkeitsrechnung über den Festigkeitsnachweis in erster Linie das völlige Versagen von Bauteilen verhindern. Grundsätzlich wird dabei zwischen dynamisch und statisch belasteten Bauteilen unterschieden. Beim statischen Festigkeitsnachweis werden vorwiegend ruhende Belastungen, einmalige oder seltene Belastungen betrachtet. Der Nachweis wird gegen die Versagensarten Gewaltbruch und plastische Verformung geführt. Dem dynamischen Festigkeitsnachweis liegen vorwiegend dynamisch wechselnde und schwellende Belastungen zugrunde (Abb. 4-34). Der Nachweis der Festigkeit kann für drei unterschiedliche Stufen vorgenommen werden. Bei der Zeitfestigkeit wird die Dauer berechnet, nach der ein Bauteil bei einer bestimmten Belastung vor Einsetzen von Schädigungen ausgetauscht werden muss. Die Betriebsfestigkeit stellt sicher, dass ein Bauteil den bestimmungsgemäß einwirkenden Lasten über die Lebensdauer des technischen Systems, in das es eingebaut ist, standhält. Und die Dauerfestigkeit, die davon ausgeht, dass ein Bauteil die bestimmungsgemäß einwirkenden Lasten beliebig lange ertragen kann.

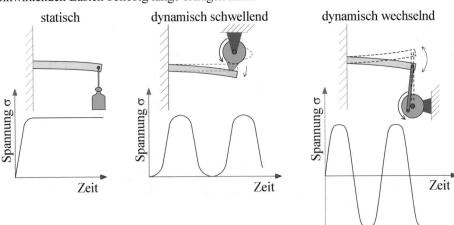

Abb. 4-34 Belastungsfälle, Spannungs-Zeit-Verlauf und Beispiele

Das genaue Vorgehen bei der Festigkeitsrechnung ist für bestimmte Bauteile genormt, so z. B. in der DIN 743 für die Tragfähigkeitsberechnung von Achsen und Wellen. Ansonsten können die Berechnungsvorschriften in der Literatur jedoch voneinander abweichen, was insbesondere die Benennung und Indizierung von Kenngrößen betrifft. Hier haben sich im Laufe der Jahre Standardwerke herausgebildet, deren Berechnungsvorschriften unter Berücksichtigung von Norm- und Regelwerken immer weiter verfeinert wurden und quasi als Stand der Technik angesehen werden können. Zu nennen wären hier der seit 1963 erscheinende und aktuell in der 24. Auflage vorliegende Roloff/Matek Maschinenelemente, der Decker Maschinenelemente (seit 1963, aktuell 20. Auflage) oder auch der Haberhauer Bodenstein Maschinenelemente (seit 1996, aktuell 16. Auflage). Daneben existiert seit 1994 die sogenannte FKM-Richtlinie „Rechnerischer Festigkeitsnachweis von Maschinenbauteilen", die maßgeblich von der Vereinigung „Forschungskuratorium Maschinenbau e. V." (FKM) erarbeitet wird. Die dortigen Berechnungsvorschriften können ebenfalls als Stand der Technik angesehen werden, unterscheiden sich teilweise jedoch erheblich von der „klassischen Festigkeitsrechnung". Auch ist die FKM-Richtlinie (derzeit) nicht für alle Bauteile und Materialien anwendbar und bietet lediglich Vorschriften zur Berechnung von Bauteilfestigkeiten, aber nicht zu den Bauteilbelastungen. Die in diesem Buch behandelten Themen zu den Maschinenelementen und der Festigkeitsrechnung richten sich weitgehend nach dem Roloff/Matek Maschinenelemente (siehe hierzu [Wit17]).

Im Festigkeitsnachweis werden die auf ein Bauteil einwirkenden Kräfte und Momente als Spannungen mit der Bauteilfestigkeit verglichen. Das Ergebnis ist die vorhandene Sicherheit, die grundsätzlich > 1 sein muss, da ansonsten die einwirkenden Spannungen größer als die ertragbaren Spannungen wären. In Abhängigkeit der Berechnungsart (überschlägig – ausführlich), der Materialart (spröde – duktil) und weiterer Randbedingungen, wie den Auswirkungen im Schadensfall (Gefahr für Mensch und Umgebung – materieller Schaden) werden zusätzlich einzuhaltende Mindestsicherheiten festgelegt. Abb. 4-35 zeigt den grundsätzlichen Ablauf des Festigkeitsnachweises.

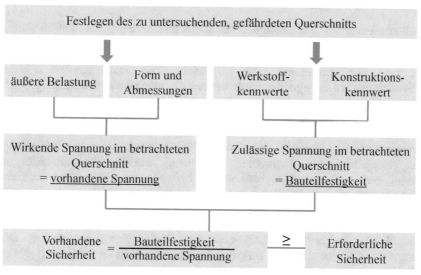

Abb. 4-35 Ablauf des Festigkeitsnachweises nach [Wit17]

Je nach Fragestellung kann der Ablaufplan in Abb. 4-35 in unterschiedlichen Richtungen durchlaufen werden. Ist beispielsweise nach einer Bauteildimension gefragt, wird ausgehend von den erforderlichen Sicherheiten und der Bauteilfestigkeit über die vorhandenen Spannungen im betrachteten Querschnitt auf die Abmessungen zurück gerechnet. Hilfsmittel zur Bestimmung der Bauteilfestigkeit sind Tabellenbücher, in denen zumeist experimentell ermittelte Materialkennwerte zu finden sind, sowie Tabellen, Grafiken und/oder Berechnungsvorschriften zur Bestimmung weiterer Kennwerte, die beispielsweise die geometrische Gestaltung eines Bauteils berücksichtigen. Abb. 4-36 zeigt die Schritte zur Bestimmung der Bauteilfestigkeit für einen dynamischen Belastungsfall. Ausgehend von einem experimentell ermittelten Materialkennwert wird die Bauteilfestigkeit sukzessive durch festigkeitsvermindernde Einflussfaktoren reduziert.

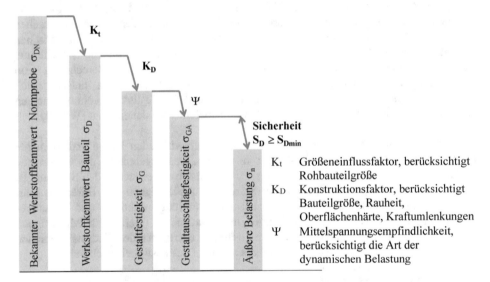

Abb. 4-36 Reduzierung der Bauteilfestigkeit durch festigkeitsvermindernde Einflussfaktoren beim dynamischen Festigkeitsnachweis [vgl. Wit17]

Während bei der Ermittlung der Bauteilfestigkeit auf Kennwerte der Werkstoffwissenschaften zugegriffen wird, werden die einwirkenden Belastungen mit Mitteln der Technischen Mechanik (Statik, Dynamik, Elastostatik) bestimmt. Die Berechnung betrachtet dabei immer nur eine Stelle eines Bauteils (gefährdeter Querschnitt), d. h. der Konstrukteur muss im Vorhinein wissen, an welcher Stelle das Bauteil versagen wird, siehe auch Abb. 4-35. Dieser Schritt kann bei kompliziert gestalteten Bauteilen und mehreren gleichzeitig einwirkenden Belastungen anspruchsvoll und umfangreich werden. Auch bedeutet die Betrachtung nur der gefährdeten Querschnitte im Umkehrschluss, dass die sonstige Gestaltung des Bauteils überdimensioniert ist und dort eigentlich zu viel Material und damit auch Gewicht vorhanden ist. Im Sinne der Ressourcen- und Energieschonung wäre ein ideales Bauteil so gestaltet, dass es bei einer Überlastung an allen Stellen gleichzeitig versagt. Der Festigkeitsnachweis alleine kann dies aufgrund des Umfangs nicht leisten, jedoch gibt es numerische Berechnungsmethoden, welche im Zuge der steigenden Rechnerleistung zunehmend in der Lage sind, komplette Bauteile auf ihre Belastung hin zu untersuchen.

FEM-Simulation zur Gestaltoptimierung von Festkörpern

Es existieren unterschiedliche numerische Berechnungsmethoden, wobei in der Festkörpersimulation die Finite-Elemente-Methode (FEM) die größte Verbreitung gegenüber z. B. der Randelementmethode (REM) oder der Mehrkörpersimulation (MKS) aufweist. Im Bereich der Strömungsmechanik, also der Simulation von Fluiden, kann beispielsweise die numerische Strömungsmechanik (engl. Computational Fluid Dynamics, CFD) und das Finite-Volumen-Verfahren (FV-Verfahren) genannt werden.

Bei der FEM wird das Bauteil in endlich viele (finite) Teilgebiete einfacher Geometrie (z. B. Quader) aufgeteilt, das sogenannte Vernetzen oder engl. meshing. Die Quader sind dabei an Knotenstellen miteinander verbunden. Für jeden einzelnen Quader kann sein Verhalten auf Belastung und seine Antwort über die Knoten an benachbarte Quader mit Hilfe von Differentialgleichungen und der Vorgabe von Randbedingungen berechnet werden. Zusammengesetzt ergibt sich die gesamte Belastung des Bauteils unter beliebigen zu definierenden Kräften, Momenten oder auch Temperatureinwirkungen. Abb. 4-37 zeigt eine FEM-Simulation unter der Einwirkung von Temperaturen. Das Verfahren liefert eine Näherung, deren Genauigkeit von der Feinheit des Netzes abhängt.

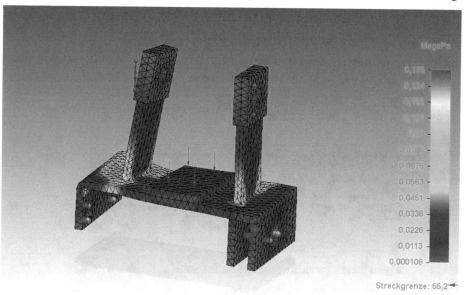

Abb. 4-37 Beispiel des Ergebnisses einer FEM-Berechnung; die farblichen Markierungen zeigen die Verschiebung aufgrund äußerer Belastungen.

Mit der FEM-Simulation können die Belastungen dargestellt werden. Die Bauteiländerung (Topologieoptimierung) erfolgt dann üblicherweise in einem 3D-CAD-Programm, wofür eine Datenübertragung notwendig ist. Dem gegenüber haben viele gängige 3D-CAD-Programme bereits eine FEM-Simulation integriert. Auch wenn diese Module innerhalb des 3D-CAD-Programms im Vergleich zu FEM-Programmen eingeschränkt sind, haben sie den Vorteil, die Änderungen im gleichen Programm, wenn auch mit jeweiliger Übergabe der 3D-Daten zwischen den Modulen, durchführen zu können. Die nächste „Stufe" wäre die Änderung direkt im FEM-Programm oder Modul oder noch besser die automatische Optimierung von 3D-CAD-Bauteilen auf Basis der FEM-Simulation. Kommerzielle Programme, die zu einer Topologieoptimierung in der Lage sind, gibt es bereits. So z. B. ANSYS Mechanical[129], OptiStruct™[130] oder Tosca Structure[131]. Die Strukturoptimierung zielt darauf ab, nur dort Material in einem Bauteil zu haben, wo dieses von den Belastungen her auch benötigt wird. Vorbilder sind häufig biologischer Art, wie die innere Struktur von Knochen oder auch von manchen Pflanzen. Die Optimierung kann dadurch geschehen, dass von einer bestehenden Struktur sukzessive Material weggenommen wird, das keine Belastungen aufzunehmen hat bzw. für die Festigkeit des Bauteils unerheblich ist. Das Ergebnis wäre ein Bauteil, das hauptsächlich aus gitterartigen Verstrebungen ähnlich einem Fachwerk besteht, eine sogenannte Lattice-Struktur (engl. für „Fachwerk" oder „Gitter"), Abb. 4-38, siehe auch Abb. 4-56.

Abb. 4-38 Beispiel für eine gewichtsoptimierte Lattice-Struktur, hergestellt im 3D-Druckverfahren

Ein Bauteil mit einer Struktur gemäß Abb. 4-38 wäre zwar belastungsoptimiert, mit konventioneller Fertigung aber nicht mehr herstellbar. Demgegenüber ist die Herstellung derartiger Bauteile mit der additiven Fertigung ohne Weiteres möglich, was in Kap 4.4. noch weiter ausgeführt werden wird.

---

[129] ANSYS (ANalysis SYStem) ist eine FEM-Software des Unternehmens ANSYS, Inc.

[130] OptiStruct™ ist eine Struktur-Optimierungssoftware des Unternehmens Altair Engineering, Inc.

[131] Tosca Structure ist eine übergeordnete Struktur-Optimierungssoftware des Unternehmens Dassault Systèmes. Die Software bindet die Funktionen von FEM-Programmen wie Abaqus (Dassault Systèmes) oder ANSYS ein.

4.1.5 Technische Dokumentation und CAx-Prozessketten

Bei der Herstellung eines Produkts arbeiten unterschiedliche Abteilungen, Bereiche oder auch Unternehmen zusammen. Hierzu müssen sie miteinander kommunizieren und Informationen austauschen. Damit der Anwender das Produkt nutzen kann, benötigt auch er Informationen wie Betriebs- und Wartungsanweisungen. Zur Weiterentwicklung des Produkts werden Informationen über Reklamationen, Schadensfälle usw. benötigt, und auch bei der späteren Abwicklung des Produkts bzw. Projekts müssen Informationen bzw. Anweisungen zum Recycling oder der Entsorgung vorhanden sein. Die Erstellung und Aufbewahrung dieser Informationen sind teilweise behördlich vorgeschrieben, siehe z. B. das Produkthaftungsgesetz. Davon unabhängig unterstützt aber ein gepflegtes Informationssystem auch die Effizienz eines Unternehmens.

Diese Gesamtheit der Informationen rund um den gesamten Produktlebenszyklus kann als „Technische Dokumentation" bezeichnet werden, vgl. hierzu auch [VDI4500] oder [Sch19]. Waren diese Unterlagen früher nur in Papierform vorhanden, handelt es sich heute nahezu vollständig um digitale Daten. Nicht nur der moderne Konstruktionsprozess erfolgt mittlerweile rechnerunterstützt (engl. „Computer Aided"), sondern auch die Erstellung, Speicherung, Archivierung und Ausgabe der Technischen Dokumentation. Wo früher ein Benutzerhandbuch beilag, findet sich heute in Papierform häufig nur noch eine „Kurzanleitung zum Start" und eine Gefahrenbeschreibung, die eigentliche Anleitung liegt entweder digital bei, oder es wird auf eine Internetseite verwiesen. Aus diesen Gründen wird bei der heutigen Beschreibung des Produktlebenszyklus auch von der „CAx-Prozesskette" gesprochen. Das Ziel oder auch der Zweck der CAx-Prozesskette ist es, die gesamte Technische Dokumentation über den Lebensweg eines Produkts von der Idee über die Herstellung bis zur Entsorgung alleine durch Übergabe elektronischer Daten zu bewerkstelligen, Abb. 4-39.

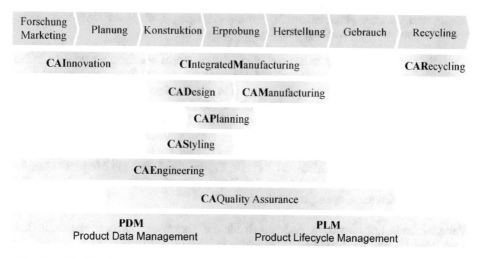

Abb. 4-39 Die CAx-Prozesskette über den Produktlebenszyklus

Die Darstellung der CAx-Prozessketten in Abb. 4-39 ist weder vollständig, noch müssen alle der aufgeführten rechnerunterstützten Prozesse in einem Unternehmen einzeln und abgeschlossen vorkommen. So kann der Prozess des CAD (computer-aided design, die rechnerunterstützte Konstruktion) und der des CAS (computer-aided styling, die rechnerunterstützte Gestaltung, im Deutschen etwas verwirrend auch „Design" genannt) zusammengefasst sein. Auch können sich branchen- oder fachgebietsspezifische Unterschiede ergeben, so kennt die Informatik z. B. den Prozess des CASE (computer-aided software engineering, rechnerunterstützte Programmentwicklung).

Die CAx-Prozesskette entspricht den Grundgedanken der „Industrie 4.0". Dieses, als „vierte industrielle Revolution" angesehene Zukunftsprojekt *steht für eine hochverdichtete Vernetzung aller Gegenstände über den Produktlebenszyklus vom Entstehungsprozess im Engineering über die Produktion bis zum Produktlebenszyklusende und dem Entsorgen oder Recycling eines Gegenstandes"* [DIN18]. In der Industrie 4.0 kommunizieren sämtliche CAx-Prozesse miteinander und holen sich ihre Daten über vernetzte Sensoren oder auch über das Internet der Dinge weitgehend selbständig.

Auch wenn die Industrie 4.0 ein Zukunftsprojekt ist, gibt es bereits digital übertragende, miteinander arbeitende CAx-Prozessketten. Wobei die Übertragung häufig noch durch den Anwender erfolgen muss. Ein Beispiel wäre die Prozesskette 3D-Scannen–3D-Modellierung–Strukturoptimierung–Druckdatenaufbereitung–3D-Drucken, Abb. 4-40.

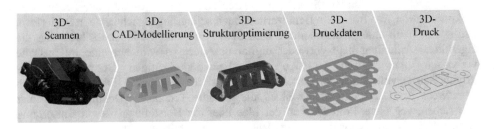

| 3D-Scannen | 3D-CAD-Modellierung | 3D-Strukturoptimierung | 3D-Druckdaten | 3D-Druck |

Abb. 4-40 Mögliche Kombination einer CAx-Prozesskette der additiven Fertigung; in dem Beispiel wird von einer eingescannten 3D-Struktur ausgegangen, die in der CAD-Modellierung modifiziert wird und eine Strukturoptimierung erhält

Bionische Projekte haben grundsätzlich den (abstrahierten) Nachbau einer biologischen Struktur zum Ziel. Nicht selten werden dabei mechanische Strukturen nachgebildet, bei denen sich auch eine Strukturoptimierung und die Fertigung im 3D-Druck anbieten würden. Auch wenn dieser Ablauf nicht auf alle bionischen Projekte zutrifft, man denke an die Nachahmung der Photosynthese, zeigt das Beispiel in Abb. 4-40, dass sich bionische Projekte häufig sehr gut in die CAx-Prozesskette einfügen lassen. Oder mit anderen Worten ausgedrückt, dass die Bionik in hohem Maße Industrie 4.0-tauglich ist. Die Themen 3D-Scannen (Stichwort Reverse Engineering) und die Möglichkeiten des 3D-Druckes werden in den nachfolgenden Kapiteln, nach einem Ausflug in die Welt physikalischer Grenzen, noch genauer betrachtet.

Weiterführende Informationen finden sich für die Technische Dokumentation z. B. in [Juh02; Sch19] und für die CAx-Prozessketten in [Heh11; Sch15; Vaj19].

4.2 Physikalisch-technische Übertragbarkeit der Mikro- und Makrowelt

Wir Menschen leben in einer makroskopischen Welt und dementsprechend ist diese auch die Umgebung der sehr überwiegenden Mehrheit der von uns geschaffenen technischen Anwendungen. Ein großer Teil des Tierreichs ist jedoch mehrere Größenordnungen kleiner (alleine 50 % aller bislang bekannten Arten sind Insekten), und auch die Abmessungen vieler der bislang beschriebenen biologischen Systeme liegen in diesem Größenbereich oder noch darunter. Man denke an die Gecko-Haftung, deren Prinzip auf haarähnlichen Strukturen (Setae) mit einer Dicke von mehreren 100 nm basiert, die sich am Ende in bis zu 1.000, nur noch 10–15 nm dicke Haarspitzen aufspalten, den Spatulae, siehe auch Abb. 2-5. Um die Funktion der Spatulae zu verstehen, muss man sich in die mikroskopische oder sogar in die nanoskopische Welt begeben. Abb. 4-41 zeigt eine Skala unserer „Größenordnungs-Welten" mit einer groben Einordnung biologischer Systeme, chemischer Verbindungen und der Atome. Die Abgrenzung der unterschiedlichen Größenordnungen und insbesondere die Lage des mesoskopischen Bereichs sind in der Literatur nicht ganz einheitlich. Die dargestellte Einordnung des mesoskopischen Bereichs zwischen dem mikro- und makroskopischen findet sich beispielsweise in [BSI07] und [Kun10]. Auch die Verwendung des Begriffs mesoskopisch ist nicht immer eindeutig, so steht der Mesokosmos in der Evolutionären Erkenntnistheorie (EE)[132] für eine „Welt mittlerer Dimension und geringer Komplexität" [Vol99].

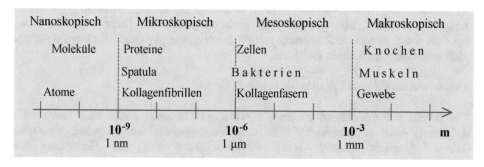

Abb. 4-41 Skalierung der Größenordnung von Elementen der Natur

Mit der Skalierung eines Systems, sei es technisch oder biologisch, kann sich der Einfluss physikalischer Größen für bestimmte Phänomene ändern. Ursächlich ist zumeist, dass sich bei einer linearen Änderung des Längenmaßstabs andere Kenngrößen eines Systems wie seine Masse, sein Widerstandsmoment oder auch auftretende Kräfte nicht gleichermaßen linear, sondern z. B. quadratisch ändern. Dies wirkt sich nicht nur bei Skalierungen über mehrere Größenordnungen aus, sondern auch bereits über oder innerhalb einer Größenordnung. Dieses Verhalten ist bei technischen Systemen hinlänglich bekannt und muss dort bei der Ableitung von Baugrößen oder dem Aufbau von Baureihen oder Modellen beachtet werden. Bei der Abstrahierung und Übertragung

---

[132] Die Evolutionäre Erkenntnistheorie (EE) versucht das menschliche Erkenntnisvermögen in erster Linie auf Basis der Evolutionstheorie zu erklären. Demnach wäre der Erwerb von Erkenntnissen hauptsächlich genetisch bedingt, [vgl. Vol02].

biologischer Lösungen auf technische Anwendungen müssen oft gleich mehrere Größenordnungen übersprungen werden, siehe Abb. 4-41. Hier kommt erschwerend hinzu, dass sich dabei auch physikalische Gesetzmäßigkeiten ändern können, wie beispielsweise in der Fluiddynamik. Das Wissen um die Änderung physikalischer Größen und über die Anwendbarkeit physikalischer Gesetze ist daher essentiell für die erfolgreiche Durchführung vieler bionischer Projekte und wird im Folgenden an einigen Beispielen erläutert.

4.2.1 Größenskalierung und Modellableitung

Die Welt der Sagen, Mythen und Märchen ist voll von Beschreibungen von Riesen. Dass Tiere in Märchen sprechen können oder Menschen fliegen, wird von der Zuhörerschaft grundsätzlich ohne Hinterfragung akzeptiert. Und auch das Auftreten von Riesen erscheint nicht besonders spektakulär, geschweige denn unmöglich. Interessant ist dabei aber die zumeist unerwartet hohe Zahl physikalischer oder auch physiologischer Gesetzmäßigkeiten, die in diesen Erzählungen verletzt oder schlicht ignoriert werden. Daher bieten kritische Betrachtungen derartiger, einer breiten Masse bekannter Erzählungen, einen guten Einstieg in den komplexen Weg der physikalisch-technischen Vergleichbarkeit verschiedener „Welten".

Ein besonders gutes und in dem Zusammenhang gerne zitiertes Beispiel[133] ist der literarische Gulliver auf seinen Reisen, die ihn zuerst in das Land der Liliputaner führen, dann in das Land der Riesen. Gulliver selbst ist weder das eine noch das andere, sondern ein normalgroßer Mensch. In Liliput ist er allerdings ein Riese, 12-mal so groß wie die dortigen Einwohner, aber genauso wie diese proportioniert. Diese von dem Autor Jonathan Swift gegebene Skalierung erlaubt interessante physikalische Vergleiche und erklärt die Beliebtheit dieses Beispiels.

Riesen brummeln und Liliputaner fiepen

Wie bereits der griechische Philosoph Pythagoras bemerkt haben soll, bewirkt die Halbierung einer schwingenden Saite eine Verdoppelung der Frequenz, was einer Oktave entspricht [Sza69; Ale17]. Gleiches kann mit der Halbierung des Saitendurchmessers erreicht werden. Wenn nun die Proportionen eines in der Größe halbierten Menschen beibehalten werden, müsste seine Stimmlage um je eine Oktave für die Halbierung von sowohl der Länge als auch des Durchmessers seiner Stimmbänder steigen. Für die um den Faktor 12 verkleinerten Liliputaner bedeutet dies eine Erhöhung der Sprachfrequenz um das 24-Fache. Weitere Effekte, wie eine eventuell geänderte Spannkraft der Stimmbänder oder Einflüsse der Resonanzraumverkleinerung werden bei dieser Überlegung außen vorgelassen. Die menschliche Sprache bewegt sich in einem Frequenzbereich von circa 80 Hz bis 2,1 kHz, der vom Menschen wahrnehmbare Frequenzbereich liegt zwischen 20 Hz bis 20 kHz, bei älteren Menschen i. d. R. aber unter 15 kHz. Der um den Faktor 24 erhöhte Sprachbereich der Liliputaner müsste im Frequenzbereich von rund 2 bis 50 kHz liegen. Zum Vergleich, Mäuse hören in dem Frequenzbereich 1 bis 70 kHz, die Rufe der Fledermäuse liegen zwischen 15 bis 150 kHz. Einige der Töne eines Liliputaners könnte Gulliver gerade noch wahrnehmen, aber auch diese müssten für ihn wie ein hohes Mäusefiepen klingen.

---

[133] Siehe z. B. [Gre74; Soe06; Kir15]

Auf der anderen Seite müsste die Stimmlage eines um den Faktor 12 skalierten Riesen im Bereich von 3 bis 500 Hz liegen. Das entspräche einem tiefen Grummeln, das in seiner Gänze selbst von Elefanten, als prominente Infraschallerzeuger mit einem Hörvermögen von 16 Hz bis 12 kHz, nicht mehr wahrgenommen werden könnte.

Nebenbei bemerkt: Eigentlich müssten sich die Liliputaner auch untereinander nicht verstehen können. Wie M. Euler in [Soe06] ausführlich beschreibt, kann das menschliche Gehirn periodische Schallsignale nur bis zu einer Frequenz von 1 kHz in zeitlicher Abfolge verarbeiten. *„Die inneren Uhren in Gullivers Gehirn […] ticken nicht schnell genug"* [Soe06]. Dabei geht Euler in seiner Abhandlung „nur" von einer 12-fachen Frequenzerhöhung aus, da er nur die Längenänderung der Stimmbänder betrachtet, nicht aber die Durchmesserverkleinerung. Im Ergebnis spielt das aber kaum eine Rolle.

Fraglich bleibt, wie sich die Liliputaner dann selbst untereinander verstehen können, schließlich würden sie schneller reden, als sie denken können. Was allerdings für eine Saite gilt, gilt allgemein auch für andere schwingende elastomechanische Systeme. Bei einer Runterskalierung erhöht sich deren Eigenfrequenz. Nun sind Gehirne keine mechanischen Schwingsysteme, weshalb die Überlegung stark hinkt. Trotzdem ist die Vermutung, dass kleinere Gehirne womöglich schneller „getaktet" sein könnten, nicht abwegig. Vor allem hätten das die Liliputaner wohl auch nötig, denn die 12-fache Verkleinerung ihrer Gehirne würde wahrscheinlich einen weiteren Beitrag zur Verständnisschwierigkeit liefern. Zwar zeigen Vergleiche im Tierreich, dass die Größe des Gehirns nicht *unbedingt* auf die Intelligenz umgerechnet werden kann. So hat ein Elefant mit bis zu 6 kg ein größeres Gehirn als der Mensch mit durchschnittlich 1,35 kg [Roh10]. Die beim Menschen offensichtlich höhere Intelligenz ist durch den anders gearteten Aufbau der Hirnstruktur zu erklären. So ist die menschliche Hirnrinde mit bis zu 5 Millimeter circa 4-mal so dick wie die der Elefanten, mit etwa der doppelten Anzahl an Neuronen. Untersuchungen zeigen allerdings, dass sich der Aufbau von Menschenaffengehirnen und denen des Menschen kaum unterscheidet. Hier wird tatsächlich in erster Linie das größere Hirnvolumen als einzige signifikante Differenz beider Gehirne für die höhere Leistung verantwortlich gemacht [Sem02]. Das Volumen eines Körpers berechnet sich aus seinen drei Dimensionen $L \cdot B \cdot H$, und ändert sich damit in der 3. Potenz des Längenmaßstabes, genauso wie seine Masse, $q_m = q_L^3$. Daraus ergibt sich eine Masse der Liliputanergehirne $m_{GL} = 1350 \, g/12^3 = 0{,}78$ Gramm. Das wäre mehr als ein 500-fach geringerer Wert als der, den ein durchschnittliches Schimpansengehirn mit circa 400 g [Roh10] aufweist. Folgt man den Untersuchungen von Semendeferi et al. in [Sem02], dürften die Liliputaner damit eine nicht sehr schnelle Auffassungsgabe besitzen. Im Umkehrschluss müssten die Riesen mit einem über 2,3 Tonnen wiegenden Gehirn hochintelligente Wesen sein. Was man ihnen allerdings kaum ansehen dürfte, denn sie müssten eigentlich wedelnde Elefantenohren besitzen, und zusätzlich wohl noch dauernd mit raushängender Zunge hecheln. Der menschliche Körper erzeugt seine Wärme in seiner Körpermasse, daher kann grundsätzlich davon ausgegangen werden, dass die Wärmeproduktion mit der 3. Potenz der Längenskalierung ansteigt. Abgegeben wird überschüssige Wärme zu einem kleinen Teil über die Atemluft und zum Großteil über die Haut, deren Oberfläche aber nur in der 2. Potenz (für zwei Dimensionen) ansteigt. Somit würde der Körper circa 12-mal mehr Wärme produzieren, als er abgeben kann, Überhitzung wäre die Folge. Und natürlich würden die Liliputaner wiederum ständig frieren, da sie über ihre zum Volumen 12-mal größere Oberfläche zu viel Wärme verlieren würden. In dem Zusammenhang des Volumen – Masse – Verhältnisses merkt J. Grehn darüber hinaus an, dass die Menge an anhaftendem Wasser am menschlichen Körper nach einem Bade circa 1 % der Körpermasse ausmacht, bei den Liliputanern jedoch 10 % [Gre74]. Das wäre im wahrsten Sinne des Wortes noch tragbar, skaliert man aber noch weiter runter, würde das Verhältnis immer ungünstiger werden, bis es nicht mehr möglich wäre, sich aus dem Wasser zu erheben. Den Riesen würde anhaftendes Wasser zwar nichts ausmachen, aber sie wären grundsätzlich wohl nicht in der Lage, sich auch an der Luft überhaupt einmal aufzurichten. Die Querschnitte ihrer Muskeln und Knochen werden gemäß $A = r^2 \cdot \pi$ mit der 2. Potenz des Radius vergrößert, die Masse aber nach wie vor in der 3. Potenz. Damit wären sie 10-mal schwerer als ein „normaler" Mensch bzw. hätten 9-faches Übergewicht. Falls sie es doch schaffen würden, sich auf die Beine zu stellen, würden ihre Knochen wohl brechen, da auch diese 9-fach überbelastet wären.

Die Technik begegnet den vorgenannten Beispielen der Skalierungsthematik mit der sogenannten Reihenentwicklung. Um diese anwenden zu können, müssen einige Voraussetzungen für den Grundentwurf (Ausgangsmodell) und die Folgeentwürfe (Folgemodelle) vorliegen.

- Die an dem Grundentwurf wirkenden Kräfte rufen in den entsprechenden Querschnitten bei demselben Werkstoff in Grundentwurf und Folgeentwurf die gleich großen Spannungen hervor.

- Alle wirkenden Kräfte rufen nur elastische Verformungen hervor.

- Das Hookesche Gesetz hat Gültigkeit.

$$\sigma = \varepsilon \cdot E = const. \qquad (4.1)$$

Mit:

σ : Spannung [N/mm²]
ε : Dehnung [-]
E : Elastizitätsmodul [N/mm²]

Der Längenmaßstab q_0 ist der Grundmaßstab für jeden Folgeentwurf und wird aus dem Verhältnis der Längen Folgeentwurf (L_1) zu Grundentwurf (L_0) ermittelt. Die Berechnung der Maßstäbe von Volumen, Kräften usw. erfolgt unter Berücksichtigung der oben genannten Voraussetzungen.

Berechnung des Längenmaßstabes q_L:

$$q_L = \frac{L_1}{L_0} \qquad (4.2)$$

Berechnung der abgeleiteten Maßstäbe, Beispiel Flächenmaßstab q_A:

$$q_A = \frac{A_1}{A_0} = \frac{L_1 \cdot L_1}{L_0 \cdot L_0} = \left(\frac{L_1}{L_0}\right)^2 = q_0^2 \qquad (4.3)$$

Beispiel Berechnung des Kraftmaßstabes q_F:

$$q_F = \frac{F_1}{F_0} \qquad (4.4)$$

Mit der allgemeinen Formel der Spannung σ können die Kräfte F substituiert werden:

$$\sigma = \frac{F}{A} \qquad (4.5) \qquad \rightarrow \qquad q_F = \frac{\sigma_1 \cdot A_1}{\sigma_0 \cdot A_0} \qquad (4.6)$$

Mit der Grundvoraussetzung, dass die Spannungen gleich sind ($\sigma_1 = \sigma_0$) und mit Gl. 4.3 ergibt sich:

$$q_F = \frac{A_1}{A_0} = q_0^2 \qquad (4.7)$$

Auf diese Weise können die Maßstäbe der verschiedenen Kenngrößen der Skalierung berechnet werden, Abb. 4-42.

Kenngrößen	Maßstab
Länge L	$q_L = L_1/L_0$
Fläche A	$q_A = A_1/A_0 = q_L{}^2$
Volumen V	$q_V = V_1/V_0 = q_L{}^3$
Masse m	$q_m = m_1/m_0 = q_L{}^3$
Dichte ρ	$q_\rho = \rho_1/\rho_0 = 1$
Kraft F	$q_F = F_1/F_0 = q_L{}^2$
Spannung σ	$q_\sigma = \sigma_1/\sigma_0 = 1$
Druck p	$q_p = p_1/p_0 = 1$
Zeit t	$q_t = t_1/t_0 = q_L$
Geschwindigkeit v	$q_v = v_1/v_0 = 1$
Beschleunigung a	$q_a = a_1/a_0 = q_L{}^{-1}$
Drehzahl n	$q_n = n_1/n_0 = q_L{}^{-1}$
Winkelbeschleunigung α	$q_\alpha = \alpha_1/\alpha_0 = q_L{}^{-2}$
Leistung P	$q_P = P_1/P_0 = q_L{}^2$
Moment M	$q_M = M_1/M_0 = q_L{}^3$
Widerstandsmoment W	$q_W = W_1/W_2 = q_L{}^3$
Massenträgheitsmoment J	$q_J = J_1/J_0 = q_L{}^5$

Abb. 4-42 Skalierungsmaßstäbe physikalischer Kenngrößen [vgl. Wit17]

Um abschließend noch einmal auf Gullivers Reisen zurück zu kommen: Grundsätzlich wären Menschen mit einer 12-fachen Längenskalierung möglich, aber eben nicht in den Proportionen eines „normalgroßen" Menschen.

Als Beispiel für die Anwendung der Skalierungsmaßstäbe sollen im Folgenden einige Kenngrößen bei der Skalierung eines Hubschraubers in ein Modell berechnet werden.

Technische Kenngrößen EC 135 (H T3)

Leistung Triebwerk:	609 kW
Hauptrotordrehzahl:	395 min^{-1}
Länge:	12,19 m
Hauptrotordurchmesser:	10,20 m
Leergewicht:	1455 kg

Abb. 4-43 Eurocopter EC 135 mit technischen Kenngrößen

Der in Abb. 4-43 dargestellte Hubschrauber soll mit Hilfe der Tabelle in Abb. 4-42 in ein flugfähiges Modell im Maßstab 1:12,5 skaliert werden. Es wird davon ausgegangen, dass die gleichen Materialien wie im Ausgangsmodell zur Verfügung stehen, und daher bei Anwendung der Maßstäbe ähnliche Spannungen im Folgemodell entstehen.

Für den Längenmaßstab q_L ergibt sich mit Gl. 4.2:

$$q_L = \frac{L_1}{L_0} = \frac{1}{12,5} = 0,08 \qquad (4.8)$$

Kenngrößen Grundentwurf		Kenngrößen Folgemodell
Leistung P Triebwerk:	609 kW	$P_1 = P_0 \cdot q_L^2 = 609\,kW \cdot 0,08^2 = 3,898\,kW$
Hauptrotordrehzahl n:	395 min^{-1}	$n_1 = \dfrac{n_0}{q_L} = \dfrac{395\,min^{-1}}{0,08} = 4937,5\,min^{-1}$
Länge L:	12,19 m	$L_1 = L_0 \cdot q_L = 12,19\,m \cdot 0,08 = 0,975\,m$
Hauptrotordurchmesser D:	10,20 m	$L_1 = L_0 \cdot q_L = 10,20\,m \cdot 0,08 = 0,816\,m$
Leergewicht m:	1455 kg	$m_1 = m_0 \cdot q_L^3 = 1455\,kg \cdot 0,08^3 = 0,745\,kg$

Abb. 4-44 Berechnungsbeispiel für Folgekenngrößen aus dem Längenmaßstab

Im obigen Beispiel sind Grundentwurf und Folgemodell aus gleichen Materialien aufgebaut. Nachfolgend soll der Fall behandelt werden, dass unterschiedliche Materialien vorliegen, wie dies bei der Übertragung biologischer Lösungen in technische Systeme die Regel ist. Eine Möglichkeit zur Anwendung der Modellbildung und Ableitung von Baugrößen in derartigen bionischen Projekten ist die Skalierung vorhandener biologischer Strukturen in gewünschte technische Materialien unter

Beibehaltung des Grundmaßstabes und unter der Annahme gleich großer äußerer Kräfte. Die so gewonnene äquivalente Ausgangsgröße kann dann nach den Regeln der Modellbildung für die gewünschten Größenstufen oder Belastungen abgeleitet werden.

Beispielhaft sollen die aus Chitin bestehenden Antennen (Fühler) des Moschusbocks in Aluminium nachgebaut und dabei skaliert werden, Abb. 4-45.

Abb. 4-45 Weibchen des Moschusbocks mit gut sichtbaren Antennen

Gemäß Gleichung 4.5 gilt für die Spannungen in den Materialien:

$$\sigma_{Chit-Ant} = \frac{F}{A_{Chit-Ant}} \qquad\qquad \sigma_{Alu-Ant} = \frac{F}{A_{Alu-Ant}}$$

Mit der nach E umgestellten Gleichung 4.1 ($\sigma = E \cdot \varepsilon$) können die Spannungen substituiert werden:

$$E_{Chit} \cdot \varepsilon = \frac{F}{A_{Chit-Ant}} \qquad\qquad E_{Alu} \cdot \varepsilon = \frac{F}{A_{Alu-Ant}}$$

Unter der Annahme gleicher Dehnungen ε und der Konstanz der äußeren Kraft F können die Flächen ins Verhältnis zu den Elastizitätsmodulen gesetzt werden.

$$\frac{E_{Chit}}{E_{Alu}} = \frac{A_{Alu-Ant}}{A_{Chit-Ant}}$$

Mit den Werten der Elastizitätsmodule aus der Tabelle in Abb. 3-34 ergibt sich für die Flächen ein Verhältnis von 2 : 7.

$$\frac{20\,N/mm^2}{70\,N/mm^2} = \frac{A_{Alu-Ant}}{A_{Chit-Ant}} \qquad\qquad A_{Alu-Ant} = A_{Chit-Ant} \cdot \frac{2}{7}$$

Die so ausgelegten Antennen aus Aluminium sollten ähnliche mechanische Belastungen ertragen wie die Antennen des Insekts, Abb. 4-46. Ausgehend von der Aluminium-Antenne als Grundentwurf können nun weitere Folgegrößen gemäß den Regeln der Modellbildung abgeleitet werden.

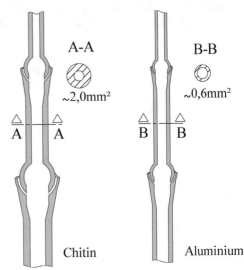

Abb. 4-46 Schema der Antenne des Moschusbocks im Vergleich zu einer mechanisch ähnlichen Antenne aus Aluminium

Die Skalierungsmaßstäbe gelten auch für andere physikalische Kenngrößen, wie z. B die Reibung, die mit dem Quadrat des Längenmaßstabes skaliert. Allerdings kommen hier noch weitere Effekte hinzu, weshalb diese Größen gesondert behandelt werden müssen.

4.2.2 Reibung

Die Reibung ist ein sehr interessantes Phänomen. Einerseits ist sie essentiell für viele Abläufe in unserer Welt. Ohne Reibung könnten wir nicht laufen, und einmal in Bewegung versetzt, würden wir uns immer weiterbewegen. Genauso könnten auch Autos ohne Reibung nicht bremsen oder Kurven fahren, und unsere Urahnen hätten ohne die Reibung nicht gelernt, Feuer zu erzeugen, geschweige denn, es zu beherrschen. Zumindest nicht bis zur Erfindung des piezoelektrischen Feuerzeugs, aber es ist ernsthaft zu bezweifeln, dass es dazu dann überhaupt gekommen wäre. Andererseits kann die Reibung auch sehr unerwünscht sein. Generationen von Tüftlern und Erfindern haben auf der Suche nach dem berühmten Perpeduum Mobile ihr halbes Leben damit zugebracht, die Reibung zu eliminieren. Erfolglos natürlich. Hier auf der Erde, im lufterfüllten Raum, unter Einwirkung der Erdgravitation und oberhalb des absoluten Temperaturnullpunktes lässt sich die Reibung nicht gänzlich vermeiden. Allerdings variiert die Rolle, welche die Reibung in der Nano-, Mikro- oder Makrowelt spielt, was nach der näheren Betrachtung der Reibung an sich erläutert werden soll.

Eine Beschreibung der Reibung findet sich beispielsweise bei R. Mahnken: *„Reibung ist der Widerstand in den Kontaktflächen von zwei Körpern, der eine gegenseitige Bewegung durch Gleiten, Rollen oder Abwälzen verhindert oder zumindest beeinträchtigt"* [Mah12]. Unterschieden werden müssen dabei zwei grundsätzliche Zustände, die Haftreibung, bei der die Bewegungsgeschwindigkeit beider Körper Null beträgt und die gegenüber der Haftreibung geringere Gleitreibung mit einer Relativgeschwindigkeit zwischen den Körpern. Leonardo da Vinci hatte bereits 1495 Reibungsphänomene beschrieben, aus denen zwei Gesetzmäßigkeiten abgeleitet werden können, die aber erst rund 200 Jahre später von Guillaume Amontons[134] publiziert wurden und daher die „Amontonsschen Gesetze" heißen, die aufgrund der Forschungen von Coulomb[135] noch um ein drittes Gesetz erweitert werden können [vgl. Müs03; Pop15]:

1. Die Reibungskraft F_R ist proportional zur Belastung (Last)

$$F_R = \mu \cdot F_N \qquad (4.9)$$

Mit:
F_N : Anpresskraft in Normalenrichtung
F_R : Reibungskraft
μ : Reibungskoeffizient

2. Die Reibungskraft ist unabhängig von der scheinbaren Kontaktfläche.

3. Die Gleitreibung bzw. kinetische Reibungskraft F_k ist nahezu unabhängig von der Gleitgeschwindigkeit.

Im Unterschied zu vielen sonstigen Gesetzen der Physik handelt es sich hierbei um empirische Beobachtungen und nicht um das Ergebnis von Überlegungen und Berechnungen. Der Reibungskoeffizient lässt sich nur messen, aber nicht exakt berechnen. Und auch bei den Messungen können bereits kleine Unterschiede in der Oberflächenbeschaffenheit oder des Schmiermittels zu großen Streuungen führen. Ausführliche Untersuchungen zu den Reibungsgesetzen finden sich z. B. in [Pop15].
Neben den Unsicherheiten in den Annahmen fällt bisweilen auch schon die pure Akzeptanz insbesondere des 2. Gesetzes dem Laien nicht immer leicht, zumal der Zusatz „scheinbaren" zur Kontaktfläche gerne weggelassen wird. Eine mögliche vorgebrachte Frage in dem Zusammenhang ist die nach dem Sinn von Schlittschuhkufen. Wenn die Reibung unabhängig von der (scheinbaren) Kontaktfläche sein soll, wieso kann man dann auf den kleinen Kontaktflächen der Kufen besser über Eis gleiten als z. B. auf Schuhsohlen? Die Lösung besteht darin, dass durch die Gleitreibungsbewegung Wärme an den Kufen erzeugt wird, welche das Eis lokal aufschmilzt und für einen dünnen Wasserfilm zwischen Kufen und Eis sorgt, wodurch sich der Reibungskoeffizient auf 1/100 reduziert [Vol08]. Erst durch diesen Wasserfilm wird Eis „rutschig", wie jeder Schlittschuhläufer bestätigen kann – solange man sich nicht bewegt, hat man eine ähnliche Bodenhaftung wie auf anderen glatten und festen Untergründen. Womit sich übrigens auch die für einige Zeit verbreitete Theorie von der Verflüssigung des Eises durch den hohen Druck der schmalen Kufen widerlegen lässt. Zwar lässt sich der Schmelzpunkt von Eis tatsächlich durch Druckerhöhung reduzieren, aber der Effekt fällt mit wenigen Zehntel Grad Celsius für einen durchschnittlichen Menschen auf herkömmlichen Schlittschuhen kaum ins Gewicht [vgl. Vol08]. Zum Glück, denn ansonsten müsste jeder stillstehende Schlittschuhläufer sich unweigerlich langsam aber sicher durch das Eis „hindurchschmelzen".

---

[134] Guillaume Amontons (1663–1705), Physiker
[135] Charles Augustin de Coulomb (1736–1806), Physiker

Das Beispiel des sich bildenden Flüssigkeitsfilms führt zu den *Arten* der Reibung. Hier ist die *Trockenreibung*, die zwischen zwei Festkörpern stattfindet, von der *Flüssigkeitsreibung*, die innerhalb einer Flüssigkeit entsteht, zu unterscheiden. Während die Reibungskraft der Trockenreibung von der Oberflächenbeschaffenheit der Reibpartner abhängt, ist diese bei der Flüssigkeitsreibung von den Eigenschaften der Flüssigkeit, insbesondere von deren Viskosität, also der Fließfähigkeit, abhängig. Anwendung findet die Flüssigkeitsreibung z. B. in Gleitlagern. Bewegt sich ein Lagerelement (z. B. Innenring) gegen ein stillstehendes Lagerelement (z. B. Außenring), dann hat die Flüssigkeit dazwischen an den jeweiligen Berührstellen die Geschwindigkeit der Elemente, so dass sich ein Geschwindigkeitsprofil von $v = 0$ am Lageraußenring bis zur Umfangsgeschwindigkeit v_u des Lagerinnenrings ausbildet. Möglich wird dies durch Scherströmungen innerhalb der Flüssigkeit, was zu innerer Reibung führt. Reine Flüssigkeitsreibung setzt voraus, dass sich die Festkörper nicht berühren. Sollte dies durch z. B. Rauigkeitsspitzen doch der Fall sein, spricht man von der Mischreibung, Abb. 4-47.

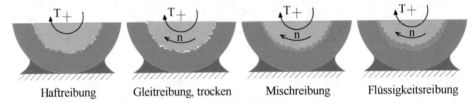

Haftreibung   Gleitreibung, trocken   Mischreibung   Flüssigkeitsreibung

Abb. 4-47 Reibungszustände: Haftreibung, Gleitreibung (trocken), Mischreibung mit Flüssigkeitsfilm, Flüssigkeitsreibung mit vollständiger Trennschicht

Die beschriebene Flüssigkeitsreibung muss nicht durch eine Festkörperbewegung zustande kommen, sondern gilt auch für strömende Flüssigkeiten in Rohrleitungen. Innere Reibung findet sich auch in Gasen und in sich verformenden Festkörpern. Zu Letzterem denke man z. B. an Gummi. Der Hauptgrund für den Ausfall dynamisch belasteter Gummilager ist eine zu hohe Erwärmung im Inneren aufgrund der Reibung.

Die Flüssigkeitsreibung gehört in das Gebiet der Hydrodynamik, siehe hierzu das Kap. 4.2.4. Im Bereich der Festkörperreibung kann eine weitere Unterteilung in Seilreibung, Rollreibung, Wälzreibung[136] oder auch Bohrreibung gemacht werden, auf deren Besonderheiten hier aber nicht näher eingegangen werden soll.

Allgemein gilt für die Festkörperreibung, dass diese als eine oberflächenwirksame Kraft mit dem Quadrat des Längenmaßstabes skaliert, $q_F = F_{R1}/F_{R0} = q_L^2$. Demgegenüber skalieren die Trägheitsmomente mit der 5. Potenz, $q_J = J_1/J_0 = q_L^5$, siehe die Tabelle Abb. 4-42. Daraus ergeben sich für die verschiedenen „Größenwelten" entscheidende Unterschiede im Verhalten sich bewegender und grundsätzlich reibungs- und gewichtsbehafteter technischer Systeme. Bei z. B. dem Anlaufvorgang der Welle einer Arbeitsmaschine muss in der Makrowelt neben dem Lastmoment auch das Trägheitsmoment mitberücksichtigt werden, während Reibungsvorgänge vernachlässigbar sind. Ist die Welle einmal auf ihre Arbeitsdrehzahl gebracht, wird nach den gängigen Rechenmethoden nur noch das Lastmoment aufgebracht [vgl. Wit17]. Verluste durch Reibung werden nicht berücksichtigt, und die trägheitsbedingte

---

[136] Wälzen ist eine Kombination aus Rollen und Gleiten.

kinetische Energie der Welle sorgt für einen drehzahlstabilen Lauf, auch wenn kurzzeitig kein Lastmoment angefordert wird. In der Mikrowelt dominieren dagegen während und auch nach dem Anlaufen die Reibungseffekte, die Trägheit spielt kaum eine Rolle. Eine rotierende Welle würde ohne weitere Energiezufuhr auch bei Lastfreiheit innerhalb kürzester Zeit zum Stillstand kommen. Ein gerne benutztes Beispiel ist hier der Vergleich eines Bakteriums und eines U-Bootes. Während das Boot nach Abschalten des Antriebes durch seine Trägheit noch eine ganze Zeit weiter fährt, würde sich das Bakterium nur noch einen Zehntel Nanometer weit bewegen [Hüb16]. Wollte man die Verhältnisse des Bakteriums auf das U-Boot übertragen, müsste dieses statt in Wasser in zähflüssigem Teer schwimmen, siehe auch die Berechnungen in Kap. 4.2.4.

Zusammen mit der Reibung sollten immer noch zwei weitere Phänomene mitbetrachtet werden, der Verschleiß und die Adhäsion. Die Adhäsion beschreibt u. a. das Aneinanderhaften zweier sich sehr nahekommender oder berührender Körper. Kommen sich die Körper bis hinunter in den nm-Bereich „nur" sehr nahe ohne sich zu berühren, treten Wechselwirkungseffekte zwischen den Oberflächen wie elektrostatische Kräfte oder Van-der-Waals-Kräfte auf, siehe hierzu auch das nachfolgende Kapitel. Diese Kräfte sind im Prinzip ähnliche oder gleiche Kräfte, die auch in einer Klebeverbindung wirksam werden. Makroskopische Körper haben grundsätzlich auch eine makroskopische Oberfläche mit Rauigkeiten im μm-Bereich. Die Körper berühren sich daher nur in den Rauigkeitsspitzen, ansonsten sind die Oberflächen aus nanoskopischer Sicht weit voneinander entfernt. Flüssiger Klebstoff kann dagegen in die Rauigkeiten eindringen und so mit den Oberflächen in Wechselwirkung treten, Abb. 4-48.

An den Berührstellen zwischen den Festkörpern kommt es je nach Materialpaarung zu Diffusionsvorgängen und Verschweißungen. Bei dieser vor allem von Zahnrädern unter hohem Anpressdruck und hohen Temperaturen als „Fressen" bekannten Schadensart des adhäsiven Verschleißes werden durch das sehr kurzfristige Verschweißen und wieder Lösen Materialausbrüche erzeugt. Aber auch unter normalen Anpressdrücken oder Temperaturen kann es zu Verschweißungen kommen, insbesondere bei längerem Stillstand der Reibpartner. Bei den makroskopischen Körpern äußert sich die Adhäsion wenn, dann zumeist auch nur in einer erhöhten Haftreibung, während Änderungen der Gleitreibung durch Adhäsionseinflüsse kaum messbar sind.

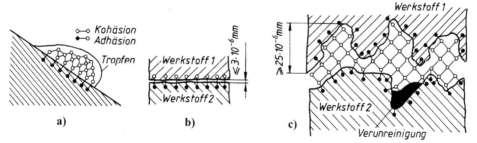

Abb. 4-48 Physikalische Kräfte in einer Klebeverbindung: **a)** Adhäsion und Kohäsion am Beispiel eines Flüssigkeitstropfens auf einer schiefen Ebene, **b)** Wirken der zwischenmolekularen Kräfte (spezifische Adhäsion) bei Unterschreiten eines Oberflächenabstands von $3 \cdot 10^{-6}$ mm, **c)** Kräfte in einer Klebeverbindung mit bearbeiteten Oberflächen der Bauteile. (Adaptiert aus [Wit17]; mit freundlicher Genehmigung von © Springer Fachmedien Wiesbaden GmbH, All Rights Reserved)

Bei zunehmender Miniaturisierung der Bauteile muss zwangsläufig auch die Rauheit sinken. Auch das Spiel derartiger technischer Systeme wird kleiner. In der Summe sinkt der Abstand der Oberflächen immer mehr, und die Adhäsionskräfte nehmen zu. Dies kann so weit gehen, dass stark miniaturisierte Baugruppen von alleine „miteinander verkleben".

Neben dem adhäsiven Verschleiß tritt bei dem Gleiten zweier in der Härte unterschiedlicher Festkörper auch unweigerlich abrasiver Verschleiß auf, der proportional zur Belastung und zur Gleitstrecke ist und sich umgekehrt proportional zur Härte des weicheren Kontaktpartners verhält [vgl. Pop15]. Hierbei schneidet der härtere Gleitpartner Material aus dem weicheren aus. Bei miniaturisierten Systemen nimmt durch die geringere Belastung zwar der abrasive Verschleiß ab, wirksam wird er aber an einem Volumenkörper, der in der 3. Potenz skaliert. Auch geringerer Verschleiß macht sich dadurch auf das Volumen bezogen stärker bemerkbar.

Für die Bionik bedeutet die Berücksichtigung der genannten Einflüsse der Reibung zum Beispiel, dass bei dem technischen Nachbau biologischer Mikrosysteme bei Beibehaltung der Abmessungen möglichst auf gegeneinander bewegte Bauteile verzichtet werden sollte. Hier wären Feder-Masse-Systeme oder auch gezielte Temperaturdehnungen zur Realisierung von Bewegungen geeigneter. Oder in der anderen Richtung: bei einem hochskalierten Nachbau biologischer Mikrosysteme muss der verloren gehende Einfluss der Reibung, sofern dieser einen gewünschten Effekt im biologischen System besitzt, durch geeignete Maßnahmen kompensiert werden.

Ein Beispiel, bei dem eine „klebstofffreie Verklebung" durch Adhäsionskräfte gewünscht ist, stellt die bereits zitierte Geckohaftung dar, die nachfolgend bei den Van-der-Waals-Kräften noch einmal ausführlich betrachtet werden wird.

4.2.3 Adhäsions- oder Oberflächenkräfte

Die Adhäsion oder auch Anhangskraft wurde bereits des Öfteren angesprochen, siehe auch den Lotus-Effekt® im Kapitel zu den biologischen Oberflächen. Verstanden werden darunter allgemein die Kräfte, die sich in der Grenzfläche zwischen zwei in Kontakt kommenden Oberflächen von Festkörpern oder Flüssigkeiten untereinander oder auch miteinander ausbilden. Verantwortlich für die noch nicht vollständig erforschte Adhäsion können unterschiedliche oberflächenwirksame Kräfte oder kurz Oberflächenkräfte gemacht werden.

Kohäsionskräfte oder auch mechanische Adhäsion

Grundgedanke mechanischer Oberflächenkräfte ist eine Verzahnung rauer Oberflächen ineinander. Zu den Auswirkungen kann das vorige Kapitel Reibung betrachtet werden.

Van-der-Waals-Wechselwirkungen

Diese entstehen durch Ladungsverschiebungen aufgrund von Elektronenbewegungen innerhalb von Atomen oder Molekülen. Dies führt zur Bildung eines Dipols in diesen sonst nach außen elektrisch neutralen Teilchen. Die Dipole verschiedener Teilchen beeinflussen sich wechselseitig und bauen dabei eine Anziehungskraft, die Van-der-Waals-Kraft auf. Siehe auch die Erklärung im Kap. 3.3.1.

Entscheidend für die Bindungskraft sind die Kontaktfläche und die Nähe der beiden Oberflächen. Ähnlich wie bei der Reibung ergeben sich dadurch auch hier Unterschiede für die verschiedenen Größenbereiche, was anhand der Gecko-Haftung erklärt werden soll. Die Größe der Van-der-Waals-Spannung kann unter der Voraussetzung, dass der Abstand zwischen zwei sich berührenden Körpern nahe Null ist (direkter Kontakt), mit der Oberflächenspannung berechnet werden [Pop15].

$$\sigma = \frac{4 \cdot \gamma}{r_0} \qquad (4.10)$$

Mit:

σ : Van-der-Waals-Spannung

γ : Oberflächenspannung

r_0: Abstand der Oberflächen

Die Spatula, die feine Verästelung der Haare (Seta) an den Zehen der Geckos, haben eine Dicke von nur noch zehn bis fünfzehn Nanometer (gemittelt $12,5 \cdot 10^{-9}$ m) [OV07]. Wird angenommen, dass die Spatula der Oberfläche z. B. einer Glasplatte auch bis zu dieser Größenordnung (10 Nm) hinunter nahe kommen kann, würde sich bei einem mittleren Wert der Oberflächenspannung für sauberes Glas von $\gamma = 40 \cdot 10^{-3}$ J/m^2 für die Van-der-Waals-Spannung ein Wert von $16 \cdot 10^6$ N/m^2 ergeben[137].

$$\sigma = \frac{4 \cdot 40 \cdot 10^{-3} \, \text{J} \cdot \text{m}^{-2}}{10 \cdot 10^{-9} \, \text{m}} = 16 \cdot 10^6 \, \text{J}\big/\text{m}^3 = 16 \cdot 10^6 \, \text{N}\big/\text{m}^2 \qquad (4.11)$$

Bezogen auf einen Quadratzentimeter würde dies eine Haftkraft von 1,60 kN, also circa 160 kg ergeben. Ein Mensch mit Gecko-Fähigkeiten könnte sich demnach locker an einer Fingerspitze von einer (glasglatten) Decke hängen lassen. Dass diese Rechnung in etwa hinkommt, beweist ein Experiment des Max-Planck-Instituts. Dort wurde die Haltekraft einer einzigen Spatula auf einer Glasplatte experimentell mit rund 10 Nanonewton ($10 \cdot 10^{-9}$ N) gemessen [OV07]. Davon ausgehend, dass die Spatula über einer Fläche gemäß ihres Durchmessers von gemittelt 12,5 nm mit der Glasplatte in Kontakt steht, ergibt sich eine Fläche von $1,2272 \cdot 10^{-16}$ m^2. Multipliziert mit der oben berechneten Van-der-Waals-Spannung von $16 \cdot 10^6$ N/m^2 ergeben sich als theoretische Haltekraft einer Spatula rund $1,96 \cdot 10^{-9}$ N, also rund 2 Nanonewton. In Anbetracht der unsicheren Annahmen bezüglich tatsächlichem Annäherungsabstand und Berührfläche ein zum experimentellen Ergebnis von 10 Nanonewton hinreichend genauer Wert.

Wie aber sieht die Übertragung dieser Ergebnisse der Nanowelt auf die Makrowelt aus, in der sich die Oberflächengüten der meisten technischen Oberflächen bewegen? Ausgehend von einer für plangedrehte Oberflächen typischen gemittelten Rautiefe von 10 µm (Rz = 10) führt die naive Annahme der linearen Skalierung der Abstände und Kräfte zu dem Schluss, dass sich die Haftkraft bei einer Abstandserhöhung um den Faktor 10^3 auf 1/1000 verringert. Statt der 1,6 t Haftkraft wären dann nur noch 1,6 kg vorhanden. Tatsächlich ist die Abnahme der Van-der-Waals-Kräfte nicht linear. In der Fachliteratur wurde bislang angenommen, dass die Wirkung mit der 7. Potenz des Abstandes abnimmt [Net59]. Bei einer Abstandserhöhung um den Faktor 1.000 würde

---

[137] Die vergleichsweise heranziehbare Zugscherfestigkeit des bekannten Klebstoffs Pattex beträgt bei 20°C ca. $7 \cdot 10^6$ N/m^2, Industriekleber kommen auf bis zu $40 \cdot 10^6$ N/m^2 [Wit17].

die Wirkung somit nur noch $1/1.000^7$ betragen, in unserem Beispiel also von 1,6 t Haftkraft auf den eigentlich nicht mehr vorstellbar geringen Wert von 16 Attonewton ($16 \cdot 10^{-18}$ N) absinken. Bereits die Erhöhung des Abstandes von 10 auf 100 nm würde zu einer Verringerung der Haftkraft auf 0,16 Nanonewton führen, und damit praktisch keinen Einfluss mehr haben. Neueste Forschungsergebnisse kommen zwar zu dem Schluss, dass der Exponent der Abnahme nicht konstant ist, sondern mit dem Abstand variiert und die Van-der-Waals-Wirkung noch bis zu einem Abstand von eben 100 nm wirksam ist [Amb16]. Allerdings bedeutet auch dies nach wie vor, dass die Skalierung nicht linear, und somit eine Übertragung von der Nano- auf die Mikro- oder gar Makrowelt nicht möglich ist.

Elektrostatische Kräfte

Die Van-der-Waals-Wechselwirkung geht davon aus, dass die sich nahekommenden Materialien nach außen elektrisch neutral sind und sich nur temporäre Dipole ausbilden, ohne dass es zu Elektronenübergängen kommt. Tatsächlich können sich Materialien gemäß der triboelektrischen Reihe[138] durch Reibung oder Berührung positiv oder negativ aufladen [Kai15]. Besonders gut bekannt ist diese „Elektronenaffinität" für Kunststoffe oder auch für Bernstein. Wird Bernstein mit einem Woll- oder Seidentuch oder auch einem Fell gerieben, zieht er danach leichte Körper wie z. B. Papierschnipsel an. Auf gleiche Weise kann ein geriebener Luftballon an einer Decke „festgeklebt" werden. Auch andere Materialien wie beispielsweise Glas, Aluminium, Stahl oder auch der menschliche Körper zeigen – mehr oder weniger stark ausgeprägt – dieses Verhalten. Eine Auflistung der triboelektrischen Reihe für verschiedene Materialien ist in Abb. 4-49 dargestellt und findet sich ausführlicher z. B. in [Kai15] (für Kunststoffe) oder in [OV17].

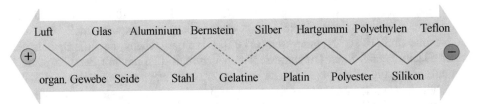

Abb. 4-49 Triboelektrische Reihe ausgewählter Materialien; die Abstände, d. h. die Ladungsunterschiede zwischen den Materialien, sind nicht maßstäblich.

Die Abstände zwischen den in Abb. 4-49 gezeigten Materialien entsprechen nicht den Beträgen der Ladungsunterschiede bzw. deren Elektronenaffinität. Auch zwei identische Materialien können sich gegensätzlich aufladen. Ein Glasstab kann positiv und ein zweiter weniger positiv geladen sein, aus Sicht des ersten Glasstabes also negativ.

---

[138] An der triboelektrischen Reihe kann abgeschätzt werden, ob elektrisch aufgeladene Materialien bei Berührung oder Reibung miteinander mehr oder weniger Elektronen abgeben. Die Reihe hat ein negatives und ein positives Ende. Je weiter die Materialien in der Reihe auseinander liegen, desto mehr Elektronen fließen von dem in Richtung positivem Ende stehenden Material zu dem in Richtung negativem Ende stehende Material.

Ist die Ladungsmenge zweier gleich oder ungleich geladener Teilchen bekannt und auch der Abstand zwischen diesen, kann die Anziehungs- bzw. Abstoßungskraft gemäß des Coulombschen Gesetzes berechnet werden, Gl. 4.12.

$$F = \frac{1}{4 \cdot \pi \cdot \varepsilon_0} \cdot \frac{q_1 \cdot q_2}{r^2} \qquad (4.12)$$

Mit:
F : Abstoßungs- oder Anziehungskraft
r : Abstand zwischen den Mittelpunkten der Ladungen
q_i: Ladungsmenge
ε_0: elektrische Feldkonstante im Vakuum

In der Makrowelt spielen elektrostatische Anziehungskräfte gegenüber den Massen- und Trägheitskräften kaum eine Rolle. Da aber auch hier gilt, dass die oberflächenwirksame elektrostatische Kraft mit L^2 skaliert, sind diese in der Mikro- oder Nanowelt durchaus nutzbar. Wie in Kap. 2.2 dargelegt, wird aktuell die elektrostatische Kraft hauptverantwortlich für die Gecko-Haftung gemacht, die Van-der-Waals-Kraft soll demnach nur zusätzlich beitragen [Had14]. Ein weiteres Beispiel für die Bedeutung der Elektrostatik bereits am Übergang der Makro- in die Mesowelt ist die offensichtliche Nutzung des elektrostatischen Feldes als Auftriebskraft für den Flug von Spinnen, der durch die elektrostatische Verbindung der Erdoberfläche mit der Ionosphäre ermöglicht wird [Lin18].

4.2.4 Fluidik: Die Reynolds-Zahl

Das Verhalten von Fluiden in den verschiedenen Größenwelten hat entscheidenden Einfluss auf die Skalierung strömungstechnischer Anwendungen. Und auch bei tribologischen Systemen wie z. B. Gleitlagern müssen die dafür geltenden Gesetze beachtet werden. Bei Fluiden (Flüssigkeiten und Gasen) kann die Ähnlichkeit von Strömungen durch die Reynolds-Zahl[139] ausgedrückt werden. Die Reynolds-Zahl setzt dafür die Trägheitskraft eines Fluids in das Verhältnis zur viskosen Kraft:

$$Re = \frac{\rho \cdot \upsilon \cdot d}{\eta} \qquad (4.13)$$

Die dynamische Viskosität η kann durch die kinematische Viskosität ν und die Dichte ρ ausgedrückt werden,

$$\eta = \nu \cdot \rho \qquad (4.14)$$

sodas sich Gleichung 4.13 vereinfacht:

$$Re = \frac{\upsilon \cdot d}{\nu} \qquad (4.15)$$

Mit:
Re = Reynolds-Zahl
ν = kinematische Viskosität
υ = Strömungsgeschwindigkeit
ρ = Dichte des Fluides
η = dynamische Viskosität
d = charakteristische Länge des Körpers. Bei zum Fluid relativ bewegten Körpern die Länge des Körpers in Strömungsrichtung, bei umströmten (feststehenden) Körpern die Breite oder Höhe quer zur Strömungsrichtung, bei Rohrströmung der Rohrdurchmesser

---

[139] Nach dem Physiker Osborne Reynolds (1842-1912)

Bei großen Reynoldszahlen (Re > 1000) überwiegen die Trägheitskräfte und es gelten die aus der Makrowelt bekannten Gesetzmäßigkeiten, wonach bei Strömungen in technisch glatten, kreisförmigen Rohren bei $Re > 2320 = Re_{krit}$ der Übergang von laminarer Strömung in turbulente erfolgt (i. d. R., unter bestimmten Bedingungen und anderen Strömungsquerschnitten auch erst bei größeren Zahlen bis zu Re = 50.000) [Tru68]. Stimmen die Reynoldszahlen zweier in Größe und / oder Geometrie verschiedener umströmter Körper überein, verhalten sich diese in der Strömung ähnlich. Soll also ein kleineres Modell eines bestimmten Körpers (kleineres d) gleiche Umströmeigenschaften haben, muss das Verhältnis υ/ν entsprechend vergrößert werden. Da die kinematische Viskosität unter Beibehaltung des Mediums nur sehr begrenzt beeinflusst werden kann, z. B. durch die Temperatur, muss die Strömungsgeschwindigkeit entsprechend geändert werden.

Dass die Änderungsmöglichkeiten und damit die Skalierfähigkeit sowohl biologischer Mikrosysteme in die Makrowelt und technischer Systeme in die Mikrowelt begrenzt ist, kann an einem Beispiel verdeutlicht werden. Der „Propellerantrieb" von Flagellaten (Geißeltierchen), die sich durch schraubenförmige Bewegungen ihrer Geißeln durch Flüssigkeiten bewegen, fasziniert die Wissenschaft schon lange. Seit der Entdeckung dieser Fortbewegungsart gab es immer wieder Vorschläge oder sogar Ansätze, diese für technische Anwendungen, sprich Boote, zu nutzen.

Neben einer Reihe anderer Übertragungsschwierigkeiten zeigt aber bereits der Vergleich der Reynolds-Zahlen, dass eine direkte Übertragung der Strömungsverhältnisse nicht möglich ist. Ausgehend von einem kleinen, schnellen U-Boot mit einer Breite von 5 m und einer getauchten Fahrtgeschwindigkeit von 40 km/h kann die Vergleichs-Strömungsgeschwindigkeit für gleiche Reynolds-Zahlen von circa 10 μm breiten Geißeltierchen mit Gl. 4.15 leicht berechnet werden:

$$Re_{Gt} = \frac{\upsilon_{Gt} \cdot d_{Gt}}{\nu} = Re_{Ub} = \frac{\upsilon_{Ub} \cdot d_{Ub}}{\nu} \qquad \frac{\upsilon_{Gt} \cdot d_{Gt}}{\cancel{\nu}} = \frac{\upsilon_{Ub} \cdot d_{Ub}}{\cancel{\nu}}$$

$$\upsilon_{Gt} = \frac{\upsilon_{Ub} \cdot d_{Ub}}{d_{Gt}} = \frac{11,11\,\mathrm{m} \cdot \mathrm{s}^{-1} \cdot 5\,\mathrm{m}}{10 \cdot 10^{-6}\,\mathrm{m}} \approx 5,5 \cdot 10^{6}\,\mathrm{m} \cdot \mathrm{s}^{-1}$$

$\rightarrow \upsilon_{Gt} \approx 20$ Millionen km/h!

Das würde bedeuten, dass sich ein „Vergleichs-Geißeltierchen" mit rund 20 Millionen km/h durch das Wasser bewegen müsste, um eine zum U-Boot vergleichbare Reynolds-Zahl zu erreichen. Das ist absurd.

Dies war auch Forschern des Stuttgarter Max-Planck-Instituts für Intelligente Systeme bewusst, die daher den anderen Weg gegangen sind, um ein „Miniatur-U-Boot" zu bauen. Statt vorhandene Technik zu miniaturisieren, bauten sie den Antrieb einer Bakterien-Geißel nach. Das entstandene, 400 nm lange, korkenzieherartige Gebilde mit einer Geißeldicke von 70 nm wurde aus Quarzglas und Nickel gefertigt und wird durch ein von außen angelegtes Magnetfeld angetrieben. Tests in einem Flüssigkeitsgemisch aus Wasser und Hyaluronsäure zeigten die Funktionsfähigkeit des Systems. Ein versuchsweise in den mm-Bereich hochskaliertes Modell dieses biologischen Nachbaus saß dagegen schon nach wenigen Umdrehungen fest [Hüb16], womit die Überlegungen zur Vergleichbarkeit von Strömungsverhältnissen zwischen den Größenwelten auch experimentell belegt wären.

Die aufgeführten und bei weitem nicht vollzähligen Beispiele zeigen die Notwendigkeit, bei der häufig unverzichtbaren Skalierung biologischer Inspirationen in technische Anwendungen stets auf die physikalisch-technische Übertragbarkeit zu achten. Gleiches gilt bei dem Nachbau biologischer Systeme mit technischen Konstruktionselementen.

4.3 Reverse Engineering – Nachbauen mit Methode

Unter dem Begriff Reverse Engineering (engl.: umgekehrt entwickeln) wird die Rekonstruktion eines bestehenden Systems (Objekts, Produkts, Software) nur auf Basis des verfügbaren Systems verstanden.

Bei der Rekonstruktion von Software steht zumeist die Gewinnung des Quellcodes im Vordergrund. Hierzu werden Decompiler-Programme eingesetzt, welche einen zur Verfügung stehenden Maschinencode eines Programms in eine vom Menschen lesbare und bearbeitbare höhere Programmiersprache „rückübersetzen". Das Ergebnis ist ein dem ursprünglichen Code ähnlicher Quellcode. Eine exakte Rückgewinnung des ursprünglichen Quellcodes ist in der Regel nicht möglich. Auch kann durch eine Verschlüsselung während des Comp100ervorgangs (die Überführung der Programmieranweisungen in den Maschinencode) erreicht werden, dass sich ein Programm nicht mehr sinnvoll decompilieren lässt.

Bei technischen Systemen oder Industrieprodukten geschieht die Rekonstruktion durch die Untersuchung des Zusammenwirkens seiner Konstruktionselemente sowie der Analyse von deren äußerem und innerem Aufbau. Das Ergebnis dieser Untersuchungen sind die Herstelldaten des Systems bzw. seiner Komponenten (3D-CAD-Modelle, Technische Zeichnungen). Das Ziel ist in der Regel eine möglichst exakte 1:1-Nachbildung des untersuchten Systems. Damit unterscheidet sich das Reverse Engineering von anderen Nachbauprinzipien, die nur die Nachbildung der Funktion oder des Verhaltens eines technischen Systems zum Ziel haben, z. B. mit Hilfe des in Kap. 4.1.2 vorgestellten Black Box-Verfahrens.

Anwendungsbereiche des Reverse Engineering

Ein Anwendungsbereich des Reverse Engineering ist die Rekonstruktion älterer Produkte, für die keine Herstelldaten mehr verfügbar sind. Dies können Ersatzteile von Oldtimern sein, aber auch historische Artefakte.

Damit eignet sich das Verfahren prinzipiell auch zur Produktpiraterie, also dem unerlaubten Nachbau marken- oder patentrechtlich geschützter Produkte (Plagiate). In einer in Deutschland 2014 durchgeführten Studie des VDMA gaben 71 % der befragten Unternehmen an, von Produkt- oder Markenpiraterie betroffen zu sein. Der VDMA schätzt dabei den Schaden für den deutschen Maschinen- und Anlagenbau auf 7,9 Milliarden Euro jährlich. Der Studie zufolge ist das Reverse Engineering mit über 70 %

die häufigste Ursache von Plagiaten, dahinter folgen Know-how-Abfluss durch z. B. ehemalige Mitarbeiter oder auch Industriespionage. [OV14]

Neben dem Nachbau technischer Systeme existieren noch weitere technologisch und wirtschaftlich wichtige Anwendungen für das Reverse Engineering. So kann das Verfahren auch zur bloßen Digitalisierung der Herstelldaten zwecks Archivierung eingesetzt werden, wenn eine 3D-Neukonstruktion des Bauteils auf Grundlage vorhandener technischer Zeichnungen zu aufwändig wäre. Ein weiteres Einsatzgebiet ist die Qualitätskontrolle. Die Nachprüfung der Geometrie komplexer Bauteile geschieht üblicherweise durch zeit- und kostenintensive Messungen auf 3D-Koordinatenmessmaschinen. Die Ergebnisse geben nur Auskunft über Form und Lage der nachgemessenen Geometrieelemente. Durch das Reverse Engineering können dagegen die gesamten Geometriedaten des Bauteils gewonnen und an dem erzeugten 3D-Modell beliebig abgelesen und mit dem Originalmodell verglichen werden. Eine wichtige Rolle spielt das Verfahren auch bei der Erzeugung der Herstelldaten von Freiformflächen. Diese können beispielsweise die händisch modellierten Außenkonturen eines Produkts sein, aber auch die Oberfläche natürlicher Strukturen wie z. B. menschlicher Zähne. Tatsächlich wird das Reverse Engineering in Verbindung mit der 3D-Drucktechnologie seit längerem für die Herstellung von Dentalrestaurationen eingesetzt [Hei18]. Abb. 4-50 zeigt eine Übersicht möglicher Anwendungsgebiete des Reverse Engineering.

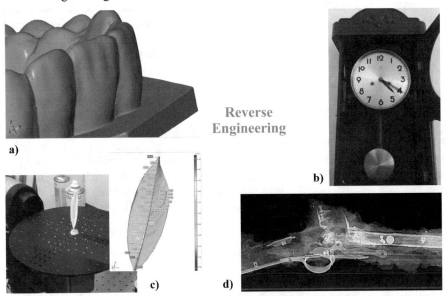

Reverse
Engineering

a)

b)

c)   d)

Abb. 4-50 Beispiele für mögliche Anwendungsgebiete des Reverse Engineering:
a) Dentalrestauration, **b)** Rekonstruktion von Artefakten, **c)** 3D-Scan einer biologischen Struktur, **d)** Ermittlung des Wirkmechanismus eines technischen Systems

Ablauf und Methoden des Reverse Engineering

Um ein System oder ein Objekt originalgetreu nachbauen zu können, ist die Erfassung der geometrischen inneren und äußeren Struktur notwendig. Dafür ist zunächst eine

Auswahl der in Frage kommenden Messtechnologie notwendig. Je nach Anwendungszweck und Geometrie des Ursprungsmodells können hier taktile Verfahren (Koordinatenmessgerät, Oberflächenmessgerät), optische Verfahren (3D-Scanner, 3D-Kamerasysteme, Trackingsysteme) oder auch durchstrahlende Verfahren (Röntgenstrahlung, Gammastrahlung) zum Einsatz kommen, siehe auch die Auflistung der Vor- und Nachteile in Abb. 4-51. Die bei der Messung gewonnenen Daten müssen anschließend aufbereitet und i. d. R. an ein 3D-CAD-System übergeben werden. Die dort erstellten und ggf. optimierten 3D-Modelle werden je nach Anwendungsgebiet für die Fertigung, den qualitativen Abgleich oder für Archivierungszwecke genutzt. Abb. 4-51 zeigt den Ablauf des Reverse Engineering für den Fall, dass ein real vorhandenes Bauteil „re-engineered" werden soll.

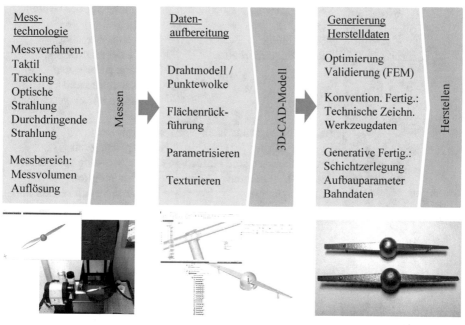

Abb. 4-51 Ablauf des Reverse Engineering für den Nachbau einer eingescannten und modifizierten Struktur mit Herstellung im 3D-Druckverfahren

Bei der Überführung der gemessenen Daten in das CAD-Modell werden zwei grundsätzliche Vorgehensweisen unterschieden. Bei der parametrisierten Flächenrückführung werden auf die in der Messung erzeugten Punktewolken einfache Geometrieelemente (Dreiecke, Kreise, usw.) gelegt und zu einem Gesamtbild zusammengefügt. Dieses Verfahren eignet sich für geometrisch leicht beschreibbare Objekte. Besitzt ein Objekt dagegen Freiformflächen, wird dieses mit einem virtuellen Netz überzogen. Dessen Maschen bilden die Flächen des 3D-Modells.

Zur farblichen Gestaltung oder zur Darstellung von Schatten (Rauigkeiten) kann außerdem eine Textur (virtueller Überzug) über das eingemessene Objekt gelegt werden. Wenn das Ziel des Reverse Engineering-Prozesses eine Bauteilherstellung ist, müssen die erstellten 3D-Modelle häufig noch durch Addition oder Subtraktion von Material optimiert werden. Mittels einer FEM-Analyse (siehe Kap. 4.1.4) können Festigkeitswerte simuliert werden. Je nach Fertigungsverfahren werden aus dem CAD-

Modell entweder 2D-Fertigungszeichnungen (konventionelle Fertigung) oder 3D-Herstelldaten (generative Fertigung) abgeleitet.

Bei sehr kleinen Strukturen im Piko- oder Nanobereich ist für die Datengewinnung auch die Verwendung von Rasterkraftmikroskopen oder Rasterelektronenmikroskopen möglich. Die Generierung des 3D-Modells muss hier allerdings zumeist durch vergleichende Konstruktion durchgeführt werden. Auch kann es notwendig sein, die Materialzusammensetzung des Ausgangsmodells zu ermitteln, in dem Fall müssen weitere Verfahren wie z. B. die Spektralanalyse herangezogen werden.

Verfahren	Vorteile	Nachteile
Taktile Verfahren (berührend)	▪ Sehr genauer Messbereich (< 1 µm) ▪ Sehr hohe Reproduzierbarkeit	▪ Beschädigung der Bauteile möglich ▪ Langsame Messung ▪ Größe der zu messenden Bauteile ist begrenzt ▪ Hinterschnitte und Kavitäten nur eingeschränkt messbar
Optische Verfahren	▪ Schnelle Messung auch großer Körper ▪ Ausgabedaten sind einfach in 3D-CAD-Daten übertragbar	▪ Nur mittlere Messgenauigkeit ▪ Keine Messung spiegelnder Flächen möglich ▪ Behaarte Strukturen können nur schwer oder ungenau erfasst werden ▪ Hinterschnitte und Kavitäten nur eingeschränkt messbar
Durchstrahlende Verfahren	▪ Hohe Messgenauigkeit möglich (< 1 µm) ▪ Messung innenliegender Geometrien möglich ▪ Schnelle Messung ▪ Ausgabedaten sind einfach in 3D-CAD-Daten übertragbar	▪ Größe der zu messenden Bauteile ist begrenzt ▪ Strahlenschutz erforderlich ▪ Bei hoher Genauigkeit relativ teuer

Abb. 4-52 Vor- und Nachteile verschiedener Messverfahren des Reverse Engineering

Bedeutung und Verwendung des Reverse Engineering in der Bionik

Aufgrund seiner Eignung zur Erfassung natürlicher Strukturen ist das Reverse Engineering auch in hohem Maße in der Bionik einsetzbar. Wobei es weniger um den 1:1-Nachbau biologischer Strukturen geht, was auch nicht im Sinne der Bionik wäre. Im Vordergrund stehen hier zumeist die Vermessung und die Ergründung der Funktionsweise komplexer biologischer Systeme. Wobei die Daten des Reverse Engineering natürlich auch als Ausgangsbasis für eine modifizierte technische Kopie dienen können. Dabei muss allerdings beachtet werden, dass sich nicht alle technischen oder auch biologischen Systeme mit dem Reverse Engineering gleich gut analysieren und (modifiziert) erfolgreich reproduzieren lassen. Im Folgenden werden einige Beispiele für geeignete und bedingt bis gar nicht geeignete Anwendungen gegeben. Die Möglichkeiten der Fertigung von im Reverse Engineering generierten Objekten wird dabei nicht betrachtet bzw. vorausgesetzt, da dieser Schritt nicht mehr zum Verfahren gehört und sich mit fortschreitender Technologie auch ändern kann.

Grundsätzlich gut geeignet sind Systeme, deren Funktionsweise auf statischen geometrischen Strukturen beruht. Beispiele sind der Lotus-Effekt®, der Klettverschluss, Bienenwaben, die Gecko-Haftung oder die Haihaut. Leicht modifizierte 1:1-Kopien würden hier erfolgreich sein.

Ebenfalls geeignet sind komplexe multifunktionale Systeme. Ein Beispiel wäre der Nachbau eines Elefantenrüssels als Greifarm. Das Vorbild ist für verschiedenste Aufgaben optimiert, wie greifen, tasten, riechen, atmen, Töne erzeugen, Wasser einsaugen oder Gegenstände bewegen. Eine 1:1-Kopie wäre demnach für Aufgaben optimiert, die gar nicht ausgeführt werden sollen. Hier muss zusätzlich zum Gesamtsystem analysiert werden, welche der vermessenen Merkmale explizit für das Greifen verantwortlich oder notwendig sind und welche in der Abstraktion und Übertragung weggelassen werden können.

Wenig oder auch nicht geeignet sind Systeme, die nur im Zusammenspiel mit anderen Systemen oder nur unter bestimmten Bedingungen funktionieren. Hier ist die Frage, ob diese Bedingungen im Reverse Engineering miterfasst werden können. Ein Beispiel aus der Technik wäre der Heckspoiler eines Formel-1-Rennwagens. Der Spoiler sorgt für zusätzlichen Andruck der Hinterreifen, aber nur für bestimmte Geschwindigkeiten und nur im Zusammenspiel mit der sonstigen Aerodynamik des Fahrzeuges. Dies muss bekannt sein, damit überhaupt eine Abstraktion und Übertragung auf andere Fahrzeugtypen und Geschwindigkeiten stattfinden kann, wenn dies überhaupt möglich ist. Wird eine bestimmte Mindestgeschwindigkeit nicht erreicht, kann der Spoiler seine Aufgabe auch bei einer Abstraktion nicht erfüllen.

Ähnliches gilt, wenn nicht der Einsatzbereich, sondern die effektive Verwendung eines Prinzips nicht bekannt ist. Auch dann kann ein System wenig oder nicht für das Reverse Engineering geeignet sein. Hier sei erneut die Hummel bzw. deren Flügel erwähnt. Zwar könnte das Reverse Engineering die Flügel, die äußere Erscheinung der Hummel und auch die Flugmuskeln nachbauen. Die „Bedienungsanleitung" für die zur Flugfähigkeit führende spezielle Schlagtechnik würde dabei aber nicht erfasst und mitübertragen werden. Hier wären weitere Untersuchungen, wie z. B. das Trecking mit Hochgeschwindigkeitskameras notwendig, wenn dieses technologisch möglich ist. Ein weiteres Beispiel wäre die Fledermaus, deren Orientierung in vollkommener Dunkelheit bis zum Bau von Ultraschallempfängern lange erfolglos untersucht wurde.

Generell nicht geeignet sind Systeme, die zur Funktion bestimmte elektrische oder chemische Reize benötigen, die nicht generiert werden können. Beispiele sind Organe wie das Gehirn oder das Auge. Der Aufbau des Auges und dessen „Werkstoffe" sind sehr gut bekannt, trotzdem würde ein Nachbau (derzeit noch) nicht funktionieren. Und schließlich eignen sich natürlich auch Systeme nicht, die für das Reverse Engineering nicht vollständig oder nicht funktionsfähig verfügbar sind. Beispiele sind Tierarten, die nur unter extremen Bedingungen intakt untersucht werden könnten wie der Tiefsee-

Anglerfisch oder ausgestorbene, nur fossil oder von Zeichnungen / Fotografien bekannte Tierarten. In Abb. 4-53 wird eine Übersicht über die beschriebenen Bereiche gegeben.

Funktionsweise beruht auf statischen geometrischen Strukturen

Komplexe, multifunktionale Systeme

Systeme, die nur im Zusammenspiel mit anderen Systemen oder unter bestimmten Bedingungen funktionieren

Systeme, die zur Funktion bestimmte elektrische oder chemische Reize benötigen, die nicht generiert werden können.

Nicht vollständige oder nicht funktionsfähig verfügbare Systeme

Abb. 4-53 Eignung unterschiedlicher technischer oder biologischer Systeme für den Nachbau im Reverse Engineering: **a)** Klettverschluss, **b)** Elefantenrüssel, **c)** Spoiler eines Rennwagens, **d)** Flugverhalten der Hummel (Abb. mit freundlicher Genehmigung von © Heike Schaar), **e)** Bewegungsapparat eines Triceratops (Abdruck mit freundlicher Genehmigung des Senckenberg Naturmuseum, Frankfurt a. M.)

Auch wenn sich gemäß Abb. 4-53 nicht alle biologischen Systeme oder Lösungen mit dem Reverse Engineering behandeln lassen, ist die Technologie aber grundsätzlich für derartige, von Freiformflächen geprägte Systeme besonders gut geeignet. Die beschriebenen Einschränkungen für Kavitäten oder Hinterschnitte können durch Nacharbeiten am 3D-Modell ausgeglichen werden.

Soll die Geometriefreiheit der im Reverse Engineering erfassbaren Bauteile auch für die daraus entstehenden (abstrahierten und modifizierten) Nachbauten gelten, kommen die konventionellen Fertigungsverfahren schnell an ihre Grenzen. Hier bieten sich die additiven Fertigungsverfahren an, die daher auch häufig zusammen mit dem Reverse Engineering und nicht selten auch im Zusammenhang mit der Bionik genannt werden. Siehe hierzu im nachfolgenden Kapitel eine Verdeutlichung anhand der additiven Fertigungsverfahren.

4.4 Neue Gestaltungsmöglichkeiten durch additive Fertigung

Die Gesamtgestalt technischer Bauteile kann häufig in Volumenelemente einfacher Geometrie überführt werden. Diese sind Quader, Kugeln, Zylinder, Kegel, Pyramiden oder Abschnitte dieser Körper. Die Oberflächen lassen sich dementsprechend aus Polygonen, Kreisen bzw. Kreisabschnitten nachbilden. Diese äußere Gestaltung liegt zumeist weniger am Verwendungszweck der Bauteile, als in den formgebenden Fertigungsverfahren, Abb. 4-54.

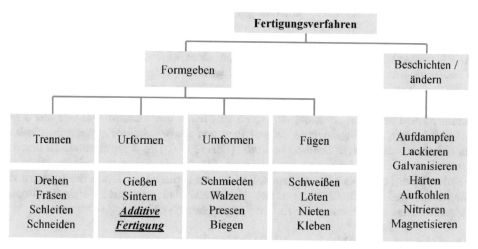

Abb. 4-54 Übersicht über die Fertigungsverfahren nach DIN 8580 mit der in der Norm (noch) nicht enthaltenen aber in der Fachliteratur überwiegend angenommen Zuordnung der additiven Fertigung zu den Urformverfahren

Bei den trennenden Fertigungsverfahren, die bei einem Großteil metallischer Bauteile Anwendung finden, wird die Bauteilkontur durch die örtliche Aufhebung des Werkstoffzusammenhalts hergestellt. Die dafür verwendeten Werkzeuge haben meist eine geometrisch bestimmte Form, die sich in der Bauteilgestaltung wiederfindet. Die Gestaltungsmöglichkeit trennender Fertigungsverfahren hat sich durch computergesteuerte Führung der Werkzeuge auf mehrachsigen Bearbeitungsanlagen in den letzten Jahrzehnten erhöht. Trotzdem ist die Gestaltung begrenzt, z. B. sind Hinterschnitte, Freiformflächen (dreidimensional gekrümmte Flächen) oder innere Verstrebungen (gewichtsreduzierende Hohlstrukturen) nur eingeschränkt bis gar nicht herstellbar. Des Weiteren wird durch die Werkstoffentfernung das zur Verfügung stehende Rohmaterial nicht vollständig ausgenutzt. Die Werkstoffausnutzung spanender Verfahren liegt durchschnittlich bei 40-50 % [Kön96]. Das bedeutet, dass bei der Herstellung von 1 t spanend hergestellter Teile 2-2,5 t Schrott entstehen.

Fügende Verfahren wie das Schweißen bieten insbesondere bei großen Bauteilen eine hohe Gestaltungsfreiheit. Hinterschnitte, Verstrebungen ab dem Bereich mehrerer mm aufwärts und Freiformflächen sind möglich, jedoch steigen die Kosten geschweißter Bauteile mit der geometrischen Komplexität. Kleine Bauteile mit filigranen Strukturen sind nicht oder nur mit hohem Aufwand durch Fügen herzustellen.

Umformende Verfahren ermöglichen ebenfalls Freiformflächen, können aber keine inneren Verstrebungen erzeugen und Hinterschnitte nur sehr eingeschränkt und nur bei bestimmten Verfahrensvarianten, wie z. B. dem Tiefziehen.

Das Gießen als urformendes Verfahren bietet bei Freiformflächen eine hohe Gestaltungsvariation. Hinterschnitte oder Verstrebungen sind aber auch hier nur begrenzt möglich. Notwendige Entformungsschrägen, Möglichkeiten zur Luftentweichung, Vermeidung von Materialanhäufungen usw. schränken die Gestaltung weiter ein. Während sich viele Kunststoffe sehr gut gießen oder spritzen lassen, eignen sich nicht alle metallischen Materialien gleich gut zum Gießen. So ist das Gießen von Stahlbauteilen wesentlich aufwändiger als bei Eisengussbauteilen. Die Materialausnutzung liegt bei 75-95 % (ur- und umformende Verfahren) [Kön96].

Die frühesten bekannten Gussstücke datieren auf circa 3000 v. Chr. [BDG15], womit das Gießen zu den ältesten Fertigungsverfahren gehört. Demgegenüber steht die in den 1980er Jahren begonnene Entwicklung der additiven Fertigung (englisch Additive Manufacturing, AM), als jüngstes Urformverfahren[140]. Die DIN EN ISO/ASTM 52900 definiert AM als einen *„Prozess, der durch Verbinden von Material Bauteile aus 3-D-Modelldaten[141], im Gegensatz zu subtraktiven und umformenden Fertigungsmethoden, üblicherweise Schicht für Schicht, herstellt"* [DIN52900]. Das Ausgangsmaterial besteht entweder aus einem formlosen Stoff (Pulver, Flüssigkeit, Schmelze), einem Filament (Faden, Draht) oder aus dünnen Platten, Folien oder Papierbögen. Die in der Literatur zu findenden weiteren Bezeichnungen des Verfahrens sind generative Fertigung, Rapid Manufacturing oder, mittlerweile fest im Sprachgebrauch etabliert, 3D-Druck[142].

Die Grundlage des AM ist ein 3D-CAD-Modell, das in einem computergesteuerten Prozess in der z-Richtung in Schichten von mehreren zehntel bis hundertstel mm Dicke zerlegt wird (Slicen). Anschließend werden die Herstelldaten generiert. Diese umfassen z. B. den x-y-Verfahrweg und die Geschwindigkeit einer Extruderdüse, eines Druckkopfes oder auch von Laserstrahlung (Scanstrategie), die Intensität der Laserstrahlung oder die Temperatur der Extruderdüse, die Modellierung von Aufbauhilfen wie Stützstrukturen usw. Anschließend erfolgt der ebenfalls computergesteuerte Aufbau des Bauteils. Die erste Schicht wird auf eine Substratplatte (Trägerplatte) aufgebracht, die auf eine in z-Richtung verfahrbare Bauplattform montiert ist. Nach dem Aufbringen (oder der Belichtung) einer dünnen Schicht verfährt die Bauplattform und eine neue Schicht kann aufgebracht oder belichtet werden. In einem Nachbearbeitungsprozess werden eventuelle Stützstrukturen entfernt und das Bauteil von der Substratplatte getrennt. In Abb. 4-55 ist der grundlegende Prozess des Additive Manufacturing dargestellt.

---

[140] Gemäß der Einteilung in Abb. 4-54; nicht berücksichtigt wird hier das nach derzeitigem Stand der Forschung seit rund 20.000 Jahren angewendete Töpfern, das je nach Technik eventuell auch als eine Art additive Fertigung angesehen werden könnte, siehe z. B. [Fro14].

[141] Die Norm benutzt hier die vom Duden präferierte Schreibweise 3-D-Druck, die sich aber bislang nicht durchsetzen konnte, weshalb im vorliegenden Buch durchgängig die alternative Schreibweise 3D-Druck bzw. 3D-X verwendet wird.

[142] Gemäß der DIN ES ISO/ASTN 52900 umfasst der 3D-Druck nicht alle Verfahrensvarianten der additiven Fertigung. Ein nicht zum 3D-Druck zählender, additiver Prozess ist beispielsweise das Auftragsschweißen.

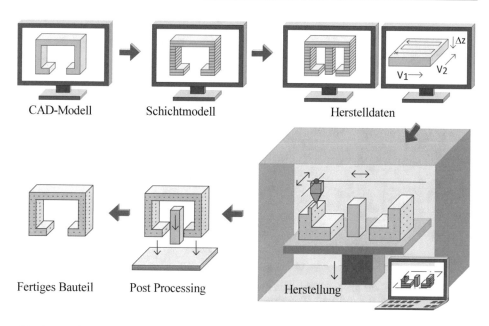

CAD-Modell   Schichtmodell   Herstelldaten

Fertiges Bauteil   Post Processing   Herstellung

Abb. 4-55 Schematischer Ablauf des Additive Manufacturing (AM)

Der maßgebliche Vorteil des AM gegenüber den älteren, konventionellen Fertigungsverfahren liegt – wie schon erwähnt – in der sehr großen Geometriefreiheit. Prinzipiell kann mit der additiven Fertigung nahezu jedes beliebig gestaltete Bauteil hergestellt werden. Dies bedingt die sehr gute Eignung der additiven Fertigung für bionische Produkte. Bionische Prinzipien berücksichtigen bei ihrer „Konstruktion" nicht die Restriktionen der Fertigungstechnik, durch die konventionelle technische Produkte grundsätzlich ein Kompromiss aus Funktionalität und Herstellbarkeit sind. Bei bionischen Prinzipien steht die Funktionalität im Vordergrund, was dazu führen kann, dass eine direkte Übertragung in ein technisches Produkt mit konventionellen Herstellverfahren nicht möglich ist.

Ein Beispiel ist die Struktur der Knochen. Diese ist das Ergebnis Jahrmillionen andauernder Optimierungsprozesse, denen ein geringstmöglicher Materialaufwand bei maximaler Belastungsfähigkeit zugrunde liegt. Die äußere Hülle röhrenförmiger Knochen besteht aus einer dichten geschlossenen Struktur, der *Substantia corticalis*, deren Dicke je nach Belastung variiert. So ist der Knochen an den Ansatzstellen der Sehnen und Bänder verdickt (*Substantia compacta*). Die innere Struktur, *Substantia spongiosa*, wird von feinen Knochenbälkchen (Trabekel) durchzogen, die ein schwammartiges Gerüstwerk bilden. Die Knochenbälkchen sind so angeordnet, dass diese bei Biegung des Knochens nur auf Zug oder Druck belastet werden, siehe hierzu auch Kap. 3.3.3 und Abb. 3-23. Ein Nachbau dieser Lattice-Leichtbaustrukturen (Kap. 4.1.4) für z. B. hochbelastete Maschinenteile, ist mit konventionellen Fertigungsverfahren grundsätzlich nicht möglich, im Gegensatz zur additiven Fertigung. Abb. 4-56 vergleicht das Modell eines für die konventionelle spanende Fertigung konstruierten Halters mit einem im 3D-Druckverfahren hergestellten strukturoptimierten Halter.

a)   **b)**

Abb. 4-56 Beispiel für die Möglichkeiten der additiven Fertigung: **a)** Modell eines konventionell herstellbaren Halters (Frästeil), **b)** 3D-gedruckter strukturoptimierter Halter aus Aluminium

Neben der Geometriefreiheit bietet das AM eine Reihe weiterer Vorteile. So sind die Herstellkosten von der Komplexität der 3D-Struktur eines Bauteils weitgehend unabhängig, während bei konventioneller Herstellung die Herstellkosten mit der Komplexität steigen. Auch ist das Verfahren sehr flexibel, da es weder an Gieß- oder Formmodelle (Gießen, Sintern) noch an Werkzeuge (Spanen) gebunden ist. Außer den dadurch entstehenden zeitlichen Einsparungen (Time-to-Market) und auch Kosteneinsparungen bei der Herstellung des ersten Bauteils oder der ersten Fertigungsserie sind auch Gestaltänderungen von Bauteil zu Bauteil mit nur minimalem Aufwand möglich. Hierzu müssen lediglich die CAD-Daten geändert und neu übertragen werden. Eine Gussform muss dagegen bei Änderungen der Gestalt neu hergestellt oder – zumeist irreversibel – mechanisch umgearbeitet werden. Genutzt werden kann diese Möglichkeit der fortlaufenden Gestaltänderung zur Produktverbesserung, aber auch zur Individualisierung eines Produkts. Ein Beispiel hierfür sind individuell nach Scannerdaten hergestellte Schuhsohlen. Durch die Flexibilität ist es auch möglich, mit einer AM-Anlage vollkommen unterschiedliche Produkte direkt hintereinander herzustellen, die von konventionellen Produktionslinien bekannten Umrüstzeiten für Werkzeuge entfallen. Damit eignet sich die additive Fertigung in besonderem Maße auch für die „Production on Demand", die Fertigung auf Abruf, wodurch z. B. Lagerhaltungskosten eingespart werden können. Dabei sind die hochautomatisierten AM-Anlagen auch nicht an Produktionsstandorte gebunden. Die dadurch mögliche dezentralisierte Fertigung reduziert den weltweiten Warenverkehr, wodurch Treibstoff und damit Ressourcen eingespart werden. Da die Materialausnutzung bei den AM-Verfahren bis zu circa 95 % reicht, werden auch hier Ressourcen eingespart. Bei vielen AM-Verfahren ist auch eine Funktionsintegration möglich. So können bestimmte Bereiche eines Bauteils je nach Funktionsanforderung mit unterschiedlicher Dichte hergestellt werden, und in besonders zugbelasteten Zonen können Fremdmaterialien wie Kohlenstofffasern eingelagert werden. Möglich sind bewegliche oder gelenkartige Bauteile in einem Herstelldurchgang, wenn auch derzeit noch mit hohen Toleranzen.

Und schließlich sorgt die hohe Automatisierung mit der Anbindung an die CAx-Prozesskette für eine hervorragende Industrie 4.0-Tauglichkeit der additiven Fertigung.

Nachteile des AM gegenüber konventionellen Verfahren liegen in der derzeit noch relativ langen Aufbauzeit eines Bauteils und den relativ hohen Kosten des Ausgangsmaterials. Bei der Massenproduktion von mehreren Tausend oder gar mehreren Hunderttausend Teilen pro Jahr ist die konventionelle Serienproduktion meist wirtschaftlicher und wird dies auch auf längere Sicht bleiben. Ganz in dem Sinne, dass die additive Fertigung Zusatz, aber nicht Ersatz der konventionellen Fertigung ist [vgl. Hin18-2]. Auch wenn mit den additiven Verfahren mittlerweile sogar komplette Wohnhäuser gedruckt werden können, haben AM-Anlagen zumeist nur einen begrenzten Bauraum. Dies trifft insbesondere auf AM-Verfahren mit metallischen Werkstoffen zu, die eine Schutzgasatmosphäre in einer gekapselten Prozesskammer benötigen. Großbauteile wie Schiffswellen oder Großzahnräder lassen sich damit aus Platzgründen nicht herstellen, hier ist das Gießen im Vorteil. Die Schutzgasatmosphäre ist notwendig, da das pulverförmige Ausgangsmaterial dieser Verfahren aufgrund der zum Volumen sehr großen Oberfläche hochreaktiv ist und bei bestimmten Umweltbedingungen bereits mit dem Luftsauerstoff explosionsartig reagieren könnte, man denke hier z. B. auch an die bekannten Mehlstaubexplosionen. Auch ist die Gefährdung des Menschen beim Einatmen dieser Stoffe noch nicht abschließend geklärt, weshalb im Umgang mit dem Pulver grundsätzlich eine Schutzausrüstung notwendig ist [Rüb17]. Gegenüber den spanenden Verfahren besitzen additiv gefertigte Bauteile i. d. R. eine schlechtere Oberflächengüte. Erreicht werden können üblicherweise Rauigkeitswerte von $Ra > 10\,\mu m$, während z. B. beim Längsdrehen bis $0{,}2\,\mu m$ oder beim Rund-Längsschleifen bis $0{,}012\,\mu m$ erreichbar sind. Dementsprechend müssen Funktionsflächen von AM-Bauteilen, ähnlich zu Gießteilen, oft spanend nachbearbeitet werden. Manche Verfahren benötigen auch Stützstrukturen, die in der Nacharbeit teils aufwändig entfernt werden müssen und deren Material nicht wiederverwendet werden kann. Und schließlich stehen derzeit nur ausgewählte Werkstoffe für die AM-Verfahren zur Verfügung, wobei die Qualifizierung immer neuer Werkstoffe stetig voranschreitet. Abb. 4-57 fasst die Vor- und Nachteile des Additive Manufacturing zusammen.

Vorteile des AM	Nachteile des AM
+ Sehr große Geometriefreiheit	- Lange Aufbauzeiten
+ Hohe Materialausnutzung bis 95 %[1]	- Geringe Oberflächengüte
+ Hoher Automatisierungsgrad, dadurch gute Industrie 4.0-Tauglichkeit	- Bauwerkstoffe sind relativ teuer
+ Hohe Flexibilität	- (Noch) nicht alle Werkstoffe verfügbar
+ Funktionsintegration möglich[1]	- Bauteilgröße oft begrenzt
+ Herstellkosten unabhängig von der Bauteilkomplexität	- Ausgangswerkstoffe teilweise hochreaktiv, Schutzausrüstung erforderlich[1]
+ Produktion auf Abruf reduziert Lagerhaltungskosten	- Stützstrukturen bei manchen Verfahren erforderlich, die häufig aufwändig entfernt werden müssen
+ Time-to-Market verkürzt sich	

[1] Nicht bei allen AM-Verfahren.

Abb. 4-57 Vor- und Nachteile des Additive Manufacturing (AM) gegenüber konventioneller Fertigung

4.4.1 Grundlagen der 3D-Drucktechnologie

Die 3D-Drucktechnologie, als Verfahrensvariante des Additive Manufacturing, hat ihren Ursprung in der Herstellung von Prototypen oder Modellen. Zunächst nur auf wenige Materialien beschränkt, steht dem Anwender heute eine breite Palette aus den Gruppen der Kunststoffe, Kunstharze, Keramiken und Metalle zur Verfügung, wobei fortlaufend weitere Werkstoffe hinzukommen. Aktuelle Entwicklungen betreffen z. B. den 3D-Druck von Graphitbauteilen [Dor18], von organischen Materialien oder auch von Holz, Beton und Stein [HA16].

Der Ablauf der verschiedenen 3D-Druckverfahren entspricht prinzipiell dem in Abb. 4-55 gezeigten Prozess. Unterschiede zwischen den einzelnen Verfahren liegen neben den unterschiedlichen Techniken in erster Linie in den verwendeten Werkstoffen und den damit verbundenen Anwendungen.

Welche 3D-Drucktechnologie für welchen Zweck?

Welche 3D-Drucktechnik sich für welche Anwendung eignet, wird außer vom Werkstoff auch von der geforderten Genauigkeit der herzustellenden Bauteile hinsichtlich Maßhaltigkeit und Oberflächengüte bestimmt. Die letztgenannten Aspekte werden stark von der Schichtdicke beeinflusst, so dass auch dieser eine besondere Bedeutung bei der Auswahl zukommt. Weitere Aspekte können die Herstellzeit, die Druckkosten, die Notwendigkeit von Stützstrukturen und deren einfache Entfernung oder die Möglichkeit zum Drucken in verschiedenen Farben sein. Außerdem sind manche Verfahren in der Lage, funktionsintegriert zu drucken. Dies beinhaltet u. a. das Drucken von beweglichen Bauteilen, das Aufdrucken von Leiterbahnen bzw. von unterschiedlichen Materialien (Multimaterialdruck) oder auch die örtliche Beeinflussung von Materialkennwerten wie z. B. des E-Moduls durch Drucken mit örtlich unterschiedlicher Dichte, siehe auch die Vor- und Nachteile des AM im vorigen Abschnitt. Die Tabelle in Abb. 4-58 zeigt einen Überblick der derzeit gebräuchlichen 3D-Druckverfahren, die nachfolgend kurz erläutert werden. Die genannten Daten (Genauigkeit, Schichtdicke) können nach oben und unten abweichen. Da sich die Angaben in der Literatur oft auf an Forschungsanlagen maximal erreichte Werte beziehen oder die Angaben wegen der schnellen Weiterentwicklung der Technik auch veraltet sein können, wurden die Daten bei den Anbietern von 3D-Druckanlagen erhoben. Auch die Kosten schwanken erheblich, so streuen z. B. die Preise bei Dienstleistern für das Multi-Jet-Modelling-Verfahren (auch PolyJet) für Kunststoffe je nach Werkstoff und Anbieter um mehrere 100 %. Daher wird hier nur eine grob vergleichende grafische Angabe gemacht.

Drucktechnik	Material	Schichtdicke	Anwendung, Baugröße	Preis /cm³
Stereolithografie (SL), (SLA)	Flüssige Photopolymere	0,025 bis 0,2 mm	Prototypen- und Modellbau, Kunststoffgehäuse. 2000x700x800 mm	
Fused Filament Fabrication (FFF) / (Fused Depostion Modeling FDM[1])	Kunststoff-filamente	0,05 bis1,25 mm	Prototypen, Maschinenteile 914x610x914 mm (theor. unbegrenzt)	
PolyJet Modeling/ MultiJet Modeling	Flüssige Photopolymere[2]	0,016 - 0,040 mm	Prototypen, Modelle, filigrane Maschinenteile 340x340x200 mm	
Multi-Jet Fusion (MJF)	Pulverförmige Kunststoffe (derzeit nur PA)	0,08 mm	Prototypen, filigrane Maschinenteile 380 x 280 x380 mm	
Selective Laser Sintering (SLS)	Pulverförmige Kunststoffe	0.060 - 0,150 mm	Prototypen, Maschinenteile 700x380x560 mm	
Selective Laser Melting (SLM[3])/ Laser Powder Bed Fusion (LBPF) / u. a.	Pulverförmige Metalle	0,02 - 0,09 mm	Maschinenteile 500x280x820 mm 400x400x400 mm	Al St 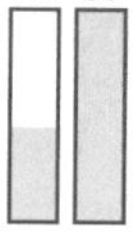

[1]: Von dem Unternehmen Stratasys geschützte Marke
[2]: Vom PolyJet Modeling existieren verschiedene Verfahrensvarianten, die z. B. als „Binder Jetting" auch den Druck von Metallen ermöglichen
[3]: Von dem Unternehmen SLM Solutions geschützte Marke

Abb. 4-58 Übersicht gebräuchlicher 3D-Druckverfahren mit üblichen Verfahrensdaten

Stereolithografie (SL, SLA)

Bei dem ältesten patentierten 3D-Druckverfahren (1984) härtet ein Laser dünne Schichten eines flüssigen, lichtaushärtenden Kunststoffes (Photopolymers) aus. Die Bauplattform befindet sich in dem Polymerbad und wird nach Belichtung einer Schicht um eine Schichtdicke abgelassen[143]. Vor dem nächsten Belichtungsprozess streicht ein Wischer die folgende Schicht glatt. Das nicht genutzte Photopolymer kann wiederverwendet werden.

---

[143] Bei Verfahrensvarianten verfährt die Bauplattform auch nach oben, und „zieht" das Bauteil quasi aus dem flüssigen Polymer.

Nach dem Aufbau muss das Bauteil i. d. R. unter UV-Licht nach- bzw. aushärten. Bei größeren Bauteilen und bei Überhängen werden Stützstrukturen benötigt, die nach dem Aufbauprozess entfernt werden müssen.

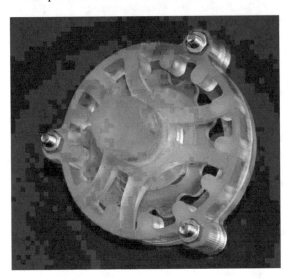

Abb. 4-59 Im Stereolithografie-Verfahren hergestelltes Zykloid-Getriebe

Im 3-D-Druck hergestellte Photopolymerbauteile haben eine glatte Oberfläche, sind eher spröde und unterliegen im Aushärteprozess einer Volumenschrumpfung, wobei die Bemühungen der letzten Jahre darauf abzielen, die letzten beiden Eigenschaften durch Materialbeimischungen zu beeinflussen. Funktionsintegrationen sind nur begrenzt möglich, da der Grundwerkstoff während eines Aufbaujobs nicht geändert werden kann. Der Bauraum ist verglichen mit anderen 3D-Druckverfahren relativ groß und reicht bei industrietauglichen Anlagen bis zu 2000 x 700 x 800 mm und größer.

Laserstrahlschmelzverfahren (Metalle)

Unter den Laserstrahlschmelzverfahren lassen sich verschieden benannte 3D-Druckverfahren zusammenfassen, bei denen das Bauteil durch schichtweises lokales Aufschmelzen eines pulverförmigen, metallischen Grundstoffes mittels beweglicher Laserstrahlung erzeugt wird. Das Pulver wird auf eine Bauplattform aufgetragen, die sich Schicht für Schicht in negativer z-Richtung absenkt. Mit einem Galvanometerscanner kann die örtlich fix eingekoppelte Laserstrahlung die gesamte Bauebene abscannen.

Zu Beginn wird meist eine Stützstruktur mit Anbindung zu der Substratplatte aufgebaut. Danach erfolgt die Erstellung des Bauteils mit Anbindung an die Stützstruktur. Die Bezeichnung „Stützstruktur" ist dabei etwas irreführend. Die Abstützung von Überhängen wäre auch durch das Pulverbett möglich. Durch den hohen Wärmeeintrag, der für das Aufschmelzen der metallischen Pulver benötigt wird, kann es aber vorkommen, dass sich Eigenspannungen im Bauteil bilden und sich neu aufgebaute Schichten verziehen, d. h. nach oben biegen. Die Stützstrukturen verhindern dies, indem sie die für das Verziehen verantwortlichen Kräfte von der Ebene als Zugkräfte aufnehmen und an das Substrat weitergeben. Außerdem sorgen die Stützstrukturen auch für eine Wärmeabfuhr an die Substratplatte. Und schließlich verhindern die Stützstrukturen auch ein mögliches Verschieben des Werkstückes beim Pulverauftrag [Lac16]. Zum Abbau der Eigenspannungen werden die Bauteile vor dem Lösen von der Substratplatte oftmals einer Wärmebehandlung unterzogen. Das überschüssige, nicht zum Bauen verwendete Pulver kann nahezu vollständig wiederverwendet werden.

Abb. 4-60 Mit dem SLM-Verfahren hergestellte Bauteile aus Aluminium. Gut zu erkennen sind die noch vorhandenen Stützstrukturen. (Foto mit freundlicher Genehmigung von © LIGHTWAY GmbH & Co. KG)

Die unterschiedlichen Bezeichnungen der Laserstrahlschmelzverfahren bei nahezu identischen Verfahrensabläufen sind durch Markenrechte oder Benennungen unterschiedlicher Unternehmen bedingt. Obwohl von der SLM-Solutions Group AG, Lübeck, als Wortmarke geschützt, ist die englische Bezeichnung Selective Laser Melting SLM® in der Literatur sehr gebräuchlich. Weitere Bezeichnungen sind Laser Powder Bed Fusion LBPF[144], Laser Metal Fusion[145], Direct Metal Laser Sintering DMLS[146] oder Direct Metal Printing[147].

---

[144] LBPF ist eine Bezeichnung des Fraunhofer Institut für Lasertechnik, Aachen, das maßgeblich an der Entwicklung des Verfahrens in den 1990er Jahren beteiligt war.
[145] Laser Metal Fusion ist eine Bezeichnung der Trumpf GmbH & Co. KG, Ditzingen.
[146] Direct Metal Laser Sintering DMLS ist eine Bezeichnung der EOS GmbH, Krailling.
[147] Direct Metal Printing ist eine Bezeichnung der 3D Systems Corporation, Rock Hill.

Selektives Lasersintern (SLS), englisch Selective Laser Sintering (SLS).

Der Begriff „Sintern" in der Bezeichnung des meist unter der englischen Abkürzung SLS (Selective Laser Sintering) bekannten Verfahrens kann zu Verwirrungen führen, da dieser in der Fertigungstechnik das Erhitzen von in Form gepressten, aus Metall- oder Keramikpulver bestehenden Bauteilen bezeichnet. Das Pulver wird durch Bindemittel in Form gehalten, die bei Temperaturen unterhalb der Schmelztemperatur des Pulvers verbrannt oder ausgeschmolzen werden, wobei sich die Pulverkörner an den Korngrenzen durch Oberflächendiffusion miteinander verbinden (Sinterprozess). Das so entstandene, poröse Sinterbauteil hat eine geringere Dichte als das Grundmaterial. Bei den ersten 3D-Druckanlagen für Metalle wurden oftmals mit Bindemittel versetzte Metallpulver eingesetzt, aus denen in einem sinterähnlichen Prozess die 3D-Bauteile aufgebaut wurden. Bei den heutigen additiven Laserstrahlschmelzverfahren ohne Bindemittel wird das Pulver jedoch i. d. R. vollständig aufgeschmolzen, das Bauteil hat eine Dichte von 99-100 %. Der Begriff „Lasersintern" trifft daher für metallische Bauteile eigentlich nicht mehr zu.

Im Bereich der Kunststoffe hat sich der Begriff SLS allerdings als Abgrenzung zu Verfahren mit metallischen Werkstoffen etabliert [vgl. Kell12]. Bei dem SLS-Verfahren, das vom Ausgangswerkstoff und der Maschinentechnik grundsätzlich dem SLM gleicht, wird Kunststoffpulver in der Prozesskammer bis kurz unterhalb der Schmelztemperatur erwärmt, bevor der eigentliche Aufbauprozess startet. Der das Pulver aufschmelzende Laser benötigt dadurch nur eine geringe Leistung. Diese Prozedur führt allerdings zu einem Alterungsprozess des gesamten Kunststoffpulvers im Bauraum und erklärt den nur geringen Anteil wiederverwendbaren Pulvers (circa 30 %).

Vorteile des SLS-Verfahrens sind die nicht benötigten Stützstrukturen, eine hohe Materialvielfalt, die relativ hohe mechanische und insbesondere thermische Belastbarkeit der Bauteile und eine relativ hohe Genauigkeit.

Fused Filament Fabrication (FFF)

Das Fused Filament Fabrication (FFF) ist auch als Fused Deposition Modeling (FDM)[148] oder als Fused Layer Modeling (FLM) bekannt. Bei dem Verfahren wird ein drahtförmiges thermoplastisches Polymer, das Filament von spätlateinisch „Fadenwerk", in einer formgebenden Düse („Hotend") aufgeschmolzen und unter Druck ausgetrieben, d. h. extrudiert. In einigen Literaturstellen wird das Verfahren daher auch in die „Additive Extrusion" eingeordnet [Fis18]. Der schichtweise Aufbau des Bauteils erfolgt üblicherweise unter Bewegung der Düse in x/y-Richtung und der Aufbauplattform in z-Richtung.

Das FFF wird seit den 1990er Jahren kommerziell angewendet. Verfahrensvarianten erlauben die Verwendung mehrerer, auch farbiger Kunststoffe in einem Druckprozess, z. B. durch Verwendung mehrerer Düsen. Zum Einsatz kommen u. a. die Materialien Polyethylen, ABS, PETG sowie thermoplastische Elastomere (TPE) oder auch kompostierbares Biopolymer wie Polylactid (PLA). Weitere Materialien, insbesondere für die dadurch leicht zu entfernenden Stützstrukturen, sind Wachse und wasserlösliche Kunststoffe. Neueste Entwicklungen ermöglichen auch die Verwendung von Metallen. Das Filament besteht dabei aus mit Metallpulver vermischtem Kunststoff. Die damit gedruckten Grünteile werden anschließend zu rein metallischen Bauteilen gesintert

---

[148] Fused Deposition Modeling (FDM) ist eine eingetragene Marke des Unternehmens Stratasys.

[IFAM19]. Untersucht wird derzeit ebenfalls die Eignung von technischer Keramik (Zirkonoxid) im Verbund mit Edelstahl [Abe19].

Typische Anwendungen sind neben dem Aufbau von Prototypen oder Funktionsmodellen mechanisch niedrig bis mittel belastete Bauteile. Funktionsintegrationen und Mehrfarbendruck sind durch Austausch der Filamente oder Benutzung mehrerer Düsen möglich. Der Bauraum ist theoretisch nur durch die Anlagengröße begrenzt. So wird das Grundprinzip des FFF auch für den Druck von Wohnhäusern benutzt, wobei statt eines Filaments ein Betongemisch als Werkstoff genutzt wird. Bei eingehausten industrietauglichen Anlagen finden sich für den Bauraum Werte von z. B. 700 x 500 x 500 mm [Ptg19] oder rund 914 x 610 x 914 mm [Str19].

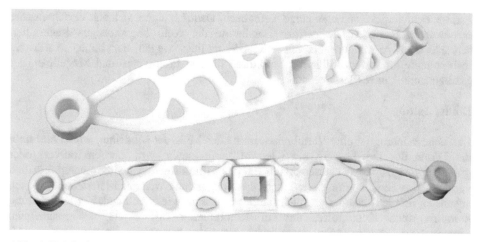

Abb. 4-61 Mit dem FFF-Verfahren erzeugte Beispielbauteile

Die einfache und relativ saubere Technik des FFF-3D-Drucks, die unkomplizierte Handhabung des Ausgangsmaterials und dessen Vielfalt, sowie die Nichtnotwendigkeit einer Schutzgasatmosphäre beim Aufbau ermöglichen eine breite Anwendergruppe. Günstige 3D-Drucker dieser Technologie sind bereits ab wenigen hundert Euro am Markt zu finden. Manche Firmen werben mit dem „Drucker für das Wohnzimmer", tatsächlich bestehen keine besonderen Anforderungen an den Aufstellraum. Trotzdem wird auch vor gesundheitlichen Gefahren bei Verwendung der Drucktechnik, insbesondere im Zusammenhang mit dem Werkstoff ABS gewarnt [Ste13]. Professionelle Anlagen für den Industriebetrieb schlagen dagegen mit 50.000 € und auch deutlich mehr zu Buche.

Multi-Jet Modeling (MJM), PolyJet

Das Multi-Jet-Modeling, auch PolyJet-Druck oder PolyJet-Modeling genannt, wurde um die Jahrtausendwende am Markt eingeführt. Bei dem Verfahren wird das Bauteil durch mehrere in einem Druckkopf linear angeordnete Einzeldüsen erzeugt, die das Baumaterial ähnlich wie ein Tintenstrahldrucker in feinen Tröpfchen aufbringen. Verwendet werden meist UV-empfindliche Photopolymere unterschiedlicher Festigkeit, die nach dem Auftragen durch UV-Licht aushärten. Durch Verwendung mehrerer Druckköpfe kann mit mehreren Materialien (z. B. zur Funktionsintegration) oder Farben in einem Prozess gedruckt werden. Insbesondere die Kombination harter und weicher gummiartiger Polymere erlaubt die Herstellung von Multifunktions-Bauteilen. Auch ist es möglich, die Stützstrukturen aus einem Material mit niedrigerem Schmelzpunkt als das Baumaterial herzustellen (z. B. Wachs), wodurch die Stützstrukturen ohne weitere Nacharbeit ausgeschmolzen werden können.

Der Druckkopf nimmt oft die gesamte Breite der Bauplattform ein, die sich nach jeder neuen Schicht absenkt. Dadurch muss der Druckkopf nur in eine Richtung verfahren werden, und es können hohe Druckgeschwindigkeiten erzeugt werden, allerdings zu Lasten des Bauraums, der bei circa $400 \times 300 \times 400$ mm liegt. Die Ausbringung des Materials durch Mikrotropfen bietet eine hohe Genauigkeit und eine für 3D-Verfahren hohe Oberflächengüte [HP19, Str19-2]. Drucker mit diesem Verfahren können, ähnlich wie beim FFF, in einer Büroumgebung aufgestellt werden. Nachteilig ist die durch die geringe Schichtdicke bedingte lange Aufbauzeit. Dadurch eignet sich das Verfahren eher für kleinere Bauteile. Die geringe Bandbreite der recht hochpreisigen Materialien schränkt den Anwendungsbereich ein. Dieser liegt wegen der hohen Auflösung insbesondere im Aufbau filigraner Strukturen für den Prototypen- und Modellbau, der Medizintechnik oder Elektrotechnik.

Binder Jetting

Das Binder Jetting ist eine Verfahrensvariante des Multi-Jet-Modeling, wobei hier über die Düsen des Druckkopfes ein Klebstoff aufgetragen wird, der ein pulver- oder granulatförmiges, auf der absenkbaren Bauplattform aufgetragenes Baumaterial örtlich verklebt. Das Binder Jetting ermöglicht die Verwendung weiterer Materialien, die sich ansonsten nur schwer oder gar nicht verdüsen lassen, wie z. B. Sand. Zur Anwendung kommen auch Kunststoffe, und in Kombination mit einem nachgeschalteten Sinterprozess können auch metallische Bauteile hergestellt werden, wobei der aufgetragene Klebestoff durch die hohen Temperaturen verbrennt oder verdampft. Stützstrukturen sind bei dieser Verfahrensvariante i. d. R. nicht notwendig, die Überhänge werden von darunter liegenden Pulverschichten getragen. Da auch kein wärmebedingter Verzug der einzelnen Schichten zueinander entsteht wie beim LBPF-Verfahren kann auch auf eine Substratplatte verzichtet werden. Die wie beim Sintern als Grünlinge bezeichneten gedruckten aber noch nicht gesinterten Bauteile sind allerdings sehr empfindlich für mechanischen Abrieb, daher muss das überschüssige oder in Hohlräumen befindliche Pulver vor dem Sintern vorsichtig von Hand entfernt werden, wodurch dieser Prozessschritt zeit- und kostenintensiv ist.

Die erreichbare Dichte der Bauteile liegt verfahrensbedingt durch die zuvor vom Bindemittel eingenommenen Hohlräume grundsätzlich bei kleiner 100 %, zumeist bei 95 %. Der Bauraum beträgt bei Kunststoffen circa $1.500 \times 750 \times 750$ mm und für Sand $2000 \times 2000 \times 1000$ mm [Kell12] und ist damit deutlich größer als bei den meisten anderen 3D-Druckverfahren. Auch wird die Druckgeschwindigkeit oftmals als höher gegenüber anderen Verfahren angegeben, bei metallischen Bauteilen muss allerdings die Dauer des Sinterprozesses noch mitberücksichtigt werden. Funktionsintegrationen sind verfahrensbedingt nur eingeschränkt möglich, ein voller Mehrfarbendruck ist i. d. R. nicht möglich, Farbschattierungen können aber durch den Klebstoff eingebracht werden. Insgesamt ist das Binder Jetting-Verfahren derzeit als eines der wirtschaftlichsten 3D-Druckverfahren mit dem breitesten Werkstoffspektrum anzusehen. Entsprechend vielfältig sind auch die Anwendungen. Dies können Gussformen oder Gusskerne aus

Sand sein, Prototypen aus verschiedensten Materialien oder Kleinserienbauteile aus Metall und Kunststoff.

Multi Jet Fusion MJF

Auch das Muti Jet Fusion ähnelt dem Multi-Jet Modeling, wobei der Druckkopf eine wärmeleitende Flüssigkeit auf das Kunststoffpulver aufträgt. Nach Bedrucken einer Schicht wird diese erwärmt, wodurch das Pulver der bedruckten Bereiche miteinander verschmilzt. Das Verfahren erlaubt sehr dünne Schichtdicken von circa 80 μm, so dass die Oberflächengüte relativ hoch ist. Derzeit ist das noch recht junge Verfahren (Einführung 2014) nur für Polyamid PA12 geeignet, die Baugröße reicht bis circa $380 \times 280 \times 380$ mm.

Layer Laminated Manufacturing LLM, Laminated Object Manufacturing LOM

Das Layer Laminated Manufacturing LLM ist eines der ältesten 3D-Druckverfahren. Auf den Markt gebracht wurde es 1992 als Laminated Object Manufacturing (LOM). Eine Besonderheit des LLM ist, dass die einzelnen Schichten nicht wie bei den anderen 3D-Druckverfahren aus einem formlosen Stoff erzeugt, sondern aus dünnen Platten, Folien oder Papierbögen ausgeschnitten und übereinander gelegt werden. Streng genommen darf das LLM daher nicht zu den rein additiven Verfahren gezählt werden, da der Aufbau in z-Richtung zwar additiv erfolgt, die Schichterzeugung aber subtraktiv. Je nach Material werden die einzelnen Schichten verklebt, laminiert, polymerisiert oder auch mittels Laserstrahlung oder Ultraschall verschweißt. Die Materialauswahl ist theoretisch nur auf die Verfügbarkeit entsprechend dünner Ausgangsstoffe begrenzt. Eine Stützstruktur ist i. d. R. nicht notwendig, da das abgeschnittene Restmaterial der einzelnen Schichten das Bauteil während der Fertigung stützt. Nachteilig ist der damit verbundene hohe Abfall, der nicht wie z. B. flüssige oder pulverförmige Aufbaustoffe im Prozess wiederverwendet werden kann, sondern dem Recycling zugeführt werden muss. Die Entfernung des Restmaterials von z. B. Bohrungen oder Hinterschnitten muss häufig manuell erfolgen, wodurch die Nacharbeit von mittels des LLM-Verfahrens gefertigten Bauteilen allgemein relativ aufwändig ist.

Ein für bionische Anwendungen besonders geeignetes Verfahren gibt es in diesem Sinne nicht, die aufgeführten 3D-Drucktechnologien spiegeln allgemein derzeitige gebräuchliche Verfahren wider. Wobei nicht alle Verfahren dargestellt werden konnten, zumal es mittlerweile eine Vielzahl an beschriebenen Verfahrensvarianten mit eigener Benennung und technologischen Schwerpunkten (Druckgeschwindigkeit, Detailgenauigkeit, Baugröße usw.) gibt, die aber noch nicht alle am Markt verfügbar sind. Für vollständigere und tiefer gehende Beschreibungen muss hier auf die Fachliteratur verwiesen werden, siehe z. B. [Lac16; Lac17; Geb19].

5 Das bionische Konstruieren

Ähnlich dem Vorgehen gemäß der Konstruktionsmethodik bei der Neu- oder Weiterentwicklung von Produkten im Maschinenbau, ist es für den Projekterfolg und auch für die Nutzung des bionischen Potentials notwendig, bei bionischen Forschungs- und Entwicklungsprojekten ebenfalls einen methodischen Ansatz zu verfolgen. Empfehlungen und Beschreibungen zum grundsätzlichen Vorgehen bei bionischen Forschungsarbeiten und Projekten finden sich vor allem in den Richtlinien VDI 6220 – 6226, in der DIN ISO 18457 sowie vereinzelt in der Fachliteratur. Ein allumfassender, und insbesondere detaillierter Vorgehensplan für den Ablauf des bionischen Projekts fehlte zum Zeitpunkt der Erstausgabe im November 2020 dieses Fach- und Lehrbuches allerdings. Die Entwicklung einer Methodik zum bionischen Konstruieren ist daher ein Kernthema, das im Folgenden vorgestellt wird.

Dabei wird die Bionik aus der Sicht der Ingenieurswissenschaften betrachtet und als eine Ergänzung der traditionellen Konstruktionsmethoden angesehen, ganz in dem Sinne, dass die Bionik Zusatz, nicht Ersatz der konventionellen Konstruktionsmethoden sein soll, [vgl. VDI 6220 Blatt 1]. Aus den vorgestellten technischen und wissenschaftlichen Methoden und Definitionen der Konstruktionslehre und des Reverse Engineering wird unter Berücksichtigung der physikalisch-technischen Vergleichbarkeit und unter Einbeziehung der Besonderheiten biologischer Systeme ein ganzheitliches Konzept zum bionischen Konstruieren erstellt. Über die Regelwerke hinausgehend werden nach einer Analyse der zur Zeit noch recht verstreuten und sich zumeist nur auf bestimmte Aspekte der Bionik beziehenden Hinweise und Vorschläge der Fachliteratur detaillierte Beschreibungen der praktischen Umsetzung der einzelnen Arbeitsschritte gegeben und ein Ablauf des bionischen Projekts vorgestellt. Aufgrund der herausragenden Möglichkeiten der additiven Fertigung sowohl bei der Herstellung nicht streng-geometrischer (freigeformter) Körper als auch bei der Ergänzung der CAx-Prozesskette im Sinne einer modernen Fertigung der Fabrik 4.0 wird der additiven Fertigung als mögliche Herstellungsmethode bionischer Produkte ein besonderer Stellenwert eingeräumt.

Die Methodik orientiert sich an den Rahmenbedingungen der Richtlinie VDI 6220 Blatt 1 „Bionik - Konzeption und Strategie - Abgrenzung zwischen bionischen und konventionellen Verfahren/Produkten" (12-2012) und der Norm DIN ISO 18457 „Bionik - Bionische Werkstoffe, Strukturen und Bestandteile" (06-2018).
Die im Juni 2022 als Entwurf erschienene Richtlinie VDI 6220 Blatt 2[2] hat ebenfalls die Vorgabe eines Ablaufs für die Entwicklung bionischer Produkte zum Ziel [VDI6220-2]. Die darin aufgeführten Methoden, Abläufe und zu beachtenden Rahmenbedingungen (Skalierbarkeit, Materialaufbau, Multifunktionalität, ...) finden sich zu einem großen Teil in der nachfolgenden Systematik oder den begleitenden Kapiteln wieder, ebenso die Einordnung des bionischen Konstruierens in die klassische Konstruktionstechnik. Daher waren grundsätzlich keine Anpassungen gegenüber der Erstauflage notwendig. In dem Prozess der Ideenfindung gibt es allerdings leichte Unterschiede. Die Richtlinie VDI sieht am Anfang des bionischen Projektteils bzw. der bionischen Vorgehensweise eine Aufbereitung der Aufgabenstellung und die Translation der Aufgabe vor. Vereinfacht und zusammengefasst ist hier die Übertragung einer entweder technischen Aufgabenstellung in die (Sprache der) Biologie oder eines biologischen Prinzips in die (Sprache der) Technik gemeint, je nach Forschungsrichtung. Dies geschieht möglichst in interdisziplinärer Zusammenarbeit zwischen zumeist der Biologie und der Technik.

© Springer Fachmedien Wiesbaden GmbH, ein Teil von Springer Nature 2022
W. Wawers, *Bionik*, https://doi.org/10.1007/978-3-658-39350-2_5

Eine der Hauptmotivationen des vorliegenden Buches ist die leichte Anwendung der Bionik insbesondere für Klein- und Mittelständische Unternehmen, für Studenten oder auch Privatpersonen. Daher wird in der nachfolgenden Methodik die Übertragung in die andere Fachrichtung und eine interdisziplinäre Zusammenarbeit erst möglichst spät angestrebt, wenn bereits konkrete Ideen für eine mögliche Lösung gefunden wurden. Erreicht wird dies durch einen sehr detaillierten Ablaufplan für die Suchwortgenerierung, der eigenständige Recherchen in Quellen biologischen Wissens ermöglicht, wobei nur wenige Fachbegriffe oder Schlagworte in die jeweils andere Fachsprache übertragen werden müssen. Auch die Analyse, Abstraktion und Lösungsbewertung kann bis zu einem gewissen Grad auf Basis eines vorgegebenen Schemas eigenständig durchgeführt werden. Der heuristische Ansatz, der auf dem Wissensschatz der Suchenden basiert, wird dabei nicht ausgeklammert, ist allerdings nur eine Ergänzung. Diese „direkte"[149] Ideenfindungsmethode hat sich seit ihrer Einführung in den Fächern der Bionik der HBRS in weit mehr als hundert Projektarbeiten bewährt und findet bei den Studierenden sehr überwiegend positiven Anklang. Interessant ist auch, dass die Methodik trotz gleicher Ausgangslage immer wieder neue Lösungen zutage fördert. Dies spricht für ein hohes Innovationspotential der Methodik und eine gute Ausnutzung des zur Verfügung stehenden Lösungsraums. Aus diesen Gründen wird die Methodik der Ideenfindung beibehalten.

5.1 Grundlagen bionischer Projekt- und Forschungsansätze

Die Bionik wird in die Technowissenschaften eingeordnet, ähnlich der Nanotechnologie oder der Biotechnologie [Nor06] [Nac13a]. Die wesentlichen Merkmale der Technowissenschaften sind die Verknüpfung von Wissenschaft und technischer Umsetzung sowie die Schaffung von Synergien durch interdisziplinäre Zusammenarbeit, in diesem Falle der Biologie und der Technik. Der Impuls zu neuen bionischen Projekten und Produkten kann dabei von beiden Seiten kommen. Je nachdem wird bei der Vorgehensweise grundsätzlich unterschieden in „biologischer Ansatz", von der Natur kommend, oder „technologischer Ansatz"[150], von der Technik kommend. In der englischsprachigen Literatur findet sich für die Benennung der beiden Ansätze eine Vielzahl an Umschreibungen. Für den technologischen Ansatz z. B. „*Design looking to biology*" oder „*challenge to biology*" [Azi16], „*Problem-Driven Biologically Inspired Design*" [Hel09] oder auch nur „*Problem driven approach*" [Goe14, Nag14]. Für den biologischen Ansatz lässt sich beispielsweise finden „*Biology Influencing Design*", „*Biology to design*", „*Solution-Driven Biologically Inspired Design*" [Azi16, Hel09] oder auch „*Biology driven approach*" [Goe14, Nag14].

Die Bezeichnungen gehen davon aus, dass im technologischen Ansatz eine konkrete technische Anwendung vorliegt, für die ein biologisches Lösungsprinzip gesucht wird, während im biologischen Ansatz technische Anwendungen für ein beobachtetes biologisches Prinzip gesucht werden. Die Technik möchte also eine Lösung aus der Biologie „herausziehen" (*pull*), die Biologie wiederum möchte neue technische

---

[149] In der direkten Methode bleiben die Suchenden in ihrer Fachsprache, z. B. der Sprache der Technik, während in der indirekten Methode eine Übersetzung stattfindet.
[150] In Analogie zum biologischen Ansatz kann hier auch „ingenieurwissenschaftlicher Ansatz" verwendet werden.

Anwendungen „anstoßen" (*push*). Auf diesen Grundgedanken aufbauend haben sich vor allem im deutschen, aber teilweise auch im internationalen Sprachgebrauch die eingehenden Begriffe „Biology Push" und „Technology Pull" gebildet, die auch Eingang in die Richtlinie VDI 6220 Blatt 1 gefunden haben [Spe08, VDI6220, Has16].

In der Literatur findet sich für den Technology Pull-Ansatz auch häufig die zusätzliche Bezeichnung „Top-Down-Prinzip" (engl. „von oben nach unten"), für den Biology Push-Ansatz „Bottom-Up-Prinzip" (engl. „von unten nach oben") [VDI6220, Spe08-2, Lop11, Mas12, Mor15, Hel16, Azi16]. Diese Bezeichnungen werden in vielen Wissenschaftszweigen verwendet, so z. B. in der Nanotechnologie oder in der Informatik [Gle07]. Umschrieben werden kann das Top-Down-Prinzip als die Schritte vom Allgemeinen/Übergeordneten zum Speziellen/Untergeordneten, das Bottom-Up-Prinzip entsprechend in umgekehrter Richtung. In der Informatik steht das Top-Down-Design z. B. für die Programmierung von einer groben Programmstruktur ausgehend über die Untergliederung in Programmmodule, deren Funktionen schließlich durch Routinen verfeinert bzw. definiert werden.

Das Bottom-Up-Prinzip findet sich durchaus in bionischen Projekten mit dem Biology Push-Ansatz wieder. Von einer speziellen biologischen Funktion ausgehend wird ein (übergeordnetes) Produkt entwickelt, dass diese (übertragene) Funktion beinhaltet. Im Technology Pull-Ansatz wird dagegen i. d. R. von einer aus einem bekannten Produkt isolierten technischen Anwendung ausgegangen, für die eine biologische Lösung gesucht wird, welche dann aber wiederum „von unten nach oben", also eher im Sinne des Bottom-Up-Prinzips analysiert und in ein bionisches Produkt übertragen wird.

Für eine einheitliche und eindeutige Bezeichnung werden in den folgenden Beschreibungen der Techniken für den technologischen Ansatz der Begriff *Technology Pull* und für den biologischen Ansatz der Begriff *Biology Push* statt der Begriffe Top-Down und Bottom-Up verwendet.

Technology Pull: „Wie löst die Natur das?"

Technology Pull beschreibt einen Entwicklungsprozess, bei dem ein vorhandenes Produkt durch die Übertragung und Anwendung (beides ist Bedingung) eines biologischen Prinzips oder einer bestimmten biologischen Eigenschaft neue oder verbesserte Funktionen erhält: Die Entwickler isolieren dafür bestimmte Eigenschaften eines Produkts oder die im Produkt für bestimmte Aufgaben angewandten technischen Lösungen. Anschließend erfolgt die Suche nach biologischen Systemen mit ähnlichen Eigenschaften oder Aufgaben. Anstelle des vorhandenen Produkts kann auch eine technische Aufgabenstellung an ein neu zu entwickelndes Produkt treten. Die Aufgabenstellung muss aber zwingend bekannt sein, eine ungerichtete Suche nach biologischen Prinzipien mit dem Zweck, *irgendein* neues Produkt zu entwickeln, schließt der Technology Pull-Ansatz aus. Tatsächlich ist kein wissenschaftlicher Ansatz bekannt, der eine derartige „Suche ins Blaue" unterstützen würde. Die zentrale Fragestellung des Technology Pull-Ansatzes kann demnach, kommend von einer bekannten technischen Aufgabe, formuliert werden als „Wie löst die Natur das?"

Dieser erste Schritt im bionischen Projektablauf, die Ideensuche und -findung, ist häufig, vor allem für Nicht-Biologen, sehr aufwändig und anspruchsvoll, weshalb in Kap. 5.2.2 eine ausführliche Methodik dazu erstellt wird.

Unter der anderen Herangehensweise, Biology Push, wird ein Entwicklungsprozess verstanden, der von Erkenntnissen der biologischen Grundlagenforschung ausgeht, die für die Entwicklung neuer Produkte genutzt werden [vgl. VDI6220]. Es handelt sich dabei um besondere Prinzipien oder Eigenschaften eines biologischen Systems, welche die Naturwissenschaftler oder Ingenieure zu neuen Produkten inspirieren. Oftmals kann ein direkter Zusammenhang zwischen der entdeckten Eigenschaft und der technischen Anwendung hergestellt werden, eine aufwändige Ideensuche, für welche Anwendung diese spezielle Eigenschaft geeignet ist, entfällt dann. Die Fragestellung der Biology Push-Methode kann kurzgefasst lauten „Wofür kann man das verwenden?".

Biology Push: „Wofür kann man das verwenden?"

Diese Fragestellung ergibt sich aber nicht unbedingt immer nur durch langwierige und insbesondere zunächst ungerichtete Grundlagenforschung, wie Beispiele aus der Vergangenheit zeigen. Dem Schweizer Ingenieur und Erfinder Georges de Mestral soll durch die nach einem Waldspaziergang an seinem Hund und seiner Kleidung anhaftenden Kletten auf die Idee des Klettverschlusses gekommen sein [Nac13a]. Ähnliches gilt für manche andere bekannte „Patente der Natur", wie dem überall haftenden Gecko-Fuß. Dieser Effekt der Haftung, zumal vom Gecko auch mühelos aufhebbar und anscheinend unendlich wiederverwendbar, fasziniert die Menschen nachgewiesenermaßen bereits seit über 2.000 Jahren, und es bedurfte keiner Grundlagenforschung, um darauf aufmerksam zu werden, genauso wenig wie auf das Flugvermögen der Vögel. Streng genommen müsste bei der Biology Push-Methode also neben den oben erwähnten „Erkenntnissen der biologischen Grundlagenforschung" noch etwas allgemeiner „oder von bekannten Phänomenen der Natur" ergänzt werden. Natürlich gibt es aber auch bionische Innovationen, deren Prinzipien nicht so offensichtlich sind und erst durch biologische Forschungen entdeckt wurden. Genannt werden können hier z. B. die bereits erwähnten Arbeiten zur Verbesserung der Brennstoffzellen auf Basis der Mitochondrien oder die künstlichen Membranen zur Gewinnung von Reinstwasser auf Basis der Zellmembranen, siehe Kap. 3.3.2.,

Ob die biologischen Effekte nun offensichtlich sind oder sich erst durch nähere Untersuchungen offenbaren, den Projekten mit Biology Push-Ansatz ist gemein, dass diese in der Regel einen sehr hohen Innovationsgrad aufweisen. In Orientierung an den Aufgaben der Konstruktionstechnik ist dabei durchaus auch die Generierung von Basisinnovationen möglich.

Erst die Anwendung macht ein Produkt bionisch

Wenn nun, entweder durch Biology Push oder Technology Pull, eine Zuordnung eines biologischen Effekts zu einer technischen Anwendung erfolgte, ist die Phase der Ideenfindung zunächst abgeschlossen. Um das Potential der Bionik für die beabsichtigte Produktverbesserung oder eine Innovation vollumfänglich nutzen zu können, müssen sich eine systematische Analyse sowie eine Abstraktion und Übertragung des Wirkprinzips des biologischen Effekts anschließen. Geschieht dies nicht, wird die Bionik als reine Kreativitätstechnik eingesetzt, wobei diese auf der Ebene der Ideenfindung verbleibt, einer Vorstufe zur Anwendung der Bionik [VDI6220].

Eine weitere Voraussetzung, um ein bionisches Produkt oder eine bionische Technologie hervorzubringen, ist die Entwicklung und die Herstellung des Produkts, zumindest als Prototyp. Wie in Kap. 2.3 dargelegt, werden in den Norm- und Regelwerken drei Kriterien beschrieben, die erfüllt sein müssen, die hier noch einmal wiederholt werden:

1. Die technische Anwendung muss ein biologisches Vorbild haben.
2. Das biologische Vorbild muss abstrahiert worden sein.
3. Die Übertragung in eine zumindest prototypische Anwendung muss erfolgt sein.

Gemäß dem dritten Kriterium muss sich nach der Abstraktion ein Projekt anschließen, bei dem die Übertragung des abstrahierten biologischen Effekts auf eine technische Anwendung erfolgt. Auch wenn die Herstellung der technischen Anwendung den bionischen Konstruktionsprozess erst abschließt, handelt es sich ab diesem Zeitpunkt um eine traditionelle Aufgabe der Ingenieurwissenschaften. Für die weitere Bearbeitung ist es grundsätzlich unerheblich, ob die zu verfolgende Problemlösung auf einem biologischen Prinzip beruht oder auf andere Weise gefunden wurde. Auf diesen Grundgedanken aufbauend werden die im Folgenden zu entwickelnden Methodiken zum bionischen Konstruieren für den technologischen Ansatz und den biologischen Ansatz jeweils in einen „bionischen Projektteil", der bis einschließlich der Analogie und Abstrahierung reicht, und einen „technischen Projektteil", der nachfolgend bis zur Produktentwicklung reicht, aufgeteilt.

Grundsätzlich wird angenommen, dass sich Biologen und Naturwissenschaftler im Allgemeinen des Biology Push-Ansatzes bedienen, während Ingenieure den Technology Pull-Ansatz verwenden. In Anbetracht des unterschiedlichen technologisch-wissenschaftlichen Hintergrundwissens und der verschiedenen Arbeitsgebiete der beiden Gruppen erscheint dies auch folgerichtig. Blickt man jedoch auf die Liste erfolgreicher biologischer Übertragungen, finden sich dort als Initiatoren aus dem biologischen Ansatz heraus auch etliche Nicht-Biologen. Als Beispiele können wiederum der Schweizer Ingenieur Georges de Mestral (Klettverschluss) angeführt werden oder auch der deutsche Luftfahrtpionier Otto Lilienthal (Gleitflugzeug), der Texaner Michael Kelly (Stacheldraht) oder der Schiffbaumeister und Mathematiker Mathew Baker („bionischer" Schiffsrumpf). Die Methodik des biologischen Ansatzes wird dementsprechend nicht nur auf Biologen zugeschnitten, sondern „gruppenneutral" erstellt. Die Methodik des technologischen Ansatzes richtet sich zwar in erster Linie an Ingenieure bzw. Techniker, sollte aber durch die gegebenen ingenieurwissenschaftlichen Grundlagen auch von anderen Gruppen anwendbar sein.

5.2 Methodik des bionischen Konstruierens im Technology Pull-Ansatz

Bei dem technologischen Ansatz liegt zu Projektbeginn eine technische Aufgabenstellung vor, zu deren Lösung ein biologisches Prinzip gesucht werden soll. Mit den in Kap. 4.1.2 vorgestellten Konstruktionsarten kann die Art der Aufgabenstellung konkretisiert und damit auch die Art des gesuchten biologischen Prinzips eingegrenzt werden. Demnach besteht die Aufgabe in der Entwicklung eines neuen oder verbesserten Produkts durch entweder

- die Anwendung eines neuen Lösungsprinzips (Neukonstruktion),
- die Veränderung der Gestalt (Anpassungskonstruktion),
- die Verwendung neuer Materialien (Variantenkonstruktion).

Im ersten Schritt des bionischen Projektablaufs, der Suchphase (in der Literatur auch Ideenfindungsphase genannt), sucht der Konstrukteur dementsprechend nach

- einem biologischen Lösungsprinzip,
- biologischen Gestaltvariationen,
- biologischen Materialien.

Die Basisinnovation, um die Aufzählung der Konstruktionsarten zu vervollständigen, kann hier nicht umgesetzt werden. Die Basisinnovation steht für eine bislang nicht bekannte technische Anwendung, und für eine unbekannte Anwendung kann allein schon per Definition keine Suche durchgeführt werden.

Der zweite Schritt ist die Phase der Analyse der biologischen Lösung. Ausgehend von einem biologischen Lösungsprinzip wäre dies die Entschlüsselung des dahinterstehenden physikalischen Wirkprinzips. Liegt ein biologisches Design vor, ergibt die Analyse den (biologischen) Bauplan. Wird von einem biologischen Material ausgegangen, ist das Ziel der Analyse die Zusammensetzung des Materials.

Danach schließt sich die Phase der Analogiebildung, Abstraktion und Übertragung an. Für das gefundene physikalische Wirkprinzip werden eine oder mehrere Prinziplösungen erarbeitet. Der biologische Bauplan wird in eine Konstruktionsstruktur, i. d. R. als 3D-Model, überführt. Beruht die Produktverbesserung auf der Grundlage eines biologischen Materials, werden die Syntheseschritte zur künstlichen Herstellung des Materials aufgestellt.

Oft werden bionische Lösungen innerhalb komplexer technischer Systeme nur für bestimmte Teilfunktionen der Funktionsstruktur gesucht, siehe den Ablaufplan in Abb. 4-9. Bei der darauffolgenden Phase der Konzepterstellung und Bewertung fließen daher i. d. R. auch konventionelle Teilfunktionslösungen mit ein. Davon ist letztlich auch abhängig, ob diese Phase noch zum bionischen Projektteil (nur bionische Teilfunktionen) oder bereits zum technischen Projektteil gehört, weshalb hier keine eindeutige Zuordnung möglich ist.

Mit dem Ende der Phase Analogiebildung und Abstraktion endet der Projektteil mit direktem Bezug zur Biologie (bionischer Projektteil). Die sich anschließende technische Umsetzung (technischer Projektteil) unterscheidet sich in ihren Phasen grundsätzlich nicht von anderen Projekten der Ingenieurwissenschaften. Nach dem Entwerfen und konstruktiven Ausarbeiten des neuen oder geänderten Produkts mit neuer Prinziplösung, oder neuer Gestaltung oder neuem Material, erfolgt der Prototypenbau oder auch die Herstellung einer Null-Serie.

In Abb. 5-1 ist der methodische Ablauf des bionischen Projekts für den technologischen Ansatz mit der Unterteilung in bionischen und technischen Projektteil dargestellt.

Der gesamte Projektablauf ist, wie auch in der konventionellen Konstruktionstechnik, iterativ. Es gibt somit Rückschleifen sowohl zwischen den beiden Projektteilen, als auch zwischen den einzelnen Phasen. So können z. B. Tests und Produktvalidierungen Änderungen der Konstruktion nötig machen, auf die dann wieder ein neuer Prototypenbau folgt. Oder die Analogiebildung könnte zu dem Schluss führen, dass ein gefundenes physikalisches Wirkprinzip nicht von den Umgebungsbedingungen des biologischen Systems in die Umgebung der technischen Anwendung übertragen werden kann. Dies kann beispielsweise geschehen, wenn biologische Wirkprinzipien der Mikrowelt in die Makrowelt übertragen werden sollen, in der andere physikalische Größen maßgebend sind, siehe hierzu auch Kap. 4.2. In dem Falle müsste die Suchphase neu durchlaufen werden.

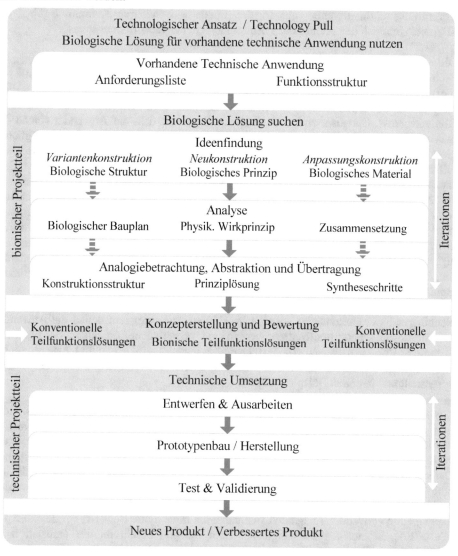

Abb. 5-1 Methodik des bionischen Projektablaufs für den technologischen Ansatz

5.2.1 Grundlagen der Ideenfindung im technologischen Ansatz

In der Ideenfindung des technologischen Ansatzes ist eine definierte technische Anwendung gegeben, für deren Lösung gemäß der Systematik des bionischen Projekts je nach Konstruktionsart entweder nach einem biologischen Lösungsprinzip, nach biologischen Gestaltvariationen oder nach biologischen Materialien gesucht werden soll. Diese Suche auf fachfremdem Gebiet stellt für den Konstrukteur bzw. für „Nicht-Biologen" eine enorme Herausforderung dar und bildet ein großes Hindernis für den Einstieg in die Bionik. Auch ist den meisten Erstanwendern der Bionik nicht bewusst, wie aufwändig und zeitintensiv diese Phase des bionischen Projektablaufs sein kann und dass diese mitunter auch von Misserfolgen begleitet wird. Umso wichtiger ist die Vermittlung umfangreicher und in der Praxis anwendbarer Kenntnisse über die Möglichkeiten und den Ablauf der Lösungssuche in der Ideenfindungsphase.

Die Quelle der Lösungssuche sind biologische und medizinische Abhandlungen in Fachzeitschriften oder Fachbüchern. Die Möglichkeit, dass der Anwender der Bionik zur Ideenfindung eigenständige biologische Untersuchungen durchführt, wird explizit ausgeschlossen, auch wenn dies in Ausnahmefällen möglich ist, siehe den Klettverschluss. Genauso wird auch nicht vorausgesetzt, dass der Anwender gemäß der heuristischen Suchmethode der Konstruktionsmethodik (Kap. 4.1.2) auf sein mögliches biologisches Hintergrundwissen zugreift. Ein derartiges Hintergrundwissen wäre zwar hilfreich, und wird auch bei mehrmaliger Anwendung der Methodik aufgebaut werden. Im Ablaufplan der Methodik tritt der heuristische Ansatz jedoch nur als Zusatz in Erscheinung. Nicht berücksichtigt werden auch die in Kap. 2.4 angesprochenen Möglichkeiten, sich für die Ideenfindung an darauf spezialisierte Firmen, Institutionen oder allgemein an Fachleute der Bionik zu wenden. Zwar wäre dies natürlich hilfreich, aber es würde nicht dem Sinne des vorliegenden Buches entsprechen, das zur eigenständigen Anwendung der Bionik befähigen soll. An dieser Stelle sei erneut darauf hingewiesen, dass hier eine Unterscheidung zur zwischenzeitlich aufgestellten Methodik gemäß Richtlinie VDI 6220 Blatt 2[2] besteht.

Nachfolgend werden zunächst spezifische Hürden betrachtet, mit denen die Anwender bei der Lösungssuche konfrontiert werden und verschiedene, derzeit in der Fachwelt diskutierte Vorgehensweisen erläutert. Darauf aufbauend wird schließlich eine möglichst einfach anzuwendende, detaillierte Methodik der Ideenfindungsphase entwickelt, vorgestellt und in einem Beispiel erläutert.

Zusammenfassend wird als Ausgangsbasis demnach angenommen, dass die Anwender – im Folgenden soll synonym auch von Ingenieuren als Nicht-Biologen gesprochen werden – weder über das zur Lösungssuche erforderliche biologische Fachwissen verfügen, noch direkten Zugang zu Literaturquellen oder wissenschaftlichen Datenbanken der Biologie hat. Erschwerend kommt hinzu, dass Ingenieure nicht nur eine Vielzahl der in der Biologie üblichen Fachtermini nicht verstehen, mitunter werden in den beiden Wissenschaften identische Begriffe für nicht näher miteinander verwandte Sachverhalte verwendet. Es handelt sich dabei um homonyme Begriffe, vergleichbar den „False Friends" aus der Interlinguistik. Zum Beispiel beschreibt die Translation im Maschinenbau eine lineare Bewegung, im Gegensatz zur Rotation. In der Biologie steht der Begriff dagegen für eine Proteinsynthese bzw. Proteinbiosynthese, vereinfacht ausgedrückt ein Prozess im Zusammenhang mit dem Überschreiben des genetischen

Codes, bei dem bestimmte Aminosäuren zu Proteinen verbunden werden. Nicht nur die Suche nach einem biologischen Prinzip für eine geradlinige Bewegung (Translation) kann daher schnell in eine falsche Richtung geleitet werden, auch das Lesen von biologischen Abhandlungen, in denen dieser vermeintlich bekannte Begriff vorkommt, verkompliziert das Verstehen zusätzlich. Diese Problematik der Informationsbeschaffung erschwert insbesondere klein- und mittelständischen Unternehmen den Einstieg in die Bionik, da diese im Gegensatz zu größeren Unternehmen in der Regel keine interdisziplinären Forschungsteams unterhalten können, in denen derartige Missverständnisse schnell ausgeräumt werden könnten [Gle07, Nie17, Ban14].

Die die Bionik als solche beschreibende wissenschaftliche und vor allem populär-wissenschaftliche Literatur geht nur selten oder unzureichend auf diese Innovations- oder Transferhemmnisse ein [Gra04, Gle07]. Gleichwohl wurde in der Fachwelt der Bedarf einer Systematik für die Ideenfindung im bionischen Projektablauf erkannt, die den Ingenieuren einen Zugang zu biologischen Lösungen ermöglicht. Nachfolgend werden dazu unterschiedliche Ansätze vorgestellt, wobei aufgrund der Vielzahl der in der Literatur beschriebenen Systematiken nicht alle berücksichtigt werden können. Es wird versucht, einen möglichst breit gefächerten Überblick zu geben, der in etwa dem historischen Ablauf folgt. Die Ansätze können in zwei Gruppen eingeteilt werden. Bei dem *indirekten Suchansatz* erfolgt die Ideensuche über die Verwendung von Hilfsmitteln wie Bionik-Katalogen, bionischen Lösungssammlungen, Übersetzungssystematiken oder -Programmen, die auf die Quellen biologischen Wissens zurückgreifen oder auf diesen basieren. Der Suchende bleibt dabei in seiner „Sprache", i. d. R. der Sprache der Technik. Bei dem *direkten Suchansatz* erfolgt die Suche über eine geeignete Suchwortgenerierung und Quelltextinterpretation direkt in den Quellen biologischen und medizinischen Wissens („Natural Language Approach"). Der Suchende begibt sich dabei in die Sprache der Quelltexte, i. d. R. die Sprache der Biologie.

Indirekter Suchansatz I:
„Statische" Lösungssammlungen, Datenbanken und Kataloge

Frühe Ansätze für ein methodisches Vorgehen in bionischen Projekten beschreiben bereits recht detailliert die Überprüfung biologischer Prinzipien auf ihre Tauglichkeit für eine technische Anwendung und häufig auch den Ablauf der Übertragung und Analogiebildung.

E. Zerbst 1987: Technisch-begriffliche Datenbanken

So veröffentlichte E. W. Zerbst 1987 aufbauend auf den Arbeiten von I. Rechenberg ein derartiges Konzept der Überprüfung und Übertragung [vergl. Rec73; Zer87]. Eine für Nicht-Biologen anwendbare Methodik zur eigenständigen Auffindung von geeigneten biologischen Lösungsprinzipien oder zur Interpretation relevanter biologischer Abhandlungen fehlt allerdings. Der Autor schlägt lediglich die Einrichtung von *„technisch-begrifflich*[en]" Datenbanken vor. Als eine unabdingbare Voraussetzung für die Durchführung bionischer Projekte wird angesehen, dass der bionisch arbeitende Techniker die Sprache der Biologen versteht. Der Möglichkeit der eigenständigen Lösungsprinzipsuche des Technikers in biologischen Abhandlungen steht Zerbst ausdrücklich skeptisch gegenüber [Zer87].

B. Hill, 1997: Bionik-Kataloge

Bei dem von B. Hill 1997 und erneut 1999 veröffentlichten Ansatz erstellt der Autor als Quelle für biologische Prinzipien einen Katalog mit 15 Klassen und 191 erläuterten Prinzipien [Hil97, Hil99]. Hill lehnt sich in seiner Methodik des bionischen Projektablaufs dabei abweichend vom Vorgehen der erst später erstellten Richtlinie VDI 6220 Blatt 1 und Blatt 2[2] an die in Kap. 4.1.2 beschriebene TRIZ-Methodik an, indem er mit Widersprüchen arbeitet.

J. Vincent 2002: BioTriz mit Datenbasis

Ebenfalls auf Grundlage des in den Ingenieurwissenschaften bekannten Ideenfindungstools TRIZ basiert das 2002 von J. Vincent et al beschriebene „BioTriz" zur Findung biologischer Lösungen [Vin02]. Als Datenbasis dienen 500 biologische Phänomene (TRIZ basiert auf 40.000 Patenten), aus denen 270 Prinzipien abgeleitet werden. Zentrales Element des BioTriz ist auch hier eine Widerspruchsmatrix, deren zu vergleichende Aspekte auf die biologische Anwendung angepasst sind und nur noch 12 % mit den Aspekten des TRIZ-Vorbildes gemein haben [Vin06]. Weiterführende Literatur findet sich z. B. in [Gün14, Bog14].

Durch die auf 500 biologische Phänomene und 270 Prinzipien eingeschränkte Datenbank erscheint der Pool der BioTriz-Methodik, verglichen mit dem Potential der Natur, gering. Ähnliches gilt für die Verwendung von Bionik-Katalogen und bionische Prinzipien beschreibende Bücher. Zwar bieten diese die Vorteile, dass meist der hinter dem bionischen Prinzip stehende physikalische Effekt erklärt wird und häufig auch technische Umsetzungen oder Umsetzungsmöglichkeiten benannt werden. Dadurch eignen sich diese Werke insbesondere, um den Bionik-Anfängern eine erste Übersicht über die unterschiedlichen Arten und Erscheinungsformen biologischer Prinzipien zu geben. Der Lösungspool ist durch die auf maximal einige hundert Prinzipien begrenzte Auflistung allerdings eingeschränkt. Detaillierte Anleitungen, wie Nicht-Biologen selbst gezielt nach biologischen Prinzipien zur Lösung technischer Probleme suchen können, fehlen. Nachteilig ist auch, dass es in der Literatur nicht viele solcher Kataloge gibt, und diese häufig ähnliche oder gleiche biologische Prinzipien beschreiben. Und schließlich werden gedruckte Kataloge oder Bücher in der Regel nur bei Neuauflagen aktualisiert, so dass diese meist nicht den aktuellen Stand der Forschung beinhalten.

Die aufgeführten Gründe legen den Schluss nahe, dass Methoden zur Ideenfindung, die sich einer vergleichsweise geringen und statischen Datenbasis oder Datenbank bedienen, den Lösungsraum des bionischen Projekts einengen. Eine Möglichkeit der schnelleren Aktualisierung könnte die Einrichtung von support bietenden Webseiten von gedruckten Werken sein, auf denen neueste Erkenntnisse, Verbesserungen oder Erweiterungen zum Download angeboten werden. Einen umfangreicheren und fortlaufend erweiterbaren, daher „dynamischen" Lösungsraum könnten Methoden bieten, die sich einer Software-Datenbank bedienen oder die biologische Texte durch automatisierte Übersetzungsprogramme allgemeinverständlich zugänglich machen. Bedingung wäre dafür, dass die Datenbanken und Übersetzungsprogramme permanent gepflegt und aktualisiert werden. Dies führt zu dem dynamischen „indirekten Suchansatz II".

Indirekter Suchansatz II:
„Dynamische" softwaregestützte Datenbanken

DANE (*D*esign by *A*nalogy to *N*ature *E*ngine, http://dilab.cc.gatech.edu/dane/) ist eine vom Georgia Institute of Technology, USA, entwickelte Software, die nach eigener Aussage die von biologischen Systemen inspirierte Konstruktion erleichtern soll. [Dan18]. Die in DANE hinterlegten biologischen Begriffe sind in Form von structure-behavior-functions (SBF) aufgebaut [Vat11-2]. Vereinfacht ausgedrückt berücksichtigt dieser Ansatz das Zusammenspiel zwischen dem Aufbau (*structure*) und dem Verhalten über die Zeit (*behavior*) eines einen Zweck (*function*) erfüllenden technischen Gebildes. Auf der Webseite kann eine Anleitung, das Programm und Lehrvideos zum Verständnis der SBF kostenfrei heruntergeladen werden.

IDEA-INSPIRE ist eine software-basierte Datenbank zur Unterstützung des Konstruktionsprozesses bei der Entwicklung neuartiger Produkte. Die Software zeigt Analogien zwischen einer Problemstellung und biologischen oder auch technischen Systemen auf [Cha05]. Entwickelt wurde IDEA-INSPIRE von IDeaS Lab (*I*nnovation, *De*sign Study *a*nd *S*ustainability *Lab*oratory), Indian Institute of Science, Bangalore [Ide18]. Auf der Webseite des IDeaS Lab wird das Programm kurz beschrieben, Anleitungen oder das Programm selber können nach Wissen des Autors nicht frei heruntergeladen werden.

In der Literatur finden sich noch weitere Beschreibungen von Softwarelösungen für die Suche nach biologischen Prinzipien. So z. B. das Programm *„Biologue"* in einer Veröffentlichung von S. Vattam und A. Goel 2011 [Vat11]. Die Richtlinie VDI 6220 Blatt 2[2] schlägt neben DANE noch die Datenbanken Ontologie[151] und E2BMO[152] vor, sowie die hier später noch ausführlich erklärte bionische Lösungssammlung unter AskNature. D. Vandevenne et al. beschrieb 2013 einen Webcrawler zur Suche nach biologischen Strategien, dessen Suchergebnisse eine automatisierte Datenbank füllen [Van13]. Diese Lösungen scheinen nicht oder noch nicht frei zugänglich zu sein, oder die Arbeiten daran wurden eingestellt. Zumindest konnten während der Recherche zu dem vorliegenden Buch keine entsprechenden Webseiten gefunden werden, auf denen diese Lösungen bezogen oder genutzt werden könnten. Eine vom Fraunhofer-Institut für Arbeitswirtschaft und Organisation (IAO), Stuttgart, entwickelte Systematik zur Kategorisierung, Bewertung und Auslesung des biologischen Wissens-Pools, *BioPat*, unterstützt von einem Technik-Biologie-Wörterbuch mit ca. 9 Millionen Einträgen, wurde 2022 eingestellt.

Zusammenfassend kann festgestellt werden, dass die Auswahl softwarebasierter oder softwareunterstützter (online-)Lösungen zur Ideenfindung in bionischen Projekten zum jetzigen Zeitpunkt überschaubar ist. Die Einstellung der wohl bis dato größten Datenbank *BioPat* könnte ein Hinweis darauf sein, dass mit einer größeren Zunahme derartiger Lösungen eher nicht zu rechnen ist. Dies könnte u. a. daran liegen, dass die Pflege entsprechender Datenbanken arbeitsintensiv und eine kommerzielle Nutzung mit Kosten verbunden ist, die ggf. für kleinere und mittelständische Unternehmen eine

---

[151] http://biomimetics.hozo.jp/ontology_db.html
[152] http://uakron.edu/bric/E2BMO/index.html

zusätzliche Hürde darstellen können. Gemäß den Überlegungen von J. Gramann besteht bei der Vorgabe von Lösungsideen darüber hinaus auch die Gefahr der negativen Beeinflussung der erfinderischen Tätigkeit [Gra04]. Ähnliches merkt M. Helms in [Hel16] an, die darauf hinweist, dass die Auswahl der Informationen in den Datenbanken vom Entwickler abhängig ist. Dies schränkt den Lösungsraum ein und senkt die Wahrscheinlichkeit innovativer Lösungen. Übertragen gilt dies auch für den Einsatz von Übersetzungsalgorithmen, die bestimmte Lösungen aufgrund ihrer Programmierung ausschließen und nicht anzeigen. Und die Annahme einer Auswahl ist durchaus berechtigt, sind doch in den später in diesem Kapitel beschriebenen Literaturdatenbanken PubMed derzeit rund 29 Millionen Abhandlungen gelistet, in LIVIVO rund 55 Millionen.

In der Fachwelt werden diese Einschränkungen seit einigen Jahren eingehend diskutiert, und mittlerweile steht den Methoden auf der Grundlage von auf die Bionik zugeschnittenen Datenbanken oder Katalogen eine Reihe alternativer Ansätze für die Ideensuche im bionischen Projektablauf gegenüber. Diese zielen auf eine direkte Verfügbarmachung der in der Sprache der Biologie codierten medizinischen oder biologischen Publikationen ab. Die Anstrengungen, um die Informationsbarrieren für Ingenieure durchgängig zu machen, bestehen dabei im Wesentlichen aus a) der Generierung geeigneter biologischer Suchwörter und b) der Interpretation biologischer Quelltexte. Unterstützt werden die Methodiken zumeist durch frei zugängliche Internetquellen wie Thesaurus-Wörterbüchern, Wörterbüchern der Biologie oder allgemeinen Lexika.

Direkter Suchansatz:
Suchwortgenerierung und Quelltextinterpretation

Shu et. al. 2001: „A natural Language Approach to Biomimetic Design"

Der von L. H. Shu 2001 entwickelte Natural Language-Ansatz basiert auf der Idee, Texte direkt aus der Sprache, in der sie erstellt wurden – gemeint ist hier die „Sprache der Biologie" – in eine für den Anwender der Bionik verständliche Sprache zu übersetzen, z. B. in die „Sprache der Ingenieure". Erklärtes Ziel ist die Umgehung von den Lösungspool einschränkenden Bionik-Katalogen oder Lösungssammlungen [vgl. Shu10; Shu14]. Stattdessen kann mit einem softwarebasierten Suchtool ohne Umwege in biologischen oder medizinischen Abhandlungen nach biologischen Lösungen für technische Anwendungen gesucht werden. Die Basis des Suchtools bildet ein Biologiebuch, das sich an Studienanfänger der Biologie richtet. Weitere Texte können in die Basis mit einbezogen werden, wobei Shu darauf hinweist, dass eine Suche auf Basis von Experten-Literatur für Laien schwerer auszuwerten ist, und dadurch relevante Ergebnisse übersehen werden könnten [Shu10]. Als eine ergiebige Quelle biologischer Abhandlungen benennt Shu in seinen Veröffentlichungen die Webseite AskNature.org[153]. Die bei AskNature hinterlegten Abhandlungen sind sprachlich bereits allgemeinverständlich aufbereitet, in dem Falle wäre also auch die Quelle nicht mehr auf „Experten-Niveau". Grundsätzlich ist aber davon auszugehen, dass der beschriebene Ansatz auch direkt auf nicht aufbereitete biologische Abhandlungen angewendet werden kann.

---

[153] Die Webseite AskNature.org wird später in diesem Kapitel unter dem Stichwort Datenbanken beschrieben.

Für die Suchwortgenerierung verwendet Shu in erster Linie Verben, welche die Funktion, den Effekt oder die Eigenschaften der technologischen Anwendung beschreiben, für die eine biologische Lösung gefunden werden soll. Die Generierung erfolgt mit den Grundformen der Verben, sowie mit deren Synonymen, Hyponymen und Troponymen[154].

Chiu und Shu 2005: „Biological meaningful keywords"

Chiu und Shu definierten 2005 die „Biological meaningful keywords", womit Suchwörter für die Suche in biologischen Abhandlungen gemeint sind, die keinen offensichtlichen Bezug zur gesuchten technischen Funktion haben müssen [Chi05]. Zwar eigenständig publiziert, könnte aber auch dieser Ansatz unter dem „Natural Language Approach" eingeordnet werden. Als ein Beispiel wird für die technische Funktion Säubern („clean") als biological meaningful keyword die biologische Funktion Verteidigen („defend") gefunden, da bei einigen Organismen das Säubern eine Verteidigungsstrategie gegen z. B. Parasiten darstellt. Der Hinweis, statt nach „clean" nach „defend" zu suchen, ist nicht offensichtlich und kam in dem Beispiel von einem Fachmann aus dem Bereich der Biologie. Aus den bereits genannten Gründen, wie z. B. der Zugänglichmachung der Bionik für KMU sollte die Suchwortgenerierung aber eigenständig von einem Ingenieur ausgeführt werden können. Dass nicht immer ein Fachmann zu Rate gezogen werden kann, war auch Chiu und Shu bewusst, weshalb sie einen Algorithmus entwickelten, der die Suche nach derartigen Schlüsselwörtern allgemein zugänglich macht. Der Algorithmus benutzt in erster Linie Hyperonyme, also Oberbegriffe von Verben im Gegensatz zu den bereits erwähnten Hyponymen, sowie wiederum Troponyme. Mit dieser sogenannten „Bridging Method" werden allgemeine biologische Abhandlungen nach den gefundenen Begriffen durchsucht und daraus die biologisch bedeutsamen Schlüsselwörter abgeleitet. Die Bridging Method wird im nachfolgenden Ansatz von Cheong et. al. erklärt.

Cheong et. al. 2008: „Bridging Method" and „Functional Basis"

Cheong et. al. betrachten in [Che08] und [Che11] die Funktionen technischer Anwendungen, um biologisch bedeutsame Schlüsselwörter in biologischen Abhandlungen zu identifizieren. Angelehnt ist dieser funktionsbasierte Ansatz an den von Stone und Wood 1999 vorgestellten Algorithmus der allgemeinen, also nicht auf die Bionik zugeschnittenen Konstruktionstechnik, der sich wiederum auf die von Pahl und Beitz in Kap. 4.1.2 beschriebene Methode des funktionsbasierten Konstruierens bezieht [vgl. Sto00]. Übernommen und verfeinert wurden von Cheong et al. auch Methoden des oben beschriebenen Ansatzes von Chiu und Shu.

Für die Anwendung der Bridging Method muss zunächst eine gewünschte technische Funktion definiert sein, für deren Ausführung ein Verb formuliert werden kann. Mit diesem Verb werden biologische Publikationen durchsucht und Substantive identifiziert, die häufig mit diesem Verb in Zusammenhang stehen. Dann wird überprüft, welche weiteren Verben häufig mit diesen Substantiven genannt werden. Diese weiteren Verben

---

[154] Synonyme sind sinngleiche Begriffe, Hyponyme (Gegenteil Hyperonyme) sind spezifizierte Unterbegriffe, und Troponyme geben die Art und Weise an, wie eine Funktion ausgeführt werden kann. So sind *schleichen* und *rasen* Troponyme von (Auto-)*fahren*, wobei *schleichen* auch ein Troponym von *gehen* sein kann. Ein Hyponym von Fortbewegen wäre wiederum *fahren*, aber auch *gehen*.

sind die „Bridge Verbs", aus denen schließlich biologisch bedeutsame Schlüsselwörter aufgestellt werden.

Mit den zugeordneten Schlüsselwörtern wird in biologischen Abhandlungen nach biologischen Analogien bzw. Lösungen der technischen Funktion gesucht. In der 2011 erfolgten Veröffentlichung von Cheong et. al. werden vier Kategorien definiert, in denen die meisten biologisch bedeutsamen Schlüsselwörter im Text vorzufinden sind. In der Beschreibung der Kategorien bezieht er sich auf ein Biologie-Lehrbuch von Purves et al. von 2001: Synonym im gleichen Satz verwendete Wörter, synonym in verschiedenen Sätzen verwendete Wörter, Begriffe, die das Verhalten einer biologischen Funktion beschreiben und solche, die Kernfunktionen beschreiben [Che11]. In einer Nomenklatur wird außerdem eine Reihe weiterer Begriffe aufgeführt, die zum Suchalgorithmus der Methode gehören, so z. B. Troponyme und Hyperonyme. Die gewonnene Schlüsselwortsammlung kann laut den Autoren auch als Technik-Biologie Thesaurus verwendet werden.

Stroble et al 2009: „Engineering-to-Biology Thesaurus"

Das von J. K. Stroble 2009 beschriebene Technik-Biologie-Synonymwörterbuch (Thesaurus) verbindet biologisch bedeutsame, aber in der Technik nicht verbreitete Begriffe („Biologically connotative term") mit technischen Funktionen oder Umsätzen (Material, Signal oder Energie). Mit Hilfe des Wörterbuchs und einer zugehörigen Übersetzungssystematik können in der Sprache der Biologie verfasste Texte in eine für Ingenieure verständliche Textsprache umgewandelt werden. In [Str09] wird der Aufbau des Wörterbuchs sowie das Vorgehen bei der Übersetzung anhand eines Beispiels erklärt. Des Weiteren kann das Wörterbuch auch als Inspirationsquelle für die Suche nach biologischen Pendants technischer Funktionen verwendet werden. Als ein drittes Einsatzgebiet wird allgemein die Erleichterung der Kommunikation zwischen Ingenieuren und Biologen genannt [Nag14]. Einer der Grundbausteine des Thesaurus ist wie bei Cheong et al. die von Pahl und Beitz verwendete Systematik der Zerlegung von Gesamtfunktionen eines technischen Systems in Teilfunktionen, siehe Kap. 4.1.2. Der Thesaurus berücksichtigt auch die in IDEA-INSPIRE generierten Analogien sowie die durch die Methode von Chiu und Shu gefundenen Biological meaningful keywords. Letzteres und der Umstand, dass mit der Systematik des Thesaurus komplette Texte „übersetzt" werden können, begründen die Einordnung des Verfahrens in den Bereich der direkten Erschließung biologischer Quellen.

Helms 2016: „BIOscrabble"

Aufbauend insbesondere auf den vorgenannten Methoden entwickelte M. K. Helms ein „BIOscrabble" mit dem Ziel, Ingenieure zur selbständigen Suche biologischer Lösungen direkt in biologischen Publikationen zu befähigen. Zu einem Teil bereits ab 2012 vorgestellt [Kai12, Kai13], wird die Methode in [Hel16] eingehend dargelegt und anhand von Beispielen und Studien erklärt. Basis der Methode sind drei „BIOscrabble-Bausteine". Diese sind *Biologische Publikationen* für die Art der Suchquelle, *Suchwortarten* und *Suchwortvariationen*. Als ergiebigste Suchquelle identifiziert Helms in ihren mit Studierenden des Maschinenbaus durchgeführten Studien die Literaturdatenbank PubMed. Als Suchwortarten definiert Helms die drei Bereiche Funktion, Eigenschaft und Umwelt einer technischen Anwendung, für die eine biologische Lösung gesucht werden soll. In Studien wurde nachgewiesen, dass sich mit den beiden zusätzlichen Suchwortarten Eigenschaft und Umwelt mehr Lösungsideen finden lassen, als nur mit Suchworten, die alleine aus der Funktion abgeleitet werden.

Bei der Suchwortvariation kommt Helms in ihren Studien zu dem interessanten Ergebnis, dass diese „wahrscheinlich von untergeordneter Bedeutung" sei [Hel16] und merkt an, dass dies im Widerspruch zu den gängigen Theorien steht. Gebildet wurden wiederum Synonyme, Hyponyme, Hyperonyme und auch Antonyme, also Gegensatzwörter.

In Abb. 5-2 sind die wichtigsten Kernpunkte des indirekten und des direkten Suchansatzes zur Lösungsfindung zusammengefasst dargestellt.

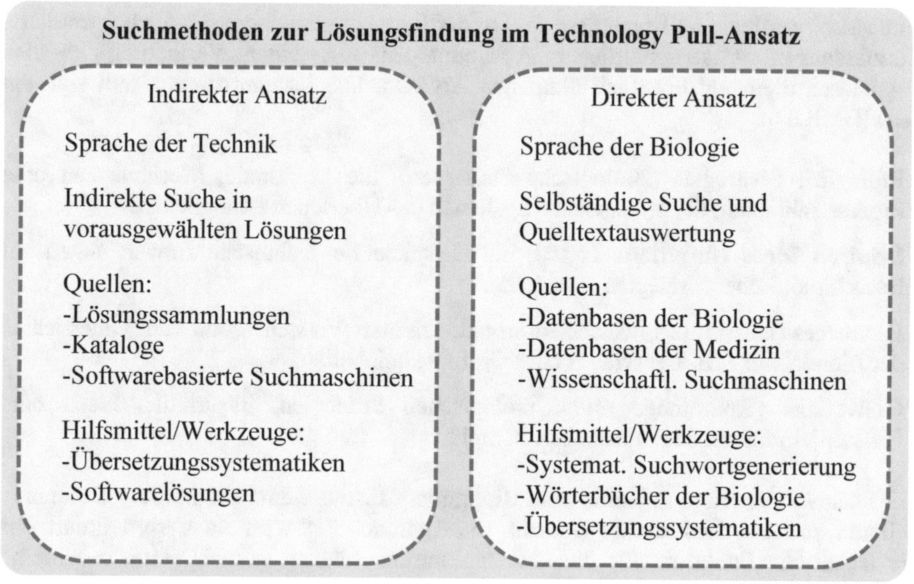

Suchmethoden zur Lösungsfindung im Technology Pull-Ansatz

Indirekter Ansatz	Direkter Ansatz
Sprache der Technik	Sprache der Biologie
Indirekte Suche in vorausgewählten Lösungen	Selbständige Suche und Quelltextauswertung
Quellen: -Lösungssammlungen -Kataloge -Softwarebasierte Suchmaschinen	Quellen: -Datenbasen der Biologie -Datenbasen der Medizin -Wissenschaftl. Suchmaschinen
Hilfsmittel/Werkzeuge: -Übersetzungssystematiken -Softwarelösungen	Hilfsmittel/Werkzeuge: -Systemat. Suchwortgenerierung -Wörterbücher der Biologie -Übersetzungssystematiken

Abb. 5-2 Übersicht indirekter und direkter Ansatz der Suchmethoden zur Lösungsfindung im Technology Pull-Ansatz

Die Anwendungsmöglichkeiten und Erfolgsaussichten der beschriebenen Ansätze mit direkter Quellenerschließung durch Suchwortgenerierung und Quelltextinterpretation sind außer von der dabei verwendeten Strategie von den zu durchsuchenden Datenbanken bzw. -quellen abhängig. Teilweise bieten diese bereits umfangreiche Möglichkeiten zur systematischen Suche und auch zur Filterung der Suchergebnisse an. Im Folgenden werden bedeutsame, frei zugängliche online-Datenbanken und –quellen vorgestellt.

Datenbanken der Bionik

Obwohl von Seiten der Bionik ein Bedarf an auf sie zugeschnittene Datenbanken besteht, konnte im Rahmen der Recherchen für dieses Buch mit AskNature.org nur eine frei zugängliche, einfach bedienbare und online erreichbare Datenbank nennenswerter Größe gefunden werden. Eingesetzt werden können Datenbanken der Bionik grundsätzlich im direkten Ansatz der Ideenfindung, aber je nach Methode auch im indirekten Ansatz.

AskNature https://asknature.org/

AskNature, eingerichtet 2008 und überarbeitet 2016, ist ein vom Biomimicry Institute in Montana, USA, betriebener Online-Katalog, der biologische Lösungen für technische Anwendungen anbietet. Mit derzeit (Stand 02/2020) mehr als 1.700 biologischen Strategien und knapp 200 biologisch inspirierten technischen Anwendungen ist die Sammlung nach eigener Aussage die weltweit umfassendste Katalog dieser Art [BMI18]. Er ist frei zugänglich und in englischer Sprache. Die Suche kann entweder global über Suchwörter gestartet oder anhand einer hinterlegten Kategorisierung durchsucht werden. Die Ergebnisse sind in der Regel allgemein verständlich formulierte Kurzfassungen wissenschaftlicher Abhandlungen mit einer Verlinkung zu den Originalschriften und eventuell ähnlichen Artikeln. Die Kategorisierung teilt sich ein nach [BMIOD]:

- **Biological Strategies** (Biologische Strategien), die Merkmale, Mechanismen oder Prozesse abbilden, die biologischen Systemen das Überleben ermöglichen.

- **Inspired Ideas** (Inspirierte Ideen), die Beispiele für technische Anwendungen auf Basis biologischer Strategien enthalten.

- **Resources** (Hilfsmittel), welche Informationen zum Verstehen und zum Unterrichten der Bionik, wie z. B. Lehrvideos oder Grafiken beinhalten.

- **Collections** (Sammlungen) von biologischen Strategien, inspirierten Ideen oder Hilfsmitteln für ein bestimmtes Themenfeld.

Zur Suchwortgenerierung wurde vom Biomimicry Institute eine Biomimicry Taxonomy definiert, die drei Suchschritte vorsieht. In „Approach #1" wird ein Verb definiert, das die technische Funktion, für die eine biologische Lösung gesucht wird, beschreibt. Gestartet wird die Suche durch die Frage, wie die Natur diese Funktion erfüllt („*How does nature...* "), wobei zur Fragestellung i. d. R. auch ein Substantiv notwendig ist, Beispiel: *How does nature protect from shock?* Die Suche kann auch nur mit den eigentlichen Suchwörtern gestartet werden, im obigen Beispiel wären diese *protect* und *shock*. In „Approach #2" wird nach Verben und/oder Substantiven gesucht, welche ähnliche Aufgaben erfüllen können oder die ähnlich gelöst sein können, also z. B. *How does nature absorb impact*. In „Approach #3" soll die Frage umgekehrt werden, z. B. *How does nature generate shock?*
Eine Suche nach mehreren Begriffen gleichzeitig ist möglich, boolesche Operatoren (AND, OR, XOR, …) werden bei AskNature allerdings nicht berücksichtigt.

Datenbanken der Biologie und Medizin

Die ursprünglichen Quellen für biologische Lösungen sind biologische und medizinische Publikationen. Shu spricht in diesem Zusammenhang von der „Natural language source"[Shu10]. In erster Linie sind dies wissenschaftliche Abhandlungen in Fachjournalen. Gebündelt werden diese zum einen in Literaturdatenbanken oder Bilddatenbanken, welche meist die Überschrift der Abhandlung, eine Zusammenfassung ihres Inhalts (Abstract) und Angaben zur Ursprungsquelle, eventuell direkt mit

Verlinkung, enthalten. Werden nur die Überschrift und der Link angeboten, spricht man auch von Meta-Datenbanken. Zum anderen gibt es auch Faktendatenbanken, welche die gesamte Abhandlung beinhalten. Weitere mögliche Quellen sind Patentschriften, zu finden in den Katalogen nationaler und internationaler Patentämter, und nicht zuletzt Fachbücher.

PubMed.gov https://www.ncbi.nlm.nih.gov/pubmed/

Die umfangreichste Literaturdatenbank biologischer und medizinischer Abhandlungen ist die nationale medizinische Bibliothek der Vereinigten Staaten von Amerika (US National Library of Medicine, NLM). Enthalten sind derzeit (Stand 02/2020) mehr als 30 Millionen[155] Literaturstellen der Medizin, Biomedizin, Biologie, Biochemie, Psychologie oder auch des Gesundheitswesens, die auf Fachjournale, online-Fachbücher und insbesondere auf die Meta-Datenbank MEDLINE verweisen [NCBIoD]. MEDLINE (*Med*ical Literature Analysis and Retrieval System On*line*) ist eine Einrichtung des US National Center for Biotechnology Information (NCBI) und verweist wiederum auf circa 21 Millionen Literaturstellen aus derzeit rund 4.500 Journalen.

Einige der in PubMed zu findenden Literaturstellen sind auch als Volltext hinterlegt, nach denen gezielt gesucht werden kann. Das Portal von PubMed bietet vielfältige Suchmöglichkeiten, die über Boolesche Operatoren gesteuert werden können. Angeboten werden auch umfangreiche Anleitungen zur Benutzung von PubMed, sowie mit der Systematik **MeSH** (*Me*dical *S*ubject *H*eadings, übersetzt in etwa „Medizinische Stichwörter") eine Hilfestellung zur Suche von Schlüsselwörtern in den Abhandlungen [NLM19]. In der Unterkategorie PubMed Central (PMC), von der Startseite zu erreichen über eine Dropdown-Liste, sind auch Volltexte mit Bildern verfügbar. In PubMed Central sind derzeit über 5 Millionen Artikel gelistet.

LIVIVO https://www.livivo.de

Das deutsche Pendant zu PubMed findet sich in der Deutschen Zentralbibliothek für Medizin (ZB MED), welche das online-basierte Suchportal „Lebenswissenschaften" LIVIVO unterhält. Derzeit können rund 58 Millionen Literaturstellen durchsucht werden. Damit wäre LIVIVO umfangreicher als PubMed, jedoch teilen sich die Literaturstellen auf die Bereiche Medizin und Gesundheitswesen sowie Umwelt-, Ernährungs- und Agrarwissenschaften auf, nach denen die Ergebnisse auch gefiltert werden können [ZBMoD]. Der Bereich Biologie oder Biomedizin wird nicht explizit erwähnt, allerdings gehört u. a. auch PubMed zur Quelle von LIVIVO. Testsuchen ergaben eine größere Trefferanzahl bei PubMed, wenn bei den Ergebnissen in LIVIVO nur der Bereich Medizin und Gesundheitswesen gezählt wird (siehe die Zusammenfassung am Ende dieses Kapitels). Die Suchfunktion ist komfortabel gestaltet und ermöglicht die Eingabe mehrerer, über Boolesche Operatoren gesteuerte Suchbegriffe. Zusätzlich ist laut der Beschreibung von LIVIVO eine automatisierte Suchtechnik hinterlegt, welche eine „linguistische Anreicherung und semantische Verknüpfung von Suchbegriffen" [ZBMoD] bietet. Basis ist auch hier wieder die bereits erwähnte medizinische Systematik MeSH sowie die Systematiken UMTHS (Umweltwissenschaften) und AGROVOC (Agrarwissenschaften). Die Suchmaske kann in Deutsch oder Englisch aufgerufen werden, die Suche läuft in mehreren Sprachen

---

[155] Eine Beobachtung über die Zeit ergab einen Anstieg von knapp einer Million Publikationen innerhalb eines Jahres (01/2019-01/2020).

gleichzeitig ab, wobei „automatisch" auch nach Synonymen und unterschiedlichen Wortformen gesucht wird. Eine Testsuche mit den Begriffen „transportieren" AND „Wasser" ergab 234 Treffer, davon 30 aus medizinischer Literatur, von denen 2 in englischer Sprache waren. Eine zweite Suche mit „transport" AND „water" ergab dagegen 138.718 Treffer, davon 10.911 aus dem medizinischen Bereich. Daher sollte sich nicht auf die automatische Übersetzung verlassen werden, sondern die Suche auch mit vom Anwender selbst übersetzten Begriffen in englischer Sprache durchgeführt werden.

Bioline International http://www.bioline.org.br/

Bioline International ist eine gemeinnützige digitale Plattform für frei zugängliche Publikationen aus Entwicklungsländern. Angeboten werden Artikel aus den Bereichen Gesundheitswesen, Ernährungswissenschaften, Medizin, Pflanzenanbau oder biologische Artenvielfalt. Derzeit sind 70 peer-reviewed-Journale in 15 Ländern angeschlossen. Es können mehrere Suchworte eingegeben werden, Boolesche Operatoren werden nicht berücksichtigt. Die Ergebnisse werden nach Ländern und Journalen sortiert ausgegeben. Eine Testsuche mit den Begriffen „water transport" und „transport water" ergab die jeweils identische Anzahl von 52 Ergebnissen aus 15 Ländern. Bioline International ist hier als ein Beispiel für eine alternative, frei zugängliche Datenbank mitaufgeführt, wird aber aufgrund der eingeschränkten Suchmöglichkeiten und der gegenüber PubMed oder LIVIVO deutlich geringeren Datenmenge im später folgenden Ablaufplan der Suche nicht mitberücksichtigt.

Allgemeine und allgemeinwissenschaftliche Datenquellen

Seit der Veröffentlichung des vorliegenden Buches Ende 2020 wurde der Ablauf des bionischen Projekts innerhalb der Fächer zur Bionik an der Hochschule Bonn-Rhein-Sieg bereits weit über hundertmal durchgeführt. Dabei erwiesen sich auch allgemeinwissenschaftliche Internet-Suchmaschinen wie die nachfolgend beschriebene Google Scholar[156] oder auch die bekannten Suchmaschinen Google, Bing oder Yahoo als durchaus nützlich für die Suche nach biologischen Prinzipien. An erster Stelle sind hier Pressemitteilungen zu nennen, die über neue Publikationen aus den Bereichen der Biologie, der Medizin, der Biotechnologie oder auch der Chemie berichten. Im Prinzip erhält man hierbei eine Zusammenfassung der Publikation in für Nicht-Naturwissenschaftler verständlicher Sprache, die je nach Sucheinstellung häufig auch aus der wissenschaftlichen Weltsprache Englisch in die jeweilige Landessprache übersetzt ist. Hinzu kommen Pressemitteilungen von universitären und außeruniversitären Forschungseinrichtungen oder von größeren Unternehmen, deren Inhalte bislang (noch) nicht als Publikationen erschienen sind. Ebenfalls zu nennen sind Artikel in (online-)Enzyklopädien wie Wikipedia oder Auszüge aus Fachbüchern, die in dieser Form nicht unbedingt in den staatlichen Datenbanken zu finden sind. Und schließlich gibt es mittlerweile auch viele Webseiten von Privatleuten, die ihre wissenschaftlichen oder auch „Hobby-wissenschaftlichen" Erkenntnisse teilen. Hier muss natürlich die Validität dieser Angaben überprüft werden, was aber, aufgrund der vorgegebenen Suchrichtung, mit Hilfe der wissenschaftlichen Datenbanken oft relativ einfach möglich ist.

---

[156] Ein Pendant zu Google Scholar, MS Academic Research von Microsoft, wurde zum 31.12.2021 eingestellt.

Google Scholar https://scholar.google.de/

Google Scholar ist die auf wissenschaftliche Informationen spezialisierte Internetsuchmaschine von Google. Über die „Erweiterte Suche" kann indirekt mit Booleschen Operatoren gesucht werden, so entspricht z. B. „mit allen Wörtern" einem AND. Die Ergebnisse können nach dem Zeitraum der Veröffentlichung gefiltert und nach Datum sortiert werden. Gesucht wird auch nach Patentschriften [Goo20]. Eine Testsuche nach „water" AND „transport" ohne weitere Filterung lieferte rund 4,39 Millionen Ergebnisse. Eine Durchsicht der ersten 50 Ergebnisse zeigte, dass davon 31 aus dem Bereich der Biologie, Medizin oder Chemie kamen, von denen 18 für eine Weiterverfolgung geeignet erschienen. Acht Suchergebnisse gehörten zu für die Suche irrelevanten Wissenschaftsbereichen (Technik, Geologie, Wirtschaftswissenschaften), und 11 Ergebnisse wurden doppelt angezeigt oder entsprachen inhaltlich bereits aufgeführten Ergebnissen.

Vergleich von indirektem und direktem Ansatz der Ideenfindung

Die Vorteile der vorgestellten Methoden des direkten Ansatzes sind zum einen die universelle Anwendbarkeit auf beliebige Quellen, der theoretisch unbegrenzte Lösungsraum und die geringe oder sogar nicht vorhandene Beeinflussung der Lösungsfindung durch die Methode selber. Von Nachteil gegenüber dem indirekten Ansatz mit z. B. Bionikkatalogen sind der deutlich höhere Arbeitsaufwand durch Suchwortgenerierung, Recherchendurchführung und Quellenauswertung und damit verbunden auch die höheren Anforderungen, die an den Anwender gestellt werden. Mögliche Fehlinterpretationen bei der Quellenauswertung des direkten Ansatzes sind nur dahingehend von Bedeutung, dass dadurch relevante Lösungsmöglichkeiten unbeachtet bleiben. Fehlinterpretationen, die zu einer Lösung inspirieren, sind in dem Sinne keine Fehler, da die Methode genau dies (Lösungsfindung durch Inspiration) zum Ziel hat. Fraglich wäre dann allerdings, ob dieses Produkt noch das „bionische Label" erhalten kann, siehe Kap. 2.3. Als universell anwendbare Lösung ist der direkte Ansatz auch fachbereichsübergreifend, z. B. im Maschinenbau, der Elektrotechnik oder der Versorgungstechnik verwendbar („dialektfähig"), da nur aus der Sprache der Biologie übersetzt werden muss, die Sprache seines Fachbereichs beherrscht der Anwender. Im Gegensatz dazu müssen indirekte Übersetzungsalgorithmen auch in die Sprache, in die übersetzt werden soll eingelernt werden. Ein weiterer Vorteil des direkten Ansatzes ist ein hoher Lerneffekt bei wiederholter Anwendung. Zum einen werden die Suchtechniken in den verschiedenen Datenbanken immer besser beherrscht, zum anderen erhöht die eigenständige Durchsicht und Auswertung der Quellen das biologische Hintergrundwissen des Anwenders. Hier kann durchaus der Grundstein für spätere neue Projekte gelegt werden, unter Umständen sogar im Biology Push-Ansatz.
In der Zusammenfassung der Vor- und Nachteile beider Methoden in der Tabelle Abb. 5-3 wird deutlich, dass die Vorteile der direkten Methode überwiegen.

Es ist durchaus möglich, dass der weitere Aufbau bionischer Datenbanken wie AskNature die Summe der Vorteile zukünftig mehr in Richtung des indirekten Ansatzes verschieben könnten. Der direkte Ansatz bietet aber auch dann nach wie vor eine sinnvolle und insbesondere hochinnovative Komponente innerhalb des bionischen Projekts.

Kriterien	Indirekter Suchansatz	Direkter Suchansatz
Umfang Quellmaterial	– Niedrig [1]	+ Hoch
Aufwand	+ Niedrig	– Hoch [2] [3]
Beeinflussung der Lösungsfindung	– Hoch	+ Niedrig
Gefahr der Fehlinterpretationen biologischer Quellen[4]	+ Niedrig	– Hoch
Innovationspotential	– Bei Bionikkatalogen nur eingeschränkt, da Lösung „vorgedacht" wurde	+ Hoch
Branchenübergreifende Anwendbarkeit („Dialektfähigkeit")	– Abhängig vom Input / der Programmierung	+ Universell anwendbar
Aktualität	– Abhängig vom Input / der Programmierung	+ Stets aktuell
Kosten	– I. d. R. kostenpflichtig, eine spätere Kostenpflicht von z. Zt. freien Zugängen kann nicht ausgeschlossen werden	+ Auch langfristig ist der kostenfreie Zugang zu nationalen Datenbanken voraussetzbar.
Verfügbarkeit, Wartung, Weiterentwicklung	– Abhängig vom Entwickler, Provider und / oder Betreiber (privat/kommerziell)	+ Staatliche Datenbanken werden auch langfristig verfügbar sein.
Lerneffekt	– Mittel [5]	+ Hoch

[1]: Mit automatischen Übersetzungsprogrammen: + Hoch
[2]: Bei Suche in Bionik-Datenbanken wie AskNature.org: o Mittel
[3]: Bei häufiger Anwendung kann eine Effizienzsteigerung aus Lerneffekten kommen
[4]: Schließt eine Lösungsfindung nicht aus
[5]: Hängt von der Methode ab, bei BioTriz eher + Hoch

Abb. 5-3 Vergleich von Vor- und Nachteilen der direkten und der indirekten Suchmethode zur Lösungsfindung im bionischen Projekt des Technology-Pull-Ansatzes

Nachfolgend wird eine Methodik zur Ideenfindung aufgestellt, die sich an erfolgreichen Elementen des vorgestellten direkten Ansatzes orientiert. Neu ist dabei die Verwendung des diskursiven, also methodisch-strukturierten Vorgehens der etablierten Konstruktionsmethodik des Maschinenbaus als Grundgerüst, die Einbindung von Elementen des heuristischen Ansatzes und die Einführung einer Auswertesystematik. Die Methodik richtet sich in erster Linie an Ingenieure, kann aber auch von anderen Fachrichtungen verwendet werden. Ein besonderer Wert wird auf eine klare Strukturierung und auf eine möglichst einfache und schnelle Anwendbarkeit gelegt.

5.2.2 Diskursive Methodik der Ideenfindung mit direktem Suchansatz

Die Methodik der Ideenfindung kann als Ablaufschema dargestellt werden, bestehend aus neun nacheinander ablaufenden Schritten, Abb. 5-4.

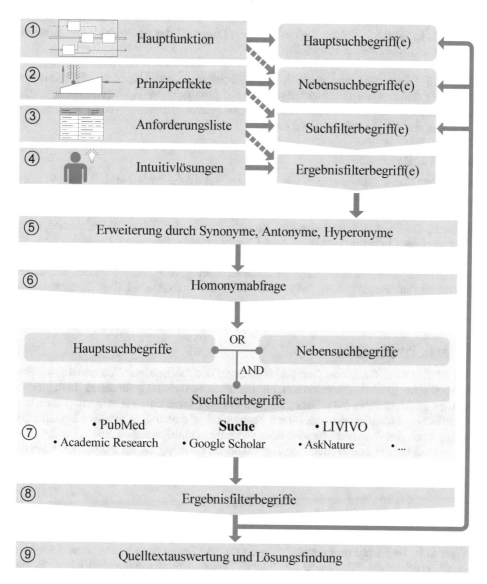

Abb. 5-4 Ablaufschema der Ideenfindung für Neukonstruktionen.

In den Schritten 1-5 werden die Such- und Filterworte generiert, die in Schritt 6 in einer Homonymabfrage auf Verwendungsfähigkeit geprüft werden. Die Schritte 7 und 8 behandeln die Literatursuche nach biologischen Lösungen als Ideengeber und die Filterung der Suchergebnisse. Da sich in der praktischen Anwendung gezeigt hat, dass sich unter den gefundenen biologischen Lösungen häufig für die vorliegende Aufgabe nicht verwendbare aber in eine neue Richtung weisende Lösungen finden lassen, gibt es nach Schritt 8 eine Rückschleife zur Generierung neuer Such- und Filterwörter. Die neuen Begriffe basieren auf den bisherigen Suchergebnissen, anschließend erfolgt ein neuer Suchlauf. Die Notwendigkeit des Durchlaufens der Rückschleife hängt von der bisherigen Anzahl der Suchergebnisse ab und hat sich bei Suchen, bei denen sich zu Anfang nur recht allgemeine Such- und Filterwörter bilden ließen, als sehr nützlich erwiesen. In Schritt 9 werden die biologischen Lösungen der gefilterten Literaturstellen bewertet und eine Lösung ausgewählt.

In Abb. 5-4 dargestellt und nachfolgend beschrieben ist der Ablauf für die Suche von Neukonstruktionen als umfangreichste und aufwändigste der Konstruktionsarten. Die Besonderheiten für Varianten- und Anpassungskonstruktionen werden nach der Erklärung der einzelnen Schritte erläutert.

1. Schritt: Hauptfunktion

Analog zur Konstruktionstechnik wird im ersten Schritt die Aufgabenstellung abstrahiert und die Funktionsstruktur der technischen Anwendung aufgestellt (Kap. 4.1.2, Abb. 4-9), sofern diese nicht schon aus vorigen (konventionellen) Konstruktionen vorliegt. Während die Teilfunktionen der Funktionsstruktur in der Konstruktionsmethodik des Maschinenbaus beliebig formuliert sein können, sollten diejenigen Teilfunktionen, für die eine biologische Lösung gesucht wird, in Verb-Form aufgestellt werden. Hilfreich (aber nicht vorgeschrieben) sind dabei die von R. Koller definierten „Elementarfunktionen", Abb. 4-12. Das Verb der Funktion ist das Hauptsuchwort. Sollen für mehrere Funktionen biologische Lösungen gesucht werden, muss die Methodik der Ideenfindung mehrmals angewendet werden.

2. Schritt: Prinzipeffekte

Unter Punkt zwei des bionischen Projektablaufs, der Analyse, wird untersucht, welcher physikalische Effekt verantwortlich für die Funktion eines gefundenen biologischen Prinzips ist (siehe Abb. 5-1). Dies geschieht in erster Linie durch Auswertung der in der Ideenfindung identifizierten relevanten Fachartikel, die häufig neben dem biologischen Prinzip auch den dahinterstehenden oder vermuteten physikalischen Effekt beschreiben. Daher ist es bei der Suche nach Neukonstruktionen naheliegend, als Suchwörter auch die für die gefundene Hauptfunktion grundsätzlich in Frage kommenden Prinzipeffekte mit in die Suchwortgenerierung aufzunehmen (Gruppe der Nebensuchworte).

3. Schritt: Anforderungsliste

Im dritten Schritt wird die Anforderungsliste der technischen Anwendung betrachtet (siehe Abb. 4-8). Die Forderungen, die sich für eine Suche nach biologischen Lösungen eignen, ergeben die Filterworte der Suche. Typische Forderungen sind hier z. B. das Funktionieren der technischen Anwendung in bestimmten Umgebungen (feucht, trocken, kalt, …). Als Filterworte kommen Substantive, Verben und Adjektive in Frage. Forderungen, die sich nicht zur Suche eignen wie z. B. wartungsfrei, kostengünstig usw. werden später bei der Evaluation der gefundenen Lösungen benötigt, die Anforderungsliste sollte also vollständig ausgefüllt sein.

4. Schritt: Intuitivlösungen

Eine weitere Möglichkeit der zusätzlichen Begriffsgenerierung bietet der heuristische Ansatz. Hierbei greift der Ingenieur auf seine Erfahrungen sowohl im technischen als auch im biologischen Bereich (wenn vorhanden) zurück und bildet Begriffe, die ihm im Zusammenhang mit der technischen Anwendung oder auch den bereits generierten Suchworten geeignet erscheinen. Besteht die Aufgabe einer technischen Anwendung beispielsweise darin, sich in der Luft fortzubewegen, könnten die Begriffe Flügel, Tragfläche und Segel ergänzt werden. Diese, im Folgenden als „Intuitivlösungen" bezeichneten Begriffe schränken möglicherweise den Innovationsgehalt der zu generierenden Lösungen ein, weshalb der heuristische Ansatz nur mit Bedacht angewandt werden sollte. Trotzdem kann auch eine auf diesen, bereits bekannten Prinzipien beruhende biologische Lösung eine neue und innovative technische Anwendung hervorbringen. Als Beispiel wird hier an die bereits mehrfach erwähnte Hummel erinnert, die ihre Flugfähigkeit erst durch ihre besondere Technik erlangt. Um aber negative Beeinflussungen der Suchergebnisse durch derartige Intuitivlösungen gering zu halten, sollten heuristisch generierte Begriffe nur als Filterbegriffe bei der Auswahl und Ergebnisfilterung gefundener Publikationen eingesetzt werden und nicht als Suchbegriffe.

Hilfsmittel der heuristischen Begriffssuche können, insbesondere im Team, die Kreativitätstechniken *Brainstorming* oder auch *Mind Map* sein, siehe Abb. 4-21.

5. Schritt: Erweiterung und Festlegung der Such- und Filterworte

Bei den vorgestellten Strategien zur Suchwortgenerierung werden gefundene Begriffe um deren Synonyme, Hyperonyme, Hyponyme und Troponyme [Chi05, Shu10, Che11] erweitert. Demgegenüber haben die Untersuchungen in [Hel16] ergeben, dass diese Begriffserweiterungen wahrscheinlich von untergeordneter Bedeutung sind. Ergebnisse eigener Testsuchläufe legen nahe, dass Hyponyme als eine Spezifizierung gefundener Begriffe eher hinderlich sind, während das Gegenteil, die Bildung von Hyperonymen, die Such- und Filterbegriffe sinnvoll erweitern können. Auch Synonyme erweisen sich als hilfreich, zumal in der vorgestellten Methode die Such- und Filterbegriffe ausschließlich dem technischen Bereich entnommen werden. Troponyme scheinen, ähnlich wie die Hyponyme, den Lösungsraum zu sehr einzuengen. Interessant erscheinen dagegen die Antonyme, die im Zusammenhang der umgekehrten Fragestellung bei AskNature vorgeschlagen werden. Dass umgekehrte Fragestellungen zur Findung von Lösungen beitragen können, kann durch das Beispiel des in Kap. 3.3.3 beschriebenen Fangschreckenkrebses verdeutlicht werden. Dieser erlegt seine Beute mit Schlägen seiner Keulen, welche dahingehend optimiert sein müssen, die Impulsenergie unbeschadet übertragen zu können. Über den Umweg der Frageumkehrung (Erzeugung von Stößen) könnte hier also tatsächlich ein biologisches System gefunden werden, das besonders gut vor Stößen geschützt ist. Allerdings sollten Antonyme als Suchworte mit Bedacht verwendet werden, da die gegensätzlichen Begriffe den Lösungsraum zu sehr einschränken könnten. Eventuell wäre auch ein separater Suchlauf mit Antonymen als (Haupt-)Suchwörtern sinnvoll.

Die Definitionen der Wortbeziehungen wurden in den vorigen Abschnitten bereits erläutert, zusammenfassend werden für die Such- und Filterbegriffe verwendet:

- <u>Hyperonym</u>: Übergeordneter Begriff bzw. Oberbegriff
- <u>Antonym</u>: Gegen(satz)wort, beschreibt das Gegenteil
- <u>Synonym</u>: Ersatzwort, Wort mit gleicher Bedeutung

Aufgrund des deutlichen Übergewichts frei zugänglicher englischsprachiger Publikationen werden die Suchbegriffe in englischer Sprache benötigt. Für die Übersetzung können online-Wörterbücher und Thesauren verwendet werden.

Sollten auf die oben beschriebene Art nicht genug Suchwörter zu finden sein, können mit der angesprochenen Methode von Chiu und Shu unter Zuhilfenahme der „Bridging Method" von Cheong et al. weitere Suchwörter, die „Biological meaningful keywords", erstellt werden. Die gezielte und vollständige Anwendung dieser Methode ist sehr aufwändig, da hierfür grundsätzlich ein eigener Suchlauf gestartet werden muss.

Alternativ kann der Suchlauf auch erst einmal mit wenigen Begriffen starten, welche nach Auswertung erster Ergebnisse durch Begriffe in den gefundenen Literaturstellen erweitert werden (die bereits angesprochene Rückschleife). Anders als die bisher generierten Suchwörter entstammen diese der Biologie bzw. dem Gebiet, in dem nach Lösungen gesucht wird und nicht mehr dem technischen Bereich. Gleiches gilt auch für die „Biological meaningful keywords".

Die generierten Such- und Filterbegriffe werden in einer Tabelle dargestellt. Dies erleichtert das Filtern der Ergebnisse, da alle relevanten Begriffe auf einen Blick vorhanden sind. Als Beispiel siehe die Tabelle in Abb. 5-5.

Begriffe / Herkunft, Art	Such- und Filterbegriffe	Synonym Ersatzwort	Hyperonym Übergeordn. Begriff	Antonym Gegenwort
Hauptfunktion Hauptsuchbegriff(e)				
Prinzipeffekte Nebensuchbegriffe und Filterbegriffe für die Auswertung				
Anforderungsliste Filterbegriffe für die Suche				
Heuristischer Ansatz Filterbegriffe für die Auswertung				
Rückschleife (event.)				
Biological meaningful keywords (event.)				

Abb. 5-5 Tabelle der Such- und Filterbegriffe für die Ideenfindung im bionischen Projektablauf

6. Schritt: Homonym-Abfrage

Bevor die Suche mit den generierten Such- und Filterbegriffen gestartet wird, erfolgt eine Homonym-Abfrage, um die Problematik der „false friends" auszuschließen. Hierzu können online-Wörterbücher der Biologie verwendet werden, beispielsweise:

- Biology Dictionary (https://biologydictionary.net/complete-list-biology-terms/)
- Biology online Dictionary (https://www.biology-online.org/dictionary/)
- Enzyklopedia of Life (https://eol.org/)

Möglich ist auch die Verwendung eines Biologie-Fachbuches. Sollte ein Such- oder Filterbegriff eindeutig biologisch homonym besetzt sein, muss der Begriff weggelassen oder ausgetauscht werden.

Als Hauptsuchwort wird der Funktionsbegriff in seiner Verbform gewählt. Weitere Suchbegriffe, ebenfalls als Verben und mit der boolschen Verknüpfung OR, werden den Prinzipeffekten entnommen, wobei, falls möglich, deren Hyperonyme gewählt werden sollten. Zur sinnvollen Reduzierung der Ergebnisanzahl werden die aus dem Lastenheft heraus aufgestellten Begriffe als Filterwörter mit der booleschen Verknüpfung AND verwendet. Dabei können Verben sowie Substantive und Adjektive eingesetzt werden.

Welche Begriffe der Tabelle sich als Such- und Filterworte eignen, muss gegebenenfalls in mehreren Suchdurchläufen herausgefunden werden. Sollte eine Datenbank ohne die Möglichkeit der Booleschen Verknüpfungen verwendet werden, sollte die Suche zunächst mit allen geeigneten Such- und Filterbegriffen starten. Falls die Ergebnisanzahl zu gering ist, müssen sukzessive zunächst Filter-, dann Suchbegriffe weggelassen werden.

7. Schritt: Suche in Online-Datenbanken

Die frei zugänglichen Online-Datenbanken der Biologie und Medizin, welche für eine direkte Suche geeignet sind, wurden bereits vorgestellt. Diese sind

- **PubMed.gov** http://www.ncbi.nlm.nih.gov/pubmed
- **LIVIVO** https://www.livivo.de

Darüber hinaus kann eine Suche auch in weiteren Suchmaschinen oder Datenbanken durchgeführt werden.

- **Google Scholar** https://scholar.google.de
- **AskNature.org** https://asknature.org/
- **Google** https://www.google.de/
- **Yahoo** https://de.yahoo.com/
- …

8. Schritt: Ergebnisfilterung

Je nach durchsuchter Datenquelle und Suchbegriffen übersteigen die Suchergebnisse oft eine noch sinnvoll durchsehbare Anzahl an Ergebnissen. Eine erste Eingrenzung der

Suchergebnisse kann durch weitere Filterbegriffe vorgenommen werden. Dabei kommen im Prinzip alle Begriffe der Tabelle der Such- und Filterbegriffe in Frage (Abb. 5-5), die nicht schon für die Suche verwendet wurden. Je mehr der aufgestellten Begriffe zusätzlich zu den eigentlichen Such- und Filterwörtern in diesen vorkommen, desto höher ist die Wahrscheinlichkeit, dass die Abhandlung zur Lösung der technischen Aufgabenstellung geeignet sein wird. Diese Literaturstellen werden für die Quelltextauswertung und Lösungsfindung aussortiert bzw. abgespeichert.

Andererseits kann es sein, dass auch bei einer großen Ergebnisanzahl keine zur Nachverfolgung geeignete Literaturstelle gefunden werden kann. In diesem Falle sollten die Such- und Filterbegriffe kritisch hinterfragt und ggf. andere gewählt werden.

9. Schritt: Quelltextauswertung und Lösungsfindung

In der weiteren Analyse der Ergebnisse, der Quelltextauswertung, wird wieder ein systematisches Vorgehen vorgeschlagen, das eine Bewertung der Abhandlungen ermöglicht und deren Durchsicht beschleunigt.

Im ersten Analyseschritt werden aus dem Titel und dem Abstract der Abhandlungen drei Fragestellungen beantwortet und in eine Ergebnistabelle eingetragen:

- Welches biologische System ist in der Abhandlung beschrieben?
- Welche Aufgabenstellung muss das biologische System bewältigen?
- Wie bewältigt das biologische System diese Aufgabenstellung?

Nützliche Werkzeuge zur „Übersetzung" und Interpretation sind hier wiederum die bereits für die Homonymabfrage verwendeten online-Wörterbücher der Biologie.

Die nachfolgenden Spalten der Ergebnistabelle betreffen eine erste Bewertung für die weitere Nachverfolgung und die technische Realisierung. Dazu werden für vier Kriterien Punkte von 1 bis 5 vergeben:

- 1. Ist das hinter der biologischen Lösung stehende physikalische Wirkprinzip (Kap. 4.1.2) eindeutig beschrieben und bekannt? Wenn dies nicht der Fall ist, müssen entweder weitere Recherchen in biologischen Datenbanken durchgeführt werden, oder es müssen Untersuchungen an dem biologischen System unter Hinzuziehung eines Experten der Biologie in die Wege geleitet werden[157]. Letzteres kann mit einem hohen Zeit- und Kostenaufwand verbunden sein. Die Punktbewertung reicht von einer 1 – *unbekanntes physikalisches Prinzip und nicht eindeutig beschriebene biologische Lösung* bis zu einer 5 – *biologische Lösung und physikalisches Prinzip sind eindeutig beschrieben.*

- 2. Ist die Übertragbarkeit der biologischen Lösung, bezogen auf die physikalische Ähnlichkeit des biologischen Systems und der technischen Anwendung, gegeben? Wie in Kap. 4.2, Physikalisch-technische Übertragbarkeit, dargestellt, sind in der Nano-, Mikro- und Makrowelt unterschiedliche physikalische Größen maßgebend. Eine gute Übertragbarkeit kann vorausgesetzt werden, wenn die Größenverhältnisse ähnlich sind.

---

[157] Wie bereits dargelegt wird die Möglichkeit der Untersuchung biologischer Systeme durch Ingenieure oder andere „Nicht-Biologen" grundsätzlich ausgeschlossen.

Dies muss aber nicht unbedingt für den Vergleich der Größenordnung des biologischen und des technischen Systems gelten. So können z. B. auch ölabbauende Mikroorganismen als Vorbild für einen aquatischen Reinigungsautomaten beliebiger Abmessung dienen. Wichtig ist vielmehr, dass das Nahfeld, in dem die biologische Lösung aktiv ist, dem Nahfeld der technischen Lösung entspricht oder dorthin übertragen werden kann. So wäre, um beim Beispiel zu bleiben, die Übertragung der Fortbewegungsart der Mikroorganismen auf den (Makro-) Reinigungsautomaten aufgrund der unterschiedlichen Reynolds-Zahlen der Flüssigkeitsreibung sehr wahrscheinlich nicht möglich. Der Reinigungsautomat kann sich aber auch auf andere Art fortbewegen und die Mikroorganismen nur beinhalten. Weitere Kriterien, die bei der Übertragbarkeit betrachtet werden sollten, sind die Umweltbedingungen wie Temperatur, Klima oder Umgebungsmedien (Luft / Wasser / Vakuum). Je nach Einschätzung der Übertragbarkeit wird in der Tabelle ein Punktwert von 1 – *Übertragbarkeit ungewiss* bis 5 – *Übertragbarkeit sicher gegeben* eingetragen.

- 3. Wie wird die technische Umsetzbarkeit beurteilt? Dies betrifft die Frage, ob die biologische Lösung mit den gängigen Konstruktions- und Fertigungsmethoden eher *aufwändig und zeitintensiv* (1 Punkt) oder eher *leicht und zeitnah* (5 Punkte) in eine technische Anwendung umgesetzt werden kann. Hier sind die Erfahrung und das Wissen von Konstrukteuren und Fertigungstechnikern gefragt, die für die Bewertung nach Möglichkeit zu Rate gezogen werden sollten. Sollte das physikalische Prinzip, und eventuell auch die biologische Lösung noch unbekannt sein, kann hier noch keine Bewertung abgegeben werden.

- 4. Wie wird die Innovationshöhe eingeschätzt? Hierzu wird eine Internetrecherche gestartet, die zeigen soll, ob es bereits technische Anwendungen gibt, die auf der gefundenen biologischen Lösung und / oder dem physikalischen Prinzip basieren. Entweder, weil dieses Prinzip nach dem biologischen Vorbild abgeleitet wurde oder weil sich diese Prinziplösung analog zur Biologie, also unabhängig von dieser, in der Technik entwickelt hat. Ein Beispiel dafür ist die Zange, deren grundsätzliches Prinzip auch bei vielen Arthropoden (Gliederfüßer) vorkommt, siehe auch Abb. 1-4. Sollte es schon gleichartige Anwendungen geben, wird die Innovationshöhe als gering eingestuft. Als Punktwerte werden vergeben:

1: identische technische Anwendung vorhanden

2: ähnliche technische Anwendung vorhanden

3: eine technische Anwendung konnte nicht gefunden werden, die Möglichkeiten hierzu werden aber bereits erforscht

4: keine vergleichbare technische Anwendung für die biologische Lösung auffindbar

5: keine technische Anwendung für die biologische Lösung und das dahinterstehende physikalische Prinzip auffindbar

Als Quelle der Internetrecherche eignet sich insbesondere AskNature, da hier auch von der Natur inspirierte technische Anwendungen beschrieben werden. Ansonsten kommen auch die anderen Quellen wie für Schritt 7 genannt in Frage.

In Abb. 5-6 ist die Tabelle der Quelltextauswertung mit den vier Bewertungskriterien dargestellt.

Titel der Abhandlung	Informationen zur biologischen Lösung			Bewertung techn. Realisierung				
	Beschriebenes biologisches System	Aufgabenstellung an das biol. System	Lösung der Aufgabenstellung	1. Physik. Wirkprinzip bekannt?	2. Übertragbarkeit?	3. Technische Umsetzbarkeit?	4. Innovationshöhe?	Summe

Abb. 5-6 Tabelle zur Quelltextauswertung und -bewertung

Die Bewertungen werden anschließend summiert. Je nach Ergebnis bilden die Summen entweder einen ersten Anhaltspunkt für die mögliche Eignung der gefundenen Lösungen für die technische Anwendung und ob sich eine Weiterverfolgung durch eventuelle weitere Recherchen lohnt. Oder es kann direkt eine geeignete Lösung identifiziert werden, womit die Ideenfindungsphase beendet wäre. Ob diese Lösung tatsächlich technologisch realisierbar und konventionellen Lösungen überlegen ist, wird sich in den anschließenden Schritten Analyse, Abstraktion und technische Umsetzung zeigen. Sollte dies nicht der Fall sein, muss die Phase der Ideenfindung erneut durchlaufen werden.

Besonderheiten bei der Suche nach biologischen Lösungen für Anpassungs- und Variantenkonstruktionen.

Bei Anpassungs- und Variantenkonstruktionen gibt es gegenüber der Neukonstruktion Unterschiede in der Suchwortgenerierung. Handelt es sich um eine Variantenkonstruktion, bei der eine neue (biologische) Struktur bzw. ein neues Bauprinzip für eine bekannte technische Anwendung gesucht wird, ergeben die hauptsächlichen Motivationen der Suche nach einer neuen Struktur das oder die Hauptsuchwort(e). Soll z. B. nach einer flexiblen, aber zugfesten Struktur gesucht werden, wären „flexibel" und „zugfest" die Hauptsuchworte. Die Schritte 2-5 und der weitere Ablauf der Ideenfindung entsprechen dem Ablauf der Neukonstruktion. Da es sich bei der Variantenkonstruktion um ein neues Produkt mit unverändertem Lösungsprinzip handelt, wird davon ausgegangen, dass eine Funktionsstruktur vorhanden ist. Ansonsten müsste auch hier eine solche erstellt werden.

Bei der Anpassungskonstruktion, die die Suche nach neuen biologischen Materialien zum Ziel hat, werden die Haupteigenschaft(en) des zu suchenden Materials als Hauptsuchwort(e) herangezogen. Wird z. B. ein atmungsaktives Material gesucht, könnte demnach „atmungsaktiv" oder auch „semipermeabel" verwendet werden. Die Nebensuchbegriffe werden aus Nebenbedingungen oder Nebenanforderungen des neuen Materials gebildet, die zu einem Teil bereits aus der Anforderungsliste bekannt sein sollten. Die Schritte 2 und 3 beinhalten daher hier teilweise identische Begriffe. Der weitere Ablauf der Ideenfindung entspricht wieder dem Ablauf für die Neukonstruktion. Abb. 5-7 zeigt die Unterschiede der Anpassungs- und Variantenkonstruktion gegenüber der Neukonstruktion.

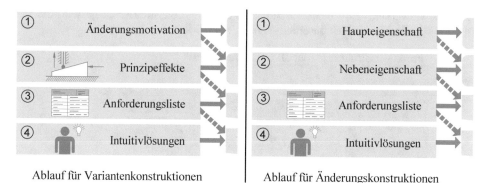

Ablauf für Variantenkonstruktionen | Ablauf für Änderungskonstruktionen

Abb. 5-7 Schritte 1-4 der Ideenfindungsphase für die Varianten- und die Anpassungskonstruktion

Im nachfolgenden Kapitel wird die Ideenfindungsphase an einem Beispiel vorgestellt.

5.2.3 Anwendungsbeispiel Ideenfindungsphase für Neukonstruktion

Als Beispiel für den Ablauf der diskursiven Methodik zur Ideenfindung wird die technische Aufgabe betrachtet, an den Pfeilern von Offshorebauwerken wie Bohrplattformen oder Windrädern Halterungen für Unterwassermessgeräte anzubringen. Sind die Pfeiler aus Metall, geschieht dies konventionell z. B. durch Unterwasserschweißen, bei Betonkonstruktionen durch Unterwasserbohren und dem Setzen eines Betondübels als Aufnahme der Halterung. Beide Verfahren stellen hohe Anforderungen an die Maschinentechnik, das Material und auch an das Personal.

a)   b)

Abb. 5-8 Offshorebauwerke: **a)** Bohrplattform West Orion bei Walvis Bay, Namibia **b)** Der Middelgrunden Offshore Windpark Öresund, Dänemark

Eine Ideensuche soll zeigen, ob es alternativ zu den vorgestellten Techniken biologische Prinzipien gibt, mit denen sich die gestellte technische Aufgabe ebenfalls lösen lässt.

1. Schritt: Hauptfunktion

Die Hauptfunktion leitet sich aus den Teilfunktionen der Funktionsstruktur ab, die, wenn möglich, eine Elementarfunktion sein sollte (Abb. 4-12). Für die Aufgabe „Halterung an

Offshorebauwerken" wird demnach zunächst die Funktionsstruktur aufgestellt, die sich
in diesem Falle sehr einfach beschreiben lässt, Abb. 5-9.

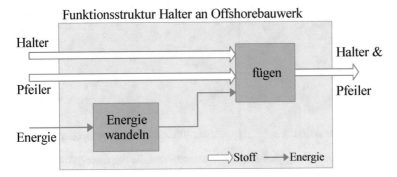

Abb. 5-9 Funktionsstruktur zur Befestigung von Haltern an den Pfeilern von Offshorebauwerken

Dic Hauptfunktion für die Befestigung des Halters an einem Pfeiler ist gemäß Abb. 4-12
das Fügen von Stoffen. Das erste generierte Suchwort ist somit das Verb *fügen*. Zu
beachten ist, dass die Funktion „Energie wandeln" hier nicht berücksichtigt wird, da sie
nicht Teil der Suche nach einer biologischen Lösung ist. Es wird davon ausgegangen,
dass die für die gesuchte biologische Lösung benötigte Energie technisch bereitgestellt
werden kann. Andernfalls müsste eine separate Ideenfindungsphase auch für die
Funktion „Energie wandeln" gestartet werden.

2. Schritt: Prinzipeffekte

Die Nebensuchworte werden aus den physikalischen Prinzipien bzw. Effekten gebildet,
die für die Erfüllung der Hauptfunktion in Frage kommen. Im Anhang C finden sich
Tabellen zur Systematik physikalischer Effekte, ein sehr ausführlicher Prinzipkatalog
findet sich z. B. in [Kol98].

Die Eingrenzung der in Frage kommenden Effekte erfolgt in diesem Falle auf solche, die
eine dauerhafte Verbindung mit mittlerer bis großer Kraftaufnahme ohne fortlaufende
Energiezufuhr ermöglichen. Effekte wie die Fliehkraft oder elektromagnetische Kräfte
fallen   somit   weg   (kontinuierliche   Energiezufuhr),   ebenso   der   Effekt
Oberflächenspannung (flüssige Umgebung), Gravitation, Aero- und Hydrodynamik und
–statik.
Im vorliegenden Fall werden ausgewählt: Adhäsion als übergeordneter Begriff mit
insbesondere Kleben, Löten, elektrostatische Kräfte und Van-der-Waals-Kräfte,
Kohäsion (übergeordneter Begriff) mit Stoffschluss (Schweißen), Formschluss (Nieten),
Kraftschluss (Schrauben), und Impuls.

Nebensuchworte und Filterbegriffe für die Ergebnisauswertung:

*Adhäsion, Kleben, Löten, Elektrostatische Kräfte, Van-der-Waals-Kräfte, Kohäsion mit
Stoffschluss, Schweißen, Formschluss, Nieten, Kraftschluss, Schrauben, Impuls.*
Diese Effekte werden in die Suchworttabelle eingetragen. Die Entscheidung, welche
Begriffe für die Suche und welche für die Auswertung herangezogen werden, wird nach
vollständigem Ausfüllen und Überprüfen der Tabelle getroffen (Homonymabfrage).

3. Schritt: Anforderungsliste

Die Anforderungsliste wurde in Kap. 4.1.2 vorgestellt, siehe Abb. 4-7. Sie enthält die an die technische Anwendung gestellten Anforderungen. Diese sollten in jedem Falle zu diesem Zeitpunkt des bionischen Projekts bereits bekannt sein bzw. in die Anforderungsliste des Lastenhefts eingetragen werden können.

Anforderungsliste **Verbindungselement Messgeräthalterung Offshorebauwerke**		Datum: Zuständig: Norm :
Anforderung	**Bereich**	**Art**
Belastbarkeit der Verbindung	≥ 16 N/mm²	M
Eigengewicht	≤ 3 kg	M
Umgebungsbedingungen im Betrieb	Salzwasser	F
Umgebungsbedingungen 1 bei Anbringung	Feuchte Oberflächen, salzwasserbenetzt, glatte und raue Oberflächen	F
Umgebungsbedingungen 2 bei Anbringung	verschmutzte und verölte Oberflächen	W
Materialeignung	Stahl, Beton	F
Temperatureinsatzbereich	2°C - 30°C	F
Max. Dauer der Anbringung	≤ 30 Minuten	M
Leicht überprüfbar	-	W
Kostengünstig	-	W
Wartungsfrei	-	F
Haltbarkeit	≥ 6 Monate	M

Abb. 5-10 Anforderungsliste der technischen Anwendung Verbindungselement Messgerätehalterung an Offshorebauwerken

Aus der Anforderungsliste werden die Suchfilterwörter ermittelt. Hierfür sind insbesondere Anforderungen an die Umgebung der technischen Anwendung im Betrieb oder bei deren Herstellung geeignet. In einigen Fällen können auch Materialvorgaben oder Temperatureinsatzbereiche oder andere, für biologische Systeme herausragende Eigenschaften als Suchfilterwörter eingesetzt werden. In dem vorliegenden Fall soll die Verbindung mit Materialien wie Beton oder Stahl hergestellt werden. Dies sind künstliche Materialien, deshalb ist die Wahrscheinlichkeit, dass diese im Zusammenhang mit einem biologischen System erwähnt werden, gering. Auch der Temperaturbereich von 2°C bis 30°C stellt keine hohen und damit in Publikationen besonders nennenswerten Anforderungen an ein biologisches System. Grundsätzlich nicht geeignet sind Anforderungen wie kostengünstig, wartungsfrei usw. Im vorliegenden Fall werden als Filterwörter die Umgebungsbedingungen Wasser, Salzwasser, Meer, glatte, raue und nasse Oberflächen ausgewählt.

Suchfilterbegriffe:

Wasser, Salzwasser, Meer, glatte Oberfläche, raue Oberfläche, nasse Oberfläche

4. Schritt: Intuitivlösung

Schließlich wird noch der heuristische Ansatz für die Bildung von Filterbegriffen herangezogen. Im Zusammenhang mit dem Verbinden von Stoffen oder Objekten im Wasser werden hier intuitiv die Begriffe Muscheln, Seesterne und Halterfische mit aufgenommen.

Ergebnisfilterbegriffe:

Muscheln, Seesterne, Halterfische
Damit ergibt sich für die Tabelle der Such- und Filterbegriffe bislang:

Begriffe Herkunft, Art	Such- und Filterbegriffe	Synonym Ersatzwort	Hyperonym Übergeordn. Begriff	Antonym Gegenwort
Hauptfunktion Hauptsuchbegriff(e)	fügen			
Prinzipeffekte Nebensuchbegriffe und Filterbegriffe für die Auswertung	Adhäsion			
	Kleben			
	Löten			
	Kohäsion			
	Stoffschluss			
	Schweißen			
	Formschluss			
	Nieten			
	Kraftschluss			
	Schrauben			
	Elektrostatik			
	Van-der-Waals			
Anforderungsliste Filterbegriffe für die Suche	Wasser			
	Salzwasser			
	Meer			
	Naße Oberfläche			
	Glatte Oberfläche			
	Raue Oberfläche			
Heuristischer Ansatz Filterbegriffe für die Auswertung	Schiffshalter			
	Seesterne			
	Muscheln			

Abb. 5-11 Tabelle der Such- und Filterbegriffe für die Technische Anwendung „Haltevorrichtung für Messgeräte an Offshorebauwerken", mit Eintragung der gefundenen Such- und Filterbegriffe

5. Schritt: Such- und Filterwortgenerierung und 6. Schritt: Homonym-Abfrage

Im 5. Schritt wird die Tabelle soweit wie möglich mit den Synonymen, Hyperonymen und Antonymen ausgefüllt und in das Englische übersetzt. Im 6. Schritt erfolgt die Homonymabfrage, die mit Hilfe Online-Wörterbücher der Biologie, dem *Biology Dictionary* und dem *Biology online Dictionary* durchgeführt wurde. Die Homonymabfrage ergab, dass die Begriffe *Adhesion* und *Cohesion* problematisch sein können, da diesen in der Biologie jeweils besondere Bedeutungen zukommen. So beschreibt *Adhesion* in der Mikrobiologie u. a. die Anhaftung einer Zelle an eine andere, z. B. von Blutzellen an Gefäßinnenwänden. Allerdings wird der Begriff auch im Sinne der gesuchten Lösung verwendet, indem allgemein der Zusammenhalt zwischen zwei (biologischen) Objekten gemeint ist. *Cohesion* ist in der Biologie z. B. als eine intermolekulare Kraft bekannt, die Moleküle zusammenhält, in der Botanik aber auch für die Verschmelzung zweier Pflanzen. Trotzdem kann auch dieser Begriff für die Suche verwendet werden, da er in der Biologie auch im Sinne der Suche ebenfalls für den Zusammenhalt zweier Objekte allgemein steht. Nicht verwendet werden sollte hingegen der Begriff *weld*. Während weld in der Technik für schweißen steht, ist damit in der Botanik das Gilbkraut gemeint, eine Pflanze, die zum Färben verwendet wird. Dadurch könnten unbrauchbare Suchergebnisse produziert werden, die anschließend herausgefiltert werden müssten.

Nachfolgend ist die vollständig ausgefüllte, ins Englische übersetzte und auf Homonyme überprüfte Tabelle der Such- und Filterbegriffe dargestellt (Abb. 5-10).

Begriffe Herkunft, Art	Such- und Filterbegriffe	Synonym Ersatzwort	Hyperonym Übergeordn. Begriff	Antonym Gegenwort
Hauptfunktion Hauptsuchbegriff(e)	joint ☑	link ☑ connect merge ☑ combine ☑	Production process ☑	isolate ☑ seperate ☑ dissolve ☑
Prinzipeffekte Nebensuchbegriffe und Filterbegriffe für die Auswertung	Adhesion ☑	-	-	-
	Glue ☑	adhesive paste ☑ fix ☑	joint	-
	Soldering ☑	-	joint	-
	Cohesion ☑	-	-	-
	Bond ☑	-	-	-
	~~Weld~~ ✗	-	joint	-
	Form fit ☑	-	-	-
	riveting ☑	-	joint	-
	force closure ☑	Friction ☑	-	-
	Screw ☑	-	joint	-
	Electrostatics ☑	-	-	-
	Van-der-Waals ☑	-	-	-
Lastenheft Filterbegriffe für die Suche	Water ☑	-	Liquid ☑ Fluidity ☑	-
	Salt-Water ☑	Seawater ☑	Water	Sweet Water ☑
	Ocean ☑	Sea ☑ Ocean ☑	-	-
	wet (surface) ☑	humid ☑	-	dry ☑
	smooth (surface) ☑	bare ☑ uncoated ☑	-	rough
	rough (surface) ☑	-	-	smooth
Heuristischer Ansatz Filterbegriffe für die Auswertung	Remora ☑			
	Starfish ☑			
	Shell, mussel ☑	-	Marine organism ☑	-

☑   Keine Homonyme gefunden
☑   Homonym vorhanden, das die Suche aber nicht erheblich beeinflusst
✗   Homonym vorhanden, das die Suche erheblich beeinflusst

Abb. 5-12 Vollständig ausgefüllte und überprüfte Tabelle der Such- und Filterbegriffe für die Technische Anwendung „Haltevorrichtung für Messgeräte an Offshorebauwerken", doppelte Begriffe sind grau markiert

7. Schritt: Suche in Online-Datenbanken und 8. Schritt: Ergebnisfilterung

Nach mehreren Suchläufen mit unterschiedlichen Such- und Filterbegriffen in PubMed und der Durchsicht der jeweils ersten bis zu 80 Ergebnisse wurden mit der Kombination neun zur Nachverfolgung geeignete Publikationen gefunden. Als Ergebnisfilterwörter wurden die Begriffe glue, mussel, marine organism, liquid und fluid benutzt. Die Suchläufe wurden in LIVIVO wiederholt. In der Tabelle in Abb. 5-13 sind die Anzahlen der Ergebnisse für verschiedene Suchwortkombinationen angegeben. Sehr gut zu erkennen ist der Einfluss der Filterwörter auf die Ergebnisanzahl.

Suchbegriffe	Ergebnisse	
	PubMed	LIVIVO
joint OR link OR merge OR combine OR connect OR friction OR cohesion OR adhesion OR glue OR fix AND water	17.550	13.737
joint OR connect OR combine OR adhesion OR cohesion AND water	11.233	13.742
joint OR connect OR combine OR adhesion OR cohesion AND water AND ocean	341	499
joint OR glue OR adhesion OR cohesion AND water	9.162	14.165
joint OR glue OR adhesion OR cohesion AND water AND ocean	81	499
joint OR link OR connect OR adhesion OR cohesion AND wet AND water	276	551

Abb. 5-13 Tabelle der Suchergebnisse in den Datenbanken PubMed und LIVIVO bei unterschiedlichen Such- und Filterbegriffen

Da in der Datenbank LIVIVO nur nach maximal 4 mit booleschen Operatoren getrennten Begriffen gesucht werden kann, mussten die Nebensuchbegriffe zusammengefasst werden. Für z. B. die letzte Suche lautete die Suchanfrage daher:

<joint OR (link connect adhesion cohesion) AND wet AND water >.

Mit der letzten Suchanfrage wurde auch ein Suchdurchlauf in AskNature gestartet. Da in AskNature keine booleschen Operatoren verwendet werden können, wurde nach allen Begriffen gesucht, die Filterbegriffe wet und water wurden also auch als Suchwörter eingesetzt.

Suche in AskNature für "joint link connect adhesion cohesion wet water"	Ergebnisse
Biological Strategies	676
Inspired Ideas	152
Collections	77
Resources	51

Abb. 5-14 Tabelle der Suchergebnisse in der Datenbank AskNature

Die Verwendung zweier weiterer Suchwörter und das Fehlen der Filterwörter erklärt die in Relation zur Datenbasismenge (rd. 1.740 Quellen) sehr hohe Ergebnisanzahl von 676 biologischen Strategien. Außerdem wurden auch 152 inspirierte Ideen ausgegeben, also biologisch inspirierte technische Anwendungen, die mit den Suchworten in Verbindung stehen.

9. Schritt: Quelltextauswertung und Lösungsfindung

Im 9. und letzten Schritt der Ideenfindungsphase werden die für eine Nachverfolgung aussichtsreich erscheinenden Publikationen in die Ergebnistabelle einsortiert und bewertet. Betrachtet und ausgewertet werden zunächst nur die Titel und der Abstract der jeweiligen Publikation. Die Auswertung erfolgt wieder mit Hilfe der zwei online-Wörterbücher der Biologie. Die Quelltextauswertung ist der zeitintensivste Teil der Ideenfindungsphase. Als beste realisierbare Lösung wurde die durch Proteine gebildete Adhäsionsanhaftung der Muscheln gefunden. Die biologische Lösung und das physikalische Wirkprinzip werden eingehend beschrieben, sodass hier der maximale Punktwert 5 angesetzt werden konnte. Die Einschätzung der technischen Umsetzbarkeit ist ebenfalls hoch (4 Punkte), da derartige Proteinbindungen grundsätzlich auch künstlich hergestellt werden können. Die Übertragbarkeit ist gegeben (5 Punkte), da sowohl das biologische System Muschel als auch die technische Anwendung Messgerätehalter im Makrobereich einzuordnen und beide den gleichen Umgebungsbedingungen (Salzwasser) ausgesetzt sind. Nur 3 Punkte wurden für die Innovationshöhe vergeben, da die Suchergebnisse zeigen, dass die Verwendung des „Muschelklebers" als technische Anwendung bereits von der Fachwelt zumindest untersucht wird. Sollten weitere Recherchen ergeben, dass es auch bereits verfügbare technische Anwendungen hierzu gibt, müsste die Punktezahl weiter reduziert werden. Die Ergebnisse der Recherche sind in Abb. 5-15 dargestellt.

Damit ist die Ideenfindungsphase abgeschlossen. Die weiterführenden Phasen des bionischen Projektablaufs sind die Analyse der biologischen Lösung sowie die Abstraktion und Analogiebildung.

Titel / Thema der Abhandlung	Informationen zur biologischen Lösung			Bewertung techn. Realisierung				
	Beschriebenes biologisches System	Aufgabenstellung an das biol. System	Lösung der Aufgabenstellung	1. Physik. Wirk-prinzip bekannt?	2. Über-tragbarkeit?	3. Technische Umsetzbarkeit?	4. Innovations-höhe?	Summe
Anhaftungsmechanismus der Schnecken wirkt auch auf feuchten Oberflächen	Haftungsschleim der Schnecken	Haftung auf anorganisches Materialien	Aufbau von Proteinen und der Zugabe von Netzmitteln	3	3	3	4	13
Hygroskopische Eigenschaften der Spinnenseide ermöglichen das Kleben in feuchter Umgebung	Spinnenseide (Proteine)	Anhaftung an organisches Material auch unter Bedingungen hoher Luftfeuchtigkeit bzw. im nassen Zustand.	Verdrängung und Bindung von Wassermolekülen	3	2	2	4	12
Unterwasser-Klebefähigkeit der Muscheln	Anhaftungsklebstoff (Proteine) der Muscheln	Anhaftung der Muschelschale an unterschiedlichen anorganischen Untergund	Durch Bildung von "Poly-catechel-styrene" baut die Muschel die stärkste bekannte Unterwasseranhaftung auf.	5	5	4	3	17
Anhaftungsmechanismus der Tintenfische	Saugnäpfe der Tintenfische	Ansaugen und festhalten organischen Materials, auch ansaugen auf anorganischem Material	Erzeugen eines Unterdrucks durch Muskelbewegung, bewegliche Saugnäpfe	5	3	3	3	14
Farbabhängige Anhaftung der Grünalgen	Grünalgen	Anwachsen an primär anorganischen Materialien	Anhaftung mit feinen Härchen an der Oberfläche, relativ langsamer Vorgang	4	3	2	4	13

Abb. 5-15 Tabelle Quelltextauswertung und Lösungsfindung für das Beispiel „Messgerätehalterung für Offshorebauwerke"

5.2.4 Analyse

Die Analyse behandelt die Untersuchung des in der Ideenfindungsphase als mögliches Lösungsvorbild gefundenen biologischen Systems. Das Ziel ist die Entschlüsselung entweder des physikalischen Wirkprinzips (Neukonstruktion) oder des Bauplans bzw. der Konstruktionsstruktur (Variantenkonstruktion) oder des Materialaufbaus (Anpassungskonstruktion) des biologischen Systems.

Dies setzt voraus, dass das biologische System verfügbar ist, sich analysieren lässt und der Anwender genug Fachkenntnisse zur Analyse besitzt oder auf entsprechende Experten zugreifen kann. Ist dies alles erfüllt, sei an dieser Stelle zum Ablauf biologischer Analysen auf die DIN ISO 18457 verwiesen, welche in ihrem „Anhang B" einen detaillierten Überblick über geeignete Analyseverfahren zur Untersuchung der Leistungsfähigkeit biologischer Systeme oder auch zur Messung und Charakterisierung biologischer Oberflächen anbietet. Beispielsweise wird darin eine Technik zur Beobachtung lebender Organismen mit einem Rasterelektronenmikroskop erklärt [DIN18457].
Bei der Analyse sollte allerdings beachtet werden, dass sich biologische Systeme nicht wie technische Systeme einfach auseinander bauen lassen. Wie M. Helms mit Bezug auf N. A. Campbell eingehend darlegt, muss ein kompliziertes biologisches System zwar zur Analyse zerlegt werden, gleichzeitig zerstört aber genau diese Zerlegung das System, was wiederum die Analyse beschränkt [vgl. Campbell 2000, nach Hel16]. Diese Aussage betrifft insbesondere den sehr häufigen Fall der Multifunktionalität biologischer Systeme, bei denen sich die „Systemeinzelteile" nach der Zerlegung nicht mehr sinnvoll spezifischen Aufgaben zuordnen lassen.

Das Szenario der Verfügbarkeit sowohl von Experten als auch des biologischen Systems und einer technischen Analyseausstattung trifft in erster Linie auf größere Unternehmen oder auf biologisch-technische Forschungseinrichtungen zu, die sich bereits intensiv mit biologischen Systemen befassen.

Wie bereits in der Einleitung erwähnt, wird ausgeschlossen, dass Nicht-Biologen eigenständige Untersuchungen an biologischen Systemen durchführen. Alleine schon deshalb, weil z. B. der klassische Ingenieur nicht für derartige Untersuchungen ausgebildet ist. Zum anderen können auch selbst für Fachleute ethische, gesetzliche oder auch einfach nur praktische Vorbehalte einer Untersuchung entgegenstehen. Schnabeltiere z. B. benutzen ein elektrisches Ortungssystem zum Aufspüren ihrer Beute in trüben Gewässern (Kap. 3.3.6). Dieses System könnte vielfältige technische Anwendungen finden, sei es zur Navigation oder zur Ortung in Bereichen, in denen keine optische Orientierung möglich ist. Die genaue Funktionsweise des Elektrosinns der Schnabeltiere ist allerdings noch wenig erforscht. Logische Konsequenz wäre die Beschaffung und Untersuchung eines lebenden Schnabeltieres. Die DIN ISO 18457 weist darauf hin, dass die Analyse von biologischen Werkstoffen geeignet sein soll, diese „im nativen Zustand" zu untersuchen [DIN 18457]. Dem setzt aber das Tierschutzgesetz enge Grenzen. Hinzu kommt, dass Schnabeltiere außerhalb Australiens nicht gehalten werden dürfen, weshalb z. B. die entsprechenden Anforderungen zur Haltung in Deutschland vom zuständigen Bundesministerium für Ernährung und Landwirtschaft (BMEL) explizit nicht definiert worden sind [BMEL14]. Bliebe nur noch die Möglichkeit, die Tiere vor Ort zu untersuchen, wobei auch hier sehr fraglich ist, ob die australischen Behörden dieses zum Zwecke der Neuentwicklung einer beliebigen technischen Anwendung genehmigen würden.

Auf diese sehr ungünstige Ausgangssituation zur Beschaffung notwendiger Analysedaten wird in der Literatur und in den beiden einschlägigen Regelwerken Richtlinie VDI 6220 Blatt 1 und der DIN ISO 18457 nicht näher eingegangen. Nach Meinung des Autors sind diese Hürden der Informationsbeschaffung aber ein großes, wenn nicht gar das hauptsächliche Hemmnis bei einer dauerhaften und systematischen Anwendung der Bionik abseits von Forschungseinrichtungen, insbesondere für KMU's. In der Analysephase ist die Umsetzbarkeit, geschweige denn der Erfolg eines bionischen Produkts noch nicht absehbar. Die Hinzuziehung von Experten oder gar die Finanzierung von Expeditionen zur Beschaffung von weiteren Informationen über das zu untersuchende biologische System stellen damit nicht unerhebliche finanzielle Risiken dar.

Abb. 5-16 Ein Beispiel, wie die angewandte Bionik **nicht** funktioniert

Natürlich gibt es auch Ausnahmen von sowohl der Beschaffungsproblematik als auch von der Regel, dass Ingenieure keine eigenen biologischen Analysen durchführen sollten. Tatsächlich gibt es eine ganze Reihe biologischer Prinzipien, deren Aufbau sich auf einfachem, meist visuellem Wege leicht erkennen lässt und deren Funktionen und Wirkmechanismen sich unschwer bekannten physikalischen Effekten zuordnen lassen. Bestes Beispiel ist auch hier wieder die Erfindung des Klettverschlusses. Allerdings sollte dem Anwender klar sein, dass es sich dabei um große Ausnahmen handelt. Die Regel ist eher, dass die Wirkmechanismen der biologischen Prinzipien auf Effekten basieren, die nur durch aufwändige physikalische Untersuchungen zugänglich werden. Ein Beispiel hierfür ist der Haftmechanismus des Gecko-Fußes, deren äußerer Aufbau zwar dank des Rasterelektronenmikroskops entschlüsselt ist, dessen Wirkmechanismus aber bis heute aufgrund der aufwendigen Analysemethoden nicht unumstritten geklärt werden konnte.

Wie aber kommt der Anwender – Biologe oder Nicht-Biologe – womöglich ohne die Option der Beschaffung des biologischen Systems an weiterführende Informationen? Die Antwort lautet auch hier wieder: Recherchieren. Wurde in der Ideenfindungsphase erst einmal ein grundsätzlich geeignetes biologisches System mit einem besonderen Prinzip oder besonderem Bauplan identifiziert, bieten sich neue Möglichkeiten der Suchrichtungen und der Such- und Filterwortgenerierung. Eventuell werden dabei auch weitere biologische Systeme mit ähnlichen Eigenschaften gefunden. Zusätzlich zu den bei der Ideenfindungsphase benutzten Quellen bietet sich hier, wegen der nun bekannten Stichworte, auch die Verwendung von Lehr- und Fachbüchern der Biologie und Physiologie an[158]. Und auch wenn nicht alle Details über eine Recherche in Erfahrung zu bringen sind, können bereits mehr oder weniger grobe Beschreibungen die Grundlage für eine nachfolgende Abstraktion und Übertragung in eine technische Anwendung sein. Hier sei noch mal daran erinnert, dass die Natur in erster Linie als Ideengeber oder Inspirationsquelle dienen soll.

Zusammenfassend können für eine weitere Verfolgung des bionischen Projekts in der Analyse zu erhaltende Mindestinformationen über das biologische System angegeben werden, die sich nach der Art der Konstruktion (Neu-, Varianten- oder Anpassungskonstruktion) richten:

- Ein physikalisches Wirkprinzip muss erkennbar sein.
- Ein biologischer Bauplan muss nachvollzogen werden können.
- Der Aufbau eines biologischen Materials (z. B. Verbundaufbau) muss bekannt sein, die Zusammensetzung sollte bekannt sein.

Zeichnen sich im Laufe des bionischen Projekts die Machbarkeit und ein besonders hohes Innovationspotential ab, können tatsächlich eigene gezielte Untersuchungen des biologischen Systems, soweit möglich und unter Hinzuziehung von Experten, erwogen werden.

5.2.5 Analogiebetrachtung

Die Analogie- oder auch Ähnlichkeitsbetrachtung vergleicht das Wirkungsgebiet, die äußeren Einflüsse und die relativen Größen des biologischen Systems und der technischen Anwendung. Wie in Kap. 4.2 beschrieben, betrifft dies insbesondere die physikalisch-technische Vergleichbarkeit. Bereits 1978 hat I. Rechenberg hier drei zu überprüfende Bereiche festgelegt, die 1987 auch von E. W. Zerbst aufgegriffen wurden und auch in ähnlicher Weise Eingang in die DIN ISO 18457 gefunden haben. Diese sind der Vergleich der technischen und biologischen Funktion, der technischen und biologischen Randbedingungen und der technischen und biologischen Gütekriterien [Rechenberg 1978, zitiert nach Zer87].

---

[158] siehe z. B. [Gör12]; [Fri19a]; [Mül19]

Die Analogiebetrachtung soll nachfolgend in ähnlicher Weise behandelt werden, wobei für die einfache und praktische Anwendbarkeit eine andere Form gewählt wird, und die Vergleiche erweitert und in einer Matrix genauer definiert werden.

Im Prinzip lassen sich die notwendigen Vergleiche in drei grundsätzlichen Fragen formulieren.

- **Was** soll die techn. Anwendung bewirken, was bewirkt das biologische System?
  → Vergleich der technischen und biologischen Funktion (Zweck der Systeme) und der Wirkungsgrößen (Anforderungen an die Systeme)

Biologisches System *Funktion*	Technisches System *Funktion*
Schale der Kokosnuss *Aufprall dämpfen*	Bremsprellbock (Bahn) *Energie aufnehmen*
Innenohr der Wirbeltiere *Geräusche wahrnehmen*	Stethoskop *Schall in Hohlkörpern wahrnehmen*
Daunenfedern der Vögel *Warm halten*	Isolierung eines Heizkessels *Durchgang Wärmeenergie reduzieren*

Abb. 5-17 Gegenüberstellung ähnlicher biologischer und technischer Systeme in Bezug auf deren Funktion

- **Wo** ist das Einsatzgebiet der technischen Anwendung, wo der Lebensraum des biologischen Systems?
  → Vergleich des Wirkungsfeldes (Größenwelten der Systeme) und der Umgebungsbedingungen (Umwelteinflüsse der Systeme)

  - Temperatur, Druck
  - Umgebungsmedien
  - Kräfte, Momente
  - Wellenlängen (z. B. bei Rezeptoren – Sensoren)
  - Reynoldszahlen (bei Strömungen / umströmten Körpern)
  - Stoffeigenschaften / Materialzusammensetzungen
  - …

- **Wie** soll die technische Anwendung ihre Aufgabe umsetzen, wie setzt das biologische System die Aufgabe um?
  → Vergleich der Gütekriterien (Leistungsdaten der Systeme)

  - Größe
  - Gewicht
  - Lebensdauer / Lebenserwartung
  - Energiebedarf
  - Kraftbereich, Drehmomentbereich,
  - …

Abb. 5-18 Vergleich des biologischen Systems Haizahn mit der technischen Anwendung Papierschneidemesser:
a) Fossiler Haizahn von *Squalicorax* (vor 112,9 bis 66 Mio. Jahre),
b) Klinge eines Papierschneidemessers

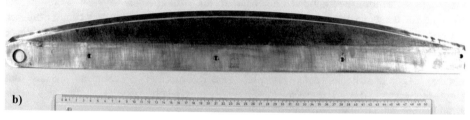

Das biologische System Haizahn und die technische Anwendung Papierschneidemesser sind beide zum Schneiden von weichen Materialien bestimmt, Abb. 5-18 a), b). Während aber der Zahn mit seiner feingezackten Schneide auf ein möglichst kräftefreies Zerschneiden von Fleisch bei einer relativ kurzen Lebensdauer optimiert ist, sind die Schneiden von Papiermessern für möglichst gerade Schnitte und große Standzeiten ausgelegt. Die Gütekriterien der beiden gezeigten Systeme unterscheiden sich daher.

Da sich nicht immer alle Punkte der Anforderungsliste der technischen Anwendung eindeutig den drei Kategorien zuordnen lassen, wird noch eine vierte Frage hinzugefügt:

- Welche **weiteren (spezifischen)** Anforderungen sollen verglichen werden?

  → Vergleich von spezifischen Anforderungen an die technische Anwendung mit den entsprechenden Lösungen des biologischen Systems.

  - Zerlegbarkeit / Montierbarkeit
  - Zeitstandfestigkeit[159]
  - …

Wie in der Fachliteratur beschrieben, ist eine vollständige Übereinstimmung zwischen den als relevant erkannten zu vergleichenden Aspekten der technischen Anwendung und des biologischen Systems fast nie möglich [vgl. DIN18457]. Eine Vorschrift, ab welchen

---

[159] Die Zeitstandfestigkeit oder auch Standfestigkeit bezeichnet im Maschinenbau die Zeit, über die ein technisches System seine Eigenschaften ohne Qualitäts- oder Leistungsverluste beibehält. Alternativ zu einer Zeitangabe werden häufig auch arbeitsspezifische Angaben heran gezogen. So z. B. das Spanvolumen, das eine Schneide ohne Qualitätsverluste an der Schnittfläche erzeugen kann, ohne nachgeschliffen werden zu müssen.

Abweichungen der Analogie die Übertragung einer biologischen Lösung in eine technische Anwendung nicht mehr möglich wird, gibt es allerdings nicht. Hier muss der Anwender in jedem Einzelfall entscheiden, ob eine erfolgreiche Übertragung trotz Abweichungen durchführbar ist. Dies kann durch Berechnungen geschehen, siehe die physikalisch-technische Übertragbarkeit, oder auch durch Simulationen, durch Testläufe, durch Dauerfestigkeitsversuche u. ä. Die Ingenieurwissenschaften bieten hier ein breites Spektrum an Validierungsmöglichkeiten.

Für die praktische Anwendung der Analogiebildung bietet sich eine tabellarische Vergleichsdurchführung an, die in der Matrix in Abb. 5-19 dargestellt ist. Als Beispiel für einen Vergleich und die Handhabung der Matrix wird wieder das Beutefangverhalten der Fangschreckenkrebse (Abb. 3-14) betrachtet. Wie beschrieben, zerstören diese die Panzer ihrer Beutetiere (andere Krebstiere, Muscheln, …) mit Schlägen ihrer zu Keulen umgebauten Vordergliedmaßen. Die Keulen als biologisches System könnten die Vorlage für ein Unterwasser-Abbruchgerät sein. Bei z. B. Hafenerweiterungen müssen bisweilen unter Wasser liegende Felsformationen oder vom Menschen geschaffene Bauwerke aus zumeist Beton abgebrochen werden. Die vom Tage- oder Bergbau bekannten technischen Gerätschaften sind unter Wasser nicht oder nur sehr bedingt nutzbar. Daher soll in dem Beispiel ein technisches System auf Basis des Keulenapparates des Fangschreckenkrebses entwickelt werden, für das eine Analogiebetrachtung durchzuführen ist.

In der Matrix in Abb. 5-19 werden die beiden Systeme Fangschreckenkrebs und Unterwasser-Abbruchgerät miteinander verglichen. Zum Vergleich wird mit einem Muschelgehäuse das härteste Material herangezogen, das der Fangschreckenkrebs mit seinen Keulen knacken kann. Die Effekte durch die sich beim Schlag bildende Schockwelle (siehe Kap. 3.3.3) werden zur Übersichtlichkeit des Beispiels nicht mitbetrachtet, es zählt alleine die beim Schlag erzeugte Aufprallkraft. Die Ergebnisse der Vergleiche finden sich in der Spalte zwischen den beiden Systemen. Zu überprüfende Eigenschaften sind die Übereinstimmung (Ü) in einer Skala von niedrig über mittel bis hoch und, soweit das möglich ist, der Skalierfaktor (S) (siehe physikalisch-technische Vergleichbarkeit). Die Bewertung der Übereinstimmung sollte möglichst objektiv und nachvollziehbar erfolgen. Ist der Skalierfaktor nahe 1,0 ($0,001 \times 10^3$) spricht dies für eine hohe Übereinstimmung. Übersteigt ein Skalierfaktor eine Größenwelt ($>10^3$) ist höchstens noch eine mittlere Übereinstimmung gegeben, bei zwei Größenwelten ($>10^6$) muss grundsätzlich von niedriger Übereinstimmung ausgegangen werden. Anzumerken bleibt, dass auch bei recht niedrigen Skalierfaktoren bereits Komplikationen in der Übertragung auftreten können, siehe das Beispiel von Gulliver mit einem Skalierfaktor von „nur" 12, also $0,012 \times 10^3$. Daher sind die gegebenen Vorschläge der Einstufung nur als Richtwerte anzusehen, die bei jeder Einschätzung kritisch hinterfragt werden sollten. Wenn die Übereinstimmung nicht als „hoch" eingestuft wird, sind Maßnahmen (M) notwendig, um entweder nachzuweisen, dass die vorhandene Übereinstimmung kein Hindernis für eine Übertragung darstellt. Dies können Berechnungen, Simulationen oder Testläufe an Prototypen sein. Oder es sind konstruktive oder ähnliche Maßnahmen vorzusehen, welche eine nicht vorhandene hohe Übereinstimmung ausgleichen. Die Maßnahmen werden in der nachfolgenden Phase der Abstraktion und Übertragung durchgeführt.

Vergleichsmatrix Biologisches System - Technisches System		Fangschreckenkrebs	Übereinstimmung Ü Skalierfaktor S Maßnahme M	Unterwasser-Abbruchgerät
was	Funktion Vergleich des Zwecks	Energie übertragen: zerstören hartschaliger Gehäuse	Ü : hoch ☑	Energie übertragen: zerstören von Felsen und Betonbau-werken
	Wirkungsgrößen Vergleich der Anforderungsgrößen	E-Mod. Muschelgehäuse ca. 30-70 kN/mm² [1]	Ü : hoch ☑ S : ~ 1,0	E-Mod. [2] Beton ca. 50 kN/mm² Granit ca. 60 kN/mm²
wo	Wirkungsfeld Vergleich der Größenwelten	Makrowelt, Länge der Keulen ca. 25 mm	Ü : hoch ☑ S : 0,04x10³, q_L = 40/1	Makrowelt, Länge Ausleger ca. 1000 mm
	Umgebungsbedingungen Vergleich der Umwelteinflüsse	Salzwasser, ca. 20 - 30 °C	Ü : hoch ☑	Salzwasser, Süßwasser, ca. 10 - 30 °C
		Bodenlebend	Ü : mittel ☒ M : Verankerung im Boden/am Objekt vorsehen	Am Boden oder frei schwebend
wie	Gütekriterium Vergleich der Leistungsdaten	Aufprall-geschwindigkeit ca. 23 m/s	Ü : hoch ☑ S : 1,0	$v_1 = v_0$ x 1 v_1 = 23 m/s
		Aufprallkraft max. 1500 N [1]	Ü : mittel ☒ S : 1,6x10³ M : Simulation, Berechnung	$F_1 = F_0$ x q_L^2 F_1 = 2400 KN
weiteres	Spezif. Anforderungen weitere Bedingungen oder Größen der Anforderungsliste	Haltbarkeit der Keulen: bis zur nächsten Häutung	Ü : mittel ☒ M : Dauerhaltbarkeits-versuche, eventuell regelm. Austausch der Aufprallmasse vorsehen	Zeitstandfestigkeit der Aufprallmasse: Zeit, bis 20 m³ Gestein oder Beton abgebrochen sind

Bewertungsskala Übereinstimmung Ü: niedrig - mittel - hoch.
☑ Ausreichende Übereinstimmung gegeben, keine besondere Maßnahme notwendig.
☒ Übereinstimmung zu überprüfen und/oder Maßnahme in der Abstraktion und Übertragung
vorsehen. Quellen / Vergleichsgrundlagen: [1] [Pat13] [2] [Jon13]

Abb. 5-19 Matrix der Analogiebildung zwischen dem Keulenapparat eines Fangschreckenkrebses und einem Gerät für den Unterwasser-Abbruch von Felsen oder Bauwerken aus Beton

Die Funktion beider Systeme besteht darin, Energie zu übertragen. Der Fangschreckenkrebs überträgt die in seinen Muskeln gespeicherte Energie in Bewegungsenergie der Keulen, welche wiederum auf die Oberfläche seines Opfers übertragen wird und zur Zerstörung der Schale führt. In gleicher Weise soll der Ausleger des Abbruch-Geräts Energie auf Felsen oder Beton übertragen. Die Übereinstimmung ist demnach als „hoch" einzustufen. Der E-Modul der Muschelgehäuse entspricht mit circa 30-70 kN/mm² in etwa denen von Beton (circa 50 kN/mm²) oder Granit (circa 60 kN/mm²), der für den Werkstoff Fels herangezogen wird. Daher ist auch die Übereinstimmung der Wirkungsgrößen „hoch". Das Wirkungsfeld liegt in beiden Fällen in der Makrowelt. Für das Abbruch-Gerät wird eine Auslegerlänge von einem Meter angenommen, während die Keulen des *Odontodactylus scyllarus* (auch Clown-Fangschreckenkrebs) als einer der größeren Vertreter der Art mit einer Länge von bis zu 17 cm grob mit 25 mm nach Abb. 3-14 abgeschätzt wurden. Der Skalierungsmaßstab q_L beträgt demzufolge 40/1, und der Skalierfaktor ist mit 0,04x10³ $\ll$ 1,0x10³, die Übereinstimmung ist demnach auch hier „hoch". Die Tiere kommen in subtropischen Gewässern vor, als Umgebung wurde Salzwasser mit einer Temperatur von 20–30 °C angenommen. Das Abbruch-Gerät soll auch in kälteren Gewässern bis hinab zu 10 °C und in Süßwasser-Seen eingesetzt werden können. Trotz dieser Unterschiede wird auch hier die Übereinstimmung als „hoch" eingestuft, da sich hierdurch keine erkennbaren Nachteile für die technische Anwendung ergeben. *Odontodactylus scyllarus* ist bodenbewohnend, es wird angenommen, dass er sich bei harten Schlägen am Boden abstützt. Das Abbruch-Gerät soll dagegen auch frei schwebend eingesetzt werden können. Hier ist eine signifikante Diskrepanz in beiden Systemen, weshalb als Einstufung nur „mittel" gewählt wurde. Eine Maßnahme wäre das Vorsehen einer Verankerungseinrichtung, mit der das Gerät in dem abzubrechenden Gestein (Beton) verankert wird. Dieser Umstand muss bei der späteren Abstraktion und Übertragung mitbetrachtet werden.

Bei dem nachfolgenden Vergleich der Gütekriterien soll die Frage beantwortet werden, wie das technische und das biologische System ihre Aufgabe umsetzen. Messungen ergaben, dass die Keulen eine Geschwindigkeit von bis zu 23 m/s erreichen und eine Aufprallkraft von 1.500 N [Pat13]. Die Geschwindigkeit skaliert mit dem Faktor 1, die Kraft mit der 2. Potenz des Längenmaßstabes (Abb. 4-42). Ein im Maßstab 40/1 skalierter Fangschreckenkrebs müsste daher eine Aufprallkraft von circa 2.400 kN erreichen. Der Kraft-Skalierfaktor von 1,6x10³ verordnet die Übereinstimmung in den mittleren Bereich. Hier müsste zum einen geprüft werden, ob eine derart hohe Kraft von einem System der vorgesehenen Größe erreicht werden kann. Zum anderen steht auch die Frage im Raum, ob diese Kraft überhaupt gebraucht wird, dies könnte experimentell überprüft werden. Schließlich wird in dem Beispiel unter der Frage „Weiteres" die Haltbarkeit der Systeme verglichen. Wie alle Gliedertiere häutet sich der Fangschreckenkrebs regelmäßig, wobei auch die Keulen erneuert werden. Für Flusskrebse findet sich die Angabe, dass die adulten Tiere sich einmal im Jahr häuten [Pöc98]. Im technischen System käme dies einem regelmäßigen jährlichen Austausch der Aufprallmasse gleich. Hier müsste experimentell oder auf dem Wege der Simulation überprüft werden, ob eine vorgegebene Haltbarkeit der Aufprallmasse eingehalten werden kann. In dem Beispiel wurde dazu angenommen, dass sich Verschleißerscheinungen an der Aufprallmasse erst nach dem Abbruch von mindestens 20 m³ Gestein oder Beton zeigen dürfen. Die Übereinstimmung wird wegen der notwendigen Überprüfung daher nur als „mittel" eingestuft.

Die Matrix in Abb. 5-19 ist wiederum in erster Linie für Neukonstruktionen angelegt, kann aber auch für Varianten- oder Anpassungskonstruktionen verwendet werden.

5.2.6 Abstraktion und Übertragung

In der Abstraktion wird das biologische Lösungsprinzip von dem biologischen System getrennt, um es anschließend auf die technische Anwendung übertragen zu können. Aufgrund der bereits erwähnten Multifunktionalität biologischer Systeme liegt ein biologisches Prinzip eher selten offen zutage wie bei der Haftung der Kletten. Und auch wenn das biologische Prinzip scheinbar eindeutig zu identifizieren und klar abzugrenzen ist, bedeutet dies noch nicht, dass eine Abstraktion und Übertragung dann auch auf einfachem Wege gelingen kann. Ein sehr gutes Beispiel ist hier der Bau früher Flugapparate nach dem Vorbild der Vögel. Der Vogelflug wird ermöglicht durch die Flügel, mit denen die Tiere Auftrieb (durch den Flügelquerschnitt in Verbindung mit Luftströmung) und Vortrieb (durch aktives Schlagen der Flügel) erzeugen. Frühe Nachbauten, sogenannte Ornithopter, versuchten durch Abstraktion des Gesamtprinzips beides nachzuahmen und waren bereits wegen der Kompliziertheit der Schlagkoordination zum Scheitern verurteilt[160] (Abb. 5-20 a). Erst eine Abstrahierung mit der Trennung von Auftrieb und Vortrieb brachte hier den Durchbruch. Bereits 1809 hatte Sir George Cayley einen dreiseitigen Artikel hierzu herausgebracht. Sehr umfangreich dokumentiert, erprobt und auch erfolgreich kommerziell umgesetzt wurde diese Abstraktion und Übertragung des Teilprinzips Auftrieb in einen Gleitflieger Ende des 19. Jahrhunderts von Otto Lilienthal, siehe hierzu auch Kap. 2.5 [Luk14].

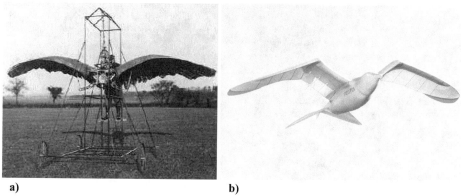

a)   **b)**

Abb. 5-20 Ornithopter als Beispiele für erfolgreiche und weniger erfolgreiche Abstraktion & Übertragung: **a)** ein nicht flugfähiges Modell von 1902, **b)** ein flugfähiges Modell von 2011 (SmartBird, Festo AG & Co. KG)

Eine detaillierte Vorschrift zur Durchführung existiert auch für die Abstraktion und Übertragung nicht. Grundsätzlich ist für eine erfolgreiche Abstraktion zunächst die genaue Analyse des biologischen Systems notwendig. Hierdurch wird es möglich, die für die Übertragung wichtigen Funktionen des biologischen Prinzips von den unwichtigen (oder sogar störenden) Funktionen zu trennen. Für die Übertragung muss darüberhinaus auch eine genaue Vorstellung der technischen Anwendung vorhanden sein. Durch beides kann letztlich entschieden werden, welche Funktion, welcher

---

[160] Tatsächlich wurde erst 2011 durch das Unternehmen Festo, Esslingen, mit dem SmartBird ein nur mit Flügelschlag eigenstart- und flugfähiger Ornithopter nach Vorbild der Silbermöwe gebaut. Möglich wurde dies u. a. durch moderne Leichtbautechniken und Microcontroller-Steuerung [Fes11].

Parameter oder auch welche Eigenschaft des zu übertragenden Prinzips auf welche Funktion, welchen Parameter oder auf welche Eigenschaft der technischen Anwendung zu übertragen ist, Abb. 5-21.

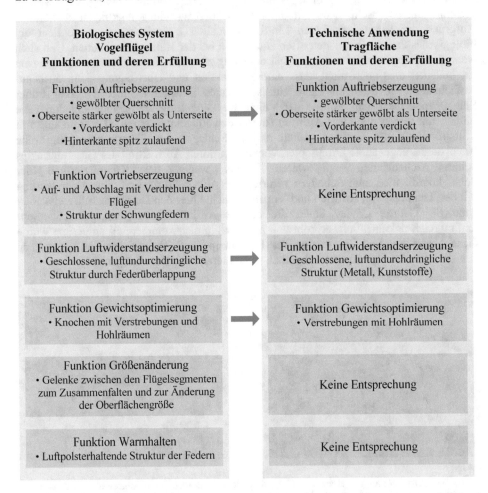

Abb. 5-21 Abstraktion der Funktionen eines Vogelflügels und Übertragung auf die technische Anwendung Tragfläche

Eine – wie in Abb. 5-21 gezeigt – direkte Übertragung ist selten möglich. Beachtet werden muss hier erneut die in Kap. 4.2 angesprochene physikalisch-technische Vergleichbarkeit. Häufig sind auch Versuche an z. B. Prototypen zum Nachweis der korrekten Abstraktion und der erfolgreichen Übertragung notwendig, insbesondere wenn die Abgrenzung der Funktion zum Gesamtprinzip nicht eindeutig möglich war.

Die Ähnlichkeit der beiden Systeme Vogelflügel und Tragfläche ist bereits äußerlich offensichtlich. Auch dies muss nicht immer der Fall sein. Die technische Anwendung kann sich äußerlich, aber auch von der inneren Struktur und natürlich auch von den Materialien derart weit von dem biologischen Vorbild unterscheiden, dass keine augenscheinliche Ähnlichkeit mehr existiert. Ein Beispiel hierfür ist ein

Wassergewinnungssystem nach Art der wüstenbewohnenden Nebeltrinker-Käfer wie den in Kap. 3.3.4 beschriebenen *Stenocara gracilipes* oder auch den *Onymacris unguicularis*. Um sich mit Wasser zu versorgen, steigt der circa zwei Zentimeter lange Käfer morgens auf eine Erhebung und stellt seinen Hinterleib durch die langen Hinterbeine nach oben, Abb. 5-22 a). An seinem Rückenpanzer kondensierende Tautropfen laufen den Panzer entlang direkt in die Mundgegend, wo er die Flüssigkeit aufnimmt. Auf diese Weise kann der Käfer täglich bis zu 34 % seines Körpergewichts an Flüssigkeit zu sich nehmen [Fre11]. Unterstützt wird dieses Verhalten durch die Struktur seines Rückenpanzers, der furchenbildende Noppen aufweist. Die Noppen begünstigen die Kondensation, und die Furchen leiten das Wasser in die richtige Richtung [Fre11; Lin14]. Bei *Stenocara gracilipes* ist gesichert, dass dieses Verhalten noch von superhydrophoben und hydrophilen Effekten am Rückenpanzer unterstützt wird (siehe Kap. 3.3.4, S.107). Möglich, dass dies auch auf *Onymacris unguicularis* zutrifft.

Eine technische Anwendung sind die sogenannten Atrapaniebla (aus span. *atrapar* für habhaft werden, fangen und *niebla* für Nebel), große Netze, die in der Atacama-Wüste in Chile Wasser aus Nebel gewinnen, Abb. 5-22 b).

a)   b)

Abb. 5-22 Keine Ähnlichkeit mehr zwischen Vorbild und Abstraktion: **a)** *Stenocara gracilipes,* der seinen Flüssigkeitsbedarf aus dem Morgennebel deckt. Gut zu erkennen sind die tiefen Furchen auf dem Rückenpanzer, entlang derer das Wasser in die Mundgegend läuft. **b)** Netz zur Wassergewinnung aus Nebel (Atrapaniebla) Alto Patache, Chile

Die auf Höhenzügen aufgestellten Atrapaniebla sammeln das gewonnene Wasser in unter den Netzen befindlichen Becken, von wo es in die tiefer gelegenen Ortschaften in den Tälern geleitet wird. Damit ist diese biologische Übertragung auch ein gutes Beispiel für einen von der Bionik geleisteten Beitrag zur Nachhaltigkeit, da das gesamte System zur Wassergewinnung und -leitung ohne weitere Energiequellen auskommt. Rein äußerlich sieht man den Atrapaniebla ihre Herkunft allerdings nicht an, ganz im Gegensatz zu dem in Abb. 5-20 b) gezeigten Smartbird.

Mit der Bildung der Abstraktion und der Übertragung auf die technische Anwendung ist gemäß Abb. 4-9 die Ideenfindung abgeschlossen und es erfolgt die Aufstellung von Konzeptvarianten, welche die möglichen technischen Umsetzungen, häufig in Skizzenform, zeigen. Da zumeist nicht für alle Teilfunktionen einer Funktionsstruktur bionische Lösungen gefunden werden sollen, erfolgt eine Kombination von konventionellen technischen Lösungen und bionische(r) Lösung(en), siehe Abb. 4-24 und Abb. 4-25. Außerdem werden in der Abstraktion nur bestimmte Funktionen des biologischen Systems in die technische Anwendung übertragen. Diese Funktionen benötigen, losgelöst vom Gesamtsystem, meist neue Schnittstellenzuordnungen oder auch unterstützende Hilfsfunktionen, welche die zu Anfang erstellte Funktionsstruktur ganz im Sinne eines iterativen Projektablaufs erweitern können.

Wie in einem konventionellen Projekt der Konstruktionstechnik werden die Konzeptvarianten anschließend technisch und wirtschaftlich bewertet (siehe Abb. 4-27 – Abb. 4-29). Wurde ein zur Realisierung geeignetes „Siegerkonzept" gefunden, schließt sich der technische Projektteil mit der technischen Umsetzung an, siehe Abb. 5-1 und das nachfolgende Kapitel.

5.3   Technische Umsetzung

Grundsätzlich unterscheidet sich das Vorgehen in der Phase der technischen Umsetzung innerhalb des bionischen Projekts nicht von konventionellen Projekten der Konstruktionstechnik. Trotzdem können hier Aufgaben entstehen, die in konventionellen Projekten eher selten oder gar nicht anzutreffen sind.

So können durch die Verwendung bisher nicht technisch eingesetzter biologischer Lösungen neue Berechnungsmethoden oder Testverfahren notwendig werden. Für die Berechnung und Auslegung konventioneller, auf Basis der Maschinenelemente erstellter technischer Systeme gibt es in der Fachliteratur vielfältige Hinweise zur Berechnung, siehe z. B. Roloff-Matek Maschinenelemente. Darin und auch in den Ingenieurwissenschaften allgemein werden in den Berechnungsmethoden häufig Vergleichsbauteile ähnlicher Struktur oder Geometrie herangezogen, deren technische Kennwerte erprobt sind. Können diese Vergleichsbauteile nicht angewendet werden, müssen die Berechnungen u. U. durch kostenintensive Prüfstandsversuche validiert werden.

Zu nennen sind auch eventuelle neue Herausforderungen bei der Herstellung der Bauteile. Diese können entstehen, wenn die prinzipiell unbegrenzte Geometriefreiheit des biologischen Vorbildes für die Funktion der technischen Anwendung erforderlich ist. Derartig konstruierte Bauteile könnten sich auf konventionellem Wege nicht mehr fertigen lassen. Wie in Kap 4.4 ausführlich beschrieben, bietet hier die additive Fertigung eine Alternative zur konventionellen Herstellung.

Durch die Suche nach unkonventionellen Herstellmethoden und womöglich auch aufwändigen Validierungen steigt letztlich auch die Entwicklungszeit eines Produkts. Diese möglichen, aber nicht immer auftretenden Herausforderungen bei der technischen Umsetzung bionischer Produkte sollten nicht von der Anwendung der Bionik abhalten, müssen aber gleichwohl erwähnt werden.

Der Ablauf der technischen Umsetzung gliedert sich in die Phasen Entwerfen und Ausarbeiten, Prototypenbau und Herstellung, sowie Test und Validierung. Diese, der konventionellen Konstruktionstechnik entsprechenden Phasen wurden bereits in Kap. 4.1.2 behandelt.

5.4 Methodik des bionischen Konstruierens im Biology-Push-Ansatz

Während beim Technologischen Ansatz die Frage verfolgt wird, wie die Natur eine bestimmte Aufgabe löst (*Wie macht die Natur das?*), hinterfragt der biologische Ansatz, wofür man bestimmte Lösungsprinzipien in der Technik nutzen könnte (*Wofür kann man das verwenden?*), siehe Kap. 5.1. Der Biology-Push-Ansatz startet somit bei Entdeckungen der biologischen Grundlagenforschung, oder, etwas trivialer und auch Nicht-Biologen zugänglich, bei der Beobachtung von Phänomenen der Natur. Dieser Zusatz trägt der bereits in Kap. 5.1 ausführlich erläuterten Tatsache Rechnung, dass die Entwicklung etlicher erfolgreicher bionischer Anwendungen auf diese Weise begonnen hat. Dies gilt für das Klettband, das Flugzeug oder auch die Gecko-Haftung, um nur einige zu nennen.

Eine Systematik für die Suche nach geeigneten technischen Anwendungen für das entdeckte biologische Prinzip ist nicht bekannt. Anders als in der Ideenfindungsphase des Technology-Pull-Ansatzes wird hier nicht nach einem erstaunlichen Verhalten oder bemerkenswerten Prinzip gesucht, das in Publikationen beschrieben wird, sondern nach beliebigen Produkten aus grundsätzlich allen Branchen und Lebensbereichen, weshalb eine Einschränkung des Suchraums kaum möglich wird. Ist die Entwicklung einer Basisinnovation erklärtes Ziel der Verwendung des Biology-Push-Ansatzes, geht der Lösungsraum quasi gegen unendlich, denn schließlich müsste nach einer technischen Anwendung gesucht werden, die (noch) nicht existiert.

Natürlich kann diese Suche auch sehr trivial sein, wenn nämlich die Innovation lediglich darin besteht, technisch zu ermöglichen, was biologisch schon lange möglich ist: fliegen, über Wasser laufen, sich im Dunkeln orientieren usw. Oder wenn das beobachtete biologische Prinzip einfach nachgebaut und in sehr ähnlicher Weise wie in der Natur genutzt wird, wie z. B. beim Stacheldraht. Bei ähnlicher Nutzung und auch ähnlichem Aufbau sei hier erneut angemerkt, dass ein reiner Nachbau per Definition keine Bionik ist, siehe *das bionische Produkt*, Kap. 2.3[161]. Zuweilen kann die vermeintlich triviale Zuordnung zu einer technischen Anwendung auch auf Irrwege führen, wie die ersten Übertragungsversuche des Vogelflugs zeigen oder wie dies auch bei der Schwimmdynamik der Delfine leicht der Fall sein kann. Verantwortlich für deren hohe Schwimmgeschwindigkeit sind nicht nur die Spindelform des Körpers und die relativ glatte Haut, wie auf den ersten Blick gemeint werden könnte, sondern auch die elastische Speckschicht darunter. Deren Anpassungsfähigkeit verzögert den Übergang von laminarer zu turbulenter Strömung, im Ergebnis bewegen sich schnell schwimmende Delfine deutlich reibungsärmer durch das Wasser (siehe Kap. 3.3.4). Werden also nur die Merkmale Spindelform und glatte Oberfläche in eine technische Anwendung übertragen, wird das Ergebnis sicherlich enttäuschen.

In der Mehrheit der Fälle wird die Anwendungssuche jedoch eher aufwändig und die Übertragung abstrakt sein, womit meist neue Anwendungsmöglichkeiten biologischer Prinzipien verbunden sind, wie z. B. die Anwendung des Salvinia® Effekts zur Reibungsminimierung und zur Verhinderung des Fouling.

---

[161] Nach Meinung des Autors ist dies aber nur von akademischem Interesse, wenn auf derartigem Wege ein brauchbares Produkt erzeugt werden kann.

Einfacher und auch systematischer als nach Basisinnovationen könnte sich die Suche nach Neukonstruktionen gestalten. Denkbar wäre dafür eine Rückwärts-Suche zur Feststellung, welche physikalischen Effekte mit der vorliegenden biologischen Lösung verbunden werden können und in welchen technischen Anwendungen diese Effekte bereits eingesetzt werden.

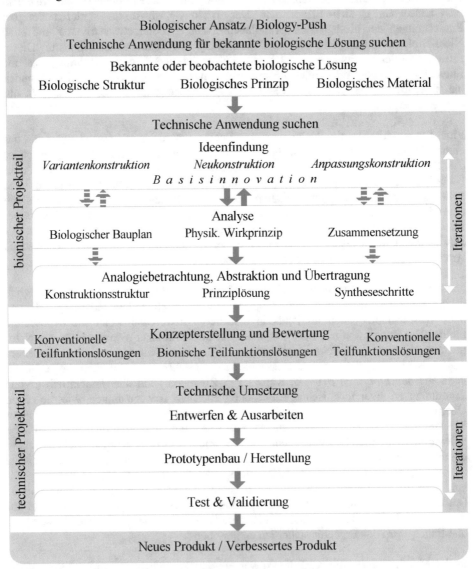

Abb. 5-23 Ablauf des bionischen Projekts im Biology-Push-Ansatz

Ist die Analyse des biologischen Prinzips noch nicht erfolgt und bislang nur ein herausragendes biologisches Phänomen beobachtet worden, wäre der Start des Biology-Push-Ansatzes grundsätzlich auch mit Beginn der Analyse denkbar, um nachfolgend eine technische Anwendung zu finden. Da derartige Analysen aber zeit- und kostenintensiv sind, ist dieses Vorgehen eher ungeeignet und risikobehaftet. Demgegenüber erhöht die Findung einer technischen Anwendung mit gewissem Marktpotential die Motivation einer notwendigen Analyse des biologischen Prinzips.

Die unterschiedlichen Startmöglichkeiten sind in dem Ablaufdiagramm in Abb. 5-23 durch die Doppelpfeile zwischen Analyse und Ideenfindung symbolisiert.

Wurde eine technische Anwendung als Einsatzmöglichkeit für das biologische Prinzip (Struktur, Material) gefunden, und liegt eine Analyse vor, unterscheidet sich das Projekt des Biology-Push-Ansatzes nicht mehr von einem Projekt im Technology-Pull-Ansatz. Es folgt die Phase der Analogiebetrachtung, Abstraktion und Übertragung. In der Konzepterstellung und Bewertung können zusätzlich konventionelle Teilfunktionslösungen einfließen. Zur näheren Beschreibung dieser Phasen siehe die Kap. 5.2.3 bis 5.2.6. Anschließend erfolgt die technische Umsetzung mit den Phasen Entwerfen und Ausarbeiten, Prototypenbau oder direkte Herstellung, sowie Test und Validierung. Für eine nähere Beschreibung dieser Phasen siehe die Kap. 5.3 bzw. 4.1.2.

6 Biologische Optimierungs- und Entwicklungsstrategien

Wie in Kap. 3.2 beschrieben, kennt die Natur mit der Evolution biologische Optimierungs- und Entwicklungsstrategien. Diese Strategien können auch für Optimierungsaufgaben in der Technik, der Wirtschaft oder auch in der Informatik angewendet werden. Zum Einsatz kommen hier die Schritte Rekombination, Mutation und Selektion. Das Besondere der biologischen Optimierungsstrategien liegt zum einen in der Zufälligkeit der ersten beiden Schritte. Dies ermöglicht die Einbeziehung von Lösungen, die in anderen, zumeist mathematischen Optimierungsstrategien ausgeschlossen werden. Zwar kennt auch die Mathematik Optimierungsverfahren, welche einen Zufallsfaktor einschließen (randomisierte Verfahren), beispielsweise das Monte-Carlo-Verfahren. Die meisten Verfahren sind allerdings deterministisch und exakt, was sich auch im Lösungsraum äußert. So findet das Simplex-Verfahren der Numerik nach endlich vielen Schritten entweder eine Lösung (das Optimum), oder es stellt die Unlösbarkeit einer Aufgabe fest. Nicht so die biologischen Evolutionsstrategien, welche gar kein Optimum kennen[162] und sich diesem daher nur annähern können.

Zum anderen findet sich ein Unterschied zwischen mathematischen und biologischen Optimierungsverfahren in der Selektion, welche dem Anwender die Möglichkeit gibt, den Optimierungsprozess zu steuern. Gerade die Steuerungsmöglichkeiten, die auch durch die Mutationsschrittweiten gegeben sind, ermöglichen die Flexibilität des Verfahrens und den großen Anwendungsbereich. Beispielsweise kann die biologische Evolution auch zur Optimierung künstlicher neuronaler Netze und damit zur Verbesserung künstlicher Intelligenz (KI) genutzt werden.

Neben den Steuerungsmöglichkeiten innerhalb einer biologischen Optimierung gibt es auch unterschiedliche Herangehensweisen bei der Anwendung. Grundlegende Arbeiten hierzu, welche erstmalig mögliche Abläufe der biologischen Optimierung beschrieben haben, stammen aus den 60er Jahren des letzten Jahrhunderts. Dabei haben sich zwei Strömungen herausgebildet, die Evolutionsstrategien (ES) und die genetischen Algorithmen (GA). Die Evolutionsstrategien wurden maßgeblich von Ingo Rechenberg von der Technischen Universität Berlin formuliert [Rec73] und später von Hans-Paul Schwefel erweitert [Sch75; Sch77]. Rechenberg betrachtet darin die Evolution von der ingenieurwissenschaftlichen Seite, sein Hauptanliegen ist der Einsatz zur Lösung technischer Aufgabenstellungen. Hierzu entwickelte er eine Art „Kartenspiel", bei dem jede Karte ein Individuum einer Population darstellt, dem durch auf der Karte markierte Punkte bestimmte Gene zugeordnet sind. Der Grundablauf kann wie folgt erklärt werden: Die Gene bestimmen die Eigenschaften seines Trägers (Phänotyp). Durch Rekombination mit einer anderen Karte entstehen neue Karten mit neuen Genen, wobei auch Mutationen, also Genveränderungen vorkommen. Die anschließende Selektion erfolgt nach den Eigenschaften der Karten. Ziel ist es, eine nachfolgende Kartengeneration mit verbesserten Eigenschaften zu erzeugen. Von diesem „Grundablauf", der von Vorschriften für die Rekombination, Mutation usw. begleitet

---

[162] An dieser Stelle kann überlegt werden, wie z. B. ein optimaler Mensch aussehen würde. Wie groß wäre er, wie intelligent, wie wären seine Moralvorstellungen oder wie lange würde er leben? Und würde ein extrem langes Leben zu einer optimierten Population führen oder eher zu einer Überbevölkerung seines Habitats? Es darf postuliert werden, dass eine Aussage hierzu nicht getroffen werden kann, siehe auch die Ausführungen in Kap. 3.1 und 3.2.

© Springer Fachmedien Wiesbaden GmbH, ein Teil von Springer Nature 2022
W. Wawers, *Bionik*, https://doi.org/10.1007/978-3-658-39350-2 6

wird, gibt es verschiedene Variationen. So z. B. in der Anzahl der Eltern-Karten und der Nachkommen-Karten, oder ob eine Population (eine Zeit lang) isoliert von anderen ist. Es gibt also nicht „die eine Evolutionsstrategie", sondern viele. Rechenberg selbst schreibt hierzu, dass nicht unbedingt jeder Evolutionsfaktor kopiert werden muss, solange man in der Lage ist, ein idealisiertes Schema zu entwerfen, das die gleiche Wirkung (wie die Evolution) hervorbringt, [vgl. Rec73]. Schöneburg et al. kommen dementsprechend auch sinngemäß zu dem Schluss, dass der Anwender der Evolutionsstrategie „*die biologische Evolution sozusagen nur als Richtschnur für die Entwicklung eines leistungsstarken Such- und Optimierungsverfahrens benutzen will*" [Sch96].

Etwa zeitgleich zu Rechenberg und unabhängig voneinander entwickelte John H. Holland von der University of Michigan die genetischen Algorithmen [Hol75]. Es gibt große Ähnlichkeiten im Ablauf beider Strategien bzw. der Algorithmen, aber auch große Unterschiede. Einer der Hauptunterschiede liegt in der Codierung der Chromosome (Erbinformation) einer Population, für die in der Evolutionsstrategie Vektoren reeller Zahlen benutzt werden, während die genetischen Algorithmen hierzu binäre Vektoren verwenden. Auch spielt die Mutation bei den genetischen Algorithmen gegenüber der Evolutionsstrategie nur eine untergeordnete Rolle. Ein ausführlicher Vergleich beider Strategien findet sich in [Sch96]

Nachfolgend soll anhand von Beispielen die Evolutionsstrategie in Anlehnung an Rechenberg erklärt werden. Ziel ist dabei nicht, den Leser zur Anwendung biologischer Optimierungsverfahren zu befähigen, wie dies bei dem Hauptthema dieses Buches, dem bionischen Konstruieren in Kap. 5 der Fall ist. Vielmehr soll nur ein erstes Verständnis für den grundsätzlichen Ablauf einer Optimierung nach dem Vorbild der Evolution geschaffen werden. Für tiefergehende Informationen und weitere Anwendungen muss hier auf die Fachliteratur verwiesen werden. Dies auch vor dem Hintergrund, dass es im Zuge der Weiterentwicklung der Computertechnik mittlerweile viele computergestützte Variationen der Evolutionsstrategie und der genetischen Algorithmen gibt. Siehe hierzu auch die damit verbundenen Gebiete der genetischen Programmierung und der evolutionären Programmierung.

Das Ziel evolutionärer Strategien ist die Optimierung der Erfüllung einer Aufgabe, weshalb zunächst die Bedeutung der Begriffe Optimum und Optimierung betrachtet werden.

Optimum und Optimierung

Die Verwendung des Begriffs „Optimierung" wirft die Frage nach dem „wofür" auf. Ein technisches System kann im Allgemeinen für verschiedene Anforderungen optimiert werden, die aus seinen primären Einsatzzwecken herrühren. So ist z. B. ein moderner Verbrennungsmotor in einer Straßenlimousine auf Kraftstoffsparsamkeit optimiert, während der vom Grundaufbau gleiche Verbrennungsmotor in einem Rennwagen auf Leistung optimiert ist. Gleichzeitig werden aber auch die jeweils anderen Anforderungen (oder andere, noch nicht erwähnte Anforderungen) benötigt, um genaue Aussagen über den Grad der Optimierung machen zu können. Wenn die alleinige Optimierungsanforderung „Maximale Kraftstoffeinsparung" wäre, könnte der Motor derartig optimiert werden, dass er im Leerlauf gerade nicht ausgeht. Er würde aber nicht mehr genug Leistung bringen, um noch ein Fahrzeug antreiben zu können. Daher wäre eine wesentlich sinnvollere Optimierungsanforderung „Maximale Kraftstoffeinsparung für eine vorgegebene, drehzahlabhängige Leistungskurve". Im Falle des Rennmotors könnte die Optimierungsanforderung etwa lauten „Maximale Leistung für einen bestimmten Drehzahlbereich bei einer vorgegebenen Lebensdauer". Zur eigentlichen zu optimierenden Anforderung kommen also noch Nebenbedingungen hinzu.

Wie gut der Motor letztlich optimiert wurde kann nur beurteilt werden, wenn das Optimum bekannt ist. Für einfache technische oder auch wirtschaftswissenschaftliche Systeme kann das Optimum häufig mathematisch berechnet werden. Sind die in die Berechnungen eingehenden Größen auch gleichzeitig die für die Optimierung zur Verfügung stehenden Parameter, liefert das Ergebnis nicht nur das Optimum, sondern auch direkt die Einstellwerte der Parameter. Als Beispiel für eine mathematisch bestimmbare Optimierung soll eine zur Schulmathematik gehörende Extremwertaufgabe betrachtet werden.

Ein Fahrzeug soll schnellstmöglich von Punkt A nach Punkt C kommen, die mit dem Punkt B ein rechtwinkliges Dreieck bilden. Die beiden Katheten des Dreiecks (A-B: 450 m), (B-C: 800 m) liegen entlang einer Straße. Die Hypotenuse (A-C) liegt auf einem Feld. Auf der Straße kann das Fahrzeug dreimal so schnell wie auf dem Feld fahren, dafür ist die Strecke entlang der Straße länger, Abb. 6-1.

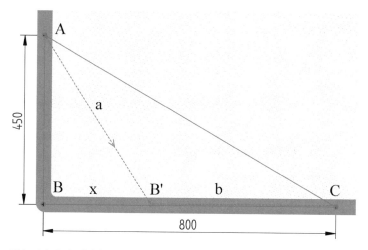

Abb. 6-1 Beispiel für eine Extremwertaufgabe mit zu optimierender Weglänge

Die zu optimierende Größe ist der einzuschlagende Weg unter der Nebenbedingung der unterschiedlichen Geschwindigkeiten. Dieser kann entweder komplett über die Straße führen, komplett über das Feld oder teilweise über das Feld und teilweise auf der Straße. Für die mathematische Optimierung wird der Weg als eine Funktion f(x) in Abhängigkeit einer aus Abb. 6-1 festzulegenden Variablen formuliert. Von dieser Funktion wird die erste Ableitung f'(x) gebildet, welche die Steigung der Funktion angibt. An der Stelle mit der Steigung Null (f'(x) = 0) befindet sich der Extremwert der Funktion, welcher in obigem Beispiel den optimalen Weg angibt.

1. Aufstellen der Funktion f(x):

Formulierung der Zielbedingung als Wegstrecke aus a + b, wobei wegen der unterschiedlichen Geschwindigkeiten die Strecke a verdreifacht wird:

$$f(x) = 3 \cdot a + b \qquad (6.1)$$

Formulieren der Nebenbedingungen aus den geometrischen Zusammenhängen:

$$i: \ a^2 = 450^2 + x^2 \qquad\qquad ii: \ b = 800 - x$$

Einsetzen von i und ii in die Zielbedingung ergibt die gesuchte Funktion in Abhängigkeit von nur einer Variablen x für den Wertebereich $0 \le x \le 800$:

$$f(x) = 3 \cdot \sqrt{450^2 + x^2} + (800 - x)$$

2. Ableiten der Funktion. Verwendet wird die Kettenregel:

$$f'(u(x)) = f'_{(u)} \cdot u'_{(x)} \quad \text{mit} \quad f(u) = 3 \cdot \sqrt{u} \ , \quad u(x) = 450^2 + x^2$$

$$f'(x) = \frac{3 \cdot x}{\sqrt{450^2 + x^2}} - 1 \qquad (6.2)$$

3. Finden der Extremwerte durch Nullsetzen der 1. Ableitung:

$$f'(x) = 0 = \frac{3 \cdot x}{\sqrt{450^2 + x^2}} - 1 \qquad\qquad x = \sqrt{\frac{450^2}{8}} = 159{,}1$$

Das Ergebnis liegt innerhalb des Wertebereichs und ist damit gültig. Der schnellste Weg führt zunächst über das Feld und ab x = 159,1 m über die Straße. Zur Verdeutlichung wird der Graph der Funktion betrachtet, der sich mit einem Mathematikprogramm oder auch einer Tabellenkalkulation erstellen lässt, Abb. 6-2.

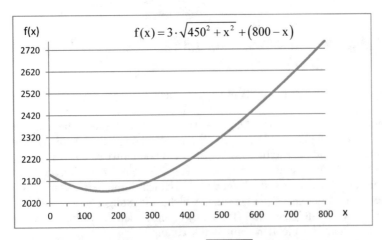

Abb. 6-2 Graph der Funktion $f(x) = 3 \cdot \sqrt{450^2 + x^2} + (800 - x)$, Bereich um das Minimum

Die Lösung x =159,1 stellt somit das Optimum der Funktion f(x) dar, wenn der niedrigste Funktionswert gesucht ist.

Grafisch aufwändiger und auch mathematisch anspruchsvoller wird die Lösungsfindung, wenn die Funktion von zwei Variablen abhängt, wie beispielsweise in Gl. 6.3.

$$f(x,y) = x^4 + x^3 - x^2 + y \qquad (6.3)$$

Für Gl. 6.3 soll wieder ein Minimum für f(x,y) gefunden werden. Die partielle Ableitung der Funktion zeigt allerdings, dass es keinen globalen Extremwert gibt.

$$f'(x,y) = \begin{pmatrix} 4x^3 + 3x^2 - 2x \\ 1 \leftarrow \textbf{x} \end{pmatrix} = \begin{pmatrix} 0 \\ 0 \end{pmatrix} \qquad (6.4)$$

Der Definitionsbereich der Variablen lässt sich für reale Aufgabenstellungen i. d. R. sinnvoll eingrenzen. Betrachtet wird daher nun der (in dem Beispiel frei festgelegte) Definitionsbereich $x \in \{-1,5, \ldots 1,0\}$ und $y \in \{0,5, \ldots 1,5\}$. Gesucht sind nun mögliche lokale Minima in dem Definitionsbereich, wozu das Verhalten an den Rändern untersucht wird.

$\underline{x = -1,5}$ $f(x = -1,5, y) = 6,19 + y$

$\underline{x = 1,0}$ $f(x = 1,0, y) = 1 + y$ Innerhalb des Definitionsbereichs wird die Funktion für y = 0,5 minimal $\underline{\underline{y = 0,5}}$

Für das Verhalten an den Rändern y = 0,5 und y = 1,5 wird die Ableitung der Funktion betrachtet. Da der Term für y in der Ableitung verschwindet, gelten die gesuchten x-Werte für beide Ränder.

$\underline{y = 0,5}$ $f(x, y = 0,5) = x^4 + x^3 - x^2 + 0,5$ $f'(x, y = 0,5) = 4x^3 + 3x^2 - 2x \overset{!}{=} 0$

$\underline{y = 1,5}$ $f(x, y = 1,5) = x^4 + x^3 - x^2 + 1,5$ $f'(x, y = 1,5) = 4x^3 + 3x^2 - 2x \overset{!}{=} 0$

Eine erste Lösung ergibt sich für den Fall, dass x = 0 ist. $\underline{\underline{x_1 = 0}}$

Zur Bestimmung weiterer Minima wird die nullgesetzte Ableitung durch 4x dividiert und die quadratische Ergänzung und die 1. binomische Formel herangezogen.

$$x^2 + \frac{3}{4}x - \frac{1}{2} = 0 \qquad x_{2,3} = -\frac{3}{8} \pm \sqrt{\frac{9}{64} + \frac{1}{2}} \qquad \underline{\underline{x_2 = 0,425}}$$

$$\underline{\underline{x_3 = -1,175}}$$

Werden die gefundenen Wertepaare in die Funktion f(x,y) eingesetzt, ergibt sich ein lokales Minimum bei x = -1,175 und y = 0,5 (Abb. 6-3).

x	y	f(x,y)
-1,500	0,500	-0,063
1,000	0,500	1,500
0,000	0,500	0,500
0,000	1,500	1,500
0,425	0,500	0,429
-1,715	**0,500**	**-0,597**
0,425	1,500	1,429
-1,715	1,500	0,403

Abb. 6-3 Lokale Extremwerte der Funktion $f(x,y) = x^4 + x^3 - x^2 + y$ innerhalb des Definitionsbereichs $x \in \{-1,5,\dots 1,0\}$ und $y \in \{0,5,\dots 1,5\}$

In Abb. 6-4 sind die Ergebnisse zusammen mit einigen Zwischenwerten als Graph mit den drei Dimensionen x, y, f(x,y) abgebildet. Eine Eintragung aller Punkte des Wertebereichs würde eine Art „Gebirge" bzw. eine zerklüftete Oberfläche ergeben.

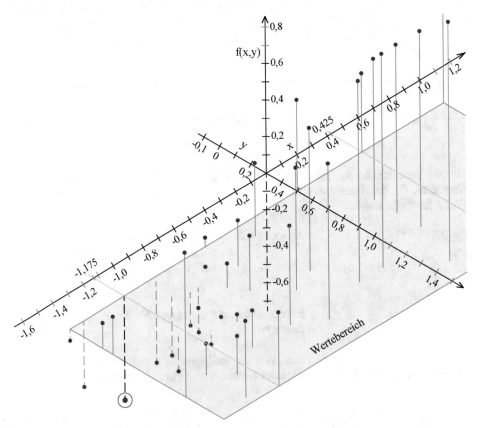

Abb. 6-4 Graph der Funktion $f(x,y) = x^4 + x^3 - x^2 + y$, rot markiert das globale Minimum des Wertebereichs (dargestellt sind nur ausgewählte Werte).

Werden für y nur die Grenzwerte $y = 0,5$ und $y = 1,5$ angenommen, kann der Graph auch zweidimensional dargestellt werden, Abb. 6-5.

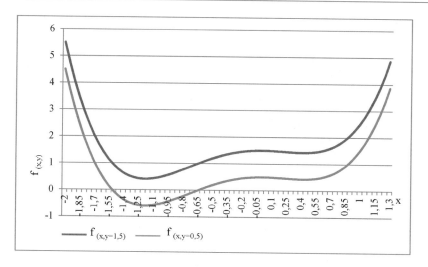

Abb. 6-5 Graphen der Funktion $f(x, y) = x^4 + x^3 - x^2 + y$ in den Grenzwerten von y für y $\in \{0,5, \ldots 1,5\}$

Anwendung evolutionärer Algorithmen – auf die Mutationsweite kommt es an

Im Folgenden soll versucht werden, das berechnete Minimum der Funktion $f_{(x,y)} = x^4 + x^3 - x^2 + y$ bei x = -1,175 und y = 0,5 mit Hilfe eines evolutionären Algorithmus in Anlehnung an die Evolutionsstrategie von Rechenberg zu finden. Der Algorithmus wird dabei zum Zweck der Nachvollziehbarkeit bewusst einfach gehalten. Verzichtet wird daher auch auf eine automatisierte Auswertung, zu Hilfe genommen wird nur ein Programm zur Tabellenkalkulation.

Ausgegangen wird von einer Elterngeneration mit den Elternteilen A und B (µ), die einen Nachkommen (λ) erzeugen. Die Gene sind die x- und y-Werte, die arithmetisch gemittelt an den Nachkommen weitergegeben werden (Rekombination), wobei eine Mutation mit der Schrittweite δ auftritt, d. h. zu dem gemittelten Wert wird immer ein δ hinzuaddiert. Das Vorzeichen von δ wird dabei jeweils zufällig erzeugt. Die Mutationsschrittweite δ bestimmt die Fortschrittsgeschwindigkeit. Wird die Schrittweite zu klein eingestellt, ist der evolutionäre Fortschritt zu gering und die Änderungen sind nicht signifikant messbar. Außerdem kann es vorkommen, dass man mit einer zu kleinen Schrittweite in einem lokalen Minimum verbleibt. Dies wäre z. B. bei dem Graph in Abb. 6-5 um den auch rechnerisch gefundenen Bereich von x = 0,425 möglich. Ist die Schrittweite dagegen zu groß, besteht die Gefahr, ein Minimum zu überspringen, ohne dies zu registrieren, oder den Definitionsbereich zu verlassen.
Nach der Erzeugung des Nachkommens werden für die Eltern und den Nachkommen jeweils der Funktionswert f(x,y) berechnet, der in der Evolution der Fitness[31] entspricht. Die beiden Individuen aus dem Pool Eltern und Nachkomme mit den niedrigsten Werten für f(x,y) haben die höchste Fitness und werden anschließend für den nächsten Evolutionsschritt ausgewählt. Derjenige mit dem höchsten f(x,y)-Wert (geringste Fitness) wird aus dem Pool entfernt. Der Vorgang kann auch als Selektion anhand des Qualitätskriteriums Q = min(f(x,y)) beschrieben werden. Anschließend startet die

Rekombination der neu kombinierten Eltern in der neuen Generation n+1 erneut. Für einen ersten Suchlauf wurde δx mit 0,3 und δy mit 0,2 gewählt, Abb. 6-6.

Gen.(n)	Eltern						Kind				
	A			B			$x \in (-1,5;1,0),\ \delta x = 0,3$		$y \in (0,5;1,5),\ \delta y = 0,2$		
	x	y	f(x,y)	x	y	f(x,y)	V	$x_{n+1} = \dfrac{x_{An} + x_{Bn}}{2} + V \cdot \delta$	V	$y_{n+1} = \dfrac{y_{An} + y_{Bn}}{2} + V \cdot \delta$	f(x,y)
0	0,700	1,000	1,093	0,300	0,900	0,845	-1	0,200	1	1,150	1,120
1	0,700	1,000	1,093	0,300	0,900	0,845	-1	0,800	-1	0,750	1,032
2	0,800	0,750	1,032	0,300	0,900	0,845	1	0,850	-1	0,625	1,039
3	0,800	0,750	1,032	0,300	0,900	0,845	-1	0,250	-1	0,625	0,582
4	0,250	0,625	0,582	0,300	0,900	0,845	1	0,575	1	0,963	0,931
5	0,250	0,625	0,582	0,300	0,900	0,845	-1	-0,025	-1	0,563	0,562
6	0,250	0,625	0,582	-0,025	0,563	0,562	-1	-0,188	-1	0,394	0,353

Abb. 6-6 Ablauf eines evolutionären Algorithmus zur Findung des Minimums von f(x,y), erster Suchlauf mit δx = 0,3 und δy = 0,2; die in der Selektion ausgewählten Eltern der nächsten Generation n sind jeweils fett markiert. Die blaue Umrandung zeigt den Ersatz der Elterngeneration A in der 3. Generation durch die fittere 2. Nachkommengeneration.

Die x- und y-Werte in dem Suchlauf in Abb. 6-6 reduzieren sich bei allen Individuen über die Generationen hinweg, wobei in der 4. Folgegeneration auch das lokale Minimum bei x = 0,425 überwunden wird, sämtliche x-Werte sind kleiner. Allerdings ist die Mutationsweite für δ_y zu groß eingestellt, da die Definitionsbereichsgrenze 0,5 bereits in der 6. Folgegeneration unterschritten wird, und der Algorithmus daher abbricht. Das gefundene Minimum liegt bei f(x,y) = 0,562. Dies ist zwar weit von dem rechnerisch ermittelten Wert f(x,y) = -0,597 entfernt, trotzdem wurde eine Optimierung durchgeführt, da der kleinste Ausgangswert bei 0,845 lag (B, Generation 0).

In einem nächsten Suchlauf wird die Mutationsweite auf $\delta x = 0,2$ und $\delta y = 0,05$ reduziert. Um die Anzahl der Generationen nicht zu groß werden zu lassen, wird für Elter A der Startpunkt bei x = 0,4 festgelegt, zumal der erste Suchlauf bereits hinunter bis x = 0,25 reichte. Bei dem neuen Suchlauf wird in der 23. Nachfolgegeneration ein minimaler Funktionswert von -0,583 gefunden, bevor der Algorithmus in der 26. Folgegeneration wegen Unterschreiten des Definitionsbereichs abgebrochen werden muss, Abb. 6-7. Das Ergebnis dieses Suchlaufs weicht damit nur noch um 2,3 % vom rechnerischen Ergebnis von -0,597 ab.

Die beiden Beispiele in Abb. 6-6 und Abb. 6-7 verdeutlichen, welche Bedeutung der richtigen Wahl der Parameter bei der Anwendung eines evolutionären Algorithmus zukommt. Auch zeigen die Beispiele, dass es möglich und durchaus sinnvoll sein kann, mehrere Suchläufe mit unterschiedlichen Schrittweiten gemäß einer globalen und einer lokalen oder Tiefensuche durchzuführen.

Gen.(n)	Eltern A x	A y	A f(x,y)	Eltern B x	B y	B f(x,y)	V	Kind $x\in(-1,5;1,0)$, $\delta x=0,2$ $x_{n+1}=\frac{x_{An}+x_{Bn}}{2}+V\cdot\delta$	V	Kind $y\in(0,5;1,5)$, $\delta y=0,05$ $y_{n+1}=\frac{y_{An}+y_{Bn}}{2}+V\cdot\delta$	f(x,y)
0	0,400	1,000	0,930	0,300	0,900	0,845	-1	0,150	1	1,000	0,981
1	0,400	1,000	0,930	0,300	0,900	0,845	1	0,550	-1	0,900	0,855
2	0,550	0,900	0,855	0,300	0,900	0,845	1	0,625	-1	0,850	0,856
3	0,550	0,900	0,855	0,300	0,900	0,845	-1	0,225	-1	0,850	0,813
4	0,225	0,850	0,813	0,300	0,900	0,845	1	0,463	1	0,925	0,856
5	0,225	0,850	0,813	0,300	0,900	0,845	-1	0,063	-1	0,825	0,821
6	0,225	0,850	0,813	0,063	0,825	0,821	-1	-0,056	-1	0,788	0,784
7	0,225	0,850	0,813	-0,056	0,788	0,785	-1	-0,116	-1	0,769	0,754
8	-0,116	0,769	0,754	-0,056	0,788	0,785	1	0,114	-1	0,729	0,717
9	-0,116	0,769	0,754	0,114	0,729	0,718	-1	-0,201	1	0,799	0,752
10	-0,201	0,799	0,752	0,114	0,729	0,718	-1	-0,244	-1	0,714	0,644
11	-0,244	0,714	0,643	0,114	0,729	0,718	1	0,135	-1	0,672	0,656
12	-0,244	0,714	0,643	0,135	0,672	0,657	-1	-0,255	-1	0,643	0,566
13	-0,244	0,714	0,643	-0,255	0,643	0,566	1	-0,050	-1	0,629	0,626
14	-0,050	0,629	0,626	-0,255	0,643	0,566	-1	-0,353	-1	0,586	0,433
15	-0,353	0,586	0,433	-0,255	0,643	0,566	-1	-0,504	-1	0,565	0,247
16	-0,353	0,586	0,433	-0,504	0,565	0,247	1	-0,229	1	0,626	0,564
17	-0,353	0,586	0,433	-0,504	0,565	0,247	-1	-0,629	1	0,626	0,138
18	-0,629	0,626	0,138	-0,504	0,565	0,247	1	-0,367	-1	0,546	0,380
19	-0,629	0,626	0,138	-0,504	0,565	0,247	-1	-0,767	-1	0,546	-0,147
20	-0,629	0,626	0,138	-0,767	0,546	-0,147	-1	-0,898	-1	0,536	-0,344
21	-0,898	0,536	-0,344	-0,767	0,546	-0,147	-1	-1,033	1	0,591	-0,439
22	-0,898	0,536	-0,344	-1,033	0,591	-0,440	1	-0,766	-1	0,514	-0,178
23	-0,898	0,536	-0,344	-1,033	0,591	-0,440	-1	-1,166	-1	0,514	-0,583
24	-1,166	0,514	-0,583	-1,033	0,591	-0,440	-1	-1,300	1	0,603	-0,429
25	-1,166	0,514	-0,583	-1,033	0,591	-0,440	-1	-1,300	-1	0,503	-0,529
26	-1,166	0,514	-0,583	-1,300	0,503	-0,528	1	-1,033	-1	0,459	-0,572

Abb. 6-7 Ablauf des evolutionären Algorithmus mit neuem Startwert für Elter A und einer neuen Mutationsschrittweite von $\delta y = 0,05$

In den verwendeten Algorithmen werden die beiden Eltern aus der vorigen Generation erneut miteinander kombiniert, wenn der Nachkomme einen höheren f(x,y)-Wert aufweist. Dadurch kommt es vor, dass ein Elternteil mit einem besonders kleinen f(x,y)-Wert mehrere Generationen überlebt, was in der Natur eigentlich nicht der Fall ist[163].

Rechenberg codiert die Variationen der Evolutionsstrategien in der Form (Eltern - Art des Selektionsschrittes - Nachkommen). Die Art des Selektionsschrittes kann entweder bedeuten, dass die neuen Eltern der nachfolgenden Generation aus den vorigen Eltern und den Nachkommen gebildet werden (+) oder nur aus den Nachkommen (,). Demnach

---

[163] Gemeint ist, dass eines der Elternteile seine Kinder, Enkel, Urenkel usw. überlebt.

bedeutet eine (2, 4)-Strategie, dass zwei Eltern vier Nachkommen erzeugen, wobei die nächste Elterngeneration nur aus den Nachkommen ausgewählt wird.

Nach der Definition von Rechenberg würden die in dem Beispiel vorgestellten Algorithmen einer (2+1)-ES entsprechen, wobei aus Übersichtlichkeitsgründen davon abgewichen wurde, dass die Anzahl der Nachkommen stets zumindest genauso groß sein sollte wie die Anzahl der Eltern ($\lambda \geq \mu \geq 1$). Wird eine Strategie angewandt, bei der die Eltern nicht mehr ein zweites Mal rekombiniert werden dürfen ((μ, λ)-ES, die Eltern „sterben"), muss diese Regel aber zwingend eingehalten werden, da der Algorithmus sonst zum Erliegen kommt. Die (μ, λ)-ES hat ihre Vorteile zum einen darin, den Evolutionsprozess naturgetreuer darzustellen und zum anderen die Gefahr zu verringern, vorzeitig in ein lokales Optimum zu konvergieren. Nachteilig ist, dass hierdurch auch Rückschritte möglich sind, wenn sämtliche Nachkommen in Bezug auf das Optimum schlechtere Fitness besitzen als die Eltern [vgl. Rec94; Sch96].

Darüber hinaus gibt es eine ganze Reihe weiterer Ansätze und Verfeinerungen. So z. B. die Betrachtung ganzer Populationen statt nur Individuen oder auch geschachtelte Strategien ([μ, $\lambda(\mu$, $\lambda)$]). Möglich sind auch neue Strategien bei der Rekombination, so könnte ein Gen dominant sein, und seinen Zahlenwert eher durchsetzen als ein rezessives Gen. Das Ergebnis wäre dann nicht mehr die Mittelwertbildung aus den Genen der Eltern, sondern eine gewichtete Bildung des neuen Zahlenwerts.

Für eine weitere Vertiefung des Themas siehe die entsprechende Fachliteratur.

7 Die Bionik vermarkten - Patentierte Patente der Natur

Das erste Buch zur Bionik, das der Autor in die Hände bekam, hatte den eingängigen Titel „Bionik Patente der Natur". Herausgegeben 1991 vom World Wide Fund for Nature enthält es eine Vielzahl bildlich sehr eindrucksvoll dargestellter Erfindungen der Natur [WWF91]. Der Titel hat seine Berechtigung, gibt es in der Natur doch eine unüberschaubare Menge an innovativen Lösungen, die, wären sie von Menschen erdacht worden, sicher zumeist patentrechtlich geschützt wären. Das wirft die Frage auf, inwieweit sich Lösungen, die eigentlich bereits existieren, überhaupt noch patentrechtlich schützen lassen. Oder kurz gefragt, lassen sich die Patente der Natur patentieren?

Lassen sich Patente der Natur patentieren?

Eine technische Lösung ist grundsätzlich dann patentwürdig, wenn …[OV20-2]

- sie neu ist,

- sie auf erfinderischer Tätigkeit beruht,

- sie gewerblich anwendbar ist,

und sie darüber hinaus als technische Erfindung ausführbar offenbart wird.

Der Unterschied zwischen „konventionell erfundenen" Lösungen und solchen, die einen biologischen Ursprung haben, ist erstens die Quelle der Inspiration – die Natur – und zweitens die Tatsache, dass die neue Lösung (für eine technische Anwendung) bereits mehr oder weniger stark abstrahiert in der Natur existiert. Demzufolge sind die ersten beiden Punkte, die Frage nach der Neuheit und der erfinderischen Tätigkeit, für die Bionik besonders interessant, während die letzten beiden Punkte auch auf konventionelle Erfindungen zutreffen. Diese Fragen sollen hier aber nicht analytisch in Bezug auf das Patentrecht betrachtet, diskutiert oder gar beantwortet werden. Dies ist Sache der Patentämter, -gerichte und -anwälte. Erstere geben auch regelmäßig Richtlinien oder Broschüren heraus, in denen die Gesetze des Patentrechts erläutert und ausgelegt werden, und in denen sich ein potentieller Erfinder informieren kann, siehe z. B. die Webseite des Deutschen Patent- und Markenamts (DPMA) [DPMA19].

Aufgezeigt werden soll vielmehr, ob ausgewiesene bionische Erfindungen von den Patentämtern anders eingestuft werden, als solche, denen kein Quer- oder Ursprungsverweis auf die Natur zugrunde liegt, und wie sich die Fachliteratur dazu stellt. „*Sind Vorbilder aus der Natur patentschädigend?*" fragte auch bereits Werner Nachtigall [Nac02], und befand die Quellenlage hierzu als weder umfangreich noch aktuell. Tatsächlich bezieht er sich fast ausschließlich auf zwei Quellen von W. Schickedanz aus den Jahren 1972 und 1974. Zusammengefasst legt Schickedanz etwas ambivalent dar, dass bionische Erfindungen nicht neu seien, die Bekanntheit aber nur äquivalent wäre (wegen der Notwendigkeit der Abstraktion). Und dass die Bekanntheit auch nur für solche Lösungen gelten würde, welche bereits in der Literatur oder ähnlichen Quellen beschrieben wurden. Die bloße Existenz biologischer Systeme, „*veröffentlicht*" durch die Natur oder, wie Nachtigall nach Schickedanz zitiert, einen

© Springer Fachmedien Wiesbaden GmbH, ein Teil von Springer Nature 2022
W. Wawers, *Bionik*, https://doi.org/10.1007/978-3-658-39350-2_7

„Schöpfer", stellt anscheinend keine Bekanntheit in diesem Sinne dar. [Vgl. Schickedanz 1972, 1974, zitiert nach Nac02].

Zusammenfassend gibt Nachtigall Bionik-Erfindern dann aber mit dem Zusatz *„leider"* den Rat, *„Besser keinen Hinweis auf das ‚Vorbild Natur' in Patentschriften!"* zu geben [Nac02].

Auch heute, fast 20 Jahre nach Erscheinen des zitierten Werkes von Werner Nachtigall sieht die quantitative Literaturlage zur Patentwürdigkeit bionischer Erfindungen nicht besser aus. Allerdings lassen sich etliche neue Positiv-Beispiele anführen. In den „Erfinderaktivitäten 2005/2006", herausgegeben wiederum vom DPMA, werden unter dem Kapitel „Bionik" verschiedene Anmeldungen oder bereits erteilte Patente oder Gebrauchsmuster genannt, die explizit auf biologischen Vorbildern basieren. Dies sind beispielsweise Leichtbaufelgen nach dem Vorbild der Diatomeen (siehe Kap. 3.3.3), eine biomimetische Antifouling Beschichtung oder eine besonders gleichmäßig streuende Lampe mit Lichtquelle in ihrem Inneren nach Vorbild der Photosynthese betreibenden Kalkalgen [DPMA06]. Der Bionic-Award 2014 ging an einen neuartigen Knochenbohrer nach Vorbild des Legestachels dcr Holzwespe, der im gleichen Jahr patentiert wurde [OV17-2]. Ebenfalls 2014 wurde der europäische Erfinderpreis in der Kategorie KMU für eine bionische Membran zur Gewinnung von Reinstwasser vergeben [Epo14], 2015 wurde ein von der menschlichen Haut inspirierter Sensor patentiert [Pat15] (siehe auch Kap. 3.3.2). Und natürlich gibt es auch eine Reihe weiterer und auch prominenter Beispiele vor 2002, dass ein bionischer Hintergrund kein Hindernis für eine Schutzrechteerteilung sein muss. Siehe hierzu den Lotus-Effekt®, das Klettband oder auch das 1906 – zur Überraschung seines Erfinders R. H. Francé, der sich selber nicht als Erfinder, sondern als *„ein elender Kopist der Natur"* sah – anstandslos erteilte Gebrauchsmuster für einen Pulver-Streuer nach Art der Mohnkapsel [Fra20], Abb. 7-1, siehe auch Kap. 2.5.

Abb. 1. Eine biotechnische „Erfindung" und ihr Vorbild.
Der neue Streuer für Haushalt und mediz. Zwecke RGM. Nr. 723730 (2) und ein reifer Mohn-
kopf (1), der seinen Inhalt ebenso organisch ausstreut.

a)   b)

Abb. 7-1 Die Ähnlichkeit zwischen dem *„neue(n) Streuer für Haushalt und mediz. Zwecke"* und der Kapsel des Mohns ist nicht nur unverkennbar, der Erfinder des Streuers hat auch extra darauf hingewiesen. Der Erteilung des Gebrauchsmusters war beides nicht abträglich. **a)** Kapsel des Klatschmohns (*Papaver rhoeas*), **b)** Auszug aus dem Buch "Die Pflanze als Erfinder", der eine Mohnkapsel und den daraus abgeleiteten Streuer darstellt

Insgesamt kann festgehalten werden, dass einer ganzen Reihe positiver Beispiele kein einziges bekanntes negatives gegenübersteht, bei dem ein Schutzrecht mit Verweis auf den bionischen Charakter der Erfindung versagt worden wäre.

Ohne die Patentschriften der erwähnten bionischen Patente im Einzelnen zu kennen darf an dieser Stelle die Aussage gewagt werden, dass alleine der Verweis auf ein biologisches System als Ideengeber, oder, wie Nachtigall schreibt, auf das „*Vorbild Natur*" keinen Grund für eine Verweigerung eines Patents darstellt. Indem auch der Verweis auf diese Existenz miteingeschlossen wird, geht diese Meinung damit einen Schritt weiter als die Ansichten Schickedanz, der hier nur die bloße Existenz eines als Vorbild tauglichen biologischen Systems als nicht abträglich ansieht.

Damit wird der Natur ein anderer Stellenwert eingeräumt, als anderen unkonventionellen „Bekanntheitsquellen", wie die in Kap. 4.1.2 erläuterte Patentversagung aufgrund der bereits früher erfolgten Beschreibung der Kernidee in einem US-amerikanischen Comic. Allerdings war dort bereits die gesamte Idee inklusive der technischen Anwendung vorgedacht und, eventuell ist das ein Kernpunkt, von Menschen für Menschen veröffentlicht, wenn auch nicht in der Absicht der Offenbarung einer Erfindung.

Wie sieht es dann aber mit biologischen Veröffentlichungen aus, die nach Schickedanz einen Hinderungsgrund darstellen? Der Autor ist der Meinung, dass hier das Patentrecht im Einzelfalle zu Rate gezogen werden muss. Dabei sollte genau geprüft werden, inwieweit das System und die daraus zu entnehmende Lösung beschrieben wurde, und ob ein technischer und/oder biologischer Fachmann alleine aus der Beschreibung eine technische Anwendung „*in naheliegender Weise*" ableiten kann, wie es in der Richtlinie des DPMA formuliert ist [DPMA19]. Ist dem nicht so, dürfte die bloße Veröffentlichung der Beschreibung eines biologischen Systems nicht zwangsläufig zu einer Patentablehnung führen.

8 Bionik und Nachhaltigkeit

Zum Ausklang dieses Buches soll noch ein aktuelles und weltgeschichtlich sehr bedeutsames Thema angesprochen werden, die Nachhaltigkeit. Angewendet mittlerweile für nahezu alle Lebensbereiche (z. B. nachhaltig lernen), kann der Begriff im ursprünglichen Sinne beschrieben werden als die Möglichkeit der dauerhaften Nutzung von Ressourcen durch ein vernünftiges Verhältnis zwischen Nutzung und Regenerationsfähigkeit. Demnach ist die Nachhaltigkeit eine der Säulen, auf denen die Natur aufgebaut ist. Im Laufe der Zeit hat die Evolution vielfältige Prinzipien und Strategien entwickelt, um den Lebewesen und auch ganzen Ökosystemen die nachhaltige Nutzung der Ressourcen ihres Habitats zu ermöglichen. Die Wanderung der Gnuherden ist ein typisches Beispiel. Ohne ihren Wandertrieb würden die Herden in ihren Weideflächen verbleiben, die bald kahlgefressen wären. Der Tod durch Verhungern wäre die Folge. Und auch das Revierverhalten vieler Raubtiere wie Luchse oder Bären kann letztlich als nachhaltig bezeichnet werden, dient es doch in erster Linie dazu, eine übermäßige Nutzung der begrenzten (Nahrungs-)Ressourcen des Reviers zu verhindern. Überhaupt ist die Nahrungsaufnahme, d. h. die Energiezufuhr, der größte Treiber der biologischen Nachhaltigkeit. Nicht nur für eine nachhaltige Nutzung der Ressourcen des Habitats, sondern auch beim Aufbau der Lebewesen. Je mehr Masse ein Körper besitzt, desto mehr Energie muss zu seiner Bewegung aufgebracht werden. Auch muss das ihn tragende Skelett überproportional zur Größenzunahme stabiler werden. Wie in Kap. 4.2.1 gezeigt, steigt die Masse mit der 3. Potenz des Längenmaßstabes an. Die Natur hat hier mit der stabilen, aber gewichtsoptimierten Leichtbauweise eine Möglichkeit gefunden, den Energiebedarf – sprich die Nahrungsaufnahme – zu optimieren, Abb. 8-1.

Abb. 8-1 Skelettrekonstruktion eines Diplodocus aus dem Oberjura, Abdruck mit freundlicher Genehmigung des Senckenberg Naturmuseum, Frankfurt a. M. Auch wenn Wissenschaftler gegen Ende der Dinosaurierzeit eine gewisse Überalterung dieser Klasse von Lebewesen festgestellt haben, war die ausgeklügelte Leichtbauarchitektur insbesondere der großen Sauropoden ganz sicher nicht der Grund für ihr Aussterben.

Auch die häufig erwähnte Multifunktionalität trägt zur Nachhaltigkeit bei, schließlich reduziert diese die Anzahl der „Bauelemente" eines Lebewesens, zu deren Aufbau und

© Springer Fachmedien Wiesbaden GmbH, ein Teil von Springer Nature 2022
W. Wawers, *Bionik*, https://doi.org/10.1007/978-3-658-39350-2_8

Unterhalt wieder Energie notwendig ist. Beispiele anderer Art, bei denen die Natur für eine Energieeinsparung sorgt, ist der „Stand-By-Mode" der Reptilien oder auch mancher Säugetiere in den Wintermonaten.

„Nein zur Wegwerfgesellschaft" ist eine derzeitige Kampagne des Bundesministeriums für Umwelt, Naturschutz und nukleare Sicherheit (BMU) [BMU20]. Die Notwendigkeit dieser Kampagne zeigt, dass wir technische Erzeugnisse, seien es Verpackungen, aber auch Produkte, Geräte usw., viel zu häufig und häufig unnötigerweise, aussondern. Hier kann uns die Biologie mit ihrer Regenerationsfähigkeit, aber auch mit ihren Mechanismen zur Abwehr von Schädigungen Beispiele und Inspirationen liefern, wie sich Produkte und Geräte länger nutzen lassen. Eine – angenommene – dreifach längere Nutzung eines Produkts spart natürlich auch wieder Energie gegenüber einer dreifachen Herstellung des Produkts im gleichen Zeitraum ein.

Interessant ist auch, wie die Natur ihre Energie gewinnt. Teilweise durch die Verwertung von Biomasse (Karni- und Herbivoren), eine immerhin im Gegensatz zu Erdöl, Erdgas oder Kohle nachwachsende Energiequelle. Aber mit der Photosynthese auch direkt aus dem Sonnenlicht, eine in unseren Zeitdimensionen als unendlich ansehbare Ressource[164].

Als weiterer Nachhaltigkeitsfaktor kommt hinzu, dass Organismen aus biologisch abbaubaren Stoffen bestehen, die über den natürlichen Kreislauf des Lebens wiederverwendet werden, die Ressourcen dadurch also wieder auffüllen. Außerdem greift der Bauplan der Lebewesen dabei auf nur relativ wenige Elemente zurück (siehe Kap. 3.3.1), die aber in der Natur wiederum vergleichsweise häufig vorkommen, Stichwort Verknappung von Rohstoffen, man denke nur an die Herstellung von Batterien.

Die obige Liste ließe sich sicher noch erweitern, zeigt aber auch so bereits, welche grundsätzliche Fülle an nachhaltigen Lösungen, Prinzipien oder Strategien die Biologie für die unterschiedlichsten Bereiche anbietet. Fraglich ist allerdings, ob das auch für die Bionik, also für die technische Umsetzung dieser Lösungen usw. gilt. Auch wenn die Forschung gerade in letzter Zeit ihre Anstrengungen bei der Suche nach biologisch abbaubaren, aber für die technische Anwendung uneingeschränkt verwendbaren Materialien verstärkt, darf doch bezweifelt werden, dass wir in absehbarer Zeit in biologisch abbaubaren Autos unterwegs sein werden. Betrachtet man nur die Wiederzuführung zum Kreislauf, sieht es bereits besser aus, das Recycling ist hier schon weit fortgeschritten. Große Fortschritte in der Anwendung der Leichtbauprinzipien sind durch die noch junge additive Fertigung gegeben, und auch die Photosynthese kann mittlerweile künstlich durchgeführt werden, auch wenn die großtechnische Umsetzung derzeit noch nicht rentabel ist, siehe Kap. 2.5.

Die Bionik bietet also durchaus etliche Ansätze für eine Entwicklung der Technik zu mehr Nachhaltigkeit. Bei der Frage, ob die Bionik dann auch als eine „nachhaltige Wissenschaft" aufgefasst werden kann, sind die Richtlinie VDI 6220 Blatt 1 und die DIN ISO 18458 sinngemäß der Meinung, dass dies nur in jedem Einzelfall zu entscheiden ist. Mit Bezug auf die in diesem Buch schon öfter zitierten Studien von

---

[164] Nach Quaschning 2015 könnte der jährliche weltweite Primärenergiebedarf der Menschheit mit der Sonnenenergie ca. 10.000-mal abgedeckt werden [Qua15].

Oertel und Grunwald [Oer06] und v. Gleich et al. [Gle07], sowie einer weiteren Studie 2005 von Berling et al. kommen die Regelwerke zu dem Schluss, dass biologische Prozesse nicht *„grundsätzlich auch nachhaltige Prozesse"* seien [VDI6220; DIN18458]. Entgegenhaltungen finden sich insbesondere bei v. Gleich et al., welche in dem Zusammenhang das *„Bionische Versprechen"* in der Pflicht sehen, das nach den Autoren neben einer gewissen Risikoarmut und einer Genialität der Lösungen durch evolutionäre Optimierung auch einen Beitrag zur Nachhaltigkeit aufgrund *„ökologische Eingepasstheit"* beinhalte [Gle07]. Als Schwierigkeiten bei der Erfüllung des Versprechens werden vier Aspekte genannt. So wird betont, dass die Bionik zwar ein Leitbild sei (z. B. in der Nachhaltigkeit, Anm. d. Verfassers), aber daraus nicht unbedingt folgen muss, dass die aus ihr hervorgehenden technischen Anwendungen grundsätzlich ebenfalls Leitbildcharakter haben. Als nächstes (zweiter Aspekt) wird, auch in logischer Konsequenz aus dem ersten Aspekt folgend, darauf hingewiesen, dass jede Technologie bzw. Innovation für sich selbst geprüft und bewertet werden müsse. Als dritter Aspekt wird die Selbstbeschränkung bei beispielsweise der ausschließlichen Nutzung von Solarenergie angeführt, welche die menschliche Kreativität und Ingenieurskunst drastisch einschränken würde[165]. Der vierte Aspekt betont, dass durch die Schaffung neuer Strukturen (beispielsweise bei der Abstraktion und Übertragung biologischer Lösungen) sich die technische Anwendung von dem biologischen Vorbild wegbewegt, wodurch der Hinweis auf die evolutionäre Erprobung seine Gültigkeit verlieren würde. Insgesamt kommen die Autoren aber zu dem Schluss, dass die vielfältigen Optimierungen der Natur in Bezug auf die *„System-Umwelt-(Wechsel-)Wirkungen"* die Bionik als eine Alternative in der Auseinandersetzung um *„nachhaltige Technologien"* erscheinen lassen [vgl. Gle07].

Zusammenfassend aus eigenen Überlegungen und den angeführten Literaturquellen kann durchaus angenommen werden, dass die Bionik ein großes Potential, zwar nicht pauschal für nachhaltige Technik, aber für nachhaltige technische Anwendungen, oder auch Technologien bietet. Dieses Potential sollte genutzt und gezielt gefördert werden, wobei eventuelle Einschränkungen der Kreativität nachrangig zum Nutzen des Nachhaltigkeitsaspekts sein sollten. Dies auch vor dem Hintergrund, dass die Dringlichkeit der Entwicklung nachhaltiger Technologien seit der Erstellung der aufgeführten Studien in den Jahren 2005–2007 enorm zugenommen hat. Wie in Kap. 2.5 bereits erwähnt, wurde die Förderung bionischer Projekte seit 2010 etwas zurückgefahren. Die aktuellen Debatten zur Klimaerwärmung und zum Schutz und der Schonung der Umwelt betreffen auch die Nachhaltigkeit. Hier könnte und sollte das Potential der Bionik wieder verstärkt in das Blickfeld der Politik geraten.

---

[165] Dieser Aspekt kann zunächst belanglos erscheinen, gewinnt aber bei intensiverem Nachdenken an Gewicht. So würde dies einen Stillstand in Forschung und Entwicklung bedeuten, der die Findung noch nachhaltigerer Lösungen als die Natur anzubieten hat, unterbinden würde. Auch könnten Störungen an nur einer genutzten Technologie mangels verfügbarer Alternativen fatale Auswirkungen haben.

Anhang

Anhang A: Studiengänge der Bionik in Deutschland, Stand 2022

Anhang B: Netzwerke der Bionik, Stand 2022

Anhang C: Systematik physikalischer Effekte für Grundoperationen

© Springer Fachmedien Wiesbaden GmbH, ein Teil von Springer Nature 2022
W. Wawers, *Bionik*, https://doi.org/10.1007/978-3-658-39350-2

Anhang A: Studiengänge Bionik in Deutschland

Betrachtet wurden nur Studiengänge zur Bionik. Obwohl eng mit der Bionik verbunden, wurden Studiengänge zur z. B. Technischen Biologie oder Biotechnologie nicht untersucht.

Der zum Wintersemester 2003/2004 eingeführte „Internationale Studiengang Bionik" der **Hochschule Bremen** vermittelt Grundlagen in Mathematik, den Naturwissenschaften und der Biologie und betrachtet ausgewählte Inhalte der Ingenieurwissenschaften. Schwerpunkte sind Werkstoffe, Konstruktion und Lokomotion (Fortbewegung). Weiterführend kann ein konsekutiver Master („Bionik: Mobile Systeme") belegt werden, der seinen Schwerpunkt in der Analyse und Abstraktion biologischer Bewegungssysteme hat.

Die Studiengänge der **Westfälischen Hochschule Bocholt** („Bionik") und der **Hochschule Hamm-Lippstadt** („Materialdesign - Bionik und Photonik") beinhalten Grundlagen aus der Biologie und den Ingenieurwissenschaften und können in den Richtungen Leichtbau (beide) sowie Sensorik (Bocholt) oder Photonische Systeme (Hamm-Lippstadt) vertieft werden.

Die **Hochschule Rhein-Waal** bietet zwei Bachelorstudiengänge an, von denen der eine („Biomaterials Science") in Richtung Werkstoffe vertieft ist und der andere („Science Communication & Bionics") in die Richtung Wissenschaftskommunikation. Auch hier gibt es die Möglichkeit eines weiterführenden Masters („Bionics/Biomimetics"), der seine Schwerpunkte in der Biomechatronik und Biomimetischen Materialien hat.

In einem Kooperationsprogramm kann an der **Universität Bielefeld** und der **Fachhochschule Bielefeld** der Master of Science im Bereich Biomechatronik erworben werden.

Der einzige Master of Engineering wird an der **Hochschule für Technik und Wirtschaft des Saarlandes** für den Bereich Konstruktionsbionik als Fernstudiengang bzw. berufsbegleitend angeboten. Dieser richtet sich mit Grundlagen zur Biologie und Bionik und dem Ziel der bionischen Produktentwicklung inklusive der Betrachtung von Evolutionsstrategien und Werkstoffen sowohl an Ingenieure als auch an Naturwissenschaftler.

Bei den privaten Hochschulen bietet die **School of International Business and Entrepreneurship (SIBE)** der privaten Steinbeis-Hochschule Berlin einen Master of Science mit der Spezialisierung Bionikmanagement innerhalb des Studiengangs International Management an. Der bislang von der **privaten Hochschule Göttingen (PFH)** angebotene Bachelorstudiengang „Orthobionik", dessen Schwerpunkt in der Medizintechnik liegt (z. B. Entwicklung von Orthesen und Prothesen) soll ab dem WS 2023/24 von der (staatlichen) **Hochschule für angewandte Wissenschaften (HAWK)** am Standort Göttingen angeboten werden. Der Masterstudiengang „Medizinische Orthobionik" wird weiterhin von der privaten Hochschule Göttingen angeboten.

Hochschule	Abschluss	Name d. Studiengangs	Inhalte
Westfälische Hochschule Bocholt	Bachelor of Science	Bionik	Je zur Hälfte Grundlagen der Biologie und der Technik, Vertiefung in Leichtbautechnik, Sensorik
Hochschule Bremen	Bachelor of Science	Bionik (Internat. Studiengang)	Grundlagen Mathematik, Naturwissenschaften und Biologie, ausgewählte Inhalte der Ingenieurwissensch. Schwerpunkte: Werkstoffe, Konstruktion, Lokomotion
Hochschule Bremen	Master of Science	Bionik: Mobile Systeme	Biologische und ingenieurwissenschaftliche Inhalte. Schwerpunkt: Analyse und Abstraktion biologischer
Hochschule Rhein-Waal (Kleve)	Master of Science	Bionics/Biomimetics ab WS 19/20: Bionics	Schwerpunkte: 1. Biomechatronik, 2. Biomimetische Materialien, bionische Ansätze für industrielle und soziologische Problemstellungen
Hochschule Rhein-Waal (Kleve)	Bachelor of Arts / Bachelor of Science	Science Communication & Bionics	Naturwissenschaften, Journalistik, Kommunikationswissenschaften, Public Relations, Wissenschaftskommunikation
Hochschule Rhein-Waal (Kleve)	Bachelor of Science	Biomaterials Science	Werkstoffkunde, Chemie, Biokompatible Werkstoffe, Ökologie, Ökonomie
Hochschule Hamm-Lippstadt	Bachelor of Science	Materialdesign - Bionik und Photonik	Grundl. Ingenieurwissenschaften und Bionik. Schwerpunkte: 1. Leichtbau, 2. Photonische Systeme
Universität Bielefeld, Fachhochschule Bielefeld	Master of Science	Biomechatronik	Biomechatronische Inhalte mit Bezug zur Biologie und den Ingenieurwissenschaften
Hochschule für Technik und Wirtschaft des Saarlandes	Master of Engineering	Konstruktionsbionik (Fernstudiengang)	Grundlagen Biologie und Bionik, bionische Produktentwicklung, Physiologie, Evolutionsstrategie und Werkstoffe, Lokomotion, Gestaltoptimierung und Design
Hochschule für angewandte Wissenschaften (HAWK), Standort Göttingen	Bachelor of Science*	Orthobionik*	Know-How aus der Orthopädietechnik und den Wissenschaften Medizin, Biomechanik, Werkstoffkunde, Ingenieurwissenschaften sowie Management*
private Hochschulen			
Private Steinbeis-Hochschule Berlin	Master of Science	Internat. Management – Bionikmanagement	Management im Bereich Bionik, Praxisnahe Ausbildung in Unternehmensprojekten
Private Hochschule Göttingen	Master of Science	Medizinische Orthobionik	wissenschaftliche und praxisorientierte Aspekte der Orthobionik, gesundheits- und ingenieur- und betriebswirtschaftliche Inhalte

*: Mit Start zum WS 23/24 geplanter Studiengang, die genauen Inhalte und der Abschluss können abweichen

Abb. A1 Grundständige und weiterführende Vollstudiengänge im Bereich der Bionik. Stand: 08/2022.

Anhang B: Netzwerke der Bionik

Netzwerk	Sitz	Thema
BIOKON	Berlin, Deutschland	Gegründet 2001. Ziel: Nutzbarmachung der Bionik als Ideengeber und Innovationsmotor für Wissenschaft, Wirtschaft und Gesellschaft. Die Mitglieder von BIOKON sind in zehn thematischen Fachgruppen organisiert. http://www.biokon.de/netzwerk/ziele/
BIOKON international	Berlin, Deutschland	Gegründet 2009 von BIOKON als länderübergreifender Dachverband, mehr als 100 Mitgliedern aus 16 Staaten. http://www.biokon.de/netzwerk/international/
Kompetenznetz Biomimetik	Freiburg, Deutschland	Das Netzwerk bündelt die Kompetenzen bionisch arbeitender Forschungsgruppen in Baden-Württemberg als Plattform für Wissenschaftler verschiedener Disziplinen sowie Partner aus Industrie und Wirtschaft. https://www.kompetenznetz-biomimetik.de/uber-uns/
bison innovations-netzwerk	Aachen, Deutschland	Für bionische Oberflächen und Geometrien. Ziele: Initiieren und managen von innovativen Entwicklungen von z. B. reibungsarmen und belastbaren Oberflächen. https://www.bison-netzwerk.de/netzwerk/ziele.html
Gesellschaft für Technische Biologie und Bionik (GTBB)	Bremen, Deutschland	Gegründet 1990. Ziele: Inhalte und Arbeitsweisen der Bionik einer breiten Öffentlichkeit nahebringen, Förderung des wissenschaftlichen Bionik-Nachwuchses. http://www.gtbb.net/
biomimicry institute	Missoula, Montana, USA	Gegründet 2006. Ziel ist u. a. die Etablierung der Bionik für den Transfer von Ideen und Strategien von der Biologie zu nachhaltigen technischen Systemen. Gründer der Bionik-Datenbank AskNature. https://biomimicry.org/
Comité Français de Biomimicry Europa	Paris, Frankreich	Gegründet 2010. Zur Bekanntmachung und Verbreitung der Bionik in Europa. https://www.helloasso.com/associations/comite-francais-biomimicry-europa
Biomimicry NL	Utrecht, Niederlande	Koordiniert die Bionik-Aktivitäten in den Niederlanden. Ziele: Nutzung der Natur in Forschung und Entwicklung, Unterstützen bei bionischen Projekten. Biomimicry NL ist eine Niederlassung des Biomimicry Institute in Missoula. http://www.biomimicrynl.org/
Convergent Science Network of Biomimetic and Neurotechnology	Barcelona, Spanien	Ziele: Aufzeigen und Unterstützen bei aktuellen Forschungstrends in den Bereichen Neurotechnologie und Bionik. Im Netzwerk sind Partner aus Spanien, England, Italien, Schweiz, Japan und den USA eingebunden. http://csnetwork.eu/
International Society of Bionic Engineering	Changchun, China	Gegründet 2010, Ziele: Austausch von Informationen zu Forschung, Entwicklung und Anwendung der Bionik. Neben China sind noch 15 weitere Staaten dem Netzwerk angeschlossen. http://www.isbe-online.org/
InDuBi Innovation Network	Aachen, Deutschland	Aktiv seit 2020. Insbesondere für KMU eingerichtet mit Fokus auf dem Flüssigkeitsmanagement in technischen Anwendungen mit Hilfe bionischer Strukturen und Oberflächen. https://www.indubi.eu

Abb. B-1 Übersicht der Bionik-Kompetenznetzwerke, Stand 2022.

Anhang C: Systematik physikalischer Effekte
Adaptiert aus [Kol98]; mit freundlicher Genehmigung von © Springer-Verlag, Berlin/Heidelberg

Grundoperationen „Verbinden (←) und Trennen (→) von Energie und Stoff"¹⁾

Energieart Stoff + Energie	Mechanische Energie	Thermische Energie	Elektrische Energie	Magnetische Energie	Akustische Energie	Optische Energie	Chemische Energie
Stoff + Bewegungsenergie	Impuls, Stoß, **Boyle-Mariotte**, Kohäsion, Inkompressibilität, Reibung, Adhäsion, Coulomb I, Coulomb II, Bernoulli, Oberflächenspannung	Thermik ↓, Reibung ↑	Biot-Savart, Herausziehen eines Dielektrikums ↑, Elektroosmose ↓, Coulomb I ↓, Induktion ↓, Strömungsstrom ↑, Wirbelstrom ↑	Coulomb II ↓	Membrane	Strahlungsdruck ↓	Explosion ↓
Stoff + Wärmeenergie	Reibung ↓, Expansion ↑, Kompression ↓, Plastische Verformung ↓	Wärmeleitung ↓, Wärmestrahlung ↑, Konvektion	Thermoelement ↑, Joulsche Wärme ↓, Dielektr. Verlustwärme ↓, Peltiereffekt ↓	Hysterese ↓, Wirbelstrom ↓	Absorption	Absorption ↓, Strahlung	Exotherme Reaktion ↓, Verbrennung ↓, Lösen von Gas ↓, Kristallisation
Stoff + elektrische Energie	Trennen von Ladungen ←	Pyroelektrizität ↓, Funken ↑, Lichtbogen ↑, Glühemission ↓, Thermoeffekt ↓	Influenz, Elektrische Ladung (Kondensator)			Funken ↑, Lichtbogen ↑, Photoeffekt ↓	Brennstoffzelle ↑, Batterie ↓
Stoff + magnetische Energie	Coulomb II ↑		Magnetfeld um stromdurchflossenen Leiter ←	Magnetisierung, Influenz			
Stoff + akustische Energie	Membrane						
Stoff + optische Energie		Absorption ↑, Aufheizen ↓	Lumineszenz ↓			Pumplaser ↓, Phosphoreszenz ↓	Tribolumineszens ↓, Verbrennung ↓, Chemolumineszens ↓
Stoff + chemische Energie		Dissoziation ↓, Verbrennung ↑	El. Potentialdifferenz ↓, Elektrolyse, Batterie			Photosynthese ↓, Triboluminescens ↓, Verbrennung ↑, Chemolumineszens ↑	

¹⁾ potentielle, kinetische, Oberflächen-, elastische Energie

Abb. C1 Tabelle 1, Systematik der physikalischen Effekte für die Grundoperationen „Verbinden und Trennen von Energien und Stoffen"

Ursache \ Wirkung	1 Länge Querschnitt Volumen	2 Geschwindigkeit	3 Beschleunigung	4 Kraft Druck mechanische Energie	5 Masse Trägheitsmoment Dichte	6 Zeit Frequenz
1 Länge Querschnitt Volumen	Hebel-Effekt Keil-Effekt Kapillarität Querkontraktion Schubverformung Fluid-Effekt Kohäsions-Effekt Adhäsions-Effekt	Kontinuität (Düse) Zähigkeit Torricelli-Gesetz Bewegungsgesetz Drehpunktabstand	Zentrifugal-beschleunigung	Hookesches Gesetz Oberflächenspannung Schubverformung Boyle-Mariotte-Ges. Coulombsches Ges. I,II Auftrieb, Gravitation Zentrifugaldruck Gravitationsdruck Kapillardruck	Abstand einer Masse vom Drehpunkt	Elastizität (Ein-spannlänge) Schwerkraft (Pendellänge) Laufzeit-Effekt
2 Geschwindigkeit	Weissenberg-Effekt Bewegungsgesetz	Hebel-Effekt Keil-Effekt (Getriebe, Zahnräder, Schraube) Stoß Fluid-Effekt	Coriolis-beschleunigung Zentrifugal-beschleunigung Ladung im magnetischen Feld	Energiesatz Coriolisbeschleunigung Impuls (Drall, Schub) Bernoullisches Gesetz Wirbelstrom, Zähigkeit, Turbulenz, Profilauftrieb Magnus-Effekt Strömungswiderstand		Doppler-Effekt Stick-Slip-Effekt Wirbelstraße
3 Beschleunigung			Hebel-Effekt Keil-Effekt Fluid-Effekt			
4 Kraft Druck mechanische Energie	Hookesches Gesetz Querkontraktion Schub/Torsion Coulombsches Ges. I,II Auftrieb Boyle-Mariotte-Ges.	Energiesatz Bernoullisches Gesetz Impulssatz Drall Schall-geschwindigkeit Zähigkeit	Newton-Axiom	Fluid (statisch) Hebel, Keil Reibung Hysterese Kohäsions-Effekt Adhäsions-Effekt	Boyle-Mariotte-Gesetz	Saite (Schwingung)
5 Masse Trägheitsmoment Dichte		Schall-geschwindigkeit	Newton-Axiom	Gravitation, Energiesatz, Newton-Axiom Zentrifugalkraft Corioliskraft		Eigenfrequenz
6 Zeit Frequenz	Bewegungsgesetz stehende Welle Resonanz	Dispersion		Resonanzabsorption		Schwebung (Stroboskop)
7 Mechanische Wellen (Schall)	Schallanregung (Membran, Stimmgabel)					
8 Temperatur Wärme	Wärmedehnung Anomalie des Wassers	Molekular-geschwindigkeit Thermik Schall-geschwindigkeit		Wärmedehnung Dampfdruckkurve Oberflächenspannung Gasgleichung Osmotischer Druck	Gasgleichung	Eigenfrequenz
9 Elektr. Widerstand						
10 Elektrischer Strom Elektrische Spannung Elektrisches Feld	Elektrostriktion	Elektrokinetischer Effekt	Ladung im elektrischen Feld	Biot-Savartsches Ges. Elektrokinetischer Eff. Hysterese Coulombsches Ges. I,II (Johnson-Rahbeck) relative Dielektrizitätskonstante		Josephson-Effekt
11 Kapazität						
12 Magnetisches Feld Induktivität	Magnetostriktion	Induktionsgesetz Wirbelstrom		Biot-Savartsches Ges. Coulombsches Ges. I,II Einstein-de-Haas-Eff. Ferro-/Para-/Diamagnetika Influenz, Hysterese		
13 Elektro-magnetische Wellen (Licht, Strahlung)				Strahlungsdruck		

Abb. C2 Tabelle 2: Systematik der physikalischen Effekte für die Grundoperation „Wandeln und Vergrößern von Energie und Signalen"

7 Mechanische Wellen (Schall)	8 Temperatur Wärme	9 Elektrischer Widerstand	10 Elektrischer Strom Elektrische Spannung Elektrisches Feld	11 Kapazität	12 Magnetisches Feld Induktivität	13 Elektromagnetische Wellen (Licht, Strahlung)
Mechanische Längenänderung Schalldissipation	Plastische Verformung Wärmeleitung Strahlung Konvektion	Dehnmeßstreifen Leiterlänge und -querschnitt (Schiebewiderstand, Kontaktflächengröße, Tauchtiefe, Spaltdicke), Elektrolyt	Piezo-Effekt Plattenabstand Stoßionisation (Änderung des Elektrodenabstandes) Ionisationsgeber	Plattenabstand Fläche dielektrische Verschiebung Dicke des Dielektrikums Breite des Dielektrikums	Spulenlänge Luftspalt Verschiebung des Kerns Lage zweier Spulen (Abschirmung)	Interferenz Schichtdicke und -lage Absorption Beugung Graukeil Streuung
Doppler-Effekt Stick-Slip-Effekt	Konvektion (a=f(u))	Änderung eines komplexen Widerstandes durch Wirbelstrom	Induktionsgesetz elektrokinetischer Effekt Ionisation		Barnett-Effekt Geschwindigkeit einer Ladung	Doppler-Effekt (Rot-Verschiebung) Strömungsdoppelbrechung
			Tolmann-Effekt Elektrodynamischer Effekt			elektromagnetische Welle Ladung
Stick-Slip-Effekt Druckwelle	Reibung 1. Hauptsatz Thomson-Joule-Effekt, Hysterese Konvektion Wirbelstrom Turbulenz Plast. Verformung	Engeeffekt (Druckempfindliche Stoffe, Lacke, Kohlegries, Metalle, Silbermangan Kohlewiderstand, Engegeber)	Piezo-Effekt Reibungselektrizität Kondensator Elektrokinetischer Effekt, Ionisation Barkhausen-Effekt Anisotrop. Druckeffekt Lenard-Effekt	Plattenabstand Dielektrizitätskonstante = f(p)	Permeabilität c_m = f(p) magnetische Anisotropie (Preßduktor) Magnetoelastizitäts-Effekt	Spannungsdoppelbrechung Brechzahl = f(p) (Gase) Reibung (Feuerstein)
				Dielektrizitätskonstante = f(p)	Permeabilität = f(p)	Brechung (Schlieren)
Dispersion	Dielektrische Verlustwärme Wirbelstrom	Skin-Effekt, komplexer Widerstand (Resonanz)	Josephson-Effekt			Streuung
Leitung, Brechung, Totalreflexion, Interferenz Absorption	Reibung (Ultraschallschweißung)					Debeye-Sears-Effekt Absorption (Leuchtschirm)
Thermophon	Schmelzen Verdampfen Kondensieren Erstarren Leitung Strahlung Konvektion	Leiter Halbleiter Supraleiter Thermische Ionisierung	Thermo-Effekt Thermische Emission (Glühemission) Pyroelektrizität (Piezo-Effekt) Rausch-Effekt	Curie-Temperatur	Curie-Punkt Permeabilität c_m = f(T) (Paramagnetische Gase) Meissner-Ochsenfeld-Effekt	Wiensches Verschiebungsgesetz Intensitätsverteilung Stefan-Bolzmannsches Gesetz Flüssigkristalle Brechzahl
Thermophon	Joulesche Wärme Peltier-Effekt Lichtbogen	Varisator R = a³ Transduktor-Drossel Tunnel-Effekt Feldeffekttransistor	Ohmscher Widerstand Verstärker-Effekt Transformator Sekundärelektronenvervielfacher Thermokreuz Leitung, Transduktor Influenz, Magnetverstärker	Kapazitätsdiode Ferroelektrika	Magnetisierungskennlinie m = f(B)	Glimmentladung Röntgenstrahlung elektr. Lumineszenz Szintillation Kerr-Effekt, Laser-Effekt, Stark-Effekt Flüssigkristalle
		komplexer Widerstand	Ladungserhaltungssatz			
	Righi-Effekt Elektromagnetisierung	Lorentz-Kräfte (Feldplatte, Thomson-Effekt) komplexer Widerstand Supraleitung	Lorentz-Kräfte (Hall-Effekt) Plasma (MHD) Magnistor Induktionsgesetz		Sättigungseffekt (Transduktor) Influenz Remanenz Hysterese	Faraday-Effekt Zeemann-Effekt Cotton-Mouton-Effekt
	Strahlungswärme	Sperrschicht-Photoeffekt Photowiderstand Widerstandsänderung von Kristallen, Ionisation	Lichtelektrischer Effekt (Photozelle, Photoelement)			Brechung, Laser Doppelbrechung Polarisation, Interferenz, Lumineszenz, Dispersion Leitung, Absorption

Abb. C2 Fortsetzung

Grundoperation „Trennen von Stoffen"

fest

	Trennmerkmal	Effekt	Anwendung
Ge	Länge, Fläche, Volumen, Winkel	Bernoulli	
		Hooke	
		Hysterese	
		Kohäsion	Sieb
		Oberflächenspannung	
		Zähigkeit	
		Coulomb I	
		Wirbelstrom	Münzprüfung
		Coulomb II	
		Profillauftrieb	
		Auftrieb	
		Boyle-Mariotte	
		Keil	
Me	Benetzbarkeit	Auftrieb	Flotation
		Corioliskraft	
		Coulomb II	
	Masse, Gewicht, Massenträgheit	Hebel	
		Hooke	
		Impuls	
		Kompressibilität	
		Magnuseffekt	
		Oberflächenspannung	
		Resonanz	
	Dichte	Zentrifugalkraft	Fliehkraftsichter
		Auftrieb	Sedimentation
		Sinkgeschwindigkeit	Schwertrübescheider
	Dämpfung	Hysterese	
	Reibziffer	Reibung	
	Stoßzahl	Impuls	
Td	Erstarrungstemperatur	Kohäsion	Kristallisieren
	Siedetemperatur	Sublimation	Calciumgewinnung
El	Leitfähigkeit	Coulomb I	Elektroschneider
		Wirbelstrom	
Ma	Suszeptibilität	Coulomb II	Magnetscheider

flüssig

	Trennmerkmal	Effekt	Anwendung
Me	Kohäsion	Corioliskraft	
		Druckkonst.i.Flüssigk.	Filterpresse
		Gravitation	Sieb
		Massenträgheit	
		Zentrifugalkraft	Zentrifuge
	Dichte	Auftrieb	Öl aus Gestein
	Oberflächenspannung	Adhäsion	Prallringzentrifuge
		Kapillareffekt	
Td	Siedepunkt	Verdampfung	Normaldrucktrockn.
	Sublimationspunkt	Sublimation	Gefriertrocknung
	Partialdruck	Verdunstung	Verdunstungstrockn.
Vt	Löslichkeit	Lösen	Exsikator
	Diffusionskoeffizient	Diffusion	Extraktion
	Ionisierbarkeit (el. Ladung)	Elektroosmose	Torftrocknung

gasförmig

	Trennmerkmal	Effekt	Anwendung
Me	Dichte	Auftrieb	
		Gravitation	
	Kompressibilität	Druckkonst.i.Gasen	Entgasen im Vakuum
	Druckabhängigkeit	Druckabsenkung	Desorption
Td	Temp.-abhängigkeit	Temperaturerhöhung	Desorption
Vt	Absorptionsneigung	Absorption	
	Adsorptionsneigung	Adsorption	
	Diffusionskoeffizient	Diffusion	

Abb. C3 Tabelle 3: Systematik der physikalischen Effekte für die Grundoperation „Trennen von Stoffen"

flüssig

Kat	Eigenschaft	Trennprinzip	Trennapparat / -verfahren
Ge	Molekülgröße		Dialyse
Me	Dichte	Auftrieb	Flotation
		Gravitation	Sedimentation
		Massenträgheit	
		Zentrifugalkraft	
	Benetzbarkeit	Auftrieb	Filter
			Separator
	Kohäsion	Kohäsion	Flotation
	Oberflächenspannung	Adhäsion	Filter
		Adhäsion	Adhäsionszentrifuge
	Reibzahl	Reibung	
Td	Sublimationstemp.	Sublimation	
El	Dielektrizitätszahl	Coulomb I	
	Leitfähigkeit	Coulomb I	
		Wirbelstrom	
Ma	Rel. Permeabilität	Coulomb II	Magnetscheider
Vt	Molekulargewicht	Dialyse	
		Elektrodialyse	
		Soret-Effekt	
	Adsorptionsneigung	Adsorption	Chromatographie

Kat	Eigenschaft	Trennprinzip	Olabscheider / Verfahren
Me	Dichte	Auftrieb	Scheidetrichter
		Gravitation	Zentrifuge
		Zentrifugalkraft	Öl-Wasser-Trennung
	Oberflächenspannung	Adhäsion	Öl-Saugwürfel
Td	Dampfdruck	Kapillareffekt	Destillation
	Partialdruck	Verdampfung	
		Verdunstung	
	Schmelzpunkt	Kristallisation	fraktion. Kristallisation
		Schmelzen	
	Siedepunkt	Kondensation	Destillation
		Verdampfung	Destillation
El	Ladung	Ionenwanderung	Elektrolyse
	Leitfähigkeit	Coulomb I	
		Coulomb II	
Ma	Rel. Permeabilität	Coulomb II	
Vt	Adsorptionsneigung	Adsorption	Verteilungschromat.
	Diffusionskoeffizient	Diffusion	
	Molekulargewicht	Lösen	Ausschütteln
		Elektrolyt. Verdrängung	Aussalzen
		Ionisation	Elektrophorese
		Soret-Effekt	Clus. Dickel Trennrohr
		Dialyse	
		Elektrodialyse	
		Kohäsion	

Kat	Eigenschaft	Trennprinzip	Trennverfahren
Me	Dichte	Auftrieb	Zentrifuge
		Zentrifugalkraft	Vakuumentgasung
		Druckabsenkung	
	Druckabhängigkeit d. gelösten Gasmenge		
Td	Temp.-abhängigkeit d. gelösten Gasmenge	Temperaturerhöhung	
	Dampfdruck	Coulomb I	
El	Dielektrizitätszahl		
Vt	Adsorptionsneigung	Adsorption	
	Diffusionskoeffizient	Diffusion	
	Löslichkeit	Elektrolyt. Verdrängung	Aussalzen
		Lösen	
	Molekulargewicht	Soret-Effekt	Clus. Dickel Trennrohr

gasförmig

Kat	Eigenschaft	Trennprinzip	Trennapparat / -verfahren
Ge	Länge	Kohäsion	Filter
Me	Dichte	Gravitation	Staubkammer
	Masse	Massenträgheit	Prallblechentstauber
		Zentrifugalkraft	Zyklon-Entstauber
	Benetzbarkeit (hydrophil)	Adhäsion	Naßentstaubung
	Randwinkel	Koagulation	Ultraschallentstaub.
El	Dielektrizitätszahl	Coulomb I	Elektrofilter
	El. Ladung	Coulomb I	
		Influenz	

Kat	Eigenschaft	Trennprinzip	Verfahren
Me	Dichte	Gravitation	Filter
	Masse	Massenträgheit	Zyklon
		Zentrifugalkraft	
	Randwinkel	Oberflächenspannung	Benetzen
		Koagulation	Ultraschallinfeucht.
El	El. Ladung	Coulomb I	
		Influenz	

Kat	Eigenschaft	Trennprinzip	Trennverfahren
Me	Dichte	Zentrifugalkraft	Trenndüsenverfahren
Td	Schmelzpunkt	Kristallisation	Desublimation
	Siedepunkt	Kondensation	Filmkondensation
El	Dielektrizitätszahl	Coulomb I	Massenspektrograph
	Ionenladung	Coulomb I/II	O₂ aus der Luft
Ma	Suszeptibilität	Coulomb II	
Vt	Löslichkeit	Absorption	Gastrocknung
		Adsorption	Abgasreinigung
		Diffusion	Fremdgasdiffusion
		Elektrolyt. Verdrängung	Aussalzen
		Ionisation	Elektrophorese
		Reaktion	Waschflasche
	Molekulargewicht	Druckdiffusion	Trenndüsenverfahren
		Effusion	
		Thermodiffusion	Clus. Dickel Trennrohr
		Transfusion	Gasdiffusionsanlage
	Molekülgröße	Adsorption im Molekularsieb	Edelgase aus Luft

Abkürzungen:
El   Elektrizität
Ge   Geometrie
Ma   Magnetismus
Me   Mechanik
Td   Thermodynamik
Vt   Verfahrenstechnik

Abb. C3 Fortsetzung

Bildquellen

In den Bildquellen nicht aufgeführte Abbildungen sind eigene Werke, © Welf Wawers

Nr.	Bildinhalt	Autor: Abb.-Name (Änderungen d. Autors), ggf. Link zur Originaldatei, Lizenz oder Genehmigung
I	O. Lilienthal im Gleitflieger, überlagert von fliegendem Storch	Ottomar Anschütz: Otto is going to fly (Überlagerung Storch), https://de.wikipedia.org/wiki/Datei:Otto_is_going_to_fly.jpg, Originaldatei: Public Domain
1-1	Gecko an einer Felswand	© Hans Hillewaert: Rhoptropus_bradfieldi_diporus (Ausschnitt), https://de.wikipedia.org/wiki/Datei:Rhoptropus_bradfieldi_diporus.jpg CC-BY-SA 4.0 Attribution-ShareAlike 4.0 International
1-2	Frucht des Kletten-Labkrauts im REM, Vergrößerung 100fach	SecretDisc: Burdock in Scanning Electron Microscope, magnification 100x, https://de.wikipedia.org/wiki/Datei:Burdock_in_Scanning_Electron_Microscope,_magnification_100x.GIF, CC-BY-SA 3,0 Attribution-ShareAlike 3.0 Unported
1-4 a	Mundwerkzeug des Bockkäfers *Macrodontia cervicornis*	Eigenes Werk, Abdruck mit freundlicher Genehmigung des Senckenberg Naturmuseum, Frankfurt a. M.
2-1 b	O. Lilienthal im Gleitflieger	Ottomar Anschütz: Otto is going to fly, https://de.wikipedia.org/wiki/Datei:Otto_is_going_to_fly.jpg, Public Domain
2-1 d	Humanoider Roboter Valkyrie	NASA/Bill Stafford, James Blair, Regan Geeseman: Valkyrie-robot-3 (Ausschnitt), https://de.m.wikipedia.org/wiki/Datei:Valkyrie-robot-3.jpg Public Domain: {PD-USGov-NASA}
2-4 a	Trinkende Giraffe	Hans Stieglitz: Giraffe an der Wasserstelle Chudop, Etosha (Ausschnitt), https://commons.wikimedia.org/wiki/File:Giraffe,_Chudob,_Etosha.jpg, CC-BY-SA 3,0 Attribution-ShareAlike 3.0 Unported
2-4 b	Männchen des Schwammspinners	Olaf Leillinger: Lymantria.dispar (Ausschnitt), https://commons.wikimedia.org/wiki/File:Lymantria.dispar.7679.jpg, CC BY-SA 2.5 Attribution-ShareAlike 2.5 Generic
2-4 c	Bambuswald	Kamakura: Bamboo_forest (Ausschnitt) https://de.wikipedia.org/wiki/Datei:Bamboo_forest.jpg CC-BY-SA 3,0 Attribution-ShareAlike 3.0 Unported
2-5 a	Tokeh-Gecko	Aus [Gao05]; mit freundlicher Genehmigung von © Elsevier 2005. All Rights Reserved
2-5 b	Vergrößerung des Fußes eines Tokeh-Geckos	David Clements: Foot of a Tokay Gecko, showing adhesive pads, https://de.wikipedia.org/wiki/Datei:Tokay_foot.jpg, Public Domain
2-5 c-e	c) und d) REM-Aufnahmen der Setae in verschiedenen Vergrößerungen, e) REM-Aufnahme der Spatulae	Aus [Gao05]; mit freundlicher Genehmigung von © Elsevier 2005. All Rights Reserved
2-6	Ackerhummel *Bombus agrorum* auf einer Blüte.	Mit freundlicher Genehmigung von © Holger Gröschl 2020
2-7	Boris Karloff als „Das Monster" in *Bride of Frankenstein* (1935)	CREDIT: © UNIVERSAL PICTURES / Ronald Gran / Mary Evans Picture Library / picture-alliance)
2-8	Konstruktionsplan des Steinhuder Hechts	Praetorius: Steinhuder_Hecht https://de.wikipedia.org/wiki/Datei:Steinhuder_hecht.jpg Public Domain, Abdruck mit freundlicher Genehmigung des Museum Festung Wilhelmstein

© Springer Fachmedien Wiesbaden GmbH, ein Teil von Springer Nature 2022
W. Wawers, *Bionik*, https://doi.org/10.1007/978-3-658-39350-2

3-6 b	Birkenspanner (*Biston betularia*), dunkel	Mit freundlicher Genehmigung von © Holger Gröschl 2020
3-12	Schema der bakteriellen Flagelle	Aus [Fri16]; mit freundlicher Genehmigung von © Springer-Verlag, Berlin, Heidelberg, All Rights Reserved. Ursprünglich aus K. Munk 2000.
3-13	TEM-Aufnahme Querschnitt Geißel	Dartmouth Electron Microscope Facility: Chlamydomonas_TEM_17 (Maßstab eingefügt), https://de.wikipedia.org/wiki/Datei:Chlamydomonas_TEM_17.jpg, Copyright free use: vom Autor frei gegeben
3-14	Fangschreckenkrebs	National Science Foundation: Fangschreckenkrebs Odontodactylus scyllarus. https://de.wikipedia.org/wiki/Datei:OdontodactylusScyllarus2.jpg Public Domain {PD-USGov-NSF}
3-15	Schematische Darstellung des hierarchichen Aufbaus des Chitins der Atrhropoden-Außenhaut (Cuticula)	Aus [Pol19] mit freundlicher Genehmigung von © Springer Nature Switzerland AG 2019. All Rights Reserved.
3-16	REM-Aufnahmen eines Risses durch die Schale einer Kokosnuss	Aus [Sch16] mit freundlicher Genehmigung von © Springer International Publishing Switzerland 2016. All Rights Reserved.
3-17 a-c	3D-μCT Aufnahmen des Endokarbs einer Kokosnuss	© Bernd Evers Dietze, Welf Wawers 2022
3-17 d-f	3D-Modell Halbkugel mit dem Endokarb nachempfundenen Kanälen, im 3D-Druck hergestellte Probekörper	Mit freundlicher Genehmigung von © Tim Bornemann 2020
3-18	Aufgeschnittene Kokosnussfrucht	Hannes Grobe: Coconut https://commons.wikimedia.org/wiki/File:Cocco-nut_hg.jpg CC BY 3.0 Attribution 3.0 Unported
3-23	Quer und (Teil-)Längsschnitt durch einen kompakten Knochen mit spongiösen Anteilen (Schema)	U.S. National Cancer Institute's Surveillance, Epidemiology and End Results (SEER): Compact bone & spongy bone (Beschriftung geändert) https://de.wikipedia.org/wiki/Datei:Illu_compact_spongy_bone.jpg, Public Domain {PD-USGov}
3-24 a	Eifelturm, Paris	Benh LIEU SONG: Tour Eiffel (Ausschnitt), https://commons.wikimedia.org/wiki/File:Tour_Eiffel_Wikimedia_Commons.jpg CC-BY-SA 3.0 Attribution-ShareAlike 3.0 Unported
3-24 b	Nahaufnahme der Trabekel-Struktur eines Knochens	Jakub Fryš: Bone_structure_marco_photo (Ausschnitt), https://en.wikipedia.org/wiki/File:Bone_structure_marco_photo.jpg, CC BY-SA 4.0 Attribution-ShareAlike 4.0 International
3-24 c	REM-Aufnahme der Trabekel-Struktur eines Knochens.	S. Bertazzo: SEM deproteined trabecular - wistar rat (Ausschnitt), https://en.wikipedia.org/wiki/File:Bertazzo_S_-_SEM_deproteined_trabecular_-_wistar_rat_-_x100.tif CC-BY-SA 3.0 Attribution-ShareAlike 3.0 Unported
3-27	Schema der dreidimensionalen Struktur der Aminosäuren des β-Keratins (Faltblattstruktur)	Roland.chem: β-Faltblatt https://commons.wikimedia.org/wiki/File:Beta-Faltblatt.svg CC0 1.0 Universal (CC0 1.0)
3-30 a	REM Aufnahme einer Perlmutt - Bruchfläche	Fabian Heinemann: Nacre_fracture.jpg https://de.wikipedia.org/wiki/Datei:Nacre_fracture.jpg Public Domain
3-31 a	Skelett der Radiolarie Hexastylus sp, 250fach vergrößert	Picturepest: Hexastylus sp - Radiolarian (Ausschnitt) https://en.wikipedia.org/wiki/File:Hexastylus_sp_-_Radiolarian_(32714933151).jpg CC BY-SA 2.0 DE Attributation Share Alike

3-51	Prinzip Bolometer	Tls60 at en.wikipedia: Conceptual schematic of a bolometer. By D.F. Santavicca (Bezeichnungen Übersetzt) https://de.wikipedia.org/wiki/Datei:Bolometer_conceptual_schematic.svg, CC-BY-SA 3,0 Attribution-ShareAlike 3.0 Unported
3-52	Schwarzer Kiefernprachtkäfer *Melanophila acuminata*	© AG Prof. Schmitz, aus [Lue08], https://idw-online.de/de/news273796, Verwendung mit Quellenangabe und Bezug zum Urprungstext
3-53 a	Schema einer Golay-Zelle	Ehab Ebeid, originally Tls60 (Bezeichnungen übersetzt): Golay_Cell_Schematic, https://commons.wikimedia.org/wiki/File:Golay_Cell_Schematic.svg, Attribution 1.0 Generic (CC BY 1.0)
3-53 b	Modell eines IR-Sensors auf Basis der Golay-Zelle und des IR-Sensors des Kieferprachtkäfers	Aus [Klo11], (Bezeichnungen übersetzt), Attribution 2.0 Generic (CC BY 2.0)
3-54	Querschnitt durch einen Teil des Gehörgangs der Kochlea (Corti-Organ)	Aus [Zen05], mit freundlicher Genehmigung von © Springer Medizin Verlag Heidelberg 2005. All Rights Reserved
3-56	Schema des Aufbaus des Delfinschädels mit den für die Echoortung wichtigen Organen.	Martin-rnr: Schnitt durch den Kopf eines Delfins, (Bezeichnungen ergänzt) https://commons.wikimedia.org/wiki/File:Dolphin_head_section.svg, CC0 1.0 Universell Public Domain
3-57	Schematische Darstellung der Mechanosensoren der Haut	Adaptiert aus [Fri19b]; mit freundlicher Genehmigung von © Springer-Verlag GmbH Deutschland 2019. All Rights Reserved
3-58 a, b	a) Portrait eines Tigers, b) schematischer Aufbau einer Vibrisse	Aus [Fri19b]; mit freundlicher Genehmigung von © Springer-Verlag GmbH Deutschland 2019. All Rights Reserved
3-59 a	Trichobothria einer Wolfsspinne	R. B.: Trichobothrium, https://de.wikipedia.org/wiki/Datei:Trichobothrium.jpg Public Domain
3-61 b	Verlauf des Seitenlienorgans bei einem Kabeljau (*Gadus morhua*)	Patrick Gijsbers: Kabeljauw, Atlantic Cod, Gadus morhua (Lage Seitenlinienorgan ergänzt) https://commons.wikimedia.org/wiki/File:Atlantic-cod-1.jpg CC BY-SA 4.0 Attribution-ShareAlike 4.0 International
3-63	Schematischer Aufbau der drei Geschmackspapillentypen.	Adaptiert aus [Hat05]; mit freundlicher Genehmigung von© Springer Medizin Verlag Heidelberg 2005. All Rights Reserved
3-64	Seidenspinner (*Bombyx mori*) mit Kokon	P. Gibellini: Bombyx_mori_sul_bozzolo (Ausschnitt gedreht), https://de.wikipedia.org/wiki/Datei:Bombyx_mori_sul_bozzolo_02.jpg CC0 1.0 Universell Public Domain Dedication
3-65 a	Kopf eines Tigerhai (*Galeocerdo cuvier*) mit sichtbaren Lorenzinischen Ampullen	Albert Kok: Lorenzini pores on snout of tiger shark https://de.wikibooks.org/wiki/Datei:Lorenzini_pores_on_snout_of_tiger_shark.jpg CC-BY-SA 3,0 Attribution-ShareAlike 3.0 Unported
4-1	Übersicht historische Stacheldrahtvarianten	Andy king50: historic barbed wire (Angepasst) displayhttps://commons.wikimedia.org/wiki/File:Kauri_Museum_Barbed_Wire_2011.JPG, CC-BY-SA 3,0 Attribution-ShareAlike 3.0 Unported Abdruck mir freundlicher Genehmigung des Kauri Museums, Matakohe, New Zealand
4-6	Ablauf des Konstruktionsprozess nach Richtlinie VDI 2222 Blatt 1	Aus VDI 2222 Blatt 1, mit freundlicher Genehmigung von Springer Fachmedien Wiesbaden
4-43	Eurocopter EC 135	Ccelio: Eurocopter Ec135p2 (Ausschnitt) https://commons.wikimedia.org/wiki/File:Eurocopter_Ec135p2_Private_(37397960).jpeg CC-BY-SA 3,0 Attribution-ShareAlike 3.0 Unported

4-45	Moschusbockweibchen *Aromia moschata*	Soebe: Moschusbockweibchen https://de.wikipedia.org/wiki/Datei:Moschusbockweibchen.jpg CC-BY-SA 3,0 Attribution-ShareAlike 3.0 Unported
4-48	Schematische Darstellung des Klebemechanismus.	Aus [Wit17]; mit freundlicher Genehmigung von © Springer-Fachmedien Wiesbaden GmbH 2017. All Rights Reserved
4-50 a	3D-Scandaten einer Dentalrestauration	Mit freundlicher Genehmigung von © Bernd Evers-Dietze
4-50 b	Auswertung der 3D-Scanndaten eines Blattes	Mit freundlicher Genehmigung von © Bernd Evers-Dietze
4-50 d	CT scan einer Brown Bess Muskete, wahrscheinlich von 1769	Cmeide Lighthouse Archaeological Maritime Program: Buck&Ball musket StormWreck, https://commons.wikimedia.org/wiki/File:Buck%26Ball_musket_StormWreck.jpg CC-BY-SA 3,0 Attribution-ShareAlike 3.0 Unported
4-53 b	Eignung des Reverse Engineering Beispiel Elefantenrüssel	Tim & Annette: Elephant grasping thorn tree https://de.wikipedia.org/wiki/Datei:Elephant_grasping_thorn_tree_by_mexikids.jpg Public Domain
4-53 d	Eignung des Reverse Engineering Beispiel Flugverhalten einer Hummel	Mit freundlicher Genehmigung von © Heike Schaar, Mediengestalterin D.&P., Bonn, 2020
4-53 e	Eignung des Reverse Engineering Beispiel Skelettrekonstruktion eines Triceratops	Eigenes Werk, mit freundlicher Genehmigung des Senckenberg Naturmuseum, Frankfurt a. Main
4-59	Im Stereolithografie-Verfahren hergestelltes Zykloid-Getriebe	Clemenspool: Stereolithography_cycloidal_drive, https://de.wikipedia.org/wiki/Datei:Stereolithography_cycloidal_drive.JPG CC-BY-SA 3,0 Attribution-ShareAlike 3.0 Unported
4-60	Mit dem SLM-Verfahren hergestellte Bauteile aus Aluminium	Mit freundlicher Genehmigung von © LIGHTWAY GmbH & Co. KG, Niederzissen
4-61	Mit dem FFF-Verfahren erzeugte Rahmenstruktur	© Welf Wawers, Christian Blume
5-8 a	Bohrplattform West Orion, Walvis Bay, Namibia	Olga Ernst & Hp. Baumeler: Bohrplattform_bei_Walvis_Bay (Ausschnitt) https://de.wikipedia.org/wiki/Datei:Bohrplattform_bei_Walvis_Bay_(2017).jpg CC BY-SA 4.0 Attribution-ShareAlike 4.0 International
5-8 b	Middelgrunden Offshore Windpark Öresund, Dänemark	Kim Hansen, Postprocessing Richard Bartz and Kim Hansen: Middelgrunden_wind_farm, https://de.wikipedia.org/wiki/Datei:Middelgrunden_wind_farm_2009-07-01_edit_filtered.jpg CC-BY-SA 3,0 Attribution-ShareAlike 3.0 Unported
5-18 a	Fossiler Zahn des Haifischs *Squalicorax*	DanielCD: Squalicorax https://de.wikipedia.org/wiki/Datei:Squalicorax.jpg CC-BY-SA 3,0 Attribution-ShareAlike 3.0 Unported
5-18 b	Papierschneidemesser	Hannes Grobe: Whale_knife_hg https://de.wikipedia.org/wiki/Datei:Whale_knife_hg.jpg CC BY-SA 2.5 Attribution-ShareAlike 2.5 Generic
5-20 a	Nicht flugfähiger Ornithopter von 1902	K.A.: Edward_Frost_ornithopter https://de.wikipedia.org/wiki/Datei:Edward_Frost_ornithopter.JPG, Public Domain
5-20 b	Flugfähiger Ornithopter SmartBird, Festo AG & Co. KG	Festo: lossless-page1.tif.png (Ausschnitt) https://commons.wikimedia.org/wiki/File:MG_6886c.tif CC0 1.0 Universell Public Domain Dedication

5-22 a	Käfer *Stenocara gracilipes* , der seinen Flüssigkeitsbedarf aus dem Morgennebel deckt	© Hans Hillewaert: *Stenocara gracilipes* (Ausschnitt), https://en.wikipedia.org/wiki/File:Stenocara_gracilipes.jpg CC-BY-SA 3,0 Attribution-ShareAlike 3.0 Unported
5-22 b	Nebelnetz zur Wasserkondensation	Pontificia Universidad Católica de Chile: Atrapanieblas_en_Alto_Patache (Ausschnitt), https://de.wikipedia.org/wiki/Datei:Atrapanieblas_en_Alto_Patache.jpg CC BY-SA 2.0 DE Attributation Share Alike
7-1 b	Auszug aus dem Buch "Die Pflanze als Erfinder" (Mohnkapsel und Streuer)	Raoul Heinrich Francé: Poppy and Pepperpot, https://commons.wikimedia.org/wiki/File:Raoul_Heinrich_Francé_Poppy_and_Pepperpot_from_Die_Pflanze_als_erfinder_1920.jpeg, Public Domain {PD-US-expired}
8-1	Skelettrekonstruktion eines Diplodocus aus dem Oberjura	Eigenes Werk, mit freundlicher Genehmigung des Senckenberg Naturmuseum, Frankfurt a. Main

Literaturverzeichnis

[Abe19]: Abel, J.; Scheithauer, U.; Janics, T.; Hampel, S.; Cano, S.; Müller-Köhn, A.; Günther, A.; Kukla, C.; Moritz, T. (2019): Fused Filament Fabrication (FFF) of Metal-Ceramic Components. J. Vis. Exp. (143).

[Ack07]: Ackerschott, C. (2007): *Charakterisierung rekombinanter Flagelliform-Spinnenseidenproteine*, Dissertation, Technische Universität München.

[Ada71]: Adam, A. (1971): *Informatik Probleme der Mit und Umwelt*, Westdeutscher Verlag Opladen.

[Ada92]: Adams, D. & M. Carwardine (1992): *Die letzten ihrer Art*, Wilhelm Heyne Verlag, München.

[Agn16]: Agnoli, S. (2016): *Multidisciplinary Contributions to the Science of Creative Thinking*, Springer Science+Business Media Singapore.

[Alb17]: Albat, D. (2017): Erfindung mit Sprengkraft Die Entdeckung des Dynamits, scinexx.de, 29.09.2017. [online] https://www.scinexx.de/dossierartikel/erfindung-mit-sprengkraft/, [Abruf 04.11.2019].

[Alb18]: Albat, D. (2018): Nach dem Fledermaus-Prinzip Echoortung als Vorbild für Technik und mehr, scinexx, [online] 21.09.2018, https://www.scinexx.de/dossierartikel/nach-dem-fledermaus-prinzip/ [Abruf 07.12.2019].

[Ale17]: Alexander, S. H. S. (2017): *The Jazz of Physics: Die Verbindung von Musik und der Struktur des Universums*, Eichborn Verlag in der Bastei Lübbe AG, Köln.

[Alt86]: Altschuller, G. S. (1986): *Erfinden – Wege zur Lösung technischer Probleme*, Verlag Technik, Berlin.

[Amb16]: Ambrosetti, A.; Ferri, N.; DiStasio Jr, R.A.; Tkatchenko, A. (2016): Wavelike charge density fluctuations and van der Waals interactions at the nanoscale, Science 11 Mar 2016: Vol. 351, Issue 6278, pp.

[Ard05]: Ardenne, M. von (Hrsg.); Musiol, G. (Hrsg.) und Klemradt, U. (Hrsg.) (2005): Effekte der Physik und ihre Anwendungen, Harri Deutsch Verlag Frankfurt a. M.

[Ash13]: Ashwell, K (Edt.) (2013): *Neurobiology of Monotremes: Brain Evolution in Our Distant Mammalian Cousins*, CSIRO Publishing Collingwood.

[Aut02]: Kellar Autumn, Metin Sitti, Yiching A. Liang, Anne M. Peattie, Wendy R. Hansen, Simon Sponberg, Thomas W. Kenny, Ronald Fearing, Jacob N. Israelachvili, and Robert J. Full. (2002): Evidence for van der Waals adhesion in gecko setae, Proceedings of the National Academy of Sciences. PNAS September 17, 2002.

[Azi16]: Aziz, Moheb Sabry; El Sherif, Amr Y. (2016): Biomimicry as an approach for bio-inspired structure with the aid of computation, Alexandria Engineering Journal Volume 55, Issue 1, March 2016, Pages 707-714.

[Bac76]: Bachmann, K. (1976): Biologische Systeme, Springer Verlag Berlin Heidelberg.

[Ban14]: Banthin, H. (2014): Bionisches Arbeiten in der Praxis – Hemmnisse abbauen, Chancen ergreifen! In Konstruktion Zeitschrift für Produktentwicklung und Ingenieur-Werkstoffe, Heft 9 2014, S. 40–41.

[Ban19]: Bannwarth, H; Kremer, B. P. & A. Schulz (2019): *Basiswissen Physik, Chemie und Biochemie*, Springer Spektrum.

[Bar01]: Friedrich G. Barth (2001): *Sinne und Verhalten: aus dem Leben einer Spinne*, Springer-Verlag Berlin Heidelberg.

[Bar04]: Barth, F. G. (2004): *Spinnen - Sinne*, Denisia 12, zugleich Kataloge der OÖ. Landesmuseen Neue Serie 14 (2004). S. 63-92.

[Bar06]: Bar-Cohen, Y. (2006): BIOMIMETICS Biologically Inspired Technologies, CRC Press, Boca Raton.

[Bar10]: Barthlott, W.; Schimmel, T.; Wiersch, S.; Koch, K.; Brede, M.; Barczewski, M.; Walheim, S.; Weis, A.; Kaltenmaier, A.; Leder, A.; Bohn, H. F. (2010): The Salvinia Paradox: Superhydrophobic Surfaces with Hydrophilic Pins for Air Retention Under Water, Advanced Materials, Volume 22, Issue 21, June 4 2010. S. 2325 -2328.

[Bar11]: Bar-Cohen, Y. (2011): Biomimetics: Nature-Based Innovation, Verlag CRC Press, Boca Raton, Florida.

[Bar16a]: W. Barthlott, W.; Mail, M. & C. Neinhuis (2016): Superhydrophobic hierarchically structured surfaces in biology: evolution, structural principles and biomimetic applications, Philosophical Transactions of the Royal Society A: Mathematical, Physical and Engineering SciencesVolume 374, Issue 2073.

[Bar16b]: Barthlott, W.; Rafiqpoor, D. & W. Erdelen (2016): Bionics and Biodiversity- Bio-Inspired Technical Innovation for a Sustainable Future, in *Biomimetic Research for Architecture and Building Construction-Biological Design and Integrative Structures*, ed. by J. Knippers, K. Nickel, T. Speck, Springer, Berlin.

[Bar20]: W. Barthlott, W.; Moosmann, M.; Noll, I.; Akdere, M.; Wagner, J.; Roling, N.; Koepchen-Thomä, L.; Azad, M. A. K.; Klopp, K.; Gries T. & M. Mail (2020): Adsorption and superficial transport of oil on biological and bionic superhydrophobic surfaces: a novel technique for oil-water separation. Philosophical Transactions of the Royal Society A.

[Bar92]: Barthlott W (1992): Die Selbstreinigungsfähigkeit pflanzlicher Oberflächen durch Epicuticularwachse, Rheinische Friedrich-Wilhelms-Universität Bonn, Klima-und Umweltforschung an der Universität Bonn, S. 117–120.

[Bar93]: Barth, F. G.; Wastl, U.; Humphrey, J. A. C.; Devarakonda, R. (1993): Dynamics of arthropod filiform hairs. II. Mechanical properties of spider trichobothria (*Cupiennius salei* Keys.), in: *Philosophical Transactions of the Royal Society B* Sc. 340, pp 445-461.

© Springer Fachmedien Wiesbaden GmbH, ein Teil von Springer Nature 2022
W. Wawers, *Bionik*, https://doi.org/10.1007/978-3-658-39350-2

[Bar95]: Barth, F. G.; Wastl, U.; Humphrey, J. A. C.; Halbritter, J.; Brittinger, W. (1995): Dynamics of arthropod filiform hairs. III. Mechanical properties of spider trichobothria (*Cupiennius salei* Keys.), in: *Philosophical Transactions of the Royal Society B* Sc. 347: 397-412.

[BDG15]: Bundesverband der Deutschen Gießerei-Industrie (BDG) (Hrsg.) (2015): „Feinguss Herstellung – Eigenschaften – Anwendung". BDG, [online] https://www.kug.bdguss.de/fileadmin/content/Publikationen-Normen-Richtlinien/Feinguss_klein.pdf, [Abruf 23.05.2019].

[Beh18]: Behr, A.; Seidensticker, T. (2018): *Einführung in die Chemie nachwachsender Rohstoffe: Vorkommen, Konversion, Verwendung*. Springer Spektrum, Berlin.

[Bei08]: Beier, S. (2008): Muscheln als medizinische Ratgeber aus dem Meer, innovations report, [online] https://www.innovations-report.de/html/berichte/materialwissenschaften/muscheln-medizinische-ratgeber-meer-115407.html, [Abruf 02.11.2019].

[Ben08]: Benedix, R. (2008): *Bauchemie*. Vieweg + Teuber Verlag Wiesbaden.

[Ben16]: Bennet, P.; Tanaka, S. (2016): *Bionik*, Fackelträger Verlag, Köln.

[Bet16]: Bethea, N. B. (2016): Discover Bionics, Lerner Publising Group.

[BfA19]: Bundesagentur für Arbeit (Hrsg.) (Stand 2019): Bioniker/in Tätigkeit nach dem Studium, Bundesagentur für Arbeit, [online] https://berufenet.arbeitsagentur.de/berufenet/faces/index?path=null/suchergebnisse/kurzbeschreibung&dkz=90110&such=Bioniker, [Abruf 27.07.2019].

[BfS19]: Bundesamt für Strahlenschutz (Hrsg.) (2019): Biologische und gesundheitliche Wirkungen statischer Magnetfelder, Bundesamt für Strahlenschutz, [online] https://www.bfs.de/DE/themen/emf/nff/wirkung/statische/statische_node.html [Abruf 29.12.2019].

[Bha15]: Bhardwaj, N.; Sow, W.T.; Devi, D.; Ng K.W.; Mandal, B.B.; Cho, N.J. (2015): Silk fibroin-keratin based 3D scaffolds as a dermal substitute for skin tissue engineering, in *„ Integrative Biology"*, Volume 7, Issue 1, January 2015, S. 53–63.

[Bio14]: BIOKON Bionik Kompetenznetz (Hrsg.) (2014): Von den Ratten abgeschaut: Selbstschärfende Messer in Industriemaschinen. BIOKON, [online] http://www.biokon.de/en/bionics/best-practices/detail/page/2/?tx_nenews_uid=1645, [Abruf 03.07.2019].

[Bio18]: Webseite der Firma BioTriz Ltd: https://biotriz.com/. [Abruf 10.01.2019].

[Bir10]: Birbaumer, N. & R. F. Schmidt (2010): *Biologische Psychologie*, Springer Medizin Verlag Heidelberg.

[Bla11]: Blankenship R. E. et al. (2011): Comparing Photosynthetic and Photovoltaic Efficiencies and Recognizing the Potential for Improvement, Science, Vol 332, Issue 6031, May, 2011, S. 805 – 809.

[Ble10]: Bleckmann, H.; Schmitz, H.; Emde, G.von der (2010): Nature as a model for technical sensors. Measurement + Control Vol 43/2 March 2010, p 51-57.

[BMBF18]: Bundesministeriums für Bildung und Forschung (BMBF) (Hrsg.) (2018): Ein Schwimmfarn hilft Schiffen Energie zu sparen und die Umwelt zu entlasten, BMBF, 06.06.2018. [online] https://www.validierungsfoerderung.de/service/aktuelles/ein-schwimmfarn-hilft-schiffen-energie-zu-sparen-und-die-umwelt-zu-entlasten, [Abruf 10.11.2019].

[BMEL14]: Bundesministerium für Ernährung und Landwirtschaft (Hrsg.) (2014): Mindestanforderungen an die Haltung von Säugetiere, [online] https://www.bmel.de/SharedDocs/Downloads/Tier/Tierschutz/GutachtenLeitlinien/HaltungSaeugetiere.pdf, [Abruf 16.02.2020].

[BMI18]: Biomimicry Institute (Hrsg.) (2018): Webseite AskNature.org, The Biomimicry Institute, [online] https://asknature.org/ , [Abruf 13.02.2020].

[BMIOD]: Biomimicry Institute (Hrsg.) (O. D.): The biomimicry taxonomy, Biomimicry Institute, [online] http://toolbox.biomimicry.org/wp-content/uploads/2015/01/AN_Biomimicry_Taxonomy.pdf , [Abruf 20.02.2020].

[BMU20]: Bundesministeriums für Umwelt, Naturschutz und nukleare Sicherheit (BMU) (Hrsg) (Stand 2020): „Nein zur Wegwerfgesellschaft" – Kampangenmotive, [online] https://www.bmu.de/wenigeristmehr/nein-zur-wegwerfgesellschaft-kampagnenmotive/, [Abruf 28.02.2020].

[BMW17]: BME Group (Hrsg.) (2017): Vorbild Natur: Neuer Körperschutz für BMW Mitarbeiter Bionik-Forschungsprojekt BISS liefert zukunftsweisende Materialkonzepte. BMW Group, 28.06.2017, [online] https://www.bmwgroup.com/content/dam/grpw/websites/bmwgroup_com/responsibility/downloads/de/2017/2017-BMW-Group-BISS.pdf, [Abruf 15.10.2019].

[Bog14]: Bogatyrev, N., Bogatyreva, O. (2014): BioTRIZ: A Win-Win Methodology for Eco-innovation, in *Eco-Innovation and the Development of Business Models*, Springer Verlag, 2014. pp 297-314.

[Bon06]: Bonser, R. H. (2006): Patented Biologically-inspired Technological Innovations: A Twenty Year View, Jounal of Bionic Engineering 3, S. 39 – 41, 2006.

[Bor12]: Boron, W. F.; Boulpaep, E. L. (2012): *Medical Physiology*, Verlag Saunders Elsevier. ISBN 978-0-8089-2449-4.

[Bor20]: Bornemann, T. (2020): Bioinspirierte Entwicklung einer Energieabsorptionsstruktur nach dem Vorbild der Kokosnuss, Masterthesis, Hochschule Bonn-Rhein-Sieg (unveröffentlicht)

[Bra02]: Brown, B. R. (2002): Modeling an electrosensory landscape: behavioural and morphological optimization in elasmobranch prey capture. The Journal for Experimental Biology 205, 2002; S. 999–1007.

[Bra12]: Braun, D. (2012): *Ein System zur Analyse haptischer Eigenschaften von Benutzerschnittstellen*. Dissertation, Karlsruher Instituts für Technologie (KIT).

[Bre08]: Bremer, S. M. (2008): *Forensisch-biomechanische Aspekte des Faustschlags*, Dissertation an der Ludwig-Maximilians-Universit München.

[Bre17]: Brede, M; Zielke, R.; Wolter, A.; Böhnlein, B.; Fischer, M.; Medebach, I.; Barthlott, W.; Schimmel, T.; Leder, A. (2017): Stabilität und Reibungseigenschaften biomimetischer, Luft haltenden Beschichtungen für die Serienfertigung, Fachtagung Experimentelle Strömungsmechanik, 5. – 7. September 2017, Karlsruhe.

[Bri13]: Brinkløv, S.; Fenton, M. B.; Ratcliffe, J. (2013). Echolocation in Oilbirds and swiftlets, Frontiers in Physiology, 4 (123): 188. doi:10.3389/fphys.2013.00123. PMC 3664765.

[BSI07]: Bundesamt für Sicherheit in der Informationstechnik (Hrsg.) (2007): Nanotechnologie, BSI Bonn, S.73.

[Bud78]: Buddecke, E. (1978): Pathobiochemie. Walter de Gruyter Verlag, Berlin New York.

[Bus18a]: Buselmaier W. & J. Haussig (2018): Aufbau der Bakterienzelle (Protozyte). In: *Biologie für Mediziner*. Springer-Lehrbuch. Springer, Berlin, Heidelberg.

[Bus18b]: Buselmaier W., Haussig J. (2018): Pilze. In: *Biologie für Mediziner*. Springer-Lehrbuch. Springer, Berlin, Heidelberg.

[Byn12]: Bynum, N. (Editor) (2012): What is Biodiversity, Connexions, Rice University, Housten, Texas, October 26, 2012.

[CamOD]: Cambridge Dictionary (Hrsg.) (O.D.): Definition of bionics, Cambridge Dictionary, [online] https://dictionary.cambridge.org/de/worterbuch/englisch/bionics], [Abruf 19.05.2018].

[Cha05]: Chakrabarti, A.; Sarkar, P.; Leelavathamma, B.; Nataraju, B. S. (2005): A Functional Representation for Aiding Biomimetic and Artificial Inspiration of New Ideas, in: Artificial Intelligence for Engineering Design, Analysis and Manufacturing, 19 (2), 2005, S. 113–132. DOI: 10.1017/S0890060405050109.

[Cha17]: Chakrabarti, A; Siddharth, L.; Dinakar, M.; Panda, M.; Palegar, N; Keshwani, S. (2017): Idea Inspire 3.0—A Tool for Analogical Design, Research into Design for Communities, Volume 2, pp 475-485, Springer Singapore.

[Che08]: Cheong, H. M., Shu, L.H., Stone, R., McAdams, D. (2008): Translating terms of the functional basis into biologically meaningful keywords, in: Proc. ASME 2008 Int. Design Engineering Technical Conference. Paper No. DETC2008/DTM-49363, New York, August 3–6, 2008.

[Che08-2]: Chen, P.-Y.; Lin, A. Y.-M.; McKittrick, J; Meyers, M. A. (2008): Structure and mechanical properties of crab exoskeletons". In „Acta Biomaterialia 4", Volume 4, Issue 3, S. 587–596.

[Che11]: Cheong H., Chiu I., Shu L. H., Stone R., McAdams D. (2011): Biologically meaningful keywords for terms of the functional basis. Journal of Mechanical Design, Vol 133, February 2011.

[Che15]: Chen, Q & G. Thouas (2015): *Biomaterials: A Basic Introduction*, CRC Press Taylor & Francis Group Boca Raton, London, New York

[Chi05]: Chiu I., Shu L. H. (2005): Bridging cross-domain terminology for biomimetic design, in: „Proceedings ASME international design engineering technical conference", Long Beach, CA, 24–28 Sept 2005, DETC2005-84908.

[Chi07]: Chiu I., Shu L. H. (2007): Biomimetic design through natural language analysis to facilitate crossdomain information retrieval, in Artificial Intelligence for Engineering Design, Analysis and Manufacturing, Volume 21(1), Page 45–59.

[Cla09]: Clauss, W. & C. Clauss (2009): *Humanbiologie kompakt*, Spektrum akademischer Verlag, Heidelberg.

[Coh06] Jango-Cohen, J. (2006): *Bionics,* Lerner Publishing Group.

[CorOD]: Corban, M. (2019): „Beweglich wie ein Fisch im Sand", Industrieanzeiger.de, [online] https://industrieanzeiger.industrie.de/technik/entwicklung/beweglich-wie-ein-fisch-im-sand/, [Abruf 26.10.2019]

[Cur77]: Currey, J. D. (1977): Mechanical properties of mother of pearl in tension. Proceedings of the Royal Society London, 196:443.

[Cyp10]: Cypionka, H. (2010): *Grundlagen der Mikrobiologie*, Springer-Verlag Berlin Heidelberg.

[Cze11]: Czech-Damal, N. U.; Liebschner, A.; Miersch, L.; Klauer, G.; Hanke, F. D.; Marshall, C.; Dehnhardt, G.; Hanke, W. (2011): „Electroreception in the Guiana dolphin (Sotalia guianensis)", *Proceedings of the Royal Society*, 20 July 2011, Volume 279 Issue 1729, p 663-668.

[Dah18]: Dahm-Brey, D (2018): Wie funktioniert der Magnetsinn von Tieren? idw – Informationsdienst Wissenschaft, [online] 07.06.2018 https://idw-online.de/de/news697057 [Abruf 02.01.2020].

[Dan18]: Webpräsenz mit der Software DANE des Georgia Institute of Technology, USA. http://dilab.cc.gatech.edu/dane/ [Abruf 17.11.2018].

[DBU06]: Deutsche Bundestiftung Umwelt (Hrsg.) (2006): Inspiration Natur – Patentwerkstatt Bionik, FROMM GmbH & Co. KG, Osnabrück, [Online] https://www.dbu.de/phpTemplates/publikationen/pdf/111206120202e29f.pdf, [Abruf 17.12.2018].

[DBU12]: Deutschen Bundesstiftung Umwelt DBU (Hrsg.) (2012): Mit „künstlicher Haihaut" Schiffe vor Bewuchs und Meere vor Gift schützen, Deutsche Bundesstiftung Umwelt, 04.12.2012, [online] https://www.dbu.de/123artikel33805rss.html, [Abruf 12.11.2019].

[Deg09]: Degischer H. P. (Hreg.); Lüftl, S. (Hrsg.) (2009): Leichtbau Prinzipien, Werkstoffauswahl und Fertigungsvarianten. VWILEY-VCH-Verlag, Weinheim.

[DGFM19]: Deutsche Gesellschaft für Mykologie DGFM (Hrsg.) (Stand2019): Was ist ein Pilz? Deutsche Gesellschaft für Mykologie DGFM, [online] https://www.dgfm-ev.de/infothek/was-ist-ein-pilz, [Abruf 12.09.2019].

[Dij63]: Dijkgraaf, S; Kalmijn, A. (1963): Untersuchungen über die Funktion der Lorenzinischen Ampullen an Haifischen, Zeitschrift für vergleichende Physiologie 47, 438–456 (1963) doi:10.1007/BF00343146.

[DIN EN 1325-1]: DIN e. V. (Hrsg.) (1996): DIN EN 1325-1 Value Management, Wertanalyse, Funktionenanalyse, Wörterbuch – Teil 1: Wertanalyse und Funktionenanalyse, Beuth-Verlag, Berlin.

[DIN18]: DIN e. V. (Hrsg.) (2018): Die Deutsche Normungsroadmap Industrie 4.0 Version 3, DIN e. V., Berlin.

[DIN18458]: DIN e. V. (Hrsg.) (2015): DIN ISO 18458:2015 Bionik – Terminologie, Konzepte und Methodik, Beuth Verlag, Berlin.

[DIN52900]: DIN e. V. (Hrsg.) (2018): DIN EN ISO/ASTM 52900:2018-06, Entwurf Additive Fertigung - Grundlagen – Terminologie, Beuth-Verlag Berlin.

[Dit11]: Ditsche-Kuru, P.; Erik S. Schneider, E. S.; Jan-Erik Melskotte, J.-E.; Brede, M.; Leder, A.; Barthlott, W. (2011): Superhydrophobic surfaces of thewater bug Notonecta glauca: a model for friction reduction and air retention, Beilstein Journal of Nanotechnology, 2011,2, S. 137–144. doi:10.3762/bjnano.2.17.

[Dit19]: Ditsche, P. & A. Summer (2019): Learning from Northern clingfish (Gobiesox maeandricus): bioinspired suction cups attach to rough surfaces, 374 Phil. Trans. R. Soc. B.

[Dön19]: Dönges, J. (2019): Eine 3000 Jahre alte Zehenprothese, Spektrum der Wissenschaft, [online] https://www.spektrum.de/news/eine-3000-jahre-alte-zehenprothese/1465821, [Abruf 21.06.2019].

[Dor18]: Doris (2018): CARBOPRINT: SGL Group und ExOne bringen Kohlenstoff für 3D-Druck auf den Markt, 3druck.com, [online] https://3druck.com/3d-druckmaterialien/carboprint-sgl-group-und-exone-bringen-kohlenstoff-fuer-3d-druck-auf-den-markt-2568266/, [Abruf 22.05.2019].

[dpa19]: dpa (Hrsg.) (2019): Sprengstoff-Detektoren ersetzen Spürhunde, aero.de, [online] 21.03.2019, https://www.aero.de/news-31261/Sprengstoff-Detektoren-ersetzen-Spuerhunde-.html, [Abruf 17.11.2019].

[DPMA06]: Deutsches Patent- und Markenamt DPMA (Hrsg.) (2006): Erfindertätigkeiten 2005/2006, DPMA München, [online] https://www.dpma.de/docs/dpma/veroeffentlichungen/2/ea2005.pdf, [Abruf 01.03.2020].

[DPMA19]: Deutsches Patent- und Markenamt DPMA (Hrsg.) (2019): Richtlinien für die Prüfung von Patentanmeldungen, DPMA München, Jena, Berlin, [online] https://www.dpma.de/docs/formulare/patent/p2796.pdf, [Abruf 26.02.2020].

[Drö94]: Dröscher, V. B. (1994): *Magie der Sinne im Tierreich*, Dtv Verlag.

[Dud01]: Dudel, J.; Menzel, R.; Schmidt, R. F. (Hrsg.) (2001): *„Neurowissenschaft: Vom Molekül zur Kognition"*, Springer-Verlag Berlin Heidelberg.

[Ebe07]: Ebert, J. (2007): *Infrared sense in snakes – behavioural and anatomical examinations (Crotalus atrox, Python regius, Corallus hortulanus)*. Dissertation, Rheinische Friedrich-Wilhelms-Universität, Bonn.

[Eck02]: Eckert, R.; Randall, D.; Burggren, W; French, K. (2002): *Tierphysiologie*, Georg Thieme Verlag, Stuttgart New Yorck. ISBN 3-13-664004-7.

[Eck19]: Eckoldt, M. (2019): *Leonardos Erbe: Die Erfindungen da Vincis – und was aus ihnen wurde*. Penguin Verlag, München.

[Ehr13]: Ehrlenspiel, K. und Meerkamm, A. (2013): *Integrierte Produktentwicklung: Denkabläufe, Methodeneinsatz, Zusammenarbeit*, Carl Hanser Verlag.

[Eig14]: Eigner, M. (Hrsg.); Roubanov, D. (Hrsg.); Zafirov, R. (Hrsg.) (2014): *Modellbasierte virtuelle Produktentwicklung*, Springer Vieweg.

[EPO14]: Europäisches Patentamt EPO (Hrsg.) (2014): Gewinner des Europäischen Erfinderpreises 2014 in der Kategorie KMU, EPO, [online] https://www.epo.org/learning-events/european-inventor/finalists/2014/jensen_de.html, [Abruf 07.09.2019].

[EPO14-2]: Europäisches Patentamt EPO (Hrsg.) (2014): Artur Fischer (Deutschland) Gewinner des Europäischen Erfinderpreises 2014 in der Kategorie Lebenswerk, EPO, [online] https://www.epo.org/learning-events/european-inventor/finalists/2014/fischer_de.html [Abruf 06.01.2020].

[Fau13]: Faunce, T. et al. (2013): Artificial photosynthesis as a frontier technology for energy sustainability, Energy & Environmental Science, Issue 4, 2013, S. 1-8.

[Fel01]: Felsenberg, D. (2001): Struktur und Funktion des Knochens: Stützwerk aus Kollagen und Hydroxylapatit. In „Pharmazie in unserer Zeit", 30. Jahrgang 2001, Nr. 6, S. 488- 494.

[Fel13]: Feldhusen, J.; Grote, K.-H. (Hrsg.) (2013): *Pahl / Beitz Konstruktionslehre Methoden und Anwendung erfolgreicher Produktentwicklung*, Springer Vieweg.

[Fer12]: Ferdinand, J.-P.; Petschow, U.; v. Gleich, A.; Seipold, P. 2012): „Literaturstudie BionikAnalyse aktueller Entwicklungen und Tendenzen im Bereich der Wirtschaftsbionik". Schriftreihe des Institut für ökologische Wirtschaftsforschung.

[Fer18]: Munke, H.-J. (2018): Haifisch-Haut hilft beim Kerosinsparen, Ferchau.com, https://www.ferchau.com/de/de/blog/details/03-01-2018-haifisch-haut-hilft-beim-kerosinsparen, [Abruf 12.11.2019].

[Fes11]: Festo AG & Co. KG (Hrsg.) (2011): SmartBird, Fest AG & Co. KG, Esslingen, [online] https://www.festo.com/net/SupportPortal/Files/46269/Festo_SmartBird_de.pdf, [Abruf 20.02.2020].

[FhG17]: Fraunhofer Gesellschaft (Hrsg.) (2017).: Facettenaugen für Industrie und Smartphone, Presseinformation Fraunhofer Gesellschaft, [online] 03.01.2017 https://www.fraunhofer.de/de/presse/presseinformationen/2017/januar/facettenaugen-fuer-industrie-und-smartphone.html, [Abruf 23.11.2019].

[Fie07]: Fields, R. D. (2007): Der sechste Sinn der Haifische, Spektrum der Wissenschaft 11/07, S. 54 – 63.

[Fir22]: First Ligth Fusion Ltd. (Hrsg.) (2022): First Light achieves world first fusion result, proving unique new target technology, https://firstlightfusion.com/media/fusion, Abruf 28.06.2022

[Fis18]: Fischer, A.; Gebauer, S.; Khavkin, E. (2018): *3D-Druck im Unternehmen*, Calr Hanser Verlag, München.

[For09]: Forbes, P. (2009): Selbstreinigende Materialien, Spektrum der Wissenschaft, Ausgabe August 2009, S. 88-95.

[Fra20]: Francé, R. H. (1920): *Die Pflanze als Erfinder*, Franckh Stuttgart.

[Fre11]: Frenz, L. (2011): *Aha!: Eis, das brennt - und andere verblüffende Phänomene*, Rowohlt Taschenbuch Verlag, Hamburg.

[Fri16a]: Fritsche, O. (2016): Mikrobiologie. Kompaktwissen Biologie. Springer Spektrum, Berlin, Heidelberg.

[Fri16b]: Fritsche, O. (2016): Aufbau und Funktion der Zelle. In: Mikrobiologie. Kompaktwissen Biologie. Springer Spektrum, Berlin, Heidelberg.

[Fri19a]: Frings, S.; Müller, F. (2019): *Biologie der Sinne Vom Molekül zur Wahrnehmung.* Springer, Berlin, Heidelberg.

[Fri19b]: Frings S., Müller F. (2019) Tasten und Fühlen. In: *Biologie der Sinne*. Springer, Berlin, Heidelberg.

[Fro14]: Fromm, A. (2014): 3-D-Printing zementgebundener Formteile: Grundlagen, Entwicklung und Verwendung, Dissertation, Universität Kassel.

[Gad16]: Gadd, K: *Triz für Ingenieure Theorie und Praxis des erfinderischen Problemlösens*, Wiley-VCH.

[Gan13]: Ganterför, G (2013): *Alles NANO – oder was? Nanotechnologie für Neugierige*. Wiley-VCH Verlag, Weinheim.

[Geb19]: Gebhardt, A.; Kessler, J.; Thurn, L. (2019): *3D Printing Understanding Additive Manufacturing*, Hanser Verlag München.

[Geh05]: Gehring, P (2005): Zirkulierende Körperstücke, zirkulierende Körperdaten: Hängen Biopolitik und Bionik zusammen?. In Rossmann, T. (Hrsg.), Tropea, C. (Hrsg.): *Bionik Aktuelle Forschungsergebnisse in Natur-, Ingenieur- und Geisteswissenschaft*, S. 191 – 208, Springer-Verlag Berlin Heidelberg.

[Gen04]: de Gennes, P.G.; Brochard-Wyart, F.; Quere, D. (2004): *Capillarity and Wetting Phenomena - Drops, Bubbles, Pearls, Waves*. Springer Berlin Heidelberg.

[Ger06]: Gehrke, N. (2006): *Retrosynthese von Perlmutt*, Dissertation Universität Potsdam.

[Gil95]: Giles, R.; Manne, S.; Mann, S.; Morse, D. E.; Stucky, G. D.; Hansma P. K. (1995). Inorganic overgrowth of aragonite on molluscan nacre examined by atomic force microscopy. Biol. Bull., 188:8–15.

[GKF18]: O. V. (2018): Feine Antennen, Gesellschaft zur Förderung Kynologischer Forschung, [online], https://www.gkf-bonn.de/tl_files/gkf_downloads/Berichte/gkf47-np-antennen.pdf [Abruf 20.12.2019].

[Gle06]: V. Gleich, Arnim (2006): Bionik: Vorbild Natur, Artikel in Ökologisches Wirtschaften, Ausgabe 1 - 2006, S. 45 – 50.

[Gle07]: Gleich, A. von; Pade, C.; Petschow, U. & E. Pissarskoi (2007): Bionik Aktuelle Trends und zukünftige Potentiale; Endbericht des Forschungsprojektes Potenziale und Trends der Bionik. Universität Bremen, Berlin/Bremen.

[Gle10]: Gleich, A. von; Pade, C.; Petschow, U, & E. Pissarskoi (2010): Potentials and Trends in Biomimetics, Springer-Verlag Berlin Heidelberg.

[Goe14]: Goel, A. K., Vattam, S. S., Wiltgen, B. & M. Helms (2014): Information processing theories of biologically inspired design, in Goel, A. K., McAdams, D. A., Stone, R. B. (Eds.): „Biologically inspired design - computational methods and tools, Springer London, 2014, pp. 127–152.

[Goo20]: Google (Hrsg.): Webseite Google Schoolar, Google LLC., [online] https://scholar.google.de/, [Abruf19.02.2020].

[Gör12]: Görtz, H.-D. und Brümmer, F. (2012): *Biologie für Ingenieure*, Springer Verlag Berlin Heidelberg.

[Gos99]: Gosline, J. M.; Guerette, P. A.; Ortlepp, C. S.; Savage, K. N. (1999): The mechanical design of spider silks: From fibroin sequence to mechanical function. Journal of Experimental Biology 202 (23), 1999, S. 3295-3303.

[Gou01] Goujon, P. (2001): From Biotechnology To Genomes: The Meaning Of The Double Helix, Verlag World Scientific Publishing Co Pte Ltd.

[Gra04]: Gramann, J. (2004): Problemmodelle und Bionik als Methode, Verlag Dr. Hut, zgl. Diss. Technische Universität München, 2004.

[Gre18]: Greyer, M.; Rother, A.; Klung, R.; Frieß, R.; Doege, A. (2018): Integrative Taxonomie mit DNA-Barcoding Einsatzmöglichkeiten molekularbiologischer Verfahren zur Ermittlung des ökologischen Zustandes nach EG-Wasserrahmenrichtlinie: Erste Erfahrungen aus der Praxis, Landesamt für Umwelt, Landwirtschaft und Geologie des Freistaat Sachsen, 2018. [online] https://publikationen.sachsen.de/bdb/artikel/31657, [Abruf 27.08.2019].

[Gre74]: Grehn, J. (1974): *PSSC Physik*, Friedr. Vieweg + Sohn, Braunschweig.

[Gre97]: Greene, H. W.; Fodgen, M.; Fodgen, P. (1997): Snakes: the Evolution of Mystery in Nature" University of California Press, Berkeley, Los Angeles, London.

[Gri11]: Gries, K. (2011): *Untersuchungen der Bildungsprozesse und der Struktur des Perlmutts von Abalonen*, Dissertation, Universität Bremen.

[Gro01]: Grossmann, W. D. (2001): Sieben Entwicklungsphasen einer Basisinnovation. In: *Entwicklungsstrategien in der Informationsgesellschaft*. Umweltnatur- & Umweltsozialwissenschaften. Springer, Berlin, Heidelberg.

[Gro17]: Grothe, S. (2017): Patente von Prominenten, spiegel.de, [online] 22.02.2017, https://www.spiegel.de/geschichte/promi-patente-was-michael-jackson-charlie-sheen-und-albert-einstein-erfanden-a-1134573.html#fotostrecke-34efcc50-0001-0002-0000-000000145059, [Abruf 14.03.2020].

[Gro80]: Grojean, R. E.; Sousa J. A., and Henry M. C. (1980): Utilization of solar radiation by polar animals: an optical model for pelts. Appl. Opt., 19(3):339–346, 1980.

[Gro99]: Grotian K. & K. H. Beelich (1999) Methoden, Techniken und Checklisten. In: *Lernen selbst managen*. VDI-Buch. Springer, Berlin, Heidelberg. Konstruktion 27, 233–240.

[Gru09]: Grunwald, M. (2009): Der Tastsinn im Griff der Technikwissenschaften? Herausforderungen und Grenzen aktueller Haptikforschung, Leibniz-Institut für interdisziplinäre Studien e. V. (LIFIS), [online] http://www.leibniz-institut.de/archiv/grunwald_martin_09_01_09.pdf, [Abruf 23.11.2019]

[Gru18]: Grunenfelder, L. K.; Milliron, G.; Herrera, S.; Gallana, I.; Yaraghi, N.; Hughes, N.; Evans-Lutterodt, K.; Zavattieri, P. & D. Kisailus (2018): Ecologically Driven Ultrastructural and Hydrodynamic Designs in Stomatopod Cuticles, in: Advanced Materials, Volume 30, Issue 9, March 1, 2018.

[Gun14]: Gunga, H-C. (2014): *Human Physiology in Extreme Environments*. Academic PressVerlag, 2014, S. 175. ISBN 978-0123869470.

[Gün14]: Günther, H.-J. (2014): TRIZ und Bionik Neue Wege zur Innovation, Verlag Düsseldorf Symposion Publishing.

[HA16]: H. A. (2016): Auf den Spuren der 3D-Druck-Materialien – Teil 4: Keramik und organische Materialien, 3dnatives, [online] https://www.3dnatives.com/de/3d-druck-materialien-keramik-organische-materialien/, [Abruf 20.05.2019].

[Had14]: Izadi, H.; Stewart, K. M. E & A. Penlidis (2014): Role of contact electrification and electrostatic interactions in gecko adhesion. In: Journal of The Royal Society Interface. Band11, Nr.98, 6. September 2014.

[Hag11]: Hagenau, A. (2011): *Analyse der Struktur-Funktionsbeziehungen natürlicher Muschelbyssusfäden der Miesmuschel Mytilus galloprovincialis*. Dissertation, Technische Universität München.

[Ham03]: Hamm, C. (2003): „Verfahren zur Ermittlung von konstruktiven Erstmodelldaten für eine technische Leichtbaustruktur." Patent DE10356682A1, 11 2003.

[Ham05]: Hamm, C. (2005): Kieselalgen als Muster für Technische Konstruktionen. In BIOspektrum·1/05, 11. Jahrgang 2005, S. 41 – 43.

[Han07]: Hansson, B. S. (2007): Geruchswahrnehmung bei Insekten, Max-Planck-Gesellschaft, [online] https://www.mpg.de/424556/forschungsSchwerpunkt1 [Abruf 16.12.2019].

[Han18-2]: Han, Z.; Liu, L; Wang, K.; Song, H.; Chen, D; Wang, Ze; Niu, S; Zhang, J.; Ren, L. (2018): Artificial Hair-Like Sensors Inspired from Nature: A Review, in: *Journal of Bionic Engineering* 15, pp 409-434, https://doi.org/10.1007/s42235-018-0033-9.

[Han66]: Hansen, F. (1966): *Konstruktionssystematik*, VEB Verlag Technik, Berlin.

[Häp07]: Häpe, M.; Ricken, W. & W.-J. Becker (2007): Magnetische Strahlstrom-Messung hoher Dynamik mittels optimierter magnetoresistiver (MR) Sensortechnik im GSI-FAIR-Projekt (facility for antiprotons an ion research), Abschlussbericht, Universität Kassel, März 2007.

[Has16]: Hashemi Farzaneh, H.; Helms, M. K.; Muenzberg, C. & U. Lindemann (2016): Technology Pull and Biology Push approaches in Bio-inspired Design – Comparing Results from empirial Studien on Student Teams. In Proceedings of the DESIGN, 14th International Design Conference, Dubrovnik, May 16 – 19, 2016, S. 231 – 240.

[Hat05]: Hatt, H. (2005): Geschmack und Geruch. In: Schmidt R.F., Lang F., Thews† G. (eds) Physiologie des Menschen. Springer-Lehrbuch. Springer, Berlin, Heidelberg

[Heh11]: Hehenberger, P. (2011): CAD/CAM-Prozesskette, in *Computerunterstützte Fertigung*, Springer, Berlin, Heidelberg.

[Hei01]: Heinzeller, T.; Büsing, C. M. (2001): Histologie, Histophatologie und Zytologie für den Einstieg. Georg Thieme Verlag, Stuttgart, New York.

[Hei18] Heibach, M; Stock, G. (2018): 3D-Druck in der Dentalindustrie, Verband der deutschen Dentalindustrie VDDI, [online] 23.02.2018 https://www.bzaek.de/fileadmin/PDFs/za/VDDI/3d_druck_dentalindustrie_vddi.pdf, [Abruf 11.02.2020].

[Hel09]: Helms, M.; Swaroop, S.V. & A. K. Goel (2009): *Biologically Inspired Design: Process and Products*, Elsevier, 2009.

[Hel14]: Helbig, T.; Voges, D.; Schilling, C; Niederschuh, S.; Husung, I.; Volkova, T; Zimmermann, K.; Schmidt, M.; Witte, H. (2014): „Vom Tasthaar zum Sensor Technische Biologie und Biomechatronik am Beispiel der Sinushaare von *Rattus norvegicus*", Technische Universität Ilmenau.

[Hel16] Helms, M. K. (2016): *Biologische Publikationen als Ideengeber für das Lösen technischer Probleme in der Bionik*, Dissertation, Technische Universität München.

[Hen06]: Henning, Sven (2006): *Morphologie und Mikromechanik von Knochen und neuartigen, partiell resorbierbaren Knochenzementen*. Dissertation Universität Halle-Wittenberg.

[Hen73]: Henning, G. A. (1973): Zum Fliegen wenig tauglich, „Zeit", 05/1973, [online] https://www.zeit.de/1973/05/zum-fliegen-wenig-tauglich/komplettansicht, [Abruf 12.07.2019].

[Her14]: Herstatt, C. (Hrsg.); Kalogerakis, K. (Hrsg.); Schulthess, M. (Hrsg.): (2014): *Innovation durch Wissenstransfer*, Springer Fachmedien Wiesbaden, 2014, S. 142.

[Hil97]: Hill, B. (1997): *Innovationsquelle Natur : naturorientierte Innovationsstrategie für Entwickler, Konstrukteure und Designer*, Shaker Verlag, Aachen.

[Hil99] : Hill, B. (1999): *Naturorientierte Lösungsfindung - Entwickeln und Konstruieren nach biologischen Vorbildern*, Expert-Verlag Renningen-Malmsheim.

[Hin18]: Hinz, M.; Klein, A.; Schmitz, A.; Schmitz, H. (2018): The impact of infrared radiation in flight control in the Australian "firebeetle" Merimna atrata; in PLoS ONE; 12.02.2018, DOI: 10.1371/journal.pone.

[Hin18-2]: Hintermayer, N. (2018): Produktion der Zukunft Wie die Metall-3D-Druck die Wertschöpfungskette verändern wird, Forbes, [online] 02.05.2018 https://www.forbesdach.com/artikel/produktion-der-zukunft.html, [Abruf 11.02.2020].

[Hol19]: Holpp, W. (2019): Geschichte des Radars, Fraunhofer Gesellschaft, [online] https://www.100-jahre-radar.fraunhofer.de/index.html?/content_gdr1.html, [Abruf 27.06.2019].

[Hol75]: Holland, J. H. (1975): Adaptation in natural and artificial systems, The University of Michigan Press, Ann Arbor.

[Hon06]: Honegger, A. (2006): Kleinster Motor der Welt leistet 13600 Watt pro Kilogramm, Biochemisches Institut der Universität Zürich, [online] https://www.bioc.uzh.ch/plueckthun/nanowelt/Nanomaschinen/03_Mechanik/Flagellenmotor.html, [Abruf 02.09.2019].

[Hör04]: Hörschgen, E. (2004): Warum sich Haie im Meer nicht verirren, Wissenschaft.de, [online] 15.12.2004 https://www.wissenschaft.de/umwelt-natur/warum-sich-haie-im-meer-nicht-verirren/ [Abruf 03.01.2020].

[HP19]: O.V. (2019): Datenblatt des „HP Jet Fusion 540 3D Printer", online unter: http://www8.hp.com/h20195/v2/GetDocument.aspx?docname=4AA7-1970ENA aufgerufen am 25.05.19.

[Hsi04]: Hsieh, S. T.; Lauder, G. V. (2004): Running on water: Three-dimensional force generation by basilisk lizards, Proceedings of the National Academy of Sciences of the United States of America PNAS, Volume 101, No. 48, November 2004, P. 16784 – 16788. Doi: 10.1073/pnas.0405736101.

[Hua20]: Huang, W.; Shishehbor, M.; Guarín-Zapata, N. et al. (2020): A natural impact-resistant bicontinuous composite nanoparticle coating. Nat. Mater. 19, 1236–1243. https://doi.org/10.1038/s41563-020-0768-7

[Hüb16]: Hübner, K. (2016): Mikroboote kommen in Fahrt, in *Max Planck Forschung Das Wissensmagazin der Max Planck Gesellschaft*, 3.2016, S. 54-63.

[Hüh19]: Hühn, S. (2019): Carl Benz: Vater des Automobils feiert 175. Geburtstag, Ingenieur.de, [online] 25.11.2019 https://www.ingenieur.de/technik/fachbereiche/fahrzeugbau/carl-benz-vater-des-automobils-feiert-175-geburtstag/ [Abruf 28.12.2019].

[Hum03]: Humphrey, J. A. C.; Barth, F. G.; Reed, M.; Spak, A. (2003): The physics of arthropod medium-flow sensitive hairs: biological models for artificial sensors. In Barth, F. G.; Barth, Humphrey, J. A. C.; Secomb T. W.:(eds) *Sensors and sensing in biology and engineering*, pp. 129–144. Springer-Verlag, Wien.

[Hwa15] Jangsun Hwang, J et al. (2015): Biomimetics: forecasting the future of science, engineering, and medicine, Int J Nanomedicine. 2015; 10: 5701–5713.

[Ide18]: Webpräsenz mit der Software Idea-Inspire des Indian Institute of Science, Bangalore. http://cpdm.iisc.ac.in/cpdm/ideaslab/ideainspire.php, [Abruf 07.12.2018].

[IFA19-2]: Fraunhofer Institut für Fertigungstechnik und angewandte Materialforschung (IFAM) (Hrsg.) (Stand 2019): Thermoplastisches Chitosan – ein neuer Biowerkstoff konventionell verarbeitet, IFAM, [online] https://www.ifam.fraunhofer.de/content/dam/ifam/de/documents/Formgebung_Funktionswerkstoffe/Pulvertechnologie/thermoplastisches_chitosan_fraunhofer_ifam.pdf, [Abruf 11.10.2019].

[IFAM17]: Fraunhofer Institut für Fertigungstechnik und Angewandte Materialforschung IFAM (Hrsg.) (2017): Vorbild Delfinhaut: Elastisches Material vermindert Reibungswiderstand bei Schiffen, IFAM Pressemitteilungen, [online] 27.06.2017, https://www.ifam.fraunhofer.de/de/Presse/Archiv/2017/Vorbild_Delfinhaut.html, [Abruf 15.11.2019].

[IFAM19]: Fraunhofer Institut für Fertigungstechnik und angewandte Materialforschung IFAM (Hrsg.) (Stand 2019): Metallischer 3D-Druck mittels Fused Filament Fabrication, online unter https://www.ifam.fraunhofer.de/de/Institutsprofil/Standorte/Dresden/Zellulare_metallische_Werkstoffe/3D-Siebdruck/fused-filament-fabrication.html. Aufgerufen 18.05.2019.

[IFAM19-2]: Fraunhofer Institut für Fertigungstechnik und angewandte Materialforschung IFAM (Hrsg.) (Stand 2019): Strömungsgünstige Oberflächen durch innovatives Lacksystem – Haifischhaut für Grossbauteile, IFAM, [online] https://www.ifam.fraunhofer.de/content/dam/ifam/de/documents/IFAM-Bremen/2804/fachinfo/infoblaetter/de/oe415/Produktblatt-2804-DE-Lacktechnik-Riblet.pdf, [Abruf 12.11.2019].

[IFAM19-3]: Fraunhofer Institut für Fertigungstechnik und angewandte Materialforschung IFAM (Hrsg.) (2019): Praxistest bestanden: Haifischhautlack steigert den Stromertrag von Windenergieanlagen, IFAM, 30.04.2019, [online] https://www.ifam.fraunhofer.de/de/Presse/Haifischhautlack_steigert_Stromertrag_Windenergieanlagen.html, [Abruf 12.11.2019].

[ift07]: ift Rosenheim (Hrsg.) (2007): Selbstreinigende Gläser Garantie für ungetrübten Durchblick?. Institut für Fenster und Fassaden, Türen und Tore, Glas und Baustoffe, Rosenheim, [online] https://www.ift-rosenheim.de/documents/10180/40373/ifz_info_VE_11_1_Selbstreinigende_Glaeser.pdf/c9291255-a0ba-45e1-8e75-fb965a36be28, [Abruf 08.11.2019].

[Ing14]: O.V. (2014): Bionik in der Architektur Freiburger „Knochendecke" ist Vorbild für optimale Leichtbaukonstruktion. INGENIUER.de, [online] https://www.ingenieur.de/technik/fachbereiche/architektur/freiburger-knochendecke-vorbild-fuer-optimale-leichtbaukonstruktion/, [Abruf 23.10.2019].

[Ing19-2]: Lücke, N. (2019): Schiffe, geschützt durch Luft, Ingenieur.de, 29.03.2019, [online] https://www.ingenieur.de/technik/fachbereiche/schiffbau/schiffe-geschuetzt-durch-luft/, [Abruf 10.11.2019].

[Ite22] ITER Organization (Hrsg.) (2022): Power supply, https://www.iter.org/mach/powersupply, Abruf 04.07.2022

[Jaa04]: Jaax, K. N.; Hannaford, B. (2004): Mechatronic design of an actuated biomimetic length and velocity sensor, in: IEEE Trans Robotics Automat, Vol. 20(3), pp. 390-398.

[Jac10]: Jackson, D. J.; McDougall, C.; Woodcroft, B.; Moase, P.; Rose, R. A.; Kube, M.; Reinhardt, R.; Rokhsar, D. S.; Montagnani, C.; Joubert, C.; Piquemal, D.; Degnan, B. M. (2010): Parallel evolution of nacre building gene sets in molluscs, Mol. Biol. Evol. 2010, DOI: 10.1093/molbev/msp278.

[Jac88]: Jackson, A. P.; Vincent, J.; Turner, R. M. (1988): The Mechanical Design of Nacre. Proceedings of The Royal Society of London. Series B, Biological Sciences 1988, S. 415-440.

[Jan19]: Janczura, S. (2019): Leonardo da Vinci: Warum sein Traum vom Fliegen unerfüllt blieb, ingenieur.de, [online] https://www.ingenieur.de/technik/fachbereiche/luftfahrt/leonardo-da-vinci-warum-sein-traum-vom-fliegen-unerfuellt-blieb/, [Abruf 28.06.2019].

[Jos09]: Josenhans C., Hahn H. & R. E. Streeck (2009): Bakterien: Definition und Aufbau. In: Hahn H., Kaufmann S.H.E., Schulz T.F., Suerbaum S. (eds) Medizinische Mikrobiologie und Infektiologie. Springer-Lehrbuch. Springer, Berlin, Heidelberg.

[Juh02]: Juhl, D. & W. Küstenmacher (Zeichner) (2002): Technische Dokumentation: Praktische Anleitungen und Beispiele, VDI-Buch, Springer-Vieweg Verlag.

[Kai12]: Kaiser, M. K.; Hashemi Farzaneh, H. & U. Lindemann (2012): An approach to Support Searching for Biomimetic Solutions Based on System Characteristics and ist Enviromental Interactions, in: Proceedings of Design 2012, 12th International Desing Conference. Dubrovnik, 21.05.-24.05.2012: Design Society, S.969-978.

[Kai13]: Kaiser, M. K.; Hashemi Farzaneh, H. & U. Lindemann (2013): BIOscrabble – Extraction of Biological Analogies out of Large Text Sources, in: Proceedings of IC3K.Vilamoura, 19.09.-22.09.2013: SCITERPRESS Digital Libary, S. 10-20.

[Kai15]: Kaiser, W. (2015): Kunststoffchemie für Ingenieure: Von der Synthese bis zur Anwendung, Carl Hanser Verlag.

[Kal72]: Kalmijn,, A. (1972): Bioelectric fields in sea water and the function of the ampullae of Lorenzini in elasmobranch fishes, Scripps Institution of Oceanography, University of California.

[Kal74]: Kalmijn, A. J. (1974): The Detection of Electric Fields from Inanimate and Animate Sources Other Than Electric Organs. In: Fessard A. (eds) Electroreceptors and Other Specialized Receptors in Lower Vertrebrates. *Handbook of Sensory Physiology*, Vol 3 / 3. Springer, Berlin, Heidelberg.

[Kau06]: Kaul, G. (2006): Ergebnisse und Befundzusammenhänge aus der Beobachtung einer 'Elektrosensibilität' gegenüber einem 50-Hz-Magnetfeld und dem GSM-Funkfeld eines Mobiltelefons. Bundesanstalt für Arbeitsschutz und Arbeitsmedizin, [online] 21.11.2006, https://www.baua.de/DE/Angebote/Veranstaltungen/Dokumentationen/Elektromagnetische-Felder/pdf/EMF-2006-5.pdf [Abruf 20.12.2019].

[Kay03]: Kayser, R. (2003): Die Entdeckung der Atome, in Welt der Physik, [online] 20.03.2003, https://www.weltderphysik.de/gebiet/teilchen/atome-und-molekuele/geschichte/atomentdeckung/, [Abruf 27.09.2019].

[Kef16]: Kefer, M. (2016): So gut erschnüffelt Hundenase aus 3D-Drucker Drogen und Dynamit, INGENIUR.de, [online] 05.12.2016 https://www.ingenieur.de/technik/forschung/so-gut-erschnueffelt-hundenase-3d-drucker-drogen-dynamit/, [Abruf 17.11.2019].

[Kel08]: Kelly, R. J.; Worth, G. H.; Roddick-Lanzilotta, A. D.; Rankin, D. A.; Ellis, G. D.; Mesman, P. J.; Summers, C. G.; Singleton, D. J. (2008): Herstellung löslicher Keratinderivate, Patent der Bundesrepublik Deutschland, Nr. DE60222553T2, 10.07.2008.

[Kell12]: Kellner, N. (2012): *Materialsysteme für das pulverbasierte 3D-Drucken*, Herbert Utz Verlag München, 2012. Zugl.: Diss., München, Techn. Univ. 2012.

[Kem17]: Kempkens, W. (2017): Künstliche Delfinhäute senken Spritverbrauch von Schiffen, Ingenieur.de, [online] 28.06.2017, https://www.ingenieur.de/technik/fachbereiche/schiffbau/kuenstliche-delfinhaeute-senken-spritverbrauch-schiffen/, [Abruf 17.09.2019].

[Kes15]: Kesel, A. B. (2015): *Bionik*. Fischer Verlag, 2015. ISBN 978-3596302901.

[Kes16]: Kesel, A. B.; Wuttke, S. (2016): Haihaut 2.0 – Herstellung biologisch inspirierter Anti-Bewuchsoberflächen zur großtechnischen Anwendung im Schiffbau, Forschungsprojekt-Abschlussbericht, 2016, AZ 30726, [online] https://www.dbu.de/OPAC/ab/DBU-Abschlussbericht-AZ-30726.pdf, [Abruf 17.01.2020].

[Kes51]: Kesselring, F. (1951): Bewertung von Konstruktionen, ein Mittel zur Steuerung von Konstruktionsarbeit, VDI-Verlag Düsseldorf.

[Kir15]: Kircher, E.; Girwidz, R; Häußler, P. (2015): *Physikdidaktik: Theorie und Praxis*, Springer Spektrum.

[Kle02]: Klein, B (2002): *TRIZ/TIPS–Methodik des erfinderischen Problemlösens*. Oldenbourg Verlag, München.

[Klo11]: Klocke, D.; Schmitz, A.; Soltner, H.; Bousack, H.; Schmitz, H. (2011): „Infrared receptors in pyrophilous ("fire loving") insects as model for new un-cooled infrared sensors", Beilstein J Nanotechnol. 2: 186–197.

[Kloc12]: Klocke, D. (2012).: *Materialwissenschaftliche und strukturelle Untersuchungen anphotomechanischen Infrarotrezeptoren bei Insekten zur Optimierung neuartiger technischer Infrarotsensoren*. Dissertation, Rheinischen Friedrich-Wilhelms-Universität Bonn.

[Kne79]: Knese, K. H. (1979): *Stützgewebe und Skelettsystem*. Springer-Verlag, Berlin Heidelberg 1978.

[Kni16] Knippers, J.; Nickel, K. G. & T. Speck (2016): Biomimetic Research for Architecture and Building Construction, Springer International Publishing AG.

[Koc05]: Koch, M. (2005): *VUV-Laserablation von Spinnenseide*. Dissertation, Universität Kassel.

[Köh02]: Köhler, P (2002): *Moderne Konstruktionsmethoden im Maschinenbau*, Vogel Buchverlag Würzburg.

[Kol51]: Kollmann, F. (1951): *Technologie des Holzes und der Holzwerkstoffe*, Band 1, Springer Verlag Berlin.

[Kol91]: Kolb, G. M. H. (1991): *Vergleichende Histologie Cytologie und Mikroanatomie der Tiere*, Springer-Verlag Berlin Heidelberg. ISBN 978-3-540-52842-5.

[Kol98] Koller, R. (1998): Konstruktionslehre für den Maschinenbau, Springer-Verlag Berlin Heidelberg New York.

[Kon12]: Konradin Mediengruppe (Hrsg.) (2012): Bionik: Reibung und Verschleiß von Materialien reduzieren Schlangenhaut hält alles aus, Medizin & Technik, [online] 03.09.2012, https://medizin-und-technik.industrie.de/technik/forschung/schlangenhaut-haelt-alles-aus/, [Abruf 15.11.2019].

[Kon15]: Konradin Mediengruppe (Hrsg.) (2015): So robust wie die Haut einer Königspython, Industrieanzeiger.de, [online] 07.08.2015 https://industrieanzeiger.industrie.de/technik/entwicklung/so-robust-wie-die-haut-einer-koenigspython/, [Abruf 14.11.2019].

[Kön96]: König, E; Klocke, F. (1996): *Fertigungsverfahren Band 4 Massivumformung*, Springer-Verlag Berlin Heidelberg.

[Koo98]: Koon, D. W. (1998): Is polar bear hair fiber optic? Appl. Opt., 37(15):3198–3200, 1998.

[Kre14]: Kretschmer, Ansgar (2014): Die Vision vom Fliegen Leonardo da Vinci als Vater der Bionik, scinexx das Wissensmagazin, [online] https://www.scinexx.de/dossierartikel/die-vision-vom-fliegen/, [Abruf 22.06.2019].

[Kre14-2]: Kretschmer, A. (2014): Proteine: Makromoleküle mit unbegrenzten Möglichkeiten Bedeutung einer vielseitigen Stoffklasse für den Organismus. scinexx das Wissensmagazin, [online] https://www.scinexx.de/service/dossier_print_all.php?dossierID=91287, [Abruf 25.10.2019].

[Kro08]: Kropf, K. (2008): Morphologischer und biochemischer Aufbau von Silikatnadeln der Hexactinelliden am Beispiel von Monorhaphis chuni. Dissertation Johannes Gutenberg Universität Mainz.

[Krö13]: Kröger, N. (2013): Kieselalgen für die Nanotechnik, Nachrichten aus der Chemie, 61, Mai 2013, S. 514 - 518.

[Kron12]: Kronenberger, K.; Dicko, C.; Vollrath, F. (2012): A novel marine silk, in Naturwissenschaften The Science of Nature, Volume 99, Issue 1, 2012, S. 3-10.

[Küh14]: Kühner, M. L. (2014): *Haptische Unterscheidbarkeit mechanischer Parameter bei rotatorischen Bedienelementen*. Dissertation, Technische Universität München.

[Küm15]: Kümmerer, R.; Schmid, D.; Bürger, M.; Dambacher, M.; Heine, B.; Rimkus, W.; Kaiser, H.; Hartmann, A. und Kaufmann, H. (2015): *Konstruktionslehre Maschinenbau*, Europa Lehrmittel, Haan-Gruiten, S. 8.

[Kun10]: Kuna, M. (2010): *Numerische Beanspruchungsanalyse von Rissen: Finite Elemente in der Bruchmechanik*. Vieweg+Teubner Verlag Wiesbaden.

[Kun16]: Erhardt, M. (Redaktion) (2016): Die Natur als Vorbild: Künstliche Spinnenseide für Textilien Bionische Hochleistungsfaser Biosteel. Kunststoffe.de, [online] 14.12.2016, https://www.kunststoffe.de/fachinformationen/technik-trends/artikel/die-natur-als-vorbild-kuenstliche-spinnenseide-fuer-textilien-2388758.html, [Abruf 27.10.2019].

[Kun16]: Kunz, W.; Freyburger, A.; Zollfrank, C.; Duan, Y. (2016): Neuartige biogene Hybridpolymere aus Cellulose und Chitin. Abschlussbericht, Projektverbund ForCycle, [online] https://www.stmuv.bayern.de/themen/ressourcenschutz/forschung_entwicklung/doc/abschlussberichte/tp2.pdf, [Abruf 10.10.2019].

[Lac16]: Lachmayer, R.; Lippert, R. B.; Fahlbusch, T. (Hrsg) (2016): *3D-Druck beleuchtet Additive Manufacturing auf dem Weg in die Anwendung*, Springer Vieweg.

[Lac17]: Lachmayer, R., Lippert, R. B. (Hrsg.) (2017): *Additive Manufacturing Quantifiziert: Visionäre Anwendungen und Stand der Technik*, Springer Vieweg.

[Las92]: R. Laska & C. Felsch (1992): *Werkstoffkunde für Ingenieure*, Springer Fachmedien Wiesbaden.

[Lec01]: Lecointre, G.; Le Guyader, H. (2001): *Classification phylogénétique du vivant*, Belin Verlag, Paris.

[Lei22]: Lei Wang & Xiaomin Liu (2022): Aeroacoustic investigation of asymmetric oblique trailing-edge serrations enlighted by owl wings, Physics of Fluids, online 18. Januar 2022; DOI: 10.1063/5.0076272

[Lep13]: Lepora, N.; Prescott T. J.; Verschure, P. F. M. J. (2013): The state of the art in biomimetics, in *Bioinspiration & Biomimentics*, January 2013.

[Lex08] : Lex, M. C. (2008): *Abtragsverhalten der Mikroabrasionspaste Opalustre® in Abhängigkeit von der Anwendungsdauer - eine In-vitro-Untersuchung -*. Dissertation, Bayerische Julius-Maximilians-Universität zu Würzburg.

[Lin10]: Lingenhöhl, D. (2010): Aufbruch in den Ozean, Spektrum.de, [online] https://www.spektrum.de/news/aufbruch-in-den-ozean/1025043, [Abruf 16.08.2019].

[Lin14]: Lingenhöhl, D. (2014): Vom Tau in den Mund, Spektrum.de, [online] 09.12.2014, https://www.spektrum.de/news/wie-ein-kaefer-in-der-wueste-ueberlebt/1322679, [Abruf 10.12.2019].

[Lin18]: Lingenhöhl, D. (2018): Spinnen Die elektrostatische Kraft mit ihnen, in Spektrum.de, [online] 05.07.2018 https://www.spektrum.de/alias/bilder-der-woche/die-elektrostatische-kraft-ist-mit-ihnen/1575264, [Abruf 01.02.2020].

[Löf02] Löfken, J. O. (2002): Wie Geckos an Glasscheiben haften, in Wissenschaft.de, [online] https://www.wissenschaft.de/technik-digitales/wie-geckos-an-glasscheiben-haften/, [Abruf 07.06.2018].

[Loh01]: Lohse, D.; Schmitz, B.; Versluis, M (2001): Snapping shrimp make flashing bubbles. In: Nature. 2001 Oct 4; 413(6855): 477–478

[Loh11]: Lohmann, D. (2011): Schnabeltiere jagen mit Elektrosinn Urtümliche Säuger spüren elektrische Felder der Opfer auf, scinexx.de, [online] https://www.scinexx.de/dossierartikel/schnabeltiere-jagen-mit-elektrosinn/ [Abruf 26.12.19].

[Lop11]: López-Forniés, I.; Berges-Muro, L. (2011): A Top-down biomimmetic design process for product concept generation, in: „International Journal of Design & Nature and Ecodynamics" 7(1), Page 26-47, January 2011.

[Lue08]: Luerweg, F. (2008): Käfer "hört", wenn es brennt, idw – Informationsdienst Wissenschaft, [online] https://idw-online.de/de/news273796, [Abruf 24.02.2020].

[Luk14]: Lukasch, B. (Hrsg.) (2014): *Otto Lilienthal Der Vogelflug als Grundlage der Fliegekunst*, Springer-Verlag Berlin Heidelberg S. 94-95.

[Lüt17]: Lüttge, U. (2017): *Faszination Pflanzen*, S.284, Springer Verlag GmbH Deutschland.

[Ma19]: Ma, M. (2019): Inspired by Northern clingfish, researchers make a better suction cup, University of Washington UW News, [online] https://www.washington.edu/news/2019/10/02/inspired-by-northern-clingfish-researchers-make-a-better-suction-cup/, [Abruf 02.03.2020].

[Mah12]: Mahnken, R. (2012): *Lehrbuch der Technischen Mechanik – Statik*, Springer-Verlag Berlin Heidelberg.

[Mai15]: Maier, M. (2015): „Entwicklung einer systematischen Vorgehensweise für bionischen Leichtbau", Dissertation, Universität Bremen.

[Mai15-2]: Mail, M.; Böhnlein, B.; Mayser, M.; Barthlott, W.: „Bionische Reibungsreduktion (2015): Eine Lufthülle hilft Schiffen Treibstoff zu sparen. In: Kesel, A. B.; Zehren, D. (ed.): *Bionik: Patente aus der Natur* – 7., 2015, S. 126 – 134.

[Mai18]: Mail, M; Klein, A.; Bleckmann, H.; Schmitz, A.; Scherer, T.; Rühr, P. T.; Lovric, Fröhlingsdorf, R.; Gorb, S. N. & W. Barthlott (2018): A new bioinspired method for pressure and flow sensing based on the underwater air-retaining surface of the backswimmer Notonecta, Beilstein Journal of Nanotechlogy, 9, 3039–3047.

[Maj09]: Majerus, M. E. N. (2009): Industrial Melanism in the Peppered Moth, Biston betularia: An Excellent Teaching Example of Darwinian Evolution in Action, in Evolution: Education and Outreach, 2009, S. 63–74.

[Man18]: Mancuso, S. (2018): *Pflanzenrevolution Wie die Pflanzen unsere Zukunft verändern*, Verlag Antje Kunstmann, München.

[Mar14]: Marshall, J. (2014): Wasserstofftechnik: Rosige Zeiten für künstliche Blätter, Spektrum.de, 02.07.2014, [online] https://www.spektrum.de/news/kuenstliche-fotosynthese-rueckt-naeher/1298376, [Abruf 07.09.2019].

[Mas12] Masselter, T. et al. (2012): Biomimetic products, in: Bar-Cohen, Y. (Editor): *Biomimetics Nature - Based Innovation*, CRC Press Taylor & Francis Group, Page 377 – 430, 2012.

[Mat87]: Matthes, S. (1987): *Mineralogie Eine Einführung in die spezielle Mineralogie, Petrologie und Lagerstättenkunde*. Springer-Verlag Berlin Heidelberg.

[McC08]: McConney, M. E.; Schaber, C. F.; Julian, M. D.; Eberhardt, W. C.; Humphrey, J. A. C.; Barth, F. G.; Tsukruk, V. V. (2008): Surface force spectroscopic point load measurements and viscoelastic modelling of the micromechanical properties of air flow sensitive hairs of a spider (*Cupiennius salei*), J. R. Soc. Interface, [online] 16.12.2008, https://royalsocietypublishing.org/doi/10.1098/rsif.2008.0463, [Abruf 22.12.2019].

[McG14]: McGlone, F.; Wessberg, J.; Olausson, H. (2014): „Discriminative and Affective Touch:Sensing and Feeling", in *Neuron Perspective* Volume 82, ISSUE 4, P737-755, May 21, 2014, DOI:https://doi.org/10.1016/j.neuron.2014.05.001.

[Mer04]: Meerwasser-Lexikon Team (2004): Odontodactylus scyllarus Clown-Fangschreckenkrebs, Meerwasser-Lexokon.de, [online] 18.09.2004, (https://www.meerwasser-lexikon.de/tiere/804_Odontodactylus_scyllarus.htm, [Abruf 21.02.2020].

[Meu12]: Meuthen, D; Rick, I. P.; Thünken, T.; Baldauf, S. A. (2012): Visual prey detection by near-infrared cues in a fish, in The Science of Nature 99(12), October 2012.

[Mey17]: Meyer, A. (2017): Tolle Idee! Was wurde daraus? Treibstoff durch Sonnenlicht, Deutschlandfunk, [online] https://www.deutschlandfunk.de/tolle-idee-was-wurde-daraus-treibstoff-aus-sonnenlicht.676.de.html?dram:article_id=394617, [Abruf 22.07.2019].

[Mey19]: Meyer, A.: (2019): Akustisches Mimikry Gespinstmotte schützt sich mit fremden Rufen; Deutschlandfunk.de, [online] https://www.deutschlandfunk.de/akustisches-mimikry-gespinstmotte-schuetzt-sich-mit-fremden.676.de.html?dram:article_id=451885, [Abruf 17.02.2020].

[Mic20]: Microsoft (Hrsg.): Webseite Microsoft Academic, Microsoft Corporation, [online] https://academic.microsoft.com/, [Abruf 19.02.2020].

[Mit18]: Mittal, N; Ansari, F; Gowda. V, K; Brouzet, C; Chen, P; Larsson, P. T.; Roth, S. V.; Lundell, F.; Wågberg, L.; Kotov, N. A.; Söderberg, L. D. (2018): Multiscale Control of Nanocellulose Assembly: Transferring Remarkable Nanoscale Fibril Mechanics to Macroscale Fibers, ACS Nano 2018, 12, 7, S. 6378-6388, May 9, 2018.

[Moe15]: Moebus, T. (2015): Sind Hummeln wirklich zu dick zum Fliegen? In Spektrum.de, [online] https://www.spektrum.de/frage/sind-hummeln-wirklich-zu-dick-zum-fliegen/1335685, [Abruf 22.01.2019].

[Moo14]: Moore, B. (2014): Da draußen: Leben auf unserem Planeten und anderswo, Verlag Kein & Aber, Zürich.

[Mor11]: Mora, C; Tittensor, D. P.; Adl, S.; Simpson, A. G. B.; Worm, B. (2011): How Many Species Are There on Earth and in the Ocean?, Journal PLOS Biology, San Francisco, August 23, 2011.

[Mor15]: Moreira, F. T. C.; Guerreiro, J. R. L.; Brandao, L. & M. G. F. Sales (2015): Synthesis of Molecular biomimetics, in Ngo, T. D. (Editor): *Biomimetic Technologies: Principles and Applications*, Page 3 – 24, Woodhead Publishing.

[MPG 16]: Max-Plank-Gesellschaft (Hrsg.) (2016): Freischwanz-Fledermaus ist der schnellste Flieger im Tierreich, Max-Plank-Gesellschaft, [online] 09.11.2016, https://www.mpg.de/10820289/freischwanz-fledermaus-ist-der-schnellste-flieger-im-tierreich [Abruf 07.12.2019].

[MPG14]: Max-Plank-Gesellschaft (Hrsg.) (2014): Fledermäuse nutzen Polarisationsmuster zur Orientierung, Max-Plank-Gesellschaft, [online] 22.07.2014, https://www.mpg.de/8311992/polarisiertes_licht_fledermaeuse [Abruf 07.12.2019].

[MPG15]: Max-Planck-Gesellschaft (Hrsg.) (2015): Kollagen: Ein Protein sorgt für Spannung, Max-Planck-Gesellschaft, [online] 22.01.2015 https://www.mpg.de/8882235/kollagen-sehnen-knochen, [Abruf 24.10.2019].

[Mül19]: Werner A. Müller, W. A.; Frings, S. & F. Möhrlen (2019): *Tier- und Humanphysiologie*, Springer Nature.

[Mun08]: Munk, K. (Hrsg.) (2008): *Taschenlehrbuch Biologie Biochemie Zellbiologie*, Georg Thieme Verlag, Stuttgart New York.

[Müs03]: Müser, M. H. (2003): Der mikroskopische Ursprung der Reibung Statistische Mechanik der Reibung und die Amontonschen Gesetze, in *Physik Journal* 2 Nr. 9, S. 43-48.

[Nac02]: Nachtigall, W. (2002): Bionik Grundlagen und Beispiele für Ingenieure und Naturwissenschaftler, Springer – Verlag Berlin Heidelberg New Yorck.

[Nac05]: Nachtigall, W. (2005): Biologisches Design Systematischer Katalog für bionisches Gestalten, Springer-Verlag Berlin Heidelberg.

[Nac08]: Nachtigall, W.: „Bionik Lernen von der Natur", Verlag C.H. Beck München.

[Nac10] Nachtigall, W. (2010): Bionik als Wissenschaft, Springer Verlag Berlin Heidelberg.

[Nac13a] Nachtigall, W. & A. Wisser (2013): Bionik in Beispielen, Springer-Verlag Berlin Heidelberg.

[Nac13b]: Nachtigall, W. & G. Pohl (2013): Bau-Bionik Natur Analogien Technik, Springer Verlag Berlin Heidelberg.

[NaG13]: O. V. (2013): World's Loudest Animals—"Power Saw" Cricket, More, National geographic, [online] 07.08.2013, https://www.nationalgeographic.com/news/2013/8/130807-animals-loud-loudest-cricket-bushcricket-science/#/37395.jpg [Abruf 08.12.2019].

[Nag14]: Nagel, J. K. S.; Stone, R. B. & D. A. McAdams (2014): Function-Based Biologically Inspired Design, in Goel, A. K.; McAdams, D. A. & R. B. Stone (Editors): *Biologically Inspired Design Computational Methods and Tools*, Springer Verlag, 2014, S. 95-126.

[Nak15]: Nakajima, K. et al. (2015): KCNJ15/Kir4.2 couples with polyamines to sense weak extracellular electric fields in galvanotaxis, Nat Commun 6, 8532.

[NCBIOD]: National Center for Biotechnology Information (Hrsg.) (O. D.): Webseite der Datenbank PubMed, [online] https://www.ncbi.nlm.nih.gov/pubmed/, [Abruf 20.02.2020].

[Net59]: Netter, H. (1959): *Theoretische Biochemie*, Springer-Verlag Berlin, Göttingen, Heidelberg.

[Neu14]: Neukamm, M.; Beyer, A.; Peitz, H-H. (2014): Zur Evolution des „Bakterienmotors" Die Entstehung bakterieller Flagellen ist erklärbar. [online] http://www.ag-evolutionsbiologie.net/pdf/2013/Die-Evolution-bakterieller-Flagellen.pdf, [Abruf 23.08.2019].

[Neu14-2]: Neumann, S. (2014): Fledermaus als Vorbild für neuartiges Navigationssystem, Ingenieur.de, [online] 23.09.2014, https://www.ingenieur.de/technik/fachbereiche/mikroelektronik/fledermaus-vorbild-fuer-neuartiges-navigationssystem/ [Abruf 07.12.2019].

[Neu18]: Neumann, W.; Benz, K. W. (2018): Kristalle verändern unsere Welt, Verlag De Gruyter Oldenbourg.

[Nie17]: A. Niebaum & H. Seitz (2017): Ressourceneffizienz durch Bionik, VDI Technologiezentrum GmbH, VDI ZRE Publikationen: Kurzanalyse Nr. 19, Berlin.

[NLM19]: National Libary of Medicine (Hrsg.) (2019): Webseite der Medical Subjects Headings, National Libary of Medicine, [online] https://www.nlm.nih.gov/mesh/meshhome.html, [Abruf 20.02.2020].

[Nor05]: Normann, A. (2005): Was ist TechnoWissenschaft? — Zum Wandel der Wissenschaftskultur am Beispiel von Nanoforschung und Bionik, in *Bionik Aktuelle Forschungsergebnisse in Natur-, Ingenieur-und Geisteswissenschaft*, S. 209-218, Springer - Verlag Berlin Heidelberg.

[Obe05]: Oberleithner, H. (2005):Grundlagen der Zellphysiologie. In: Schmidt R.F., Lang F., Thews† G. (eds) Physiologie des Menschen. Springer-Lehrbuch. Springer, Berlin, Heidelberg

[Oef12]: Oeffner, J; Lauder, G. V. (2012): The hydrodynamic function of shark skin and two biomimetic applications. In Journal of Experimental Biology, 2012 215, S. 785-795.

[Oer06]: Oertel, D.; Grunwald, A. (2006): Potentiale und Anwendungsperspektiven der Bionik, Vorstudie, Büro für Technikfolgen-Abschätzung beim Deutschen Bundestag TAB, Arbeitsbericht 108, April 2006. [online] https://www.tab-beim-bundestag.de/de/pdf/publikationen/berichte/TAB-Arbeitsbericht-ab108.pdf, [Aufruf 20.03.2019].

[Ome10]: Omenetto, F. G.; Kaplan, D. L. (2010): New Opportunities for an Ancient Material. Science Vol. 329 Issue 5991, 2010, S. 528-531.

[Ond20]: Ondrey, G. (2020): Bio-inspired textiles recover oil from water, Chemical Engineering, [online] https://www.chemengonline.com/bio-inspired-textiles-recover-oil-water/, [Abruf 13.03.2020].

[Ost78]: Ostwald, W. (1978): *Gedanken zur Biosphäre: sechs Essays (1903 – 1931)*, Postume Veröffentlichung mit einem Vorwort von Berg, H. Akad. Verl.-Ges. Geest und Portig.

[OV00]: O. V. (2000): Patentstreit BASF unterlag Donald Duck, Spiegel, [online] 31.01.2000, https://www.spiegel.de/wirtschaft/patentstreit-basf-unterlag-donald-duck-a-62429.html, [Abruf 24.01.2020].

[OV00-2]: O. V. (2000): Aragonit, Spektrum.de, [online] Stand 2000, https://www.spektrum.de/lexikon/geowissenschaften/aragonit/881, [Abruf 02.03.2020].

[OV01] O. V. (2001): Leise Jäger mit Infrarot-Visier, Deutschlandfunk.de, [online] 03.09.2001,https://www.deutschlandfunk.de/leise-jaeger-mit-infrarot-visier.676.de.html?dram:article_id=18239, [Abruf 30.11.2019].

[OV01-2]: O.V. (2001): Evolution im Rekordtempo Industriemelanismus beim Birkenspanner, scinexx das wissensmagazin, [online] https://www.scinexx.de/dossierartikel/evolution-im-rekordtempo/, [Abruf 26.08.2019].

[OV02]: O. V. (2002): Stabilität in Leichtbauweise Architektur aus der Natur, scinexx.de, [online] 31.03.2002, https://www.scinexx.de/dossierartikel/stabilitaet-in-leichtbauweise [Abruf 17.07.2019].

[OV04]: O. V. (2004): EG-EMV-Richtlinie (2004/40/EG), Europäisches Parlament und Rat der Europäischen Union.

[OV04-2]: O. V. (2004): Waldbrandsensor nach Käferart Umgewandelte Mechanosensoren als Infrarotfühler eingesetzt, scinexx.de, [online] 28.07.2004, https://www.scinexx.de/news/geowissen/waldbrandsensor-nach-kaeferart/, [Abruf 30.11.2019].

[OV04-3]: O. V. (2004): ERLUS Lotus - das erste selbstreinigende Tondach der Welt baulinks.de, 25.05.2004, [online] https://www.baulinks.de/webplugin/2004/0686.php4, [Abruf 07.11.2019].

[OV05]: O. V. (2005): Insekten: Riechrezeptoren arbeiten als Tandem Doppelpack bringt mehr Leistung, scinexx.de, [online] 04.01.2005, https://www.scinexx.de/news/biowissen/insekten-riechrezeptoren-arbeiten-als-tandem/ [Abruf 19.12.2019].

[OV05-2]: O. V. (2005): Delfintrick warnt vor Tsunami Drahtlose Übertragungstechnik für Messnetze von Meeresäugern „abgeguckt", scinexx.de, [online] 22.07.2005, https://www.scinexx.de/news/technik/delfintrick-warnt-vor-tsunami/ [abgerufen 08.12,2019].

[OV05-3]: O. V. (2005): Einsteins Kühlschrank, deutschlandfunk.de, [online] 01.01.2005, https://www.deutschlandfunk.de/einsteins-kuehlschrank.927.de.html?dram:article_id=128895 [Abruf14.03.2020].

[OV06]: O. V. (2006): EG-Maschinenrichtlinie (2006/42/EG), Europäisches Parlament und Rat der Europäischen Union.

[OV06-2]: O. V. (2006): EG-Niederspannungs-Richtlinie (2006/95/EG) Europäisches Parlament und Rat der Europäischen Union.

[OV07]: O. V. (2007): Mit unbeschränkter Haftung –wie Gecko & Co die Materialforschung inspirieren, in Techmax, Ausgabe 8, Max-Planck-Gesellschaft, München.

[OV08]: O. V. (2008): US Army entwickelt Roboter-Fledermaus, Computerwoche TEC Workshop, [online] 20.03.2008, https://www.tecchannel.de/a/us-army-entwickelt-roboter-fledermaus,1751449 [Abruf 07.12.2019].

[OV09]: O. V. (2009): Nachtfalter stört Fledermaussonar, Spektrum.de, [online] https://www.spektrum.de/news/nachtfalter-stoert-fledermaussonar/1001697, [Abruf 19.02.2020].

[OV09-2]: O. V. (2009): Verhalten: Der Schrei der Tigermotte, Geo Nr.1 /09.

[OV09-3]: O. V. (2009): Fische: Seitenlinienorgan mathematisch entschlüsselt Neue Erkenntnisse ebnen den Weg für technische Nachbildung des Organs, scinexx.de, [online] 28.08.2009 https://www.scinexx.de/news/technik/fische-seitenlinienorgan-mathematisch-entschluesselt/ [Abruf 22.12.2019].

[OV09-4]: O. V. (2009): Schwimmanzüge ab 2010 verboten, tagesspiegel.com, 25.07.2009, [online] https://www.tagesspiegel.de/sport/ende-der-materialschlacht-schwimmanzuege-ab-2010-verboten/1565004.html, [Abruf 13.11.2019].

[OV10]: O. V. (2010): Bausteine des Menschen, DIE ZEIT, Nr. 28, 08. Juli 2010, [online] https://www.zeit.de/2010/28/index, [Abruf 17.09.2019].

[OV11]: O. V. (2011): Per Ultraschall zu mehr Qualität, maschine+werkzeug, [online] 07/2011, https://www.maschinewerkzeug.de/peripherie/uebersicht/artikel/per-ultraschall-zu-mehr-qualitaet-1139974.html?article.page=2 [abruf07.12.2019].

[OV11-2]: O. V. (2011): Vorbild Fledermaus, Dental Tribune, [online] 06.03.2011, https://de.dental-tribune.com/news/vorbild-fledermaus-2/ [Abruf 07.12.2019].

[OV11-3]: O. V. (2011): Bionik-Industriekongress in Berlin, Innovationsmonitor Berlin Brandenburg, 16.03.2011, [online] http://innomonitor.de/index2.php, [Abruf 19.07.2019].

[OV12]: O. V. (2012): Funktionsweise der IR-Rezeptoren. Universität Bonn, [online] unter https://www.bionik.uni-bonn.de/bionik-projekte/infrarotsensoren/funktionsweise-der-ir-rezeptoren , [Abruf 29.11.2019]

[OV12-2]: O. V. (2012): Temperatursinn. Universal-Lexikon deacademic.com, [online] Stand 2012, https://universal_lexikon.deacademic.com/127512/Temperatursinn, [Abruf 26.11.2019].

[OV12-3]: O. V. (2012): „Zukunft der Bionik: Interdisziplinäre Forschung stärken und Innovations-potenziale nutzen", Positionspapier des VDI und des Bionik-Kompetenznetz BIOKON, [online] http://www.biokon.de/fileadmin/user_upload/Positionspapier_Zukunft_der_Bionik.pdf, [Abruf 27.07.2019].

[OV13]: O. V. (2013): 35 Millionen für die Bionik, BIOKON, 30.04.2013, [online] http://www.biokon.de/news-uebersicht/35-millionen-fuer-die-bionik/, [Abruf 19.07.2019].

[OV14] O. V. (2014): VDMA Studie Produktpiraterie, VDMA Arbeitsgemeinschaft Produkt- und Know-how-Schutz, Frankfurt a. M.

[OV14-2]: O. V. (2014): Vorbild Fledermaus: Samsung soll Ultraschall-Cover fürs Galaxy Note 4 planen, das Blinde vor Hindernissen warnt, Android MAG, [online] 20.08.2014, https://androidmag.de/news/technik-news/vorbild-fledermaus-samsung-soll-ultraschall-cover-furs-galaxy-note-4-planen-das-blinde-vor-hindernissen-warnt/ [Abruf 07.12.2019].

[OV15]: O. V. (2015): Aramidfasern, R&G Faserverbundwerkstoffe GmbH, [online] https://www.r-g.de/wiki/Aramidfasern [Abruf 02.03.2020].

[OV16]: O. V. (2016): Thomas A. Edison Papers, Rutgers School of Arts and Science, [online] 28.10.2016, https://edison.rutgers.edu/patents.htm [Abruf 06.01.2020].

[OV16-2]: O. V. (2016): Harte Schale, bionischer Kern. In Medizin & Technik, [online] https://medizin-und-technik.industrie.de/technik/forschung/harte-schale-bionischer-kern/, 31.03.2016, [Abruf 22.06.2019].

[OV17]: O. V. (2017): Handbuch der Elektrostatik, Keyence Deutschland GmbH, [online] https://www.hpv-ev.org/upload/handbuch-elektrostatik.pdf, [Abruf 03.02.2020].

[OV17-2]:O. V. (2017): Patent des Monats September, Universitätsbibliothek der RWTH Aachen, [online] https://www.ub.rwth-aachen.de/cms/UB/Forschung/Patent-und-Normenzentrum/Meldungen/~okjp/Patent-des-Monats-September/, [Abruf 28.02.2020].

[OV17-3]: O. V. (2017): Katastrophen-Drohne fliegt wie eine Fledermaus, Welt, [online] 02.02.2017, https://www.welt.de/wirtschaft/video161750736/Katastrophen-Drohne-fliegt-wie-eine-Fledermaus.html [Abruf 07.12.2019].

[OV18]: O. V. (2018): *Guinness World Records 2019*: Deutschsprachige Ausgabe, Ravensburger Buchverlag.

[OV18-2]: O. V. (2008): Warum Delfine so schnell schwimmen, welt.de, [online] 25.11.2008 https://www.welt.de/wissenschaft/tierwelt/article2780317/Warum-Delfine-so-schnell-schwimmen.html, [Abruf 12.02.2020].

[OV18-3]: O. V. (2018): Olfaktorische Leistungen unserer Haushunde, wissenschaft.de, [online] 23.11.2018, https://www.wissenschaft.de/umwelt-natur/olfaktorische-leistungen-unserer-haushunde/, [Abruf 17.11.2019].

[OV18-4]: O. V. (2018): Fledermaus-Biosonar verbessert Radartechnik, pressetext, [online] 08.01.2018, https://www.pressetext.com/news/20180108016 [Abruf 07.12.2019].

[OV18-5]: O.V. (2018): Der sechs Millionen Dollar Mann, Wikipaedia, [online] https://de.wikipedia.org/wiki/Der_Sechs-Millionen-Dollar-Mann, [Abruf 17.12.2018].

[OV19-10]: O. V. (stand 2019): Aragonit, Calcit, Valerit, Chemie.de, online unter https://www.chemie.de/lexikon, [Abruf 30.10.2019].

[OV19-2]: O. V. (2019): Sauerstoff, Chemie.de, [online] Stand 2019, https://www.chemie.de/lexikon/Sauerstoff.html, [Abruf 17.12.2019].

[OV19-4]: O. V. (Stand 2019): Triz, Deutsche Wikipedia, [online] https://de.wikipedia.org/wiki/TRIZ [Abruf 06.01.2020].

[OV19-5]: O. V. (2019): Robotics Law and Legal Definition, USLegal.com, [online] https://definitions.uslegal.com/r/robotics/, [Abruf 22.06.2019].

[OV19-6]: O.V. (2019): Mach es wie die Pflanzen: Neue Solarzellen ahmen Photosynthese nach – mit Erfolg, Ingenieur.de, 18.01.2019, [online] https://www.ingenieur.de/technik/fachbereiche/energie/mach-es-wie-die-pflanzen-neue-solarzellen-ahmen-photosynthese-nach-mit-erfolg/, [Abruf 17.09.2019].

[OV19-7]: O. V. (2019): Weißer Hai (Carcharodon carcharias), Artenlexikon des WWF, [online] https://www.wwf.de/themen-projekte/artenlexikon/weisser-hai/, [Abruf 09.11.2019].

[OV19-8]: O. V. (Stand 2019): Innovative Technik - AIDA Cruises setzt Maßstäbe im Umweltschutz, aida.de, [online] https://www.aida.de/aida-cruises/nachhaltigkeit/aida-cares-2018/umweltmanagement/innovative-technik.35291.html, [Abruf 10.11.2019].

[OV19-9]: O. V. (Stand 2019): Radiolarien, Mineralienatlas.de, [online] https://www.mineralienatlas.de/lexikon/index.php/Radiolarien?lang=de, [Abruf 04.11.2019].

[OV20]: O. V. (2020): Elektronennegativität, Chemie.de, [online] Stand 2020, https://www.chemie.de/lexikon/Elektronegativität.html, [Abruf 08.02.2020].

[OV20-2]: O. V. (2020): Prüfung und Erteilung, Deutsches Patent- und Markenamt, [online] https://www.dpma.de/patente/pruefung_erteilung/index.html, [Abruf 22.02.2020].

[OV20-4]: O. V. (2020): Liste der Erfinder, Wikipedia, [online] Stand 06.03.2020, https://de.wikipedia.org/wiki/Liste_von_Erfindern [Abruf 10.03.2020].

[OV37]: O. V. (1937): Televisor, Telegraphy, Telephone, Nature Vol. 140 No. 3535, 31. Juli 1937, p. 188.

[OVOD]: O. V. (O. D.): Lotus- und Salvinia-Effekt: Chronik der Entdeckung, lotus-salvinia.de, [online] http://lotus-salvinia.de/index.php/en/history, [Abruf 10.11.2019].

[OVOD-10]: O. V. (O. D.): Keratin, in CHEMIE.DE, [online] https://www.chemie.de/lexikon/Keratin.html, [Abruf 23.10.2019].

[OVOD-11]: O. V. (O. D.): Stoßdämpfend wie eine Pomelo, hart und stichfest wie Macadamia-Nüsse, werkstoffzeitschrift.de, [online] https://werkstoffzeitschrift.de/stossdaempfend-wie-eine-pomelo-hart-und-stichfest-wie-macadamia-nuesse/. [Abruf 15.10.2019].

[OVOD-12]: O. V. (O. D.): Energieintensive Branchen, in Forschung für die energieeffiziente Industrie EEff:Industrie.[online] https://eneff-industrie.info/quickinfos/energieintensive-branchen/daten-zu-besonders-energiehungrigen-produktionsbereichen/, [Abruf 04.10.2019].

[OVOD-2]: O. V. (O. D.): Thermometerhuhn Leipoa ocellata, world-of-animals.de, [online] https://www.world-of-animals.de/thermometerhuhn.html, [Abruf 02.03.2020].

[OVOD-3]: O. V. (O. D.): Faserverbund-Werkstoffdaten, Suter Kunststoffe AG, [online] https://www.swiss-composite.ch/pdf/i-Werkstoffdaten.pdf, [Abruf 18.02.2020].

[OVOD-4]: O. V. (O.D.): „Biokon International", Webseite des Bionik-Kompetenznetz BIOKON, [online] http://www.biokon.de/netzwerk/international/, [Abruf 12.07.2019].

[OVOD-5]: O. V. (O. D.): Suchmaschine für wissenschaftliche Web-Dokumente BASE der Universitätsbibliothek Bielefeld. Online unter https://www.base-search.net/about/de/index.php, [Abruf 21.07.2019].

[OVOD-6]: O.V. (O. D.): Deutscher Umweltpreis 1999 - Prof. Dr. Wilhelm Barthlott | Stichwort: Entdeckung des Lotuseffekts, DBU, [online] https://www.dbu.de/123artikel2195_2418.html, [Abruf 20.07.2019].

[OVOD-7]: O.V. (O. D.): Deutscher Umweltpreis 2003 - Prof. Dr. Claus Mattheck | Stichwort: Wachstumsverhalten der Bäume / Bionik, DBU, [online] https://www.dbu.de/123artikel2224_2418.html, [Abruf 20.07.2019].

[OVOD-8]: O.V. (O. D.): technische Biologie, Spektrum.de, [online] https://www.spektrum.de/lexikon/biologie-kompakt/technische-biologie/11660, [Abruf am 05.08.2019].

[OVOD-9]: O. V.: Webseite des National Geographic. Online unter https://www.nationalgeographic.com/animals/reptiles/g/green-basilisk-lizard/, [Abruf 20.07.2019].

[Pah77]: Pahl, G.; Beitz (1977): *Konstruktionslehre*, Springer-Verlag Berlin, Heidelberg.

[Pah93]: Pahl, G. & W. Beitz (1993): *Konstruktionslehre Methoden und Anwendungen*. Springer-Verlag Berlin Heidelberg (Erstauflage 1977).

[Pah93]: Pahl, G.; Beitz (1993): *Konstruktionslehre Methoden und Anwendung*, Springer-Verlag Berlin, Heidelberg.

[Pah96]: Pahl, G. & W. Beitz (1996): *Engineering Design: A Systematic Approach*, Springer-Verlag, Berlin; Heidelberg; New York.

[Pal14]: Palczewska, G.; Vinberg, F.; Stremplewski, P.; Bircher, M. P.; Salom, P.; Komar, K; Zhang, J.; Cascella, M.; Wojtkowski, M.; Kefalov, V. J.; Palczewski, K: (2014): Human infrared vision is triggered by two-photon chromophore isomerization, PNAS December 16, 2014 111 (50) E5445-E5454.

[Pan18]: Pankow, G. (2018): 3D-Druck: Daimler und Premium Aerotec erreichen Meilenstein,Produktion Technik und Wirtschaft für die deutsche Industrie, 31. August 2018. [online] https://www.produktion.de/technik/id-3d-druck-daimler-und-premium-aerotec-erreichen-meilenstein-228.html. [Abruf 24.05.2019].

[Par01]: Parker, A. R.; Lawrence, C. R. (2001): Water capture by a desert beetle, Nature. 414 (6859), 2001, S 33–34. doi:10.1038/35102108. PMID 11689930.

[Par18]: Parker, L. (2018): 8 Millionen Tonnen Plastik landen jährlich im Meer. Nationalgeographic.de, [online] https://www.nationalgeographic.de/planet-or-plastic/2018/04/8-millionen-tonnen-plastik-landen-jaehrlich-im-meer, [Abruf 07.11.2019].

[Par59]: Parry, D. A. & R. H. J. Brown (1959): The Hydraulic Mechanism of the Spider Leg, Journal of experimental biology, Cambridge, 36, pp. 423-433.

[Pat13]: Patek, S. N., Caldwell, R. L. (2005): „Extreme impact and cavitation forces of a biological hammer: strike forces of the peacock mantis shrimp Odontodactylus scyllarus", in: „Journal of experimental biology", 208, Nr. 19, S. 3655–3664.

[Pat15]: 吕晓洲 (2015): Flexible tactile sense-pressure sense sensor based on bionic structure, CN Patent Nr. CN104897317A, Publication Date 2015-09-09.

[Pat89]: Paturi F. R. (1989): „Die grossen Rätsel unserer Welt", Deutscher Bücherbund GmbH & Co, Stuttgart, München.

[Pau95]: Paulin, M. G. (1995): Electroreception and the Compass Sense of Sharks, Journal of Theoretical Biology Volume 174, Issue 3, 7 June 1995, Pages 325-339.

[Pet93]: Peter, M. G. (1993): Chitin - nachwachsender Rohstoff mit breitem Anwendungspotential. In Spektrum.de, [online] https://www.spektrum.de/magazin/chitin-nachwachsender-rohstoff-mit-breitem-anwendungspotential/821041, [Abruf 10.10.2019].

[Pfe93]: Pfeifer. W. et al. (1993): Heureka, Etymologisches Wörterbuch des Deutschen digitalisierte Version im Digitalen Wörterbuch der deutschen Sprache, [online] https://www.dwds.de/wb/heureka, [Abruf 07.01.2020].

[Pio07]: Piontzik, K (2007): *Gitterstrukturen des Erdmagnetfeldes: Eine (Fourier) Analyse des Erdmagnetfeldes anhand der magnetischen Totalintensität*, Verlag Books on Demand GmbH.

[Pla16]: Schlößer, T. (2016): Sinnesleistungen der Tiere, planet-wissen, [online] 17.08.2016, https://www.planet-wissen.de/natur/forschung/bionik/pwiesinnesleistungendertiere100.html [Abgerufen am 08.12.2019.

[Pöc98]: Pöckl, M. (1998): Häutung und Wachstum von Flußkrebsen, Stapfia 58, zugleich Kataloge des OÖ. Landesmuseums, Neue Folge Nr. 137 (1998), S. 167-184.

[Pod18]: Podbregar , N. (2018): Top Ten der neuentdeckten Arten 2018, Natur.de, [online] 23.05.2018, https://www.wissenschaft.de/umwelt-natur/top-ten-der-neuentdeckten-arten-2018/, [Abruf 21.07.2019]

[Pol19]: Politi Y., Bar-On B., Fabritius HO. (2019) Mechanics of Arthropod Cuticle-Versatility by Structural and Compositional Variation. In: Estrin Y., Bréchet Y., Dunlop J., Fratzl P. (eds) Architectured Materials in Nature and Engineering. Springer Series in Materials Science, vol 282. Springer, Cham.

[Pop15]: Popov, V. L. (2015): *Kontaktmechanik und Reibung Von der Nanotribologie bis zur Erdbebendynamik*, Springer-Vieweg.

[Ptg19]: Production-to-go (Hrsg.) (2019): Technische Daten des XYZprinting MfgPro700 xTC, [online] https://www.production-to-go.com/fdm-fff-3d-drucker, [Abruf 18.05.2019].

[Pur01]: Purves W. K.;Sadava D.; Orians G.H. & H. C. Heller (2001): Life, the science of biology, 6/e. Sinauer Associates, Sunderland.

[Qua12]: Quast, P. (2012): Luftteppiche für die neuen AIDA Kreuzfahrtschiffe, Schiffsjournal.de, 09.07.2012, [online] https://www.schiffsjournal.de/luftteppiche-fur-die-neuen-aida-kreuzfahrtschiffe/, [Abruf 09.11.2019]

[Qua15]: Quaschning, V. (2015): *Erneuerbare Energien und Klimaschutz: Hintergründe - Techniken und Planung - Ökonomie und Ökologie – Energiewende*, Hanser Verlag, München.

[Rat18]: Rathmann, I. (2018): Wie finden Zugvögel den Weg? Welt der Physik, [online] 23.01.2018 https://www.weltderphysik.de/thema/hinter-den-dingen/wie-finden-zugvoegel-den-weg/ [Abruf 02.01.2020].

[Rec06]: Reckter, B. (2006): Bionik Gut gedämmt mit Eisbärenfell, Ingenieur.de, [online] 25.08.2006 https://www.ingenieur.de/technik/forschung/gut-gedaemmt-eisbaerenfell/, [Abruf 12.2020]

[Rec12]: Rechberger, M. (2012): Selbstschärfende Schneidwerkzeuge für abrasive Schnittgüter - eine bionische Entwicklung. Verlag Laufen K. M., Duisburg. Zgl. Dissertation, Universität Duisburg-Essen, 2012.

[Rec73]: Rechenberg, I. (1973): Evolutionsstrategie — Optimierung technischer Systeme nach Prinzipien der biologischen Evolution. Frommann-Holzboog-Verlag, Stuttgart.

[Rec94]: Rechenberg, I. (1994): *Evolutionsstrategie '94*, Frommann-Holzboog Verlag, Stuttgart.

[Rech73]: Rechenberg, I. (1973): *Evolutionsstrategie*, Friedrich Frommann Verlag, Stuttgart.

[Reg06]: Regel, S. J. et. al. (2006): UMTS base station-like exposure, well-being, and cognitive performance. In: Environmental health perspectives. Band 114, Nummer 8, August 2006, S. 1270–1275.

[Reh02]: Rehbronn, E (2002): *Handbuch für den Angelfischer: Fischerprüfung in Frage und Antwort. Das unentbehrliche Standardwerk*, Kosmos-Verlag.

[Rei00]: Reichert, H. (2000): *Neurobiologie*, Georg Thieme Verlag, Stuttgart. ISBN 3-13-745302-X.

[Rie18]: Rieg, F. und Steinhilper, R. (2018): *Handbuch Konstuktion*, Hanser Verlag München.

[Rob08]: Robert, L.; Robert, A. M.; Fulop, T. (2008): Rapid increase in humanlife expectancy: will it soon be limited by the aging of elastin? Biogerontology Volume 9, Issue 2, S. 119–133.

[Rod91]: Rodenacker, G (1991): *Methodisches Konstruieren. Konstruktionsbücher, Band 27*, Springer-Verlag Berlin, Heidelberg.

[Roh00]: Rohen, J.W.; Lütjen-Drecoll, E. (2000): *Funktionelle Histologie*. Schattauer Verlag, Stuttgart, New York.

[Roh10]: Roth, G. (2010): *Wie einzigartig ist der Mensch? Die lange Evolution der Gehirne und des Geistes*, Spektrum Akademischer Verlag.

[Roh69]: Rohrbach, B (1969): Kreativ nach Regeln – Methode 635, eine neue Technik zum Lösen von Problemen, in: *Absatzwirtschaft*, 12, Heft 19, 1. Oktober 1969, S. 73–76.

[Ron98]: Ronchetti I.P. et al. (1998): Study of elastic fiber organization by scanning force microscopy. Matrix Biology 1998, Volume 17, Issue 1, S. 75–83.

[Ros03] Rosaler, M. (2003): *Bionics (Science on the edge)*, Blackbirch Press.

[Ros05]: Rossmann, T. (Hrsg.), Tropea, C. (Hrsg.) (2005): Bionik Aktuelle Forschungsergebnisse in Natur-, Ingenieur- und Geisteswissenschaft, S. 191 – 208, Springer-Verlag Berlin Heidelberg.

[Rot00]: Roth. K. (2000): *Konstruieren mit Konstruktionskatalogen Band I Konstruktionslehre*, Springer-Verlag Berlin Heidelberg.

[Rot01]: Roth, K. (2001): *Konstruieren mit Konstruktionskatalogen Band II Konstruktionskataloge*, Springer-Verlag Berlin Heidelberg.

[Rot94]: Rothe, P. (1994): *Gesteine. Entstehung – Zerstörung – Umbildung*, Wissenschaftliche Buchgesellschaft, Darmstadt.

[Row07]: Rowe, T. et al. (2007): The oldest platypus and its bearing on divergenctiming of the platypus and echidna clades, PNAS Vol. 105, No. 4 January 29, 2008, pp 1238 – 1242.

[Rüb17]: Rübenach, I. M.; Käfer, S. (2017): Die Risiken in der additiven Fertigung, Vogel Communications Group, [Online] 11.01.2017 https://www.maschinenmarkt.vogel.de/die-risiken-in-der-additiven-fertigung-a-567250/, [Abruf 10.02.2020].

[Rüt08]: Rüter, M. (2008): *Bionik*. Compact Verlag München.

[Sal74]: Sales, G.; Pye, D. (1974): *Ultrasonic Communication by Animals*, Verlag Chapman and Hall Ltd, London.

[Sar14]: Sartorius, V. (2014): Die besten Kreativitätstechniken, Redline Verlag München.

[Sch05]: Schmidt R. F.; Lang F.; Thews† G. (eds) (2005): *Physiologie des Menschen*. Springer-Lehrbuch. Springer, Berlin, Heidelberg.

[Sch09]: Schirber, M. (2009): The Chemistry of Life: The Human Body, in Livescience, [online] 16.04.2009, https://www.livescience.com/3505-chemistry-life-human-body.html, [Abruf 02.10.2019].

[Sch10]: Scherer, S. (2010): Die Entstehung des bakteriellen Rotationsmotors ist unbekannt. [online] http://www.evolutionslehrbuch.info/teil-4/kapitel-09-04-r01.pdf, [Abruf] 23.08.2019.

[Sch11]: Schaber, F. (2011): *Micromechanics of Mechanoreceptors in Arthropods*, Dissertation, Universität Wien, 2011.

[Sch12-2]: Schmitz, H.; Bousack, H. (2012): Modelling a Historic Oil-Tank Fire Allows an Estimation of the Sensitivity of the Infrared Receptors in Pyrophilous Melanophila Beetles. PLoS ONE 7(5), May 21.

[Sch15]: Schug, P, (2015): *Modellierung, Bewertung, Analyse und Optimierung von CAx-Prozessketten*, Apprimus Verlag, Aachen. Zugl. Dissertation RWTH Aachen.

[Sch16]: Schmier S. et al. (2016) Developing the Experimental Basis for an Evaluation of Scaling Properties of Brittle and 'Quasi-Brittle' Biological Materials. In: Knippers J., Nickel K., Speck T. (eds) Biomimetic Research for Architecture and Building Construction. Biologically-Inspired Systems, vol 8. Springer, Cham.

[Sch17]: Schwedt, G. (2017): *Allgemeine Chemie – ein Lehrbuch*, Springer Spektrum.

[Sch18]: Schroeder, P. (2018): EU-Projekt Aircoat Eine Luftfolie senkt den Treibstoffverbrauch von Schiffen um 25 %, INGENIEUR.de, [online] https://www.ingenieur.de/technik/forschung/eine-luftfolie-senkt-den-treibstoffverbrauch-von-schiffen-um-25/, [Abruf 28.07.2019].

[Sch19]: Schlömer, T. (2019): *Kundenservice durch Benutzerinformation Die Technische Dokumentation als Sekundärdienstleistung im Marketing*, Springer-Nature Switzerland.

[Sch75]: Schwefel, H.-P. (1975): *Evolutionsstrategie und numerische Optimierung*, Dissertation, Technische Universität Berlin.

[Sch77]: Schwefel, H.-P. (1977): *Numerische Optimierung von Computer-Modellen mittels Evolutionsstrategie*, Birkhäuser Verlag, Basel.

[Sch88]: Schwipps, W. (1988): *Der Mensch fliegt – Lilienthals Flugversuche in historischen Aufnahmen*, Bernard & Graefe Verlag, Koblenz S.117.

[Sch96]: Schöneburg, E; Heinzmann, F. & S. Feddersen (1996): *Genetische Algorithmen und Evolutionsstrategien*, Addison-Wesley (Deutschland) Verlag.

[Sch98]: Schwörer, M.; Kohl, M.; Menz, W. & V. Saile (1998): Entwicklung fluidischer Mikrogelenke, Forschungszentrum Karlsruhe GmbH, Wissenschaftliche Berichte FZKA 6189, 1998, zugleich Dissertation der Universität Karlsruhe.

[Sei19]: Seiler, J. (2019): Bionik: Elektro-Durchblick in trüben Gewässern, Informationsdienst Wissenschaft idw, [online] 09.04.2019 https://idw-online.de/de/news713726 [Abruf 18.12.2019].

[Sem02]: Semendeferi, K.: Lu, A.; Schenker, N.; Damasio, H. (2002): Humans and Great Apes Share a Large Frontal Cortex. In *Nature Neuroscience*, Nature Publishing Group, 19 February 2002.

[Sha91]: Shapiro, S.D. et al. (1991): Marked longevity of human lung parenchymal elastic fibers deduced from prevalence of D-aspartate and nuclear weapons-related radiocarbon, The Journal of Clinical Investigations,. 1991; 87: S. 1828–1834.

[She09]: Sherratt, M. J. (2009): Tissue elasticity and the ageing elastic fibre, AGE, December 2009, Volume 31, Issue 4, S. 305–325.

[She18]: Shen, Z.; Neil, T. R.; Robert, D; Drinkwater, B. W. & M. W. Holderied (2018): Biomechanics of a moth scale at ultrasonic frequencies, PNAS November 27, 2018 115 (48) 12200-12205.

[Shi10]: Shimomura, M. (2010): The New Trends in Next Generation Biomimetics Material Technology: Learning from Biodiversity, National Institute of Science and Technology Policy (Nistep), Quarterly Review No. 37, 53-57, October 2010.

[Shu10]: Shu, L. H. & H. Cheong (2010): A natural-language approach to biomimetic design, Journal of Artificial Intelligence for Engineering Design, Analysis and Manufacturing Volume 24 Issue 4, Pages 507-519. Cambridge University Press New York, NY.

[Shu10]: Shu, L. H. (2010): A natural-language approach to biomimetic design, in *Artificial Intelligence for Engineering Design, Analysis and Manufacturing*, 2010 24, Seite 507–519, Cambridge University Press.

[Shu14]: Shu, L.H. & H. Cheong (2014): A natural Language approach to biomimetic design, in: Goel, A. K.; McAdams, D. A.; Stone, R. B. (Editors): *Biologically Inspired Design Computational Methods and Tools*, Page 29-62, Springer-Verlag, London.

[Shy09]: Shyamala, L. (2009): Atoms & Life. In ASU - Ask A Biologist, [online] https://askabiologist.asu.edu/content/atoms-life, [Abruf 02.10.2019].

[Soe06]: Soentgen, J (Hrsg.); Völzke, K (Hrsg.) (2006): *Staub - Spiegel der Umwelt*, oekom-Verlag, München.

[Sol10]: Solov'yov, I. A.; Schulten, K.; Greiner, W. (2010): Die Navigation von Vögeln und anderen Tieren im Magnetfeld, Phys J. 2010 May ; 9(5): 23–28.

[Som11]: Sommer, I; Kunz, P. M. (2011): Einsatz des Kollagen als Verpackungsmaterial. Die Ernährungsindustrie Das Praxismagazin für die Lebensmittelproduktion. 7-8/2011.

[Som98]: Sommer, U. (1998): *Biologische Meereskunde*. Springer-Verlag Berlin Heidelberg.

[Spe00]: Spektrum Akademischer Verlag (Hrsg.) (2000): Radiolarien, spektrum.de, [online] https://www.spektrum.de/lexikon/geowissenschaften/radiolarien/13107, [Abruf 04.11.2019].

[Spe04]: Speck, T.; Neinhuis, C. (2004): Bionik, Biomimetik Ein interdisziplinäres Forschungsgebiet mit Zukunftspotential, Naturwissenschaftliche Rundschau, 57. Jahrgang, Heft 4, 2004, S. 177-191.

[Spe08]: Speck T. & O. Speck (2008): Bionik: Innovative Wege zu neuen Materialien und Technologien, in MB-Revue-Maschinenbau: Das Schweizer Industriemagazin, Jahreshauptausgabe 2008, S. 104–108.

[Spe08-2]: Speck, T & O. Speck: Process sequences in biomimetic research, in Brebbia, C. A. (Editor) *Design and Nature IV, Comparing Design in Nature with Science and Engineering*, WIT Press.

[Spe10-2]: Spektrum Akademischer Verlag (Hrsg.) (2010): Neues über den sechsten Sinn der Schlangen, Spektrum.de, [online] 15.02.2010, https://www.spektrum.de/news/neues-ueber-den-sechsten-sinn-der-schlangen/1024890, [Abruf 29.11.19].

[Spe11]: Spektrum Akademischer Verlag (Hrsg.) (2011): Der Blutsensor der Vampirfledermaus, Spektrum.de, [online] 03.08.2011 https://www.spektrum.de/news/der-blutsensor-der-vampirfledermaus/1118196, [Abruf 02.12.2019].

[Spe99]: Spektrum Akademischer Verlag (Hrsg.) (1999): Temperatursinn, Spektrum.de, Stand 1999, [online] https://www.spektrum.de/lexikon/biologie/temperatursinn/65777, [Abruf 28.11.2019].

[Spe99-3]: Spektrum Akademischer Verlag (Hrsg.) (1999): Grubenorgan, Spektrum.de, [online] Stand 1999, https://www.spektrum.de/lexikon/biologie/grubenorgan/29559 [Abruf 29.11.19].

[Spi12]: Spitzer, D; Cottineau, T.; Piazzon, N.; Josset, S.; Schnell, F.; Pronkin, S. N.; Savinova, E. R. & V. Keller (2012): Bio-Inspired Nanostructured Sensor for the Detection of Ultralow Concentrations of Explosives, in: *Angewandte Chemie*, Volume51, Issue22, May 29, 2012, Pages 5334-5338.

[Sta10]: O. V. (2010): Bionik auch für die Entwicklung von Brennstoffzellen hilfreich, Der Standard, 07.Juni 2010, [online] https://www.derstandard.at/story/1271378320013/bionik-auch-fuer-die-entwicklung-von-brennstoffzellen-hilfreich, [Abruf 18.09.2019].

[Sta17]: O. V. (2017): Käfertrick: Mit neuer Oberflächentechnik Flüssigkeiten manipulieren, Der Standard, 20.09.2017, [online] https://www.derstandard.de/story/2000064350556/kaefertrick-mit-neuer-oberflaechentechnik-fluessigkeiten-manipulieren, [Abruf 08.11.2019].

[Ste13]: Stephens, B.; Azimi, P; El Orch, Z.; Ramos, T(2013): Ultrafine particle emissions from desktop 3D printers, in *Atmospheric Environment* Volume 79, November 2013, Pages 334-339.

[Ste79]: Steadman, P (1979): *The evolution of designs*, Cambridge University Press, Cambridge.

[Sti11]: Stirn, A. (2011): Die Rezeptur der Hummerschale. In Max Planck Forschung Das Wissenschaftsmagazin der Max-Planck-Gesellschaft, Ausgabe 4.2011.

[Sto00]: Stone, R. B. & K. L. Wood (2000): Development of a Functional Basis for Design, in: Journal of Mechanical Design 122 (4), S. 359–370.

[Sto18]: Stoller, D. (2018): Stärkstes Material der Welt Neue Superfaser ist achtmal stärker als Spinnenseide. INGENIUR.de, [online] 29.05.2019, https://www.ingenieur.de/technik/forschung/neue-superfaser-ist-achtmal-staerker-als-spinnenseide/, [Abruf 24.10.2019].

[Sto19]: Sto (Hrsg.) (2019): Was steckt hinter Lotusan®? Sto, Rev.Nr. 06/01.19, [online] https://www.sto.de/media/documents/download_broschuere/kategorie_fassade/09661-093de_12-03-11_72dpi.pdf, [Abruf 08.11.2019].

[Str01]: Strunz, H & E. H. Nickel (2001): *Strunz Mineralogical Tables: Chemical-structural Mineral Classification System*. E. Schweizerbart'sche Verlagsbuchhandlung Stuttgart.

[Str09]: Stroble, J. K.; Stone, R. B.; McAdams; D. A. & S. E. Watkins (2009): An Engineering-to-Biology Thesaurus To Promote Better Collaboration, Creativity and Discovery, Proceedings oft he 19th CIRP Design Conference, Cranfield, Bedfordshire, England.

[Str19]: Stratasys (Hrsg.) (Stand 2019) Webseite des Unternehmens Stratasys, [online] https://www.stratasys.com/de/3d-printers/. [Abruf 18.05.2019].

[Str19-2]: Stratasys (Hrsg.) (Stand 2019) Webseite des Unternehmens Stratasys, [online] https://www.stratasys.com/de/3d-printers/objet30-prime. [Abruf 25.05.2019].

[Str19-3]: Strauß, O. (2019): Bionik: Plankton-Skelette als Vorbild, Industrieanzeige.de, [online] https://industrieanzeiger.industrie.de/allgemein/bionik-plankton-skelette-als-vorbild/, [Abruf 05.11.2019].

[Stü10]: Stürzl, W.; Böddeker, N.; Dittmar, L. & M. Egelhaaf (2010): Mimicking honeybee eyes with a 280° field of view catadioptric imaging system, Bioinspiration & Biomimetics, 5(3), 036002.

[Sün19]: Sünder, T.; Borta, A. (2019): *Ganz Ohr. Alles über unser Gehör und wie es uns geistig fit hält.* Goldmann Verlag München. ISBN 978-3442159635.

[Sza69]: Szabo, A. (1969): *Anfänge der griechischen Mathematik,* R. Oldenbourg Verlag, München, Wien.

[Trag00]: Trageser, G. (2000): Und er fliegt doch Leonardos Fallschirm, Spektrum.de, [online] https://www.spektrum.de/magazin/und-er-fliegt-doch-leonardos-fallschirm/826679, [Abruf 06.07.2019].

[Tri04]: Tributsch, H. (2004): PEM-Brennstoffzellen – Neue Katalysatoren und bionische Aspekte, Forschungsverbund Sonnenenergie FVS, FVS Themen 2004, Oktoberdruck AG, Berlin, S. 108 – 116

[Tru68]: Truckenbrodt, E. (1968): *Strömungsmechanik Grundlagen und technische Anwendungen,* Springer-Verlag Berlin Heidelberg.

[Tür14]: Türk, D. (2014): *Stoffliche Nutzung nachwachsender Rohstoffe.* Springer Vieweg.

[UN09]: O.V. (2009): UNEP Year Book New Science and Development in our changing Enviroment, Division of Early Warning and Assessment (DEWA), United Nations Environment Programm, [online] https://www.uncclearn.org/sites/default/files/inventory/unep06.pdf, [Abruf 21.07.2019].

[UWB17]: Umweltbundesamt (Hrsg.) (2017): Verrottet Plastik gar nicht oder nur sehr langsam?, Umweltbundesamt.de, 08.09.2017, [online] https://www.umweltbundesamt.de/service/uba-fragen/verrottet-plastik-gar-nicht-nur-sehr-langsam, [Abruf 07.11.2019].

[Vaj19]: Vajna, S.; Weber, C.; Bley, H.; Zeman, K. & P. Hehenberger (2019): *CAx für Ingenieure,* Springer Nature.

[Van13]: Vandevenne, D.; Caicedo, J.; Verhaegen, P.-A.; Dewulf, S. & J. R. Duflou (2013): Webcrawling for a Biological Strategy Corpus to Support Biologically-Inspired Design, in: Chakrabarti, A (Hg.): CIRP Design 2012. *Sustainable Product Development.* Bangalore, 28.-30.03.2012, S. 83-92. Springer Verlag, London.

[Vat11]: Vattam, S. S. & A. K. Goel (2011): Foraging for Inspiration: Understanding and Supporting the Online Information Seeking Practices of Biologically Inspired Designers, in: Proceedings of the ASME 2011 International Design Engineering Technical Conferences & Computers and Information in Engineering Conference, Washington, 28.08-31.8.2011.

[Vat11-2]: Vattam, S. S.; Wiltgen, B.; Helms, M. E.; Goel, A. K. & J. Yen (2011): DANE: Fostering Creativity in and through Biologically Inspired Design, in: Taura, T, Nagai, Y (Hg.): *Design Creativity 2010.* S. 115–122, Springer Verlag London.

[VD4500]: Verein Deutscher Ingenieure (Hrsg.) (2006): Richtline VDI 4500 Blatt 1, Beuth Verlag, Berlin.

[VDI2221]: Verein Deutscher Ingenieure (Hrsg.) (2019): Richtline VDI 2221 Blatt 1, Beuth-Verlag Berlin.

[VDI2222]: Verein Deutscher Ingenieure (Hrsg.) (1997): Richtline VDI 2222 Blatt 1, Beuth Verlag Berlin.

[VDI6220]: Verein Deutscher Ingenieure (Hrsg.) (2012): Richtline VDI 6220 Blatt 1, Beuth Verlag GmbH, Berlin.

[VDI6220-2]: Verein Deutscher Ingenieure (Hrsg.) (2022): Richtline VDI 6220 Blatt 2 (Entwurf), Beuth Verlag GmbH, Berlin.

[Vie16]: Vieweg, M (2019): Schnüffeln: Hunde-Patent erfolgreich kopiert, wissenschaft.de, [online] 01.12.2016, https://www.wissenschaft.de/technik-digitales/schnueffeln-hunde-patent-erfolgreich-kopiert/, [Abruf 18.11.2019].

[Vih15]: Vihar, B. (2015): *Mimicking the abrasion resistant sandfish epidermis = Nachamung der verschleißresistenten Sandfischhaut.* Dissertation, Rheinisch-Westfälische Technische Hochschule Aachen (RWTH).

[Vin01] Vincent, J. F.V. (2001): Stealing Ideas from Nature. In: Pellegrino S. (eds) *Deployable Structures.* International Centre for Mechanical Sciences (Courses and Lectures), vol 412 S. 51-58. Springer-Verlag, Wien.

[Vin02]: Vincent, J.F.V. & D. L. Mann (2002): Systematic technology transfer from biology to engineering in Philosophical Transactions of The Royal Society A Mathematical Physical and Engineering Sciences, 360(1791), Page 159-173.

[Vin02-2]: Vincent, J. F. V. (2002): Arthropod cuticle: a natural composite shell system. In Composites Part A: Applied Science and Manufacturing, Volume 33, Issue 10, October 2002, S. 1311-1315.

[Vin04]: Vincent, J. F. V.; Wegst, U. G. (2004): Design and mechanical properties of insect cuticle, in Arthropod Structure & Development, Volume 33, Issue 3, S. 187-99.

[Vin06]: Vincent, J.; Bogatyreva, O.; Bogatyrev, N.; Bowyer, A. & a. K. Pahl (2006): Biomimetics: Its Practice and Theory. In Journal of the Royal Society, Interface 3 (9), S. 471–482.

[Vin82]: Vincent, J. F. V. (1982): Structural Materials, Palgrave Maximal UK.

[Vog00]: Vogel, S. (2000): *Von Grashalmen und Hochhäusern. Mechanische Schöpfungen in Natur und Technik.* Wiley-VHC Verlag GmbH, Weinheim.

[Vol02]: Vollmer, G. (2002): Evolutionäre Erkenntnistheorie: Angeborene Erkenntnisstrukturen im Kontext von Biologie, Psychologie, Linguistik, Philosophie und Wissenschaftstheorie, S. Hirzel Verlag Stuttgart.

[Vol08]: Vollmer, J.; Vetter, U. (2008): Schlittschuhlaufen: Warum ist Eis so glatt?, in Welt der Physik, [online] https://www.weltderphysik.de/thema/hinter-den-dingen/schlittschuhlaufen/, [Abruf 20.01.2020].

[Vol99]: Vollmer, G. (1999): Erkenntnistheorie und Biologie - Evolutionäre Erkenntnistheorie, in Spektrum.de [online] https://www.spektrum.de/lexikon/biologie/erkenntnistheorie-und-biologie-evolutionaere-erkenntnistheorie/22339, [Abruf 02.02.2020]

[Wal12]: Wallace, G. G. et al. (2012): *Organic Bionics*, Wiley-VCH Verlag & Co. KGaA, Weinheim.

[Was09]: Wastian, M; Braumandl, I.; v. Rosenstiel, L. (2009): *Angewandte Psychologie für Projektmanager. Ein Praxisbuch für das erfolgreiche Projektmanagement*, Springer Verlag Berlin Heidelberg.

[Wed10]: Wedlich, S.: Fledermäuse haben einen Magnet- und Sonnenkompass, Max-Plank-Gesellschaft, [online] 15.09.2010, https://www.mpg.de/241468/Orientierung_Fledermaeuse [Abruf 07.12.2019].

[Wei02]: Weiss, I. M.; Renner, C.; Strigl, M. G.; Fritz, M. (2002): A simple and reliable method for the determination and localization of chitin in abalone nacre. Chem. Mater., 13:3252–3259.

[Wel13]: Wahl-Immel, Y. (2013): Blinde Kinder lernen jetzt Echo-Ortung, Welt, [online] 22.06.2013, https://www.welt.de/wissenschaft/article117347018/Blinde-Kinder-lernen-jetzt-Echo-Ortung.html [Abruf 07.12.2019].

[Wen07]: Wengenmayr, R. (2007): Das Geheimnis in der Austernschale, in MaxPlanckForschung Das Wissenschaftsmagazin der Max-Planck-Gesellschaft. Heft 3/2007.

[Wes02]: Wesk, T. (2002): Hippopotame and Schaumburger or Steinhuder Hecht. An Amphibious Craft and a Submarine from the 18th century, in: The Mariner's Mirror: The journal of the Society for Nautical Research. Band 88, Nr. 3, August 2002, S. 271 – 284.

[Wes10]: Westheide, W.; Rieger, R. (2010): *Spezielle Zoologie Teil 2 Wirbel- und Schädeltiere*. Springer Verlag Heidelberg.

[WhooD]: Who's Who (Hrsg.) (o. D.): Alfred Nobel, Who's Who The people Lexicon, [online] http://www.whoswho.de/bio/alfred-nobel.html [Abruf 06.01.2020].

[Wid04]: Widdermann, A. (2004): *Die Rolle von Parathormon und Kollagenasen im Knochenumbau Untersuchungen am Tiermodell*, Dissertation, Bayerische Julius-Maximilians-Universität zu Würzburg.

[Wie05]: Wiesendanger, M. (2005): Motorische Systeme. In: Schmidt R.F., Lang F., Thews† G. (eds) Physiologie des Menschen. Springer-Lehrbuch. Springer, Berlin, Heidelberg.

[Wie13]: Wienecke, S. (2013): *Gerichtet erstarrte Schichtstrukturen mit hierarchischem Aufbau*. Cuvillier Verlag.

[Wil01]: Williams, H. S. (1901): The Discrimination of Time-Values in Geology, in The Journal of Geology, Vol. 9, No. 7 (Oct. - Nov., 1901), pp. 570-585.

[Wit17]: Wittel, H; Jannasch, D; Voßiek, J. und Spura, C. (2017): *Roloff/Matek Maschinenelemente,* Springer Vieweg, Wiesbaden.

[Wri12]: Wright, W. (1912): Otto Lilienthal, postum im Aero club of Amercia Bulletin im September 1912 veröffentlichte Niederschrift. [online] http://www.lilienthal-museum.de/olma/l2127.htm, [Abruf 12.07.2019].

[WWF91]: World Wide Fund for Nature (Hrsg.) (1991): *Bionik Patente der Natur*, PRO FUTURA Verlag, München

[You22] Young, C. (2022): A new path to nuclear fusion? A novel pistol shrimp-inspired system succeeded, interestingengineering.com, interestingengineering.com, Abruf 14.06.2022

[Yun11]: Yun, S. H.; Lee, H.-S.; Kwon, Y. H.; Göthelid, M.; Koo, S. M.; Wagberg, L.; Karlsson, U. O.; & J. Linnros (2011): Multifunctional silicon inspired by wing of male Papilio ulysses. Applied Physics Letters.

[ZBMOD]: ZB MED Informationszentrum Lebenswissenschaften (Hrsg.) (o. D.): LIVIVO Suchportal, [online] https://www.livivo.de/app/misc/help/about [Aufruf 18.02.2020].

[Zei13]: Zeitz, C. (2013): *Zahnhartgewebe im Fokus: In vitro-Untersuchungen zur Biokompatibilität von fluorierten und nichtfluorierten Hydroxylapatit-Modelloberflächen*. Dissertation Universität des Saarlandes.

[Zen05]: Zenner, H. P. (2005): Die Kommunikation des Menschen: Hören und Sprechen. In: Schmidt R.F., Lang F., Thews† G. (eds) Physiologie des Menschen. Springer-Lehrbuch. Springer, Berlin, Heidelberg.

[Zer87]: Zerbst, E. W. (1987): *Bionik Biologische Funktionsprinzipien und ihre technischen Anwendungen*, Vieweg+Teubner Verlag.

[Zil10]: Zilles, K.; Tillmann, B. N. (2010): *Anatomie*. Springer Medizin Verlag.

[Zim05]: Zimmermann, M. (2005): Das somatoviszerale sensorische System. In: Schmidt R.F., Lang F., Thews† G. (eds) Physiologie des Menschen. Springer-Lehrbuch. Springer, Berlin, Heidelberg.

Sachwortverzeichnis

© Springer Fachmedien Wiesbaden GmbH, ein Teil von Springer Nature 2022
W. Wawers, *Bionik*, https://doi.org/10.1007/978-3-658-39350-2

Printed in the United States
by Baker & Taylor Publisher Services